EUROPA-FACHBUCHREIHE
für Kraftfahrzeugtechnik

AF834114

Rechenbuch Kraftfahrzeugtechnik

Lehr- und Übungsbuch

10. Auflage

Bearbeitet von Gewerbelehrern und Ingenieuren (siehe Rückseite)
Lektorat: Rolf Gscheidle, Studiendirektor a. D., Winnenden

VERLAG EUROPA-LEHRMITTEL · Nourney, Vollmer GmbH & Co. KG
Düsselberger Straße 23 · 42781 Haan-Gruiten

Europa-Nr. 20329

Autoren:

Fischer, Richard	Studiendirektor a. D.	Polling
Gscheidle, Rolf	Studiendirektor a. D.	Winnenden
Gscheidle, Tobias	Dipl.-Gewerbelehrer, Studiendirektor	Sindelfingen-Filderstadt
Heider, Uwe	Kfz-Elektriker-Meister,Trainer Audi AG	Neckarsulm-Ellhofen
Hohmann, Berthold	Oberstudiendirektor	Eversberg
Keil, Wolfgang	Oberstudiendirektor a. D.	München
Lohuis, Rainer	Dipl.-Ingenieur, Oberstudienrat	Hückelhöven
Renz, David	M.Sc., Studiendirektor	Gomaringen – Stuttgart
Schlögl, Bernd	Dipl.-Gwl. Studiendirektor	Rastatt-Gaggenau
Spring, Andreas, Dr.	Dipl.-Ingenieur, Oberstudienrat	Starnberg – München

Leitung des Arbeitskreises und Lektorat:
Rolf Gscheidle, Studiendirektor a. D., Winnenden

Bildbearbeitung:
Zeichenbüro des Verlags Europa-Lehrmittel, Ostfildern

VORWORT

Das Rechenbuch Kraftfahrzeugtechnik wurde in der 10. Auflage umfassend überarbeitet und durch neue Inhalte ergänzt. Zielgruppen sind auszubildende Kraftfahrzeugmechatroniker/-innen, KFZ-Techniker/-innen und Meister/-innen im Kraftfahrzeugtechnik-Handwerk. Bei diesem Lehr- und Übungsbuch wurden die Erklärungen und Aufgabenstellungen berufsbezogen ausgewählt und an die Erfordernisse der Technik angepasst.
In allen Kapiteln wird der Stoff methodisch entwickelt und mit Beispielen, mehrfarbigen Bildern und grafischen Darstellungen veranschaulicht. Die Übungsaufgaben wurden in dieser 10. Auflage aktualisiert und farblich gekennzeichnet. Grün für leicht, grau für mittlere und rot für schwierige Aufgaben. Sie geben dem Schüler/der Schülerin Gelegenheit, das Erlernte an praktischen berufsbezogenen Fällen anzuwenden und zu vertiefen.
Um selbstständiges Lernen und Üben zu fördern, sind zur Kontrolle der Aufgaben nach jedem Aufgabenblock die Lösungen angegeben.

Das Buch ist in 5 Abschnitte gegliedert:

- **Allgemeines Rechnen.**
- **Technisches Rechnen.** Dieser Abschnitt ist durch aktuelle berufsbezogene Aufgaben ergänzt.
- **Kraftfahrzeugtechnisches Rechnen.** Die Aufgaben wurden aktualisiert. Zusammengesetzte Flächen, Kanten und Bördeln wurden neu aufgenommen.
- **Kostenrechnen.** Die Werte wurden aktualisiert.
- **Aufgaben zur Prüfungsvorbereitung.** Die Aufgabensätze zu gemischten Aufgaben und berufsbezogenen Projektaufgaben wurden aktualisiert.

Größengleichungen nach DIN 1313. Diese Formeln sind im erklärenden Text grün unterlegt.
Zahlenwertgleichungen nach DIN 1313 sind blau unterlegt.
Einheitengleichungen sind grau unterlegt.
Merksätze oder Rechenregeln, die besonders wichtig sind, sind grün unterlegt.

Das Buch bildet zusammen mit den weiteren Büchern der Fachbuchreihe Kraftfahrzeugtechnik eine Einheit, da alle Werke inhaltlich aufeinander abgestimmt sind.

Im Sommer 2023 — Die Autoren des Arbeitskreises Kraftfahrzeugtechnik

10. Auflage 2023, korrigierter Nachdruck 2025

Druck 5 4 3 2

Alle Drucke derselben Auflage sind parallel einsetzbar, da sie bis auf die Korrektur von Druckfehlern identisch sind.

ISBN 978-3-7585-2220-8

Satz: Satz+Layout Werkstatt Kluth GmbH, 50374 Erftstadt
Umschlag: braunwerbeagentur, 42477 Radevormwald
Umschlagfoto: Volkswagen AG, Wolfsburg
Druck: mediaprint solutions GmbH, 33100 Paderborn

1 ALLGEMEINES RECHNEN

2 TECHNISCHES RECHNEN

3 KRAFTFAHRZEUGTECHNISCHES RECHNEN

FIRMEN- UND BILDQUELLENVERZEICHNIS

Die nachfolgend genannten Firmen haben die Autoren mit Informationen und Bildmaterial unterstützt. Wir danken Ihnen recht herzlich dafür.

Audi AG, Ingolstadt – Neckarsulm: Seite 251/1

BMW AG, München: Seite 115/1

Robert Bosch GmbH, Stuttgart: Seite 35/2

Adobe Systems Software, Ireland Ltd., Adobe Stock, Dublin, Irland: Seite 84/1 © konradbak; Seite 84/3 © scusi

Mercedes-Benz Group, Stuttgart: Seiten 62/6; 89 oben; 98/1-3

Volkswagen AG, Wolfsburg: Seiten 89 oben; 90/3; 181/1; 251/2

ZF Zahnradfabrik Friedrichshafen, Schwäbisch Gmünd: Seiten 166/2; 180/1,2; 182/1

Bilder ohne Quellenangabe sind von den Autoren oder dem Zeichenbüro erstellt.

1 ALLGEMEINES RECHNEN

1.1 MATHEMATISCHE UND PHYSIKALISCHE BEGRIFFE

GRÖSSEN, EINHEITEN, FORMELZEICHEN

Physikalische Größen
Dies sind messbare Eigenschaften von Zuständen und Vorgängen. Eine physikalische Größe ist immer das Produkt aus einem Zahlenwert und einer Einheit.

Länge, Druck, Temperatur, ...
$l = 5\,\text{m}$
Zahlenwert Einheit

Basisgrößen
Basisgrößen sind physikalische Grundgrößen, von denen andere physikalische Größen abgeleitet werden.

Länge, Masse, Zeit, elektrische Stromstärke, Temperatur, Stoffmenge, Lichtstärke

Basiseinheiten
Basiseinheiten sind internationale Einheiten im Messwesen (Si-Einheiten).

Meter, Kilogramm, Sekunde, Ampere, Kelvin, Mol, Candela

Abgeleitete Größen und deren Einheiten
Sie setzen sich aus Basisgrößen und Basiseinheiten zusammen.

Kraft = Masse · Beschleunigung
$1\,\text{N} = 1\,\text{kg} \cdot 1\text{m/s}^2 = 1\,\text{kg} \cdot \text{m/s}^2$

Formelzeichen
Formelzeichen ersetzen Wörter für physikalische Größen und dienen zum Rechnen mit Formeln.

F für Kraft
m für Masse
a für Beschleunigung

Koeffizienten
Dies sind Größen, die den Einfluss einer Stoffeigenschaft auf einen physikalischen Vorgang kennzeichnen.

$c = 4{,}16\,\text{kJ/kg} \cdot \text{K}$
(spez. Wärmekapazität von Wasser)

Konstanten
Konstanten sind Zahlenwerte in der Physik oder Mathematik, die bei Berechnungen gleich bleiben.

$\pi = 3{,}14159265$ (Kreiszahl Pi)
$g = 9{,}81\,\text{m/s}^2$ (Erdbeschleunigung)

GLEICHUNGEN

Formeln
Formeln sind physikalische oder technische Gleichungen, die in Form von Formelzeichen angegeben werden.

$$F = m \cdot a$$

Gleichungen
Sie beschreiben die Abhängigkeit von mathematischen oder physikalischen Größen.

$$25 - 8 = 12 + 5$$
Drehmoment = Kraft · Hebelarm

Einheitengleichungen
Sie stellen die Beziehungen zwischen Einheiten dar.

$$1\,\text{m}^3 = 1000\,\text{dm}^3 = 1000000\,\text{cm}^3$$

Größengleichungen
Größengleichungen stellen Beziehungen zwischen physikalischen oder technischen Größen dar. Sie sind unabhängig von der gewählten Einheit.

Im vorliegenden Buch sind die Größengleichungen grün hinterlegt.

$$v = \frac{s}{t}$$

Zahlenwertgleichungen
Bei diesen Gleichungen sind die Zahlenwerte an die vorgegebenen Einheiten gebunden. Das Ergebnis erhält die gewünschte Einheit nur dann, wenn alle Zahlenwerte in den jeweils vorgeschriebenen Einheiten eingesetzt werden. Im vorliegenden Buch sind die Zahlenwertgleichungen blau hinterlegt.

$$P = \frac{M \cdot n}{9550}$$

P in kW
M in Nm
n in 1/min

1.2 ZAHLEN UND ZAHLENSYSTEME

ZAHLEN

Natürliche Zahlen
Alle geraden und ungeraden Zahlen.

Gerade Zahlen, z. B. 2, 4, 6 ,8, 10, ...
Ungerade Zahlen, z. B. 1, 3, 5, 7, 9, ...

Primzahlen
Sie sind nur durch 1 oder sich selbst ohne Rest teilbare natürliche Zahlen.

2, 3, 5, 7, 11, 13, 17, 19, 23, 29, ...

Ganze Zahlen
Alle positiven oder negativen natürlichen Zahlen einschließlich der Null.

Positive ganze Zahlen, z. B. +1, +2, ...
Negative ganze Zahlen, z. B. –1, –2, ...

Irrationale Zahlen
Alle nichtperiodischen Dezimalzahlen mit unendlich vielen Stellen.

$\sqrt{2} = 1{,}4142...$ $\sqrt[3]{4} = 1{,}5874...$
$\pi = 3{,}1415927...$

ZAHLENSYSTEME

Dezimalsystem
Das Dezimalsystem oder Zehnersystem verwendet zehn Ziffern zur Darstellung von Zahlen.

Ziffern des Dezimalsystems:
0, 1, 2, 3, 4, 5, 6, 7, 8, 9

Dezimalzahlen/Dezimalbrüche
Dezimalzahlen mit Komma können auch als Dezimalbrüche geschrieben werden.

0,1 = 1/10; 7,05 = 705/100;
18,003 = 18 003/1000

Dualsystem
Beim Dualsystem, auch Binärsystem genannt, ist die Basis 2. Es werden nur zwei Ziffern (0 und 1) zur Darstellung von Zahlen benutzt.

Dezimal	Dual
1; 2; 3; ...	1; 10; 11; ...

Beispiel:
$10 = 1 \cdot 2^3 + 0 \cdot 2^2 + 1 \cdot 2^1 + 0 \cdot 2^0 = 1010$

Hexadezimalsystem
Beim Hexadezimalsystem werden zur Darstellung von Zahlen 16 Zeichen verwendet.

Ziffern 0 ... 9 und Buchstaben A ... F

Dezimal	Hexadezimal
0 ... 9	0 ... 9
10	A
11 ... 15	B ... F

VORSÄTZE FÜR ZEHNERPOTENZEN

Vorsatz	Vorsatzzeichen	Faktor	Ausgeschriebene Zahl	Beispiel		
Mikro	µ	10^{-6}	0,000001	$4{,}7 \cdot 10^{-6}$ F	= 4,7 µF	= 0,0000047 F
Milli	m	10^{-3}	0,001	$2{,}8 \cdot 10^{-3}$ bar	= 2,8 mbar	= 0,0028 bar
Zenti	c	10^{-2}	0,01	$4{,}8 \cdot 10^{-2}$ m	= 4,8 cm	= 0,048 m
Dezi	d	10^{-1}	0,1	$1{,}45 \cdot 10^{-1}$ m	= 1,45 dm	= 0,145 m
Deka	da	10^{1}	10	$2{,}4 \cdot 10^{1}$ N	= 2,4 daN	= 24 N
Hekto	h	10^{2}	100	$0{,}8 \cdot 10^{2}$ l	= 0,8 hl	= 80 l
Kilo	k	10^{3}	1000	$4{,}4 \cdot 10^{3}$ g	= 4,4 kg	= 4400 g
Mega	M	10^{6}	1000000	$3{,}3 \cdot 10^{6}$ W	= 3,3 MW	= 3300000 W

Aufgaben

1 Wandeln Sie nachfolgende Dezimalzahlen in Dezimalbrüche um.
a) 0,25 b) 0,003 c) 4,27 d) 3,0204 e) 113,4 f) 0,876 g) 0,125 h) 0,0000115

2 Wandeln Sie in Zehner-Potenzschreibweise um.
a) 532 = ? b) 0,4 = ? c) 95 = ? d) 9930000 = ? e) 0,006 = ?

3 Wandeln Sie in Dezimalschreibweise um.
a) $3{,}2 \cdot 10^7 = ?$ b) $6 \cdot 10^{-3} = ?$ c) $2{,}93 \cdot 10^4 = ?$ d) $4{,}2 \cdot 10^{-6} = ?$ e) $5{,}62 \cdot 10^3 = ?$

1.3 RECHNEN MIT ZAHLENGRÖSSEN

ADDIEREN (ZUSAMMENZÄHLEN)

Die Reihenfolge der Summanden ist beliebig. Es dürfen nur Größen mit gleicher Einheit addiert werden.

$5 + 7 = 7 + 5 = 12$
$6{,}83\,m + 6{,}5\,m + 1{,}22\,m = 14{,}55\,m$

SUBTRAHIEREN (ABZIEHEN)

Die Subtrahenden werden in beliebiger Reihenfolge vom Ausgangswert abgezogen.

Es dürfen nur Größen mit gleicher Einheit subtrahiert werden.

$20 - 3 - 7 - 5 = 20 - 7 - 5 - 3 = 5$
(3: Subtrahend; 20: Ausgangswert)
$13\,m - 0{,}2\,m = 12{,}8\,m$

MULTIPLIZIEREN (MALNEHMEN)

Die Reihenfolge der Faktoren ist beliebig. Hat in einer Multiplikation ein Faktor den Wert 0, so ist das Produkt auch 0.

$5 \cdot 6 \cdot 4 = 6 \cdot 4 \cdot 5 = 120$
$13 \cdot 0 = 0$
$28 \cdot 0 \cdot 4 = 0$

DIVIDIEREN (TEILEN)

Durch 0 darf nicht geteilt werden, da Divisionen durch Null nicht definiert sind.

$\frac{83}{0} \longrightarrow$ Error

GEMISCHTE PUNKT- UND STRICHRECHNUNG

Punktrechnungen (· und :) sind vor Strichrechnungen (+ und –) durchzuführen.

1. Punktrechnung 2. Strichrechnung

$9 \cdot 3 + 6 \cdot 5 - 4 \cdot 2 = ?$
$9 \cdot 3 = 27 \quad 6 \cdot 5 = 30 \quad 4 \cdot 2 = 8$
$27 + 30 - 8 = 49$

KLAMMERRECHNUNG

Die in einer Klammer stehenden Werte werden zuerst ausgerechnet.

$12(8 + 22) - 4(6 + 3) = ?$
$12 \cdot 30 - 4 \cdot 9 = 324$

RUNDEN VON ZAHLEN

Ergibt eine Rechnung nach dem Komma mehr Stellen, als es die Genauigkeit verlangt, so wird auf eine bestimmte Stellenzahl auf- oder abgerundet.

Rechnungsbeträge werden auf zwei Stellen hinter dem Komma angegeben.

ABRUNDEN

Ist die Ziffer nach der letzten Stelle – die noch angegeben werden soll – eine 0, 1, 2, 3, 4, so bleibt die noch anzugebende Stelle unverändert.

Die Zahlen 9,652 und 8,7849 sollen auf die zweite Stelle hinter dem Komma gerundet werden.
$9{,}652 = 9{,}65; \quad 8{,}7849 = 8{,}78$

AUFRUNDEN

Ist die Ziffer nach der letzten Stelle – die noch angegeben werden soll – eine 5, 6, 7, 8, 9, so wird die letzte noch anzugebende Ziffer um 1 erhöht.

Die Zahlen 6,28 und 13,4732 sollen auf eine Stelle nach dem Komma gerundet werden.
$6{,}28 = 6{,}3; \quad 13{,}4732 = 13{,}5$

Aufgaben

1 a) $15 \cdot 2 + 7 \cdot 3 - 12 = ?$ b) $0{,}785 \cdot 36 + 0{,}785 \cdot 16 = ?$ c) $127 : 25{,}4 + 157 : 3{,}14 = ?$

2 a) $(7 + 6) \cdot (5 - 3) = ?$ b) $(12 - 3) \cdot (8 + 12)$ c) $81 \cdot 0{,}85 - 25 \cdot 0{,}785$

3 a) $(6{,}3 + 3{,}7) \cdot 3 : 5 = ?$ b) $(26{,}4 - 4{,}6) : 0{,}5 - 2 \cdot 4{,}4 = ?$ c) $169 : 13 - 8 \cdot 0{,}5 = ?$

4 a) $(27 + 3) - 3 \cdot (2{,}4 + 1{,}6) = ?$ b) $(6 + 2) \cdot (6 - 2) = ?$ c) $(6 + 2) - (6 + 2) = ?$

5 a) 5 cm + 3 m + 5 mm + 5 dm = ? m b) 2 cm · 3 dm = ? cm^2
c) 4 cm · 2 m = ? dm^2 d) 4 mm · 5 cm · 7 dm = ? cm^3

6 Runden Sie auf die zweite Stelle hinter dem Komma auf oder ab.
a) 100,3789 b) 5,3548 c) 30,795835 d) 72,10457 e) 0,395439

Lösungen

1a) 39; **1b)** 40,82; **1c)** 55 | **2a)** 26; **2b)** 180; **2c)** 49,225 | **3a)** 6; **3b)** 34,8; **3c)** 9 | **4a)** 18; **4b)** 32; **4c)** 0 | **5a)** 3,555 m; **5b)** 60 cm^2; **5c)** 8 dm^2; **5d)** 140 cm^3 | **6a)** 100,38; **6b)** 5,35; **6c)** 30,80; **6d)** 72,10; **6e)** 0,40

1.4 UMRECHNEN VON DEZIMAL-, DUAL- UND HEXADEZIMALZAHLEN

DEZIMALZAHLEN (Z_{10})

Bei Dezimalzahlen werden in jeder Stelle die Ziffern 0 bis 9 verwendet. Daraus ergibt sich die Basis (B) = 10. Alle Zahlen können deshalb als Multiplikatoren der Zehnerpotenzen geschrieben werden. Die Zahl 234 setzt sich aus den folgenden Zehnerpotenzen zusammen:

$2 \cdot 10^2 + 3 \cdot 10^1 + 4 \cdot 10^0 = 234$

Dezimalzahl mit dem Wert 234

Stelle	3	2	1
Potenz	$10^2 = 100$	$10^1 = 10$	$10^0 = 1$
Multiplikator	**2**	**3**	**4**
234 =	$\mathbf{2 \cdot 10^2}$	$\mathbf{+\ 3 \cdot 10^1}$	$\mathbf{+\ 4 \cdot 10^0}$

DUAL-(BINÄR)ZAHLEN (Z_2)

Die Rechenvorgänge in der elektronischen Datenverarbeitung (EDV) lassen nur die Verwendung der Ziffern 0 für den Zustand AUS und 1 für den Zustand EIN zu. Deshalb werden hier die Dualzahlen verwendet.

Bei Dualzahlen werden in jeder Stelle die Ziffern 0 und 1 verwendet. Somit ergibt sich die Basis (B) = 2. Bei der Darstellung einer Dualzahl werden nur die Multiplikatoren angegeben.

Dualzahl mit dem Wert 234

Stelle	8	7	6	5	4	3	2	1
Potenz	2^7 = 128	2^6 = 64	2^5 = 32	2^4 = 16	2^3 = 8	2^2 = 4	2^1 = 2	2^0 = 1
Multiplikator	**1**	**1**	**1**	**0**	**1**	**0**	**1**	**0**

$234 = 1 \cdot 128 + 1 \cdot 64 + 1 \cdot 32 + 0 \cdot 16 + 1 \cdot 8 + 0 \cdot 4 + 1 \cdot 2 + 0 \cdot 1$

UMWANDLUNG VON DEZIMALZAHLEN IN DUALZAHLEN

Die Dezimalzahl wird durch die höchstmögliche Zweierpotenz dividiert. Der verbleibende Rest wird wiederum durch die höchstmögliche Zweierpotenz dividiert, usw.

Beispiel

Die Dezimalzahl **14** ist in eine Dualzahl umzuwandeln. Die rechts dargestellte Tabelle zeigt den Rechenvorgang.

Umwandlung einer Dezimalzahl in eine Dualzahl

Stelle	4	3	2	1
Potenz	2^3	2^2	2^1	2^0
$14 : 2^3 = 14 : 8 = 1$ (Rest 6)	1			
$6 : 2^2 = 6 : 4 = 1$ (Rest 2)		1		
$2 : 2^1 = 2 : 2 = 1$ (Rest 0)			1	
$0 : 2^0 = 0 : 1 = 0$				0
Ergebnis z_2 =	1	1	1	0

UMWANDLUNG VON DUALZAHLEN IN DEZIMALZAHLEN

Die Zweierpotenz der entsprechenden Stelle wird mit dem Multiplikator 0 oder 1 multipliziert. Die errechneten Werte der Stellen werden danach addiert.

Beispiel

Die Dualzahl **01110100** ist in eine Dezimalzahl umzuwandeln. Die rechts dargestellte Tabelle zeigt den Rechenvorgang.

Dezimalwert der Dualzahl z_2 = 01110100

Stelle	8	7	6	5	4	3	2	1
Potenz	2^7 = 128	2^6 = 64	2^5 = 32	2^4 = 16	2^3 = 8	2^2 = 4	2^1 = 2	2^0 = 1
Multiplikator	**0**	**1**	**1**	**1**	**0**	**1**	**0**	**0**
z_{10} =	$0 \cdot 128$	$1 \cdot 64$	$1 \cdot 32$	$1 \cdot 16$	$0 \cdot 8$	$1 \cdot 4$	$0 \cdot 2$	$0 \cdot 1$

$z_{10} = 0 + 64 + 32 + 16 + 0 + 4 + 0 + 0$

$z_{10} = 116$

HEXADEZIMALZAHLEN (Z_{16})

Sie werden wie die Dualzahlen in der EDV angewendet. Sie dienen dazu, die Lesbarkeit und Übersicht der oft sehr langen Dualzahlen zu verbessern. Dabei wandeln die zur Programmierung und Diagnose verwendeten Softwareprogramme die Dualzahlen für die Anzeige in Hexadezimalzahlen um. Sie werden dann auf dem Computerbildschirm oder Diagnosetester angezeigt **(Bild 1)**.

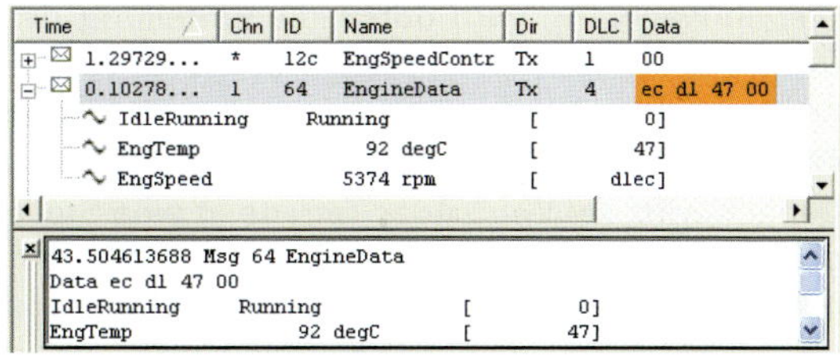

Bei diesem Zahlensystem werden neben den Ziffern 0 bis 9 zusätzlich die Buchstaben A bis F verwendet. Das bedeutet, der Multiplikator an einer Stelle kann den Wert von 0 bis 15 haben. Somit ist die Basis (B) = 16. Die Multiplikatoren werden an die entsprechende Stelle geschrieben.

Wert der Ziffern hexadezimaler Zahlen

Ziffer	0	1	2	3	4	5	6	7	8	9	A	B	C	D	E	F
Wert	0	1	2	3	4	5	6	7	8	9	10	11	12	13	14	15

Im Allgemeinen werden Hexadezimalzahlen zur besseren Unterscheidung von Dezimalzahlen mit den Buchstaben h, x, H oder hx vor oder nach der Zahl gekennzeichnet.

Mögliche Schreibweisen:

H0EA; h0EA; x0EA; hx0EA; 0EAH, 0EAh; 0EAx; 0EAhx

Hexadezimalzahl mit dem Wert 234

Stelle	3	2	1
Potenz	$16^2 = 256$	$16^1 = 16$	$16^0 = 1$
234 =	**0 · 256** +	**14 · 16** +	**10 · 1**
Multiplikator	**0**	14 = **E**	10 = **A**

UMWANDLUNG VON DEZIMALZAHLEN IN HEXADEZIMALZAHLEN

Die Dezimalzahl wird durch die höchstmögliche Potenz der Basis B = 16 dividiert. Der verbleibende Rest wird wiederum durch die höchstmögliche Potenz der Basis B = 16 dividiert, usw.

Beispiel

Die Dezimalzahl **51966** ist in eine Hexadezimalzahl umzuwandeln.

Mögliche Schreibweisen:

HCAFE; hCAFE; xCAFE; hxCAFE; CAFEH; CAFEh; CAFEx; CAFEhx

Umwandlung der Dezimalzahl z_{10} = 51966 in eine Hexadezimalzahl

16er Potenzen	16^3	16^2	16^1	16^0
$51966 : 16^3 = 12$				
= **C** (Rest 2814)	**C**			
$2814 : 16^2 = 10$				
= **A** (Rest 254)		**A**		
$254 : 16^1 = 15$				
= **F** (Rest 14)			**F**	
$14 : 16^0 = 14$				
= **E** (Rest 0)				**E**
Ergebnis z_{16} =	**C**	**A**	**F**	**E**

UMWANDLUNG VON HEXADEZIMALZAHLEN IN DEZIMALZAHLEN

Die 16er-Potenz der entsprechenden Stelle wird mit dem Multiplikator 0 bis 15 multipliziert. Die errechneten Werte der Stellen werden danach addiert.

Beispiel

Die Hexadezimalzahl **5AC** ist in eine Dezimalzahl (z_{10}) umzuwandeln.

Dezimalwert der Hexadezimalzahl 5AC

Stelle	3	2	1
Potenz	$16^2 = 256$	$16^1 = 16$	$16^0 = 1$
Multiplikator	**5**	**A** = 10	**C** = 12
z_{10} =	$5 \cdot 16^2$	$10 \cdot 16^1$	$12 \cdot 16^0$
z_{10} =	**1280** +	**160** +	**12**
z_{10} =		**1452**	

UMWANDLUNG VON DUALZAHLEN IN HEXADEZIMALZAHLEN

Die Umwandlung wird durch die Einteilung der Dualzahlen in Tetraden/Nipples wesentlich vereinfacht. Bei Tetraden werden vier Stellen der Dualzahlen von rechts beginnend zusammengesetzt.

Danach wird der Wert jeder Tetrade in eine Stelle der Hexadezimalzahl umgewandelt. Das bedeutet, dass sich eine Stelle einer Hexadezimalzahl aus vier Stellen einer Dualzahl zusammensetzt.

Beispiel

Die Dualzahl **11010011** ist in eine Hexadezimalzahl umzuwandeln.

Umwandlung der Dualzahl z_2 = 11010011 in eine Hexadezimalzahl

z_2 = 1101 0011

1101 (Tetrade 1) 0011 (Tetrade 2)

Wert:

$1 \cdot 2^3 + 1 \cdot 2^2 + 0 \cdot 2^1 + 1 \cdot 2^0 = 13 = D$ $\quad$ $0 \cdot 2^3 + 0 \cdot 2^2 + 1 \cdot 2^1 + 1 \cdot 2^0 = 3$

Ergebnis:
z_{16} = D 3

UMWANDLUNG VON HEXADEZIMALZAHLEN IN DUALZAHLEN

Jede Stelle der Hexadezimalzahl wird in vier Stellen (Tetraden) der Dualzahl umgewandelt und in der gleichen Reihenfolge geschrieben.

Beispiel

Die Hexadezimalzahl **CD** ist in eine Dualzahl umzuwandeln. C entspricht dem Multiplikator 12 und D dem Multiplikator 13.

Umwandlung der Hexadezimalzahl z_{16} = CD in eine Dualzahl

z_{16} =	**C = 12**	**D = 13**
	$12 : 2^3 = 1$ (Rest 4)	$13 : 2^3 = 1$ (Rest 5)
	$4 : 2^2 = 1$ (Rest 0)	$5 : 2^2 = 1$ (Rest 1)
	$0 : 2^1 = 0$	$1 : 2^1 = 0$ (Rest 1)
	$0 : 2^0 = 0$	$1 : 2^0 = 1$ (Rest 0)
Tetrade	1100	1101

Ergebnis: z_{16} = 1100 1101

Aufgaben

1 Die Dezimalzahlen sind in Dualzahlen sowie Hexadezimalzahlen umzuwandeln.
a) 24 b) 48 c) 255 d) 45054

2 Die Dualzahlen sind in Dezimalzahlen sowie Hexadezimalzahlen umzuwandeln.
a) 100 b) 1010 c) 11101 d) 11010111

3 Die Hexadezimalzahlen sind in Dezimalzahlen und Dualzahlen umzuwandeln.
a) 68h b) A0h c) 96h d) FFh

4 Über ein Datenbussystem im Kraftfahrzeug wird die Information „Motordrehzahl" übertragen. Der Computer zeigt beim Auslesen der aktuellen Motordrehzahl die Zahl 315h an.

a) Wie hoch ist die aktuelle Drehzahl?

b) Welche Dualzahl wird tatsächlich in Form von Bits auf dem Datenbus übertragen?

5 Sie lesen eine Botschaft, die verschiedene Schalterzustände angibt, mithilfe einer Diagnosesoftware für Datenbussysteme aus. Die Software stellt die Inhalte der Botschaft anhand von Hexadezimalzahlen dar **(Bild 1)**. Ermitteln Sie für das im Bild rot gekennzeichnete Datenbyte (8 Bit) mithilfe der Tabelle, welcher Schalter im Moment der Messung eingeschaltet war (Wert 1 = EIN).

```
22.5767 1  411   Rx  d 6 [11] 02 00 08 00 00
```

Bild 1

Stelle	8	7	6	5	4	3	2	1
Schalter	Tipp-wischen	Wischer Stufe 1	Wischer Stufe 2	Wischer Intervall	Blinken links	Blinken rechts	Fernlicht	Lichthupe

Lösungen

1a) 11000; 18h; **1b)** 110000; 30h; **1c)** 11111111; FFh; **1d)** 1010111111111110; AFFEh | **2a)** 4h; 4; **2b)** 10; Ah; **2c)** 29; 1Dh; **2d)** 215; D7h | **3a)** 104; 1101000; **3b)** 160; 10100000; **3c)** 150; 10010110; **3d)** 255; 11111111 | **4a)** 789; **4b)** 1100010101 | **5)** Wischerintervall, Lichthupe

1.5 BRUCHRECHNEN

Teilt man ein Ganzes – dargestellt durch eine Kreisfläche – in 8 gleiche Teile, so ist jedes dieser Teile ein Achtel.

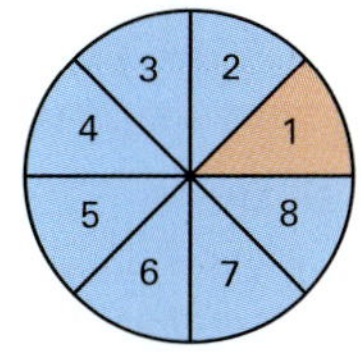

Dafür schreibt man $\frac{1}{8}$.

Der Zähler zählt die Teilstücke. Er gibt also an, wie viele Teilstücke vorhanden sind.

Der Nenner benennt die Teilung des Ganzen. Er gibt also an, in wie viele Teile das Ganze zu teilen ist.

$$\text{Bruch} = \frac{\text{Zähler}}{\text{Nenner}} = \frac{1}{8}$$

Der waagrechte (–) oder der schräge (/) Bruchstrich trennt Zähler und Nenner. Bruchstriche können auch durch das Teilungszeichen (:) ersetzt werden.

Jeder Bruch ist eine Umschreibung einer Teilung (Division). Er wird als Quotient bezeichnet.

$$\frac{1}{8} = 1/8 = 1:8$$

ARTEN VON BRÜCHEN

Echter Bruch.
Der Nenner ist größer als der Zähler.

Unechter Bruch.
Der Zähler ist größer als der Nenner.

Gemischte Zahl.
Sie besteht aus einer ganzen Zahl und einem Bruch.

Gleichnamige Brüche.
Sie haben gleiche Nenner.

Ungleichnamige Brüche.
Sie haben unterschiedliche Nenner.

$\frac{1}{3}$	$\frac{2}{3}$	$\frac{7}{8}$
$\frac{4}{3}$	$\frac{8}{5}$	$\frac{16}{7}$
$3\frac{1}{2}$	$1\frac{2}{5}$	$6\frac{3}{8}$
$\frac{1}{4}$	$\frac{2}{4}$	$\frac{3}{4}$
$\frac{1}{3}$	$\frac{2}{7}$	$\frac{4}{9}$

RECHNEN MIT BRÜCHEN

Erweitern von Brüchen

Erweitern eines Bruches heißt, Zähler und Nenner mit der gleichen Zahl zu multiplizieren. Dabei ändert sich der Wert des Bruches nicht.

$$\frac{3}{4} = \frac{3 \cdot 2}{4 \cdot 2} = \frac{6}{8}$$

Kürzen von Brüchen

Kürzen eines Bruches heißt, Zähler und Nenner durch die gleiche Zahl zu dividieren. Dabei ändert sich der Wert des Bruches nicht.

Bestehen Zähler oder Nenner aus einer Summe oder einer Differenz, dann wird diese vor dem Kürzen berechnet.

$$\frac{48 + 13 - 16}{68 - 9 + 31} = \frac{45}{90} = \frac{45 : 45}{90 : 45} = \frac{1}{2}$$

Addieren und Subtrahieren von Brüchen

Bei gleichnamigen Brüchen sind die Zähler zu addieren bzw. zu subtrahieren.

$$\frac{3}{4} + \frac{5}{4} - \frac{1}{4} = \frac{7}{4} = 1\frac{3}{4}$$

Bei ungleichnamigen Brüchen ist vor dem Addieren oder Subtrahieren der Hauptnenner zu suchen, d. h. die Brüche sind gleichnamig zu machen.

Als Hauptnenner verwendet man das kleinste gemeinsame Vielfache, in dem alle Nenner der zu addierenden oder zu subtrahierenden Brüche enthalten sind.

Dazu sind alle Brüche auf den Hauptnenner zu erweitern.

$$\frac{1}{3} + \frac{3}{5} = ? \quad \text{Hauptnenner: } 3 \cdot 5 = 15$$

$$\frac{1}{3} = \frac{1 \cdot 5}{3 \cdot 5} = \frac{5}{\mathbf{15}}; \quad \frac{3}{5} = \frac{3 \cdot 3}{5 \cdot 3} = \frac{9}{\mathbf{15}}$$

$$\frac{1}{3} + \frac{3}{5} = \frac{5}{\mathbf{15}} + \frac{9}{\mathbf{15}} = \frac{14}{15}$$

Multiplizieren von Brüchen

Bruch mit ganzer Zahl

Ein Bruch wird mit einer ganzen Zahl multipliziert, indem man den Zähler des Bruches mit der ganzen Zahl multipliziert. Der Nenner des Bruches bleibt unverändert.

$$\frac{3}{10} \cdot \mathbf{7} = \frac{3 \cdot \mathbf{7}}{10} = \frac{21}{10} = 2\frac{1}{10}$$

Bruch mit Bruch

Ein Bruch wird mit einem Bruch multipliziert, indem man Zähler mit Zähler und Nenner mit Nenner multipliziert.

$$\frac{3}{5} \cdot \frac{7}{4} = \frac{3 \cdot 7}{5 \cdot 4} = \frac{21}{20} = 1\frac{1}{20}$$

Gemischte Zahl mit ganzer Zahl

Die gemischte Zahl wird zuerst in einen unechten Bruch umgewandelt und dann der Zähler mit der ganzen Zahl multipliziert.

$$4\frac{1}{2} \cdot 3 = \frac{9}{2} \cdot 3 = \frac{27}{2} = 13\frac{1}{2}$$

Dividieren von Brüchen

Bruch durch ganze Zahl

Ein Bruch wird durch eine ganze Zahl dividiert, indem man den Nenner mit der ganzen Zahl multipliziert, oder den Zähler durch die ganze Zahl dividiert.

$$\frac{8}{9} : \mathbf{4} = \frac{8}{9 \cdot \mathbf{4}} = \frac{8}{36} = \frac{2}{9} \quad \text{oder}$$

$$\frac{8}{9} : \mathbf{4} = \frac{8 : \mathbf{4}}{9} = \frac{2}{9}$$

Bruch durch Bruch

Ein Bruch wird durch einen Bruch dividiert, indem man den ersten Bruch mit dem Kehrwert (reziproken Wert) des zweiten Bruches multipliziert.

$$\frac{5}{8} : \frac{\mathbf{3}}{\mathbf{7}} = \frac{5}{8} \cdot \frac{\mathbf{7}}{\mathbf{3}} = \frac{35}{24} = 1\frac{11}{24}$$

Lösung von Doppelbrüchen

Zählerbruch wird durch Nennerbruch dividiert (siehe „Bruch durch Bruch"). Der Zählerbruch wird mit dem Kehrwert des Nennerbruches multipliziert.

$$\frac{\frac{4}{7}}{\frac{\mathbf{2}}{\mathbf{5}}} = \frac{4}{7} : \frac{\mathbf{2}}{\mathbf{5}} = \frac{4}{7} \cdot \frac{\mathbf{5}}{\mathbf{2}} = \frac{20}{14} = \frac{10}{7} = 1\frac{3}{7}$$

DEZIMALBRÜCHE

Dezimalbrüche sind Brüche mit den Nennern 10, 100, 1000. Sie können stets auch als Dezimalzahlen geschrieben werden.

$$\frac{9}{10} = 0{,}9; \quad \frac{3}{100} = 0{,}03; \quad \frac{7}{1000} = 0{,}007$$

UMWANDELN VON BRÜCHEN

Bruch in Dezimalbruch

Ein Bruch wird in einen Dezimalbruch umgewandelt, indem man den Zähler durch den Nenner dividiert und somit eine Dezimalzahl erhält. Diese verwandelt man dann in einen Dezimalbruch.

$\frac{1}{2}$	=	1 : 2	=	0,5	=	$\frac{5}{10}$
Bruch		Division		Dezimalzahl		Dezimalbruch

Endlicher Dezimalbruch in Bruch

Ein endlicher Dezimalbruch wird in einen Bruch umgewandelt, indem man in den Zähler alle Ziffern nach dem Komma schreibt und in den Nenner eine 1 mit so vielen Nullen, wie der Zähler Stellen hat.

$$0{,}12 = \frac{12}{100} = \frac{3}{25}$$

$$0{,}285 = \frac{285}{1000} = \frac{57}{200}$$

Aufgaben

Addieren und Subtrahieren von Brüchen

1 a) $\frac{1}{4}+\frac{3}{4}-\frac{2}{4}$ b) $\frac{3}{8}+\frac{7}{8}+\frac{1}{8}-\frac{5}{8}$ c) $\frac{5}{2}+\frac{3}{2}+\frac{1}{2}-\frac{7}{2}$

2 a) $\frac{3}{24}+\frac{3}{4}$ b) $\frac{157}{5}+\frac{20}{25}$ c) $\frac{18}{60}+\frac{21}{72}$

3 a) $\frac{1}{6}+\frac{3}{12}+\frac{5}{6}$ b) $\frac{3}{4}+\frac{4}{7}+\frac{5}{9}$ c) $\frac{4}{7}+\frac{3}{5}+\frac{7}{8}$

4 a) $\frac{4}{11}+\frac{3}{5}+\frac{4}{9}$ b) $\frac{7}{8}-\frac{2}{7}-\frac{1}{4}$ c) $\frac{11}{13}-\frac{1}{4}+\frac{3}{8}$

5 a) $\frac{96}{12}-\frac{40}{45}+3$ b) $\frac{91}{70}+\frac{210}{35}-\frac{3}{10}$ c) $6\frac{11}{17}-\frac{16}{19}$

6 a) $6\frac{12}{13}+4\frac{7}{9}$ b) $5\frac{2}{3}-2\frac{5}{9}+3\frac{7}{8}$ c) $\frac{27}{6}+\frac{43}{13}-\frac{22}{7}$

Multiplizieren und Dividieren von Brüchen

7 a) $\frac{3}{4}\cdot\frac{4}{7}$ b) $\frac{9}{11}\cdot\frac{22}{7}$ c) $\frac{1}{3}\cdot\frac{7}{8}\cdot\frac{2}{3}$

8 a) $\frac{7}{9}\cdot 3\frac{1}{2}$ b) $2\frac{1}{5}\cdot\frac{4}{3}$ c) $4\frac{2}{3}\cdot 3\frac{3}{4}$

9 a) $\left(\frac{2}{3}+\frac{3}{4}\right)\cdot\frac{1}{3}$ b) $7\cdot\left(\frac{4}{2}-\frac{1}{3}\right)$ c) $\left(\frac{3}{10}+\frac{1}{4}\right)\cdot 6$

10 a) $\frac{4}{5}:\frac{3}{7}$ b) $\frac{4}{5}:6$ c) $\frac{3}{14}:10$

11 a) $9\frac{1}{2}:2\frac{3}{4}$ b) $1\frac{1}{6}:7$ c) $\frac{31}{54}:1\frac{1}{7}$

Doppelbrüche

12 a) $\frac{\frac{3}{16}}{\frac{5}{7}}$ b) $\frac{\frac{4}{9}}{\frac{21}{5}}$ c) $\frac{\frac{7}{9}}{\frac{2}{3}}$ d) $\frac{\frac{5}{7}}{\frac{6}{3}}$ e) $\frac{2\frac{3}{4}}{\frac{3}{5}}$ f) $\frac{3\frac{4}{7}}{1\frac{7}{11}}$

Gemischte Bruchrechnungsaufgaben

13 a) $7\frac{3}{5}+7\cdot\frac{3}{5}$ b) $4\frac{3}{7}:\left(2\cdot\frac{3}{7}\right)$ c) $\frac{24}{51}:\left(\frac{3}{4}\cdot\frac{2}{7}\right)$

14 a) $\frac{26}{5}+\frac{\frac{3}{8}}{2}-\frac{11}{5}:\frac{3}{5}$ b) $0{,}42:\frac{3}{9}+\frac{5}{13}\cdot 0{,}7$ c) $6\frac{2}{3}+0{,}75-3\frac{3}{8}+2{,}25:\frac{5}{7}$

Umwandlung in Brüche

15 0,4; 0,07; 0,25; 0,003; 4,270; 3,0204; 113,4; 0,875; 0,72; 0,125

Umwandlung in Brüche

16 $\frac{3}{4}$; $\frac{7}{8}$; $\frac{9}{16}$; $\frac{20}{25}$; $2\frac{1}{2}$; $\frac{6}{25}$; $4\frac{2}{5}$; $\frac{5}{4}$; $\frac{127}{5}$; $\frac{157}{50}$

Lösungen

1a) 1/2; **1b)** 3/4; **1c)** 1 | **2a)** 7/8; **2b)** 32 1/5; **2c)** 71/120 | **3a)** 1 1/4; **3b)** 1 221/252; **3c)** 2 13/280 | **4a)** 1 202/495; **4b)** 19/56; **4c)** 101/104 | **5a)** 10 1/9; **5b)** 7; **5c)** 5 260/323 | **6a)** 11 82/117; **6b)** 6 71/72; **6c)** 4 121/182 | **7a)** 3/7; **7b)** 2 4/7; **7c)** 7/36 | **8a)** 2 13/18; **8b)** 2 14/15; **8c)** 17 1/2 | **9a)** 17/36; **9b)** 11 2/3; **9c)** 3 3/10 | **10a)** 1 13/15; **10b)** 2/15; **10c)** 3/140 | **11a)** 3 5/11; **11b)** 1/6; **11c)** 217/432 | **12a)** 21/80; **12b)** 20/189; **12c)** 1 1/6; **12d)** 5/14; **12e)** 4 7/12; **12f)** 2 23/126 | **13a)** 11 4/5; **13b)** 5 1/6; **13c)** 2 10/51 | **14a)** 1 173/240; **14b)** 1 172/325; **14c)** 7 23/120 | **15** 2/5; 7/100; 1/4; 3/1000; 4 27/100; 30204/10000; 113 2/5; 7/8; 18/25; 1/8 | **16** 75/100; 875/1000; 5625/10000; 8/10; 25/10; 24/100; 44/10; 125/100; 254/10; 314/100

1.6 DREISATZRECHNEN

Bei Dreisatzrechnungen wird aus drei bekannten Größen eine vierte unbekannte Größe berechnet. Beim einfachen Dreisatz besteht der Rechenweg aus drei Schritten:

1. Behauptungssatz **2. Mittelsatz** **3. Schlusssatz**

Bei Dreisatzaufgaben unterscheidet man zwischen direkten (geraden) und umgekehrten Verhältnissen.

DIREKTER DREISATZ

Beide Zahlenangaben nehmen zu oder ab.

Je größer, desto größer

oder

Je kleiner, desto kleiner

Beispiel 1

Was kosten 40 Schrauben, wenn 72 Stück 27,00 € kosten?

1. 72 Schrauben kosten 27,00 €
2. 1 Schraube kostet $\frac{27{,}00\ €}{72}$
3. 40 Schrauben kosten $\frac{27{,}00\ € \cdot 40}{72} = \mathbf{15{,}00\ €}$

UMGEKEHRTER DREISATZ

Eine Zahlenangabe des Behauptungssatzes nimmt zu, während die andere abnimmt.

Je größer, desto kleiner

oder

Je kleiner, desto größer

Beispiel 2

6 Arbeiter brauchen 180 Stunden zur Fertigstellung einer Arbeit. Wie lange brauchen 9 Arbeiter dazu?

1. 6 Arbeiter brauchen 180 h
2. 1 Arbeiter braucht 180 h · 6
3. 9 Arbeiter brauchen $\frac{180\ h \cdot 6}{9} = \mathbf{120\ h}$

MEHRFACHER DREISATZ

Beispiel 3

60 Werkstücke werden von 4 Arbeitern in 5 Tagen hergestellt. Wie lange brauchen 6 Arbeiter zur Herstellung von 72 Werkstücken?

Bei einem Dreisatz sind mehrere Größen zu berechnen.

1.	4 Arbeiter fertigen	60 Werkstücke	in 5 Tagen	**1. Dreisatz**
2.	1 Arbeiter fertigt	60 Werkstücke	in 4 · 5 Tagen	**1. Dreisatz**
3.	6 Arbeiter fertigen	60 Werkstücke	in 4 · 5 Tagen/6	
4.	6 Arbeiter fertigen	1 Werkstück	in 4 · 5 Tagen/6 · 60	**2. Dreisatz**
5.	6 Arbeiter fertigen	72 Werkstücke	in $\frac{4 \cdot 5\ \text{Tagen} \cdot 72}{6 \cdot 60} = \mathbf{4\ Tagen}$	**2. Dreisatz**

Er setzt sich aus mindestens 2 Schlusssätzen zusammen.

Aufgaben

1 5 Reifen kosten 727,70 €. Wie viel kosten 2 Reifen?

2 3,5 l Öl kosten 22,40 €. Wie viel kosten 2,8 l Öl?

3 Ein Kraftfahrzeug fährt in 2 Minuten 2,3 km. Wie viel Kilometer fährt es in einer Stunde?

4 Ein Pkw braucht 24 l Kraftstoff für 425 km. Wie viel Liter Kraftstoff werden für 260 km benötigt?

5 10 l Kühlflüssigkeit enthalten 4,6 l Frostschutzmittel, um eine Gefriersicherheit von –35 °C zu erreichen. Wie viel Frostschutzmittel ist bei einem Pkw-Motor mit 6,8 l Kühlflüssigkeit bei gleichem Mischungsverhältnis enthalten?

6 Ein Kfz fährt mit einer Durchschnittsgeschwindigkeit von 80 km/h von Ulm nach Stuttgart in 1,12 Stunden. Wie lange dauert die Fahrt bei einer Durchschnittsgeschwindigkeit von 85 km/h?

7 7 Lkw fahren in 9 Stunden 378 Tonnen Kies zu einer Baustelle. Wie viel Tonnen Kies können von 5 Lkw in 12 Stunden gefahren werden?

Lösungen

1) 291,08 € | **2)** 17,92 € | **3)** 69 km | **4)** 14,68 l | **5)** 3,13 l | **6)** 1,054 h | **7)** 360 t

1.7 PROZENTRECHNEN

Prozentrechnung (%). Sie ist eine Vergleichsrechnung. Dabei entspricht ein Ganzes 100 %.

Grundwert *G*. Er bezieht sich immer auf das Ganze, d. h. auf 100 %. Der Grundwert ist meist eine Zahl mit Einheit.

Prozentwert *P*. Er ist die mit dem Grundwert zu vergleichende Zahl mit gleicher Einheit wie der Grundwert.

Prozentsatz *p*. Er gibt an, wie viel Hundertstel vom Grundwert zu nehmen sind.

Promillerechnung (‰). Sie ist wie die Prozentrechnung eine Vergleichsrechnung. Ein Ganzes entspricht 1000 ‰.

Endwert *E*. Er ist der um den Prozentwert verminderte Grundwert E_{min} oder erhöhte Grundwert E_{max}.

%	**Prozent**
G	**Grundwert**
P	**Prozentwert**
p	**Prozentsatz %**
‰	**Promille**
E_{min}	**Endwert vermindert**
E_{max}	**Endwert vermehrt**

Beispiel 1

Ein Werkstück wiegt 6,4 kg, das Rohteil 7,2 kg. Wie groß ist der Verschnitt in Prozent bezogen auf das Fertigteil?

Gegeben: $P = 7{,}2\ \text{kg} - 6{,}4\ \text{kg} = 0{,}8\ \text{kg};\ G = 6{,}4\ \text{kg}$

Gesucht: p in %

Lösung $p = \dfrac{100 \cdot P}{G} = \dfrac{100\ \% \cdot 0{,}8\ \text{kg}}{6{,}4\ \text{kg}} = \mathbf{12{,}5\ \%}$

$$\text{Prozentsatz} = \frac{100 \times \text{Prozentwert}}{\text{Grundwert}}$$

$$p = \frac{100 \cdot P}{G}$$

Beispiel 2

Beim Kauf eines Pedelecs wird ein Nachlass von 168,00 € gewährt. Das sind 8 % des Listenpreises. Wie hoch ist der Listenpreis?

Gegeben: $P = 168{,}00\ €;\ p = 8\ \%$

Gesucht: G in €

Lösung $G = \dfrac{100 \cdot P}{p} = \dfrac{100\ \% \cdot 168{,}00\ €}{8\ \%} = \mathbf{2100{,}00\ €}$

$$\text{Grundwert} = \frac{100 \times \text{Prozentwert}}{\text{Prozentsatz}}$$

$$G = \frac{100 \cdot P}{p}$$

Beispiel 3

25 l Kühlflüssigkeit enthalten 42 % Frostschutz. Wie viel Liter Frostschutz sind dies?

Gegeben: $G = 25\ \text{l};\ p = 42\ \%$

Gesucht: P in l

Lösung $P = \dfrac{G \cdot p}{100} = \dfrac{25\ \text{l} \cdot 42\ \%}{100\ \%} = \mathbf{10{,}5\ l}$

$$\text{Prozentwert} = \frac{\text{Grundwert} \times \text{Prozentsatz}}{100}$$

$$P = \frac{G \cdot p}{100}$$

Beispiel 4

Nach einer Preiserhöhung um 5 % kostet ein Reifen 115,50 € (vermehrter Wert). Wie hoch war der alte Listenpreis?

Gegeben: $p = 5\%;\ E_{max} = 115{,}00\ €$

Gesucht: G in €

Lösung $G = \dfrac{100 \cdot E_{max}}{100 + p} = \dfrac{100\ \% \cdot 115{,}50\ €}{100\ \% + 5\ \%} = \mathbf{110{,}00\ €}$

$$\text{Grundwert} = \frac{100 \times \text{Endwert vermehrt}}{100 + \text{Prozentsatz}}$$

$$G = \frac{100 \cdot E_{max}}{100 + p}$$

Beispiel 5

Nach Abzug von 35 % beträgt der Nettolohn 2600,00 € (verminderter Wert). Wie groß war der Bruttolohn?

Gegeben: $p = 35\ \%;\ E_{min} = 2600{,}00\ €$

Gesucht: G in €

Lösung $G = \dfrac{100 \cdot E_{min}}{100 - p} = \dfrac{100\ \% \cdot 2600{,}00\ €}{100\ \% - 35\ \%} = \mathbf{4000{,}00\ €}$

$$\text{Grundwert} = \frac{100 \times \text{Endwert vermindert}}{100 - \text{Prozentsatz}}$$

$$G = \frac{100 \cdot E_{min}}{100 - p}$$

Aufgaben

1 Berechnen Sie die fehlenden Werte:

	Grundwert *G*	Prozentwert *P*	Prozentsatz *p*
a)	480 €	30 €	? %
b)	36 min	5,5 min	? %
c)	6000 m	48 m	? %
d)	5,3 kg	? kg	22,5 %
e)	780 km	? km	18 %
f)	6,8 m	? m	7,5 %
g)	? kW	46,75 kW	85 %
h)	? l	455 l	13 %

2 Vergrößern Sie die Zahl 50 um 10 % und verkleinern Sie das Ergebnis um 10 %.

3 Die Fertigungszeit für ein Werkstück wird von 21 Minuten auf 18 Minuten gesenkt. Wie groß ist die Zeitersparnis in Prozent?

4 Bei Barzahlung von 394,00 € erhält der Kunde 2 % Skonto. Welcher Betrag ist zu zahlen?

5 Ein Gebrauchtwagen wird 30 % unter seinem Neupreis (30 500,00 €) verkauft. Wie hoch ist der Verkaufspreis?

6 Der Listenpreis für eine Leichtmetallfelge beträgt 460,00 €. Der Händler erhält 35 % Rabatt. Wie hoch ist der Einkaufspreis?

7 Eine Werkstatteinrichtung im Werte von 0,6 Mio. € wird versichert. Wie hoch ist die Jahresprämie in €, wenn sie 2,2 ‰ des Wertes der Werkstatteinrichtung beträgt?

8 Eine Rückleuchte kostet bei einem Rabatt von 22 % noch 80,98 €. Wie hoch ist der Listenpreis?

9 Durch Teilzahlung erhöht sich der Preis eines gebrauchten Kfz von 12 900,00 € auf 13 984,00 €. Wie viel Prozent des Preises beträgt der Aufschlag?

10 Der Preis von 1 Liter Kraftstoff wird von 2,20 € um 3,6 % erhöht. Wie viel kostet 1 Liter Kraftstoff nach der Preiserhöhung?

11 Ein Werkstück wiegt 23 kg, das Rohteil 26,5 kg. Wie groß ist der Verschnitt in Prozent?

12 Der Verkaufspreis eines Kfz wird von 21 000,00 € um 6 % gesenkt. Wie hoch ist der neue Verkaufspreis?

13 Ein Kfz-Reifen soll mit 11,76 € Gewinn, das sind 12 % des Verkaufspreises, verkauft werden. Wie viel kostet der Reifen?

14 Ein Kfz-Mechatroniker mit Berufserfahrung hat einen Brutto-Stundenlohn von 23,20 €. Wie hoch ist sein Stundenlohn nach einer Lohnerhöhung von 3,2 %?

15 Der Preis von einem Liter Superbenzin wird von 1,96 € um 3,6 % erhöht.

a) Wie viel kostet ein Liter Kraftstoff nach der Erhöhung?

b) Um wie viel Euro verteuert sich die Tankfüllung eines Fahrzeugs, wenn 65 Liter getankt werden?

16 Bei Barkauf eines Kleinkraftrollers werden 3 % Skonto vom Listenpreis (3429,00 €) gewährt. Bei Ratenzahlung sind je Monat 1 % Zins vom Listenpreis zu zahlen.

a) Wie groß ist der Preis bei Barzahlung?

b) Wie groß ist der Preis bei Ratenzahlung in 6 Monaten?

c) Welcher Preisunterschied besteht zwischen Bar- und Ratenzahlung?

17 In einer Werkstatt sind 8 Kfz-Mechatroniker mit je 38 h je Woche (5 Arbeitstage) beschäftigt. Die reinen Bruttolohnkosten betragen 8624,00 € pro Woche. Aufgrund zusätzlicher Arbeit werden zwei weitere Kfz-Mechatroniker eingestellt.

Wie hoch sind die durchschnittlichen Bruttolohnkosten in einem Monat mit 22 Arbeitstagen?

18 Zwei Behälter haben ein Fassungsvermögen von 10 m³ bzw. 20 m³; sie enthalten 6 m³ bzw. 8 m³ Flüssigkeit.

Zu wie viel Prozent ist das Fassungsvermögen jeweils ausgenutzt?

Lösungen

1a) 6,25%; **1b)** 15,3%; **1c)** 0,8%; **1d)** 1,19 kg; **1e)** 140,4 km; **1f)** 0,51 m; **1g)** 55 kW; **1h)** 3500 l | **2)** 49,5 | **3)** 14,28% | **4)** 386,12 € | **5)** 21 350,00 € | **6)** 299,00 € | **7)** 1320,00 € | **8)** 103,82 € | **9)** 8,40% | **10)** 2,28 € | **11)** 15,2% | **12)** 19 740,00 € | **13)** 98,00 € | **14)** 23,94 € | **15a)** 2,03 €; **15b)** 4,55 € | **16a)** 3326,13 €; **16b)** 3634,74 €; **16c)** 308,61 € | **17)** 47 432,00 € | **18)** 60%; 40%

1.8 ZINSRECHNEN

Zinsen werden üblicherweise für geliehenes oder verliehenes Geld (Kapital) berechnet.

Die Höhe des Zinssatzes errechnet sich aus dem **Kapital *k*,** dem **Zinssatz *p*** (Zinsfuß, Prozentsatz) und der **Zeitdauer *t*** (Jahre, Monate, Tage). Der Zinssatz wird üblicherweise auf ein Jahr (p. a., per anno) bezogen. Bei Zinsrechnungen nimmt man ein Jahr zu 360 Tagen und einen Monat zu 30 Tagen an.

Beispiel 1

Ein Kapital von 15000,00 € wird 80 Tage (d) lang zu einem Zinssatz von 2,1 % verzinst. Wie hoch sind die Zinsen?

Gegeben: $k = 15000{,}00\ €;\ p = 2{,}1\ \%;\ t = 80\ \text{d}$

Gesucht: z in €

Lösung $z = \dfrac{k \cdot p \cdot t}{100 \cdot 360} = \dfrac{15000{,}00\ € \cdot 2{,}1\ \% \cdot 80\ \text{d}}{100\ \% \cdot 360\ \text{d}} = \mathbf{70\ €}$

Beispiel 2

Ein Kapital von 3000,00 € bringt nach 42 Monaten Zinsen in Höhe von 134,40 €. Wie hoch ist der Zinssatz?

Gegeben: $k = 3000{,}00\ €;\ t = 42\ \text{Monate} \cdot 30\ \text{Tage/Monat} = 1260\ \text{d}$

$z = 134{,}40\ €$

Gesucht: p in %

Lösung $p = \dfrac{100 \cdot 360 \cdot z}{k \cdot t} = \dfrac{100\ \% \cdot 360\ \text{d} \cdot 134{,}40\ €}{3000{,}00\ € \cdot 1260\ \text{d}} = \mathbf{1{,}28\ \%}$

Für Zeitangaben in Jahren gilt:

$$z = \frac{k \cdot p \cdot t}{100}$$

$$k = \frac{100 \cdot z}{p \cdot t};\quad p = \frac{100 \cdot z}{k \cdot t}$$

$$t = \frac{100 \cdot z}{k \cdot p}$$

Für Zeitangaben in Tagen gilt:

$$z = \frac{k \cdot p \cdot t}{100 \cdot 360}$$

$$k = \frac{100 \cdot 360 \cdot z}{p \cdot t}$$

$$p = \frac{100 \cdot 360 \cdot z}{k \cdot t}$$

$$t = \frac{100 \cdot 360 \cdot z}{k \cdot p}$$

z Zinsen in €
k Kapital in €
p Zinssatz in % pro Jahr
t Zeit in Jahren a oder Tagen d

Aufgaben

1 Wie hoch sind die Zinsen für ein Kapital von 5000,00 €, das bei einem Zinssatz von 2,5% für ein 3/4 Jahr angelegt wird?

2 Wie hoch sind die Zinsen für ein Kapital von 2500,00 € bei 1,5 % für 3 Jahre, 5 Monate und 18 Tage?

3 800,00 € werden vom 18.1. bis 21.8. zu 4,5 % ausgeliehen. Wie hoch ist der Zins?

4 Ein Darlehen von 500,00 € wird nach 6 Monaten mit 510,00 € zurückerstattet. Wie hoch war der Zinssatz?

5 Bei einem Zinssatz von 3,5 % mussten 68,00 € Zinsen für die Zeit vom 1.1. bis 15.9. gezahlt werden. Wie hoch war das Darlehen?

6 Ein Darlehen von 12000,00 € wird für 2 Jahre zu einem Zinssatz von 4,1 % aufgenommen. Welcher Betrag einschließlich der Zinsen muss bei Fälligkeit zurückgezahlt werden?

7 Für ein Kapital von 14600,00 € erhält man Zinsen in Höhe von 250,00 € bei einem Zinssatz von 3,25 % ausgezahlt. Wie viele Tage war das Kapital angelegt?

8 Für ein Darlehen von 5000,00 € sind 225,00 € an Zinsen bei einem Zinssatz von 3 % zu zahlen. Wie lange war die Laufzeit des Darlehens?

9 Ein Kapital von 20000,00 € wird zu einem Zinssatz von 2,2 % für 3 Jahre fest angelegt, wobei die jährlichen Zinsen dem Kapital zugeschlagen werden. Berechnen Sie jeweils für die einzelnen Jahre die Zinsen und das Anwachsen des Grundkapitals.

Lösungen

1) 93,75 € | **2)** 130,00 € | **3)** 21,40 € (214 Tage) | **4)** 4 % | **5)** 2743,00 € (255 Tage) | **6)** 12984,00 €
7) 190 Tage | **8)** 18 Monate | **9)** $z_1 = 440{,}00\ € + k_1 = 20440{,}00\ €;\ z_2 = 449{,}68\ € + k_2 = 20889{,}68\ €;$
$z_3 = 459{,}57\ € + k_3 = 21349{,}25\ €$

1.9 RECHNEN MIT DEM TASCHENRECHNER

Mithilfe von Taschenrechnern können Rechenoperationen einfach und schnell durchgeführt werden. Bei Taschenrechnern unterscheidet man Bedienfeld (= Eingabeteil) und Anzeigefeld (= Ausgabeteil). Die Ausstattung der Taschenrechner ist sehr unterschiedlich; ihre Bedienung muss entsprechend der Bedienungsanleitung erfolgen.

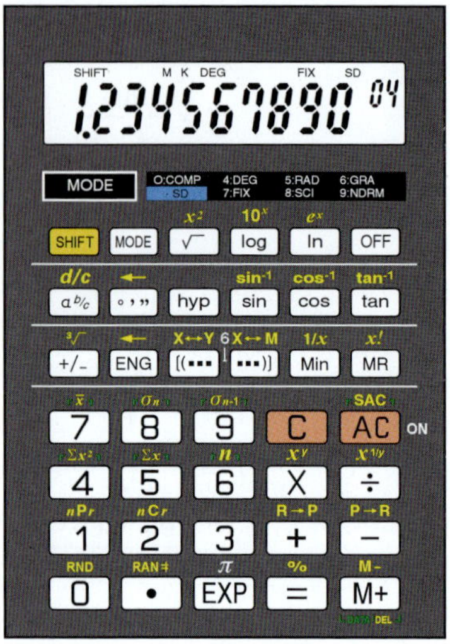

*)

Ein- und Ausschaltfunktion	**ON – OFF**
Zifferntasten	**0 – 9**
Punkttaste für Dezimalzeichen	**•**
Tasten für Standardrechenoperationen	**+ – × ÷**
Ergebnistaste	**=**
Löschtasten	**C AC**
Speichertasten	**M M+ M– Min**
Speicherwert abrufen	**MR**
Funktionstasten	**% +/– x^2 1/x x^y $\sqrt{x}$ [(...)] sin cos tan π ...**
Umschalttaste	**SHIFT/INV/2nd** aktiviert die Zweitbelegung der Tasten
Betriebsarten	**MODE.** In Verbindung mit einer weiteren Taste kann damit z. B. die Anzahl der Kommastellen festgelegt werden.

*) 1.234567890^{04} = 12345.67890
Exponent ^{04}: Kommastelle 4 Stellen nach rechts verschieben

1.234567890^{-04} = 0.0001234567890
Exponent $^{-04}$: Kommastelle 4 Stellen nach rechts verschieben

Beispiel	Tastenfolge	Ergebnis	Anmerkung
Werteingabe 345,76 0,48	345 · 76 · 48		Der Dezimalpunkt ersetzt das Komma. Die Null vor dem Komma muss nicht eingegeben werden.
Addition/Subtraktion 234,57 + 3,59 – 118,16 = ?	234.57 + 3.59 – 118.16 =	120	Das Ergebnis wird durch Betätigen der „="-Taste ausgegeben.
Multiplizieren/Dividieren $\frac{24 \cdot 600 + 1200}{2 \cdot 25 \cdot 156} = ?$	24 × 600 + 1200 = 15600 ÷ 2 ÷ 25 ÷ 156 =	2	Ist ein Zähler durch mehrere Faktoren im Nenner zu teilen, so ist bei jedem Teilen die ÷ Taste zu betätigen.
Klammerrechnung $\frac{7{,}5 + 9}{3} = ?$ $\frac{6 \cdot (11{,}4 - (6{,}2 - 2{,}8))}{32} = ?$	(7.5 + 9) ÷ 3 = 6 × (11.4 – (6.2 – 2.8)) ÷ 32 =	5.5 1.5	Die Klammerrechnung ist zuerst auszuführen. Am Ende der Klammerrechnung ist die Klammertaste so oft zu drücken, wie Klammern geöffnet wurden.
Prozentrechnung 15 % von 4500 = ? 2400 + 15 % von 2400	4500 × 15 SHIFT % 2400 × 15 SHIFT % +	675 2760	Die Prozenttaste bewirkt die Rechenoperation 1/100.

Beispiel	Tastenfolge	Ergebnis	Anmerkung
Kehrwert von 0,2	0.2 1/x	5	Die Kehrwerttaste errechnet, wie oft der betreffende Zahlenwert in Eins enthalten ist.
Potenzieren $\frac{\pi \cdot 16^2}{4} = ?$ $3^4 = ?$	π × 16 x^2 ÷ 4 = 3 x^n 4 =	201.06193 81	x^2 bewirkt das Quadrieren $(x \cdot x)$ der vorhergehenden Zifferneingabe. Mit der Taste x^y (sprich: x hoch y) kann jede Zahl mit einem beliebigen Faktor potenziert werden $(= x \cdot x \cdot x \cdot x \ldots)$.
Wurzelziehen $\sqrt{2025} = ?$ $\sqrt[3]{125} = ?$	2025 $\sqrt{x}$ 125 $\sqrt[3]{x}$	45 5	Die Funktionstaste $\sqrt{x}$ bewirkt die Rechenoperation Quadratwurzel aus dem Radikanden x. Die Funktionstaste $\sqrt[3]{x}$ bewirkt die Rechenoperation Kubikwurzel aus dem Radikanden x.
Speicherrechnung $254 : 4 + (3 - 12) - 8 \cdot 5 = ?$	254 ÷ 4 M+ 3 – 12 M+ 8 × 5 SHIFT M– MR	14.5	Die Tasten M+/M– bewirken eine Addition/Subtraktion im Speicher. Die Taste MR bewirkt Speicherwertausgabe. Speicherlöschung ist durch die Eingabe von 0 oder durch Drücken von MC möglich.
Festwert speichern $17 \cdot 3 + 23 \cdot 3 - 40 \cdot 3 = ?$ Festwert = 3	3 Min 17 × MR + 23 × MR – 40 × MR =	0	Es kann jeder beliebige Zahlenwert in den Festwertspeicher durch Drücken der Funktionstaste Min eingegeben werden. Mit der Funktionstaste MR kann der Zahlenwert für Rechenoperationen wieder abgerufen werden.

Aufgaben

1 Addieren und Subtrahieren

a) 17432,5 – 28,24 + 148,3 – 198,31
b) 67,32 – 0,374 + 28,54 – 284,33
c) 0,078 – 1,003 + 18,47 – 9,368
d) 381,47 + 84 391,3 – 0,793 – 5,84
e) –2,7 – (–9,08) + 0,016
f) –15,98 – 12,52 – (–17,4)

2 Multiplizieren und Dividieren (Angabegenauigkeit: 3 Stellen hinter dem Komma)

a) $\frac{26 \cdot 576}{78 \cdot 128}$
b) $\frac{586 \cdot 34960 \cdot 79}{81 \cdot 42386 \cdot 17}$
c) $\frac{6389{,}5 \cdot 17{,}49}{15 \cdot 46{,}02}$
d) $\frac{16{,}59 \cdot 9{,}37 \cdot 18{,}5}{17 \cdot 8{,}02 \cdot 12{,}1}$
e) $\frac{73{,}74 \cdot 52{,}913 \cdot 11{,}382}{6{,}1 \cdot 5{,}9 \cdot 2{,}4}$
f) $\frac{12{,}84 \cdot 0{,}09 \cdot 138{,}73}{19{,}8 \cdot 2{,}07 \cdot 17{,}6}$

3 Klammeraufgaben

a) 4 · (5,5 + 6 · 7,5)
b) 4 · (5,5 + 6) · 7,5
c) (4 · 5,5 + 6) · 7,5
d) 289 + (19 · 17 + 133)
e) (289 + 19) · (17 + 133)
f) (344 + 276) · (908 – 738)
g) (344 + 276 · 968) – 738
h) (0,87 – 3,56) · (0,93 – 13,41)

Lösungen

1a) 17354,25; **1b)** –188,844; **1c)** 8,177; **1d)** 84766,137; **1e)** 6,396; **1f)** –11,1 |
2a) 1,5; **2b)** 27,729; **2c)** 161,890; **2d)** 1,743; **2e)** 514,151; **2f)** 0,222 |
3a) 202; **3b)** 345, **3c)** 210; **3d)** 745; **3e)** 46200; **3f)** 105400; **3g)** 266774; **3h)** 33,5712

Aufgaben

4 Bruchrechnen

a) $\frac{1}{3} \cdot \frac{1}{4} \cdot \frac{1}{5}$ b) $\frac{1}{15} \cdot 12 \cdot \frac{1}{5} \cdot \frac{1}{4}$ c) $\frac{1}{7} \cdot \frac{1}{2} \cdot 63 \cdot \frac{1}{3} \cdot \frac{1}{9}$

d) $\frac{1}{2} + \frac{1}{4} + \frac{1}{8}$ e) $\frac{1}{3} - \frac{1}{5} + \frac{1}{7}$ f) $\frac{1}{6} \cdot \frac{1}{8} - \frac{1}{5} + 18$

g) $\frac{1}{3+4+6+7}$ h) $\frac{1}{2+9+6+3} + \frac{1}{4} + \frac{1}{3}$ i) $\frac{1}{31+6-27} - \frac{1}{5} - \frac{1}{3}$

5 Potenzieren und Radizieren

a) 13^2 b) $0{,}19^2$ c) 4^3 d) $0{,}52^3$

e) $\sqrt{196}$ f) $\sqrt{960400}$ g) $\sqrt[3]{0{,}027}$ h) $\sqrt[3]{7414{,}875}$

6 Kreisumfang und Kreisfläche

a) $\pi \cdot 20$ b) $\pi \cdot 5{,}47$ c) $\pi \cdot 0{,}98$ d) $\pi \cdot 135{,}6$

e) $\frac{\pi \cdot 15^2}{4}$ f) $\frac{\pi \cdot 1{,}5^2}{4}$ g) $\frac{\pi \cdot 12{,}8^2}{4}$ h) $\frac{\pi \cdot 0{,}52^2}{4}$

7 Rechnen mit einer Konstante

a) $1{,}234 + 18$ $1{,}234 + 31{,}955$ $1{,}234 - 0{,}734$ $1{,}234 - 18{,}789$

b) $\frac{\pi}{4} \cdot 25$ $\frac{\pi}{4} \cdot 64$ $\frac{\pi}{4} \cdot 6{,}25$ $\frac{\pi}{4} \cdot 144$

c) $63 : 3{,}6$ $90 : 3{,}6$ $100 : 3{,}6$ $130 : 3{,}6$

8 Berechnen Sie den Prozentsatz.

a) 30 von 150 b) 25 von 75 c) 80 von 120

d) 68 von 750 e) 91,24 von 4562 f) 1423,5 von 10950

9 Berechnen Sie den Prozentwert.

a) 25 % von 700 b) 40 % von 200 c) 16 % von 560

d) 87 % von 105 e) 2 % von 288,45 f) 13 % von 86,62

10 Berechnen Sie den vermehrten bzw. den verminderten Endwert.

a) 350 vermehrt um 19 % b) 32 vermehrt um 47 % c) 1,5 vermehrt um 82 %

d) 160 vermindert um 15 % e) 1,1 vermindert um 31 % f) 0,84 vermindert um 90 %

11 Gemischte Aufgaben

a) $\varepsilon = \frac{327 + 43}{43}$ b) $s' = \frac{75}{9{,}3 - 1} - \frac{75}{9{,}5 - 1}$ c) $V_h = 48{,}85 \cdot (9{,}5 - 1)$

d) $V_h = \frac{\pi \cdot 8{,}15^2}{4} \cdot 7{,}62$ e) $d = \sqrt{\frac{4 \cdot 44{,}1}{\pi}}$ f) $A = \frac{\pi \cdot 280^2}{4} - \frac{\pi \cdot 165^2}{4}$

g) $A = \frac{\pi}{4} \cdot (225^2 - 150^2)$ h) $R = \frac{4{,}5 + 2{,}5}{4{,}5 \cdot 2{,}5}$ i) $l_2 = \frac{1{,}501725}{1 + 0{,}0000115 \cdot 100}$

j) $l_2 = 79{,}95 \cdot (1 + 0{,}0000175 \cdot 180)$ k) $M_k = 2 \cdot \frac{\pi}{4} \cdot (20^2 - 13^2) \cdot 18 \cdot 0{,}32 \cdot \frac{20 + 13}{4}$

Lösungen

4a) $0{,}01\overline{6}$; **4b)** 0,04; **4c)** $0{,}1\overline{6}$; **4d)** 0,875; **4e)** 0,276; **4f)** 17,821, **4g)** 0,05, **4h)** $0{,}6\overline{3}$; **4i)** $0{,}2\overline{3}$ | **5a)** 169; **5b)** 0,0361; **5c)** 64; **5d)** 0,140; **5e)** 14; **5f)** 980; **5g)** 0,3; **5h)** 19,5 | **6a)** 62,832; **6b)** 17,185; **6c)** 3,079; **6d)** 426; **6e)** 176,715; **6f)** 1,767; **6g)** 128,68; **6h)** 0,212 | **7a)** 19,234; 33,189; 0,5; –17,555; **7b)** 19,635; 50,265; 4,909; 113,097; **7c)** 17,5; 25; $27{,}\overline{7}$; $36{,}\overline{1}$ | **8a)** 20 %; **8b)** $33{,}\overline{3}$ %; **8c)** $66{,}\overline{6}$ %, **8d)** $9{,}0\overline{6}$ %; **8e)** 2 %; **8f)** 13 % | **9a)** 175; **9b)** 80; **9c)** 89,6; **9d)** 91,35; **9e)** 5,769; **9f)** 11,2606 | **10a)** 416,50; **10b)** 47,04; **10c)** 2,73; **10d)** 136; **10e)** 0,759; **10f)** 0,084 | **11a)** 8,60; **11b)** 0,21; **11c)** 415,2; **11d)** 397,5; **11e)** 7,493; **11f)** 40192,75; **11g)** 22089,32; **11h)** $0{,}6\overline{2}$; **11i)** 1,5; **11j)** 80,202; **11k)** 17242,82

1.10 ZEITBERECHNUNGEN

Die **SI-Einheit** der Zeit ***t*** ist die **Sekunde (*s*)**.

Als Zeitbasis für eine Sekunde wird seit 1967 die Frequenz des Caesium-Atoms (Cs 133) genommen. In einer Sekunde ändert dabei das Caesium-Atom 9 192 631 770 mal sein Energieniveau bezogen auf einen definierten Grundzustand.

Aus praktischen Gründen hält man an der Tageslänge (1 Tag = 1 Erdrotation) als Zeitdefinition fest.

1 Tag = 1 d = 24 h · 60 min/h · 60 s/min = 86400 s

$$1\ \text{s} = \frac{1}{60}\ \text{min} = \frac{1}{3600}\ \text{h}$$

1 h = 60 min = 3600 s

1 d = 24 h

Für längere Zeitangaben benutzt man den Monat und das Jahr.
(Monat = Mondumlauf; Jahr = Erdumlauf um die Sonne)

d	day (Tag)
h	hour (Stunde)
min	minute (Minute)
s	second (Sekunde)

Beispiel 1

Abfahrt $15^{h}\ 29^{min}\ 36^{s}$; Ankunft $18^{h}\ 16^{min}\ 21^{s}$; berechnen Sie die Fahrzeit.

Lösung

Ankunft $18^{h}\ 16^{min}\ 21^{s}$ umwandeln in	17^{h}	75^{min}	81^{s}
Abfahrt	$-\ 15^{h}$	29^{min}	36^{s}
Fahrzeit	**2 h**	**46 min**	**45 s**

Beispiel 2

Rechnen Sie 0,76 h in Minuten und Sekunden um.

Lösung $0{,}76\ \text{h} \cdot 60\ \frac{\text{min}}{\text{h}} = 45{,}6\ \text{min}$; $0{,}6\ \text{min} \cdot 60\ \frac{\text{s}}{\text{min}} = 36\ \text{s}$

0,756 h = **45 min 36 s**

Aufgaben

1 Ein Pkw fährt in München um $13^{h}\ 10^{min}\ 25^{s}$ ab und kommt um $16^{h}\ 40^{min}\ 50^{s}$ in Karlsruhe an. Berechnen Sie die Fahrzeit.

2 Ein Lkw kommt nach einer Fahrzeit von 3 h 12 min 45 s um $12^{h}\ 08^{min}\ 05^{s}$ in Essen an. Wann ist er in Kassel abgefahren?

3 Rechnen Sie folgende Zeiten in Stunden, Minuten und Sekunden um:
a) 0,6 h b) 0,18 h c) 0,85 h d) 8,55 h e) 2,36 h f) 13,7 h

4 Rechnen Sie folgende Zeiten in Stunden um:
a) 7 h 35 min 24 s b) 9 min 54 s c) 8 h 32 min 24 s
d) 24 h 49 min 55,2 s e) 32 h 16 min 48 s f) 31 min 12 s

5 Um $15^{h}\ 25^{min}$ wird zu einer Autofahrt gestartet. Die Fahrt dauert 1,6 h. Wann ist sie beendet?

6 Bei einem Rundstreckenrennen werden für 14 Runden 1 h 29 min 8 s benötigt.
Wie groß ist die durchschnittliche Rundenzeit in Minuten und Sekunden?

7 Bei einem Autorennen wurde von A eine durchschnittliche Rundenzeit von 10,15 min, von B 10,45 min und von C 11,05 min gefahren.
a) Welche Fahrzeit in Stunden, Minuten und Sekunden braucht jedes Fahrzeug für 12 Runden?
b) Rechnen Sie die Fahrzeit in Stunden um.

8 Die Drehzahl eines Motors beträgt 5520 1/min.
a) Wie viele Umdrehungen macht die Kurbelwelle in der Sekunde?
b) Berechnen Sie die Zeit in Sekunden für einen Kolbenhub.

Lösungen

1) 3 h 30 min 25 s | **2)** $8^{h}\ 55^{min}\ 20^{s}$ | **3a)** 36 min; **3b)** 10 min 48 s; **3c)** 51 min; **3d)** 8 h 33 min; **3e)** 2 h 21 min 36 s; **3f)** 13 h 42 min | **4a)** 7,59 h; **4b)** 0,165 h; **4c)** 8,54 h; **4d)** 24,832 h; **4e)** 32,28 h; **4f)** 0,52 h | **5)** $17^{h}\ 01^{min}$ | **6)** 6 min 22 s | **7a)** A: 2 h 1 min 48 s; B: 2 h 5 min 24 s; C: 2 h 12 min 36 s; **7b)** A: 2,03 h; B: 2,09 h; C: 2,21 h | **8a)** 92 1/s; **8b)** 0,0054 s/Hub

1.11 WINKELBERECHNUNGEN

Die **Einheit** des Winkels ist der Radiant (rad). 1 rad ist gleich dem Winkel, der aus einem Kreis mit R = 1 m einen Kreisbogen von 1 m Länge ausschneidet.

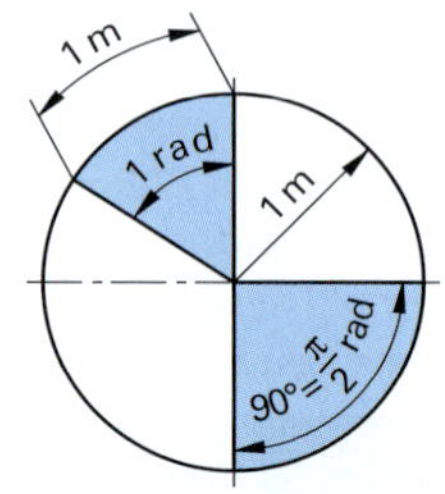

Weitere Einheiten der Grad (°), die Minute (′) und die Sekunde (″), daneben der Vollwinkel.

Ein Vollwinkel hat 360° = 2 · π · rad. Der 4. Teil des Vollwinkels ist ein Rechter Winkel, er hat 90°. 1 Grad ist der 360. Teil des Vollwinkels.

Die Winkeleinheiten Grad, Minute und Sekunde sollen in technischen Berechnungen nicht gleichzeitig verwendet werden, also z. B. nicht α = 33°17′27,6″, sondern besser α = 33,291°.

$$1 \text{ rad} = \frac{1 \text{ m (Bogen)}}{1 \text{ m (Radius)}}$$

$$1° = 60' = 3600''$$

$$2 \cdot \pi \cdot \text{rad} = 360°$$

$$1 \text{ rad} = \frac{360°}{2 \cdot \pi} = 57{,}2\ldots°$$

$$90° = \frac{\pi}{2} \text{ rad}$$

$$1° = \frac{2 \cdot \pi}{360} \text{ rad}$$

Umrechnungen:

$$\text{Graddezimale} = \frac{\text{Gesamtsekunden}}{3600} \quad \text{oder} \quad \frac{\text{Gesamtminuten}}{60}$$

Gesamtsekunden = Graddezimale · 3600
Gesamtminuten = Graddezimale · 60

Als Formelzeichen werden für Winkel die Buchstaben des griechischen Alphabets benutzt, z. B. α, β, γ.

Beispiel 1
Rechnen Sie 15′18″ in Graddezimale um.

Lösung $15' \cdot \frac{60''}{1'} = 900''$; $900'' + 18'' = 918''$; $918'' \cdot \frac{1°}{3600''} = \mathbf{0{,}255°}$

Beispiel 2
Geben Sie den Winkel 2,72° in Grad, Minuten und Sekunden an.

Lösung $0{,}72° \cdot \frac{60'}{1°} = 43{,}2'$; $0{,}2' \cdot \frac{60''}{1'} = 12''$; $2{,}72° = \mathbf{2°43'12''}$

Aufgaben

1 Addieren bzw. subtrahieren Sie die folgenden Winkel:
a) 8° 19′ 15″ + 7° 51′ 50″ b) 85° 15′ 15″ – 54° 44′ 45″

2 Multiplizieren bzw. dividieren Sie folgende Winkel:
a) (1° 19′ 32″) · 3 b) (12° 41′ 28″) · 12 c) (46° 50′ 40″) : 4

3 Ein Flachmeißel wird mit einem Freiwinkel α = 10° und einem Spanwinkel γ = 25° über das Werkstück geführt **(Bild 1).** Wie groß ist der Keilwinkel β des Flachmeißels?

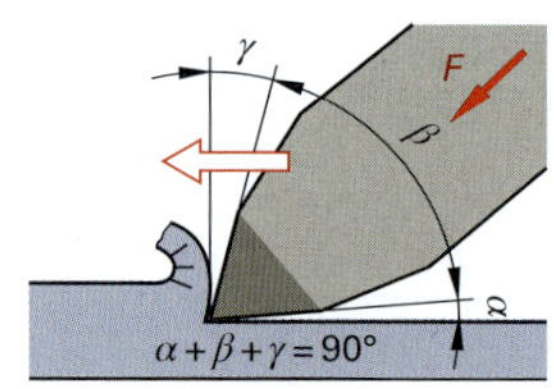

Bild 1

4 Ein Flachschaber **(Bild 2)** hat einen Keilwinkel β = 90°; er wird mit einem Freiwinkel α = 20° über das Werkstück geführt. Wie groß ist der Spanwinkel γ?

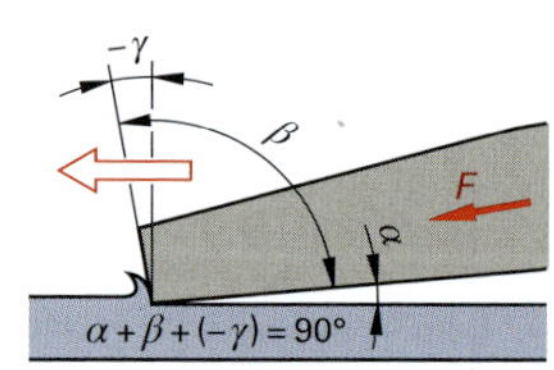

Bild 2

5 Rechnen Sie folgende Winkel in Grad, Minuten und Sekunden um:
a) 2,28° b) 0,53° c) 4,72° d) 0,84° e) 15,3°

6 Rechnen Sie folgende Winkel in Graddezimale um:
a) 26° 24′ b) 30′ 36″ c) 72° 21′ d) 2° 5′ 24″ e) 45° 25′ 30″

Lösungen

1a) 16° 11′ 5″; **1b)** 30° 30′ 30″ | **2a)** 3° 58′ 36″; **2b)** 152° 17′ 36″; **2c)** 11° 42′ 40″ | **3)** 55° | **4)** – 20° | **5a)** 2° 16′ 48″; **5b)** 0° 31′ 48″; **5c)** 4° 43′ 12″; **5d)** 0° 50′ 24″; **5e)** 15° 18′ | **6a)** 26,4°; **6b)** 0,51°; **6c)** 72,35°; **6d)** 2,09°; **6e)** 45,425°

1.12 RECHNEN MIT BUCHSTABENGRÖSSEN

Mathematische Regeln, Sätze und physikalische Gesetze lassen sich durch Formeln und Gleichungen darstellen. Sie werden in Zahlen und Buchstaben ausgedrückt.

$$v = \frac{s}{t}$$

$$P = \frac{M \cdot n}{9550}$$

1.12.1 GRUNDRECHENARTEN

AUSSAGEFORM

Beispiel

Welche Zahl muss man zu 12 addieren, um 27 zu erhalten?

$$12 + ? = 27$$

Statt des Fragezeichens kann man jeden beliebigen Buchstaben einsetzen, z. B. a oder x. Man nennt diese Buchstaben auch Platzhalter.

$$12 + a = 27$$

Ersetzt man a durch die Zahl 15, so entsteht eine wahre Aussage (Gleichheitsaussage).

$$12 + 15 = 27$$

Gleichheitsaussagen:

$$x + 10 = 25$$
$$y - 4 = 8$$

x, y sind Platzhalter für bestimmte Zahlen

ADDITION UND SUBTRAKTION

Den Umfang U eines gleichseitigen Dreiecks mit der Seitenlänge a erhält man durch Zusammenzählen aller Seiten a

$$U = a + a + a$$

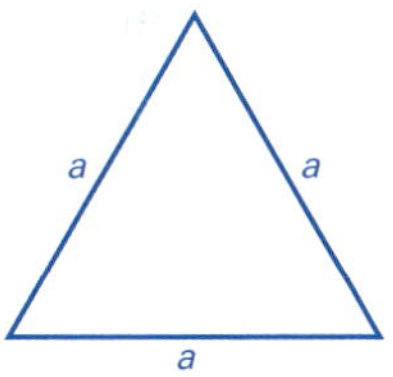

Eine Summe aus gleichen Buchstaben kann als Produkt geschrieben werden. Den Rechenausdruck $3a$ nennt man auch *Term.*

$$a + a + a = a \cdot 3 = 3 \cdot a = 3a$$

$$d + d = 2d$$
$$-d - d = -2d$$

$2d$; $-2d$ sind Terme

2; −2 sind Beizahlen

Gleichartige Rechenausdrücke (Terme) werden addiert, indem man die Beizahlen addiert, sie werden subtrahiert, indem man die Beizahlen subtrahiert und den Platzhalter beibehält.

$$3a + 4a = (3 + 4) \cdot a = 7a$$
$$8b - 3b = (8 - 3) \cdot b = 5b$$

Gleichartige Terme:

$$2a + a = 3a$$
$$2ab + 3ab = 5ab$$
$$14a - 5c - 8a = 6a - 5c$$

Ungleichartige Rechenausdrücke können nicht zu einem einzigen Ausdruck addiert oder subtrahiert werden.

$$9b + 13c + 8d$$
$$27x - 13y$$

Ungleichartige Terme:

$$4a - 2b$$
$$ab + bc$$

VERTAUSCHUNGSREGEL

Die Reihenfolge der Summanden ist beliebig.

$$2 + 3 = 5$$
$$3 + 2 = 5$$

Vertauschungsregel:

$$a + b = c$$
$$b + a = c$$

Summanden dürfen nach Belieben durch Klammern verbunden werden.

$$(5 + 7) + 9 = 5 + (7 + 9)$$

Setzen von Klammern:

$$(a + b) + c = a + (b + c)$$

NEGATIVE ZAHLEN

Beispiel

Ein Thermometer zeigt tagsüber 7 °C Wärme an. In der Nacht sinkt die Temperatur um 9 °C. Welche Temperatur zeigt das Thermometer an?

Lösung 7 °C – 9 °C = **–2 °C**

Zahlen, die auf einen Nullpunkt bezogen sind, nennt man **relative Zahlen.** Sie reichen von + Unendlich (+ ∞) über Null bis – Unendlich (– ∞).

Auf der Zahlengeraden werden die negativen Zahlen nach links, die positiven nach rechts aufgetragen.

Zum Rechnen setzt man die negativen Zahlen meist in eine Klammer. Bei positiven Zahlen können Vorzeichen und Klammern wegfallen.

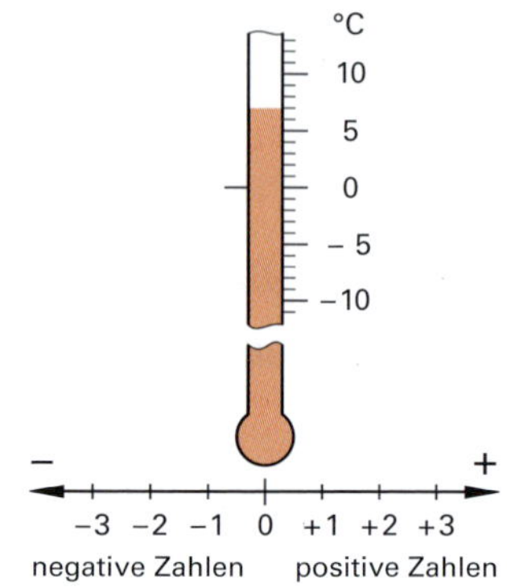

Die Addition einer negativen Zahl ist rechnerisch eine Subtraktion.

Beispiel

$5 + (-3) = 5 - 3 = \mathbf{2}$

Die Subtraktion einer negativen Zahl ist rechnerisch eine Addition.

Beispiel

$(-4) - (-5) = (-4) + 5 = \mathbf{1}$

Vorzeichenregeln:

$$+(+a) = +a = a$$
$$+(-a) = -a$$
$$-(+a) = -a$$
$$-(-a) = +a$$

RECHNEN MIT KLAMMERN

Um die Reihenfolge von Rechenvorgängen festzulegen, verwendet man Klammern.

Beispiel

$14 + (8 - 2) = 14 + 6 = \mathbf{20}$

Steht ein + vor einer Klammer, so nennt man die Klammer **Plusklammer.**

Steht ein – vor einer Klammer, so nennt man die Klammer **Minusklammer.**

Plusklammer:

$$a + (b + c)$$

Minusklammer:

$$a - (b + c)$$

KLAMMERREGELN

Eine *Plusklammer* kann aufgelöst oder beliebig gesetzt werden. Die Vorzeichen in der Klammer ändern sich dabei nicht.

Eine *Minusklammer* wird aufgelöst, indem man die Vorzeichen (+ und –) aller Glieder in der Klammer umkehrt. Die Klammer und das Minuszeichen vor der Klammer entfallen.

Aus Plus wird Minus, aus Minus wird Plus.

Klammerregeln:

$$a + (b + c) = (a + b) + c$$
$$= a + b + c$$
$$a - (b + c) = a - b - c$$

Beispiele

$m - (a + b) = m - a - b;$ $m - (a - b) = m - a + b$

Klammern werden von Innen nach Außen aufgelöst. Im Beispiel werden runde in eckige und diese in geschweifte Klammern aufgelöst. Man löst zuerst die runden, dann die eckigen, dann die geschweiften Klammern auf. Dabei sind jeweils die Klammerregeln zu beachten.

$$6a - \{5a - [4a - (5c - b)]\} =$$
$$= 6a - \{5a - [4a - 5c + b]\} =$$
$$= 6a - \{5a - 4a + 5c - b\} =$$
$$= 6a - 5a + 4a - 5c + b =$$
$$= 5a + b - 5c = 5(a - c) + b$$

Aufgaben

1 Ersetzen der Platzhalter durch Zahlen

a) $14 + a = 17$ b) $2 \cdot b = 34$ c) $c + 18 = 76$
d) $48 - x = 18$ e) $81 : y = 9$ f) $z - 21 = 99$

2 Addieren von Termen

a) $x + x + x$ b) $ab + ab + ab + ab$ c) $e + f + e$
d) $3r + 5r + 17r$ e) $17uv + 24uv + 2uv$ f) $4xy + xy + 9xy$
g) $7a + 2b + a + b$ h) $y^2 + y^2 + y + y$ i) $vw + vw + vw + 4 + 4 + 4$

3 Addieren von Brüchen

a) $\frac{1}{2}a + \frac{1}{2}a + \frac{1}{2}a$ b) $\frac{1}{2}x + \frac{1}{4}x + \frac{1}{8}x$ c) $\frac{5}{6}a + \frac{1}{3}b + \frac{1}{2}a + \frac{1}{6}b + c$
d) $\frac{2}{3}ef + ef + \frac{1}{6}ef$ e) $3ab + \frac{3}{4}ab + ab$ f) $\frac{3}{4}y + \frac{3}{8}y + 2y$

4 Subtrahieren von Termen

a) $x - x$ b) $4x - x - 1$ c) $17b - 9b$
d) $9a - 7a - 2$ e) $5{,}1m - 3{,}4m - 1{,}2m$ f) $3{,}2z - 0{,}8z - 0{,}2z$

5 Subtrahieren von Brüchen

a) $\frac{2}{3}a - \frac{1}{3}a - \frac{7}{6}a$ b) $m - \frac{1}{2}m - \frac{1}{4}m$ c) $1\frac{1}{2}u - u - \frac{1}{4}u$
d) $4\frac{1}{4}b - 2\frac{1}{3}b - 1$ e) $\frac{3}{8}ab - \frac{1}{16}ab - \frac{1}{4}ab$ f) $\frac{4}{5}v - \frac{1}{3}v - \frac{1}{2}v$

6 Addieren und Subtrahieren von Termen mit verschiedenen Vorzeichen

a) $17a + (-16a)$ b) $10m + (-2m) - (-4m)$ c) $43b + (+7b)$
d) $-5c + (-9c)$ e) $-8ef - (-2ef) + (-ef)$ f) $10a - 13a$
g) $-27b + (-10b) + 13b$ h) $\frac{4}{5}u - \frac{1}{3}v + \frac{2}{5}u - \frac{1}{2}v - w$ i) $3x - (+x) - (-2y)$
j) $7a + (-5b) - 2b - (-a)$ k) $3{,}9y + (-1{,}8y) - (-y)$ l) $4{,}1x - (-x) + (-0{,}16x) - (+0{,}7x)$
m) $(-1{,}38b) + (+0{,}55b) + (-0{,}36b) + (-0{,}65b) + (+1{,}38b) + (+0{,}46b)$
n) $(+38a) + (-26a) + (-a) + (+26a) + (-28a) + (+19a)$

7 Rechnen mit Klammern

a) $2a + (a + 7)$ b) $5a + (a - 4a)$ c) $(16 - b) + (17 + b)$
d) $a + b - (a - b)$ e) $x - (x - y + z)$ f) $19v - (24y - 19v)$
g) $6a - 8b - (4a + 3b - 5c)$ h) $22c - (18c + 8d)$ i) $8c + 6 + (3c - 10) - (9c - 5)$
j) $(6x - 3y + 7z) - (-x - y + z) + (2x + 3y - 6z)$
k) $5x - [(y - 5x) + (4z + 18y) - (30x + 4z)]$

Lösungen

1a) 3; **1b)** 17; **1c)** 58; **1d)** 30; **1e)** 9; **1f)** 120 | **2a)** $3x$; **2b)** $4ab$; **2c)** $2e + f$; **2d)** $25r$; **2e)** $43uv$; **2f)** $14xy$; **2g)** $8a + 3b$; **2h)** $2y^2 + 2y$; **2i)** $3vw + 12$ | **3a)** $\frac{3}{2}a$; **3b)** $\frac{7}{8}x$; **3c)** $\frac{4}{3}a + \frac{1}{2}b + c$; **3d)** $\frac{11}{6}ef$; **3e)** $\frac{19}{4}ab$; **3f)** $\frac{25}{8}y$ | **4a)** 0; **4b)** $3x - 1$; **4c)** $8b$; **4d)** $2a - 2$; **4e)** $0{,}5m$; **4f)** $2{,}2z$ | **5a)** $-\frac{5}{6}a$; **5b)** $\frac{1}{4}m$; **5c)** $\frac{1}{4}u$; **5d)** $\frac{23}{12}b - 1$; **5e)** $\frac{1}{16}ab$; **5f)** $-\frac{1}{30}v$ | **6a)** a; **6b)** $12m$; **6c)** $50b$; **6d)** $-14c$; **6e)** $-7ef$; **6f)** $-3a$; **6g)** $-24b$; **6h)** $6/5\,u - 5/6\,v - w$; **6i)** $2x + 2y$; **6j)** $8a - 7b$; **6k)** $3{,}1y$; **6l)** $4{,}24x$; **6m)** 0; **6n)** $28a$ | **7a)** $3a + 7$; **7b)** $2a$; **7c)** 33; **7d)** $2b$; **7e)** $y - z$; **7f)** $38v - 24y$; **7g)** $2a - 11b + 5c$; **7h)** $4c - 8d$; **7i)** $2c + 1$; **7j)** $9x + y$; **7k)** $40x - 19y$

MULTIPLIKATION UND DIVISION

Die Multiplikation ist eine verkürzte Addition. Das Multiplikationszeichen (·) kann zwischen Faktoren, die aus Buchstaben oder aus Zahlen und Buchstaben bestehen, weggelassen werden.

$$3 + 3 + 3 + 3 = 4 \cdot 3 = 12$$
$$a + a + a = 3 \cdot a$$
$$a \cdot b = ab$$
$$3 \cdot a = 3a$$
$$2 \cdot 3 \neq 23$$

VERTAUSCHUNGSREGEL

Die Reihenfolge der Faktoren ist beliebig.

Sie werden vorzugsweise alphabetisch geordnet.

Beispiel $3 \cdot 4 = \mathbf{4 \cdot 3}$

Terme werden multipliziert, indem man die Beizahlen miteinander multipliziert. Die Buchstaben werden ohne Multiplikationszeichen dahinter geschrieben.

Beispiel $2a \cdot 5b = \mathbf{10ab}$

Vertauschungsregel:

$$a \cdot b = b \cdot a$$

$$4a \cdot b \cdot 3 = 12ab$$

VORZEICHENREGELN

Bei der Multiplikation von positiven und negativen Zahlen gelten folgende Regeln:

Gleiche Vorzeichen: $(+) \cdot (+) = +$ $(-) \cdot (-) = +$

Ungleiche Vorzeichen: $(+) \cdot (-) = -$ $(-) \cdot (+) = -$

Dividieren heißt ausrechnen, wie oft eine Zahl in einer anderen enthalten ist. Beizahlen werden durcheinander geteilt, gleiche Buchstaben werden gekürzt.

Beispiele $45a : 15 = \mathbf{3a}$ $3ab : 3a = \mathbf{b}$

Vorzeichenregeln:

$$(+a) \cdot (+b) = +ab$$
$$(-a) \cdot (-b) = +ab$$
$$(+a) \cdot (-b) = -ab$$
$$(-a) \cdot (+b) = -ab$$

$$6a : 2 = 3a \qquad 10a : 5a = 2$$

VORZEICHENREGELN

Bei der Division positiver und negativer Zahlen oder Buchstaben gelten die gleichen Regeln wie bei der Multiplikation.

Beispiele $(-4a) : (2a) = \mathbf{-2}$ $(-6a) : (-3b) = \mathbf{2\frac{a}{b}}$

Vorzeichenregeln:

$$(+a) : (+a) = +1$$
$$(-a) : (-a) = +1$$
$$(+a) : (-a) = -1$$
$$(-a) : (+a) = -1$$

RECHNEN MIT KLAMMERN

Ein Klammerausdruck (Summe oder Differenz) wird mit einer Zahl oder einem Buchstaben multipliziert, indem man jedes Glied in der Klammer mit der Zahl oder dem Buchstaben multipliziert und dabei die Vorzeichenregeln beachtet.

Beispiele $(3a + 5b) \cdot 4 = \mathbf{12a + 20b}$ $-b(x - 1) = \mathbf{-bx + b}$

Klammern:

$$5 \cdot (a + b) = 5a + 5b$$
$$(a + b) \cdot c = ac + bc$$
$$(10a + 5b) : 5 = 2a + b$$
$$(15a + 30ab) : 3a = 5 + 10b$$

ZERLEGUNG IN FAKTOREN

Man setzt dazu den gemeinsamen Faktor vor die Klammer, dividiert jedes Glied durch diesen Faktor und schreibt das Ergebnis dieser Division in die Klammer.

Zerlegung in Faktoren:

$$ad + bd - cd = d(a + b - c)$$
$$10a + 10b = 10(a + b)$$
$$x^2 - x = x(x - 1)$$

MULTIPLIZIEREN VON ZWEI KLAMMERN

Jedes Glied der ersten Klammer wird mit jedem Glied der zweiten Klammer multipliziert (Vorzeichenregeln beachten).

$$(a + b) \cdot (a - b) = a^2 - ab + ab - b^2 = a^2 - b^2$$

Aufgaben

1 Multiplizieren

a) $4 \cdot 3a$ b) $4b \cdot 14$ c) $5a \cdot 6c$
d) $9e \cdot 8f$ e) $2a \cdot 4b \cdot 6c$ f) $x \cdot 3 \cdot y \cdot 4 \cdot z \cdot 5$
g) $11ab \cdot 9cd$ h) $13ef \cdot 7g \cdot 2m$ i) $32ab \cdot 3c \cdot 0$
j) $3a \cdot 2b \cdot 4c \cdot 0{,}3d \cdot 0{,}1e \cdot 0{,}02f$ k) $u \cdot 3v \cdot 6w \cdot 0{,}1x \cdot 100y \cdot 0{,}01z$

2 Multiplizieren von Brüchen

a) $\frac{2}{3}a \cdot \frac{3}{4}b \cdot \frac{4}{5}$ b) $0{,}25u \cdot \frac{4}{3}v \cdot \frac{7}{4}w$ c) $2x \cdot 3\frac{1}{3}y \cdot \frac{1}{6}$
d) $\frac{a}{b} \cdot \frac{c}{d} \cdot \frac{3}{4}$ e) $\frac{4m}{5n} \cdot \frac{15o}{24p}$ f) $\frac{u}{v} \cdot \frac{w}{u} \cdot \frac{x}{w} \cdot \frac{v}{y}$

3 Multiplizieren von positiven und negativen Zahlen

a) $(+11a) \cdot (+5)$ b) $(-x) \cdot (+10)$ c) $(+2u) \cdot (-8w)$
d) $(-8x) \cdot (-8y)$ e) $(-9ab) \cdot (+21cd)$ f) $(-24a^2) \cdot (-2b^2)$
g) $(-3x) \cdot (-4y) \cdot (-5z)$ h) $(+30af) \cdot (-40gh) \cdot (-1)$ i) $(+6p) \cdot (+3q) \cdot (-5r)$

4 Multiplizieren von Klammern

a) $3 \cdot (9x + 4)$ b) $a(b + c)$ c) $a(-b - c)$
d) $(-k) \cdot (l + m)$ e) $\frac{1}{5}(10x + 15y)$ f) $(4z + 9) \cdot (1 - u)$
g) $(-9x) \cdot (-3y + 4z)$ h) $10 \cdot (3x + 6y - 4u + 5v)$ i) $0{,}7x \cdot (0{,}3y - 1{,}1z + a)$

5 Ausklammern gemeinsamer Faktoren

a) $ax + ay$ b) $5c + 5d$ c) $12 \cdot 7 - 12 \cdot 3$
d) $4r - 6s$ e) $6p - 3q$ f) $6ax + 6bx$
g) $pq - qr + sq$ h) $\frac{1}{2}a + \frac{3}{2}b$ i) $ax - bx - cx$
j) $60uv - 45uw + 15ux$ k) $8ax + 24bx - 12cx$ l) $(x + y) \cdot m + (x + y) \cdot n$

6 Dividieren

a) $6a : 2$ b) $6a : 2a$ c) $ab : a$
d) $18ab : 6b$ e) $12ab : 6ab$ f) $(-81cd) : (-9c)$
g) $\frac{3}{4}a : \frac{4}{5}b$ h) $6r : \frac{12}{5}s$ i) $(-0{,}2u) : 0{,}05w$

7 Gemischte Aufgaben

a) $7 \cdot (x - 3) + 5 \cdot (x + 5) - 6\,(x - 2)$ b) $u(v + w) - r(-s - t) + x(y - z)$
c) $(18x + 21z) : 3$ d) $(121u - 154v) : 11$ e) $(5a + 1) : 10$
f) $(8a^2 + 6ab) : a$ g) $(2{,}1ab - 1{,}8b^2) : b$ h) $(u^2 + 2u) : u$
i) $6 \cdot (5x - 2) - (20x + 180) : 10 + 7x \cdot (-14) + 36ax : (-12a) + 9(9x + 12)$

Lösungen

1a) $12a$; **1b)** $56b$; **1c)** $30ac$; **1d)** $72ef$; **1e)** $48abc$; **1f)** $60xyz$; **1g)** $99abcd$; **1h)** $182efgm$; **1i)** 0; **1j)** $0{,}0144abcdef$; **1k)** $1{,}8uvwxyz$ | **2a)** $\frac{2}{5}ab$; **2b)** $\frac{7}{12}uvw$; **2c)** $\frac{1}{3}xy$; **2d)** $\frac{3ac}{4bd}$; **2e)** $\frac{1mo}{2np}$; **2f)** $\frac{x}{y}$ | **3a)** $55a$; **3b)** $-10x$; **3c)** $-16uw$; **3d)** $64xy$; **3e)** $-189abcd$; **3f)** $48a^2b^2$; **3g)** $-60xyz$; **3h)** $1200afgh$; **3i)** $-90pqr$ | **4a)** $27x + 12$; **4b)** $ab + ac$; **4c)** $-ab - ac$; **4d)** $-kl - km$; **4e)** $2x + 3y$; **4f)** $4z - 4zu + 9 - 9u$; **4g)** $27xy - 36xz$; **4h)** $30x + 60y - 40u + 50v$; **4i)** $0{,}21xy - 0{,}77xz + 0{,}7xa$ | **5a)** $a(x + y)$; **5b)** $5(c + d)$; **5c)** $12(7 - 3)$; **5d)** $2(2r - 3s)$; **5e)** $3(2p - q)$; **5f)** $6x(a + b)$; **5g)** $q(p - r + s)$; **5h)** $\frac{1}{2}(a + 3b)$; **5i)** $x(a - b - c)$; **5j)** $15u(4v - 3w + x)$; **5k)** $4x(2a + 6b - 3c)$; **5l)** $(x + y) \cdot (m + n)$ | **6a)** $3a$; **6b)** 3; **6c)** b; **6d)** $3a$; **6e)** 2; **6f)** $9d$; **6g)** $\frac{15}{16}\frac{a}{b}$; **6h)** $\frac{5r}{2s}$; **6i)** $-\frac{4u}{w}$ | **7a)** $6x + 16$; **7b)** $uv + uw + rs + rt + xy - xz$; **7c)** $6x + 7z$; **7d)** $11u - 14v$; **7e)** $\frac{1}{2}a + \frac{1}{10}$; **7f)** $8a + 6b$; **7g)** $2{,}1a - 1{,}8b$; **7h)** $u + 2$; **7i)** $8x + 78$

1.13 RECHNEN MIT POTENZEN

Die Fläche eines Quadrates erhält man, indem man die Seitenlänge l mit sich selbst multipliziert.
Den Ausdruck l^2 (l hoch 2 oder l-Quadrat) nennt man **Potenz.**

$A = l \cdot l = l^2$
l^2 = Potenz
l = Basis
2 = Exponent

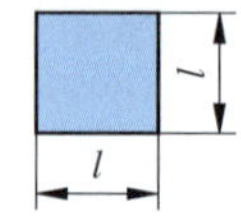

REGELN FÜR DAS RECHNEN MIT POTENZEN

Addition und Subtraktion

Potenzen mit gleicher Basis werden addiert oder subtrahiert, indem man die Beizahlen addiert oder voneinander subtrahiert und die Summe oder die Differenz mit der Potenz multipliziert.

Multiplikation und Division

Potenzen mit gleicher Basis werden multipliziert oder dividiert, indem man ihre Exponenten addiert oder subtrahiert.

Potenzieren

Potenzen werden potenziert durch Multiplizieren der Exponenten.

Beispiel

$(5^2)^2 = 5^{2 \cdot 2} = 5^4 = 5 \cdot 5 \cdot 5 \cdot 5 = \mathbf{625}$

Eine Potenz mit negativem Exponenten hat den gleichen Wert, wie der Kehrwert der Potenz mit positivem Exponenten.

Beispiel

$10^3 : 10^5 = 10^{3-5} = \mathbf{10^{-2}} = \frac{10 \cdot 10 \cdot 10}{10 \cdot 10 \cdot 10 \cdot 10 \cdot 10} = \frac{\mathbf{1}}{\mathbf{10^2}}$

Die Zahlenreihe der Exponenten kann über Null nach der negativen Seite erweitert werden.

Regeln

Addieren, Subtrahieren:

$7a^2 + 8a^2 = (7 + 8) \cdot a^2 = 15a^2$

$10a^3 - 5a^3 = 5a^3$

Multiplizieren, Dividieren:

$2^2 \cdot 2^3 = 2^{2+3} = 2^5$

$(a \cdot b)^3 = a^3 \cdot b^3$

$10^2 : 10^2 = 10^{2-2} = 10^0 = 1$

$x^5 \cdot x^3 = x^{5-3} = x^2$

$\left(\frac{a}{b}\right)^m = \frac{a^m}{b^m}$

Potenzieren:

$(a^3)^2 = a^{3 \cdot 2} = a^6$

Negative Exponenten:

$a^3 : a^4 = a^{3-4} = a^{-1} = \frac{1}{a}$

Aufgaben

1 Addieren und Subtrahieren von Potenzen
a) $5^2 + 3^2 - 4^2$ b) $5^3 + 2^3 - 3^3$ c) $2 \cdot 3^2 + 4 \cdot 3^2 - 5 \cdot 3^2$
d) $12a^2 - 11a^2 + 6a^2$ e) $2{,}5x^2y - 0{,}75x^2y$ f) $5m^2 - 2m^2 + 7m^3 - 6m^3$

2 Multiplizieren von Potenzen
a) $5^2 \cdot 5^3 \cdot 5$ b) $2^3 \cdot 2^6 \cdot 2^0$ c) $c^5 \cdot c$
d) $a^3 \cdot a^3$ e) $p \cdot p^2 \cdot p^3$ f) $ab \cdot b$
g) $a^2b \cdot ab$ h) $ax \cdot ay \cdot az$ i) $a^2b \cdot ab^2 \cdot a^2b^2$

3 Dividieren von Potenzen
a) $10^8 : 10^5$ b) $a^4 : a^2$ c) $a^3 : a^3$
d) $5{,}4uv^2 : 18uv$ e) $39x^4y^3 : 13x^2y^3$

4 Potenzieren von Potenzen und Klammerausdrücken
a) $(4^2)^2$ b) $(x^2)^2$ c) $(5a^2)^2$
d) $(a + b)^2$ e) $(a - b)^2$ f) $8(a + b)^3$

5 Umformen in Bruch oder Dezimalzahl
a) $a^3 : a^4$ b) $4^3 : 4^5$ c) $15^3 : 15^2$
d) $10^3 : 10^6$ e) $x^4y^3 : x^6y^5$ f) $121a^{12}b^3c^2 : 11a^{15}b^4c^3$

Lösungen

1a) 18; **1b)** 106; **1c)** 9; **1d)** $7a^2$; **1e)** $1{,}75x^2y$; **1f)** $3m^2 + m^3$ | **2a)** 5^6; **2b)** 2^9; **2c)** c^6; **2d)** a^6; **2e)** p^6; **2f)** ab^2; **2g)** a^3b^2; **2h)** a^3xyz; **2i)** a^5b^5 | **3a)** 10^3; **3b)** a^2; **3c)** 1; **3d)** $0{,}3v$; **3e)** $3x^2$ | **4a)** 256; **4b)** x^4; **4c)** $25a^4$; **4d)** $a^2 + 2ab + b^2$; **4e)** $a^2 - 2ab + b^2$; **4f)** $8a^3 + 24a^2b + 24ab^2 + 8b^3$ | **5a)** $\frac{1}{a}$; **5b)** 0,0625; **5c)** 15; **5d)** 0,001; **5e)** $\frac{1}{x^2y^2}$; **5f)** $\frac{11}{a^3bc}$

1.14 RECHNEN MIT WURZELN

Wurzelziehen oder **Radizieren** ist ein Vorgang, bei dem die Zahl gesucht wird, die so oft als Faktor in einer gegebenen Zahl vorhanden ist, wie es die Aufgabenstellung verlangt.

Beim Wurzelziehen oder Radizieren wird der Wurzelwert gesucht. Er ist im Radikanden so oft als Faktor enthalten wie es der Wurzelexponent bzw. die Wurzelhochzahl angibt.

Die 2. Wurzel wird auch Quadratwurzel, die 3. Wurzel Kubikwurzelt genannt. Der Wurzelexponent für die 2. Wurzel wird meist nicht geschrieben.

$\sqrt[3]{125} = 5$

Wurzelexponent | Radikand | Wurzelwert

$\sqrt{25} = 5$

$\sqrt{a \cdot b} = \sqrt{a} \cdot \sqrt{b}$

$\sqrt{\frac{m}{n}} = \frac{\sqrt{m}}{\sqrt{n}}$

REGELN FÜR DAS RECHNEN MIT WURZELN

Radizieren von Produkten und Quotienten

Ein Produkt wird radiziert, indem man jeden Faktor radiziert. Ein Quotient wird radiziert, indem man sowohl den Zähler als auch den Nenner radiziert.

Radizieren von Potenzen und Wurzeln

Potenzen werden radiziert, indem man den Potenzexponenten durch den Wurzelexponenten dividiert. Eine Wurzel wird radiziert, indem man die Wurzelexponenten multipliziert.

$\sqrt{a} = a^{\frac{1}{2}}$

$\sqrt[3]{a} = a^{\frac{1}{3}}$

$\sqrt[3]{a^2} = a^{\frac{2}{3}}$

$\sqrt[2]{a^2} = a^{\frac{2}{2}} = a^1 = a$

$\sqrt[3]{\sqrt[2]{64}} = \sqrt[3 \cdot 2]{64} = \sqrt[6]{64} = 2$

Aufgaben

1 Radizieren von Zahlen

a) $\sqrt{169}$ b) $\sqrt[3]{125}$ c) $\sqrt{6{,}25}$ d) $\sqrt[3]{0{,}125}$

e) $\sqrt[4]{16}$ f) $\sqrt[3]{216000}$ g) $\sqrt{1331}$ h) $\sqrt[3]{1331}$

i) $\sqrt[4]{0{,}0256}$ j) $\sqrt[5]{0{,}03125}$ k) $\sqrt{3610000}$ l) $\sqrt{0{,}000144}$

2 Radizieren von Produkten und Quotienten

a) $\sqrt{81 \cdot 324}$ b) $\sqrt{49 \cdot 196 \cdot 2500}$ c) $\sqrt{625 \cdot 9}$ d) $\sqrt{16 \cdot 10^4}$

e) $\sqrt{\frac{289}{10^{10}}}$ f) $\sqrt{\frac{361 \cdot 144}{256}}$ g) $\sqrt{\frac{676 \cdot 0{,}01}{10^4 \cdot 1024}}$ h) $\sqrt[3]{x^3y^3}$

i) $\sqrt{81xy}$

3 Radizieren von Potenzen und Wurzeln

a) $\sqrt{3^2 + 4^2}$ b) $\sqrt{13^2 - 5^2}$ c) $\sqrt{25 - 16}$ d) $\sqrt[3]{b^3}$ e) $\sqrt[3]{(-1)}$

f) $\sqrt[3]{-8}$ g) $\sqrt[n]{\frac{a^n}{b^n}}$ h) $\sqrt[3]{a^6}$ i) $\sqrt{25a^2b^2}$ j) $\sqrt{x^2y^4z^6}$

k) $\sqrt{5^4}$ l) $\sqrt{\frac{289u^2v^4}{529a^8b^4}}$ m) $\sqrt{\sqrt{16}}$ n) $\sqrt{\sqrt{625}}$ o) $\sqrt{\sqrt{a^4}}$

p) $\sqrt{\sqrt{x^8}}$

Lösungen

1a) 13; **1b)** 5; **1c)** 2,5; **1d)** 0,5; **1e)** 2; **1f)** 60; **1g)** 36,5; **1h)** 11; **1i)** 0,4; **1j)** 0,5; **1k)** 1900; **1l)** 0,012 | **2a)** 162; **2b)** 4900; **2c)** 75; **2d)** 400; **2e)** 0,000 17; **2f)** 14,25; **2g)** 0,0008; **2h)** xy; **2i)** $9\sqrt{xy}$ | **3a)** 5; **3b)** 12; **3c)** 3; **3d)** b; **3e)** –1; **3f)** –2; **3g)** $\frac{a}{b}$; **3h)** a^2; **3i)** $5ab$; **3j)** xy^2z^3; **3k)** 25; **3l)** $\frac{17uv^2}{23a^4b^2}$; **3m)** 2; **3n)** 5; **3o)** a; **3p)** x^2

1.15 GLEICHUNGEN

Gleichungen haben eine linke und eine rechte Seite. Beide Seiten sind gleich groß und werden durch ein Gleichheitszeichen verbunden. Sie lassen sich mit einer Balkenwaage vergleichen.

Siehe Bild rechts: 2 kg + 3 kg = 5 kg

Eine Waage bleibt im Gleichgewicht, wenn man in beide Waagschalen gleich große Massen dazulegt oder aus beiden Waagschalen gleich große Massen wegnimmt. Sie bleibt auch im Gleichgewicht, wenn man den Inhalt beider Waagschalen vertauscht.

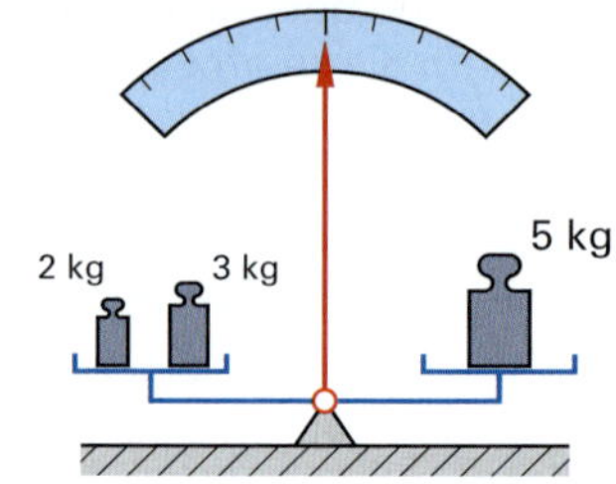

LÖSUNGSVERFAHREN BEI GLEICHUNGEN

Um eine Gleichung mit einer Unbekannten, z. B. x, zu lösen, wird sie so umgeformt, dass die Unbekannte x auf einer Seite allein steht.

$$x + 5 = 15$$
$$x = 15 - 5$$
$$x = 10$$

VERTAUSCHEN DER SEITEN

Eine Gleichung bleibt erhalten, wenn man die beiden Seiten vertauscht.

$$15 = x + 8$$
$$x + 8 = 15$$

UMFORMEN DURCH ADDIEREN UND SUBTRAHIEREN

Eine Gleichung bleibt erhalten, wenn man auf beiden Seiten gleiche Zahlen oder Größen addiert oder subtrahiert.

Wird eine Zahl oder Größe von einer Seite der Gleichung auf die andere gebracht (Seitentausch), so ändert sich dabei das Vorzeichen:

Aus + wird –	Aus – wird +

$$x + 8 = 15$$
$$x + 8 - 8 = 15 - 8$$
$$\mathbf{x = 7}$$

$$x + 8 = 15$$
$$x = 15 - 8$$
$$\mathbf{x = 7}$$

UMFORMEN DURCH MULTIPLIZIEREN UND DIVIDIEREN

Eine Gleichung bleibt erhalten, wenn man beide Seiten mit der gleichen Zahl oder Größe multipliziert oder durch die gleiche Zahl oder Größe dividiert.

Eine Zahl oder Größe, die auf der einen Seite als Faktor im Zähler steht, kommt beim Seitentausch auf die andere Seite als Faktor in den Nenner.

Eine Zahl oder Größe, die als Faktor im Nenner steht, kommt beim Seitentausch auf die andere Seite als Faktor in den Zähler.

Aus · wird :	Aus : wird ·

Summen oder Differenzen über oder unter dem Bruchstrich müssen beim Umformen wie Klammerausdrücke behandelt werden.

$$3x = 36$$
$$\frac{3x}{3} = \frac{36}{3}$$
$$\mathbf{x = 12}$$

$$6 \cdot x = 24$$
$$x = \frac{24}{6}$$
$$\mathbf{x = 4}$$

$$\frac{x}{12} = 5$$
$$x = 5 \cdot 12$$
$$\mathbf{x = 60}$$

MEHRFACH AUFTRETENDE UNBEKANNTE

Tritt die Unbekannte auf beiden Seiten der Gleichung auf, so werden die Glieder mit der Unbekannten auf die linke Seite, die anderen Glieder auf die rechte Seite gebracht. Alle gleichartigen Glieder werden dabei vor dem Seitenwechsel zusammengefasst.

$$V_c = \frac{V_h}{\varepsilon - 1} \qquad V_h = V_c \cdot (\varepsilon - 1)$$

$$3x - 6 = x + 10 - 2$$
$$3x - 6 = x + 8$$
$$3x - x = 8 + 6$$
$$2x = 14$$
$$\mathbf{x = 7}$$

UMFORMEN DURCH POTENZIEREN UND RADIZIEREN

Eine Gleichung bleibt erhalten, wenn man beide Seiten jeweils mit demselben Exponenten potenziert oder radiziert.

$$\sqrt{x} = 6$$
$$\left(\sqrt{x}\right)^2 = 6^2$$
$$\mathbf{x = 36}$$

Beispiel $x^3 = 13 + 14$; $\sqrt[3]{x^3} = \sqrt[3]{27}$; $\mathbf{x = 3}$

Beispiel $\sqrt{x} = 1{,}414$; $x = 1{,}414^2$; $\mathbf{x = 2}$

Aufgaben

Bestimmen der Unbekannten durch Umformen der Gleichungen.

1 Bestimmungsgleichungen mit Summen und Differenzen

a) $5x - 15 = 20$ b) $3x + (6 - x) = 10$ c) $11x + 7 = 10x + 10$
d) $9a + 2 - 7a = -2a - 2$ e) $0 = 14 + x - 8x - 7$ f) $0 = (10 - 2k) - (k - 5)$
g) $26 - x = 36 - 3x$ h) $85 - 5x = 6x + 79$ i) $26x + 24 - 17x - 69 = 0$
j) $5x = 49 - (6x + 16)$ k) $9x = 7x + 34 + 9x - 6 - 14x$ l) $2x - (a + b) = x + (a - b)$
m) $3a + (b - x) = (2b - (2x - 3a)$ n) $(2 + 9x) + 13 = 17x + (16 + 8x)$
o) $18 + 16x - [26x + (17 - 33x)] = -12 - [-76 + (11x - 30) - 8x + 67]$

2 Bestimmungsgleichungen mit Produkten

a) $5(y - 5) = y - 9$ b) $3(z - 2) - 7 = 8$ c) $3(x + 9) = (6 - x) \cdot 2$
d) $-2(4y - 29) = 3(11 - y)$ e) $7(8a - 5) = 133$ f) $(17 - 3y) \cdot 11 = (2y + 1) \cdot 2$
g) $5(2b + 7) = 9(2b - 5)$ h) $18y + 12(3y - 1) = 25y + 17$ i) $8(16 - 3x) + (x - 1) \cdot 3 = 41$
j) $6(5x - 2) - 5(6x - 5) = 4(9 - 2x) + 1$
k) $2[13y + 3(y - 2) + 6] = 73 - [15(3 - y) - 3y]$
l) $14[9 + 6(3x + 2)] = 28[300 - 11(12x - 8)] + 126$

3 Bestimmungsgleichungen mit Brüchen

a) $\frac{3x}{5} = 9$ b) $5x : 12 = 5$ c) $\frac{9}{x} - \frac{1}{2} = \frac{10}{x} + \frac{4}{9}$ d) $\frac{x}{a} - b = c$
e) $\frac{15}{-x} = 3$ f) $\frac{33}{-m} = 5 + 6$ g) $\frac{4}{x - 1} = 1$ h) $\frac{x}{4} = 2{,}5a - 2b$
i) $\frac{x}{2} - \frac{x}{3} + \frac{x}{4} - \frac{x}{6} + 15 = 0$ j) $\frac{16}{1 - x} = 4$ k) $\frac{4x}{3} - \frac{4}{5} = \frac{4x - 4}{5} + 16$ l) $\frac{5 \cdot (x + 6)}{15 \cdot (x - 4)} = 1$

4 Bestimmungsgleichungen mit Potenzen und Wurzeln

a) $x^2 = c^2 - d^2$ b) $x^3 = 27$ c) $\sqrt{x} = 13$
d) $2\sqrt[3]{x} = 8$ e) $\sqrt{x - a} = b - c$ f) $\sqrt{4x} \cdot \sqrt{x} = 8$

5 Durch welche Zahlen werden die folgenden Gleichungen erfüllt?

a) $12x - (6x - 21) = 40 + (4x - 9)$ b) $(4 + 18x) + 26 = 34x + (32 - 17x)$
c) $a + b - [c - (a + x)] = 4a - (a + 2c - b)$ d) $\frac{2x}{7} + \frac{3x + 1}{84x - 7} = \frac{14x + 2}{49}$

Lösungen

1a) $x = 7$; **1b)** $x = 2$; **1c)** $x = 3$; **1d)** $a = -1$; **1e)** $x = 1$; **1f)** $k = 5$; **1g)** $x = 5$; **1h)** $x = \frac{6}{11}$; **1i)** $x = 5$; **1j)** $x = 3$; **1k)** $x = 4$; **1l)** $x = 2a$; **1m)** $x = b$; **1n)** $x = -\frac{1}{16}$; **1o)** $x = 1$ | **2a)** $y = 4$; **2b)** $z = 7$; **2c)** $x = -3$; **2d)** $y = 5$; **2e)** $a = 3$; **2f)** $y = 5$; **2g)** $b = 10$; **2h)** $y = 1$; **2i)** $x = 4$; **2j)** $x = 3$; **2k)** $y = 2$; **2l)** $x = 2$ | **3a)** $x = 15$; **3b)** $x = 12$; **3c)** $x = -\frac{18}{17}$; **3d)** $x = a(c + b)$; **3e)** $x = -5$; **3f)** $m = -3$; **3g)** $x = 5$; **3h)** $x = 10a - 8b$; **3i)** $x = -60$; **3j)** $x = -3$; **3k)** $x = 30$; **3l)** $x = 9$ | **4a)** $x = \sqrt{c^2 - d^2}$; **4b)** $x = 3$; **4c)** $x = 169$; **4d)** $x = 64$; **4e)** $x = a + b^2 - 2bc + c^2$; **4f)** $x = 4$ | **5a)** $x = 5$; **5b)** $x = 2$; **5c)** $x = a - c$; **5d)** $x = 3$

Aufgaben

6 Gemischte Bestimmungsgleichungen

a) $x - a = a - b$
b) $0{,}34x + 1{,}5c = 3c - 0{,}16x$
c) $2x - (a + b) = x + (a - b)$
d) $3a + (b - x) = 2b - (2x - 3a)$
e) $\frac{x}{c} - b = a$
f) $5x - (3a + b) = 4a + 6b - 2x$
g) $9a - 7x = 6b - 4x$
h) $3(6x - 7a) - 7(5a + 4b) = 2(13x + 10b)$
i) $8x - 5a + 3b = 13x + 13b$
j) $b - ax = a - bx$
k) $\frac{x}{a} + 1 = \frac{b}{a}$
l) $\frac{c}{bx} - \frac{c}{ax} = 1$

7 Umstellen der Formeln nach der in rot gedruckten Größe

a) $V = l \cdot b \cdot h$
b) $n_1 \cdot z_1 = n_2 \cdot z_2$
c) $U = I \cdot R$
d) $A = \frac{l \cdot b}{2}$
e) $v = \frac{s}{t}$
f) $\varepsilon = \frac{V_h + V_c}{V_c}$
g) $c^2 = a^2 + b^2$
h) $d^2 = 2l^2$
i) $\varepsilon = \frac{V_h}{V_c} + 1$
j) $d = \frac{360 \cdot l_B}{\pi \cdot \alpha}$
k) $A = \frac{l_1 + l_2}{2} \cdot b$
l) $\frac{p_1 \cdot V_1}{T_1} = \frac{p_2 \cdot V_2}{T_2}$
m) $i = \frac{d_2 \cdot d_4}{d_1 \cdot d_3}$
n) $W = \frac{m \cdot v^2}{2}$
o) $\frac{1}{R} = \frac{1}{R_1} + \frac{1}{R_2}$

8 Textaufgaben

a) Welche Zahl ergibt, um 99 vermindert, eben so viel, als würde man sie durch 10 teilen?
b) Der dritte und der fünfte Teil einer Zahl ergeben zusammen 88. Wie groß ist die Zahl?
c) Von welcher Zahl beträgt das Doppelte um 9 mehr als der fünfte Teil?
d) An einem Widerstand R liegt die Spannung $U = 6$ V; es fließt ein Strom $I = 1{,}2$ A. Wie groß ist der Widerstand?
e) Bei einem Auto nimmt der Motor ein Fünftel, das Fahrgestell ein Drittel des Fahrzeuggewichts in Anspruch; die Karosserie wiegt 420 kg. Wie viel wiegt das Auto?
f) Ein Großvater ist jetzt dreizehnmal so alt wie sein Enkel. In 10 Jahren werden beide zusammen 104 Jahre alt sein. Wie alt sind jetzt Enkel und Großvater?
g) Addiert man zu einer Zahl ihr Vierfaches und ihr Fünffaches, so erhält man 270. Wie groß ist die Zahl?
h) Eine Erbschaft von 460000,00 € soll so auf drei Erben verteilt werden, dass der Erbe 2 einen Betrag von 20000,00 € mehr als der Erbe 1 und der Erbe 3 einen Betrag von 50000,00 € weniger als die Erben 1 und 2 zusammen erhalten. Welche Summen erhalten die Erben 1, 2 und 3?
i) Ein Dreieck hat einen Umfang von 50 cm. Die zweite Seite ist um 3 cm länger, die dritte Seite um 4 cm kürzer als die erste Seite. Wie lang sind alle drei Seiten?

Lösungen

6a) $x = 2a - b$; **6b)** $x = 3c$; **6c)** $x = 2a$; **6d)** $x = b$; **6e)** $x = (a + b) \cdot c$; **6f)** $x = a + b$; **6g)** $x = 3a - 2b$; **6h)** $-7a - 6b$; **6i)** $x = -a - 2b$; **6j)** $x = \frac{a - b}{b - a}$; **6k)** $x = b - a$; **6l)** $x = c\left(\frac{1}{b} - \frac{1}{a}\right)$ | **7a)** $h = \frac{V}{l \cdot b}$; **7b)** $n_2 = \frac{n_1 \cdot z_1}{z_2}$; **7c)** $R = \frac{U}{I}$; **7d)** $b = \frac{2 \cdot A}{l}$; **7e)** $t = \frac{s}{v}$; **7f)** $V_h = V_c(\varepsilon - 1)$; **7g)** $b = \sqrt{c^2 - a^2}$; **7h)** $l = \sqrt{\frac{d^2}{2}}$; **7i)** $V_c = \frac{V_h}{\varepsilon - 1}$; **7j)** $\alpha = \frac{360 \cdot l_B}{\pi \cdot d}$; **7k)** $l_2 = \frac{2 \cdot A}{b} - l_1$; **7l)** $V_1 = \frac{p_2 \cdot V_2 \cdot T_1}{T_2 \cdot p_1}$; **7m)** $d_3 = \frac{d_2 \cdot d_4}{d_1 \cdot i}$; **7n)** $v = \sqrt{\frac{2 \cdot W}{m}}$; **7o)** $R_1 = \frac{R \cdot R_2}{R_2 - R}$ |
8a) $x = 110$; **8b)** $x = 165$; **8c)** $x = 5$; **8d)** $R = 5\ \Omega$; **8e)** $x = 900$ kg; **8f)** $x = 6$; Enkel 6 J., Großv. 78 J.;
8g) $x = 27$; **8h)** E1 = 117500,00 €; E2 = 137500,00 €; E3 = 205000,00 €;
8i) $s_1 = 17$ cm; $s_2 = 20$ cm; $s_3 = 13$ cm

1.16 VERHÄLTNISGLEICHUNGEN, MISCHUNGSRECHNEN

Der Quotient zweier Zahlen wird auch Verhältnis genannt.

Mischungen werden als Verhältnisse angegeben, z. B. 4 : 3 (Wasser : Gefrierschutzmittel). Weitere Verhältnisse sind Steigungen, z. B. 1 : 11, Übersetzungen, z. B. 3,7 : 1, Verdichtungen, z. B. 21 : 1.

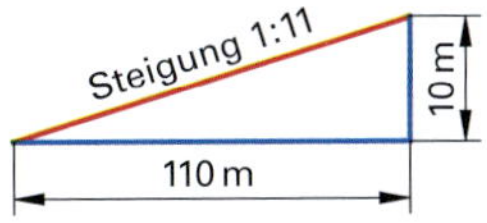

Haben zwei Verhältnisse einen gleichen Wert, so können sie durch ein Gleichheitszeichen verbunden werden. Man erhält eine **Verhältnisgleichung (Proportion)** mit 4 Gliedern. Sie kann mit Bruchstrichen oder Doppelpunkten geschrieben werden. Von den 4 Gliedern einer Verhältnisgleichung, z. B. 2 : 3 = 4 : 6, nennt man 2 und 6 äußere Glieder, 3 und 4 innere Glieder.

$$\frac{a}{b} = \frac{c}{d}$$
$$a : b = c : d$$

REGELN FÜR DAS RECHNEN MIT VERHÄLTNISGLEICHUNGEN

Produktgleichung

Das Produkt der äußeren Glieder ist gleich dem Produkt der inneren Glieder. Bei der Schreibweise mit Bruchstrich erhält man durch Multiplikation über Kreuz das gleiche Ergebnis.

$$a : b = c : d$$
$$a \cdot d = b \cdot c$$

$$\frac{a}{b} = \frac{c}{d}$$
$$a \cdot d = b \cdot c$$

Auflösen nach einer Unbekannten

Sind 3 Glieder einer Verhältnisgleichung gegeben, so kann daraus das 4. Glied bestimmt werden.

$$\frac{a}{b} = \frac{c}{d}$$

$$a = \frac{b \cdot c}{d} \qquad c = \frac{a \cdot d}{b}$$
$$b = \frac{a \cdot d}{c} \qquad d = \frac{b \cdot c}{a}$$

Beispiel

Das Kühlsystem eines Kfz fasst 8 l. Wie viel Wasser und Gefrierschutzmittel müssen eingefüllt werden, wenn das Mischungsverhältnis zwischen Wasser und Gefrierschutzmittel 4 : 5 betragen soll?

Lösung 4 l Wasser + 5 l Gefrierschutzmittel = 9 l Kühlflüssigkeit
9 : 4 = 8 : x bei 8 l Kühlflüssigkeit
x = 3,56 l Flüssigkeit
8 l Kühlflüssigkeit – 3,56 l Wasser = 4,44 l Gefrierschutzmittel

Aufgaben

1 Aufstellen der zugehörenden Produktgleichungen
a) 2 : 5 = 6 : 15 b) $x : y = p : q$ c) $x : y = 4 : 3$
d) $F_1 : F_2 = A_1 : A_2$ e) $p_1 : p2 = V_2 : V_1$

2 Auflösen nach der Unbekannten
a) $\frac{x}{168} = \frac{25}{24}$ b) $\frac{11}{9} = \frac{4}{y}$ c) $21 : 4x = 72 : 96$

3 Welche Kraftstoff- und Ölmengen benötigt man für 20 l Öl-/Kraftstoffgemisch im Verhältnis 1 : 40?

4 Bei der Herstellung einer Kühlflüssigkeit von 6,4 l wurden 0,8 l Gefrierschutzmittel verwendet.
a) Welches Mischungsverhältnis liegt vor?
b) Wie viel Liter Gefrierschutzmittel werden noch benötigt, damit ein Mischungsverhältnis von 2 : 1 (Wasser : Gefrierschutzmittel) entsteht?

5 In einer Kfz-Werkstatt haben der Inhaber 168000,00€, sein Teilhaber 96000,00€ angelegt. Der Reingewinn von 47000,00€ soll im Verhältnis ihrer Beteiligungen aufgeteilt werden. Wie viel Euro bekommt jeder?

6 Eine Strecke von 12 cm Länge ist im Verhältnis 5 : 3 zu teilen. Wie lang sind die beiden Strecken?

Lösungen

1a) $2 \cdot 15 = 5 \cdot 6$; **1b)** $x \cdot q = y \cdot p$; **1c)** $3x = 4y$; **1d)** $F_1 \cdot A_2 = F_2 \cdot A_1$; **1e)** $p_1 \cdot V_1 = p_2 \cdot V_2$ | **2a)** $x = 175$;
2b) $y = \frac{36}{11}$; **2c)** $x = 7$ | **3)** 0,488 l Öl, 19,512 l Kraftstoff | **4a)** 7 : 1; **4b)** 2,8 l Gefrierschutzmittel |
5) x = 17090,91 €; y = 29 909,09 € | **6)** x = 4,5 cm; y = 7,5 cm

1.17 GRAFISCHE DARSTELLUNGEN

SCHAUBILDER

Sie dienen der Darstellung von Funktionen, von prozentualen Aufteilungen und von Größen, die sich zeitlich ändern, z. B. **Bild 1**.

Man unterscheidet Kreisschaubilder bzw. Kuchendiagramme, Flächendiagramme, Liniendiagramme und Balkendiagramme.

Kreisschaubild, Kuchendiagramm

Durch Kreis- bzw. Kuchenschaubilder lassen sich prozentuale Aufteilungen sehr übersichtlich darstellen.

Beispiel 1

Bei der Stromerzeugung der Bundesrepublik Deutschland werden verschiedene Energieträger eingesetzt (Zahlen von 2020).

Dies sind: 7 % Steinkohle, 17 % Braunkohle, 13 % Kernenergie, 4 % Wasser, 9 % Biomasse, 10 % Fotovoltaik, 27 % Wind, 12 % Erdgas, 1 % Sonstige Brennstoffe (z. B. Müll)

Lösung Entsprechend der prozentualen Anteile müssen die Winkel ermittelt werden.

$100\,\% = 360°$

$1\,\% = 360°/100 = 3{,}6°$

$27\,\% = 27 \cdot 360°/100 = 97{,}2°$

Anteil	9 %	17 %	12 %	4 %	7 %
Winkel	32,4°	61,2°	43,2°	14,4°	25,2°

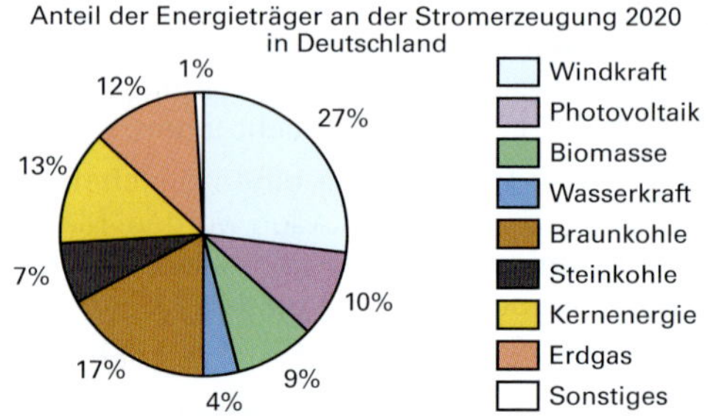

Bild 1: Kreisschaubild, Kreisdiagramm

Bild 2: Flächendiagramm

Linien- und Balkendiagramme

Beispiel 2

Der Anteil der alternativen Energieträger ist in den letzten Jahren stetig gestiegen. Das Liniendiagramm **Bild 3** zeigt den Anstieg der letzten 5 Jahre.
Wie groß ist die durch Windenergie erzeugte elektrische Arbeit in den Jahren 2015 bis 2020?
Welche Balkenlänge muss für die einzelnen Jahre gewählt werden?
Maßstab: 1 cm – 50 TWh
Zeitmaßstab: 1 cm – 1 Jahr

Lösung

Die Werte der durch Wind erzeugten elektrischen Arbeit müssen aus dem Liniendiagramm abgelesen werden.
Aus den Zahlenwerten müssen mittels Maßstab die Balkenlängen **(Bild 4)** berechnet werden.

Jahr	2017	2018	2019	2020
Arbeit	105 TWh	108 TWh	125 TWh	132 TWh
Länge	2,1 cm	2,2 cm	2,5 cm	2,6 cm

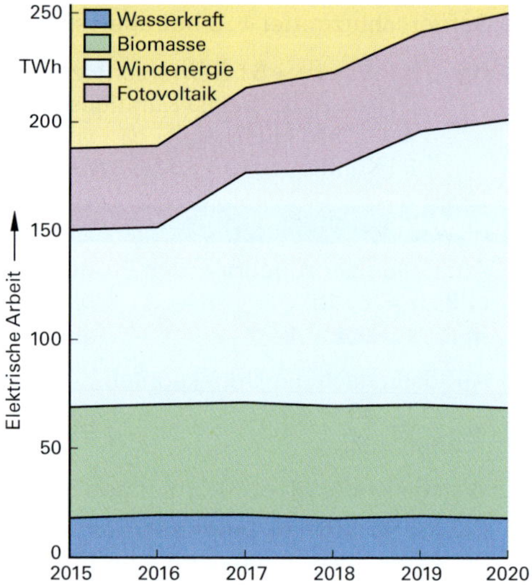

Bild 3: Liniendiagramm

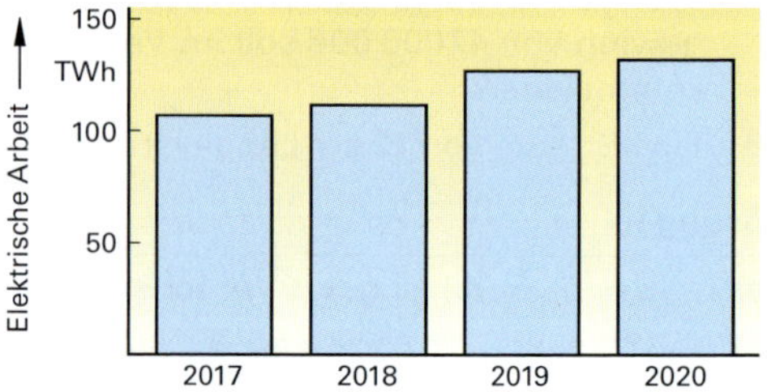

Bild 4: Balkendiagramm

DIAGRAMME

Sie sind grafische Darstellungen in einem Koordinatensystem. Damit können Zusammenhänge zwischen physikalischen Größen anschaulich dargestellt werden.

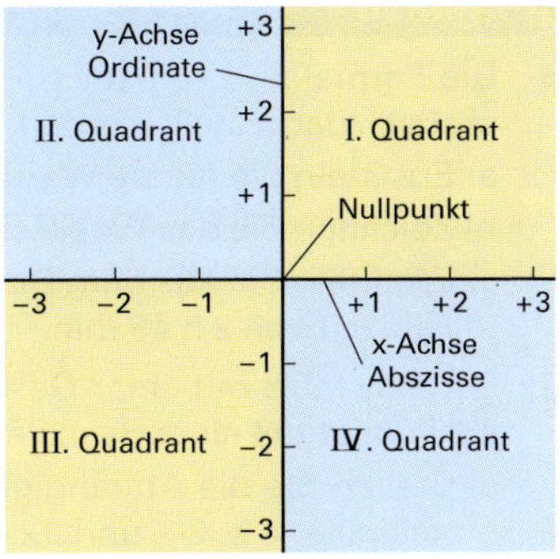

Bild 1: Rechtwinkliges Koordinatensystem

Diagramme im rechtwinkligen Koordinatensystem

Quadrant: Das Achsenkreuz wird gebildet durch zwei sich rechtwinklig schneidende Geraden, durch welche die Fläche in vier Teile (Quadranten) geteilt wird. Die Zählung der Quadranten erfolgt entgegen dem Uhrzeigersinn, rechts oben beginnend. Zur Darstellung des Diagramms wird meist nur der I. Quadrant benutzt.

Nullpunkt. Der Schnittpunkt der Achsen ist der Nullpunkt des Koordinatensystems.

Abszisse. Die waagrechte Achse wird als Abszisse oder **x-Achse** bezeichnet.

Ordinate. Die senkrechte Achse wird als Ordinate oder **y-Achse** bezeichnet.

Diagramme im räumlichen Koordinatensystem

Durch eine zusätzliche Achse **(z-Achse)** können in räumlichen Koordinatensystemen Abhängigkeiten von drei physikalischen Größen gezeigt werden. **Bild 2** zeigt die Größe des Zündwinkels in Abhängigkeit von Last und Drehzahl.

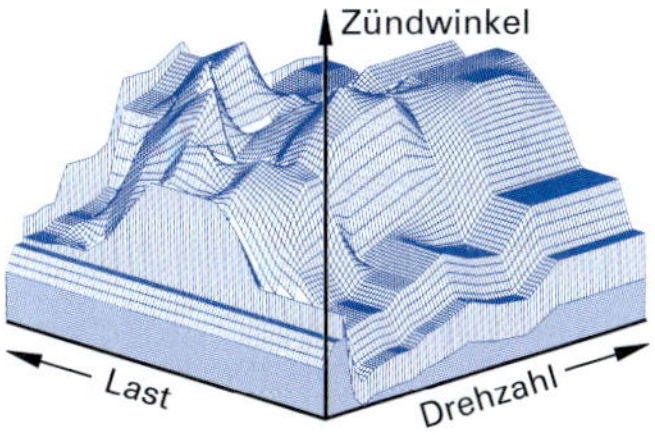

Bild 2: Räumliches Koordinatensystem

Beispiel 1

Die Formel $s = v \cdot t$ soll für eine Geschwindigkeit von 70 km/h grafisch dargestellt werden. Ermitteln Sie aus dem abgebildeten Diagramm, welchen Weg das Fahrzeug nach 3,5 h zurückgelegt hat.

Lösung **Wertetabelle**

Zeit t in h	0	1	2	3	4
Weg s in km	0	70	140	210	280

Wegmaßstab: 1 cm – 50 km
Zeitmaßstab: 1 cm – 1 h

Nach Zeichnen des Diagramms wird auf der x-Achse bei t = 3,5 h eine Senkrechte errichtet bis zum Schnitt mit der Geraden. Durch den Schnittpunkt wird eine Parallele zur x-Achse gezogen, bis zum Schnitt mit der y-Achse. Auf der y-Achse kann die zurückgelegte Wegstrecke abgelesen werden: 245 km.

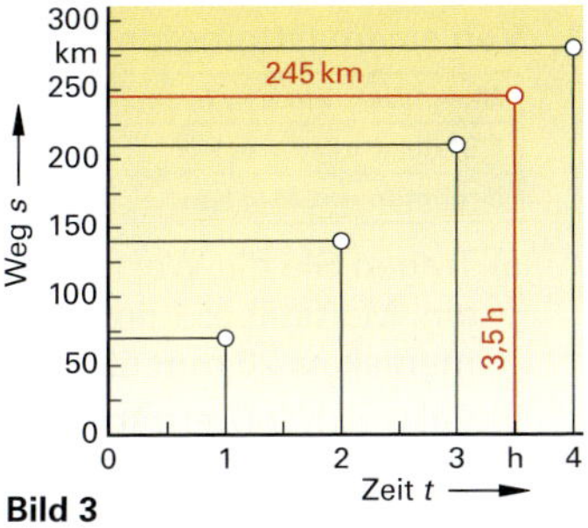

Bild 3

Beispiel 2

Ein Kfz fährt aus dem Stand mit gleichbleibender Beschleunigung an (a = 2,5 m/s^2). Es hat dabei nach 8 s einen Weg von 80 m zurückgelegt. Aus dem Diagramm ist zu ermitteln:

a) Welchen Weg hat das Kfz nach 5 s zurückgelegt?
b) Welche Zeit benötigt das Kfz, um einen Weg von 70 m zurückzulegen?
c) Welchen Verlauf hat die Kurve?

Lösung

a) Das Fahrzeug hat nach 5 s einen Weg von 31 m zurückgelegt.
b) Für einen Weg von 70 m benötigt das Kfz eine Zeit von 7,5 s.
c) Die Kurve ist eine Parabel. Der zurückgelegte Weg nimmt umso schneller zu, je länger die Beschleunigungszeit ist, z. B. nimmt in der Beschleunigungszeit von der 2. s bis zur 4. s der zurückgelegte Weg um 15 m zu; von der 4. s bis zur 6. s nimmt dagegen der zurückgelegte Weg bereits um 25 m zu.

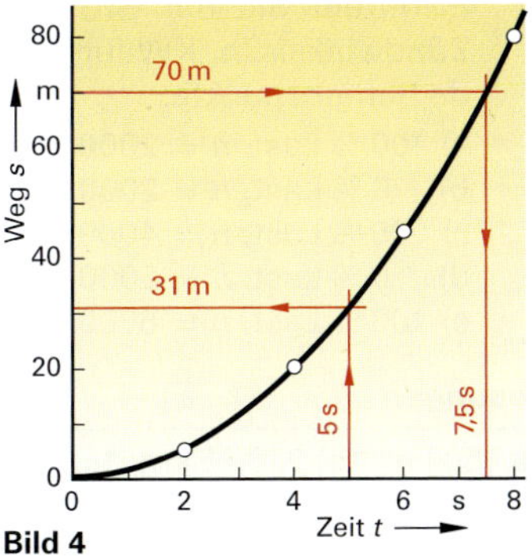

Bild 4

Aufgaben

1 Die Formel $s = v \cdot t$ soll für eine Fahrzeit von 4 Stunden bei einer Geschwindigkeit von 105 km/h grafisch dargestellt werden.

a) Ermitteln Sie für die Wertetabelle den zurückgelegten Weg s nach t = 1 h, 2,25 h, 3,5 h und 4 h.

b) Zeichnen Sie das Weg-Zeit-Diagramm; Wegmaßstab: 1 cm – 40 km; Zeitmaßstab: 1 cm – 0,5 h.

c) Ermitteln Sie aus dem Diagramm den zurückgelegten Weg für eine Fahrzeit von 2 h und für eine Fahrzeit von 2 h 45 min.

2 Ein Pkw fährt mit einer Geschwindigkeit v_1 = 15 m/s (54 km/h); er wird gleichmäßig 12 s lang beschleunigt mit einer Beschleunigung a = 1,25 m/s².

a) Stellen Sie die Abhängigkeit der erreichten Geschwindigkeit v_2 von der Beschleunigungszeit t nach 0 s, 4 s, 8 s und 12 s grafisch dar. Die Formel für die erreichte Geschwindigkeit v_2 lautet $v_2 = v_1 + a \cdot t$.

b) Welche Geschwindigkeit hat der Pkw nach einer Beschleunigungszeit von 10 s erreicht?

c) Wie groß ist die Geschwindigkeitszunahme in einer Beschleunigungszeit von 6 s?

3 Der Luftwiderstand eines Pkw soll für die Geschwindigkeiten von 0 km/h bis 150 km/h ermittelt werden. Die Querschnittfläche des Pkw beträgt A = 2 m², die Luftdichte ϱ = 1,226 kg/m³, der Luftwiderstandsbeiwert c_W = 0,42. Die Formel für den Luftwiderstand F_L in N lautet : $F_L = \varrho/2\, c_W \cdot A \cdot v_2$, dabei ist die Geschwindigkeit v in m/s einzusetzen (1 m/s = 3,6 km/h). Maßstab für die Geschwindigkeit: 1 cm – 20 km/h; Maßstab für den Luftwiderstand: 1 cm – 100 N.

a) Fertigen Sie eine Wertetabelle an für die Geschwindigkeiten 0 km/h, 25 km/h, 50 km/h, 75 km/h, 100 km/h, 125 km/h, 150 km/h, für die sich daraus ergebenden Geschwindigkeiten in m/s und für die errechneten Werte des Luftwiderstands F_L in N.

b) Zeichnen Sie das Diagramm des Luftwiderstands F, in N in Abhängigkeit von der Geschwindigkeit v in km/h.

c) Bei welcher Geschwindigkeit hat der Pkw einen Luftwiderstand von 500 N?

d) Auf welchen Faktor vervielfacht sich der Luftwiderstand, wenn sich die Geschwindigkeit von 70 km/h auf 140 km/h verdoppelt?

4 Von einem Ottomotor sind folgende Werte auf dem Prüfstand ermittelt worden:

Motordrehzahl n in 1/min	1000	2000	3000	4000	4500	5000	5500	6000	6500
Nutzleistung P_{eff} in kW	14	36,6	60,4	80,3	87,5	91,9	92,6	91	87
Drehmoment M in Nm	134	175	192	192	186	176	161	145	128

a) Tragen Sie die Werte von Nutzleistung und Drehmoment in einem Diagramm über der Drehzahl ein. Maßstäbe: 1 cm ≙ 500 1/min; 1 cm ≙ 5 kW; 1 cm ≙ 10 Nm. Beginnen Sie mit der Drehmomentskala 20 mm über der Abszisse mit dem Skalenwert 100 Nm.

b) Bei welcher Drehzahl gibt der Motor die größte Nutzleistung und bei welcher Drehzahl das größte Drehmoment ab?

5 Von einem Fahrzeug ist das dargestellte Zündwinkelkennfeld gegeben.

Ermitteln Sie die Größe des Zündwinkels in °KW für folgende Betriebspunkte:

a) 100 % Last, n = 2000 1/min

b) 0 % Last, n = 2000 1/min

c) 25 % Last, n = 4000 1/min

d) 0 % Last, n = 5000 1/min

e) 100 % Last, n = 6000 1/min

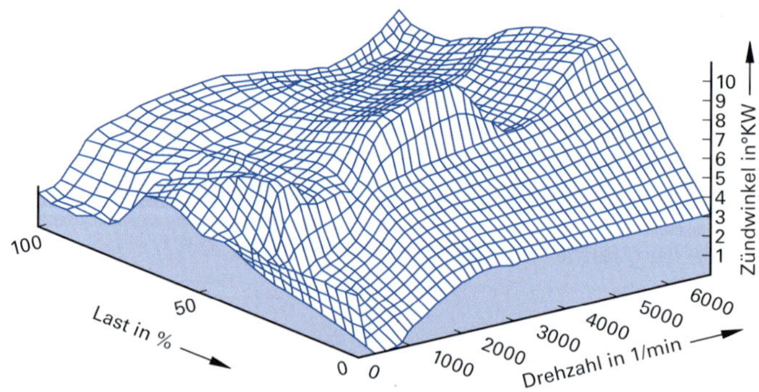

Lösungen

1a 150 km; **1b)** 236,25 km; **1c)** 267,5 km; 420 km | **2a)** 15 m/s; 20 m/s; 25 m/s; 30 m/s; **2b)** 27,5 m/s; **2c)** 7,5 m/s | **3a)** 0 N; 25 N; 100 N; 223 N; 398 N; 620 N; 895 N; **3c)** 112 km/h; **3d)** 4 | **4b)** 93 kW; 194 Nm | **5a)** 5 °KW; **5b)** 3 °KW; **5c)** 6 °KW; **5d)** 3 °KW; **5e)** 4,5 °KW

1.18 RECHNEN MIT WINKELFUNKTIONEN

Winkelfunktionen im rechtwinkligen Dreieck

In einem rechtwinkligen Dreieck lassen sich den Winkeln bestimmte Verhältnisse der Seitenlängen zuordnen. Diese Beziehungen nennt man Winkelfunktionen. Bei den Winkelfunktionen unterscheidet man:

Sinus (sin) Cosinus (cos) Tangens (tan).

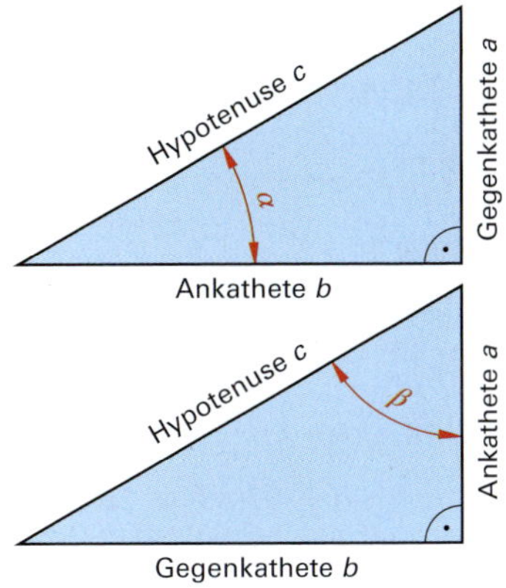

Bild 1: Bezeichnungen im rechtwinkligen Dreieck

Bezeichnungen im rechtwinkligen Dreieck (Bild 1)

c	Hypotenuse	mm
a, b	Katheten	mm
α, β	Winkel	°
γ, ⊾	Rechter Winkel = 90°	°

Hypotenuse. Sie ist die längste Seite im rechtwinkligen Dreieck. Sie liegt dem rechten Winkel gegenüber und wird *c* genannt.

Katheten. Sie stehen senkrecht zueinander. Man unterscheidet Ankathete und Gegenkathete nach ihrer Lage zum Winkel α bzw β.

Ankathete. Sie schließt mit der Hypotenuse den entsprechenden Winkel ein.
Zum Winkel α ist *b* die Ankathete
Zum Winkel β ist *a* die Ankathete

Gegenkathete. Sie liegt dem entsprechenden Winkel gegenüber.
Zum Winkel α ist *a* die Gegenkathete
Zum Winkel β ist *b* die Gegenkathete

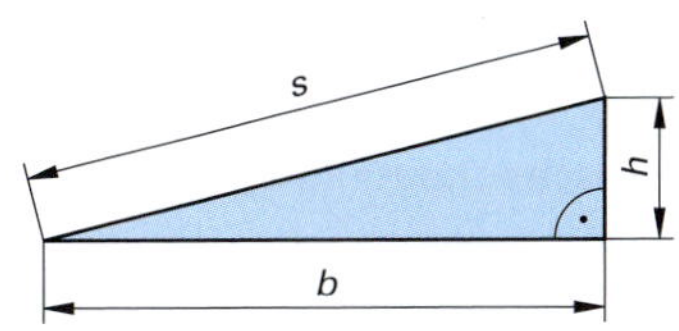

Bezeichnungen im Steigungsdreieck

Steigung und Gefälle

Für die Berechnung von Steigungen und Gefällen werden die Beziehungen des rechtwinkligen Dreiecks verwendet.

α	Steigungswinkel	°
b	Horizontale Länge	m
h	Höhenunterschied	m
s	Steigungslänge	m
p	Steigung	%

Hierzu werden in einem rechtwinkligen Dreieck die horizontale Länge *b* und der Höhenunterschied *h* in ein Verhältnis gesetzt.

Da Steigungen und Gefälle von Straßen in % angegeben werden, muss das Ergebnis mit 100 % multipliziert werden.

Steigungs- und Gefällstrecken werden durch Warnschilder gekennzeichnet.

$$\tan \alpha = \frac{h}{b} \qquad \sin \alpha = \frac{h}{s}$$

$$p = \frac{100\,\% \cdot h}{b}$$

Beispiel 1

Berechnen Sie den Höhenunterschied, den Sie beim Befahren einer 1,3 km langen Steigung mit 11 % zurücklegen.

Gegeben: $s = 1{,}3$ km; $p = 11$ %

Gesucht: h in m

Lösung

Steigungswinkel $\tan \alpha = h/s = 11/100 = 0{,}11 \rightarrow \alpha = 6{,}28°$

$\sin \alpha = h/s \rightarrow h = \sin \alpha \cdot s =$

$\sin 6{,}28° \cdot 1300 \text{ m} = \mathbf{142{,}2 \text{ m}}$

Verkehrszeichen bedeutet: Auf 100 m horizontale Länge beträgt der Höhenunterschied 11 m

SINUSFUNKTION

$$\text{Sinus} = \frac{\text{Gegenkathete}}{\text{Hypotenuse}}$$

$$\sin\alpha = \frac{a}{c}$$

Die Werte für die Sinusfunktionen sind Zahlen, die das Seitenverhältnis von a/c für den Winkel α bzw. von b/c für den Winkel β wiedergeben.

$$a = c \cdot \sin\alpha$$

$$c = \frac{a}{\sin\alpha}$$

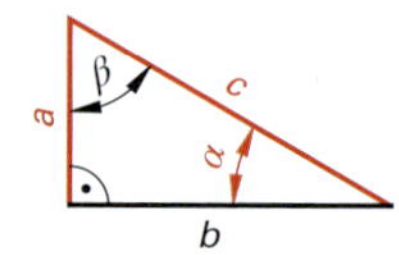

Beispiel 1

Gegeben: $a = 13{,}13$ mm; $c = 26$ mm

Gesucht: $\sin\alpha$; α in °

Lösung $\sin\alpha = \frac{a}{c} = \frac{13{,}13 \text{ mm}}{26 \text{ mm}} = \mathbf{0{,}505}$

$\alpha = 30{,}33° = \mathbf{30°\,20'}$

$$\sin\beta = \frac{b}{c}$$

$$b = c \cdot \sin\beta$$

$$c = \frac{b}{\sin\beta}$$

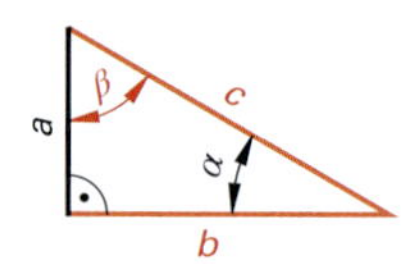

Beispiel 2

Gegeben: $\beta = 16°\,40'$; $c = 25{,}5$ mm

Gesucht: $\sin\beta$; b in mm

Lösung $\sin\beta = \sin 16°\,40' = \sin 16{,}67° = 0{,}2868$

$b = c \cdot \sin\beta = 25{,}5 \text{ mm} \cdot 0{,}2868 = \mathbf{7{,}3134 \text{ mm}}$

Grafische Darstellung der Sinusfunktion

Die Abhängigkeit des Sinus vom Winkel α kann auch grafisch dargestellt werden. Trägt man das rechtwinklige Dreieck mit dem Winkel α so in einen Kreis mit dem Radius $r = 1$ (Einheitskreis) ein, dass die Hypotenuse $c = r = 1$ ist, so ist die Gegenkathete a gleich dem Sinus des Winkels α, d. h. $\sin\alpha = a/c = a/1 = a$.

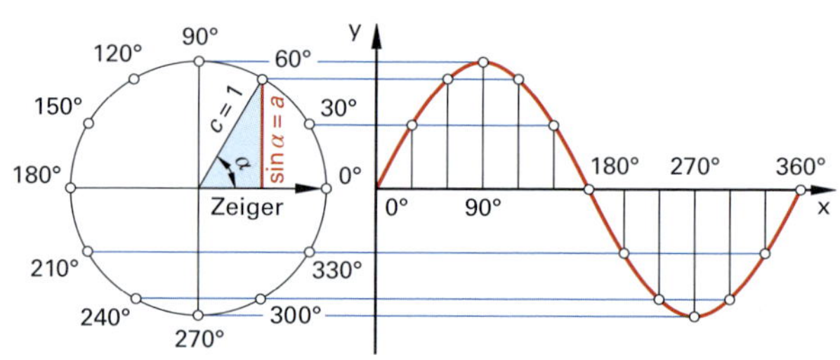

Aufgaben

Ermitteln Sie die fehlenden Werte der rechtwinkligen Dreiecke.

Aufgabe	1	2	3	4	5	6
$\sin\alpha$	?	–	?	–	0,9124	–
$\sin\beta$	–	?	–	?	–	0,4540
a	57,687 cm	–	?	–	22,81 mm	–
b	–	762,2 mm	–	?	–	38,59 mm
c	134 cm	824 mm	105 m	322 dm	?	?
α	?	–	28° 10′	–	?	–
β	–	?	–	86° 50′	–	?

Lösungen

1 0,4305; 25° 30′ | **2** 0,9250; 67° 40′ | **3** 0,4720; 49,56 m | **4** 0,9985; 321,21 dm | **5** 25 mm; 65° 50′ | **6** 85 mm; 27°

COSINUSFUNKTION

$$\text{Cosinus} = \frac{\text{Ankathete}}{\text{Hypotenuse}}$$

$$\cos\alpha = \frac{b}{c}$$

$$b = c \cdot \cos\alpha$$

$$c = \frac{b}{\cos\alpha}$$

Die Werte für die Cosinusfunktionen sind Zahlen, die das Seitenverhältnis von b/c für den Winkel α bzw. von a/c für den Winkel β wiedergeben.

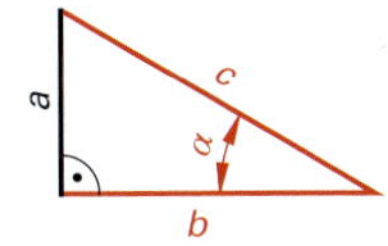

Beispiel 1

Gegeben: $b = 31{,}01$ mm; $c = 50$ mm

Gesucht: $\cos\alpha$; α in °

Lösung $\cos\alpha = \frac{b}{c} = \frac{31{,}01\text{ mm}}{50\text{ mm}} = \mathbf{0{,}6202}$

$\alpha = 51{,}67° = \mathbf{51°\,40'}$

$$\cos\beta = \frac{a}{c}$$

$$a = c \cdot \cos\beta$$

$$c = \frac{a}{\cos\beta}$$

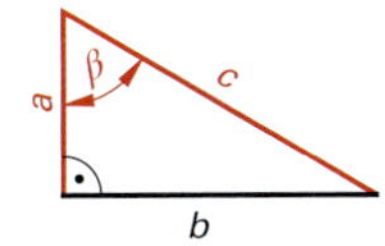

Beispiel 2

Gegeben: $\beta = 27°\,30'$; $c = 15$ mm

Gesucht: $\cos\beta$; a in mm

Lösung $\cos\beta = \cos 27°\,30' = \cos 27{,}5° = 0{,}8870$

$a = c \cdot \cos\beta = 15\text{ mm} \cdot 0{,}887 = \mathbf{13{,}305\text{ mm}}$

Grafische Darstellung der Cosinusfunktion

Die Abhängigkeit des Cosinus vom Winkel α kann auch grafisch dargestellt werden. Trägt man das rechtwinklige Dreieck mit dem Winkel α so in einen Kreis mit dem Radius $r = 1$ (Einheitskreis) ein, dass die Hypotenuse $c = r = 1$ ist, so ist die Ankathete a gleich dem Cosinus des Winkels α, d. h. $\cos\alpha = b/c = b/1 = b$.

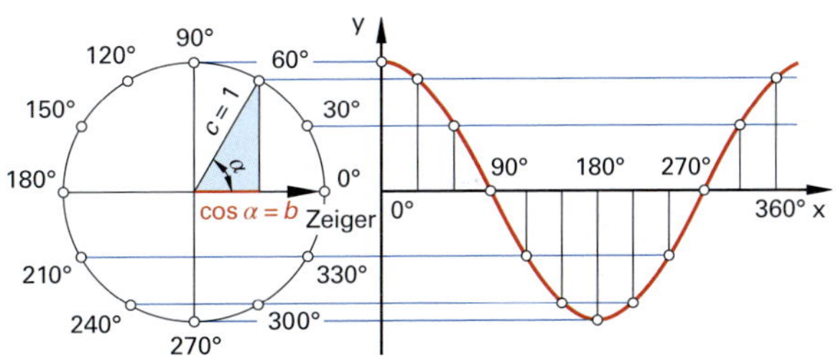

Aufgaben

Ermitteln Sie die fehlenden Werte der rechtwinkligen Dreiecke.

Aufgabe	1	2	3	4	5	6
$\cos\alpha$	0,8450	–	–	0,1421	?	–
$\cos\beta$	–	0,9775	0,4592	–	–	?
a	–	?	1,6072 m	–	–	25 dm
b	?	–	–	?	50,676 cm	–
c	42 mm	24 mm	?	105 cm	82 cm	50 dm
α	?	–	–	–	?	–
β	–	?	?	?	–	?

Lösungen

1 35,49 mm; 32° 20′ | **2** 23,46 mm; 12° 10′ | **3** 3,5 m; 62° 40′ | **4** 14,92 m; 8° 10′ | **5** 0,6180; 51° 50′ | **6** 0,5; 60°

TANGENSFUNKTION

$$\text{Tangens} = \frac{\text{Gegenkathete}}{\text{Ankathete}} \qquad \tan\alpha = \frac{\sin\alpha}{\cos\alpha}$$

$$\tan\alpha = \frac{a}{b}$$

$$a = b \cdot \tan\alpha$$

$$b = \frac{a}{\tan\alpha}$$

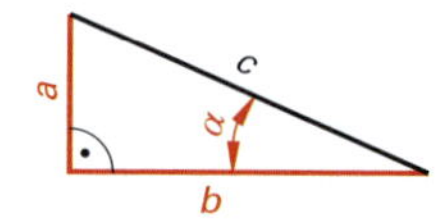

$$\tan\beta = \frac{b}{a}$$

$$b = a \cdot \tan\beta$$

$$a = \frac{b}{\tan\beta}$$

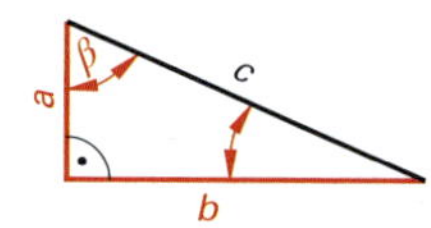

Die Werte für die Tangensfunktionen sind Zahlen, die das Seitenverhältnis von a/b für den Winkel α bzw. von b/a für den Winkel β wiedergeben.

Beispiel 1

Gegeben: a = 55,5 mm; b = 75 mm

Gesucht: $\tan\alpha$; α in °

Lösung $\tan\alpha = \frac{a}{b} = \frac{55{,}5\ \text{mm}}{75\ \text{mm}} = \mathbf{0{,}74;\ \alpha = 36{,}5° = 36°\ 30'}$

Beispiel 2

Gegeben: α = 70° 20′; b = 1,25 m

Gesucht: $\tan\alpha$; a in m

Lösung $\tan\alpha = \tan 70°\ 20' = \tan 70{,}33° = 2{,}798$

$a = b \cdot \tan\alpha = 1{,}25\ \text{m} \cdot 2{,}798 = 3{,}4975\ \text{m} \approx \mathbf{3{,}5\ m}$

Aufgaben

1 Eine Straße hat eine Steigung von 20 % **(Bild 1)**. Der abgestellte Lastwagen hat eine Gewichtskraft von 80000 N. Wie groß sind die Normalkraft F_N, die Hangabtriebskraft F_H und der Steigungswinkel α?

2 Auf einem Warnzeichen **(Bild 2)** steht der Hinweis 9 % Gefälle auf 2900 m. Wie groß sind der Höhenunterschied und der durchschnittliche Neigungswinkel?

3 Bei der Fahrt über einen 1850 m hohen Pass wird eine 8,4 km lange Bergstrecke befahren. Wie groß ist die durchschnittliche Steigung der Straße in %, wenn der Startpunkt im Tal auf einer Höhe von 750 m liegt?

4 Ein Motor **(Bild 3)** hat einen Hub s = 60 mm, die Pleuelstange hat eine Länge von l = 120 mm. Wie groß ist der Winkel β bei einer Kurbelstellung von α = 45° nach OT?

5 Bei der Geradeausstellung der Lenkung **(Bild 4)** werden an den Felgenhörnern in Höhe der Radmitte bei 14-Zoll-Felgen folgende Werte ermittelt: vorne l_1 = 1382 mm, hinten l_2 = 1389 mm, Felgendurchmesser d_F = 391 mm. Wie groß sind
a) der Spurwinkel $\varepsilon/2$ eines Rades,
b) der Spurwinkel ε beider Räder?

6 Ein Lastkraftwagen hat einen mittleren Kurvenradius von r_m = 20,3 m **(Bild 5)**; sein Lenkachsabstand beträgt l_A = 2012 mm, sein Radstand l = 5200 mm. Berechnen Sie
a) den Schwenkwinkel α des kurvenäußeren Rades,
b) den Schwenkwinkel β des kurveninneren Rades,
c) den Spurdifferenzwinkel δ.

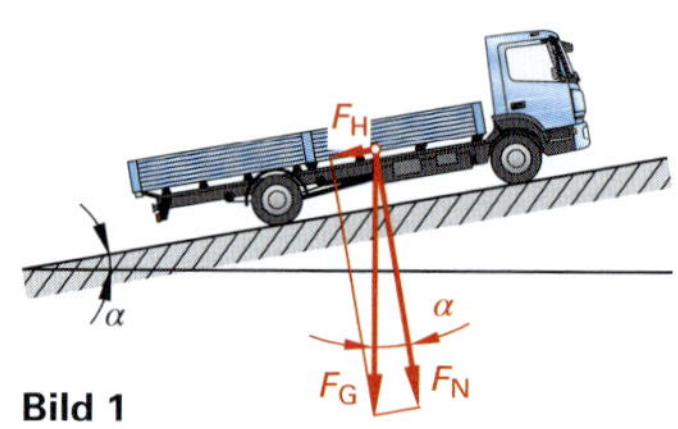

Bild 1

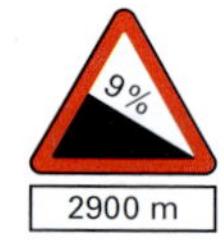

Bild 2

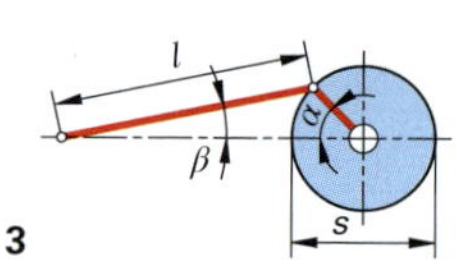

Bild 3

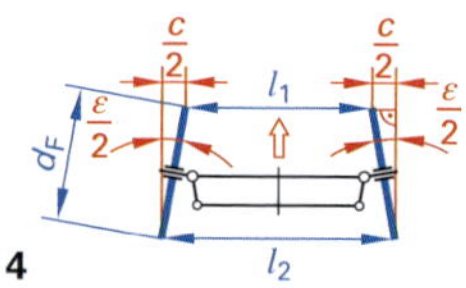

Bild 4

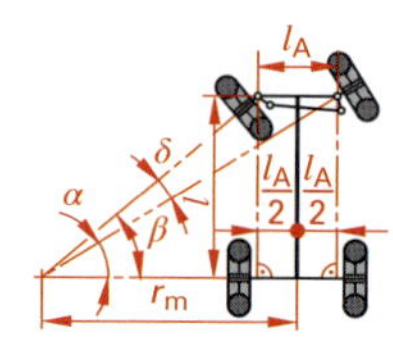

Bild 5

Lösungen

1) 78446 N ; 15689 N ; 11,31° | **2)** 259,8 m ; 5,14° | **3)** 13,2 % | **4)** 10,18° | **5)** 0,51°; 1,02° | **6)** 13,72°; 15,08°; 1,37°

WINKELFUNKTIONEN IM SCHIEFWINKLIGEN DREIECK

Auch in schiefwinkligen Dreiecken können Seitenlängen und Winkel über Winkelfunktionen berechnet werden. Zur Anwendung kommen dabei der Sinussatz oder der Cosinussatz.

a, b, c Seitenlängen

α, β, γ Winkel, die jeweils den Seiten *a, b, c* gegenüber liegen

Jedes Dreieck kann durch Einzeichnen einer Höhe *h* in zwei rechtwinklige Dreiecke zerlegt werden. Hieraus lassen sich Sinus- und Cosinussatz für das schiefwinklige Dreieck ableiten.

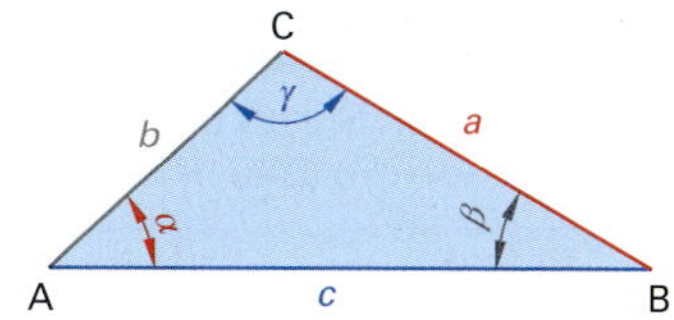

Bild 1

Sinussatz (Bild 1): Er kann zur Berechnung von Seitenlängen und Winkeln angewendet werden. Dazu müssen

- zwei Seiten und ein Winkel, der einer der beiden Seiten gegenüber liegt, oder
- eine Seite und zwei Winkel gegeben sein.

$$\frac{a}{\sin\alpha} = \frac{b}{\sin\beta} = \frac{c}{\sin\gamma}$$

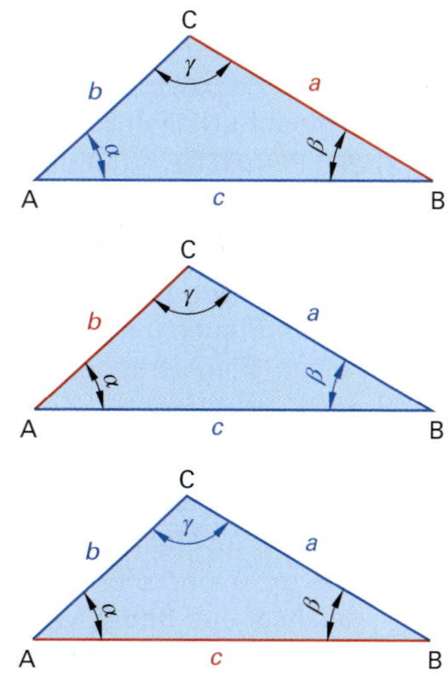

Bild 2

Cosinussatz (Bild 2): Er kann zur Berechnung von Seitenlängen und Winkeln angewendet werden, wenn

- drei Seiten gegeben sind und die anderen Winkel gesucht sind, oder
- zwei Seiten und der von ihnen eingeschlossene Winkel gegeben sind und die dritte Seite gesucht ist.

$$a^2 = b^2 + c^2 - 2 \cdot b \cdot c \cdot \cos\alpha$$
$$b^2 = a^2 + c^2 - 2 \cdot a \cdot c \cdot \cos\beta$$
$$c^2 = a^2 + b^2 - 2 \cdot a \cdot b \cdot \cos\gamma$$

Beispiel

In einem schiefwinkligen Dreieck **(Bild 3)** sind gegeben:
$a = 50$ mm, $b = 35$ mm und $\gamma = 75°$.

a) Wie lang ist die Seite *c*?

b) Wie groß ist der Winkel α?

c) Wie groß ist der Winkel β?

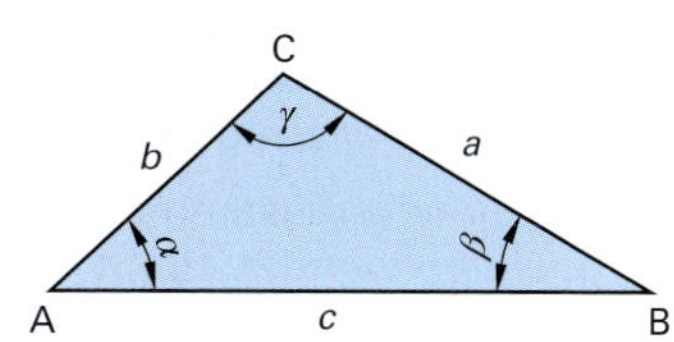

Bild 3

Lösung

Es sind die zwei Seiten *a* und *b* und der von ihnen eingeschlossene Winkel γ gegeben. Somit erfolgt die Berechnung des Winkels α über den Cosinussatz.

a) $c^2 = a^2 + b^2 - 2 \cdot a \cdot b \cdot \cos\gamma$

$c = \sqrt{a^2 + b^2 - 2 \cdot a \cdot b \cdot \cos\gamma}$

$= \sqrt{(50^2 + 35^2 - 2 \cdot 50 \cdot 35 \cdot \cos 75°)\ \text{mm}^2} = \mathbf{53{,}1\ mm}$

b) Der Winkel α kann über den Sinussatz berechnet werden, weil nun die zwei Seiten *a* und *c* und der der Seite *c* gegenüber liegende Winkel γ bekannt sind.

$\frac{a}{\sin\alpha} = \frac{c}{\sin\gamma} = 42{,}0°$

$\sin\alpha = \frac{a \cdot \sin\gamma}{c} = \frac{50\ \text{mm} \cdot \sin 75°}{53{,}1\ \text{mm}} = 0{,}9095 \Rightarrow \alpha = \mathbf{65{,}4°}$

c) Der Winkel β wird über die Winkelsumme 180° berechnet.
$\beta = 180° - \alpha - \gamma = 180° - 65{,}4° - 75° = \mathbf{39{,}6°}$

$$\frac{a}{\sin\alpha} = \frac{b}{\sin\beta}$$

Winkelsummensatz

$$\alpha + \beta + \gamma = 180°$$

Aufgaben
Winkelfunktionen im schiefwinkligen Dreieck

1 Berechnen Sie für die in der Tabelle gegebenen schiefwinkligen Dreiecke **(Bild 1)** die fehlenden Winkel und Seiten.

Aufgabe	a)	b)	c)	d)
a	?	58 mmm	?	?
b	75 mm	40 mm	8,5 mm	240 mm
c	?	43 mm	26 mm	?
α	75°	?	?	?
β	65°	?	?	85°
γ	?	?	70°	20°

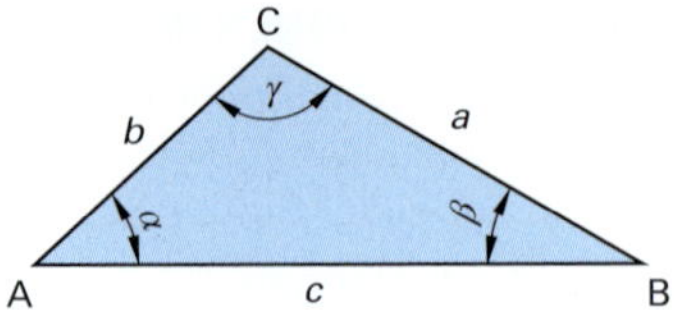

Bild 1: Schiefwinkliges Dreieck

2 Der Kurbeltrieb **(Bild 2)** hat einen Kurbelradius von 89 mm und eine Pleuelstangenlänge von 140 mm. Berechnen Sie bei einem Kurbelwinkel von α = 30°

a) den Pleuelstangenwinkel β

b) den Resthub x, den der Kolben bis zum Erreichen des oberen Totpunkt OT noch zurücklegen muss.

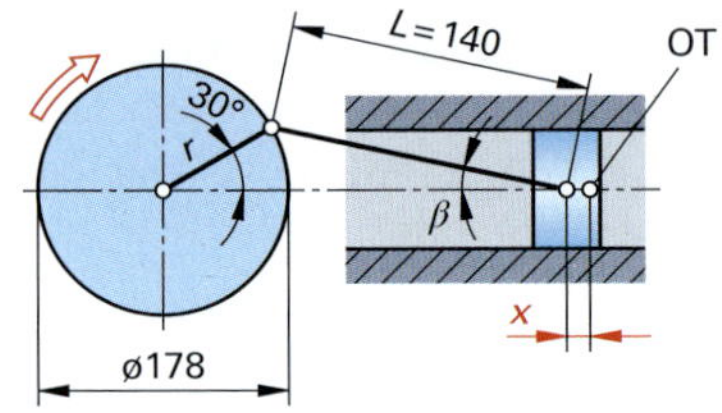

Bild 2: Kurbeltrieb

3 Der Kurbeltrieb **(Bild 2)** hat einen Kurbelradius von 80 mm und eine Pleuelstangenlänge von 130 mm. Berechnen Sie bei einem Pleuelstangenwinkel von β = 30°

a) den Kurbelwinkel α

b) den Abstand, den der Kolben zum unteren Totpunkt UT besitzt.

4 a) Berechnen Sie alle fehlenden Winkel und Seiten der in **Bild 3** dargestellten Anhängerdeichsel.

b) Wie groß sind die Kräfte in den Streben der Anhängerdeichsel aus **Bild 3,** wenn an der Kupplung der Zugmaschine eine Zugkraft von 3500 N wirkt?

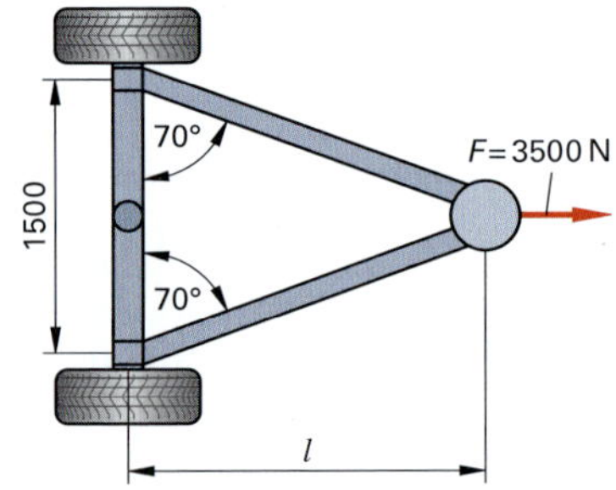

Bild 3: Anhängerdeichsel

5 Ermitteln Sie aus der Darstellung des Knotenbleches **(Bild 4)** die Koordinaten der Bohrungen P1 und P2. Die Bohrung P3 hat die X/Y-Koordinaten (80/35).

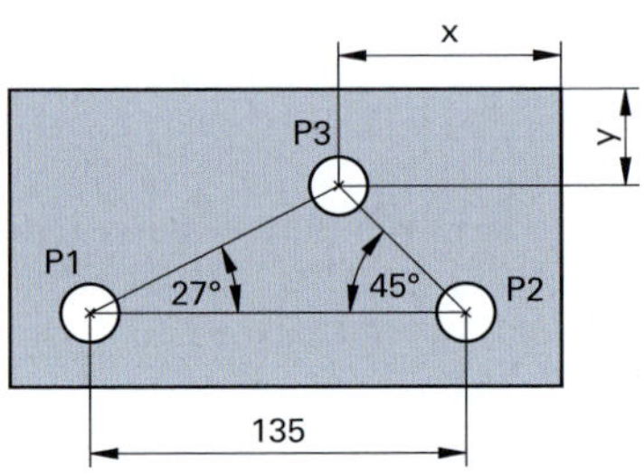

Bild 4: Knotenblech

6 Für die Dachkonstruktion eines Carports **(Bild 5)** sollen die Längen der Dachbalken berechnet werden. Die nutzbare Breite des Carports beträgt 3,20 m. Der Giebelwinkel beträgt 125°. Für die Gehrung der Balken und den Dachüberstand sollen 500 mm zugegeben werden.

7 Zur Standortbestimmung eines Fahrzeugs werden GPS-Signale verwendet. Steht das Signal z. B. bei Tunneldurchfahrten nicht zur Verfügung, so wird bei fest eingebauten Navigationsgeräten durch die Raddrehzahlen und den Drehratensensor der Standort berechnet.
Wie weit hat sich ein Fahrzeug vom Tunneleingang entfernt, wenn nach einer Geradeausfahrt von 75 m ein Abbiegen um 65° nach rechts und eine weitere Geradeausfahrt von 95 m erfolgt ist?

Lösungen

1a) 40°; 79,9 mm; 53,2 mm; **1b)** 88,58°; 43,59°; 47,83°; **1c)** 17,89°; 92,11°; 27,65 mm; **1d)** 75°; 232,7 mm; 82,4 mm | **2a)** 18,53°; **2b)** 19,2 mm | **3a)** 54,34°; **3b)** 109,2 mm | **4a)** 40°; 2192,8 mm; 2060,6 mm; **4b)** 1862 N | **5)** (169,5/80,5); (34,5/80,5) | **6)** 2304 mm | **7)** 143,8 m

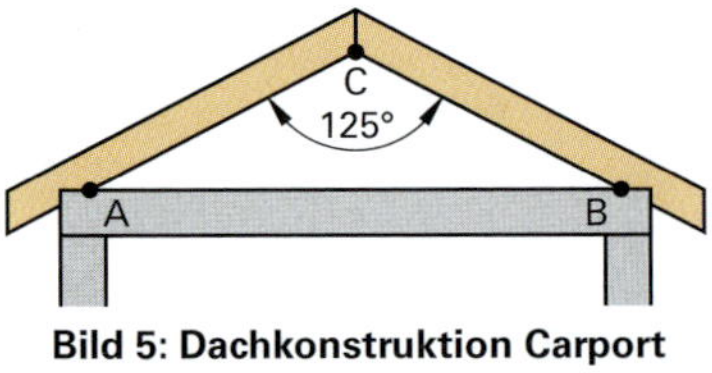

Bild 5: Dachkonstruktion Carport

2 TECHNISCHES RECHNEN

2.1 LÄNGENBERECHNUNG

2.1.1 LÄNGENEINHEITEN

Die Einheit der Länge ist die SI-Basiseinheit Meter (Kurzzeichen m). Das Meter ist die Länge der Strecke, die Licht im Vakuum während der Dauer von 1/299792458 Sekunden durchläuft.

Das Einheitszeichen des Meters lautet „m“ und das Formelzeichen der Länge „l“.

SI-Basiseinheit: Meter m

METRISCHE LÄNGENEINHEITEN

Kilometer	Hektometer	Dekameter	Meter	Dezimeter	Zentimeter	Millimeter
0,001 km 10^{-3} km	0,01 hm 10^{-2} hm	0,1 dam 10^{-1} dam	= 1 m = = 10^{0} m =	10 dm 10^{1} dm	100 cm 10^{2} cm	1000 mm 10^{3} mm

Umrechnungszahl für metrische Längeneinheiten:

10

1 Mikrometer = 1 µm= 10^{-6} m = 0,000001 m = 0,001 mm
1 Nanometer = 1 nm = 10^{-9} m = 0,000000001 m = 0,000001 mm

Bei der Umrechnung in die nächstgrößere Längeneinheit wird das Komma um eine Stelle nach links verschoben (: 10 bzw. · 1/10), bei der Umrechnung in die nächstkleinere Längeneinheit wird das Komma um eine Stelle nach rechts verschoben (· 10).

NICHTMETRISCHE LÄNGENEINHEITEN

1 Elle = 1 yd = 1 yard = 3 ft = 36 in = 914,4 mm
1 Fuß = 1 ft = 1 foot = 1′ = 12 in = 304,8 mm
1 Zoll = 1 in = 1 inch = 1″ = 25,4 mm

1 Seemeile = 1852 m
1 stat. mile = 1609,34 m = 1760 yards

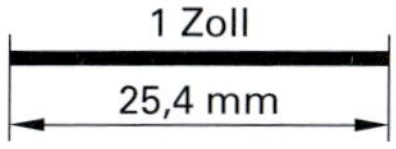

Aufgaben

1 Verwandeln Sie in mm.
a) 24,3 cm b) 240,6 dm c) 3,425 m d) 0,042 m e) 1,42 dm f) 1,5 km

2 Verwandeln Sie in cm.
a) 78 mm b) 14,5 dm c) 1,92 m d) 0,861 dam e) 2,4 hm f) 0,072 km

3 Verwandeln Sie in dm.
a) 264 mm b) 18,6 cm c) 10,76 m d) 3,24 dam e) 0,962 hm f) 0,521 km

4 Verwandeln Sie in m.
a) 48,5 mm b) 82 cm c) 0,32 dm d) 214 dam e) 38,56 hm f) 1,852 km

5 Verwandeln Sie in mm.
a) $\frac{1}{4}''$ b) $\frac{3}{16}''$ c) $\frac{3}{10}''$ d) 13,6″ e) $3\frac{1}{32}''$ f) $2\frac{7}{64}''$

6 Verwandeln Sie in Zoll.
a) 68 mm b) 15,875 mm c) 200 mm d) 24,5 mm e) 9,525 mm f) 19,05 mm

7 Eine Felge hat eine Felgenmaulweite von 4 1/2 Zoll und einen Felgendurchmesser von 13 Zoll. Wie groß sind die Abmessungen in mm?

Lösungen

1a) 243 mm; **1b)** 24060 mm; **1c)** 3425 mm; **1d)** 42 mm; **1e)** 142 mm; **1f)** 1500000 mm | **2a)** 7,8 cm; **2b)** 145 cm; **2c)** 192 cm; **2d)** 861 cm; **2e)** 24000 cm; **2f)** 7200 cm | **3a)** 2,64 dm; **3b)** 1,86 dm; **3c)** 107,6 dm; **3d)** 324 dm; **3e)** 962 dm; **3f)** 5210 dm | **4a)** 0,0485 m; **4b)** 0,82 m; **4c)** 0,032 m; **4d)** 2140 m; **4e)** 3856 m; **4f)** 1852 m | **5a)** 6,35 mm; **5b)** 4,7625 mm; **5c)** 7,62 mm; **5d)** 345,44 mm; **5e)** 76,994 mm; **5f)** 53,578 mm | **6a)** 2,677″; **6b)** 0,626″ = 5/8″; **6c)** 7,874″; **6d)** 0,965″; **6e)** 0,375″ = 3/8″; **6f)** 0,75″ = 3/4″ | **7)** 114,3 mm; 330,2 mm

2.1.2 MASSSTÄBE

Zeichnungen können im Maßstab 1:1 (in Originalgröße), aber auch vergrößert oder verkleinert angefertigt werden. Nach DIN ISO-EN werden genormte Maßstäbe verwendet.

Maßstäbe					vgl. DIN ISO 5455
Vergrößerung	2:1	5:1	10:1	20:1	50:1
Natürliche Größe	1:1 Länge auf der Zeichnung = wirkliche Länge				
Verkleinerung	1:2	1:5	1:10	1:20	1:50

$$l_Z = l_W \cdot M$$

$$l_W = \frac{l_Z}{M}$$

$$M = \frac{l_Z}{l_W}$$

l_Z Länge auf der Zeichnung (Bildgröße) (vergrößerte, verkleinerte oder wirkliche Länge)

l_W wirkliche Länge

M Maßstab (Verhältnis)

Beispiel

Eine Strecke von 25 mm ist im Maßstab 1:2 und im Maßstab 2:1 rechnerisch zu ermitteln und zeichnerisch darzustellen.

Gegeben: l_W = 25 mm; M = 1:2 bzw. M = 2:1
Gesucht: l_Z in mm; zeichnerische Darstellung

Lösung $M = 1:2 \quad l_Z = l_W \cdot M = 25\text{ mm} \cdot \frac{1}{2} = \mathbf{12{,}5\text{ mm}}$

$M = 2:1 \quad l_Z = l_W \cdot M = 25\text{ mm} \cdot \frac{2}{1} = \mathbf{50\text{ mm}}$

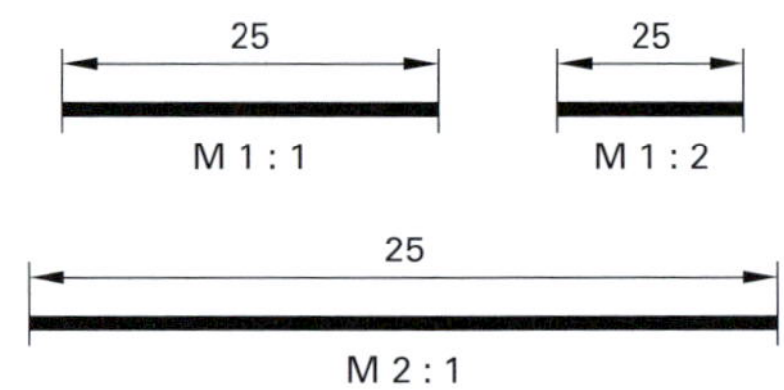

Aufgaben

1 Eine Spannvorrichtung soll im Maßstab 1:2 gezeichnet werden. Die wirklichen Längen betragen 340 mm, 252 mm, 36 mm, 24 mm. Wie groß sind die Längen auf der Zeichnung?

2 Auf einer Straßenkarte im Maßstab 1:200 000 werden folgende Strecken gemessen: 2 mm, 16 mm, 7 mm, 34 mm, 8 mm, 56 mm. Wie groß sind die wirklichen Entfernungen?

3 Vier Streckenabschnitte mit Längen von 2750 m, 5284 m, 924 m und 3416 m sollen in eine Straßenkarte mit dem Maßstab 1:100 000 eingesetzt werden. Wie groß sind diese Strecken auf der Karte einzuzeichnen (in mm)?

4 Ein Pkw hat eine Gesamthöhe von 1400 mm. In der Zeichnung beträgt die Höhe 280 mm. In welchem Maßstab wurde das Fahrzeug gezeichnet?

5 Die Maße 340 mm; 48 cm; 2,2 dm; 3,80 m; 0,861 dam; 0,072 hm; 0,042 km sollen im Maßstab 1:50 gezeichnet werden. Berechnen Sie die notwendigen Längen auf der Zeichnung in mm.

6 Ein Bolzen soll im Maßstab 1:1 gezeichnet werden.
a) In welchem Maßstab wurde der Bolzen **(Bild 1)** gezeichnet?
b) Bestimmen Sie die fehlenden Maße.

7 Ein Flansch **(Bild 2)** Maßstab 1:1 soll im Maßstab 2:1 gezeichnet werden. Berechnen Sie die notwendigen Maße.

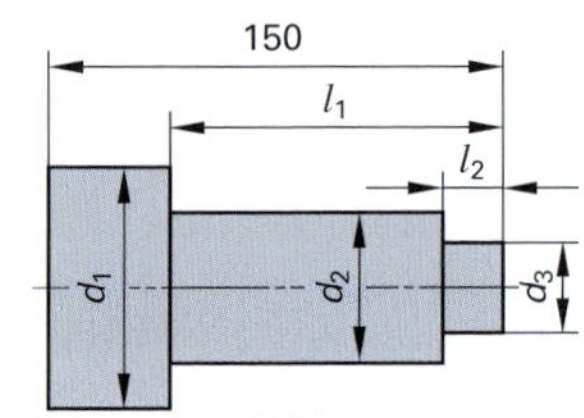

Bild 1

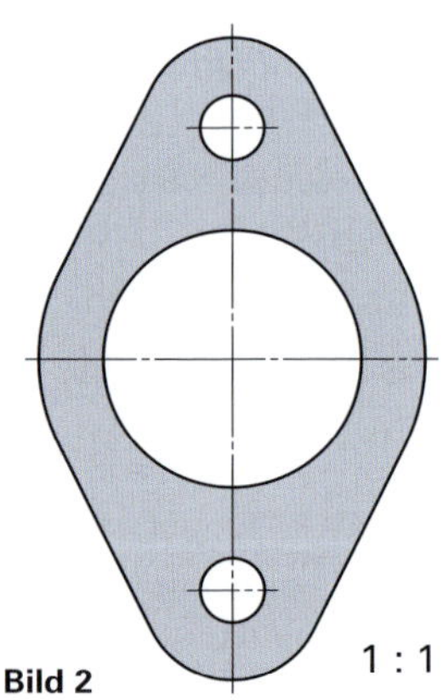
Bild 2

1 : 1

Lösungen

1) 170 mm; 126 mm; 18 mm; 12 mm | **2)** 400 m; 3200 m; 1400 m; 6800 m; 1600 m; 11 200 m | **3)** 27,5 mm; 52,84 mm; 9,24 mm; 34,16 mm | **4)** 1:5 | **5)** 6,8 mm; 9,6 mm; 4,4 mm; 76 mm; 172,2 mm; 144 mm; 840 mm | **6a)** 1:5; **6b)** 80 mm; 50 mm; 30 mm; 110 mm; 20 mm | **7)** 72 mm; 60 mm; 28 mm; 40 mm; 10 mm

2.1.3 LÄNGENTEILUNGEN

	Teilung Lochabstand p	Teilungszahl Lochzahl n	Teilungslänge L
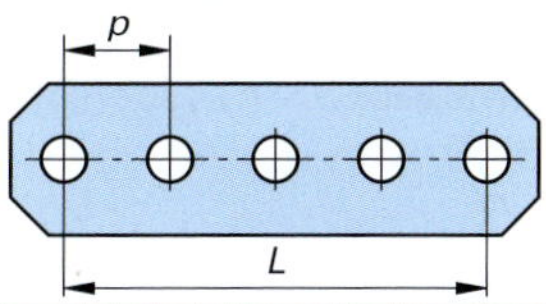	$p = \frac{L}{n-1}$	$n = \frac{L}{p} + 1$	$L = p \cdot (n-1)$
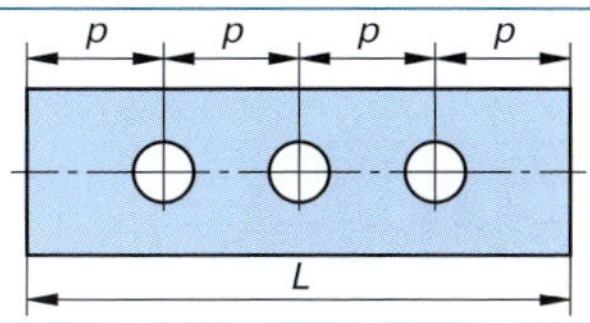	$p = \frac{L}{n+1}$	$m = \frac{L}{p} - 1$	$L = p \cdot (n+1)$
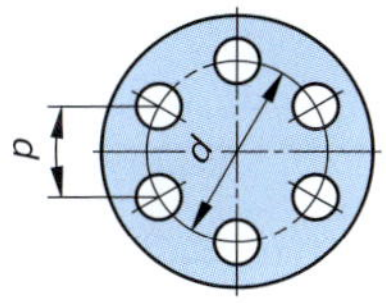	$p = \frac{\pi \cdot d}{n}$	$n = \frac{\pi \cdot d}{p}$	$L = U = n \cdot p$ $L = U = \pi \cdot d$

Beispiel

Ein Flachstahl von 310 mm Länge ist mit 6 Bohrungen zu versehen, die alle den gleichen Abstand voneinander haben. Die äußeren Bohrungen sind 15 mm vom Rand entfernt. Wie groß ist die Teilung?

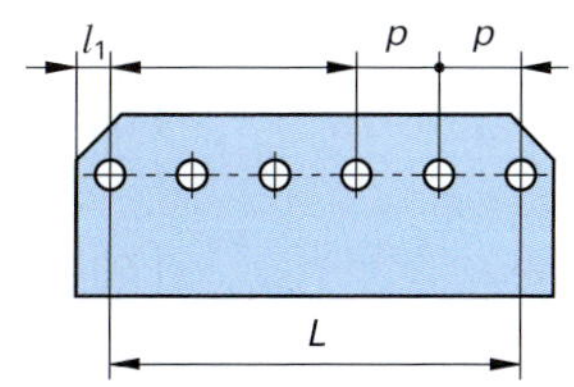

Gegeben: l = 310 mm; l_1 = 15 mm; n = 6
Gesucht: p in mm

Lösung L = 310 mm − 2 · 15 mm = 280 mm

$$p = \frac{L}{n-1} = \frac{280\text{ mm}}{6-1} = \frac{280\text{ mm}}{5} = \mathbf{56\text{ mm}}$$

Aufgaben

1 Zwei 1,02 m lange Bleche **(Bild 1)** sollen durch Punktschweißen verbunden werden. Wie groß muss der Abstand der insgesamt 18 Schweißpunkte (Teilung) werden, wenn am Anfang und Ende der Bleche ein Schweißpunkt gesetzt werden soll?

2 Ein Flachstahl von 729 mm Länge soll in 18 gleiche Teile geteilt werden. Wie groß ist die Teilung?

3 Die Abdeckleiste **(Bild 2)** soll 10 Bohrungen in gleichen Abständen erhalten. Wie groß ist der Lochabstand?

4 Eine Stahlleiste **(Bild 3)** soll Bohrungen in gleichen Abständen von 30 mm erhalten. Berechnen Sie die Teilungslänge und die Anzahl der Bohrungen.

5 Wie groß sind Teilung, Winkelteilung α und Lochkreisumfang **(Bild 4)**?

6 Von einer 3,80 m langen Stahlstange werden Stücke von 120 mm Länge abgesägt. Die Sägeschnittbreite beträgt 2 mm.
a) Wie viel Stücke können abgesägt werden?
b) Wie lang ist das Reststück

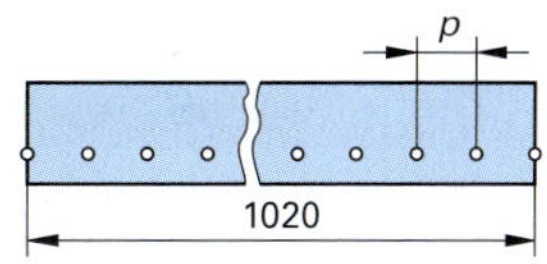

Bild 1

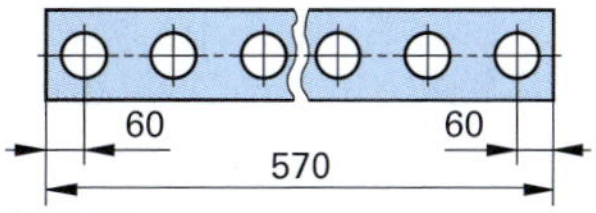

Bild 2

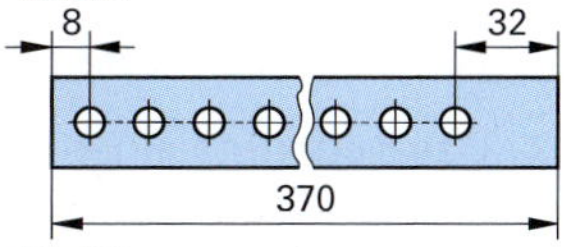

Bild 3

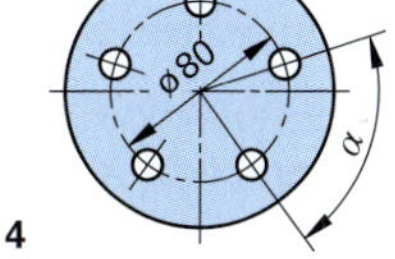

Bild 4

Lösungen

1) 60 mm | **2)** 40,5 mm | **3)** 50 mm | **4)** 330 mm; 12 | **5)** ≈ 50,27 mm; 72°; ≈ 251,33 mm | **6a)** 31; **6b)** 18 mm

2.1.4 ROLLEN- UND HÜLSENKETTEN

Hauptabmessungen von Rollen- und Hülsenketten sind:
- Anzahl der nebeneinander liegenden Gliederreihen
- Teilung (p)
- Gliederbreite (b)
- Gliederzahl (X)

Mögliche Zusatzangaben:
- Rollen- oder Hülsendurchmesser

L Kettenlänge
p Teilung
b Gliederbreite, innere Breite des Innengliedes
X Gliederzahl

$$L = p \cdot X$$

$$p = \frac{L}{X}$$

$$X = \frac{L}{p}$$

Beispiel

Wie groß ist die Länge einer Rollenkette 6 × 2,8 mm mit 82 Gliedern?

Gegeben: p = 6 mm; X = 82
Gesucht: L

Lösung $L = p \cdot X = 6\ \text{mm} \cdot 82 = \mathbf{492\ mm}$

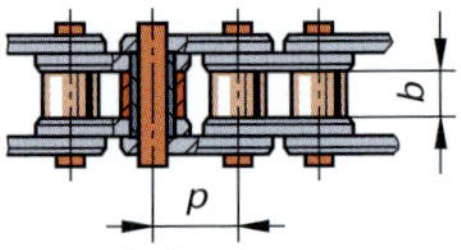

Rollenkette

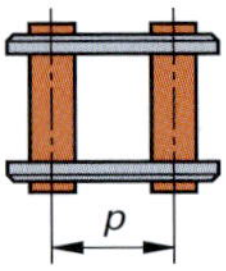

Außenglied einer Rollenkette

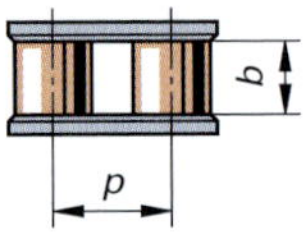

Innenglied einer Rollenkette

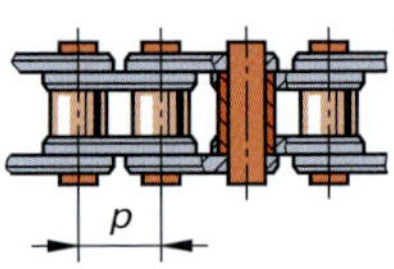

Hülsenkette

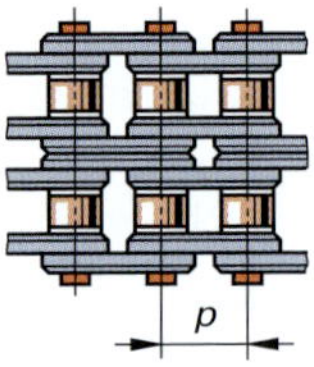

Zweifach-Rollenkette

KETTENABMESSUNGEN VON ROLLENKETTEN

Bezeichnung Teilung × innere Breite	DIN (Internationale Bezeichnung)	Teilung p mm	innere Breite b mm
6 × 2,8 mm	DIN ISO 606	6,0	2,80
3/8 × 5/32″	–	9,525	3,94
3/8 × 7/32″	DIN ISO 606	9,525	5,72
1/2 × 3/16″	–	12,7	4,88
5/8 × 3/8″	DIN ISO 606	15,875	9,65
1/2 × 5/16″	(428) Motorrad	12,7	7,75
5/8 × 1/4″	(520) Motorrad	15,875	6,50
5/8 × 5/16″	(525) Motorrad	15,875	7,80

Aufgaben

1 Wie groß sind Teilung, innere Breite und Kettenlänge in mm einer Rollenkette 3/8 × 5/32″ mit 56 Gliedern und mit 183 Gliedern?

2 Eine Rollenkette 3/8 × 7/32″ hat eine Kettenlänge von 1905 mm. Wie groß sind Teilung und innere Breite in mm? Wie groß ist die Gliederzahl dieser Kette?

3 Wie groß sind Kettenlänge, Teilung und innere Breite in mm der Rollenkette 5/8 × 5/16″ mit 144 Gliedern?

4 Die Teilung einer Rollenkette beträgt 6 mm, die innere Breite 2,80 mm, die Kettenlänge 336 mm. Geben Sie die Kettenbezeichnung an und berechnen Sie die Gliederzahl.

5 Das Kettenrad eines Kettentriebes hat 32 Zähne und einen mittleren Durchmesser von 161,7 mm. Wie groß muss die Teilung der Rollenkette sein?

6 Eine Rollenkette 5/8 × 1/4″ hat eine Länge von 1905 mm. Berechnen Sie die Teilung und die innere Breite in mm sowie die Gliederzahl der Kette.

7 Eine Rollenkette mit einer Teilung von 12,7 mm und einer inneren Breite von 7,75 mm hat eine Gliederzahl von X = 100. Geben Sie die Kettenbezeichnung an und berechnen Sie die Kettenlänge in mm und in Zoll.

Lösungen

1) 9,525 mm; 3,94 mm; 533,4 mm; 1743,1 mm | **2)** 9,525 mm; 5,72 mm; 200 | **3)** 15,875 mm; 7,80 mm; 2286 mm | **4)** 6 × 2,8 mm; 56 | **5)** 5/8″; 15,875 mm | **6)** 6,50 mm; 120 | **7)** 1/2 × 5/16″; 50″; 1270 mm

2.1.5 LEHRSATZ DES PYTHAGORAS

Beim rechtwinkligen Dreieck ist die Fläche des Hypotenusenquadrates gleich der Summe der Flächen der beiden Kathetenquadrate.

$$A_1 = A_2 + A_3 \qquad c^2 = a^2 + b^2$$

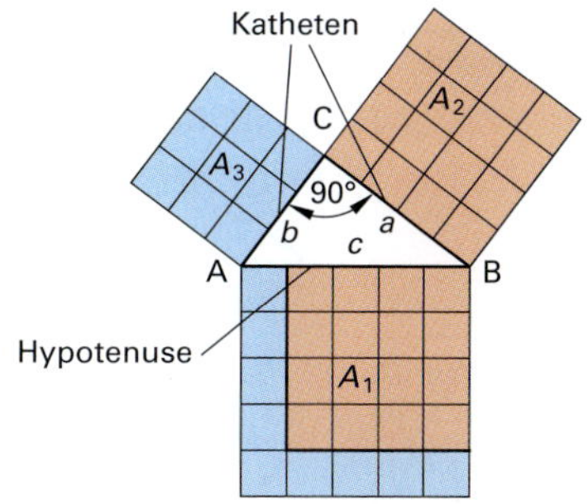

Hypotenuse
Sie ist die dem rechten Winkel gegenüberliegende Seite.

Katheten
Sie sind die dem rechten Winkel anliegenden Seiten.

Beispiel

In einem rechtwinkligen Dreieck sind die Katheten 3 m und 4 m lang. Wie lang ist die Hypotenuse?

Gegeben: $a = 4$ m; $b = 3$ m
Gesucht: c in m

$$c^2 = a^2 + b^2 \qquad c = \sqrt{a^2 + b^2}$$
$$a^2 = c^2 - b^2 \qquad a = \sqrt{c^2 - b^2}$$
$$b^2 = c^2 - a^2 \qquad b = \sqrt{c^2 - a^2}$$

Lösung $c = \sqrt{a^2 + b^2} = \sqrt{(4\text{ m})^2 + (3\text{ m})^2} = \sqrt{25\text{ m}^2} = \mathbf{5\text{ m}}$

Aufgaben

1 In einem rechtwinkligen Dreieck sind die Katheten 28 mm und 45 mm lang. Wie lang ist die Hypotenuse?

2 In einem rechtwinkligen Dreieck ist die Hypotenuse 170 mm und die eine Kathete 150 mm lang. Wie lang ist die andere Kathete?

3 Die Rechtwinkligkeit des Rahmens **(Bild 1)** soll überprüft werden. Wie lang muss die Diagonale sein?

4 An einer Welle **(Bild 2)** wird eine Fläche angefräst. Wie groß ist die Frästiefe?

5 Die Seitenlänge eines gleichseitigen Dreiecks beträgt 90 mm. Wie groß ist die Höhe des Dreiecks?

6 Wie groß ist die Länge der Kegel-Mantellinie **(Bild 3)?**

7 Wie groß ist die Höhe des gleichschenkligen Dreiecks **(Bild 4)?**

8 Wie groß ist die Schlüsselweite des angefrästen Vierkants **(Bild 5)?**

9 Wie groß ist die Schlüsselweite des Sechskants **(Bild 6)?**

10 Eine Felge hat auf einem Lochkreis mit 120 mm Durchmesser vier gleichmäßig verteilte Bohrungen für die Radschrauben. Wie groß sind die Abstände von Bohrungsmitte zu Bohrungsmitte?

11 Die Abstände von Bohrungsmitte zu Bohrungsmitte der Bohrungen für die Radschrauben sind 76 mm. Die Felge hat 4 Bohrungen. Berechnen Sie den Durchmesser des Lochkreises.

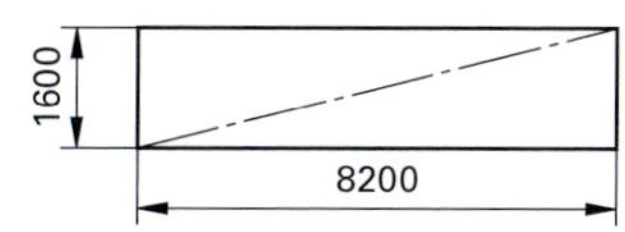

Bild 1

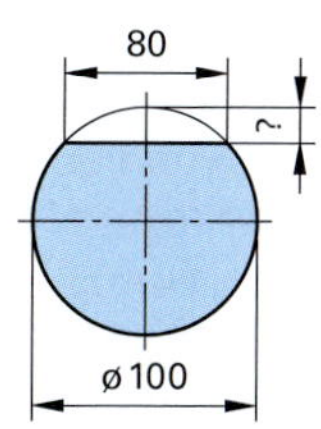

Bild 2

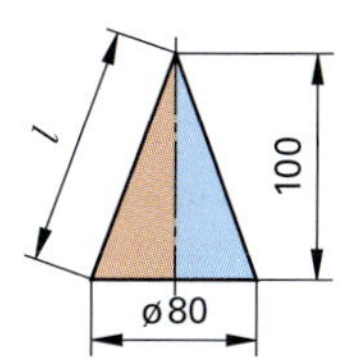

Bild 3

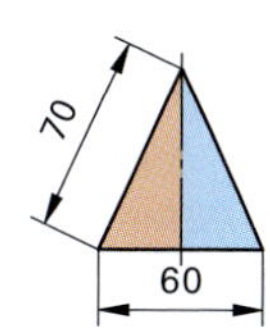

Bild 4

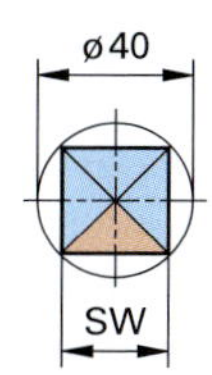

Bild 5

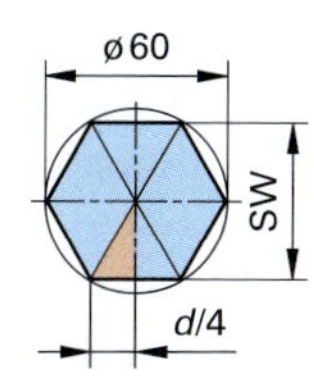

Bild 6

Lösungen

1) 53 mm | **2)** 80 mm | **3)** 8354,6 mm | **4)** 30 mm; 20 mm | **5)** ≈ 78 mm | **6)** ≈ 107,7 mm | **7)** ≈ 63,25 mm | **8)** ≈ 28,28 mm | **9)** ≈ 52 mm | **10)** ≈ 84,85 mm | **11)** ≈ 107,48 mm

2.1.6 UMFANG

U = Umfang d, D = Durchmesser r, R = Radius α = Mittelpunktswinkel l_B = Kreisbogenlänge

Kreisumfang	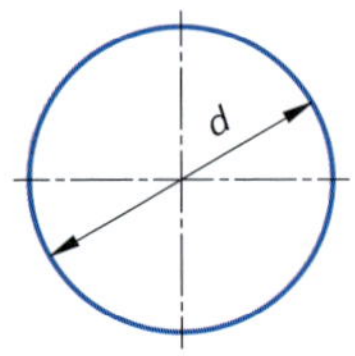	Der Kreisumfang errechnet sich durch die Multiplikation des Kreisduchmessers mit der Zahl π. π = 3,141 592 653 589 793... Im Allgemeinen genügt es, für π den Wert 3,14 zu verwenden.	$U = \pi \cdot d$ $d = \frac{U}{\pi}$
Kreisbogenlänge	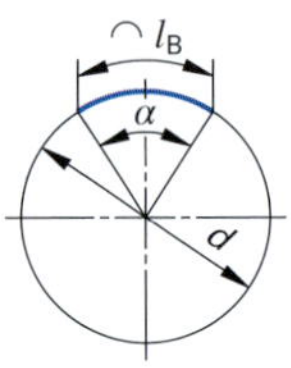	$\alpha = \frac{360° \cdot l_B}{\pi \cdot d}$ $\quad d = \frac{360° \cdot l_B}{\pi \cdot \alpha}$ $\alpha = \frac{360° \cdot l_B}{U}$ $\quad U = \frac{360° \cdot l_B}{\alpha}$	$l_B = \frac{\pi \cdot d \cdot \alpha}{360°}$ $l_B = \frac{U \cdot \alpha}{360°}$
Ellipsenumfang	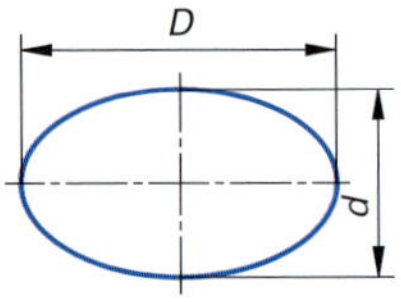	$D = \frac{2 \cdot U}{\pi} - d$ $\quad d = \frac{2 \cdot U}{\pi} - D$ $R = \sqrt{\frac{U^2}{2 \cdot \pi^2} - r^2}$ $\quad r = \sqrt{\frac{U^2}{2 \cdot \pi^2} - R^2}$	$U \approx \pi \cdot \frac{D + d}{2}$ Genauere Formel: $U = \pi \cdot \sqrt{2 \cdot (R^2 + r^2)}$

Aufgaben

1 Eine Riemenscheibe hat einen Durchmesser von 122 mm. Wie groß ist ihr Umfang?

2 Der Umfang eines Schwungrades beträgt 31,4 dm. Wie groß ist sein Durchmesser?

3 Ein Schwungrad hat einen Durchmesser von 323 mm. Wie groß ist sein Kreisumfang?

4 Der Abrollumfang eines Reifens beträgt 1660 mm. Wie groß ist der wirksame Reifenhalbmesser?

5 Ein Pkw fährt mit einer Geschwindigkeit von 120 km/h. Der Reifen hat einen Abrollumfang von 1850 mm. Wie viel Umdrehungen macht das Rad in einer Minute?

6 Ein Lenkrad (Durchmesser 380 mm) hat ein Lenkungsspiel von 65 mm am Lenkradumfang. Wie groß ist das Spiel in Grad?

7 Die Zündeinstellung eines Oldtimer-Motors liegt bei 7,5° vor OT. Der Schwungraddurchmesser beträgt 273 mm. Es ist nur die OT-Markierung vorhanden. Wie viele Millimeter vor OT muss die Markierung angebracht werden?

8 Das äußere Vorderrad eines Pkw legt in einer 90°-Kurve einen Weg von 12,6 m zurück. Wie groß ist der Spurkreisdurchmesser?

9 Ein Lkw hat einen Spurkreisdurchmesser von 18,4 m. Der Abrollumfang der Vorderräder beträgt 3,185 m. Wie oft dreht sich das äußere Vorderrad in einer 180°-Kurve?

10 Berechnen Sie die Riemenlänge des Riementriebes **(Bild 1)**.

11 Wie groß ist der jeweilige Umfang **(Bild 2 ... Bild 3)**?

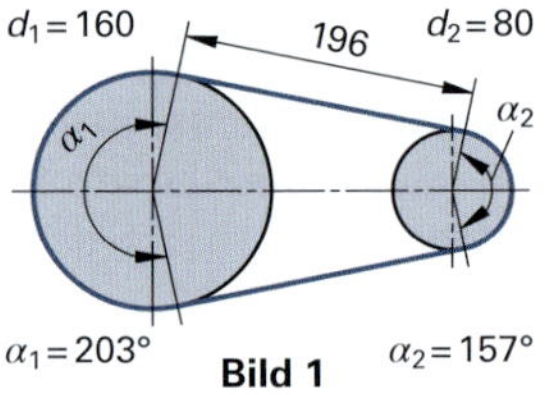

Bild 1

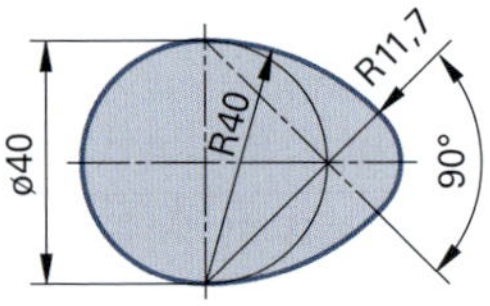

Bild 2

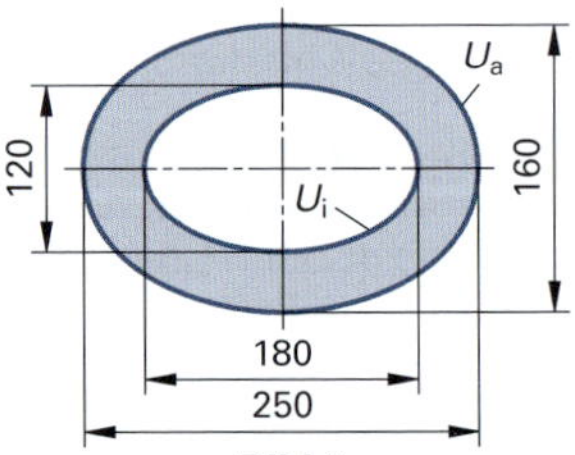

Bild 3

Lösungen

1) 383,3 mm | **2)** ≈ 1 m | **3)** ≈ 1,015 m | **4)** ≈ 264,2 mm | **5)** ≈ 1081,1 1/min | **6)** 19,6° | **7)** 17,9 mm | **8)** ≈ 16 m | **9)** 28,9 m; ≈ 9 | **10)** ≈ 283,4 mm; ≈ 109,6 mm; 785 mm | **11)** ≈ 62,8 mm; ≈ 31,4 mm; ≈ 18,4 mm; ≈ 144 mm; ≈ 471,24 mm; ≈ 644,03 mm

2.1.7 GESTRECKTE LÄNGE

Beim Durchbiegen eines Werkstücks kommt es an der Außenseite (1 ... 1) zu einer Streckung und an der Innenseite (2 ... 2) zu einer Stauchung des Materials. Zur Berechnung der gestreckten Länge wird die gedachte Linie der neutralen Faser verwendet.

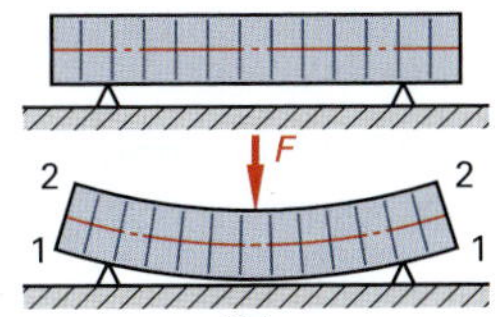

Neutrale Faser. Sie verläuft bei symmetrischen Körpern annähernd durch die Mitte zwischen dem äußeren und dem inneren Durchmesser. Bei einer Werkstückdicke von weniger als 3 mm ist es nicht nötig, die gestreckte Länge mit der neutralen Faser zu berechnen.

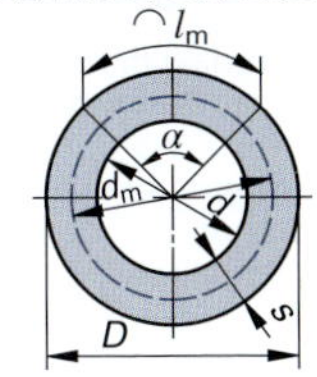

l_m gestreckte Länge (Länge der neutralen Faser)
U_m mittlerer Umfang
α Mittelpunktswinkel
s Werkstückdicke
D Außendurchmesser
d Innendurchmesser
d_m mittlerer Durchmesser

Beispiel

Ein Kreisring aus Rundstahl hat einen Außendurchmesser von 100 mm und einen Innendurchmesser von 80 mm. Wie groß sind a) mittlerer Durchmesser, b) Durchmesser des Rundstahls, c) mittlerer Umfang?

Gegeben: D = 100 mm; d = 80 mm

Gesucht: a) d_m in mm, b) s in mm (Werkstückdicke), c) U_m in mm

Lösung

a) $d_m = \frac{D+d}{2} = \frac{100\text{ mm} + 80\text{ mm}}{2} = \mathbf{90\text{ mm}}$

b) $s = \frac{D-d}{2} = \frac{100\text{ mm} - 80\text{ mm}}{2} = \mathbf{10\text{ mm}}$

c) $U_m = \pi \cdot d_m = \pi \cdot 90\text{ mm} = \mathbf{282{,}7\text{ mm}}$

$$l_m = \frac{\pi \cdot d_m \cdot \alpha}{360°}$$

$$U_m = \pi \cdot d_m$$

$d_m = D - s$ $\quad D = d_m + s$

$d_m = d + s$ $\quad d = d_m - s$

$d_m = \frac{D+d}{2}$ $\quad s = \frac{D-d}{2}$

Aufgaben

1 Ein Kreisring aus Rundstahl (Durchmesser 20 mm Ø) hat einen Außendurchmesser von 200 mm. Wie groß sind der Innendurchmesser und die gestreckte Länge?

2 Aus einem 628 mm langen Rundstahl (Durchmesser 15 mm Ø) wird ein Kreisring gebogen. Wie groß sind der Außendurchmesser und der Innendurchmesser?

3 Ein Reifen aus Flachstahl hat einen Innendurchmesser von 400 mm und eine Werkstoffdicke von 32 mm. Wie groß sind der Außendurchmesser und die gestreckte Länge?

4 Ein Kraftstofftank mit einem Innendurchmesser von 1,8 m soll innen durch Ringe aus Stahl (30 mm × 30 mm) versteift werden. Wie groß ist die gestreckte Länge eines Ringes?

5 Ein kreisrunder Behälter mit einem Außendurchmesser von 800 mm soll aus 4 mm dickem Blech gebogen werden. Berechnen Sie die gestreckte Länge.

6 Berechnen Sie die gestreckten Längen **(Bild 1 ... Bild 3)**.

7 Aus Flachstahl 20 × 5 von 4 m Länge sollen 12 Ringe **(Bild 4)** gebogen werden. Die Sägeschnittbreite beträgt 2 mm. Wie groß ist die Zuschnittlänge für einen Ring und die Restlänge des Flachstahles?

8 Auf eine Seiltrommel mit einem Durchmesser von 200 mm und einer Länge von 240 mm wird eine Lage Stahlseil mit 6 mm Ø aufgewickelt. Um wie viel m wird die Last angehoben?

Bild 1

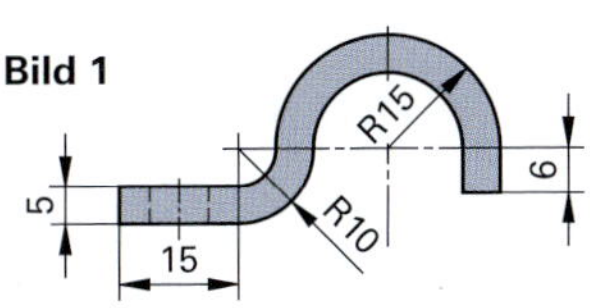

Bild 2

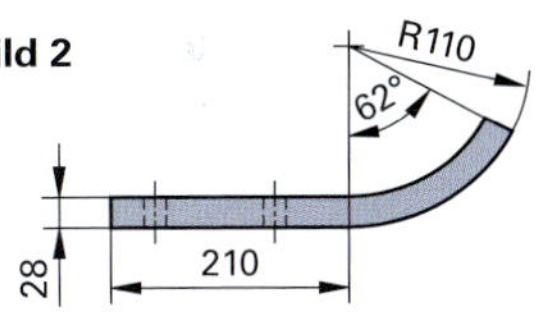

Bild 3

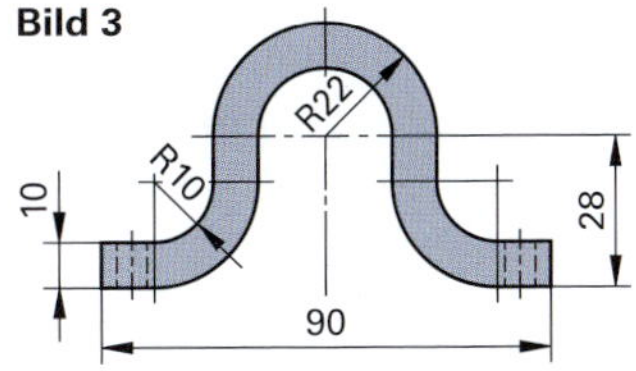

Bild 4

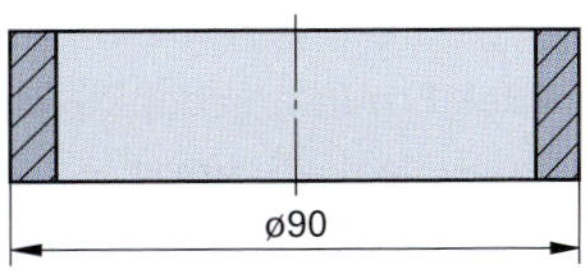

Lösungen

1) 160 mm; 565,5 mm | **2)** 215 mm; 185 mm | **3)** 464 mm; ≈ 1357,2 mm | **4)** ≈ 5 560,6 mm | **5)** ≈ 2500,7 mm | **6)** 72,1 mm; 313,9 mm; 142,6 mm | **7)** ≈ 267 mm; 772 mm | **8)** 25,888 m

2.1.8 ZUSAMMENGESETZTE LÄNGEN

Vorgehensweise bei der Berechnung von zusammengesetzten Längen:

1. Einteilung in einzelne Längen
2. Berechnung der einzelnen Längen
3. Gesamtlänge durch Addition der einzelnen Längen ermitteln

R Biegeradius (Innenradius)
d_m mittlerer Durchmesser
s Dicke
L zusammengesetzte Länge (gestreckte Länge)
l_1, l_2 Teillängen
α Mittelpunktswinkel

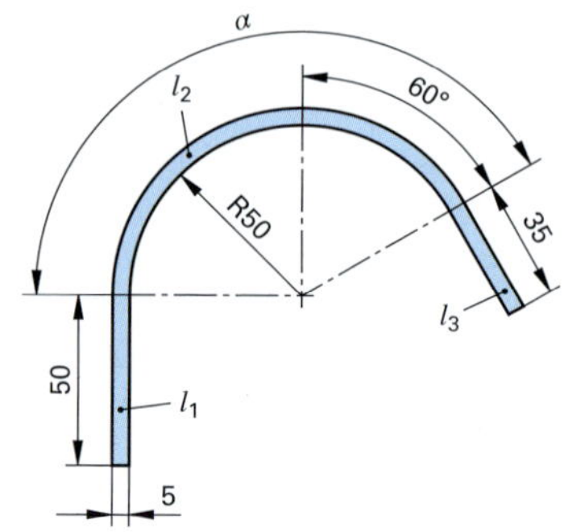

Bild 1

Beispiel (Zusammengesetzte Längen, **Bild 1**)

Gegeben: $R = 50$ mm; $l_1 = 50$ mm; $l_3 = 35$ mm; $s = 5$ mm;
$\alpha = 60° + 90° = 150°$

Gesucht: d_m in mm; L in mm

Lösung

$d_m = 2 \cdot R + s = 2 \cdot 50\text{ mm} + 5\text{ mm} = \mathbf{105\ mm}$

$$L = l_1 + l_2 + l_3 = l_1 + \frac{\pi \cdot d_m \cdot \alpha}{360°} + l_3$$

$$L = 50\text{ mm} + \frac{\pi \cdot 105\text{ mm} \cdot 150°}{360°} + 35\text{ mm} = \mathbf{222{,}4\ mm}$$

Zusammengesetzte Längen

$$L = l_1 + l_2 + ... + l_n$$

Meist ist bei Biegeteilen der Biegeradius r (Innenradius) gegeben, so dass gilt

$$d_m = 2 \cdot R + s$$

2.1.9 KANTEN VON BLECHEN

Beim scharfkantigen Biegen von Blechen (Kanten) geht man davon aus, dass sich die neutrale Faser in Richtung des Innenradius verschiebt. Man rechnet deshalb bei der Berechnung der Biegelänge mit der Verkürzung. Vereinfachend wird die Zuschnittlänge auch über die Addition der Innenmaße des Kantteils berechnet.

L Zuschnittlänge = gestreckte Länge
a, b, c Außenmaß der Schenkel
s Blechdicke in mm
n Anzahl der Biegestellen
v Ausgleichswert (aus Tabelle) in mm

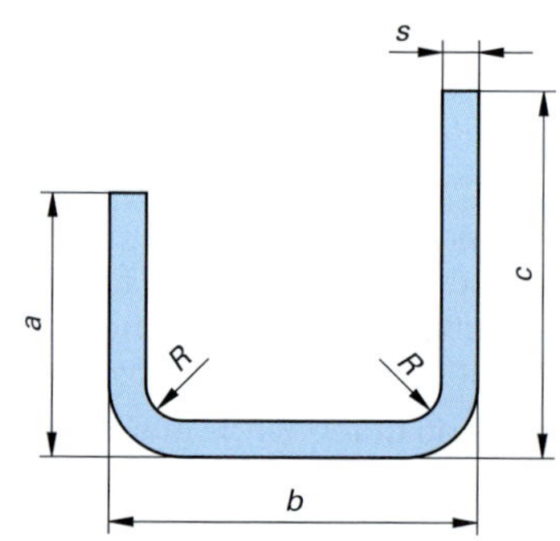

Bild 2

Beispiel (Ermittlung der Zuschnittlänge mit Verkürzung)

Gegeben: $a = 25$ mm; $b = 30$ mm; $c = 35$ mm; $s = 1{,}5$ mm;
$n = 2$; $R = 1{,}6$ mm; $v = 2{,}9$ mm (aus Tabelle)

Gesucht: L in mm

Lösung

$L = a + b + c - v \cdot n$
$L = (25 + 30 + 35)\text{ mm} - 2 \cdot 2{,}9 = \mathbf{84{,}2\ mm}$

Beispiel (Ermittlung der Zuschnittlänge mit Faustformel)

Gegeben: $a = 25$ mm; $b = 30$ mm; $c = 35$ mm; $s = 1{,}5$ mm;
$n = 2$; $R = 1{,}6$ mm

Gesucht: L in mm

Lösung

$L = a + b + c - 2 \cdot s \cdot n$
$L = (25 + 30 + 35)\text{ mm} - 2 \cdot 1{,}5\text{ mm} \cdot 2 = \mathbf{84\ mm}$

Zuschnittlänge (mit Verkürzung)

$$L = a + b + c + ... - v \cdot n$$

Zuschnittlänge (Faustformel)
(Für Blechdicken $s < 2$ mm)

$$L = a + b + c + ... - 2 \cdot s \cdot n$$

2.1.10 BÖRDELN VON BLECHRÄNDERN

Bördeln ist das scharfkantige Biegen entlang einer Kurve. Bördelungen (Borde) haben folgende Aufgaben:

- Randversteifung
- Vorbereitung von Blechteilen für das Fügen, z. B. Schweißflansche, Falzvorbereitung etc.

Man unterscheidet nach der Materialbeanspruchung

- **Ausbördeln:** Werkstoff wird gestreckt
- **Einbördeln:** Werkstoff wird gestaucht

Die Materialbeanspruchung beim Umformen (Verformungsgrad ε) muss kleiner als die Bruchdehnung A sein. Evtl. muss das Blech wärmebehandelt werden (Rekristallisationsglühen).

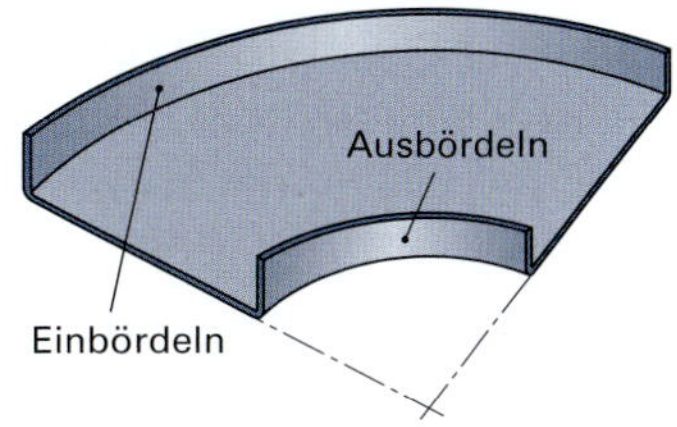

$$\varepsilon = \frac{b \cdot 100\ \%}{R}$$

$$\varepsilon < A$$

ε Verformungsgrad in %
R Krümmungsradius des Bördels in mm
b Bördelbreite in mm
A Bruchdehnung in %

Beispiel (Verformungsgrad ermitteln)

Gegeben: R = 120 mm; b = 10 mm; aus Tabelle: A = 28 % (DC01)

Gesucht: ε in %

Lösung

$$\varepsilon = \frac{b \cdot 100\ \%}{R} = \frac{10\ \text{mm} \cdot 100\ \%}{120\ \text{mm}} = \mathbf{8{,}3\ \%}$$

$\varepsilon < A$: Eine Umformung ist ohne Wärmebehandlung möglich.

Aufgaben

1 Es sollen Bremsleitungen mit einem Rohrdurchmesser von 4,75 mm angefertigt werden **(Bild 1)**. Berechnen Sie die benötigten Rohrlängen. Berücksichtigen Sie dabei die Verkürzung durch das Bördeln von jeweils 5 mm.

2 Ein Reparaturteil aus Stahlblech (DC04) soll zum Schweißen entlang einer Kurve von 140 mm mit einer Breite von 15 mm gebördelt werden.

a) Berechnen Sie den Verformungsgrad.

b) Bewerten Sie, ob das Bördeln zulässig ist.

3 Das abgebildete Frontteil soll durch Kanten und Bördeln aus dem Werkstoff DC03 hergestellt werden **(Bild 2)**.

a) Berechnen Sie für die einzelnen Borde, ob der Werkstoff den Belastungen standhält, ohne zu reißen oder ob eine andere Bordhöhe gewählt werden muss

b) Ermitteln Sie die maximale Bordhöhe.

4 Berechnen Sie die Länge des Halters **(Bild 3)**.

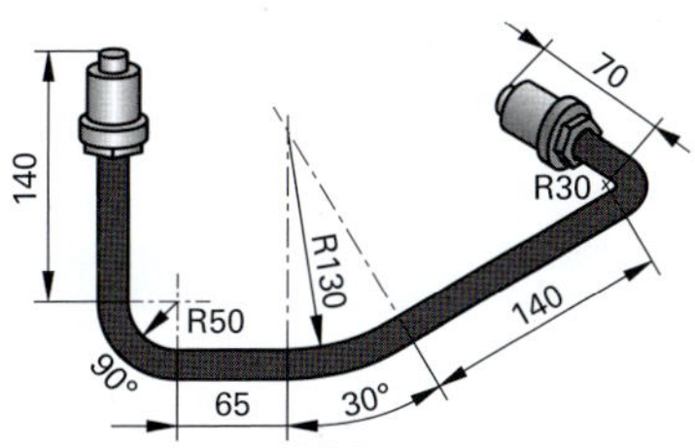

Bild 1

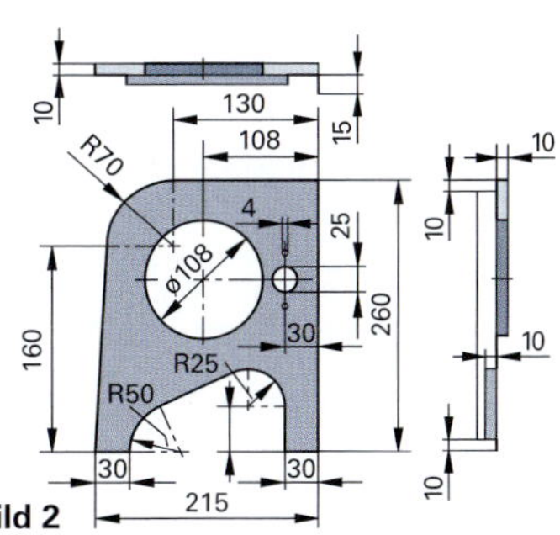

Bild 2

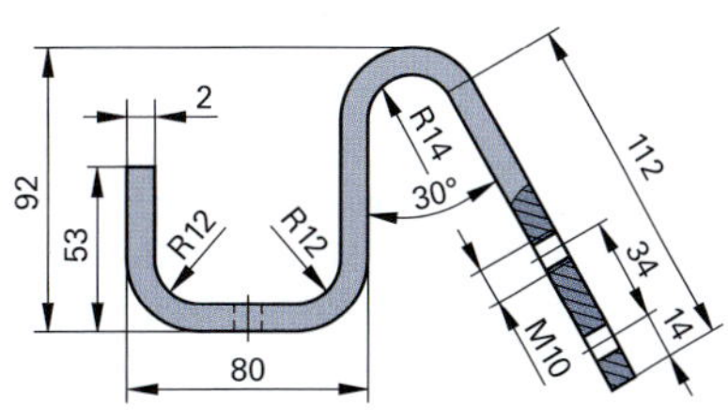

Bild 3

Lösungen

1) ≈ 627,43 mm | **2a)** ≈ 10,71 %; **2b)** ε < ADC04 | **3a)** ε_4 > ADC03; **3b)** 8,5 mm | **4)** ≈ 345,11 mm

2.2 FLÄCHENBERECHNUNGEN

2.2.1 FLÄCHENEINHEITEN

Die Einheit der Fläche ist das Quadratmeter (Kurzzeichen m^2), abgeleitet von der SI-Basiseinheit 1 m. 1 m^2 ist gleich der Fläche eines Quadrates mit der Seitenlänge 1 m. A = Fläche (engl.: area)

SI-Basiseinheit: Quadratmeter m^2

METRISCHE FLÄCHENEINHEITEN

Quadrat-kilometer	Quadrat-hektometer (Hektar ha)	Quadrat-dekameter (Ar a)	Quadrat-meter	Quadrat-dezimeter	Quadrat-zentimeter	Quadrat-millimeter
0,000001 km^2 10^{-6} km^2	0,0001 hm^2 10^{-4} hm^2	0,01 dam^2 10^{-2} dam^2	= 1 m^2 = = 10^0 m^2 =	100 dm^2 10^2 dm^2	10000 cm^2 10^4 cm^2	1000000 mm^2 10^6 mm^2

Umrechnungszahl für metrische Flächeneinheiten:

100

Bei der Umrechnung in die nächstgrößere Flächeneinheit wird das Komma um zwei Stellen nach links verschoben (: 100 bzw. · 1/100), bei der Umrechnung in die nächstkleinere Flächeneinheit wird das Komma um zwei Stellen nach rechts verschoben (· 100).

Anglo-amerikanische Einheiten							
Länge				**Fläche**			
		mm	m			cm^2	dm^2
inch (Zoll)	1 in	25,4	0,025	square inch	1 in^2	6,452	–
foot	1 ft	304,8	0,305	square foot	1 ft^2	929	9,29
yard	1 yd	914,4	0,914	square yard	1 yd^2	8361	83,61
statute mile	1 mile	–	1609,34	square mile	1 $mile^2$	–	2,59 km^2
nautical mile	1 n mile	–	1852	acre	1 acre	–	4047 m^2
1 mile = 1760 yd; 1 yd = 3 ft; 1 ft = 12 in							

Aufgaben

1 Verwandeln Sie in mm^2.
a) 28,7 cm^2 b) 0,48 dm^2 c) 0,053 m^2 d) 0,0826 m^2 e) 0,4 cm^2

2 Verwandeln Sie in cm^2.
a) 2466 mm^2 b) 38,4 dm^2 c) 0,45 m^2 d) 0,478 dm^2 e) 0,03 m^2

3 Verwandeln Sie in dm^2.
a) 7128 mm^2 b) 254,3 cm^2 c) 0,48 cm^2 d) 99,25 cm^2 e) 22,4 m^2

4 Verwandeln Sie in m^2.
a) 3795 cm^2 b) 16,7 dm^2 c) 1,25 dam^2 d) 0,82 hm^2 e) 2,543 km^2

5 Verwandeln Sie in km^2.
a) 25680 m^2 b) 46200 dam^2 c) 468,5 hm^2 d) 5,37 ha e) 4741 a

6 a) 0,8 m^2 + 27 dm^2 + 240 cm^2 + 130 mm^2 = ? dm^2 b) 10,4 dam^2 + 2,7 hm^2 = ? m^2

7 a) 13,4 dm^2 – 68 cm^2 – 240 mm^2 = ? cm^2 b) 4,48 m^2 – 187,4 dm^2 = ? cm^2

8 Verwandeln Sie die Fläche von 1 Quadratzoll (1 square inch) in mm^2.

9 Drei Grundstücke von 0,45 hm^2, 4,36 dam^2 und 86 m^2 sollen in drei gleichgroße Teile aufgeteilt werden. Wie groß ist dann ein Grundstück in m^2?

Lösungen

1a) 2870 mm^2; **1b)** 4800 mm^2; **1c)** 53000 mm^2; **1d)** 82600 mm^2; **1e)** 40 mm^2 | **2a)** 24,66 cm^2; **2b)** 3840 cm^2; **2c)** 4500 cm^2; **2d)** 47,8 cm^2; **2e)** 300 cm^2 | **3a)** 0,7128 dm^2; **3b)** 2,543 dm^2; **3c)** 0,0048 dm^2; **3d)** 0,9925 dm^2; **3e)** 2240 dm^2 | **4a)** 0,3795 m^2; **4b)** 0,167 m^2; **4c)** 125 m^2; **4d)** 8200 m^2; **4e)** 2543000 m^2 | **5a)** 0,02568 km^2; **5b)** 4,62 km^2; **5c)** 4,685 km^2; **5d)** 0,0537 km^2; **5e)** 0,474 1 km^2 | **6a)** 109,413 dm^2; **6b)** 28040 m^2 | **7a)** 1269,6 cm^2; **7b)** 26060 cm^2 | **8)** 645,16 mm^2 | **9)** 1674 m^2

2.2.2 FLÄCHENARTEN

A = Fläche U = Umfang l = Länge b = Breite e = Eckenmaß l_m = mittlere Länge

Quadrat	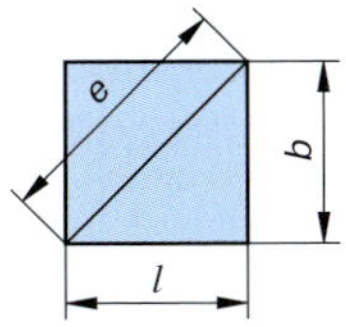	$l = \sqrt{A}$ $e = \sqrt{2 \cdot l^2} = 1{,}414 \cdot l$ $l = 0{,}707 \cdot e$ $U = 4 \cdot l$ $b = l$	$A = l^2$
Rhombus (Raute)	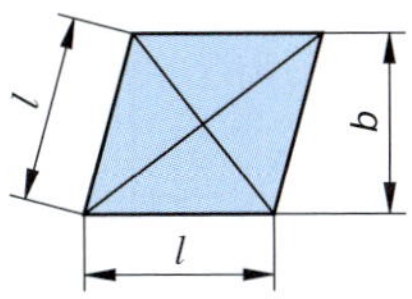	$b = \frac{A}{l}$ $l = \frac{A}{b}$ $U = 4 \cdot l$	$A = l \cdot b$
Rechteck	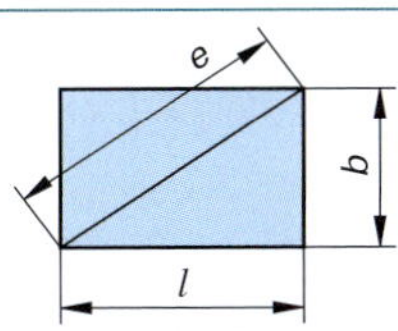	$b = \frac{A}{l}$ $l = \frac{A}{b}$ $l = \frac{U - 2 \cdot b}{2}$ $e = \sqrt{l^2 + b^2}$ $b = \frac{U - 2 \cdot l}{2}$ $U = 2 \cdot l + 2 \cdot b$	$A = l \cdot b$
Rhomboid (Parallelogramm)	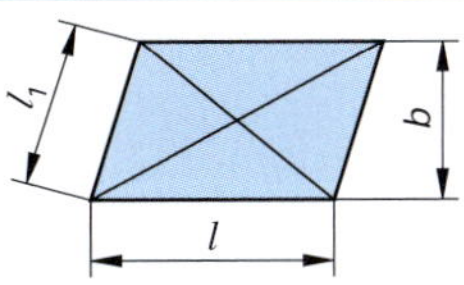	$b = \frac{A}{l}$ $l = \frac{A}{b}$ $l = \frac{U - 2 \cdot l_1}{2}$ $l_1 = \frac{U - 2 \cdot l}{2}$ $U = 2 \cdot l + 2 \cdot l_1$	$A = l \cdot b$
Dreieck	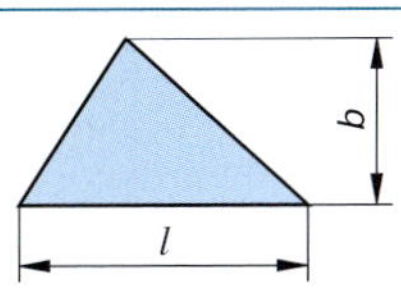	$b = \frac{2 \cdot A}{l}$ $l = \frac{2 \cdot A}{b}$ U = Summe aller Seiten	$A = \frac{l \cdot b}{2}$
Trapez	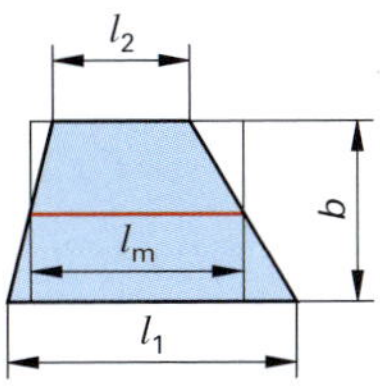	$l_1 = \frac{2 \cdot A}{b} - l_2$ $l_2 = \frac{2 \cdot A}{b} - l_1$ $b = \frac{2 \cdot A}{l_1 + l_2}$ $l_m = \frac{l_1 + l_2}{2}$ $l_2 = 2 \cdot l_m - l_1$ $l_2 = 2 \cdot l_m - l_1$ U = Summe aller Seiten	$A = \frac{l_1 + l_2}{2} \cdot b$ $A = l_m \cdot b$
Vieleck (regelmäßig)	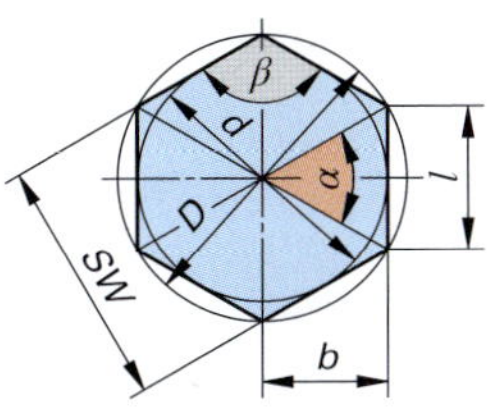	A Gesamtfläche n Anzahl der Ecken l Seitenlänge b Breite α Innenwinkel β Außenwinkel SW Schlüsselweite D Umkreisdurchmesser d Inkreisdurchmesser $\beta = 180° - \alpha$ $d = \sqrt{D^2 - l^2}$ $U = l \cdot n$ $b = \frac{SW}{2} = \frac{d}{2}$	$A = \frac{l \cdot b}{2} \cdot n$ $A = \frac{n \cdot l \cdot d}{4}$ $\alpha = \frac{360°}{n}$ $\beta = \frac{(n-2) \cdot 180°}{n}$ $l = D \cdot \sin\left(\frac{180°}{n}\right)$ $l = D \cdot \sin\frac{\alpha}{2}$

A = Fläche U = Umfang D, d = Durchmesser R, r = Radius

Kreis	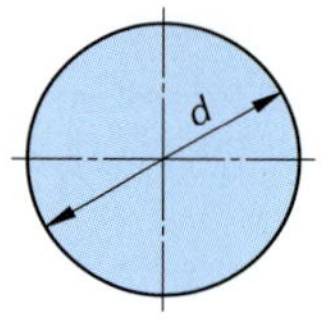	$d = \sqrt{\frac{4 \cdot A}{\pi}} = \sqrt{\frac{A}{0{,}785}}$ $r = \sqrt{\frac{A}{\pi}}$ $U = \pi \cdot d$	$A = \frac{\pi \cdot d^2}{4}$ $A = 0{,}785 \cdot d^2$ $A = \pi \cdot r^2$
Kreisring	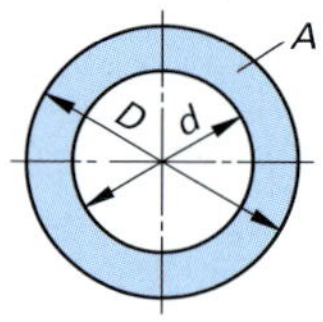	$D = \sqrt{d^2 + \frac{4 \cdot A}{\pi}}$ $A_2 = \frac{\pi \cdot D^2}{4}$ $d = \sqrt{D^2 - \frac{4 \cdot A}{\pi}}$ $A_1 = \frac{\pi \cdot d^2}{4}$	$A = \frac{\pi \cdot (D^2 - d^2)}{4}$ $A = 0{,}785 \cdot (D^2 - d^2)$ $A = A_2 - A_1$
Kreisausschnitt (Sektor)	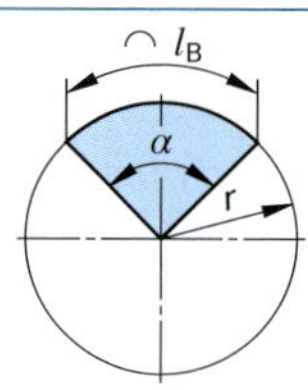	$l_B = \frac{\pi \cdot d \cdot \alpha}{360°}$ $U = l_B + 2 \cdot r$ l_B Bogenlänge α Mittelpunktswinkel	$A = \frac{l_B \cdot r}{2}$ $A = \frac{\pi \cdot d^2}{4} \cdot \frac{\alpha}{360°}$
Kreisabschnitt (Segment)	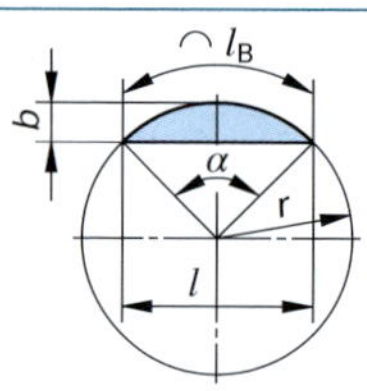	$l_B = \frac{\pi \cdot d \cdot \alpha}{360°}$ $l = 2 \cdot \sqrt{2 \cdot b \cdot r - b^2}$ $l = 2 \cdot r \cdot \sin\frac{\alpha}{2}$ l_B Länge (Sehne) b Breite (Bogenhöhe) $U = l + l_B$	$A = \frac{l_B \cdot r - l \cdot (r - b)}{2}$ $A \approx \frac{2 \cdot l \cdot b}{3}$
Ellipse	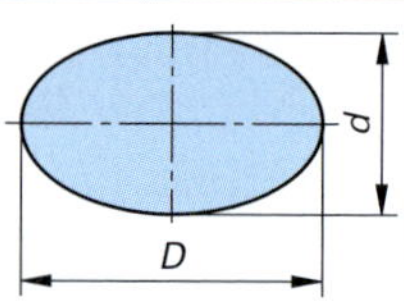	$D = \frac{4 \cdot A}{\pi \cdot d}$ $d = \frac{4 \cdot A}{\pi \cdot D}$ $U = \pi \cdot \frac{D + d}{2}$ $U = \pi \cdot \sqrt{2 \cdot (R^2 + r^2)}$	$A = \frac{\pi \cdot D \cdot d}{4}$ $A = 0{,}785 \cdot D \cdot d$
Zusammengesetzte Flächen	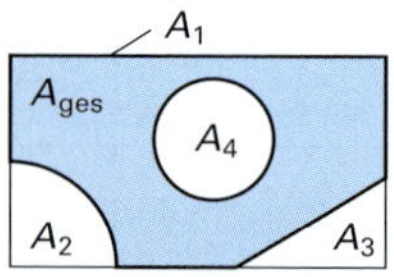	Zusammengesetzte Flächen werden zur Berechnung ihrer Gesamtfläche in Teilflächen zerlegt. Durch Addition und Subtraktion der Teilflächen erhält man die Gesamtfläche.	$A_{ges} = A_1 - A_2 - \ldots$

Aufgaben

1 Die Seitenlänge eines Quadrates beträgt 125 mm. Wie groß sind Fläche, Umfang und Eckenmaß?

2 Ein Quadrat hat eine Fläche von 361 dm^2. Wie groß sind Seitenlänge und Umfang?

3 Ein Quadrat hat ein Eckenmaß von 100 mm. Wie groß sind Seitenlänge, Umfang und Fläche?

4 Wie groß sind Fläche und Umfang des Rhombus **(Bild 1)**?

5 Wie groß sind Fläche, Umfang und Eckenmaß des Rechtecks **(Bild 2)**?

6 Ein Parallelogramm hat eine Fläche von 1496 mm^2 und eine Länge von 68 mm. Wie groß ist die Breite?

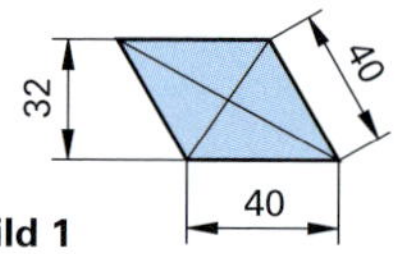

Bild 1

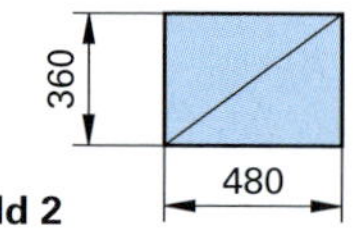

Bild 2

Lösungen

1) 156,25 cm^2; 500 mm; 176,75 mm | **2)** 19 dm; 76 dm | **3)** 70,7 mm; 282,8 mm, ≈ 50 cm^2 | **4)** 12,8 cm^2; 160 mm | **5)** 1728 cm^2; 1680 mm; 600 mm | **6)** 22 mm

Aufgaben

7 Ein Drahtseil besteht aus 19 Drähten mit je 2 mm Durchmesser. Wie groß ist der Querschnitt
a) eines Drahtes,
b) des gesamten Drahtseils?

8 Der Außendurchmesser eines Rohres beträgt 24,4 mm, die Wandstärke 2 mm. Wie groß ist der Querschnitt in mm²?

9 Der Reibbelag einer Kupplungsscheibe hat einen Außendurchmesser von 150 mm und einen Innendurchmesser von 100 mm. Wie groß ist die Belagfläche in cm²?

10 An einen Rundstahl soll ein Vierkant mit 42 mm Schlüsselweite angefräst werden. Welchen Durchmesser muss der Rundstahl haben?

11 Die Größen der Flächen **(Bild 1 ... Bild 2)** sind zu berechnen.

12 Ein regelmäßiges Sechseck hat eine Seitenlänge von 30 mm. Wie groß sind Innenwinkel, Außenwinkel, Inkreis- und Umkreisdurchmesser, Fläche und Sechseckumfang?

13 Ein regelmäßiges Achteck hat einen Vieleckumfang von 400 mm. Berechnen Sie Innenwinkel, Außenwinkel, Seitenlänge, In- und Umkreisdurchmesser und die Vieleckfläche.

14 Wie groß ist der Blechbedarf **(Bild 3)?**

15 In einem Flansch mit 120 mm Außendurchmesser befinden sich eine Bohrung mit 60 mm Durchmesser und 8 Bohrungen mit je 10,5 mm Durchmesser. Wie groß ist die Fläche des Flansches mit den Bohrungen?

16 Aus einem Rundstahl mit 20 mm Durchmesser soll ein Sechskant mit Schlüsselweite 17 mm gefräst werden. Berechnen Sie das Eckenmaß und den Verschnitt.

17 Wie groß sind die jeweiligen Flächen **(Bild 4 ... Bild 7)?**

18 Aus einem Blech (80 mm × 60 mm) wird ein elliptischer Flansch herausgeschnitten (D = 75 mm, d = 50 mm), der 2 Bohrungen mit 11 mm Durchmesser erhält. Berechnen Sie die Fläche des Flansches und den Verschnitt in % bezogen auf das Fertigteil.

19 Wie groß ist die Fläche in cm² **(Bild 8)?**

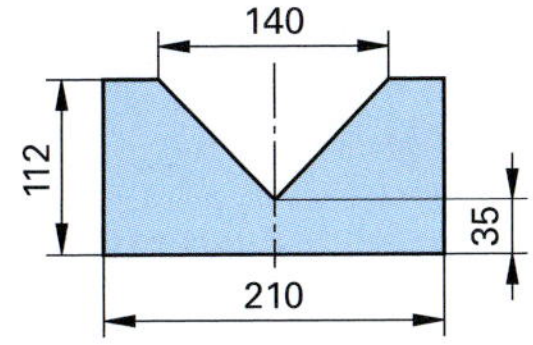

Bild 1

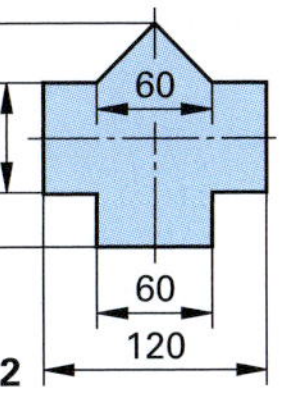

Bild 2

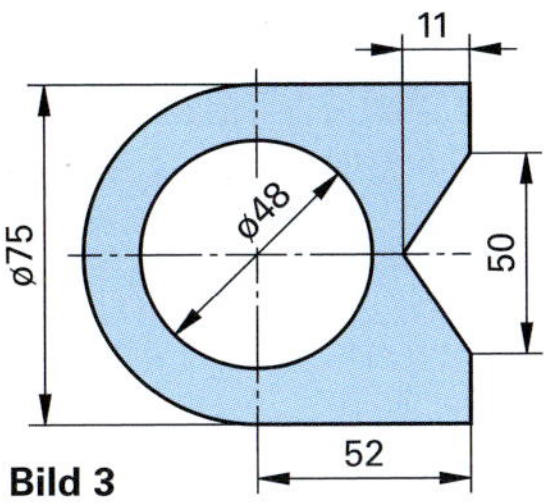

Bild 3

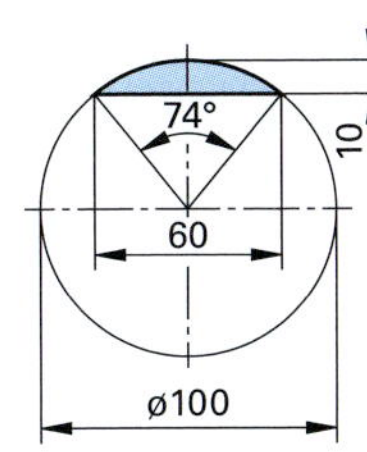

Bild 4

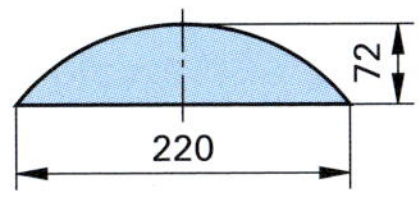

Bild 5

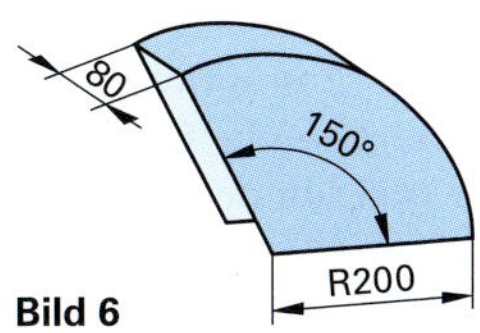

Bild 6

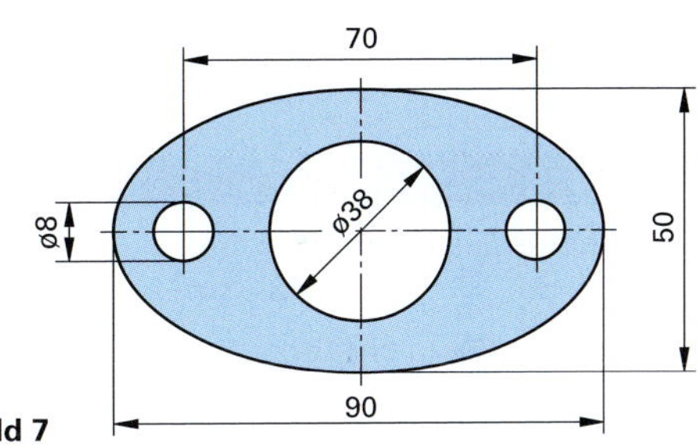

Bild 7

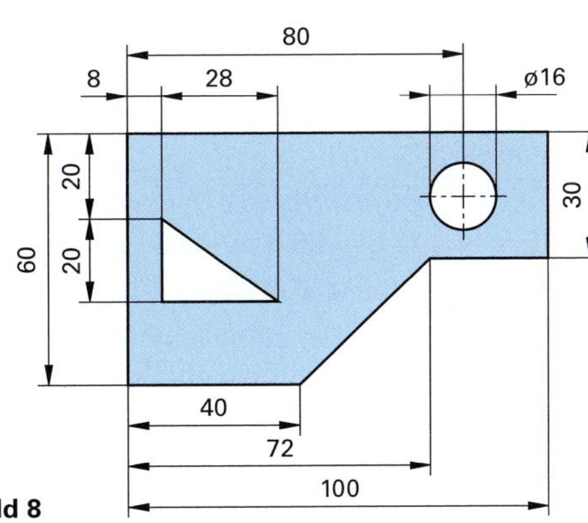

Bild 8

Lösungen

7a) 3,1416 mm²; **7b)** 59,69 mm² | **8)** 140,74 mm² | **9)** 98,175 cm² | **10)** ≈ 59,4 mm | **11)** 181,3 cm²; 99 cm² | **12)** 60°; 120°; 51,96 mm; 60 mm; 23,364 cm² | **13)** 45°; 135°; 50 mm; 120,7 mm; 130,7 mm; 120,7 cm² | **14)** 40,24 cm² | **15)** 77,895 cm² | **16)** 19,635 mm; 63,75 mm²; 20,3 % | **17)** 4,145 cm²; 4,0 cm²; 105,6 cm²; 1466,1 cm²; 23 cm² | **18)** 27,55 cm²; 74,2 % | **19)** 42 cm²

2.3 VOLUMENBERECHNUNGEN

2.3.1 VOLUMENEINHEITEN

Die Einheit des Volumens ist das Kubikmeter (Kurzzeichen m³), abgeleitet von der SI-Basiseinheit 1 m. 1 m³ ist gleich dem Volumen eines Würfels mit der Kantenlänge 1 m.

SI-Basiseinheit: Quadratmeter m³

METRISCHE VOLUMENEINHEITEN

Kubikmeter	Kubikdezimeter (Liter l)	Kubikzentimeter	Kubikmillimeter
$1\ m^3$ =	$1000\ dm^3$	$1000000\ cm^3$	$1000000000\ mm^3$
$10^0\ m^3$ =	$10^3\ dm^3$	$10^6\ cm^3$	$10^9\ mm^3$

Umrechnungszahl für metrische Volumeneinheiten:

1000

Litermaße (Hohlmaße)

1 Hektoliter	=	100 Liter		1 hl	=	100 l
1 Liter (l)	=	10 Deziliter (dl)	=	100 Zentiliter (cl)	=	1000 Milliliter (ml)
1 Liter	=	1000 Kubikzentimeter		1 Zentiliter	=	10 Kubikzentimeter
1 Deziliter	=	100 Kubikzentimeter		1 Milliliter	=	1 Kubikzentimeter

Bei der Umrechnung in die nächstgrößere Volumeneinheit wird das Komma um drei Stellen nach links verschoben (: 1000 bzw. · 1/1000), bei der Umrechnung in die nächstkleinere Volumeneinheit wird das Komma um drei Stellen nach rechts verschoben (· 1000).

Anglo-amerikanische Einheiten

cubic inch	$1\ in^3$	=	$16{,}387\ cm^3$	=	$0{,}0164\ dm^3$ (l)
us-gallon	1 gal	=	$3785\ cm^3$	=	$3{,}785\ dm^3$ (l)
engl. gallon	1 gal	=	$4546\ cm^3$	=	$4{,}546\ dm^3$ (l)
barrel	1 barrel	=	$158990\ cm^3$	=	$158{,}99\ dm^3$ (l)

Aufgaben

1 Verwandeln Sie in mm³:
a) 0,785 cm³ b) 0,431 dm³ c) 0,000005 m³ d) 0,042 l e) 67 ml

2 Verwandeln Sie in cm³:
a) 12340 mm³ b) 7,853 dm³ c) 0,00892 m³ d) 2 cl e) 12 ml

3 Verwandeln Sie in dm³:
a) 67820 mm³ b) 1280 cm³ c) 7,4 m³ d) 2,4 l e) 6926 ml

4 Verwandeln Sie in m³:
a) 1000000 mm³ b) 2973000 cm³ c) 1392 dm³ d) 1500 l e) 6,47 hl

5 Verwandeln Sie in l:
a) 750 cm³ b) 1270 ml c) 0,362 hl d) 80 dl e) 20 cl

6 0,815 m³ + 1,12 hl + 66 dm³ + 2,0 l + 2200 cm³ + 2800 ml = ? l = ? m³

7 0,005 m³ + 38 dm³ + 0,428 dm³ + 500 cm³ + 72 ml + 0,75 l + 25 cl = ? cm³

8 Das Zylindervolumen eines Lkw-Dieselmotors beträgt 2388 cm³. Wie groß ist der Gesamthubraum des Achtzylinder-Motors in cm³, dm³ und in l?

9 Zwei Kraftstoffbehälter eines Lkws haben zusammen ein Volumen von 6,75 hl. Wie weit kann das Kraftfahrzeug bei einem Verbrauch von 38,6 l/100 km und ¾ gefüllten Kraftstoffbehältern fahren?

Lösungen

1a) 785 mm³; **1b)** 431000 mm³; **1c)** 5000 mm³; **1d)** 42000 mm³; **1e)** 67000 mm³ | **2a)** 12,34 cm³; **2b)** 7853 cm³; **2c)** 8920 cm³; **2d)** 20 cm³; **2e)** 12 cm³ | **3a)** 0,06782 dm³; **3b)** 1,28 dm³; **3c)** 7400 dm³; **3d)** 2,4 dm³; **3e)** 6,926 dm³ | **4a)** 0,001 m³; **4b)** 2,973 m³; **4c)** 1,392 m³; **4d)** 1,5 m³; **4e)** 0,647 m³ | **5a)** 0,75 l; **5b)** 1,27 l; **5c)** 36,2 l; **5d)** 8,0 l; **5e)** 0,2 l | **6)** 1000 l; 1 m³ | **7)** 45000 cm³ | **8)** 19104 cm³; 19,104 dm³; 19,104 l | **9)** ≈ 1312 km

2.3.2 GLEICHDICKE KÖRPER

Volumen = Grundfläche · Höhe

A_M = Mantelfläche A_O = Oberfläche A = Grundfläche

$$V = A \cdot h$$

Würfel	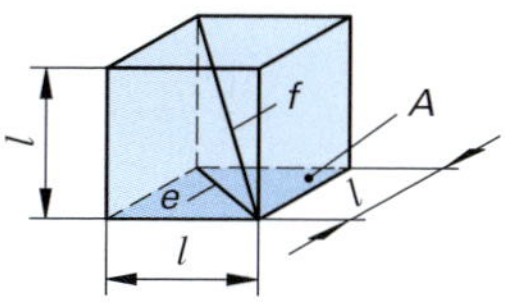	$l = \sqrt[3]{V}$ $A_M = 4 \cdot A = 4 \cdot l^2$ $A_O = 6 \cdot A = 6 \cdot l^2$ $e = 1{,}414 \cdot l$ $f = 1{,}732 \cdot l$ $l_{ges} = 12 \cdot l$	$V = l \cdot l \cdot l$ $V = l^3$
Prisma	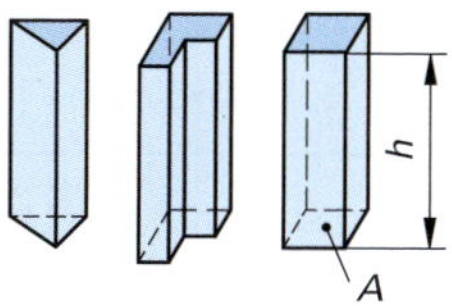	$A = \frac{V}{h}$ $h = \frac{V}{A}$	$V = A \cdot h$
Zylinder	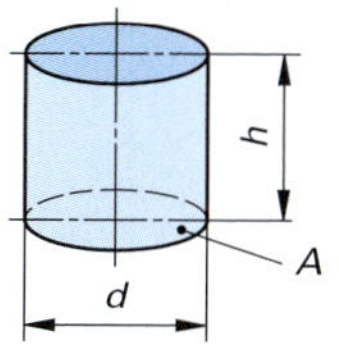	$d = \sqrt{\frac{4 \cdot V}{\pi \cdot h}}$ $A_M = \pi \cdot d \cdot h$ $A_O = \pi \cdot d \cdot h + 2 \cdot \frac{\pi \cdot d^2}{4}$ $h = \frac{4 \cdot V}{\pi \cdot d^2}$	$V = \frac{\pi \cdot d^2}{4} \cdot h$
Hohlzylinder	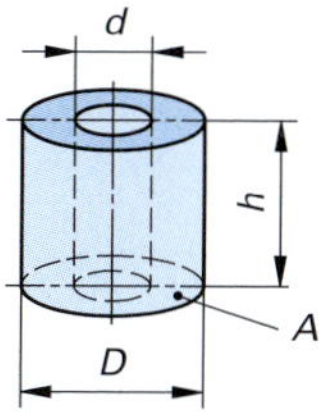	$h = \frac{4 \cdot V}{\pi \cdot (D^2 - d^2)}$ $D = \sqrt{d^2 + \frac{4 \cdot V}{\pi \cdot h}}$ $d = \sqrt{D^2 - \frac{4 \cdot V}{\pi \cdot h}}$ $A_O = \pi \cdot h \cdot (D + d) + 2 \cdot \frac{\pi \cdot (D^2 - d^2)}{4}$	$V = \frac{\pi \cdot (D^2 - d^2)}{4} \cdot h$ $V = (A_2 - A_1) \cdot h$ $V = V_2 - V_1$

Aufgaben

1 Ein Würfel hat eine Kantenlänge von 1 m. Wie groß sind Fläche, Volumen, Oberfläche, Mantelfläche und die gesamte Kantenlänge?

2 Das Volumen eines Würfels beträgt 343 mm³. Wie groß sind Kantenlänge, Fläche, Oberfläche und die Mantelfläche des Würfels?

3 Ein Motorzylinder hat ein Volumen von 402,124 cm³ und eine Höhe von 80 mm. Wie groß sind Durchmesser, Oberfläche und Mantelfläche des Zylinders?

4 Ein Ölfass hat einen Durchmesser von 32,6 cm und eine Höhe von 60 cm. Wie viel Liter Öl enthält der Behälter, wenn er zu 4/5 gefüllt ist?

5 Ein Kolbenbolzen hat ein Volumen von 154,4 cm³, einen Außendurchmesser von 48 mm und eine Länge von 108 mm. Berechnen Sie a) Innendurchmesser, b) Wandstärke, c) Oberfläche.

6 Wie groß ist das Fassungsvermögen der einzelnen Behälter **(Bild 1 ... Bild 3)**?

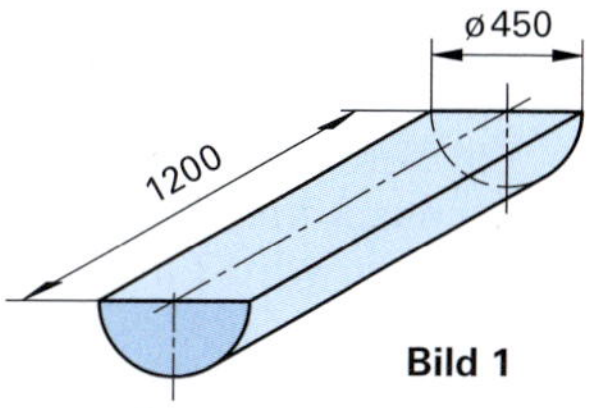

Bild 1

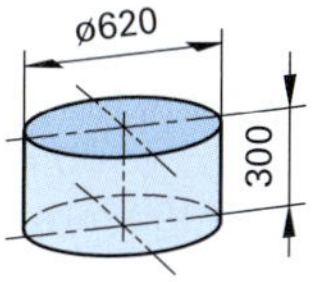

Bild 2

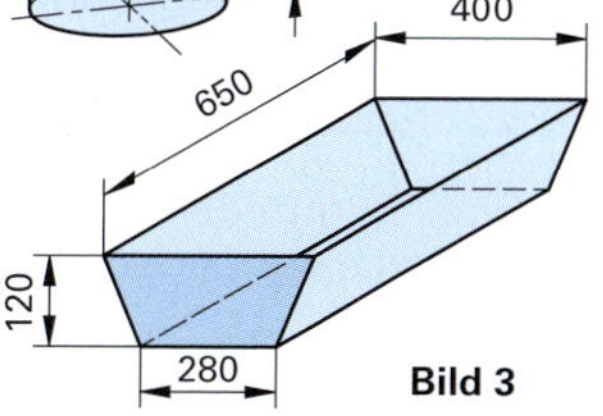

Bild 3

Lösungen

1) 1 m²; 1 m³; 6 m²; 4 m²; 12 m | **2)** 7 mm; 49 mm²; 294 mm²; 196 mm² | **3)** 8 cm; 301,6 cm²; 201,06 cm² | **4)** 40,07 l | **5a)** 22 mm; **5b)** 13 mm; **5c)** 266,1 cm² | **6)** 95,424 dm³; 90,57 dm³; 26,52 dm³

2.3.3 SPITZE KÖRPER

$\text{Volumen} = \dfrac{\text{Grundfläche} \cdot \text{Höhe}}{3}$ $V = \dfrac{A \cdot h}{3}$

A_M = Mantelfläche A_O = Oberfläche A = Grundfläche

Pyramide	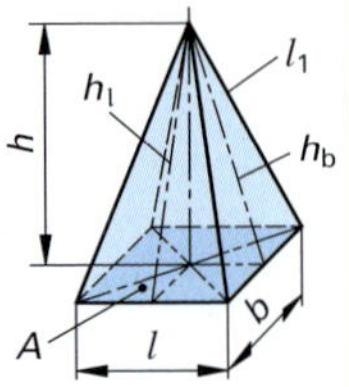	$h = \dfrac{3 \cdot V}{l \cdot b}$ $b = \dfrac{3 \cdot V}{l \cdot h}$ $l = \dfrac{3 \cdot V}{b \cdot h}$ $A = \dfrac{3 \cdot V}{h}$ $h = \dfrac{3 \cdot V}{A}$ $h_l = \sqrt{h^2 + \dfrac{b^2}{4}}$ $h_b = \sqrt{h^2 + \dfrac{l^2}{4}}$ $l_1 = \sqrt{h_b^2 + \dfrac{b^2}{4}}$ $l_1 = \sqrt{h_l^2 + \dfrac{l^2}{4}}$ $A_M = h_l \cdot l + h_b \cdot b$ $A_O = A_M + A$	$V = \dfrac{l \cdot b \cdot h}{3}$ $V = \dfrac{A \cdot h}{3}$
Kegel	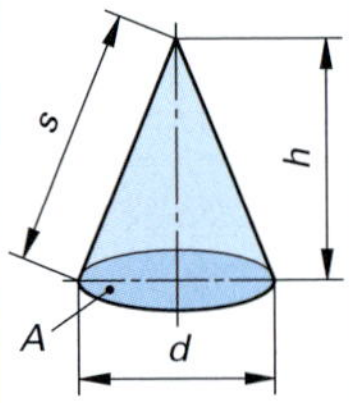	$d = \sqrt{\dfrac{12 \cdot V}{\pi \cdot h}}$ $h = \dfrac{12 \cdot V}{\pi \cdot d^2}$ $A = \dfrac{3 \cdot V}{h}$ $h = \dfrac{3 \cdot V}{A}$ $A_M = \pi \cdot r \cdot \sqrt{h^2 + r^2}$ $A_M = \dfrac{\pi \cdot d \cdot s}{2}$ $A_M = \pi \cdot r \cdot s$ $A_O = A_M + A$ $s = \sqrt{h^2 + r^2}$	$V = \dfrac{1}{3} \cdot \dfrac{\pi \cdot d^2}{4} \cdot h$ $V = \dfrac{\pi \cdot d^2 \cdot h}{12}$ $V = \dfrac{A \cdot h}{3}$

Aufgaben

1 Eine Pyramide hat eine Grundfläche von 16 cm² und eine Höhe von 120 mm. Wie groß ist das Volumen in cm³?

2 Ein Begrenzungskegel für Straßenbauarbeiten hat einen Durchmesser von 235 mm und eine Höhe von 625 mm. Berechnen Sie das Volumen und die Mantelfläche des Kegels.

3 Ein kegelförmiger Behälter hat einen Durchmesser von 300 mm und ein Fassungsvermögen von 5 l. Wie groß ist die Höhe?

4 Die Rauminhalte der Körper sind zu berechnen **(Bild 1** und **Bild 2)**.

5 Berechnen Sie die Mantelfläche **(Bild 1, Bild 2)**.

6 Ein Turmdach hat die Form einer 8 m hohen Pyramide mit einer sechseckigen Grundfläche (Grundkantenlänge 3 m). Wie viel Kupferblech wird für die Bedachung bei zusätzlichem 15 %igen Verschnitt benötigt?

7 Berechnen Sie die Rauminhalte der einzelnen Körper und vergleichen Sie diese mit dem Würfelvolumen in Prozent. Würfel: Kantenlänge 100 mm; Kugel: Durchmesser 100 mm; Pyramide: Grundfläche 100 mm × 100 mm, Höhe 100 mm; Kegel: Durchmesser 100 mm, Höhe 100 mm.

8 Berechnen Sie die Rauminhalte des Zylinderrohlings und des fertigen Werkstückes **(Bild 3)**.

9 Eine Pyramide hat eine dreieckige Grundfläche (l = 120 mm, b = 60 mm). Die Höhe beträgt 180 mm. Wie groß ist das Volumen?

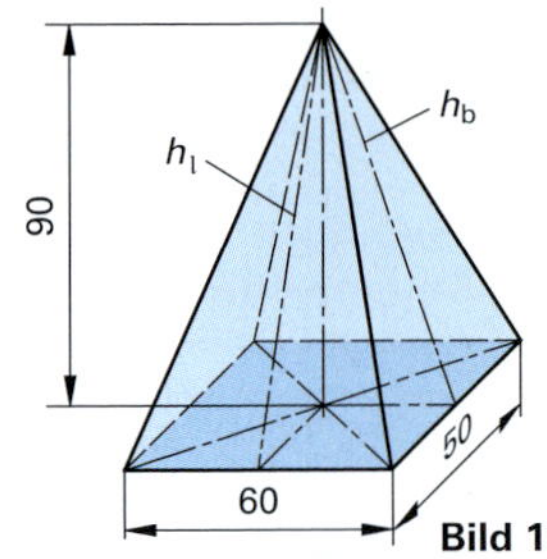

Bild 1

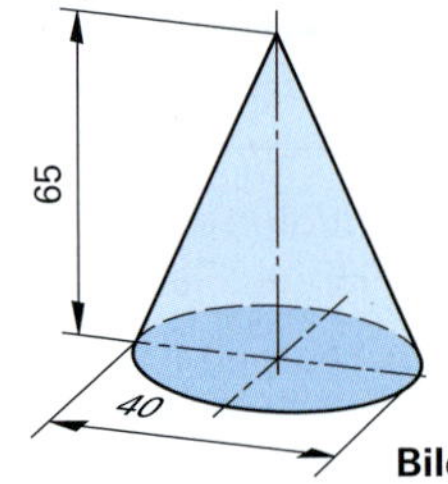

Bild 2

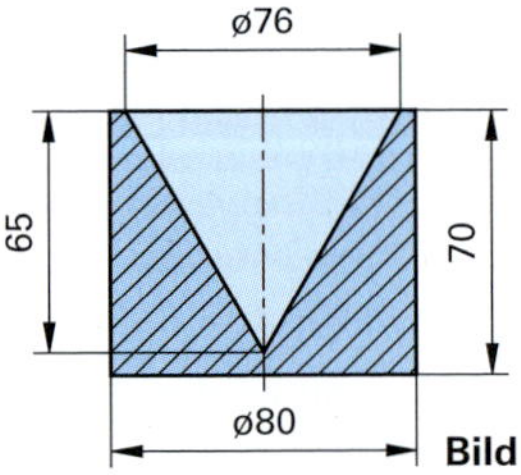

Bild 3

Lösungen

1) 64 cm³ | **2)** 9,035 dm³; 23,475 dm² | **3)** 212,2 mm | **4)** 90 cm³; 27,226 cm³ | **5)** 103,5 cm²; 42,73 cm³ | **6)** ≈ 87,1 m² | **7)** 1000 cm³; 523,599 cm³; 333,3 cm³; 261,8 cm³; ≈ 52 %; ≈ 33 %; ≈ 26 % | **8)** 351,858 cm³; 253,57 cm³ | **9)** 216 cm³

2.3.4 ABGESTUMPFTE KÖRPER

Volumen ≈ Mittelfläche · Höhe

A_g = Grundfläche A_d = Deckfläche A_O = Oberfläche
A_m = Mittelfläche A_M = Mantelfläche

$$V \approx A_m \cdot h$$

Für genaue Berechnungen verwendet man die Simpsonsche Regel:

$$V = \frac{A_g + 4 \cdot A_m + A_d}{6} \cdot h$$

Pyramidenstumpf	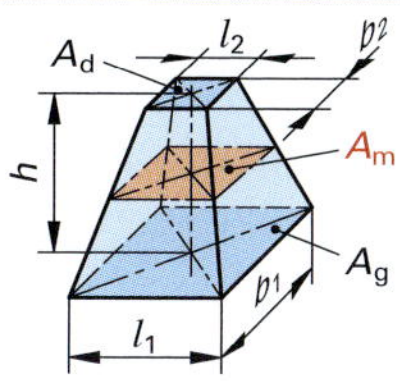	$A_M = \frac{A_g + A_d}{2}$	$V = \frac{h \cdot \left(A_g + A_d + \sqrt{A_g \cdot A_d}\right)}{3}$ $V \approx A_m \cdot h$
Kegelstumpf	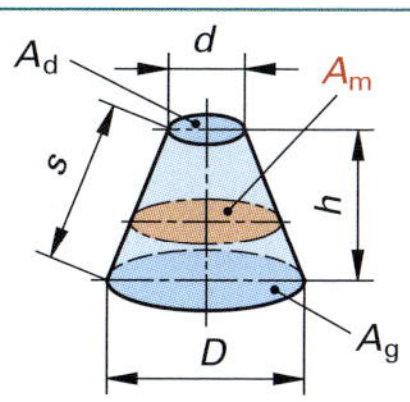	$A_M = \frac{A_g + A_d}{2}$ $A_M = \frac{\pi \cdot (D + d) \cdot s}{2}$ $s = \sqrt{h^2 + \left(\frac{D - d}{2}\right)^2}$	$V = \frac{\pi \cdot h \cdot (D^2 + d^2 + D \cdot d)}{12}$ $V \approx A_m \cdot h$ $A_O = A_M + A_g + A_d$

Aufgaben

1 Ein pyramidenstumpfförmiger Behälter hat folgende Innenmaße: l_1 = 600 mm; b_1 = 400 mm; l_2 = 500 mm; b_2 = 300 mm; h = 1000 mm. Wie groß ist das Volumen in dm³?

2 Ein Abfallbehälter hat die Form eines Pyramidenstumpfes mit folgenden Abmessungen: l_1 = 500 mm; b_1 = 400 mm; l_2 = 400 mm; b_2 = 300 mm; h = 800 mm. Wie groß ist das Fassungsvermögen in dm³?

3 Berechnen Sie das Volumen des Pyramidenstumpfs **(Bild 1)** in dm³.

4 Ein kegelstumpfförmiger Messbecher hat einen oberen Durchmesser von 125 mm, einen unteren Durchmesser von 24 mm und eine Höhe von 200 mm. Wie groß ist das Fassungsvermögen in cm³?

5 Ein Wassereimer hat einen großen Durchmesser von 250 mm und einen kleinen Durchmesser von 180 mm. Die Höhe beträgt 260 mm. Wie groß sind Fassungsvermögen und Mantelfläche?

6 Ein Behälter hat die Form eines Kegelstumpfes mit D = 2000 mm; d = 1500 mm; h = 1200 mm. Wie groß ist das Fassungsvermögen in m³?

7 Die Rauminhalte, Mantel- und Oberflächen der Körper **(Bild 2** und **Bild 3)** sind zu berechnen.

8 Ein Kegelstumpf hat einen großen Durchmesser von 25 cm, einen kleinen Durchmesser von 20 cm und ein Fassungsvermögen von 8 l. Wie hoch ist der Kegelstumpf?

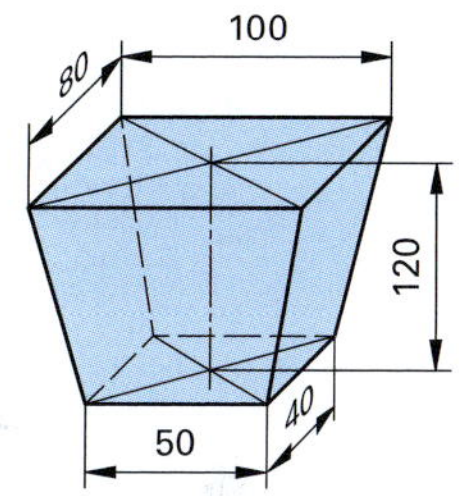

Bild 1

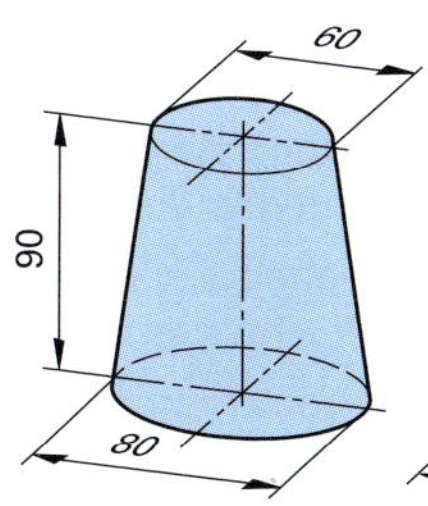

Bild 2

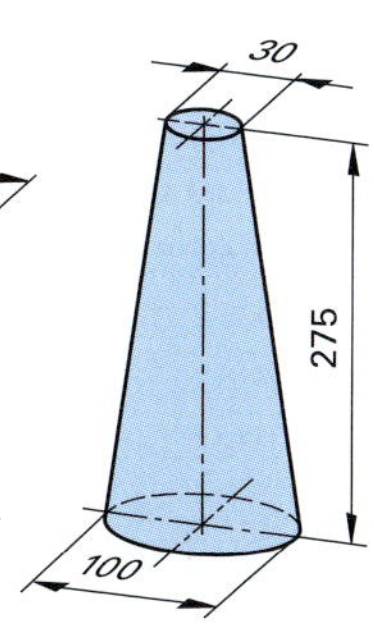

Bild 3

Lösungen

1) 193,246 dm³ | **2)** 126,645 dm³ | **3)** 560 cm³ | **4)** 1005,3 cm³ | **5)** 9,523 dm³; 1772 cm² | **6)** 2,9 m³ | **7)** 348,7 cm³; 199,24 cm²; 277,78 cm²; 1000 cm³; 566,05 cm²; 651,71 cm² | **8)** 20,04 cm

2.3.5 KUGEL

A_M = Mantelfläche A_O = Oberfläche

Vollkugel	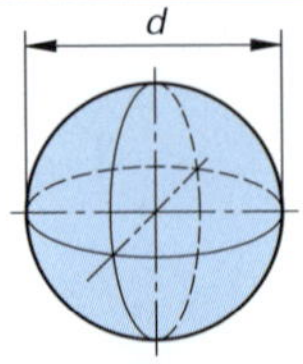	$d = \sqrt[3]{\frac{6 \cdot V}{\pi}} = \sqrt[3]{\frac{V}{0{,}524}}$ $d = 1{,}24 \cdot \sqrt[3]{V}$ $A_O = \pi \cdot d^2$ $d = \sqrt{\frac{A_O}{\pi}}$	$V = \frac{\pi \cdot d^3}{6}$ $V = 0{,}524 \cdot d^3$
Kugel-abschnitt (Kugel-segment)	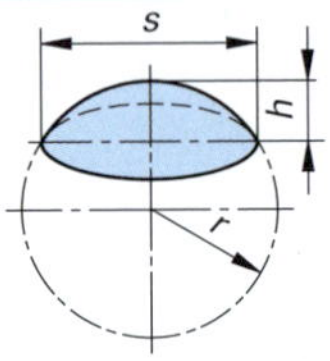	$A_M = \pi \cdot d \cdot h$ $A_M = \frac{\pi \cdot (s^2 + 4 \cdot h^2)}{4}$ $A_O = \pi \cdot h \cdot (4 \cdot r - h)$	$V = \pi \cdot h^2 \cdot \left(r - \frac{h}{3}\right)$ $V = \pi \cdot h \cdot \left(\frac{s^2}{8} + \frac{h^2}{6}\right)$
Kugel-ausschnitt (Kugelsektor)	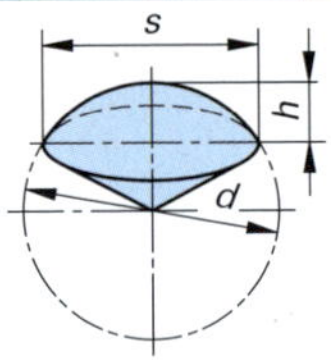	$A_M = A_O$ $A_O = \frac{\pi \cdot d \cdot (4 \cdot h + s)}{4}$ $d = \sqrt{\frac{6 \cdot V}{\pi \cdot h}}$ $h = \frac{6 \cdot V}{\pi \cdot d^2}$	$V = \frac{\pi \cdot d^2 \cdot h}{6}$
Kugelschicht (Kugelzone)	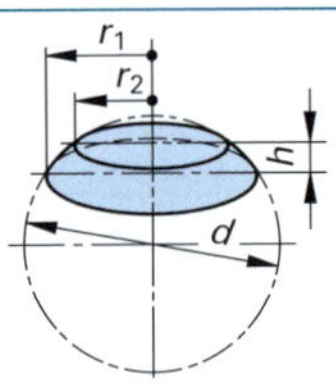	$A_M = \pi \cdot d \cdot h$ $A_O = \pi \cdot (d \cdot h + r_1^2 + r_2^2)$	$V = \frac{\pi \cdot h \cdot (3 \cdot r_1^2 + 3 \cdot r_2^2 + h^2)}{6}$

Aufgaben

1. Wie groß sind Volumen und Oberfläche einer Kugel von 20 mm Durchmesser?
2. Eine Kugel hat ein Volumen von 100 cm³. Wie groß ist der Durchmesser?
3. Eine Wälzlagerkugel hat einen Durchmesser von 16 mm. Berechnen Sie Volumen und Oberfläche der Kugel.
4. Eine Kugel hat eine Oberfläche von 1963,5 mm². Wie groß sind der Durchmesser der Kugel und das Volumen?
5. Ein Kugel-Gasbehälter hat einen Durchmesser von 30 m. Wie groß sind Volumen und Oberfläche des Gasbehälters?
6. Wie groß sind Volumen, Mantelfläche und Oberfläche des Kugelabschnittes **(Bild 1)** und des Kugelausschnittes **(Bild 2)**?
7. Wie groß sind Volumen, Mantelfläche und Oberfläche der Kugelschicht **(Bild 3)**?
8. Welchen Durchmesser muss eine Kugel haben, damit sie dasselbe Volumen wie ein Würfel mit 100 mm Kantenlänge hat? Wie groß sind die Oberflächen?
9. Ein Bleiwürfel mit einer Kantenlänge von 80 mm soll zu einer Kugel umgegossen werden. Wie groß wird der Kugeldurchmesser sein?

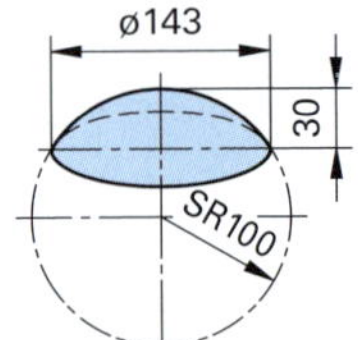

Bild 1

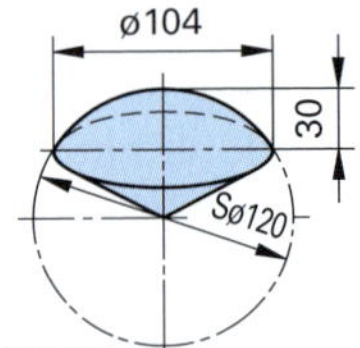

Bild 2

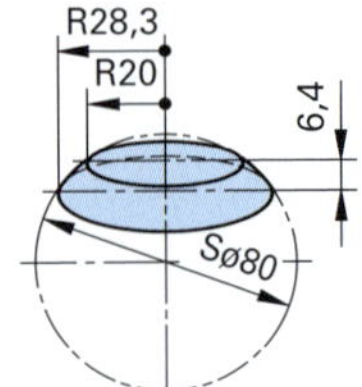

Bild 3

Lösungen

1) 4,18 cm³; 12,57 cm² | **2)** 5,759 cm | **3)** 2,145 cm³; 8,04 cm² | **4)** 25 mm; 8,18 cm³ | **5)** 14 137,2 m³; 2827,4 m² | **6)** 254,5 cm³; 188,88 cm²; 348,72 cm²; 226,2 cm³; 211,12 cm² | **7)** 12,2 cm³; 16,1 cm²; 53,8 cm² | **8)** 124,07 mm; 600 cm²; 483,6 cm³ | **9)** 9,926 cm

2.4 MASSE UND DICHTE

MASSE

Die Masse eines Körpers kann durch Vergleich mit einem Körper bekannter Masse – wie z. B. Gewichtsstücke auf einer Waage – ermittelt werden.

Sie wird in Gramm, Kilogramm oder Tonnen angegeben.

Die SI-Basiseinheit der Masse ist das Kilogramm (kg).

In der Umgangssprache wird statt der Bezeichnung Masse der Ausdruck **Gewicht** benutzt. Auch in der Kfz-Technik spricht man z. B. von Leergewicht oder zulässigem Gesamtgewicht.

Die Masse eines Körpers ist von der Erdanziehungskraft bzw. Fallbeschleunigung unabhängig und an jedem Ort gleich groß.

Die Einheit der Masse wurde bereits im 19. Jahrhundert festgelegt. 1 Kilogramm entspricht der Masse eines Normzylinders aus 90 % Platin und 10 % Iridium.

Die Masse von 1 dm³ destilliertem Wasser bei 4 °C entspricht mit hinreichender Genauigkeit der Masse des Normzylinders.

Hebelwaage

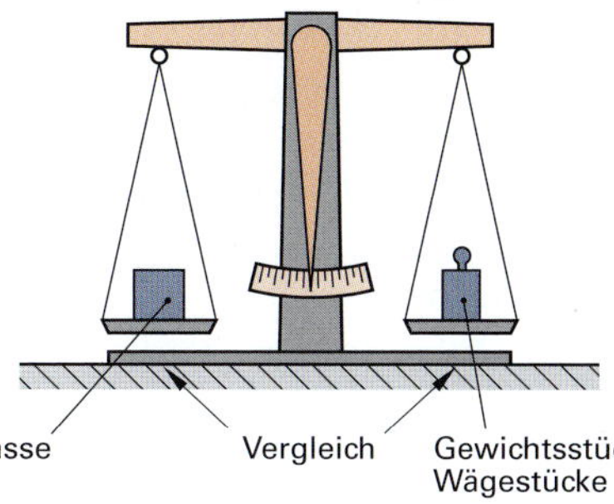

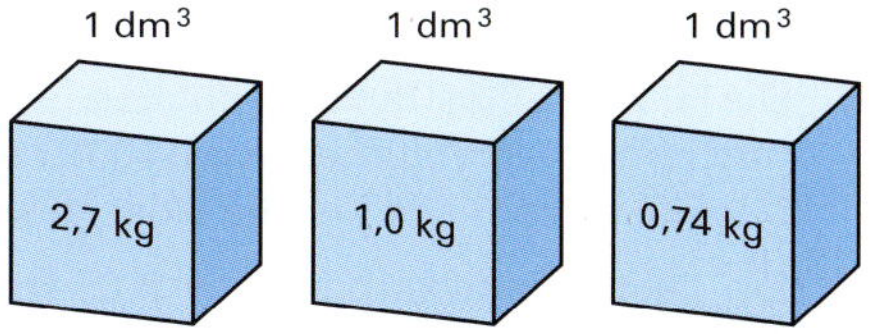

ϱ = 2,7 kg/dm³ Aluminium | ϱ = 1,0 kg/dm³ Wasser 4 °C | ϱ = 0,74 kg/dm³ Benzin

DICHTE

Die Dichte ist definiert als Masse pro Volumeneinheit.

Bei Gasen wird die Normdichte in kg/m³ angegeben.

Man versteht darunter die Dichte eines Gases bei der Temperatur von 0 °C und einem Druck von 1013 hPa, z. B. Normdichte von Luft = 1,293 kg/m³.

Beispiel 1

In einem Kraftstoffbehälter befinden sich 38 l Benzin. Welche Masse hat das Benzin?

Gegeben: V = 38 l = 38 dm³; ϱ = 0,74 kg/dm³
Gesucht: m

Lösung

$m = V \cdot \varrho = 38\ \text{dm}^3 \cdot 0{,}74\ \text{kg/dm}^3 = \mathbf{28{,}1\ kg}$

Beispiel 2

Zur Verbrennung von 1 kg Benzin wurden 17 kg Luft verbraucht. Welche Luftmenge in m³ wurde benötigt?

Gegeben: m = 17 kg; ϱ = 1,29 kg/m³
Gesucht: V

Lösung

$$V = \frac{m}{\varrho} = \frac{17\ \text{kg}}{1{,}29\ \text{kg/m}^3} = \mathbf{13{,}2\ m^3}$$

$$m = V \cdot \varrho$$

$$\varrho = \frac{m}{V}$$

$$V = \frac{m}{\varrho}$$

m Masse in kg, g, t
V Volumen in dm³, cm³, m³

Für feste und flüssige Stoffe:

ϱ Dichte in kg/dm³, g/cm³

Für gasförmige Stoffe:

ϱ Dichte in kg/m³

1000 g	= 1 kg
1000 kg	= 1 t
1000 cm³	= 1 dm³
1000 dm³	= 1 m³
1 kg/dm³	= 1 g/cm³

Aufgaben

1 Ein Tankkraftfahrzeug hat eine zulässige Zuladung von 9 t. Wie viel Liter Benzin darf es aufnehmen?

2 Der im **Bild 1** dargestellte Behälter wird zur Aufbewahrung von Kraftstoffen verwendet;

a) wie viel Liter Kraftstoff können eingefüllt werden,
b) wie groß ist die Masse der Füllung, wenn als Kraftstoff Petroleum verwendet wird?

3 Ein Lastkraftwagen hat eine zulässige Zuladung von 7 t. Welcher Raumbedarf ist erforderlich, wenn
a) Flachstahl geladen wird (ϱ = 7,8 kg/dm³),
b) wenn Aluminiumbleche geladen werden (ϱ = 2,7 kg/dm³),
c) wenn CuZn-Bleche geladen werden (ϱ = 8,4 kg/dm³)?

4 Es soll die Masse des Kolbenbolzens **(Bild 2)** bestimmt werden
a) ohne Durchbohrung (m_1 = ?), wenn d_1 = 15 mm ist,
b) mit Durchbohrung (m_2 = ?), wenn d_2 = 9 mm (ϱ = 7,8 kg/dm³) ist.

5 Die Füllung eines Tankkraftfahrzeuges hat ein Gewicht von 11,2 t und nimmt ein Volumen von 14000 l ein. Wie groß ist die Dichte der Flüssigkeit? Um welche Flüssigkeit kann es sich handeln?

6 Ein Leichtmetallkolben (ϱ = 2,65 kg/dm³) hat die Masse von 1,25 kg. Wie groß ist das Volumen des Kolbenwerkstoffes?

7 Welche Masse hat ein 2 mm dickes und 1 m² großes Stahlblech?

8 Eine Lagerbuchse **(Bild 3)** aus Sinter-CuZn (Sint-C 52; ϱ = 7,0 kg/dm³) soll angefertigt werden.
a) Wie groß ist das Werkstoffvolumen?
b) Wie groß ist die Masse der Buchse?

9 Bei einem Ottomotor werden im Leerlauf für die Verbrennung von 1 kg Kraftstoff 14,8 kg Luft benötigt. Wie groß ist
a) der Luftbedarf in m³?
b) das Volumenverhältnis Kraftstoff zu Luft?

10 Ein zylindrischer Tank **(Bild 4)** ist zu 3/4 seines Inhalts mit Dieselkraftstoff gefüllt.
a) Wie viel Liter Dieselkraftstoff befinden sich im Tank?
b) Wie groß ist die Masse?

11 Ein Pleuel **(Bild 6)** aus Stahl (ϱ = 7,8 kg/dm³) soll durch ein Pleuel aus Titan (ϱ = 4,5 kg/dm³) mit gleichem Volumen ersetzt werden. Wie groß ist die Gewichtsersparnis in Prozent?

12 Es soll ein zylindrischer Tank **(Bild 5)** gefertigt werden, der bei einer Innenlänge von 4,0 m 8000 kg Benzin fassen soll. Wie groß muss der Innendurchmesser des Tanks sein, wenn 20 % des Benzinvolumens zusätzlich als Ausdehnungsraum vorgesehen sein sollen?

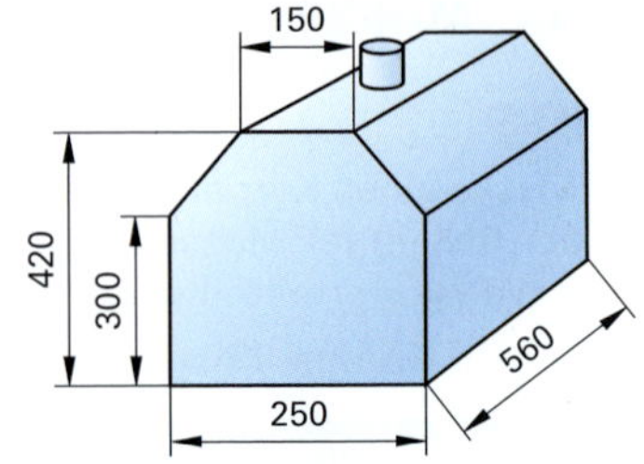

Bild 1

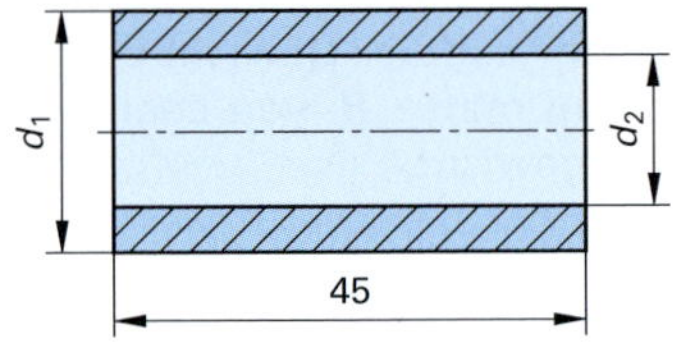

Bild 2

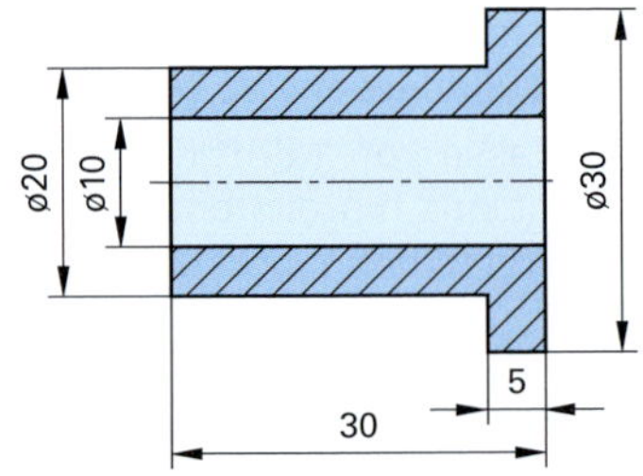

Bild 3

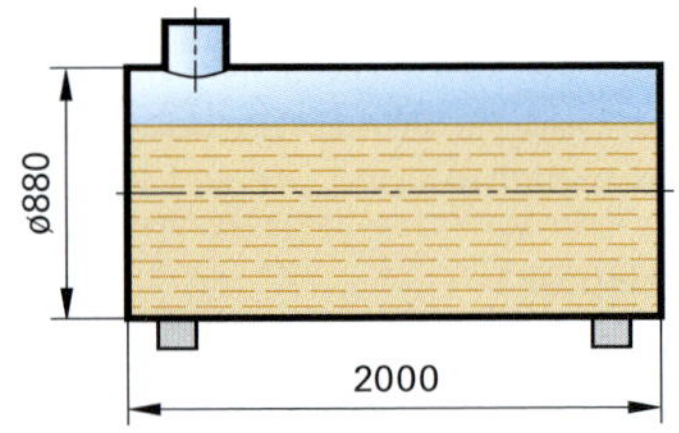

Bild 4

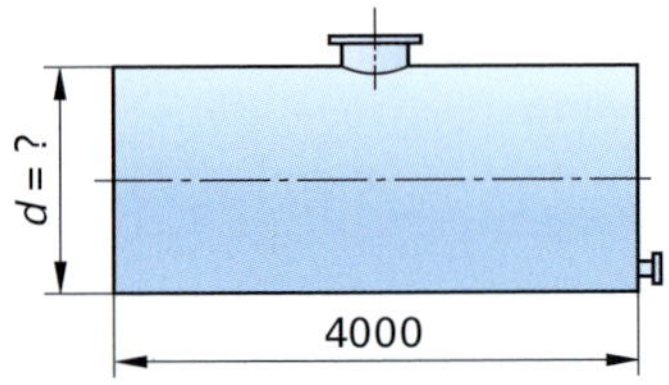

Bild 5

Bild 6

Lösungen

1) 12162 l | **2a)** 55,44 l; **2b)** 42,13 kg | **3a)** V = 0,897 m³; **3b)** V = 2,59 m³; **3c)** V = 0,833 m³ | **4a)** 61,99 g; **4b)** 39,68 g | **5)** 0,8 kg/dm³ Methanol | **6)** 0,472 dm³ | **7)** 15,7 kg | **8a)** 9,0275 cm³; **8b)** 63,1925 g | **9a)** 11,473 m³; **9b)** $V_K : V_L$ = 1:8498 | **10a)** 912,32 dm³; **10b)** 784,6 kg | **11)** 42,3 % | **12)** 2032 mm

2.5 KRAFT, GEWICHTSKRAFT

KRAFT

Die Kraft ist das Produkt aus Masse und Beschleunigung. Kräfte sind die Ursache für die Bewegungsänderung oder die Verformung eines Körpers. So sind z. B. zum Beschleunigen oder Verzögern eines Fahrzeuges Kräfte erforderlich.

Die abgeleitete SI-Einheit ist das Newton (N).

1 Newton ist gleich der Kraft F, die einem Körper der Masse m = 1 kg die Beschleunigung a = 1 m/s² erteilt.

$$F = m \cdot a$$

$$m = \frac{F}{a} \qquad a = \frac{F}{m}$$

F Kraft in N
s Masse (Gewicht) in kg
a Beschleunigung in $\frac{\text{m}}{\text{s}^2}$

$$1\ \text{N} = 1\ \text{kg} \cdot 1\ \frac{\text{m}}{\text{s}^2}$$

$$1\ \text{N} = 1\ \frac{\text{kg} \cdot \text{m}}{\text{s}^2}$$

1 kN (Kilonewton) = 1000 N
1 MN (Meganewton) = 1000 kN

Beispiel

Ein Lkw mit einem Gewicht von 16 t und einem Anhänger von 24 t soll mit 1,5 m/s² beschleunigt werden. Welche Antriebskraft ist erforderlich?

Gegeben: m_1 = 16 t = 16000 kg; m_2 = 24 t = 24000 kg; a = 1,5 m/s²
Gesucht: F in kN

Lösung

$m = m_1 + m_2$ = 16000 kg + 24000 kg = 40000 kg

$F = m \cdot a$ = 40000 kg · 1,5 m/s² = 60000 $\frac{\text{kg} \cdot \text{m}}{\text{s}^2}$ = 60000 N

F = **60 kN**

GEWICHTSKRAFT

Die Gewichtskraft ist die Kraft, mit der ein in Ruhe befindlicher Körper von der Erde angezogen wird. Sie wirkt in Richtung Erdmittelpunkt und wird mit dem Federkraftmesser bestimmt.

Die Gewichtskraft eines Körpers wird von der Erdanziehungskraft bzw. Fallbeschleunigung beeinflusst. Sie ist somit nicht an jedem Ort gleich groß. Sie beträgt z. B. am Äquator g = 9,78 m/s² und am Süd- bzw. Nordpol g = 9,832 m/s².

Für Europa wird der mittlere Wert der Erdbeschleunigung des 45. Breitengrades auf Meereshöhe verwendet. Sie beträgt 9,80665 m/s² ($g \approx$ 9,81 m/s²).

Die Einheit der Gewichtskraft ist das Newton (N). Die Gewichtskraft 9,81 N ist die Kraft, mit der ein Körper der Masse 1 kg am 45. Breitengrad auf Meereshöhe (Normfallbeschleunigung) von der Erde angezogen wird.

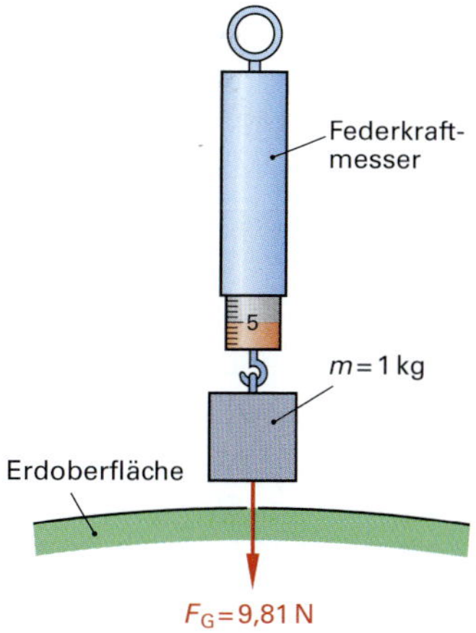

Erdanziehungskraft bei g = 9,81 m/s²

F_G Gewichtskraft in N
m Masse in kg
g Fallbeschleunigung in m/s²
Norm: g = 9,80665 m/s²
Technik: g = 9,81 m/s²

$$F_G = m \cdot g$$

$$m = \frac{F_G}{g}$$

Beispiel

Ein Fahrzeug hat eine Masse von 1250 kg. Berechnen Sie die Gewichtskraft.

Gegeben: F_G = 1250 kg; g = 9,81 m/s²

Lösung

$F_G = m \cdot g$ = 1250 kg · 9,81 m/s²

F_G = **12262,5 N** = **12263 N**

Aufgaben

1 Ein Pkw hat ein Leergewicht von 1310 kg. Wie groß ist seine Gewichtskraft in N?

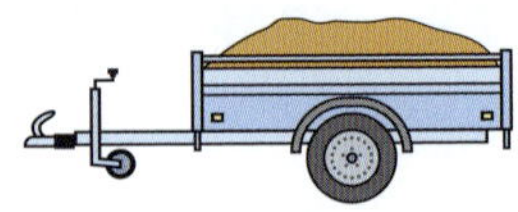

Bild 1

2 Die Pleuelstange eines Pkw hat eine Masse von 0,543 kg. Wie groß ist die Gewichtskraft in N?

3 Die Ladefläche eines Lastkraftwagens kann mit einer Gewichtskraft von 20000 N belastet werden. Wie viel m^3 Kork kann aufgeladen werden, wenn die Dichte von Kork 0,23 kg/dm^3 beträgt?

4 In welcher Höhe muss eine Öldose mit einem Durchmesser von 95 mm abgeschnitten werden, wenn sie genau einen dreiviertel Liter Öl (ϱ = 0,85 kg/dm^3) aufnehmen soll? Wie viel wiegt das Öl? Wie groß ist seine Gewichtskraft?

5 Ein Pkw-Anhänger **(Bild 1)** mit den Maßen $l \cdot b \cdot h$ = 200 cm · 125 cm · 40 cm hat ein zulässiges Gesamtgewicht von 750 kg. Sein Leergewicht beträgt 170 kg.

a) Wie viel Sand mit der Dichte von 2,3 kg/dm^3 dürfen geladen werden?

b) Wie groß ist die Überladung in kg, wenn der Anhänger vollständig gefüllt ist?

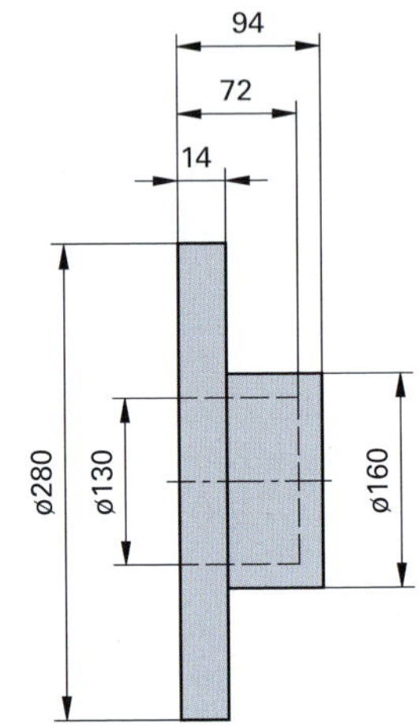

Bild 2

6 Ein Pkw, der sowohl mit Ottomotor, als auch mit Dieselmotor gebaut wird, hat einen Kraftstoffbehälter mit einem Inhalt von 72 l. Um wie viel N ist die Gewichtskraft einer Füllung Dieselkraftstoff (ϱ = 0,86 kg/dm^3) größer als die einer Füllung Benzin (ϱ = 0,74 kg/dm^3)?

7 Berechnen Sie die Gewichtskraft einer Bremsscheibe aus Gusseisen **(Bild 2),** wenn ihre Dichte 7,25 kg/dm^3 beträgt.

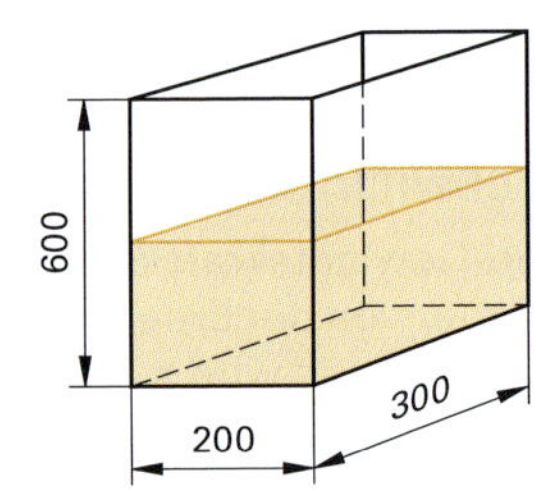

Bild 3

8 Ein Kraftfahrzeug hat für die Fahrt von München nach Saarbrücken 40 l Benzin verbraucht. Für die Verbrennung des Kraftstoffes im Motor wird ein durchschnittliches Mischungsverhältnis von 1 kg Benzin und 15 kg Luft angenommen.

a) Wie viel kg Benzin wurden verbraucht,

b) wie viel m^3 Luft hat der Motor angesaugt,

c) wie groß sind die Gewichtskraft des verbrauchten Benzins und der Luft?

9 Die Gewichtskraft von Öl (ϱ = 0,85 kg/dm^3), das sich in einem Behälter **(Bild 3)** befindet, beträgt 130 N. Bis zu welcher Höhe ist der Behälter gefüllt?

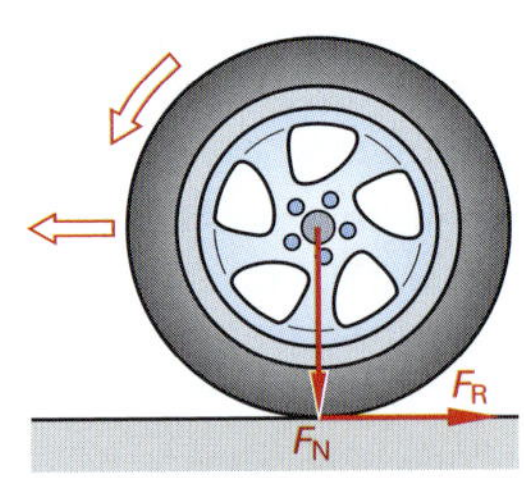

Bild 4

10 Ein Motorrad hat ein Gewicht von 220 kg; Fahrer und Sozius wiegen zusammen 160 kg. Welche Zugkraft muss am Hinterrad wirken, wenn es mit 3,5 m/s^2 beschleunigt werden soll?

11 Ein Rennwagen mit einem Gewicht von 550 kg wird mit einer Antriebskraft von 4800 N beschleunigt. Wie groß ist seine Beschleunigung?

12 Jedes Rad eines allradgetriebenen Pkw hat eine Radlast von 360 kg. Welche Beschleunigung kann der Pkw erreichen, wenn jedes Rad eine Antriebskraft von 1600 N übertragen kann **(Bild 4)**?

Lösungen

1) 12851,1 N | **2)** 5,33 N | **3)** 8,86 m^3 | **4)** 105,8 mm; 0,638 kg; 6,26 N | **5a)** 0,25 m^3; **5b)** 1550 kg | **6)** 84,7 N | **7)** 107,7 N | **8a)** 29,6 kg; **8b)** 343,4 m^3; **8c)** 290,4 N; 4355,6 N | **9)** 26 cm | **10)** 1330 N | **11)** 8,73 m/s^2 | **12)** 4,44 m/s^2

2.6 DARSTELLUNG VON KRÄFTEN

Eine Kraft F kann durch eine Pfeilstrecke (Vektor) zeichnerisch dargestellt werden. Dazu muss Folgendes bekannt sein:

- **Angriffspunkt:** Es ist der Punkt, an welchem die Kraft am Körper angreift.
- **Größe:** Ihr entspricht die Länge der Pfeilstrecke; diese Länge wird mithilfe des Kräftemaßstabes (KM) errechnet.
- **Richtung:** Sie wird durch die Pfeilspitze angezeigt. Die dargestellte Kraft (Pfeilstrecke) kann auf ihrer Wirkungslinie verschoben werden.
- **Einheit:** Kraft wird in Newton (N) gemessen.

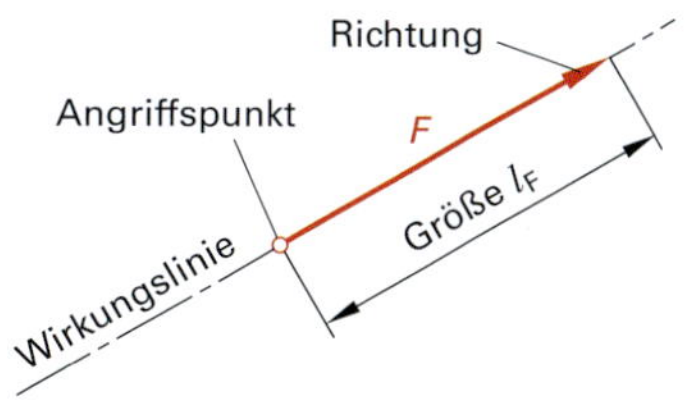

$$l_F = \frac{F}{KM}$$

$$F = KM \cdot l_F$$

l_F Länge des Kraftpfeils in mm
F Kraft in N
KM Kräftemaßstab in N/mm

Beispiel

Wie groß ist die Länge der Pfeilstrecke für eine Kraft von 640 N, wenn der Kräftemaßstab 20 N/mm beträgt?

Gegeben: F = 640 N; KM = 20 N/mm
Gesucht: l_F in mm

Lösung

$$l_F = \frac{F}{KM} = \frac{640\text{ N}}{20\text{ N/mm}} = \mathbf{32\text{ mm}}$$

2.6.1 ZUSAMMENSETZEN VON KRÄFTEN

KRÄFTE AUF GLEICHER WIRKUNGSLINIE

Gleiche Richtung

Haben mehrere Kräfte F_1, F_2 ..., die gleiche Richtung und gleiche Wirkungslinie, so werden sie durch Addition der Einzelkräfte oder grafisch durch Aneinanderreihen der Pfeilstrecken zu einer Ersatzkraft F zusammengefasst. Die Ersatzkraft hat die gleiche Wirkung wie die Teilkräfte zusammen.

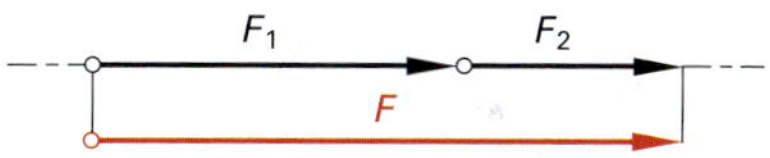

$$F = F_1 + F_2 + \ldots$$

F_1, F_2 Teilkräfte in N
F Resultierende bzw. Ersatzkraft in N

Beispiel

A schiebt mit einer Kraft von 300 N und B zieht mit einer Kraft von 200 N in gleicher Richtung auf gleicher Wirkungslinie. Wie groß ist die Ersatzkraft?

Gegeben: F_1 = 300 N, F_2 = 200 N
Gesucht: F in N

Lösung

KM: 1 mm ≙ 10 N (gewählt) = 10 N/mm

$$l_1 = \frac{F_1}{KM} = \frac{300\text{ N}}{10\text{ N/mm}} = 30\text{ mm}$$

$$l_2 = \frac{F_2}{KM} = \frac{200\text{ N}}{10\text{ N/mm}} = 20\text{ mm}$$

$$F = l_F \cdot KM = 50\text{ mm} \cdot 10\text{ N/mm} = \mathbf{500\text{ N}}$$

oder

$$F = F_1 + F_2 = 300\text{ N} + 200\text{ N} = \mathbf{500\text{ N}}$$

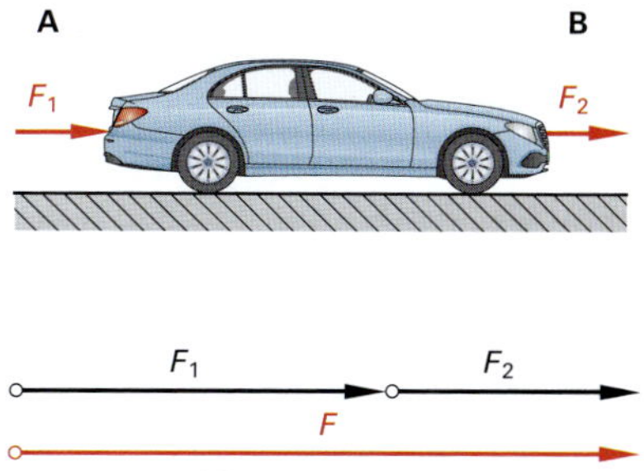

Entgegengesetzte Richtung

Haben mehrere Kräfte F_1, F_2, ... entgegengesetzte Richtungen aber eine gleiche Wirkungslinie, so werden die jeweils in gleicher Richtung wirkenden Kräfte zu einer Ersatzkraft F_E addiert. Durch Subtraktion der kleineren von der größeren Ersatzkraft erhält man die Resultierende F; sie wirkt in Richtung der größeren Ersatzkraft.

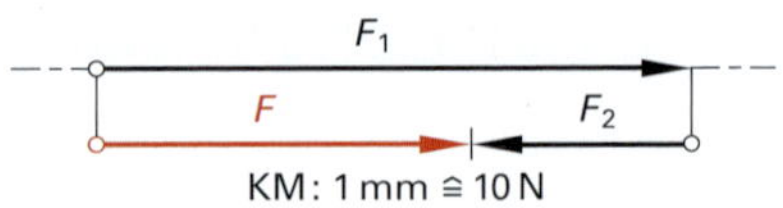

$$F = F_1 - F_2$$

F_1, F_2 Teilkräfte in N
F Resultierende bzw. Gesamtersatzkraft in N

Beispiel

Die Antriebskraft eines Pkw **(Bild 1)** beträgt 1500 N, der Fahrwiderstand 900 N. Mit welcher Kraft wird das Fahrzeug beschleunigt?

Gegeben: F_1 = 1500 N, F_2 = 900 N
Gesucht: F in N

Lösung KM: 1 mm ≙ 30 N (gewählt) = 30 N/mm

$$l_1 = \frac{F_1}{\text{KM}} = \frac{1500\ \text{N}}{30\ \text{N/mm}} = 50\ \text{mm}$$

$$l_2 = \frac{F_2}{\text{KM}} = \frac{900\ \text{N}}{30\ \text{N/mm}} = 30\ \text{mm}$$

$$F = l_F \cdot \text{KM} = 20\ \text{mm} \cdot 30\ \text{N/mm} = \mathbf{600\ N}$$

oder

$$F = F_1 - F_2 = 1500\ \text{N} - 900\ \text{N} = \mathbf{600\ N}$$

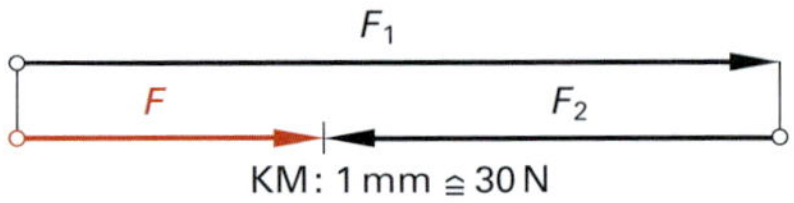

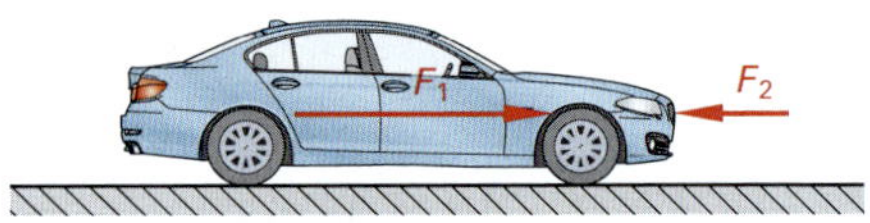

Bild 1

KRÄFTE AUF SICH SCHNEIDENDEN WIRKUNGSLINIEN

Greifen mehrere Kräfte F_1, F_2, ... an einem gemeinsamen Angriffspunkt mit unterschiedlicher Wirkungslinie an, so kann mithilfe eines Kräfteparallelogramms die Resultierende Kraft F **(Bild 2)** ermittelt werden.

Kräfteparallelogramm

Die Kräfte F_1 und F_2 werden mithilfe des Kräfteparallelogramms zu einer Ersatzkraft F zusammengefasst.

Die Ersatzkraft F wird auch Resultierende genannt. Richtung und Größe können zeichnerisch ermittelt werden.

$\boldsymbol{F_2}$ bis zur Pfeilspitze $\boldsymbol{F_1}$ verschieben und $\boldsymbol{F_1}$ bis zur Pfeilspitze $\boldsymbol{F_2}$ verschieben. Daraus ergibt sich der Schnittpunkt S.

Kräfteparallelogramm

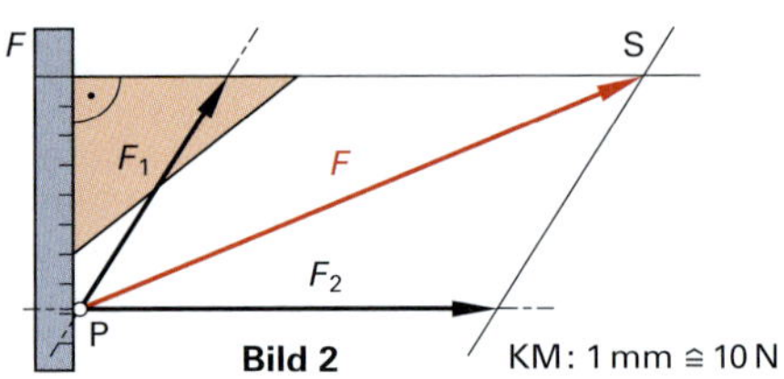

Bild 2

F_1, F_2 Teilkräfte in N
F Ersatzkraft, Resultierende in N

Beispiel

An einem Punkt greifen mehrere Kräfte F_1 = 150 N, F_2 = 250 N und F_3 = 300 N an. Es ist zeichnerisch die Richtung und Größe der Resultierenden zu ermitteln.

Am gemeinsamen Angriffspunkt P greifen nach **Bild 3** die Kräfte 150 N, 250 N und 300 N an. Die Richtung der Resultierenden und ihre Größe sind zeichnerisch zu ermitteln.

Gegeben: F_1 = 150 N, F_2 = 250 N, F_3 = 300 N
Gesucht: F in N

Lösung KM: 1 mm ≙ 10 N (gewählt) = 10 N/mm

$\boldsymbol{F_2}$ ist parallel bis zur Pfeilspitze von $\boldsymbol{F_1}$ zu verschieben und die Ersatzkraft $\boldsymbol{F_{E2}}$ zu ermitteln. $\boldsymbol{F_3}$ ist parallel bis zur Pfeilspitze $\boldsymbol{F_{E3}}$ zu verschieben und die Gesamtkraft $\boldsymbol{F_3}$ einzuzeichnen. Die Ersatzkraft ist abzumessen, und mit dem Kräftemaßstab wird der Wert ermittelt.

$$F = l_{F_2} \cdot \text{KM} = 47\ \text{mm} \cdot 10\ \text{N/mm} = \mathbf{470\ N}$$

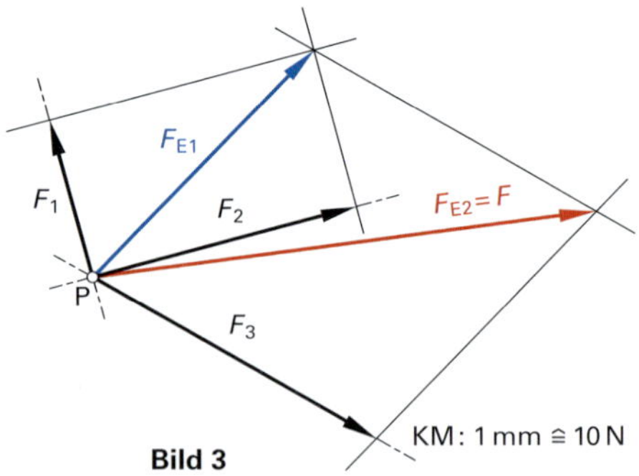

Bild 3

Aufgaben

1 Über eine Seilrolle **(Bild 1)** wird eine Last mit einer Gewichtskraft von 1200 N hochgezogen. Wie groß ist die Belastung der Achse in den Fällen a) bzw. b)? Kräftemaßstab: 1 mm ≙ 50 N

2 Ein Pkw mit einem Wohnanhänger befährt mit 70 km/h eine leicht ansteigende Straße. Folgende Kräfte wirken am Wohnanhänger der Zugkraft entgegen: Rollwiderstandskraft 110 N, Luftwiderstandskraft 720 N und die Steigungswiderstandskraft 230 N. Mit welcher Zugkraft wird die Anhängerkupplung belastet? Kräftemaßstab: 1 mm ≙ 10 N

3 An einer Feststellbremse **(Bild 2)** sind die Seilkräfte F je 150 N. Wie groß ist die Gestängekraft (Gegenkraft) F_G? Kräftemaßstab: 1 mm ≙ 5 N

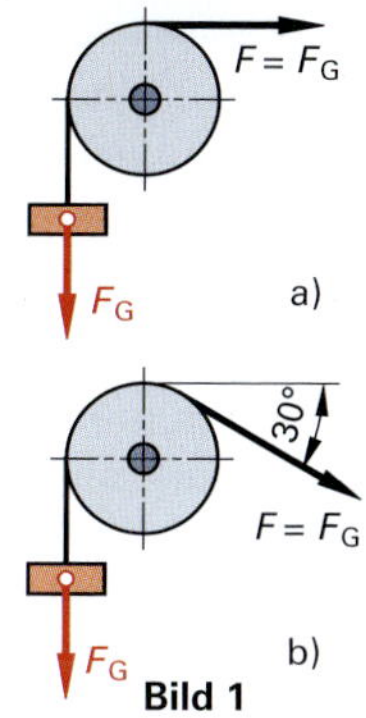

Bild 1

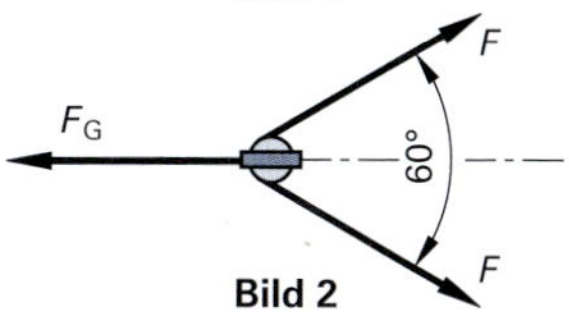

Bild 2

Lösungen

1) 1700 N; 2075 N | **2)** 1060 N | **3)** 260 N

2.6.2 ZERLEGEN EINER KRAFT IN TEILKRÄFTE

Soll eine Kraft F in zwei Teilkräfte F_1 und F_2, deren Wirkungslinien bekannt sind, zerlegt werden, so kann man Richtung und Größe der Teilkräfte mithilfe des Kräfteparallelogramms ermitteln.

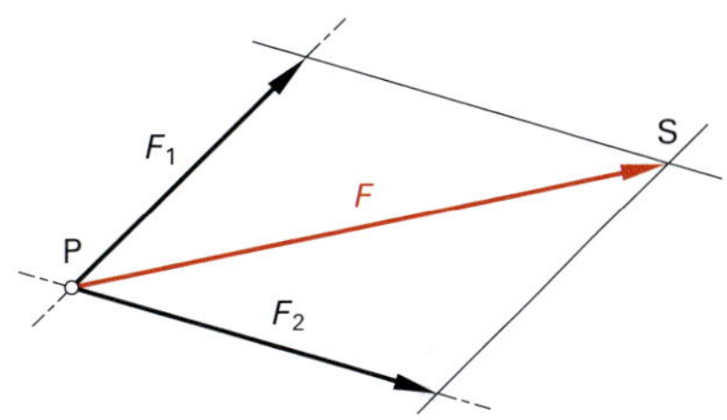

F Kraft in N

F_1, F_2 in ihre Wirkungslinien zerlegte von P ausgehende Teilkräfte in N

Konstruktion:

Kraft F zeichnen, die Wirkungslinien der Teilkräfte F_1 und F_2 in P antragen und mit F als Diagonale das Kräfteparallelogramm ergänzen. Die von P ausgehenden Parallelogrammseiten ergeben die Teilkräfte F_1 und F_2.

Beispiel

Eine horizontal wirkende Zugkraft von 480 N soll in Teilkräfte zerlegt werden, deren Wirkungslinien bekannt sind **(Bild)**. Welche Richtung und welche Größe haben die Teilkräfte?

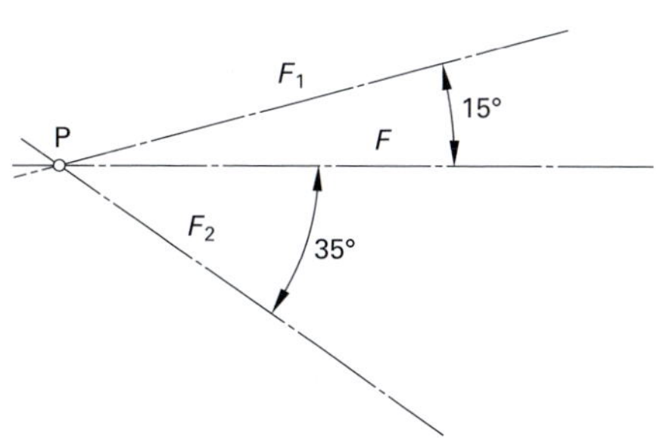

Gegeben: F = 480 N
Gesucht: F_1 in N, F_2 in N

Lösung

KM: 1mm ≙ 10 N (gewählt) = 10 N/mm

$$l_F = \frac{F}{\text{KM}} = \frac{480\text{ N}}{10\text{ N/mm}} = \mathbf{48\text{ mm}}$$

Pfeilstrecke der Zugkraft F zeichnen und mithilfe der Wirkungslinien von F_1 und F_2 das Kräfteparallelogramm ergänzen.

Die Teilkräfte ergeben sich in Richtung und Größe als Strecken l_1 = 35 mm, l_2 = 16 mm

Größe der Teilkräfte:

$F_1 = l_1 \cdot \text{KM} = 35\text{ mm} \cdot 10\text{ N/mm} = \mathbf{350\text{ N}}$
$F_2 = l_2 \cdot \text{KM} = 16\text{ mm} \cdot 10\text{ N/mm} = \mathbf{160\text{N}}$

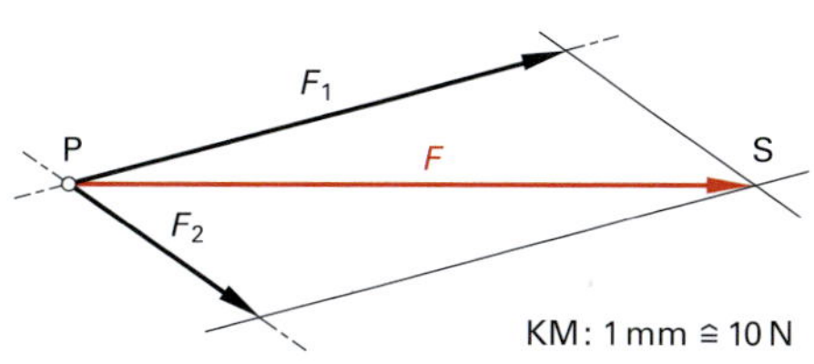

Aufgaben

1 Ein Pkw wird auf einer Straße mit einem Gefälle von 15° abgestellt **(Bild 1)**. Die Gewichtskraft des Pkw beträgt 10000 N.

Bestimmen Sie zeichnerisch die Normalkraft und die Hangabtriebskraft.

2 Ein Motor mit einer Gewichtskraft von 1200 N wird mithilfe eines Krans hochgehoben **(Bild 2)**. Wie groß sind die Zugkräfte F_1 und F_2 in den Ketten bei der jeweiligen Aufhängung (a, b, c)?

3 Die Kräfte in den Streben S_1 und S_2 sind zeichnerisch zu bestimmen **(Bild 3)**.

4 Das Handbremsseil wird mit einer Zugkraft von 3000 N angezogen **(Bild 4)**. Wie groß sind die Seilzugkräfte F_1 und F_2?

5 a) Am Kurbeltrieb **(Bild 5)** ist die Kolbenkraft F in die Pleuelstangenkraft F_{PL} und die Normalkraft F_N zu zerlegen.

b) Die Pleuelstangenkraft F_{PL}, die auch auf den Kurbelzapfen wirkt, ist dort in die Tangentialkraft F_T und die Radialkraft F_{rad} zu zerlegen.

6 Der Spreizkeil einer Lkw-Trommelbremse **(Bild 6)** drückt mit einer Kraft von 4000 N und legt dadurch die Bremsbacken an der Bremstrommel an.

Wie groß sind die Spannkräfte auf die Bremsbacken?

7 Bei einem Aufprall wirkt im Schlossgurt eines Sicherheitsgurtes eine Kraft von 7,5 kN **(Bild 7)**.

Wie groß sind die Kräfte im Bauch- und Schultergurt?

Lösungen

1) 3000 N; 9500 N | **2)** 675 N; 800 N; 1550 N | **3)** 8500 N; 12000 N | **4)** 1550 N; 1550 N | **5a)** 1440 N; 8120 N; **5b)** 6652 N; 4658 N | **6)** 17000 N; 35000 N; 1035 N | **7)** 6125 N; 2250 N

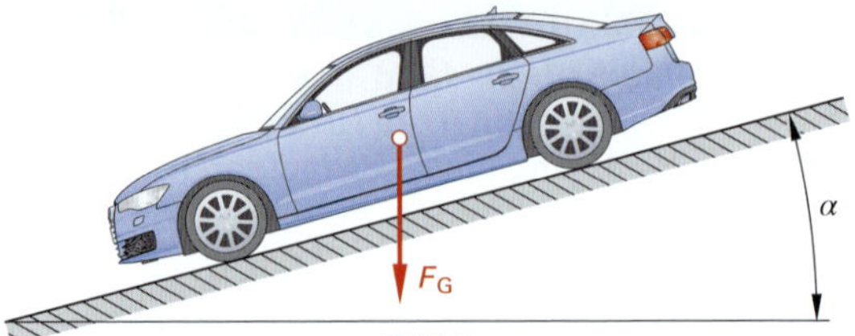

Bild 1

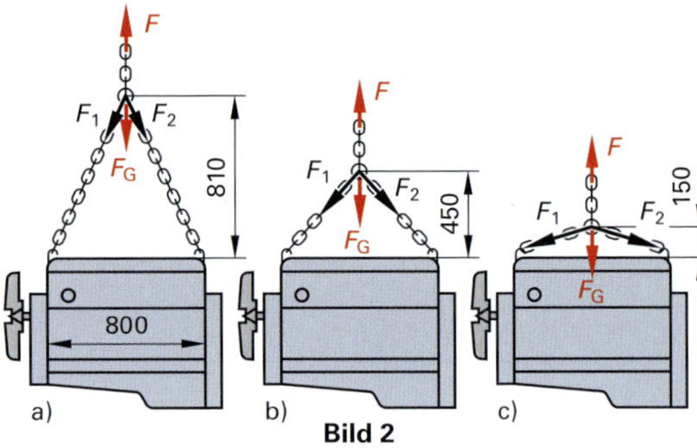

Bild 2

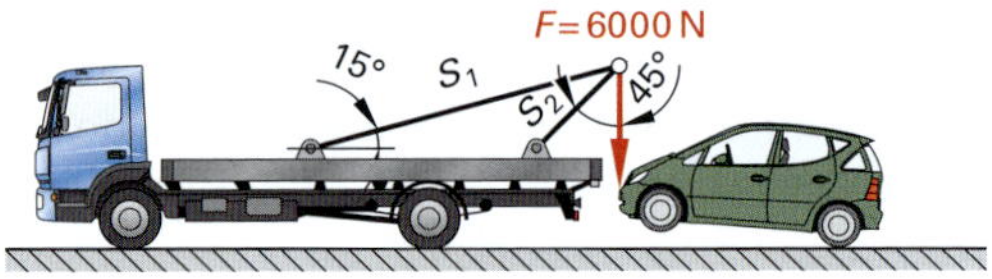

Bild 3

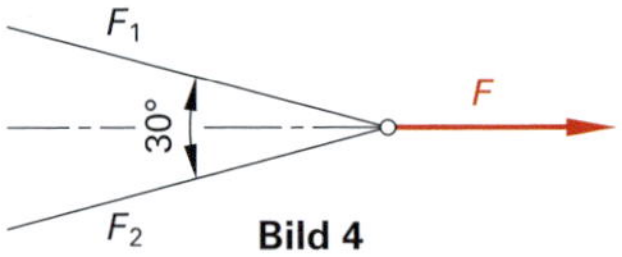

Bild 4

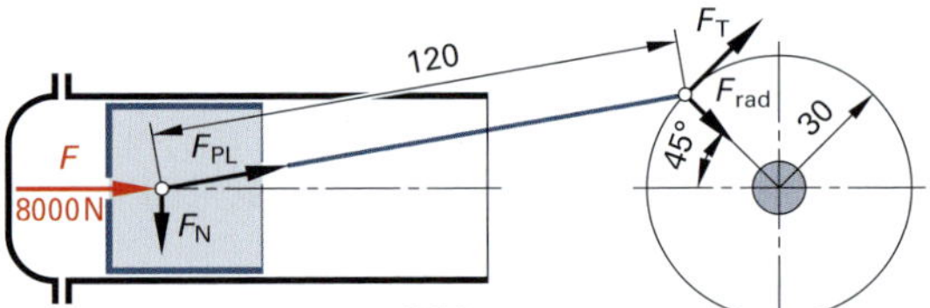

Bild 5

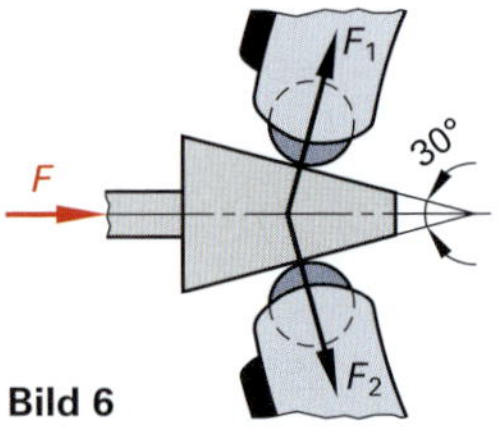

Bild 6

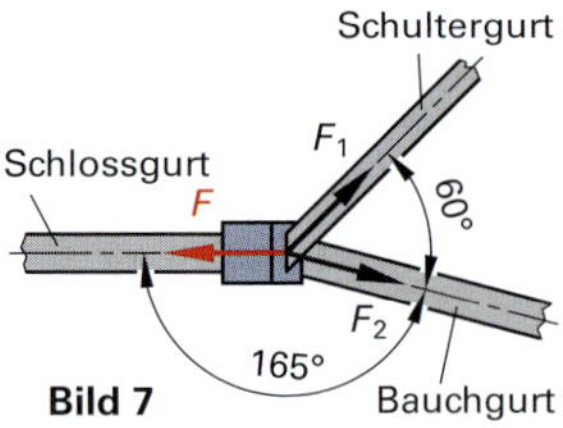

Bild 7

2.7 FLIEHKRAFT (ZENTRIFUGALKRAFT)

Fährt ein Fahrzeug in eine Kurve, so tritt eine Fliehkraft auf, die vom Mittelpunkt der Kurve aus gesehen waagerecht nach außen wirkt. Überschreitet die Fliehkraft die zwischen Reifen und Straße vorhandene Reibungskraft, so rutscht das Fahrzeug aus der Kurve.

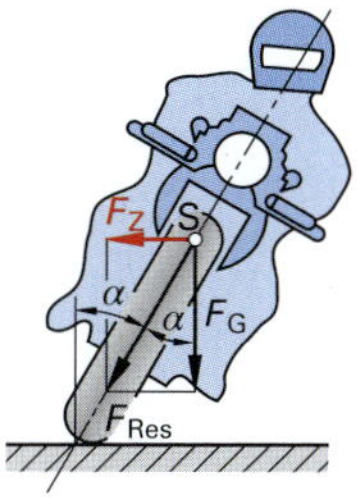

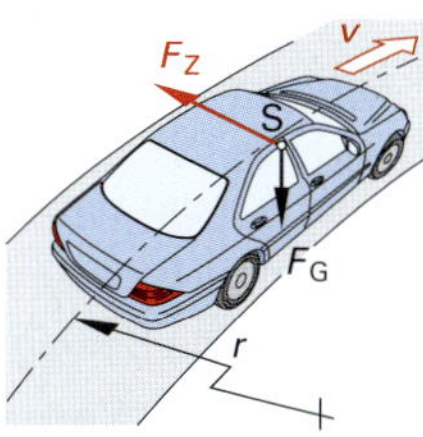

F_Z	Fliehkraft in N
m	Masse in kg
v	Geschwindigkeit in m/s
F_R	Reibungskraft in N
g	Fallbeschleunigung in m/s²
v_{max}	maximale Fahrgeschwindigkeit in m/s
F_{Zmax}	größte wirksame Fliehkraft in N
F_G	Gesamtgewichtskraft in N
μ_H	Haftreibungszahl
F_H	Haftreibungskraft in N
r	Kurvenradius in m
α	Neigungswinkel in Grad

$$F_G = m \cdot g$$

$$\tan \alpha = \frac{F_Z}{G}$$

$$F_Z = F_G \cdot \tan \alpha$$

$$\tan \alpha = \frac{v^2}{g \cdot r}$$

$$v = \sqrt{g \cdot r \cdot \tan \alpha}$$

$$F_Z = \frac{m \cdot v^2}{r}$$

$$v = \sqrt{\frac{F_Z \cdot r}{m}}$$

$$r = \frac{m \cdot v^2}{F_Z}$$

$$v_{max} = \sqrt{g \cdot r \cdot \mu_H}$$

Haftgrenze

$$F_{Zmax} \leq F_R$$
$$F_{Zmax} \leq m \cdot g \cdot \mu_H$$

Beispiel

Bei einem Fahrzeugtest soll ein Pkw mit einem Gewicht von 1800 kg eine Kurve mit dem Radius von 120 m mit einer Geschwindigkeit von 70 km/h durchfahren. Welche Fliehkraft tritt auf? Welche max. Geschwindigkeit kann bei einer Haftreibungszahl von 0,36 erreicht werden ohne auszubrechen?

Gegeben: $m = 1800$ kg; $r = 120$ m; $v = 70$ km/h; $\mu_H = 0{,}36$
Gesucht: F_Z in N; v_{max} in km/h

Lösung

$$F_Z = \frac{m \cdot v^2}{r} = \frac{1800\ \text{kg} \cdot (19{,}44\ \text{m/s})^2}{120\ \text{m}} = \mathbf{5671\ N}$$

$$v_{max} = \sqrt{g \cdot r \cdot \mu_H} = \sqrt{9{,}81\ \frac{\text{m}}{\text{s}^2} \cdot 120\ \text{m} \cdot 0{,}36}$$

$$v_{max} = 20{,}59\ \frac{\text{m}}{\text{s}} = \mathbf{74\ \frac{km}{h}}$$

Aufgaben

1 Ein Sportwagen mit einem Gewicht von 1160 kg fährt mit einer Geschwindigkeit von 70 km/h in eine Kurve, deren Kurvenradius 42 m beträgt. Wie groß ist die Fliehkraft?

2 Ein Motorrad, das mit Fahrer 312 kg wiegt, fährt in eine Kurve mit einem Radius von 115 m. Mit welcher Geschwindigkeit darf der Fahrer die Kurve durchfahren, wenn die Haftreibung zwischen Reifen und Straße eine Fliehkraft von 6783 N zulässt?

3 Auf der Lauffläche eines Autoreifens 185/65 R14 mit einem Abrollumfang von 1820 mm befindet sich eine Unwucht von 20 g. Welche Zentrifugalkraft tritt bei 200 km/h auf?

4 Ein Motorrad mit Fahrer hat ein Gesamtgewicht von 360 kg.
a) Welche Zentrifugalkraft wirkt bei einer Geschwindigkeit von 60 km/h, wenn eine Kurve mit dem Krümmungsradius 250 m durchfahren wird?
b) Wie vergrößert sich die Zentrifugalkraft, wenn die Geschwindigkeit verdoppelt wird?
c) Unter welchem Winkel α zur Senkrechten muss sich der Fahrer bei der Geschwindigkeit 100 km/h nach innen legen, damit die Zentrifugalkraft aufgehoben wird?
d) Wie groß ist die Haftreibungszahl, wenn das Motorrad bei dieser Geschwindigkeit ins Rutschen kommt?

5 Ein Pkw mit einem Gewicht von 1100 kg und einer Spurweite von 1477 mm durchfährt eine Kurve (Radius = 80 m). Der Schwerpunkt des Fahrzeugs liegt 670 mm über der Straße. Mit welcher Geschwindigkeit darf durch die Kurve gefahren werden, ohne dass das Fahrzeug kippt?

Lösungen

1) 10438 N | **2)** 180 km/h | **3)** 213 N | **4a)** 400 N; **4b)** 1600 N; **4c)** 17,46°; **4d)** 0,315 | **5)** 106 km/h

2.8 GESCHWINDIGKEIT, BESCHLEUNIGUNG

2.8.1 GLEICHFÖRMIGE GESCHWINDIGKEIT, DURCHSCHNITTSGESCHWINDIGKEIT

Mit dem Begriff Geschwindigkeit drückt man aus, wie schnell oder wie langsam sich ein Körper bewegt.

Nach der Art der Bewegung unterscheidet man vor allem:

- geradlinige Bewegungen
- kreisförmige Bewegungen
- gleichförmige Bewegungen
- ungleichförmige Bewegungen.

Momentangeschwindigkeit. Sie ist die Geschwindigkeit zu einem bestimmten Zeitpunkt.

Durchschnittsgeschwindigkeit. Sie ist die aus einer Wegstrecke und der dazu benötigten Fahrzeit berechnete Geschwindigkeit.

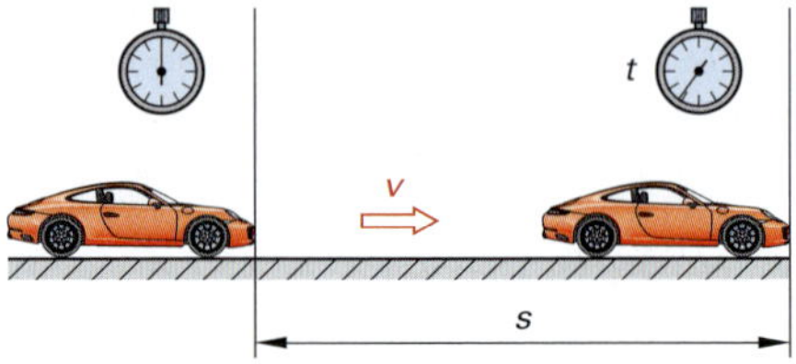

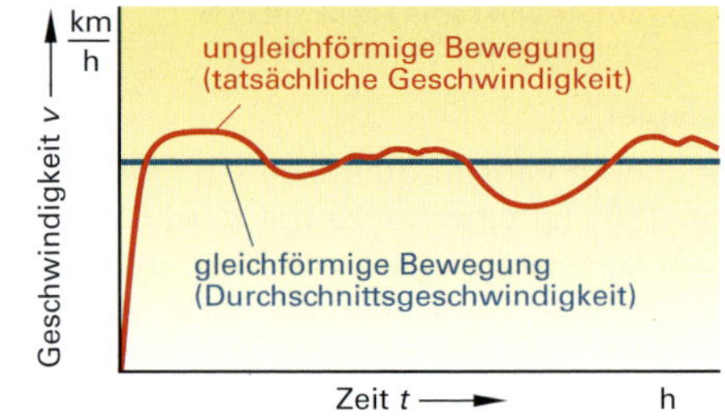

Beispiel 1

Eine Versuchsstrecke von 1,5 km Länge wird von einem Pkw mit höchstmöglicher Geschwindigkeit in 36 s durchfahren. Wie groß ist die Geschwindigkeit in m/s?

Gegeben: $s = 1{,}5\ \text{km} = 1500\ \text{m}$; $t = 36\ \text{s} = 0{,}01\ \text{h}$
Gesucht: v in m/s

Lösung

$$v = \frac{s}{t} = \frac{1500\ \text{m}}{36\ \text{s}} = \mathbf{41{,}7\ \frac{m}{s}}$$

$$v = \frac{s}{t}$$

$$s = v \cdot t$$

$$t = \frac{s}{v}$$

v Geschwindigkeit in m/s, km/h
s Weg in m, km
t Zeit in s, h

Beispiel 2

Die Geschwindigkeit eines Fahrzeugs beträgt 16,7 m/s. Wie groß ist die Geschwindigkeit in km/h?

Gegeben: $v = 16{,}7$ m/s
Gesucht: v in km/h

Lösung

$$v = 16{,}7\ \frac{\text{m}}{\text{s}} = 16{,}7\ \frac{\text{m}}{\text{s}} \cdot 3{,}6\ \frac{\text{km/h}}{\text{m/s}} = \mathbf{60\ \frac{km}{h}}$$

Umrechnung der Einheiten für die Geschwindigkeit

$$1\ \frac{\text{m}}{\text{s}} = 1\ \frac{\text{m}}{\text{s}} \cdot 1\ \frac{\text{km}/1000\ \text{m}}{1\ \text{h}/3600\ \text{s}} =$$

$$1\ \frac{\text{m}}{\text{s}} \cdot 3{,}6\ \frac{\text{km/h}}{\text{m/s}} = 3{,}6\ \frac{\text{km}}{\text{h}}$$

$$1\ \text{m/s} = 3{,}6\ \text{km/h}$$

$$1\ \text{km/h} = \frac{1}{3{,}6}\ \text{m/s}$$

Beispiel 3

Ein Kfz fährt mit einer Geschwindigkeit von 80 km/h. Wie groß ist seine Geschwindigkeit in m/s?

Gegeben: $v = 80$ km/h
Gesucht: v in m/s

km 80m

Lösung

$$v = 80\ \frac{\text{km}}{\text{h}} = \frac{80\ \text{km/h}}{3{,}6\ \frac{\text{km/h}}{\text{m/s}}} = \frac{80}{3{,}6}\ \frac{\text{m}}{\text{s}} = \mathbf{22{,}2\ \frac{m}{s}}$$

Aufgaben

1 Ein Leichtathlet benötigt für die Sprintstrecke 100 m eine Zeit von 9,9 s.

Wie groß ist seine Durchschnittsgeschwindigkeit in m/s und in km/h?

2 Ein Kraftfahrer legt auf einer Autobahn eine Strecke von 193 km in 2 h 15 min zurück.

Wie groß ist seine Durchschnittsgeschwindigkeit in km/h?

3 Ein Pkw fährt von Stuttgart nach Salzburg (382 km). Abfahrt in Stuttgart um 13.15 Uhr, Ankunft in Salzburg um 16.40 Uhr.

Wie groß ist die Durchschnittsgeschwindigkeit in km/h?

4 Eine Rennstrecke ist 11,2 km lang. Eine Rundenzeit wird mit 4 min 6,6 s gestoppt.

Wie groß war die Geschwindigkeit in m/s und in km/h?

5 Ein Lkw fährt 1 h 36 min mit einer Durchschnittsgeschwindigkeit von 65 km/h.

Welchen Weg hat er zurückgelegt?

6 Ein Pkw startet um 7.50 Uhr in Dortmund mit einer Durchschnittsgeschwindigkeit von 83 km/h zur Fahrt nach Braunschweig und kommt dort um 11.05 Uhr an.

Wie lang war die Fahrtstrecke?

7 Ein Berufsschüler benötigt mit seinem Roller für den Weg zur Schule eine Zeit von 10 min. Seine Durchschnittsgeschwindigkeit beträgt 36 km/h.

Wie lang ist der Schulweg?

8 Ein Marathonläufer benötigt für die 42,195 km eine Zeit von 2 h 1 min 9 sec.

Wie groß ist die Durchschnittsgeschwindigkeit in km/h?

9 Ein Pkw-Fahrer will auf der Autobahn von Dresden nach Leipzig (96 km) fahren und dabei eine durchschnittliche Geschwindigkeit von 80 km/h einhalten.

Wann muss er in Dresden abfahren, wenn er in Leipzig um 14.00 Uhr erwartet wird?

10 Ein Fahrzeug fährt auf der Autobahn 4,5 h mit einer Durchschnittsgeschwindigkeit von 110 km/h.

Um wie viel Minuten verkürzt sich die Fahrzeit, wenn mit einer Durchschnittsgeschwindigkeit von 120 km/h gefahren wird?

11 Ein Kraftfahrer will seinen Tachometer testen. Er fährt auf der Autobahn und hält gleich bleibende Geschwindigkeiten von 80 km/h, 100 km/h, 120 km/h laut Tachometeranzeige jeweils über eine Strecke von 1 km ein. Dafür stoppt er die Zeiten 46 s, 37 s, 31 s.

Wie groß sind die wirklichen Geschwindigkeiten in km/h?

12 Ein Motorradfahrer fährt mit einer Durchschnittsgeschwindigkeit von v = 125 km/h um 12.30 Uhr los und legt eine Strecke von 150 km zurück. Wann kommt er am Ziel an?

13 In einem Navigationsgerät wird die Fahrdauer für eine 866 km lange Fahrt berechnet. Als durchschnittliche Fahrgeschwindigkeit wird für Autobahnfahrten v_1 = 115 km/h, für Fahrten auf Land- und Kreisstraßen v_2 = 75 km/h und für Fahrten innerhalb geschlossener Ortschaften v_3 = 30 km/h angenommen.

Aus dem Routenplan ermittelt das Navigationsgerät folgende Verteilung der Fahrstrecken:

Autobahnen	794 km
Landstraßen	46 km
Kreisstraßen	12 km
Innerorts	14 km

Berechnen Sie die Ankunftszeit, wenn die Fahrt um 10.21 Uhr begonnen wird.

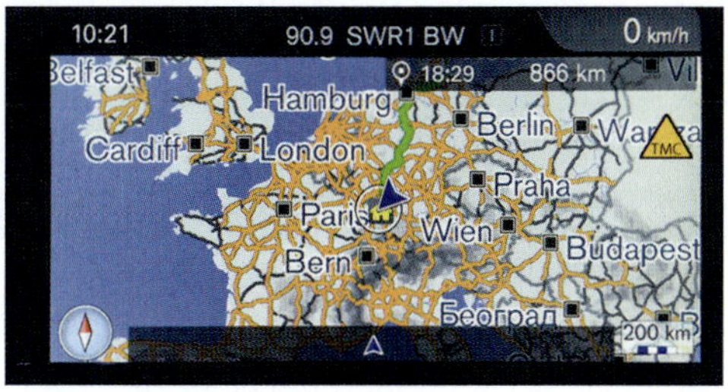

Lösungen

1) 10,1 m/s; 36,4 km/h | **2)** 85,8 km/h | **3)** 111,8 km/h | **4)** 45,4 m/s; 163,0 km/h | **5)** 104 km | **6)** 270 km | **7)** 6 km | **8)** 20,9 km/h | **9)** 12 h 48 m | **10)** 22,5 min | **11)** 78,3 km/h; 97,3 km/h; 116,1 km/h | **12)** 13.42 Uhr | **13)** 18.29 Uhr

DURCHSCHNITTSGESCHWINDIGKEIT AUS EINZELGESCHWINDIGKEITEN

Beispiel

Ein Kfz fährt in verschiedenen Zeitabschnitten mit unterschiedlicher Geschwindigkeit.
Wie groß ist die Durchschnittsgeschwindigkeit?

$$v_m = \frac{v_1 \cdot t_1 + v_2 \cdot t_2 + \ldots}{t_1 + t_2 + \ldots}$$

Gegeben: $v_1 = 40$ km/h, $t_1 = 0{,}5$ h; $v_2 = 75$ km/h; $t_2 = 0{,}5$ h;
$v_3 = 30$ km/h; $t_3 = 0{,}25$ h; $v_4 = 100$ km/h; $t_4 = 0{,}5$ h;
$v_5 = 40$ km/h; $t_5 = 0{,}25$ h

Gesucht: v_m in km/h

Lösung

$$v_m = \frac{v_1 \cdot t_1 + v_2 \cdot t_2 + v_3 \cdot t_3 + v_4 \cdot t_4 + v_5 \cdot t_5}{t_1 + t_2 + t_3 + t_4 + t_5}$$

$$= \frac{40\text{ km/h} \cdot 0{,}5\text{ h} + 75\text{ km/h} \cdot 0{,}5\text{ h} + 30\text{ km/h} \cdot 0{,}25\text{ h} + 100\text{ km/h} \cdot 0{,}5\text{ h} + 40\text{ km/h} \cdot 0{,}25\text{ h}}{0{,}5\text{ h} + 0{,}5\text{ h} + 0{,}25\text{ h} + 0{,}5\text{ h} + 0{,}25\text{ h}}$$

$$= \mathbf{62{,}5\text{ km/h}}$$

Aufgaben

1 Die zulässige Höchstgeschwindigkeit im Ortsverkehr beträgt 50 km/h. Auf einer Fahrstrecke von 8 km stehen drei Ampeln auf Rot; die Wartezeit beträgt je 1,5 min. 3/4 der Fahrstrecke können mit einer Geschwindigkeit von 40 km/h gefahren werden, der Rest mit der zulässigen Höchstgeschwindigkeit. Wie groß ist die benötigte Zeit und die für diese Zeit sich ergebende Durchschnittsgeschwindigkeit?

2 Ein Pkw-Fahrer fährt 24 min im Stadtverkehr mit einer durchschnittlichen Geschwindigkeit von 35 km/h. Auf dem Zubringer kann er 12 min lang eine Durchschnittsgeschwindigkeit von 60 km/h, auf der Autobahn 1 h 30 min lang eine Durchschnittsgeschwindigkeit von 95 km/h einhalten. Wie groß ist seine Durchschnittsgeschwindigkeit auf der ganzen Strecke?

RELATIVE GESCHWINDIGKEIT

Sie ist die Geschwindigkeit, die sich bewegende Fahrzeuge zueinander haben. Je nach Richtung der beiden Fahrzeuge unterscheidet man Überholen und Entgegenkommen.

Überholen. Die Relativgeschwindigkeit ergibt sich aus der Differenz der beiden Fahrzeuggeschwindigkeiten.

Entgegenkommen. Die Relativgeschwindigkeit ergibt sich aus der Summe der beiden Fahrzeuggeschwindigkeiten.

Überholen:

$$v_{rel} = v_2 - v_1$$

Entgegenkommen:

$$v_{rel} = v_2 + v_1$$

v_{rel} relative Geschwindigkeit
v_1 kleinere Einzelgeschwindigkeit
v_2 größere Einzelgeschwindigkeit

Aufgaben

3 Ein Pkw fährt auf der Autobahn mit einer Geschwindigkeit von 90 km/h, ein nachfolgender Pkw mit 120km/h. Wie groß ist die Überholgeschwindigkeit?

4 Ein Pkw-Fahrer fährt mit einer Geschwindigkeit von 70 km/h, ein zweiter Pkw-Fahrer mit 90 km/h in entgegengesetzter Richtung. Wie groß ist die relative Geschwindigkeit?

5 Welche Zeit steht zum Lesen des Kennzeichens zur Verfügung, wenn der entgegenkommende Pkw mit 100 km/h, der eigene mit 80 km/h fährt und das Lesen des Kennzeichens zwischen einer Entfernung von 40 m und 10 m möglich ist?

Lösungen

1) 15 min 54 s; 30,2 km/h | **2)** 80 km/h | **3)** 30 km/h | **4)** 160 km/h | **5)** 0,6 s

GRAFISCHE LÖSUNGEN

Zeichnet man in ein Weg-Zeit-Diagramm (s-t-Diagramm) den Bewegungsablauf mehrerer Fahrzeuge ein, so kann man z. B. den Treffpunkt zweier sich entgegenkommender Fahrzeuge nach Ort und Zeit bestimmen.

Beispiel

Ein Kraftfahrzeug (Kfz 1) fährt um 13.00 Uhr mit einer mittleren Geschwindigkeit von 75 km/h von Stuttgart zum 216 km entfernten Frankfurt. Ein anderes Kraftfahrzeug (Kfz 2) fährt zur gleichen Zeit mit einer mittleren Geschwindigkeit von 105 km/h von Frankfurt nach Stuttgart.

Gesucht: a) Grafische Darstellung des Bewegungsablaufs beider Fahrzeuge in einem s-t-Diagramm.
b) Treffpunkt beider Fahrzeuge nach Uhrzeit und Entfernung von Stuttgart.
c) Ankunftszeit von Kfz 2 in Stuttgart.

Lösung

a) Man stellt für beide Fahrzeuge eine Wertetabelle auf für die in bestimmten Zeitabschnitten zurückgelegten Wegstrecken. In einem s-t-Diagramm werden über einer gemeinsamen Zeitskale zwei Wegstreckenskalen in entgegengesetzter Richtung, aber gleicher Länge, errichtet. Die Länge entspricht der Entfernung der Zielorte.

Wegmaßstab: 1 mm ≙ 4 km;
Zeitmaßstab: 1 mm ≙ 2 min

Als Geschwindigkeitslinien der Fahrzeuge erhält man zwei sich schneidende Geraden.

b) Abgelesen: Kfz 2 kommt nach 2,05 h um 15.03 Uhr in Stuttgart an.

c) Der Schnittpunkt der Geschwindigkeitslinien entspricht dem Treffpunkt der Fahrzeuge.

Abgelesen: Die Fahrzeuge treffen sich 90 km von Stuttgart entfernt um 14.12 Uhr nach einer Fahrzeit von 1 h 12 min.

Wertetabelle

Fahrzeit t	1 h	2 h
Weg s_1 für Kfz 1	75 km	150 km
Weg s_2 für Kfz 2	105 km	210 km

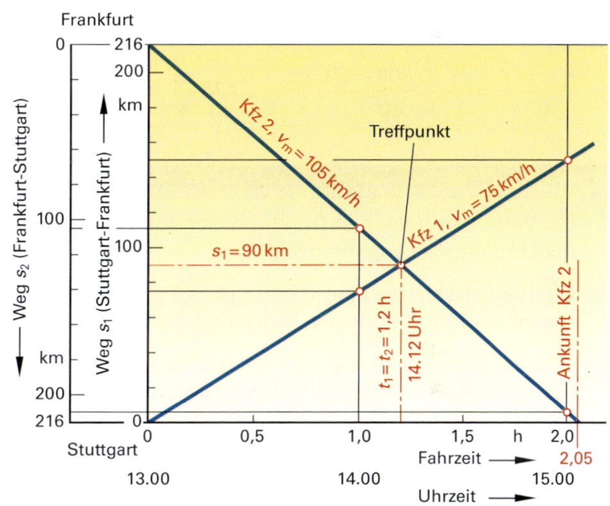

Aufgaben

1 In Ulm-Ost und in München-West (Entfernung 120 km) fährt um 15.00 Uhr je ein Kfz ab. Die Geschwindigkeit des Ulmer Kfz beträgt 100 km/h, die des Münchener Kfz 80 km/h. Nach welcher Zeit und in welcher Entfernung von München treffen sie sich?

a) Grafische Lösung: 1 mm ≙ 2 km; Zeitmaßstab: 1 mm ≙ 1 min.

b) Rechnerische Lösung: $t_1 = t_2$; $s_1 + s_2 = s$.

2 Ein Lkw fährt um 6.00 Uhr in Hamburg ab, Richtung Köln. Seine Geschwindigkeit beträgt 70 km/h. Ein Pkw fährt um 6.30 Uhr mit dem gleichen Ziel in Hamburg ab. Nach welcher Zeit und Strecke kann der Pkw den Lkw einholen, wenn er eine Geschwindigkeit von 90 km/h einhält?

a) Grafische Lösung: 1 mm ≙ 4 km; Zeitmaßstab: 1 mm ≙ 2 min.

b) Rechnerische Lösung: $t_2 = t_1 - 0{,}5$ h; $s_1 = s_2$.

Lösungen

1a) 0,67 h; **1b)** 53,6 km | **2a)** 1,75 h; **2b)** 157,5 km

2.8.2 UMFANGSGESCHWINDIGKEIT

Die Geschwindigkeit eines Punktes auf seiner Kreisbahn um die Drehachse bezeichnet man als Umfangsgeschwindigkeit. Sie ist umso größer, je größer der Durchmesser der Kreisbahn und je größer die Drehzahl des Körpers sind.

Die Umfangsgeschwindigkeit des Punktes P errechnet sich aus dem in der Zeiteinheit auf dem Kreisbogen zurückgelegten Weg. Die Zahl 60 in der Zahlenwertgleichung ergibt sich aus der Umrechnung von 1/min in 1/sek.

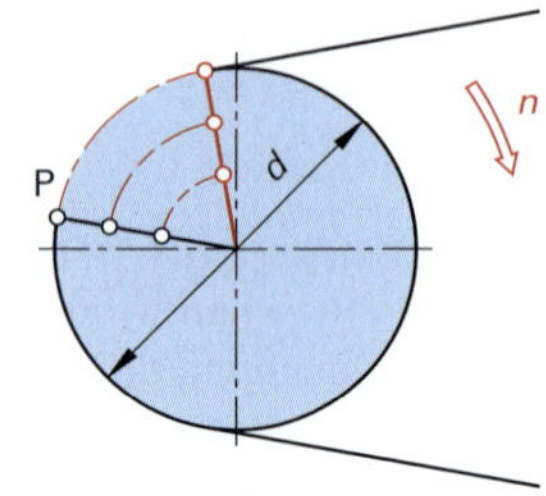

v Umfangsgeschwindigkeit in m/s

d Kreisdurchmesser in m

n Drehzahl in 1/min

$$v = \frac{\pi \cdot d \cdot n}{60}$$

$$d = \frac{60 \cdot v}{\pi \cdot n}$$

$$n = \frac{60 \cdot v}{\pi \cdot d}$$

Beispiel

Der Durchmesser eines Rades beträgt 606 mm; das Rad hat eine Drehzahl von 875 1/min. Wie groß ist die Umfangsgeschwindigkeit?

Gegeben: d = 606 mm = 0,606 m; n = 875 1/min
Gesucht: v in m/s

Lösung

$$v = \frac{\pi \cdot d \cdot n}{60} = \frac{\pi \cdot 0{,}606 \cdot 875}{60} \frac{\text{m}}{\text{s}} = \mathbf{27{,}76} \, \frac{\mathbf{m}}{\mathbf{s}}$$

Aufgaben

1 Ein Ventilator hat einen Durchmesser von 380 mm, seine Drehzahl beträgt 5000 1/min. Wie groß ist die Umfangsgeschwindigkeit?

2 Die Riemenscheibe eines Generators hat einen Durchmesser von 120 mm, ihre Umfangsgeschwindigkeit beträgt 37,7 m/s. Wie groß ist die Generatordrehzahl?

3 Eine Schleifscheibe mit 250 mm Durchmesser darf eine Umfangsgeschwindigkeit von 30 m/s nicht überschreiten. Wie groß darf ihre Drehzahl höchstens sein?

4 Welche Drehzahl hat ein Reifen mit einem dynamischen Halbmesser von 309 mm bei einer Geschwindigkeit von 100 km/h?

5 Der Zahnriemen eines Nockenwellenantriebes läuft mit einer Umfangsgeschwindigkeit von 16,65 m/s bei einer Nockenwellendrehzahl von 2650 1/min. Wie groß ist der Durchmesser des Zahnriemenrades der Nockenwelle?

6 Bei einem Viertaktmotor beträgt die Motordrehzahl 4800 1/min, die Umfangsgeschwindigkeit des Schwungrades 80,4 m/s. Wie groß ist der Schwungraddurchmesser in mm?

7 Ein Keilriemen läuft bei einer Drehzahl von 4100 1/min mit 19,3 m/s über die Keilriemenscheibe der Kurbelwelle. Wie groß ist der wirksame Durchmesser der Riemenscheibe?

8 Der dynamische Halbmesser eines Reifens beträgt 301 mm, die Antriebswelle hat eine Drehzahl von 825 1/min. Wie groß ist

a) der dynamische Abrollumfang des Reifens,

b) die Umfangsgeschwindigkeit des Reifens in m/s,

c) die Fahrgeschwindigkeit in km/h?

Lösungen

1) 100 m/s | **2)** 6000 1/min | **3)** 2292 1/min | **4)** 859 1/min | **5)** 120 mm | **6)** 320 mm | **7)** 90 mm | **8a)** 1891 mm; **8b)** 26 m/s; **8c)** 93,6 km/h

2.8.3 SCHNITTGESCHWINDIGKEIT

Die Schnittgeschwindigkeit ergibt sich aus dem Umfang vom Werkzeug bzw. Werkstück und der Drehzahl.

Beim Drehen ist die Schnittgeschwindigkeit die Umfangsgeschwindigkeit des Werkstücks an dem zu zerspanenden Durchmesser.

Beim **Bohren, Fräsen** und **Schleifen** ist die Schnittgeschwindigkeit die Umfangsgeschwindigkeit des eingespannten Werkzeugs.

Die Schnittgeschwindigkeit wird in m/min angegeben. Wird der Ø in mm angegeben, so ist durch 1000 zu teilen.

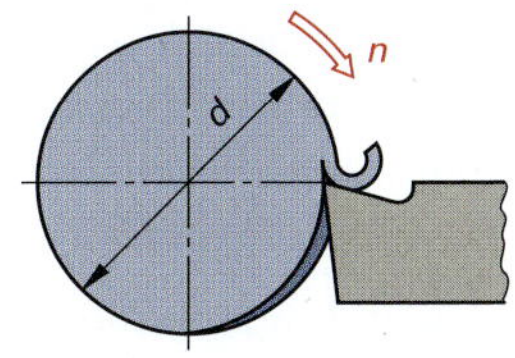

$$v = \frac{\pi \cdot d \cdot n}{1000}$$

$$n = \frac{1000 \cdot v}{\pi \cdot d}$$

v Schnittgeschwindigkeit in m/min

d Werkstückdurchmesser in mm beim Drehen bzw. Werkzeugdurchmesser in mm beim Bohren und Fräsen

n Drehzahl der Arbeitsspindel in 1/min beim Drehen bzw. Drehzahl der Werkzeugspindel in 1/min beim Bohren und Fräsen

Beispiel

Eine Welle mit 28 mm Durchmesser wird überdreht; die Arbeitsspindel dreht mit 400 1/min. Wie groß ist die Schnittgeschwindigkeit?

Gegeben: d = 28 mm; n = 400 1/min
Gesucht: v in m/min

Lösung

$$v = \frac{\pi \cdot d \cdot n}{1000} = \frac{\pi \cdot 28 \cdot 400}{1000}\,\frac{\text{m}}{\text{min}} = \mathbf{35{,}2\,\frac{m}{min}}$$

Aufgaben

1 Die Drehzahl eines Spiralbohrers mit d = 10 mm **(Bild 1)** beträgt n = 640 1/min. Mit welcher Schnittgeschwindigkeit v in m/min wird gebohrt?

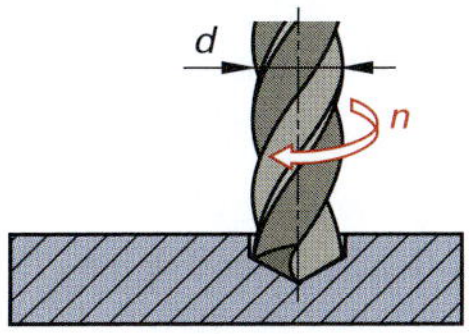

Bild 1

2 Für eine Axialbohrung in einem Drehteil ist in der Reitstockpinole einer Drehmaschine ein 12 mm Bohrer eingespannt.

Wie groß ist die Schnittgeschwindigkeit, wenn die Drehzahl der Arbeitsspindel 430 1/min beträgt?

3 Wie groß darf der Durchmesser eines Drehteils höchstens sein, wenn bei einer Drehzahl der Arbeitsspindel von 265 1/min die Schnittgeschwindigkeit 50 m/min nicht übersteigen soll?

4 Ein Rundstahl mit 50 mm Durchmesser wird auf der Drehmaschine mit einer Schnittgeschwindigkeit von 35 m/min überdreht.

Wie groß ist die Drehzahl der Arbeitsspindel?

5 Aus dem dargestellten Nomogramm einer Bohrmaschine **(Bild 2)** sollen zu den in der Tabelle gegebenen Bohrerdurchmessern die fehlenden Werte von Drehzahl und Schnittgeschwindigkeit ermittelt werden.

	a	b	c	d
d in mm	6,8	10	14	8
n in 1/min	1400	?	?	995
v in m/min	?	25	20	?

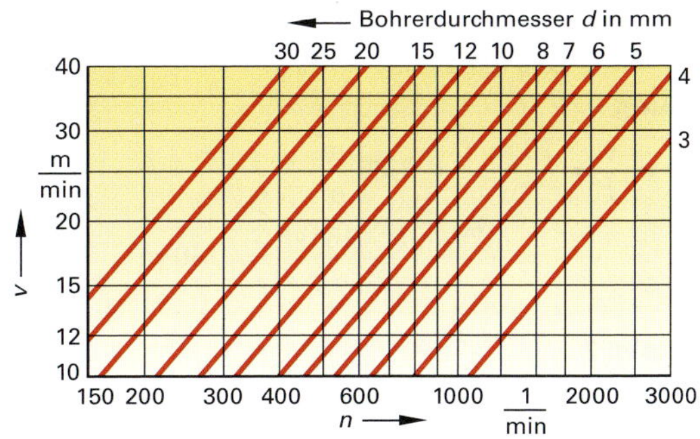

Bild 2

Lösungen

1) 20 m/min | **2)** 16,2 m/min | **3)** 60 mm | **4)** 223 1/min | **5a)** d = 6,8 mm; n = 1400 1/min; v = 30 m/min; **5b)** d = 10 mm; n = 800 1/min; v = 25 m/min; **5c)** d = 14 mm; n = 450 1/min; v = 20 m/min; **5d)** d = 8 mm; n = 995 1/min; v = 25 m/min

2.8.4 BESCHLEUNIGUNG, VERZÖGERUNG

Unter dem Begriff Beschleunigung bzw. Verzögerung versteht man, wie schnell sich die Geschwindigkeit eines Körpers je Zeiteinheit ändert.

Man unterscheidet:

- gleichförmige Beschleunigung bzw. Verzögerung
- ungleichförmige Beschleunigung bzw. Verzögerung

Geschwindigkeitsänderungen laufen meist nicht völlig gleichförmig ab, somit bleibt die Beschleunigung in einer bestimmten Zeit auch nicht völlig gleich. Die ermittelte Beschleunigung ist dann eine mittlere Beschleunigung.

Die Beschleunigung bzw. Verzögerung a erhält man, wenn man die Geschwindigkeitsänderung Δv durch die dafür benötigte Zeit teilt.

Für die Beschleunigung und für die Verzögerung verwendet man das gleiche Formelzeichen und die gleichen Formeln.

Der maximale Wert für die Beschleunigung oder Verzögerung ist durch die Reibpaarung Reifen – Straße μ_H (Haftreibung) begrenzt.

$$a_{max} = g \cdot \mu_H$$

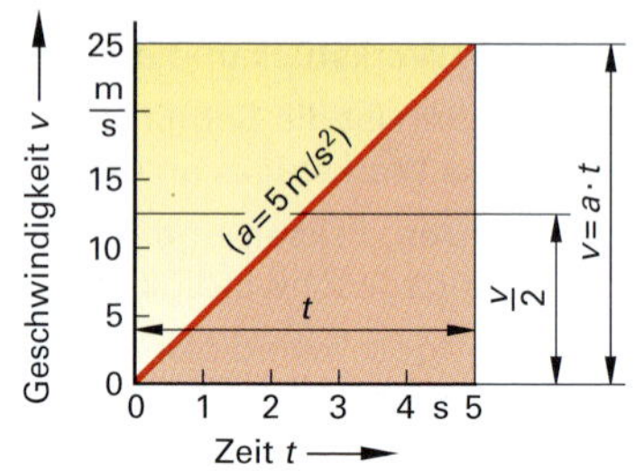

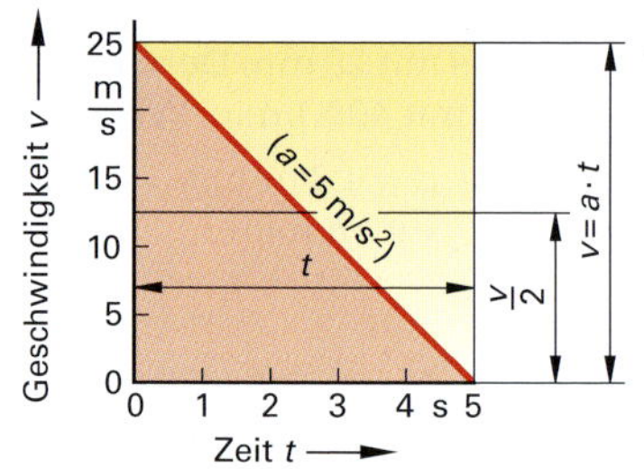

BESCHLEUNIGUNG AUS DEM STAND, VERZÖGERUNG BIS ZUM STAND

Dabei sind Anfangs- und Endgeschwindigkeit gleich 0.

Die mittlere Geschwindigkeit aus der Anfangsgeschwindigkeit 0 und der Endgeschwindigkeit v ist $v/2$.

Damit ergibt sich für den während der Beschleunigung zurückgelegten Weg $s = \frac{v \cdot t}{2}$

$$a = \frac{v}{t}$$

$$t = \frac{v}{a} \qquad v = a \cdot t$$

$$s = \frac{v \cdot t}{2}$$

$$v = \frac{2 \cdot s}{t} \qquad t = \frac{2 \cdot s}{v}$$

$$a = \frac{2 \cdot s}{t^2}$$

$$t = \sqrt{\frac{2 \cdot s}{a}} \qquad s = \frac{a \cdot t^2}{2}$$

$$a = \frac{v^2}{2 \cdot s}$$

Beispiel 1

Wie groß sind die Beschleunigung und der Beschleunigungsweg, wenn ein Pkw in 16 s von Null auf 72 km/h beschleunigt?

Gegeben: $v = 72\,\frac{\text{km}}{\text{h}} = 72\,\frac{\text{km}}{\text{h}} : 3{,}6\,\frac{\text{km/h}}{\text{m/s}} = 20\,\frac{\text{m}}{\text{s}}$; $t = 16$ s

Gesucht: a) a in m/s²

b) s in m

Lösung

a) $a = \frac{v}{t} = \frac{20\text{ m/s}}{16\text{ s}} = \mathbf{1{,}25\,\frac{m}{s^2}}$

b) $s = \frac{a \cdot t^2}{2} = \frac{1{,}25\text{ m/s}^2 \cdot 16^2\text{ s}^2}{2} = \mathbf{160\text{ m}}$

Beispiel 2

Ein Kfz kommt nach 4 s und einem Bremsweg von 28 m zum Stehen. Aus welcher Geschwindigkeit wurde es abgebremst?

Gegeben: $t = 4$ s; $s = 28$ m

Gesucht: v in km/h

Lösung

$v = \frac{2 \cdot s}{t} = \frac{2 \cdot 28\text{ m}}{4\text{ s}} = 14\,\frac{\text{m}}{\text{s}} = \mathbf{50{,}4\,\frac{km}{h}}$

a Beschleunigung bzw. Verzögerung in m/s²

v Endgeschwindigkeit bei der Beschleunigung bzw. Anfangsgeschwindigkeit bei der Verzögerung in m/s

t Beschleunigungs- bzw. Verzögerungszeit in s

s Beschleunigungs- bzw. Verzögerungsweg (Bremsweg) in m

Aufgaben

1 Ein Pkw wird in 10,8 s von Null auf 100 km/h beschleunigt. Wie groß ist die Beschleunigung?

2 Ein Motorradfahrer beschleunigt in 4,5 s von Null auf 80 km/h. Wie groß sind die Beschleunigung und der Beschleunigungsweg?

3 Ein Kraftfahrzeug wird aus 120 km/h bis zum Stand abgebremst; der Bremsweg beträgt 115 m.
Wie groß sind die Bremszeit und die Bremsverzögerung?

4 Nach einem Unfall wird eine Bremsspur von 18 m gemessen; aufgrund des Zustandes der Bremsanlage, der Bereifung und der Fahrbahn kann eine Verzögerung von 4 m/s^2 angenommen werden. Wie groß waren die Bremszeit und die Geschwindigkeit?

5 Welchen Bremsweg und welche Bremszeit benötigt ein Kraftfahrzeug, welches mit einer Verzögerung von 4,5 m/s^2 aus 160 km/h bis zum Stillstand abgebremst wird?

6 Ein Kraftfahrzeug beschleunigt aus dem Stand 6,9 s lang mit 3,2 m/s^2.
a) Welche Geschwindigkeit erreicht das Fahrzeug?
b) Wie lang ist der Beschleunigungsweg?

7 Ein Lkw kommt bei einer Vollbremsung in 5,5 s nach 55 m zum Stehen.
a) Wie groß war seine Geschwindigkeit?
b) Mit welcher Bremsverzögerung wurde der Lkw abgebremst?

8 Ein Pkw wird aus verschiedenen Geschwindigkeiten mit einer Bremsverzögerung von 5,5 m/s^2 bis zum Stillstand abgebremst; die Geschwindigkeiten betrugen:
a) 60 km/h, b) 85 km/h,
c) 120 km/h, d) 170 km/h.

Wie groß sind die einzelnen Bremswege und Bremszeiten?

9 Auf einer Messstrecke von 100 m Länge versuchen zwei Motorradfahrer aus dem Stand eine möglichst große Geschwindigkeit zu erreichen. Der eine Fahrer benötigt 5,9 s, der andere 6,4 s.
a) Welche Geschwindigkeiten erreichten die beiden Fahrer?
b) Wie groß waren die Beschleunigungen?

10 Ermitteln Sie aus dem dargestellten Diagramm **(Bild 1)** die maximal erreichbare Beschleunigung bei 20 % und bei 60 % Schlupf auf trockener Fahrbahn.

11 Bei verschiedenen Fahrbahnoberflächen sind verschiedene Reibzahlen zwischen Reifen und Fahrbahn gegeben.

	Haftreibung μ_H		Gleitreibung μ_G	
	trocken	nass	trocken	nass
Asphalt – Reifen	1,1	0,95	0,5	0,14

Berechnen Sie hieraus die maximalen Beschleunigungen für die gegebenen Fahrsituationen. Der Schlupf ist zu vernachlässigen.
a) Blockierbremsung bei nasser Fahrbahn
b) Beschleunigung mit ASR bei nasser Fahrbahn
c) Vollbremsung mit ABS auf trockener Fahrbahn

12 Ermitteln Sie aus dem Diagramm **(Bild 2)** den bei der Beschleunigung zurückgelegten Weg und die während des Abbremsens wirkende Verzögerung.

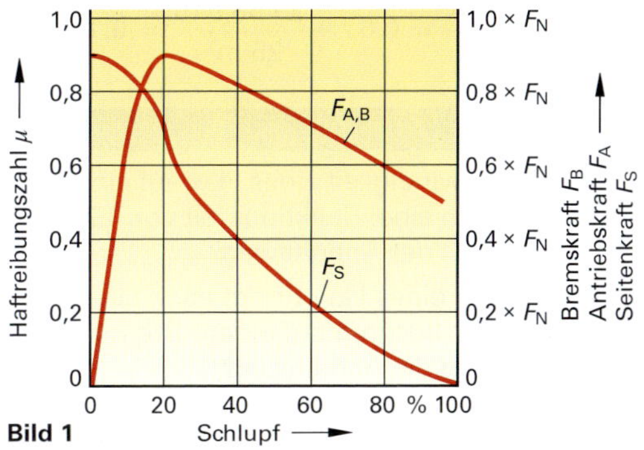

Bild 1

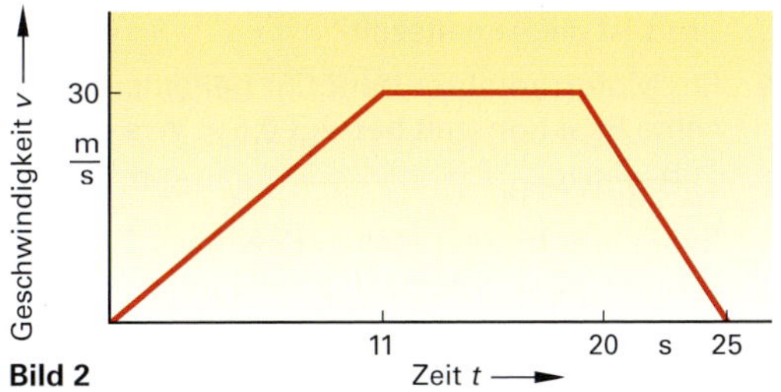

Bild 2

Lösungen

1) 2,6 m/s^2 | **2)** 4,9 m/s^2; 50 m | **3)** 6,9 s; 4,8 m/s^2 | **4)** 3 s; 43,2 km/h | **5)** 219 m; 9,9 s | **6a)** 79 km/h; **6b)** 76 m | **7a)** 72 km/h; **7b)** 3,6 m/s^2 | **8a)** 25,4 m; 3 s; **8b)** 50,6 m; 4,3 s; **8c)** 101 m; 6,1 s; **8d)** 203 m; 8,6 s | **9a)** 122 km/h; 113 km/h; **9b)** 5,7 m/s2; 4,9 m/s^2 | **10)** 8,83 m/s^2; 6,87 m/s^2 | **11a)** 1,37 m/s^2; **11b)** 9,32 m/s^2; **11c)** 10,77 m/s^2 | **12)** 165 m; 6 m/s^2

BREMSWEG, ANHALTEWEG, REAKTIONSWEG

Beim Bremsen in einer Gefahrensituation ist neben dem Bremsweg auch der Reaktionsweg von Bedeutung. Den Anhalteweg s_A erhält man, wenn man zum Bremsweg s den Reaktionsweg s_R addiert. Der Reaktionsweg ist der Weg, der vom Erkennen der Gefahr bis zum Ansprechen der Bremsen zurückgelegt wird. Er ist abhängig von Fahrgeschwindigkeit v und Reaktionszeit t_R. Die Reaktionszeit beträgt etwa 0,3 s bis 1,7 s, sie hängt ab von der Bremsenansprechzeit und vor allem von der Reaktion des Fahrers. Der Bremsweg s wird entweder aus Fahrgeschwindigkeit v und Bremsverzögerung a oder aus Fahrgeschwindigkeit v und Bremszeit t ermittelt.

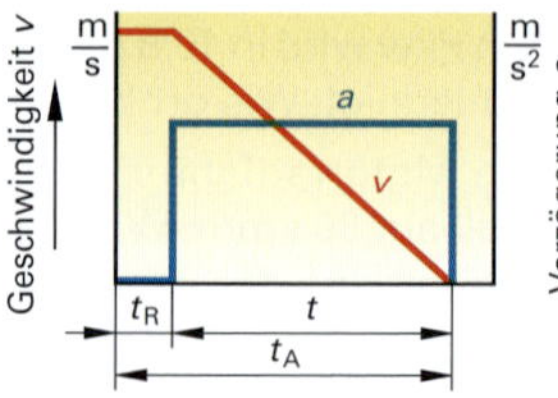

s Bremsweg in m
s_R Reaktionsweg in m
s_A Anhalteweg in m
v Fahrgeschwindigkeit in m/s
t Bremszeit in s
t_R Reaktionszeit in s
t_A Anhaltezeit in s
a Bremsverzögerung in m/s²

$$s_A = s_R + s \qquad t_A = t_R + t$$

$$s_R = v \cdot t_R$$

$$s_A = v \cdot t_R + \frac{v^2}{2 \cdot a}$$

$$s_A = v \cdot \left(t_R + \frac{t}{2}\right)$$

$$t_A = t_R + \frac{2 \cdot s}{v}$$

$$s = \frac{v^2}{2 \cdot a} \qquad s = \frac{v \cdot t}{2}$$

Beispiel

Ein Kfz wird aus 90 km/h bis zum Stand abgebremst. Die Reaktionszeit beträgt 0,6 s, die Bremsverzögerung 5,5 m/s².

Wie groß sind a) Bremsweg, b) Anhaltezeit?

Gegeben: v = 90 km/h = 25 m/s; t_R = 0,6 s; a = 5,5 m/s²
Gesucht: a) s in m; b) t_A in s

Lösung

a) $s = \frac{v^2}{2 \cdot a} = \frac{(25\ \text{m/s})^2}{2 \cdot 5{,}5\ \text{m/s}^2} = \frac{625}{11}\ \text{m} = \mathbf{56{,}8\ m}$

b) $t_A = t_R + \frac{2 \cdot s}{v} = 0{,}6\ \text{s} + \frac{2 \cdot 56{,}8\ \text{m}}{25\ \text{m/s}} = \mathbf{5{,}1\ s}$

Aufgaben

1 Die Geschwindigkeit eines Pkw auf einer Autobahn beträgt 135 km/h. Wegen eines Staus bremst der Fahrer nach einer Reaktionszeit von 1,7 s das Fahrzeug mit einer Bremsverzögerung von 3,5 m/s² ab. Wie lang ist der Anhalteweg?

2 Der Fahrer eines Lkw bringt nach einer Reaktionszeit von 0,9 s sein Fahrzeug aus einer Geschwindigkeit von 80 km/h auf einem Bremsweg von 55 m zum Stehen. Wie lang ist der Anhalteweg und wie groß ist die Anhaltezeit?

3 Aus einer Geschwindigkeit von 115 km/h wird ein Pkw wegen eines auftauchenden Hindernisses nach einer Reaktionszeit von 1,4 s mit 5,5 m/s² abgebremst. Wie lang ist der Anhalteweg und wie groß ist die Anhaltezeit?

4 Ein Motorradfahrer benötigt bei einer Geschwindigkeit von 81 km/h einen Anhalteweg von 112 m, seine Reaktionszeit beträgt 0,6 s. Wie groß sind

a) Bremsweg, b) Bremszeit, c) Bremsverzögerung?

5 Ein Fahrer bremst seinen Pkw nach 0,8 s Reaktionszeit mit 7,5 m/s² aus einer Geschwindigkeit von 50 km/h ab und kommt gerade noch vor einem querstehenden Lkw zum Stehen. Berechnen Sie

a) Bremsweg und Anhalteweg,

b) Bremsweg und Anhalteweg bei einer Geschwindigkeit von 70 km/h.

c) Wie groß wäre die Aufprallgeschwindigkeit auf den stehenden Lkw bei einer Geschwindigkeit von 70 km/h?

Lösungen

1) 37,5 m/s; 265 m | **2)** 75 m; 5,9 s | **3)** 138 m; 7,2 s | **4a)** 98,5 m; **4b)** 8,8 s; **4c)** 2,6 m/s² | **5a)** 12,9 m; 24 m; **5b)** 25,1 m; 40,6 m; **5c)** 56,9 km/h

BESCHLEUNIGUNG IN DER BEWEGUNG, VERZÖGERUNG IN DER BEWEGUNG

Wird die Geschwindigkeit eines bewegten Fahrzeugs geändert, erhält man die Beschleunigung bzw. Verzögerung a, indem man die Geschwindigkeitsänderung $(v_2 - v_1)$ durch die dafür benötigte Zeit t teilt.

Der bei der Beschleunigung zurückgelegte Weg s ergibt sich aus dem Produkt der durchschnittlichen Geschwindigkeit $\frac{v_1 + v_2}{2}$ bei der Beschleunigung und der Beschleunigungszeit t.

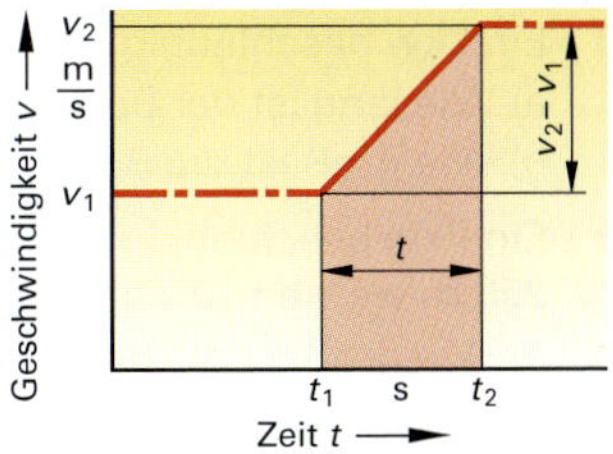

a	Beschleunigung bzw. Verzögerung in m/s²	t	Beschleunigungszeit bzw. Bremszeit in s
s	Beschleunigungsweg bzw. Bremsweg in m	v_1	kleinere Geschwindigkeit in m/s
		v_2	größere Geschwindigkeit in m/s

$$a = \frac{v_2 - v_1}{t}$$

$$v_1 = v_2 - a \cdot t$$

$$v_2 = v_1 + a \cdot t$$

$$t = \frac{v_2 - v_1}{a}$$

$$s = v_1 \cdot t + \frac{(v_2 - v_1) \cdot t}{2}$$

$$s = \frac{v_1 + v_2}{2} \cdot t$$

$$s = v_1 \cdot t + \frac{a \cdot t^2}{2}$$

Beispiel 1

Ein Kfz erhöht seine Geschwindigkeit in 8 s von 72 km/h auf 90 km/h. Wie groß ist der Beschleunigungsweg?

Gegeben: v_1 = 72 km/h = 20 m/s; v_2 = 90 km/h = 25m/s; t = 8 s
Gesucht: s in m

Lösung $s = \frac{v_1 + v_2}{2} \cdot t = \frac{(20\text{ m/s} + 25\text{ m/s})}{\text{s}} \cdot 8\text{ s} = \mathbf{180\text{ m}}$

Beispiel 2

Ein Motorrad wird aus 120 km/h mit einer Verzögerung von 4,5 m/s² 4 s lang abgebremst. Auf welche Geschwindigkeit wird es abgebremst?

Gegeben: v_2 = 120 km/h = 33,3 m/s; a = 4,5 m/s²; t = 4 s
Gesucht: v_1 in km/h

Lösung

$$v_1 = v_2 - a \cdot t = 33{,}3\,\frac{\text{m}}{\text{s}} - 4{,}5\,\frac{\text{m}}{\text{s}^2} \cdot 4\text{ s} = 15{,}3\,\frac{\text{m}}{\text{s}} = \mathbf{55{,}1\,\frac{km}{h}}$$

Aufgaben

1 Ein Pkw beschleunigt in 7,5 s von 50 km/h auf 80 km/h.
a) Wie groß ist die Beschleunigung? b) Wie groß ist der Beschleunigungsweg?

2 Ein Pkw wird vor einer Ortschaft in 10 s von 95 km/h auf 50 km/h abgebremst.
a) Wie groß ist die Bremsverzögerung? b) Wie lang ist der Bremsweg?

3 Ein Pkw fährt mit einer Geschwindigkeit von 70 km/h. Durch Wildwechsel wird der Fahrer gezwungen, 2 s lang mit einer Verzögerung von 4 m/s² zu bremsen.
a) Auf welche Geschwindigkeit hat er abgebremst? b) Wie groß ist der Bremsweg?

4 Ein Motorrad wird mit 2,3 m/s² von 60 km/h auf 80 km/h beschleunigt.
a) Wie groß ist die Beschleunigungszeit? b) Wie lang ist der Beschleunigungsweg?

5 Ein Kfz wird aus einer Geschwindigkeit von 105 km/h abgebremst; nach 75 m Bremsweg beträgt die Geschwindigkeit noch 20 km/h.
a) Wie groß ist die Bremsverzögerung? b) Wie lange wurde das Kfz abgebremst?

6 Ein Lkw beschleunigt auf einer Strecke von 300 m Länge gleichmäßig von 30 km/h auf 80 km/h.
a) Wie groß ist die Beschleunigung? b) Wie groß ist die Beschleunigungszeit?

7 Ein Pkw wird mit einer Verzögerung von 5 m/s² von 80 km/h auf 40 km/h abgebremst. Wie groß ist
a) der Bremsweg, b) die Bremszeit?

Lösungen

1a) 1,1 m/s²; **1b)** 135 m | **2a)** 1,25 m/s²; **2b)** 202 m | **3a)** 41 km/h; **3b)** 31 m | **4a)** 2,4 s; **4b)** 47 m | **5a)** 5,5 m/s²; **5b)** 4,32 s | **6a)** 0,7 m/s²; **6b)** 19,9 s | **7a)** 37 m; **7b)** 2,2 s

Aufgaben

8 Ein Lkw beschleunigt mit 0,5 m/s^2 von 40 km/h auf 75 km/h.
a) Wie lang ist der Beschleunigungsweg?
b) Wie groß ist die Beschleunigungszeit?

9 Ein Pkw beschleunigt aus einer Geschwindigkeit von 50 km/h; für eine Beschleunigungsstrecke von 250 m werden 10 s benötigt.
a) Wie groß ist die Beschleunigung?
b) Welche Geschwindigkeit hat der Pkw am Ende der Beschleunigungsstrecke?

10 Ein Motorrad fährt auf der Autobahn mit einer Geschwindigkeit von 150 km/h. Vor einer Unfallstelle bremst der Fahrer sein Fahrzeug auf einer Strecke von 230 m mit einer Bremsverzögerung von 2,8 m/s^2 ab.
a) Auf welche Geschwindigkeit wird das Motorrad abgebremst?
b) Wie groß ist die Bremszeit?
c) Wie groß ist der Gesamtbremsweg, wenn das Motorrad anschließend mit einer Bremsverzögerung von 5 m/s^2 bis zum Stillstand abgebremst wird?

11 Ein Kfz beschleunigt in 6,9 s von 0 auf 80 km/h und in weiteren 3,2 s von 80 km/h auf 100 km/h; nach 36 s Fahrzeit mit 100 km/h wird das Kfz in 6 s bis auf Null abgebremst.
a) Wie groß sind die Beschleunigungen?
b) Wie groß ist die Bremsverzögerung?
c) Wie groß ist der gesamte zurückgelegte Weg?

Lösungen

8a) 309 m; **8b)** 19,4 s | **9a)** 2,2 m/s^2; **9b)** 130 km/h | **10a)** 76,3 km/h; **10b)** 7,3 s; **10c)** 275 m |
11a) 3,2 m/s^2; 1,8 m/s^2: **11b)** 4,6 m/s^2; **11c)** 1241 m

2.8.5 ÜBERHOLEN

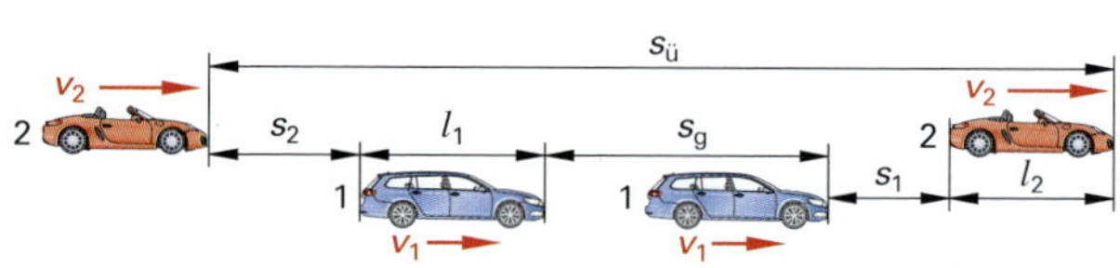

Man unterscheidet zwischen Überholen mit gleichbleibender Geschwindigkeit und überholen mit gleichbleibender Beschleunigung.

Bei der Berechnung der Überholvorgänge wird angenommen, dass das zu überholende Kfz 1 mit gleichbleibender Geschwindigkeit fährt. Während des Überholvorganges legt es entsprechend seiner Geschwindigkeit v_1 in der Überholzeit $t_ü$ den Grundweg $s_g = v_1 \cdot t_ü$ zurück. In derselben Zeit $t_ü$ muss das überholende Kfz 2 zusätzlich zu diesem Grundweg s_g den Aufholweg s_a zurücklegen. Der Aufholweg s_a ergibt sich aus der Summe der Fahrzeuglängen beider Fahrzeuge und der Sicherheitsabstände zwischen den Fahrzeugen vor Beginn und nach Beendigung des Überholvorganges. Als Sicherheitsabstand wird der halbe Zahlenwert der Tachoanzeige angesetzt.

$$\text{Sicherheitsabstand in m} = \frac{\text{Zahlenwert der Tachoanzeige in km/h}}{2}$$

Beispiel

$v_1 = 136$ km/h Sicherheitsabstand $s_1 = \frac{136}{2}$ m $= 68$ m

$$s = \frac{v}{2}$$

$$s_g = v_1 \cdot t_ü$$

$$s_ü = s_g + s_a$$

$$s_a = l_1 + l_2 + s_1 + s_2$$

- s_1 Sicherheitsabstand des überholten Kfz 1 in m
- s_2 Sicherheitsabstand des überholenden Kfz 2 in m
- $s_ü$ Überholweg des Kfz 2 in m
- s_a Aufholweg des überholenden Kfz 2 in m
- s_g Grundweg des zu überholenden Kfz 1 in m
- $t_ü$ Überholzeit in s
- l_1 Länge des zu überholenden Kfz 1 in m
- l_2 Länge des überholenden Kfz 2 in m
- v_1 Geschwindigkeit des zu überholenden Kfz 1 in m/s (km/h für s_1)
- v_2 Geschwindigkeit des überholenden Kfz 2 in m/s (km/h für s_2)
- a Beschleunigung des überholenden Kfz 2 in m/s^2

ÜBERHOLEN MIT GLEICHBLEIBENDER GESCHWINDIGKEIT

Das Kfz 2 hat eine größere Geschwindigkeit als das Kfz 1. Die Geschwindigkeiten ändern sich während des Überholvorganges nicht. Kfz 1 legt in der Überholzeit $t_ü$ den Grundweg $s_g = v_1 \cdot t_ü$ zurück; in der gleichen Zeit legt das Kfz 2 den Überholweg $s_ü = v_2 \cdot t_ü$ zurück.

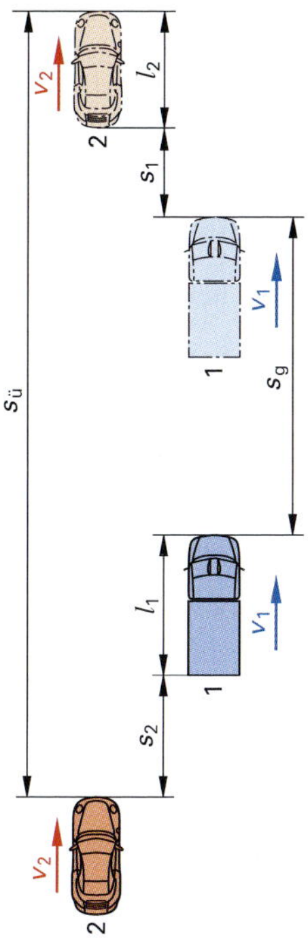

$$s_a = (v_2 - v_1) \cdot t_ü$$

$$s_a = s_ü - s_g$$

$$s_g = v_2 \cdot t_ü - s_a$$

$$s_g = \frac{s_a \cdot v_1}{v_2 - v_1}$$

$$s_ü = v_2 \cdot t_ü$$

$$s_ü = \frac{s_a \cdot v_2}{v_2 - v_1}$$

$$t_ü = \frac{s_a}{v_2 - v_1}$$

$$t_ü = \frac{s_ü}{v_2}$$

Beispiel

Ein 15 m langer Lastzug fährt mit 80 km/h. Er wird von einem 4,5 m langen Pkw überholt, der mit 110 km/h fährt. Wie lang ist der Überholweg?

Gegeben: $v_1 = 80$ km/h $= 22{,}2$ m/s; $l_1 = 15$ m;
$v_2 = 110$ km/h $= 30{,}6$ m/s; $l_2 = 4{,}5$ m

Gesucht: $s_ü$ in m

Lösung

$$s_1 = \frac{|v_1|}{2} = \frac{80}{2} = 40 \text{ m} \qquad s_2 = \frac{|v_2|}{2} = \frac{110}{2} = 55 \text{ m}$$

$$s_a = l_1 + l_2 + s_1 + s_2 =$$
$$= 15 \text{ m} + 4{,}5 \text{ m} + 40 \text{ m} + 55 \text{ m}$$
$$\approx 115 \text{ m}$$

$$s_ü = \frac{s_a \cdot v_2}{v_2 - v_1} = \frac{115 \text{ m} \cdot 30{,}6 \text{ m/s}}{30{,}6 \text{ m/s} - 22{,}2 \text{ m/s}} =$$
$$= \frac{3519}{8{,}4} \text{ m} = \mathbf{419\ m}$$

Aufgaben

1 Ein Pkw (Länge 4,5 m) fährt auf der Autobahn mit einer Geschwindigkeit von 130 km/h; er hat freie Bahn zum Überholen eines anderen Pkw (Länge 4,2 m), der eine Geschwindigkeit von 90 km/h hat. Wie groß ist
a) der Aufholweg, b) die Überholzeit und c) der Überholweg?

2 Ein Lastzug mit einer Länge von 18 m fährt mit einer Geschwindigkeit von 60 km/h; er wird von einem Lkw, der eine Länge von 12 m hat, mit einer Geschwindigkeit von 80 km/h überholt. Berechnen Sie
a) den Aufholweg, b) die Überholzeit und c) den Überholweg.

3 Ein Lkw überholt einen Lastzug mit einer Differenzgeschwindigkeit von 10 km/h; der Aufholweg beträgt 93 m.
a) Welche Überholzeit benötigt der Lkw?
b) Wie groß ist der Überholweg, wenn die Geschwindigkeit des Lkw 70 km/h beträgt?

4 Ein Sattelkraftfahrzeug fährt mit einer Geschwindigkeit von 75 km/h; es wird von einem Pkw, der mit 140 km/h fährt, in 7 Sekunden überholt.
a) Wie groß ist der Grundweg des Sattelkraftfahrzeugs?
b) Wie groß ist der Aufholweg des Pkw?
c) Welchen Überholweg benötigt der Pkw?

5 Ein Pkw legt bei 90 km/h einen Grundweg von 200 m zurück. Mit welcher Geschwindigkeit muss er mindestens überholt werden, wenn der Überholweg höchstens 350 m beträgt?

6 Bei einem Überholvorgang beträgt der Geschwindigkeitsunterschied 40 km/h, die Überholzeit 9 s und der Grundweg 300 m. Wie groß sind die Geschwindigkeiten der beiden Fahrzeuge?

Lösungen

1a) 119 m; **1b)** 10,7 s; **1c)** 386 m | **2a)** 100 m; **2b)** 18,2 s; **2c)** 404 m | **3a)** 34,4 s; **3b)** 668 m | **4a)** 146 m; **4b)** 127 m; **4c)** 272 m | **5)** 158 km/h | **6)** 120 km/h; 160 km/h

ÜBERHOLEN MIT GLEICHBLEIBENDER BESCHLEUNIGUNG

Beide Fahrzeuge haben bei Beginn des Überholvorganges gleiche Geschwindigkeit. Kfz 2 beschleunigt beim Überholen gleichförmig von v_1 auf v_2. In der Überholzeit $t_ü$ legt Kfz 2 aufgrund der Anfangsgeschwindigkeit v_1 den Grundweg $v_1 \cdot t_ü$ und aufgrund der Beschleunigung a den Aufholweg $\frac{a \cdot t_ü^2}{2}$ zurück. Der Aufholweg ergibt sich auch aus $\frac{(v_2 - v_1) \cdot t_ü}{2}$. Aus Grundweg s_g und Aufholweg s_a ergeben sich die nebenstehenden Formeln.

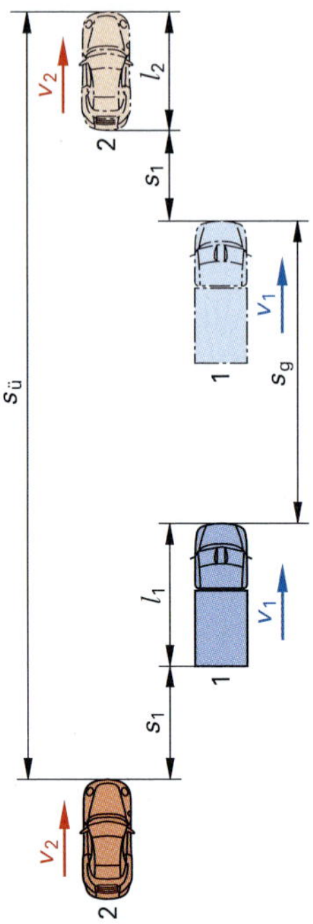

$$s_a = \frac{a \cdot t_ü^2}{2}$$

$$s_a = \frac{(v_2 - v_1) \cdot t_ü}{2}$$

$$s_g = s_ü - \frac{a \cdot t_ü^2}{2}$$

$$s_g = v_1 \cdot t_ü$$

$$s_ü = \frac{(v_1 + v_2) \cdot t_ü}{2}$$

$$s_ü = v_1 \cdot t_ü + \frac{a \cdot t_ü^2}{2}$$

$$t_ü = \frac{(v_2 - v_1)}{a}$$

$$t_ü = \frac{2 \cdot s_a}{v_2 - v_1}$$

Beispiel

Ein Pkw fährt mit 72 km/h; zum Überholen beschleunigt er 12,8 s mit 1 m/s². Wie lang ist der Überholweg?

Gegeben: $v_1 = 72\ \text{km/h} = 20\ \text{m/s};\ a = 1\ \text{m/s}^2;$
$t_ü = 12{,}8\ \text{s}$

Gesucht: $s_ü$ in m

Lösung

$$s_ü = v_1 \cdot t_ü + \frac{a \cdot t_ü^2}{2} = 20\,\frac{\text{m}}{\text{s}} \cdot 12{,}8\ \text{s} + \frac{1\ \text{m/s}^2 \cdot 12{,}8^2\ \text{s}^2}{2} = 256\ \text{m} + 82\ \text{m} = \mathbf{338\ m}$$

Aufgaben

1 Ein Sportwagen mit einer Länge von 3,80 m fährt mit einer Geschwindigkeit von 60 km/h hinter einem Sattelkraftfahrzeug, welches eine Länge von 15 m hat. Zum Überholen beschleunigt der Sportwagen gleichförmig mit 1,5 m/s².
a) Wie lang ist der Aufholweg?
b) Wie groß ist die Überholzeit?
c) Mit welchem Überholweg muss der Fahrer rechnen?

2 Hinter einem 16 m langen Lastzug fährt ein 10 m langer Lkw mit einer Geschwindigkeit von 50 km/h. Zum Überholen beschleunigt er gleichförmig mit 0,25 m/s².
a) Welche Zeit und welchen Weg benötigt der Lkw zum Überholen?
b) Wie hoch ist die Geschwindigkeit des überholenden Lkw nach dem Überholvorgang?

3 Zwei Pkw fahren mit einer Geschwindigkeit von 90 km/h hintereinander. Zum Überholen beschleunigt der hintere Pkw gleichförmig 16 s lang auf eine Geschwindigkeit von 135 km/h.
a) Wie lang ist der Grundweg des überholten Pkw?
b) Wie lang ist der Aufholweg des überholenden Pkw?
c) Wie lang ist der Überholweg?

4 An einer Steigung fährt ein Pkw hinter einem Lkw mit einer Geschwindigkeit von 36 km/h. Zum Überholen beschleunigt der Pkw 11,4 s lang auf 69 km/h.
a) Wie lang ist der Aufholweg?
b) Wie lang ist der Überholweg?
c) Welche Beschleunigung ist für den Pkw erforderlich?

5 Ein Sportwagen (Länge 4,3 m) setzt bei einer Geschwindigkeit von 72 km/h zum Überholen eines Pkw (Länge 4,7 m) an. Der Überholvorgang soll nach 9 s abgeschlossen sein.
a) Wie lang ist der Überholweg?
b) Welche Geschwindigkeit hat der Sportwagen am Ende des Überholvorganges?
c) Welche Beschleunigung ist für den Überholvorgang erforderlich?

Lösungen

1a) 79 m; **1b)** 10,3 s; **1c)** 252 m | **2a)** 24,7 s; 420 m; **2b)** 72 km/h | **3a)** 400 m; **3b)** 100 m; **3c)** 500 m | **4a)** 52 m; **4b)** 166 m; **4c)** 8 m/s² | **5a)** 261 m; **5b)** 137 km/h; **5c)** 2 m/s²

2.9 MECHANISCHE ARBEIT, ENERGIE

2.9.1 MECHANISCHE ARBEIT

Die mechanische Arbeit ist das Produkt aus Kraft und Weg. Kraft und Weg haben die gleiche Wirkrichtung. Die Einheit der Arbeit ist N · m.

Für 1 Newtonmeter (Nm) setzt man auch die Einheit 1 Wattsekunde (Ws) oder die Einheit 1 Joule (J).

$1\,N \cdot 1\,m = 1\,Nm$

$1\,Nm = 1\,\frac{kg\,m}{s^2} \cdot m$

$1\,Nm = 1\,Ws = 1\,J$

$1\,kWh = 3\,600\,000\,Ws$

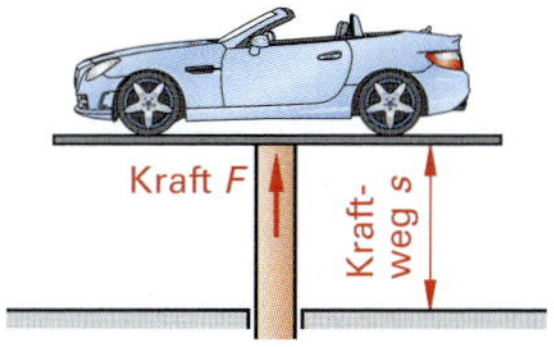

$$W = F \cdot s$$

$$F = \frac{W}{s}; \qquad s = \frac{W}{F}$$

W Arbeit in Nm, J, Ws
F Kraft in N
s Kraftweg in m

Beispiel

Ein Pkw mit einer Gewichtskraft von 11000 N wird mit einer Hebebühne 1,8 m hochgehoben. Wie groß ist die dabei verrichtete Arbeit?

Gegeben: $G = F = 11\,000\,N$; $s = 1{,}8\,m$
Gesucht: W in Nm

Lösung $W = F \cdot s = 11\,000\,N \cdot 1{,}8\,m = \mathbf{19\,800\,Nm}$

GOLDENE REGEL DER MECHANIK

Die goldene Regel der Mechanik besagt, dass die gleiche Arbeit mit geringerem Kraftaufwand über einen längeren Weg oder mit höherem Kraftaufwand über einen kürzeren Weg erbracht werden kann.

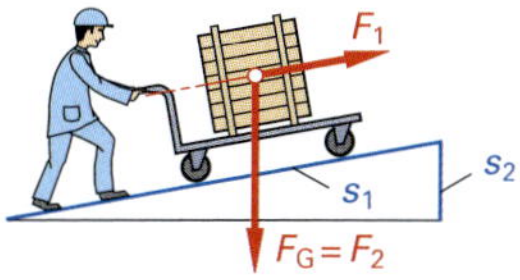

Hinweis: Reibungsverluste nicht berücksichtigt!

Aufgewendete Arbeit = gewonnene Arbeit

$$F_1 \cdot s_1 = F_2 \cdot s_2$$

$$F_1 = \frac{F_2 \cdot s_2}{s_1}; \qquad F_2 = \frac{F_1 \cdot s_1}{s_2}$$

$$s_1 = \frac{F_2 \cdot s_2}{F_1}; \qquad s_2 = \frac{F_1 \cdot s_1}{F_2}$$

F_1; F_2 Kräfte in N
s_1; s_2 Kraftwege in m

Beispiel

Über eine schiefe Ebene von 6 m Länge wird ein beladener Transportwagen mit einer Gesamtgewichtskraft von 1020 N in die 1 m höher gelegene Montagehalle geschoben. Welche Kraft ist erforderlich?

Gegeben: $s_1 = 6\,m$; $F_2 = 1020\,N$; $s_2 = 1\,m$
Gesucht: F_1 in N

Lösung $F_1 \cdot s_1 = F_2 \cdot s_2$; $F_1 = \frac{F_2 \cdot s_2}{s_1} = \frac{1020\,N \cdot 1\,m}{6\,m} = \mathbf{170\,N}$

Aufgaben

1 Ein Transportwagen wird mit einer Kraft von 200 N eine Strecke von 15 m weit geschoben. Wie groß ist die aufgewendete Arbeit a) in Nm b) in Ws c) in kWh d) in J?

2 Ein Lastzug legt auf ebener Fahrbahn eine Strecke von 2 km zurück; dabei beträgt die Zugkraft für den Anhänger 2800 N. Welche Arbeit ist zum Ziehen des Anhängers notwendig?

3 Ein Lkw wird an der Hinterachse um 60 cm angehoben. Die dabei aufgewendete Arbeit beträgt 10800 Nm. Mit welcher Kraft in kN muss an der Hinterachse angehoben werden?

4 Ein Gabelstapler hebt einen Motor vom Lagerboden in ein 6 m höher gelegenes Regalfach. Der Stapler verrichtet dabei eine Hubarbeit von 7800 Nm. Welches Gewicht (Masse) hat der Motor?

5 Zum Anheben eines Fahrzeugs ist eine Arbeit von 18900 Nm erforderlich. Das Fahrzeug hat ein Gewicht von 1350 kg. Wie hoch wird das Fahrzeug angehoben?

Lösungen

1a) 3000 Nm; **1b)** 3000 Ws; **1c)** 0,000833 kWh; **1d)** 3000 J | **2)** 1,556 kWh | **3)** 18 kN | **4)** 1300 N; 130 kg | **5)** 1,4 m

Aufgaben

6 Ein Montagekran hebt einen Motor mit der Masse 195 kg aus dem Motorraum eines Pkw. Die Hubarbeit am Kranhaken ist dabei 2870 Nm. Wie hoch wurde der Motor zum Ausbau angehoben?

7 Ein Pkw wird bei einem Crashtest **(Bild 1)** frontal gegen eine Betonwand gefahren. Seine Knautschzone im Vorderwagen verkürzt sich um 0,7 m. Die Verformungsarbeit war dabei 260 kNm. Welche mittlere Verformungskraft in kN war wirksam?

8 Ein Pkw wird über 6 m lange Ladeschienen mithilfe einer Seilwinde auf einen Autotransporter **(Bild 2)** verladen. Der Höhenunterschied zwischen Straße und Ladepritsche ist 0,9 m. Die Zugkraft im Zugseil beträgt beim Hochziehen 1800 N. Berechnen Sie ...

a) die Gewichtskraft des Pkw,

b) sein Gewicht in kg.

9 Ein Verladekran hebt einen Container mit einem Gewicht von 9 t. Die Hubwinde verrichtet dabei eine Arbeit von 0,125 kWh. Wie groß ist der Hubweg?

10 Ein Tankwagen **(Bild 3)** wird aus einem Brunnen mit 10 m³ Wasser gefüllt. Die Förderpumpe überwindet dabei eine Saughöhe von 6 m und eine Druckhöhe von 30 m. Welche Arbeit in kWh wird beim Pumpen benötigt?

Bild 1

Bild 2

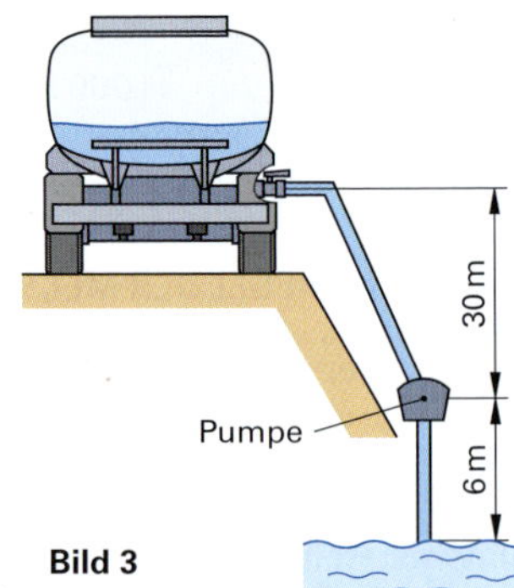

Bild 3

Lösungen

6) 1,47 m | **7)** 371,43 kN | **8a)** 12 000 N; **8b)** 1223,24 kg | **9)** 5 m | **10)** 1 kWh

2.9.2 MECHANISCHE ENERGIE

Unter mechanischer Energie versteht man gespeicherte Arbeit. Energie kann weder erzeugt noch vernichtet, aber gespeichert, umgeformt und weitergeleitet werden.

In der Mechanik unterscheidet man potenzielle Energie W_{pot}; kinetische Energie W_{kin} und Spannenergie W_{sp}. Außerdem wird in der Physik zwischen Wärmeenergie, elektrischer Energie und chemischer Energie unterschieden. So wird z. B. beim Bremsen Bewegungsenergie in Wärmeenergie umgewandelt.

POTENZIELLE ENERGIE

Sie wird auch Lageenergie genannt. Sie ist unter anderem die Fähigkeit einer Masse, Arbeit zu verrichten, indem sie in Bewegungsenergie umgewandelt wird. Massen, die potenzielle Energie enthalten, sind z. B. schwebende Lasten und Wasser im Stausee. Zur potenziellen Energie werden ebenfalls das Arbeitsvermögen von in Behältern gespeicherter Druckluft und gespannter Federn gezählt.

$$W_p = F_G \cdot h$$

$$F_G = \frac{W_p}{h}; \qquad h = \frac{W_p}{F_G}$$

W_p Potenzielle Energie in Nm
F_G Gewichtskraft in N
h Hubhöhe in m

Beispiel

In einem Regal lagert in 0,8 m Höhe ein Austauschmotor von 1100 N Gewichtskraft. Wie groß ist seine Lageenergie?

Gegeben: h = 0,8 m; F_G = 1100 N
Gesucht: W_p in Nm

Lösung

$W_p = F_G \cdot h = 1100\ \text{N} \cdot 0{,}8\ \text{m} =$ **880 Nm**

KINETISCHE ENERGIE

Sie wird auch Energie der Bewegung genannt. Sie ist in jeder bewegten Masse vorhanden, z. B. im fahrenden Auto, im fallenden Gegenstand oder in der sich drehenden Schleifscheibe.

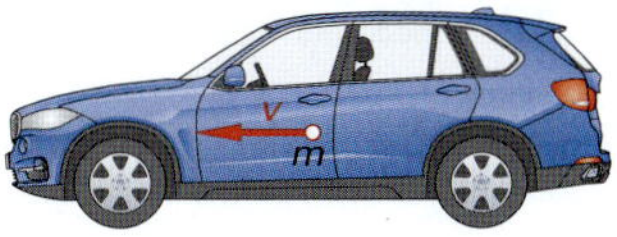

Die kinetische Energie nimmt mit der Masse des sich bewegenden Gegenstandes linear und quadratisch mit seiner Geschwindigkeit zu.

$$W_k = \frac{m \cdot v^2}{2}$$

$$m = \frac{2 \cdot W_k}{v^2}; \quad v = \sqrt{\frac{2 \cdot W_k}{m}}$$

$$v = \sqrt{2 \cdot a \cdot s}$$

ENERGIEERHALTUNGSSATZ (ENERGIEUMWANDLUNG)

Bei der Umwandlung von potenzieller in kinetische Energie und umgekehrt gilt:

Potenzielle Energie = kinetische Energie

$$W_p = W_{kin}$$

So wird z. B. beim Bremsen kinetische Energie in Wärmeenergie umgewandelt.

Verwendet man für die Berechnung des bei der Beschleunigung zurückgelegten Weges die mittlere Geschwindigkeit $v_m = \frac{v}{2}$, so gelten die Formeln der gleichförmig geradlinigen Bewegung: $s = v_m \cdot t$ und damit für den Beschleunigungsweg $s = \frac{v \cdot t}{2}$.

Setzt man für $v = a \cdot t$, gilt $s = \frac{a \cdot t}{2} \cdot t = \frac{a \cdot t^2}{2}$,

setzt man für $t = \frac{v}{a}$, gilt $s = \frac{v}{2} \cdot \frac{v}{a} = \frac{v^2}{2 \cdot a}$ daraus folgt $a = \frac{v^2}{2 \cdot s}$

Aufgaben

1 An einem Kran hängt 2,5 m über dem Boden ein Motor mit einem Gewicht von 184 kg.
a) Wie groß ist die potenzielle Energie?
b) Mit welcher Geschwindigkeit in km/h trifft der Motor auf den Boden, wenn das Kranseil reißt?

2 Ein Personenkraftwagen hat ein Gewicht von 1200 kg. Er wird mit 4 m/s^2 gleichmäßig über eine Strecke von 100 m beschleunigt. Welche Energie der Bewegung ergibt sich beim Beschleunigen?

3 Das Gesamtgewicht eines Motorrades mit Fahrer beträgt 300 kg. Es wird mit seiner Höchstgeschwindigkeit von 200 km/h gefahren. Wie groß ist die kinetische Energie?

4 Eine Automobilfirma lässt Fahrzeuge gleicher Bauart bei Geschwindigkeiten von 36 km/h, 72 km/h und 144 km/h frontal gegen eine Betonwand fahren. Die Fahrzeugmasse beträgt jeweils 1500 kg.
a) Wie groß ist bei den verschiedenen Geschwindigkeiten die kinetische Energie?
b) Wie verhalten sich die Geschwindigkeiten zu den Energien?

5 Ein Speichersee hat ein Fassungsvermögen von 400000 m^3 Wasser. Er liegt 150 m über dem Turbinenhaus.
a) Wie groß ist die potenzielle Energie des Wassers in Nm und kWh?
b) Mit welcher Geschwindigkeit in km/h trifft das Wasser auf die Turbine, wenn die Reibung im Fallrohr vernachlässigt wird?

6 Zwei gleichartige Personenkraftwagen mit jeweils 1040 kg Gewicht stoßen frontal zusammen. Die Aufprallgeschwindigkeit für jedes Fahrzeug ist 50 km/h. Welche Verformungsarbeit muss das einzelne Fahrzeug in der Knautschzone seiner Sicherheitskarosserie aufnehmen?

7 Im Bericht zu einem Crashtest wurde ermittelt: Verformungsarbeit 0,1875 kWh, Fahrzeuggewicht 1500 kg. Welche Aufprallgeschwindigkeit in km/h hatte das Fahrzeug?

8 Zur Demonstration der Auswirkung eines Frontalaufpralls bei 50 km/h lässt man einen 1200 kg schweren Pkw von einem Kran hochziehen und im freien Fall auf den Boden abstürzen. In welche Höhe muss der Pkw hochgezogen werden?

Lösungen

1a) 4512,6 Nm; **1b)** 25,21 km/h | **2)** 480000 Nm | **3)** 462963 Nm | **4a)** 75000 Nm; 300000 Nm; 1200000 Nm; **4b)** quadratisch | **5a)** 163,5 MWh; **5b)** 195,3 km/h | **6)** 100325 Nm | **7)** 108 km/h | **8)** 9,83 m

2.10 MECHANISCHE LEISTUNG

Die mechanische Leistung ist die verrichtete Arbeit pro Zeiteinheit.

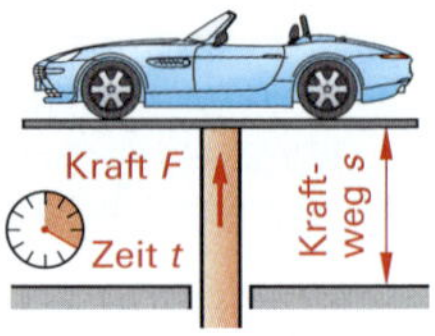

Bild 1

Die Leistung 1 Newtonmeter/Sekunde (Nm/s) wird erbracht, wenn z. B. eine Last durch die Kraft 1 Newton (N) um 1 Meter (m) in 1 Sekunde (s) hochgehoben wird **(Bild 1).**

Für 1 Newtonmeter/Sekunde (Nm/s) setzt man auch die Einheit 1 Watt (W) oder die Einheit 1 Joule/Sekunde (J/s).

In der Technik ist es jedoch üblich, die Leistung in Kilowatt (kW) anzugeben.

Die Leistung P errechnet sich aus der Arbeit W und der dafür benötigten Zeit t.

In der Gleichung $P = \frac{W}{t}$ kann für die Arbeit W gleich $F \cdot s$ eingesetzt werden.

In der Gleichung $P = \frac{F \cdot s}{t}$ kann für $\frac{s}{t}$ die Geschwindigkeit v eingesetzt werden.

Bei gleicher Arbeit kann die Leistung unterschiedlich groß sein, je nachdem, welche Zeit dazu benötigt wird.

$$P = \frac{W}{t}$$

$$W = P \cdot t; \qquad t = \frac{W}{P}$$

$$P = \frac{F \cdot s}{t}$$

$$F = \frac{P \cdot t}{s}; \qquad s = \frac{P \cdot t}{F}$$

$$t = \frac{F \cdot s}{P}$$

$$P = F \cdot v$$

$$F = \frac{P}{v}; \qquad v = \frac{P}{F}$$

P Leistung in Nm/s, W, J/s
W Arbeit in Nm, Ws, J
t Zeit in s
F Kraft in N
s Kraftweg in m
v Geschwindigkeit in m/s

$$\frac{1\ \text{N} \cdot 1\ \text{m}}{1\ \text{s}} = 1\ \frac{\text{Nm}}{\text{s}}$$

$$1\ \text{Nm/s} = 1\ \text{W} = 1\ \text{J/s}$$

$$1000\ \text{W} = 1\ \text{kW}$$

Beispiel 1

Ein Motor erbringt in 30 s eine Arbeit von 4800 J. Welche Leistung hat der Motor abgegeben?

Gegeben: $W = 4800$ J; $t = 30$ s
Gesucht: P in W

Lösung $P = \frac{W}{t} = \frac{4800\ \text{Ws}}{30\ \text{s}} = \mathbf{160\ W}$

Beispiel 2

Eine Hebebühne hebt einen Pkw mit der Gewichtskraft 15000 N in 5 s auf eine Höhe von 1,9 m. Wie groß ist die mechanische Hubleistung der Hebebühne?

Gegeben: $F = G = 15000$ N; $t = 5$ s; $s = 1{,}9$ m
Gesucht: P in kW

Lösung $P = \frac{F \cdot s}{t} = \frac{15000\ \text{N} \cdot 1{,}9\ \text{m}}{5\ \text{s}} = \mathbf{5700\ W = 5{,}7\ kW}$

Beispiel 3

Ein Pkw hat ein Gewicht von 800 kg und wird mit einer Hebebühne 2 m hochgehoben. Die Hubgeschwindigkeit beträgt 0,2 m/s. Wie groß sind

a) Leistung in kW, b) Hubzeit in s, c) Hubarbeit in Nm und in Ws?

Gegeben: $m = 800$ kg; $s = 2$ m, $v = 0{,}2$ m/s
Gesucht: P in kW; t in s, W in Nm und in Ws

Lösung

a) $F = G = m \cdot g = 800\ \text{kg} \cdot 9{,}81\ \frac{\text{m}}{\text{s}^2} \approx 8000\ \frac{\text{kgm}}{\text{s}^2} = 8000\ \text{N}$

$P = F \cdot v = 8000\ \text{N} \cdot 0{,}2\ \frac{\text{m}}{\text{s}} = 1600\ \frac{\text{Nm}}{\text{s}} = 1600\ \text{W} = \mathbf{1{,}6\ kW}$

b) $P = \frac{F \cdot s}{t}; \qquad t = \frac{F \cdot s}{P} = \frac{8000\ \text{N} \cdot 2\ \text{m}}{1600\ \text{Nm/s}} = \mathbf{10\ s}$

c) $W = F \cdot s = 8000\ \text{N} \cdot 2\ \text{m} = \mathbf{16000\ Nm = 16000\ Ws}$

Aufgaben

1 Eine Hebebühne **(Bild 1)** erbringt beim Hochheben eines Pkw in 20 s eine Hubarbeit von 30000 Nm. Wie groß ist die Leistung in W und kW?

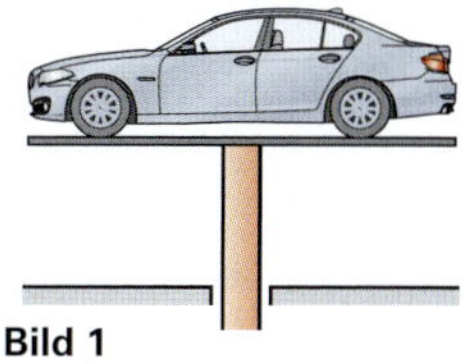

Bild 1

2 Ein stationärer Dieselmotor treibt mit konstanter Leistung von 160 kW einen Generator an. Das Stromaggregat ist 45 Minuten in Betrieb. Wie groß ist die vom Dieselmotor abgegebene Arbeit in kWh und in Ws?

3 Ein Motor hat eine Leistung von 0,4 kW. Er gab eine Arbeit von 1080 Nm ab. Wie lange war der Motor in Betrieb?

4 Eine Seilwinde hebt in 20 s mit einer Kraft von 1600 N eine Last 3 m hoch. Wie groß ist die Leistung in W und in kW?

5 Ein Gabelstapler **(Bild 2)** hat eine Hubleistung von 4 kW. Er befördert in 4 Sekunden ein Getriebe in ein 8 m höher gelegenes Lagerfach. Welche Hubkraft entwickelt dabei der Gabelstapler?

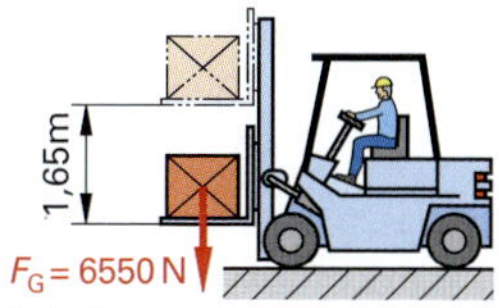

Bild 2

6 Ein Geländewagen zieht sich in 180 Sekunden durch Unterstützung mit seiner elektrischen Seilwinde aus einem verschlammten Gelände auf die Straße zurück. Die durchschnittliche Zugkraft im Seil beträgt 4500 N. Die Seilwinde erbringt dabei am Zugseil eine Leistung von 250 W. Errechnen Sie die zurückgelegte Wegstrecke.

7 Ein Verladekran **(Bild 3)** hebt einen 16 t schweren Lkw 9 Meter hoch. Seine Windenleistung beträgt 120 kW.

a) Welche Hubzeit ergibt sich?

b) Welche Hubarbeit wird verrichtet?

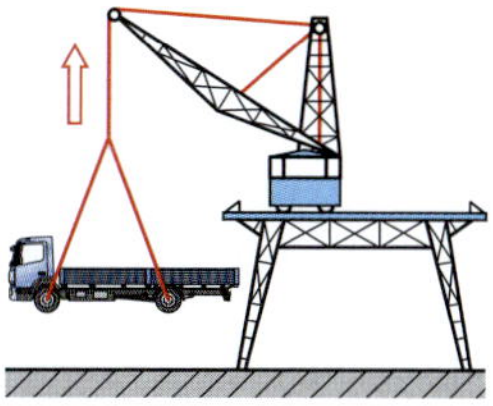

Bild 3

8 Ein Pkw fährt mit einer Geschwindigkeit von 72 km/h. Die äußeren Fahrwiderstände ergeben eine Gesamtkraft von 615 N. Wie groß ist die Antriebsleistung in kW?

9 Ein Anhänger wird mit einer Zugkraft von 20000 N eine 200 m lange Steigung hochgezogen. Die Fahrgeschwindigkeit beträgt dabei 27 km/h. Welche Zugleistung ist erforderlich?

10 In einem Pumpspeicherwerk **(Bild 4)** fließen stündlich 5000 m³ Wasser aus dem 100 m höher gelegenen Speichersee in die Turbinen. Wie groß ist die Leistung in kW und in MW an den Turbinenschaufeln?

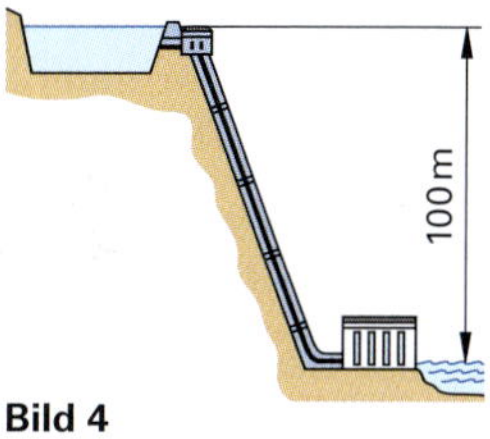

Bild 4

11 Eine Planierraupe **(Bild 5)** bringt zur Erdbewegung am Planierschild eine Schubkraft von 100 kN auf. Sie verrichtet dabei in 120 Sekunden eine Schubarbeit von 5 kWh. Errechnen Sie die Fahrgeschwindigkeit der Planierraupe in km/h.

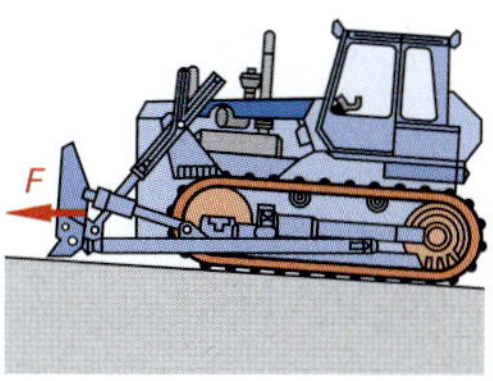

Bild 5

Lösungen

1) 1500 W; 1,5 kW | **2)** 120 kWh; 432000000 Ws | **3)** 2,7 s | **4)** 240 W; 0,24 kW | **5)** 2000 N | **6)** 10 m | **7a)** 12 s; **7b)** 1440000 Nm | **8)** 12,3 kW | **9)** 150 kW | **10)** 1,39 MW | **11)** 5,4 km/h

MECHANISCHE LEISTUNG BEI DREHBEWEGUNG

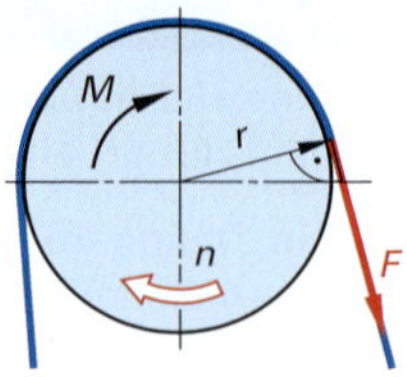

Für die Leistung gilt auch bei rotierenden Teilen $P = F \cdot v$.

Der Kraftweg ist jedoch in diesem Fall eine Kreisbahn und somit ist die Geschwindigkeit gleich der Umfangsgeschwindigkeit.

Setzt man diese Formel in die Formel für die Leistung ein, so erhält man die Leistung bei Drehbewegung in Nm/s bzw. in W.

Soll die Leistung P in kW errechnet werden, so muss durch den Umrechnungsfaktor 1000 W/kW geteilt werden.

Man setzt für $d = 2 \cdot r$ und für $F \cdot r = M$ ein und erhält $P = \frac{2 \cdot \pi \cdot M \cdot n}{60 \cdot 1000}$.

Der Bruch $\frac{2 \cdot \pi}{60 \cdot 1000}$ ergibt den gerundeten Faktor $\frac{1}{9550}$.

Die Leistung P in kW errechnet sich somit aus Drehmoment M und Drehzahl n.

v Umfangsgeschwindigkeit in m/s
r Radius in m
d Durchmesser in m
P Leistung in kW
M Drehmoment in Nm
n Drehzahl in 1/min

$$P = \frac{F \cdot \pi \cdot d \cdot n}{60 \cdot 1000}$$

$$P = F \cdot v$$

$$v = \frac{d \cdot \pi \cdot n}{60}$$

$$P = \frac{F \cdot d \cdot \pi \cdot n}{60 \cdot 1000}$$

$$P = \frac{F \cdot 2 \cdot r \cdot \pi \cdot n}{60000}$$

$$P = \frac{M \cdot n}{9550}$$

$$M = \frac{9550 \cdot P}{n}$$

$$n = \frac{9550 \cdot P}{M}$$

Beispiel

Bei einer Drehzahl von 2000 1/min beträgt das Drehmoment eines Elektromotors 120 Nm. Wie groß ist seine Leistung in kW?

Gegeben: $M = 120$ Nm; $n = 2000$ 1/min
Gesucht: P in kW

Lösung

$$P = \frac{M \cdot n}{9550} = \frac{120 \cdot 2000}{9550}\,\text{kW} = \mathbf{25{,}13\ kW}$$

Aufgaben

1 Ein Motor erreicht bei einer Drehzahl von 4000 1/min ein Drehmoment von 212 Nm. Welche Leistung gibt der Motor ab?

2 Ein Elektromotor gibt 59 kW Höchstleistung bei einer Drehzahl von 8000 1/min ab. Welches Drehmoment ergibt sich an der Ankerwelle?

3 Ein Generator wird mit einem Drehmoment von 1,2 Nm angetrieben. Er nimmt dabei eine Leistung von 950 W auf. Welche Drehzahl hat die Generatorwelle?

4 Ein Ottomotor hat eine Nennleistung von 75 kW. Er entwickelt dabei ein Drehmoment von 143,19 Nm. Wie groß ist seine Nennleistungsdrehzahl?

5 Auf einem Rollenprüfstand wird für ein Motorrad eine Antriebsleistung von 35 kW bei einer Raddrehzahl von 1850 1/min ermittelt. Berechnen Sie das Drehmoment, welches vom Antriebsrad übertragen wird.

6 Ein Starter hat bei einer Drehzahl von 800 1/min eine Leistungsabgabe von 1,5 kW. Das Starterritzel hat einen Teilkreisdurchmesser von 32 mm.

a) Welches Drehmoment erzeugt der Starter?

b) Wie groß ist die Antriebskraft am Zahnkranz des Schwungrades?

7 Ein Elektromotor treibt über einen Keilriemen einen Verdichter an. Der Motor gibt 3,2 kW ab, seine Drehzahl beträgt 1500 1/min. Welchen Durchmesser muss die Riemenscheibe haben, wenn die zulässige Riemenzugkraft 300 N beträgt?

Lösungen

1) 88,80 kW | **2)** 70,43 Nm | **3)** 7560 1/min | **4)** 5002,1 1/min | **5)** 180,68 Nm | **6a)** 17,91 Nm; **6b)** 1119,4 N | **7)** 135,8 mm

2.11 WIRKUNGSGRAD

Eine Maschine nimmt stets mehr Energie auf, als sie abgibt, da durch Reibung und Wärmeabstrahlung Verluste entstehen. Die abgegebene Leistung ist stets kleiner als die zugeführte.

Das Verhältnis von abgegebener Energie bzw. Arbeit zu zugeführter Energie bzw. Arbeit ergibt den Wirkungsgrad η. Er hat keine Einheit.

Da bei der Energieumformung und bei der Energieübertragung die Energieverluste in einer bestimmten Zeit auftreten, ergibt sich somit auch ein Leistungsverlust. Deshalb ergibt auch das Verhältnis von abgegebener Leistung zu zugeführter Leistung den Wirkungsgrad. Voraussetzung: es erfolgt keine Energiespeicherung.

$$W_{ab} < W_{zu} \qquad P_{ab} < P_{zu}$$

$$W_v = W_{zu} - W_{ab}$$

$$\eta = \frac{W_{ab}}{W_{zu}}$$

Der Wirkungsgrad lässt sich auch aus dem Verhältnis von abgegebenem zu zugeführtem Drehmoment berechnen, wenn keine Drehmomentwandlung stattfindet.

$$P_v = P_{zu} - P_{ab}$$

$$\eta = \frac{P_{ab}}{P_{zu}}$$

Die abgegebene Leistung bzw. Energie ist stets kleiner als die zugeführte. Der Wirkungsgrad ist deshalb immer kleiner als 1 bzw. kleiner als 100 %.

$$\eta = \frac{M_{ab}}{M_{zu}}$$

η Wirkungsgrad (Eta)
W_{ab} abgegebene Arbeit in Nm, Ws
W_{zu} zugeführte Arbeit in Nm, Ws
M_{ab} abgegebenes Drehmoment in Nm
M_{zu} zugeführtes Drehmoment in Nm
W_v Energieverlust in Nm, Ws
P_v Verlustleistung in W, kW
P_{ab} abgegebene Leistung in W, kW
P_{zu} zugeführte Leistung in W, kW

Beispiel 1

Bei einer hydraulischen Kupplung **(Bild 1)** ist die zugeführte Leistung 80 kW. Die abgegebene Leistung beträgt 78 kW.

Wie groß ist der Wirkungsgrad der Kupplung?

Gegeben: $P_{zu} = 80$ kW; $P_{ab} = 78$ kW
Gesucht: η in %

Lösung

$$\eta = \frac{P_{ab}}{P_{zu}} = \frac{78\ \text{kW}}{80\ \text{kW}} = \mathbf{0{,}975} = 0{,}975 \cdot 100\ \% = \mathbf{97{,}5\ \%}$$

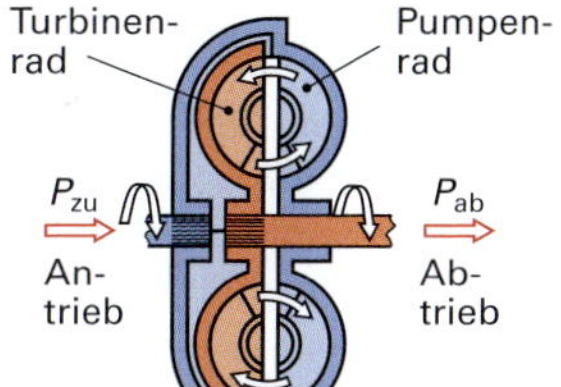

Bild 1

GESAMTWIRKUNGSGRAD

Treten mehrere Wirkungsgrade auf, wie z. B. bei der Kraftübertragung Motor – Kupplung – Wechselgetriebe – Achsantrieb mit Ausgleichgetriebe, so erhält man durch Multiplikation dieser Wirkungsgrade den Gesamtwirkungsgrad η_{ges}. Der Gesamtwirkungsgrad ist stets kleiner als jeder einzelne Wirkungsgrad.

$$\eta_{ges} = \eta_1 \cdot \eta_2 \cdot \eta_3 \ldots$$

Beispiel

Ein Motor hat einen Wirkungsgrad von 24 %, das Wechselgetriebe von 95 % und der Achsantrieb mit dem Ausgleichgetriebe von 97 % **(Bild 2)**.

Wie groß ist der Gesamtwirkungsgrad?

Gegeben: $\eta_1 = 24\ \% = 0{,}24$; $\eta_2 = 95\ \% = 0{,}95$; $\eta_3 = 97\ \% = 0{,}97$
Gesucht: η_{ges}

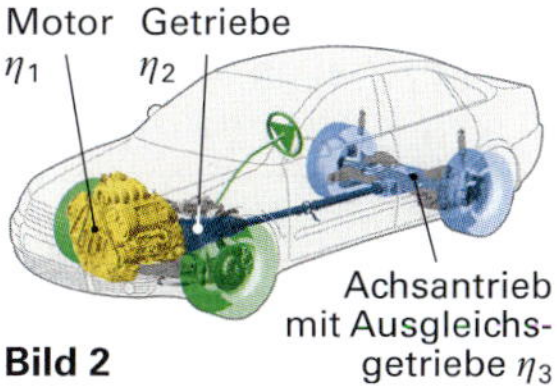

Bild 2

Lösung

$$\eta_{ges} = \eta_1 \cdot \eta_2 \cdot \eta_3 = 0{,}24 \cdot 0{,}95 \cdot 0{,}97 = \mathbf{0{,}22116} \approx \mathbf{0{,}22}$$

Aufgaben

1 Dem hydraulischen Antrieb einer Hebebühne **(Bild 1)** muss zum Heben eines Kraftfahrzeuges eine Antriebsenergie von 34000 Ws zugeführt werden. Die erbrachte Hubarbeit beträgt 27000 Nm.

a) Berechnen Sie den Energieverlust.

b) Berechnen Sie den Wirkungsgrad in %.

2 Bei einem Notstromaggregat **(Bild 2)** nimmt der Generator vom Antriebsmotor eine Leistung von 132 kW auf und gibt eine Leistung von 112,5 kW ab.

Welchen Wirkungsgrad hat der Generator?

3 Ein Dieselmotor hat einen Wirkungsgrad von 42 %. Er gibt 2 Stunden eine Leistung von 145 kW ab.

Wie groß ist die im Dieselkraftstoff zugeführte Energie in kJ und in MJ?

4 Bei einem Wechselgetriebe beträgt im direkten Gang das zugeführte Drehmoment 250 Nm und das abgegebene Drehmoment 245 Nm. Berechnen Sie den Wirkungsgrad in %.

5 Bei der Kraftübertragung **(Bild 3)** im Triebwerk eines Pkw betragen die Einzelwirkungsgrade: Kupplung 0,985, Wechselgetriebe 94 %, Achsgetriebe 0,980. Die am Schwungrad des Motors abgegebene Leistung beträgt 85 kW.

Berechnen Sie den Gesamtwirkungsgrad in % und die Antriebsleistung an den Rädern.

6 Auf einem Rollenprüfstand **(Bild 4)** wird die Leistung eines Pkw überprüft. Die Prüfgeschwindigkeit beträgt im direkten Gang 180 km/h, die dabei wirkende Zugkraft ist 1600 N. Der Wirkungsgrad des Rollenprüfstandes beträgt 88 %, der Triebwerkswirkungsgrad des Pkw ist 0,80.

a) Welche Antriebsleistung wird von den Antriebsrädern des Pkw abgegeben?

b) Berechnen Sie den wirksamen Gesamtwirkungsgrad.

c) Wie groß ist die Motorleistung des Pkw?

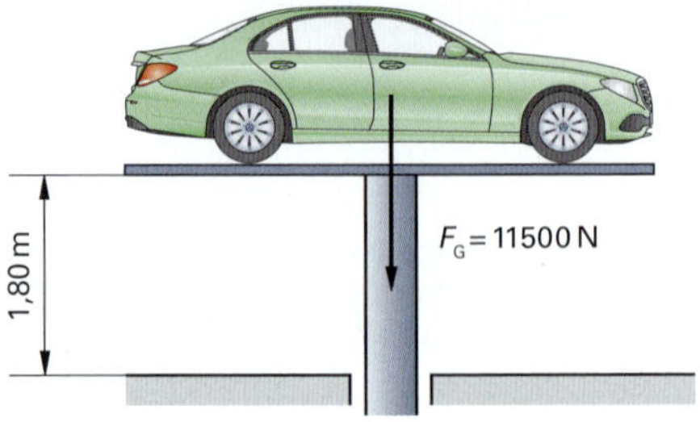

Bild 1

Bild 2

Bild 3

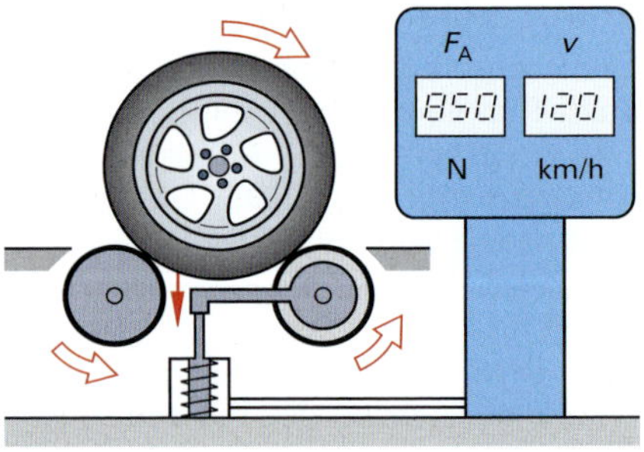

Bild 4

Lösungen

1a) 7000 Nm; **1b)** 79,4 % | **2)** 85,23 % | **3)** 2484000 kJ; 2484 MJ | **4)** 98 % | **5)** 91 %; 76,5 kW | **6a)** 80 kW; **6b)** 0,70; **6c)** 114,29 kW

2.12 DREHMOMENT, HEBEL

DREHMOMENT

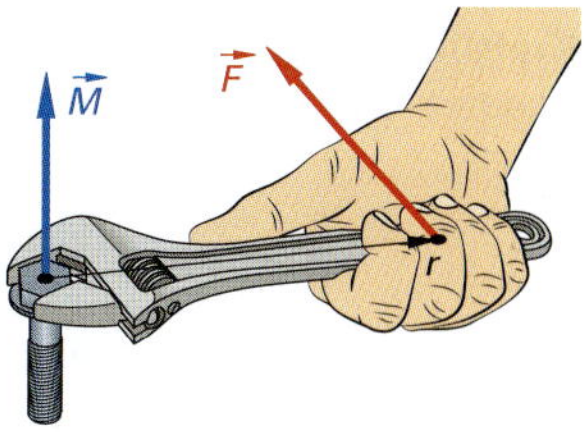

Greift an einem Körper eine Kraft außerhalb des Drehmittelpunktes an, entsteht eine Drehwirkung, die man als Drehmoment M bezeichnet. Das Drehmoment errechnet sich durch Multiplikation der Größen Kraft F mit dem wirksamen Hebelarm r. Der wirksame Hebelarm ist der senkrechte Abstand zwischen der Kraft und dem Drehmittelpunkt des Körpers.

M Drehmoment in Nm F Kraft in N r Hebelarm in m

$$M = F \cdot r$$

$$F = \frac{M}{r}; \qquad r = \frac{M}{F}$$

Beispiel

Ein Gabelschlüssel hat einen wirksamen Hebelarm von 150 mm. Die Handkraft beträgt 200 N. Wie groß ist das Drehmoment in Nm?

Gegeben: r = 150 mm = 0,15 m; F = 200 N
Gesucht: M in Nm

Lösung $M = F \cdot r = 200\ \text{N} \cdot 0{,}15\ \text{m} = 30\ \text{Nm}$

HEBEL, HEBELGESETZ

Jeden starren Körper, der drehbar gelagert ist und an dem Kräfte eine Drehwirkung verursachen, bezeichnet man als Hebel. Man unterscheidet

- einseitige Hebel
- zweiseitige Hebel
- Winkelhebel.

Alle Kräfte am Hebel, deren Wirkungslinien nicht durch den Drehmittelpunkt des Körpers gehen, verursachen am Hebel ein Drehmoment. Jedes Drehmoment hat einen bestimmten Drehsinn, der vom Angriffspunkt der Kraft und ihrer Wirkungsrichtung abhängt.

Einseitiger Hebel: Es ergibt z. B. $F_1 \cdot r_1$ ein linksdrehendes Drehmoment M_1 und $F_2 \cdot r_2$ ein rechtsdrehendes Drehmoment M_2.

Ein Hebel ist im Gleichgewicht, wenn zu jedem Drehmoment ein gleich großes – entgegengesetzt gerichtetes – Drehmoment wirkt. Das linksdrehende Drehmoment versucht dem Hebel eine Linksdrehung, das rechtsdrehende Drehmoment eine Rechtsdrehung zu geben.

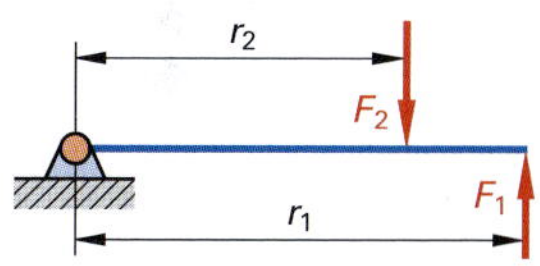

Einseitiger Hebel

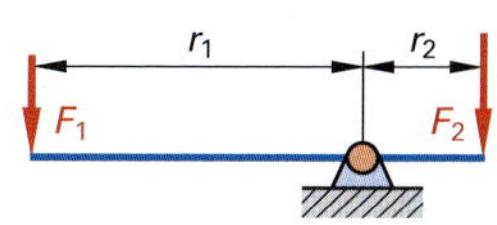

Zweiseitiger Hebel

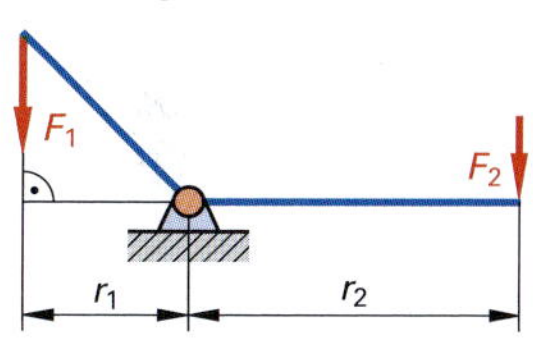

Winkelhebel

HEBELGESETZ (MOMENTENGLEICHGEWICHT)

Wirken mehrere Drehmomente am Hebel, so ist er im Gleichgewicht, wenn die Summe aller linksdrehenden Drehmomente gleich der Summe aller rechtsdrehenden Drehmomente ist.

$\overset{\curvearrowleft}{M}$ linksdrehende Drehmomente in Nm
$\overset{\curvearrowright}{M}$ rechtsdrehende Drehmomente in Nm
F_1, F_2 Kraft in N
r_1, r_2 Hebelarm in m

$$\sum \overset{\curvearrowleft}{M} = \sum \overset{\curvearrowright}{M}$$

$$F_1 \cdot r_1 = F_2 \cdot r_2$$

Beispiel

An einem zweiseitigen Hebel **(Bild 1)**, der sich im Gleichgewicht befindet, greifen die Kräfte F_2 = 100 N und F_3 = 100 N an. Wie groß ist die Kraft F_1?

Gegeben: F_2 = 100 N; F_3 = 100 N; r_1 = 0,6 m; r_2 = 0,3 m; r_3 = 1,2 m
Gesucht: F_1 in N

Lösung $\sum \overset{\curvearrowleft}{M} = \sum \overset{\curvearrowright}{M} \longrightarrow F_1 \cdot r_1 + F_2 \cdot r_2 = F_3 \cdot r_3$

$$F_1 = \frac{F_3 \cdot r_3 - F_2 \cdot r_2}{r_1} = \frac{100\ \text{N} \cdot 1{,}2\ \text{m} - 100\ \text{N} \cdot 0{,}3\ \text{m}}{0{,}6\ \text{m}} = \mathbf{150\ N}$$

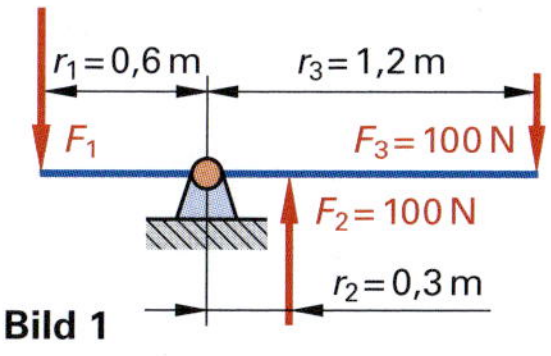

Bild 1

$\sum \overset{\curvearrowleft}{M}$ Summe der linksdrehenden Drehmomente in Nm
$\sum \overset{\curvearrowright}{M}$ Summe der rechtsdrehenden Drehmomente in Nm

ÜBERSETZUNGEN AM HEBEL

Man unterscheidet Kraftübersetzungen, Hebelübersetzungen und Wegübersetzungen.

Die Kräfte am Hebel verhalten sich umgekehrt wie die dazugehörigen Hebelarme und Wege.

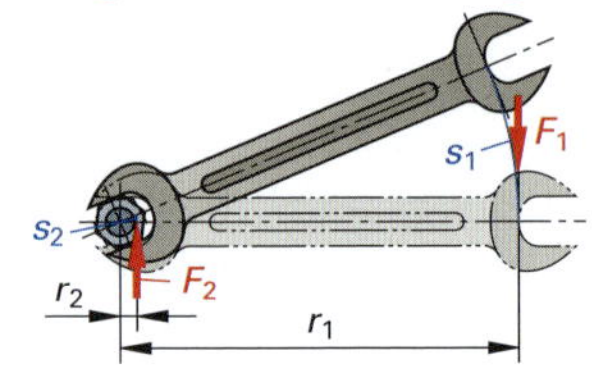

Kraftübersetzung i_k. Bei ihr werden die Kräfte zueinander ins Verhältnis gesetzt, die den Hebel im Gleichgewicht halten.

$$i_k = \frac{F_1}{F_2}$$

i_k	Kraftübersetzung
F_1, F_2	Kraft in N

Hebelübersetzung i_h. Bei ihr werden die Längen der Hebelarme zueinander ins Verhältnis gesetzt, an denen die Kräfte angreifen.

$$i_h = \frac{r_2}{r_1}$$

i_h	Hebelarmübersetzung
r_1, r_2	Hebelarm in m

Wegübersetzung i_w. Bei ihr werden die Wege der Hebelarme an den Angriffspunkten der Kräfte zueinander ins Verhältnis gesetzt.

$$i_w = \frac{s_2}{s_1}$$

i_w	Wegübersetzung
s_1, s_2	Weg in mm

Formt man die Gleichung $F_1 \cdot r_1 = F_2 \cdot r_2$ (Hebelgesetz) um, sieht man, dass sich die Kräfte am Hebel umgekehrt verhalten wie die dazugehörenden Hebelarme. Die Kraftwege verhalten sich wie die Hebelarme.

Werden mehrere Hebel hintereinander geschaltet, so erhält man durch Multiplikation der Einzelübersetzungen die Gesamtübersetzung i_{ges}.

Alle Übersetzungsverhältnisse an einem Hebel sind gleich groß. Es gilt:

$$i_k = i_h = i_w$$

$$i_{ges} = i_1 \cdot i_2 \cdot i_3 \cdot \ldots$$

i_{ges}	Gesamtübersetzung
i_1, i_2, i_3, …	Einzelübersetzungen

Beispiel 1

An einem Hebel greifen die Kräfte $F_1 = 500$ N und $F_2 = 800$ N an. Wie groß ist die Kraftübersetzung?

Gegeben: $F_1 = 500$ N; $F_2 = 800$ N Gesucht: i_k

Lösung $i_k = \frac{F_1}{F_2} = \frac{500\ \text{N}}{800\ \text{N}} = \mathbf{0{,}625}$

Beispiel 2

Der Bremshebel einer Fahrradbremse hat die Hebelübersetzung 0,3. Er ist über einen Seilzug mit einer Felgenbremse verbunden, deren Hebelübersetzung 2,5 beträgt. Wie groß ist die Gesamtübersetzung?

Gegeben: $i_1 = 0{,}3$; $i_2 = 2{,}5$ Gesucht: i_{ges}

Lösung $i_{ges} = i_1 \cdot i_2 = 0{,}3 \cdot 2{,}5 = \mathbf{0{,}75}$

Aufgaben

1. Die Handkraft am Gabelschlüssel **(Bild 1)** beträgt 80 N. Berechnen Sie das auf die Schraube wirkende Anzugsdrehmoment.
2. Eine Keilriemenscheibe **(Bild 2)** hat einen wirksamen Durchmesser von 76 mm. Die Zugkraft des Keilriemens beträgt 45 N. Wie groß ist das Drehmoment an der Keilriemenscheibe?
3. Ein Radmutterschlüssel hat einen wirksamen Hebelarm von 400 mm Länge. Die Radmuttern sollen mit einem Drehmoment von 80 Nm angezogen werden. Welche Handkraft ist erforderlich?
4. Eine Schubkarre **(Bild 3)** wiegt mit der Ladung 120 kg. Der Schwerpunktabstand zur Radnabe beträgt 420 mm. Berechnen Sie …
   a) die Gewichtskraft der Schubkarre,
   b) die an den Führungsholmen erforderlichen Handkräfte,
   c) die Hebelübersetzung.

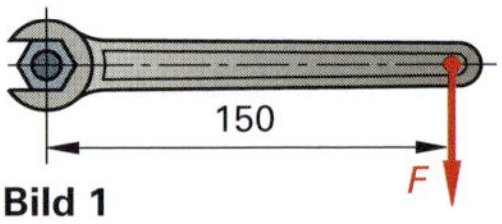

Bild 1

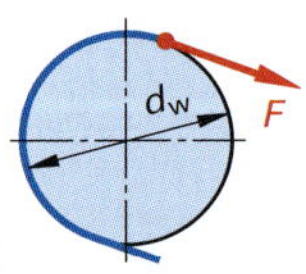

Bild 2

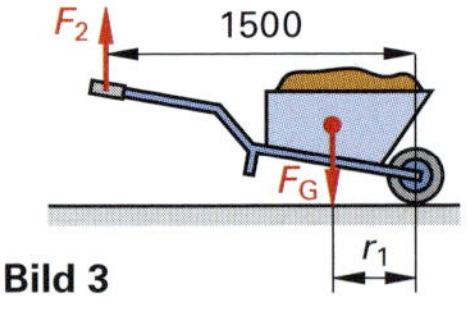

Bild 3

Lösungen

1) 12 Nm | **2)** 1,71 Nm | **3)** 200 N | **4a)** 1200 N; **4b)** 168 N; **4c)** 3,571

Aufgaben

5 Die Handkraft an einem Handbremshebel beträgt 150 N. Die Hebelarme haben eine wirksame Länge von 400 mm und 50 mm. Wie groß sind
a) die Zugkraft zur Bremsbetätigung,
b) die Hebelübersetzung,
c) die Kraftübersetzung?

6 Die Fußkraft am Bremspedal **(Bild 1)** beträgt 300 N. Die Kolbenstangenkraft ist 1500 N. Ihr Hebelarm ist 50 mm lang. Welche Länge hat der Hebelarm r_1?

7 Auf die Hebel einer Kneifzange **(Bild 2)** wirkt eine Handkraft von jeweils 300 N. Die wirksamen Hebel sind 160 mm und 40 mm. Berechnen Sie
a) die an jeder Schneide auftretende Schließkraft,
b) die Kraftübersetzung.

8 Die Schließkraft der Ventilfeder **(Bild 3)** beträgt 400 N. Die Hebelarme am Kipphebel sind 20 mm und 35 mm. Wie groß ist
a) die Kraft an der Stößelstange bei Öffnungsbeginn,
b) die Kraftübersetzung?

9 Am Schwinghebel **(Bild 4)** greift der Nocken in einer Entfernung von 36 mm vom Drehpunkt mit einer Kraft von 600 N an. Der Abstand zwischen Drehpunkt und Ventil beträgt 45 mm. Wie groß ist
a) die Hebelarmübersetzung,
b) die in diesem Augenblick auf das Ventil wirkende Kraft?

10 Zum Ausrücken einer Kupplung ist am Ausrücker eine Kraft von 1280 N erforderlich. Die Hebelübersetzung des Ausrückhebels beträgt 0,45. Das Kupplungspedal hat eine Übersetzung von 0,42. Wie groß ist die erforderliche Pedalkraft?

11 Ein Bremspedal wirkt über einen einseitigen Hebel auf die Kolbenstange des Hauptzylinders. Beim Bremsen wird eine Fußkraft von 360 N aufgebracht. Die Hebelarme sind r_1 = 280 mm und r_2 = 80 mm. Berechnen Sie
a) die Kolbenstangenkraft,
b) die Hebelarmübersetzung.

12 Das Sicherheitsventil **(Bild 5)** benötigt eine Schließkraft von 120 N, die durch ein am Schließhebel angehängtes Gewicht von 3 kg bewirkt wird. Der Schließhebel hat eine Länge von 175 mm. Wie groß ist der Abstand zwischen dem Ventil und der Aufhängung des Gewichts?

13 Auf einen Ventilfederspanner **(Bild 6)** wirkt die Spannkraft der Ventilfeder mit 620 N. Die Hebelarme sind $r_1 = 320$ mm und $r_2 = 40$ mm. Berechnen Sie
a) die Hebelarmübersetzung,
b) die Betätigungskraft am Handgriff.

14 Ein Motor wiegt 165 kg. Er hängt nach dem Ausbau an einem hydraulischen Montagekran **(Bild 7)**. Die wirksamen Hebelarme sind r_1 = 1380 mm und r_2 = 364 mm. Berechnen Sie
a) die Hubkraft im Tragseil,
b) die Hebelarmübersetzung,
c) die Kolbenstangenkraft des Hydraulikzylinders in N und in daN.

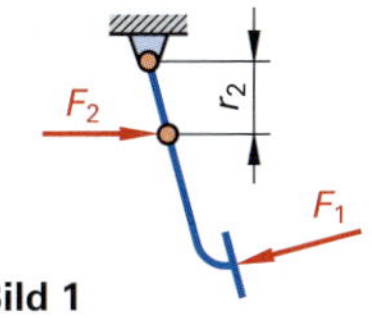

Bild 1

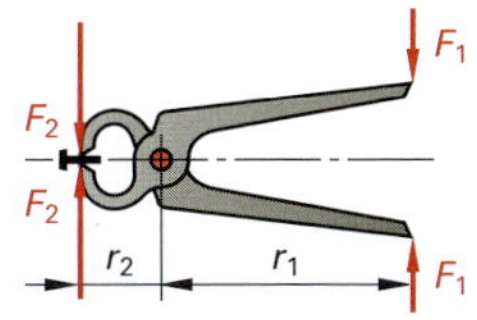

Bild 2

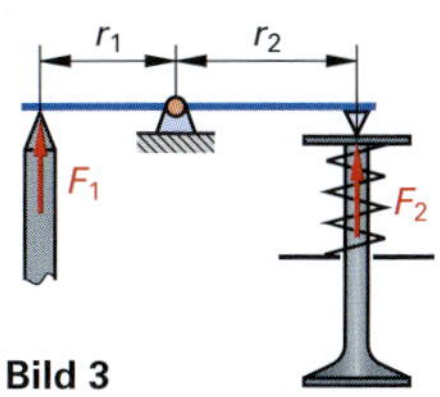

Bild 3

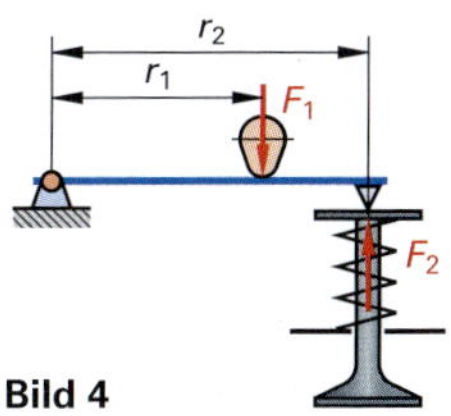

Bild 4

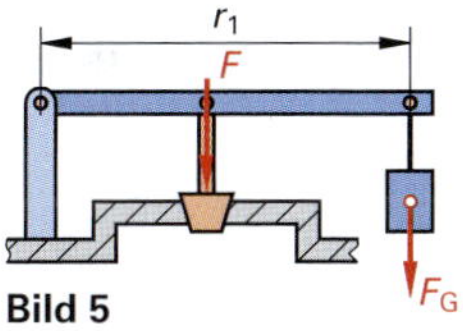

Bild 5

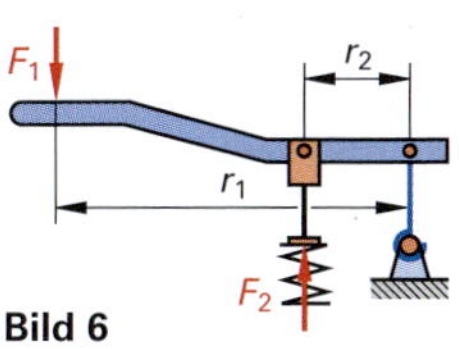

Bild 6

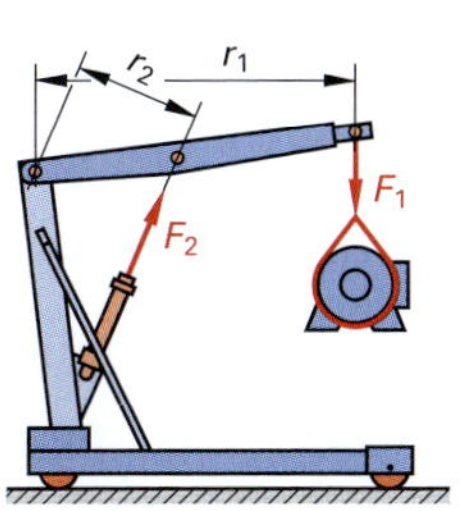

Bild 7

Lösungen

5a) 1200 N; **5b)** 0,125; **5c)** 0,125 | **6)** 250 mm | **7a)** 1200 N; **7b)** 0,25 | **8a)** 700 N; **8b)** 1,75 | **9a)** 1,25; **9b)** 480 N | **10)** 241,92 N | **11a)** 1260 N; **11b)** 0,286 | **12)** 131,25 mm | **13a)** 0,125; **13b)** 77,5 N | **14a)** 1650 N; **14b)** 0,264; **14c)** 6255,5 N; 625,55 daN

2.13 ACHSKRÄFTE, AUFLAGERKRÄFTE

Bei einem Fahrzeug müssen Achsen und Räder die Gewichtskräfte auf die Fahrbahn übertragen. Die Gewichtskräfte ändern sich durch Beladung und fahrdynamische Vorgänge.

Achskräfte. Sie sind Kräfte, die an den Achsen eines Fahrzeugs wirken.

Auflagerkräfte. Sie sind Kräfte, die in den Rädern auf die Fahrbahn wirken.

Alle Kräfte und Momente sind ausgeglichen. Es gilt:

Momentengleichgewicht
Die Summe der linksdrehenden Momente ist gleich der Summe der rechtsdrehenden Momente.

Kräftegleichgewicht
Die Summe der Lastkräfte ist gleich der Summe der Auflagerkräfte.

Eine Auflagerkraft berechnet man mithilfe des Momentengleichgewichts. Dazu wird als Drehpunkt der Auflagepunkt der anderen Auflagerkraft angenommen.

Die zweite Auflagerkraft kann mithilfe der Gleichung für das Kräftegleichgewicht ermittelt werden.

Lösungsplan zur Berechnung von Auflager- und Achskräften

1. Anfertigen einer Skizze als Balkenmodell
2. Eintragen der Kraftpfeile
3. Festlegen des Drehpunkts für das Momentengleichgewicht
4. Eintragen der Hebelarme
5. Aufstellen des Momentengleichgewichts
6. Aufstellen des Kräftegleichgewichts

An Fahrzeugen werden die Achskräfte an Vorder- und Hinterachse mit den Rechengängen der Auflagerkraftbestimmung berechnet.

Beispiel 1

Ein Lkw hat ein Leergewicht von 2500 kg. Seine Zuladung ist 5000 kg. Berechnen Sie die Achskräfte unter der Annahme, dass der Drehpunkt für das Momentengleichgewicht in A bei der Vorderachse liegt.

Gegeben: Abstände vom Drehpunkt: $l_1 = 1800$ mm; $l_2 = 3000$ mm; $l = 4000$ mm; $m_F = 2500$ kg; $m_L = 5000$ kg

Gesucht: F_A, F_B in N

Lösung

$F_1 = G_F = m_F \cdot g = 2500\text{ kg} \cdot 9{,}81\text{ m/s}^2 = 24525\text{ N}$

$F_2 = G_L = m_L \cdot g = 5000\text{ kg} \cdot 9{,}81\text{ m/s}^2 = 49050\text{ N}$

Momentengleichgewicht bezüglich Drehpunkt A

$$\sum \overset{\curvearrowleft}{M} = \sum \overset{\curvearrowright}{M}$$

$$F_B \cdot l = F_1 \cdot l_1 + F_2 \cdot l_2 \quad \Rightarrow$$

$$F_B = \frac{F_1 \cdot l_1 + F_2 \cdot l_2}{l} = \frac{24525\text{ N} \cdot 1{,}8\text{ m} + 49050\text{ N} \cdot 3{,}0\text{ m}}{4{,}0\text{ m}}$$

$F_B = \mathbf{47823{,}75\ N}$

Kräftegleichgewicht

$$F_A + F_B = F_1 + F_2 \quad \Rightarrow \quad F_A = F_1 + F_2 - F_B$$

$$F_A = 24525\text{ N} + 49050\text{ N} - 47823{,}75\text{ N} = \mathbf{25751{,}25\ N}$$

Momentengleichgewicht

$$\sum \overset{\curvearrowleft}{M} = \sum \overset{\curvearrowright}{M}$$

bezüglich Drehpunkt in B

$$F_A = \frac{F_1 \cdot l_1 + F_2 \cdot l_2 + \ldots}{l}$$

Kräftegleichgewicht

$$\sum F\uparrow = \sum F\downarrow$$

$$F_A + F_B = F_1 + F_2 \ldots$$

$\sum \overset{\curvearrowleft}{M}$	Summe linksdrehende Drehmomente in Nm
$\sum \overset{\curvearrowright}{M}$	Summe rechtsdrehende Drehmomente in Nm
F_A	Auflagerkraft im Auflager A in N
F_B	Auflagerkraft im Auflager B in N
$F_1, F_2 \ldots$	Kräfte in N
$l, l_1, l^2 \ldots$	wirksame Hebellängen in m

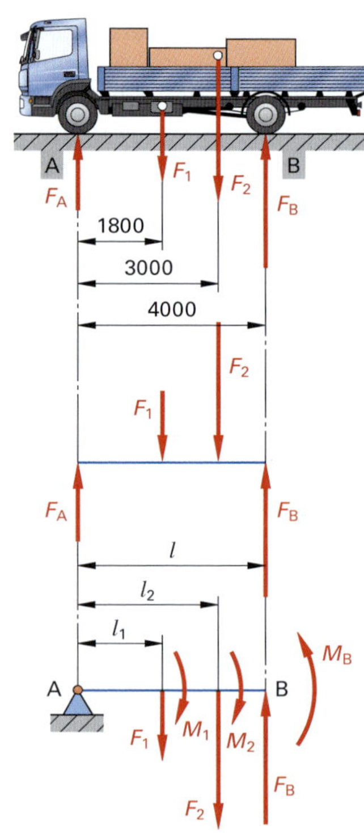

Beispiel 2

Ein Pkw hat ein Gesamtgewicht von 1800 kg. Er hat einen Radstand von 2790 mm. Der Schwerpunktabstand von der Hinterachse beträgt 1240 mm. Berechnen Sie die Achskräfte für die Vorder- und für die Hinterachse.

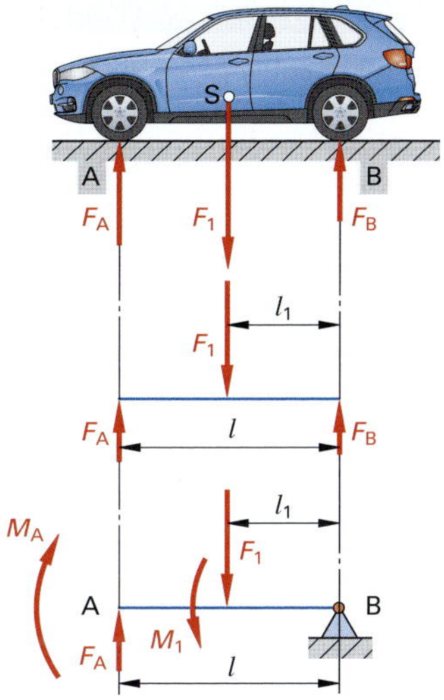

Gegeben: $m = 1800$ kg; $l_1 = 1240$ mm; $l = 2790$ mm
Gesucht: F_v in N; F_h in N

Lösung $F_1 = F_G = m \cdot g = 1800\ \text{kg} \cdot 9{,}81\ \text{m/s}^2 = 17658\ \text{N}$

$$F_v = F_A = \frac{F_1 \cdot l_1}{l} = \frac{17658\ \text{N} \cdot 1240\ \text{mm}}{2790\ \text{mm}} = \mathbf{7848\ N}$$

$$F_h = F_B = F_1 - F_A = 17658\ \text{N} - 7848\ \text{N} = \mathbf{9810\ N}$$

Aufgaben

1 Ein Laufkran **(Bild 1)** überspannt eine Montagehalle mit einer Breite von 25 m. Der Läufer befindet sich momentan 15 m von der linken Hallenwand entfernt. Am Kranhaken hängt eine Last von 900 kg. Wie verteilt sich die Last auf die vier Laufrollen der Kranbrücke?

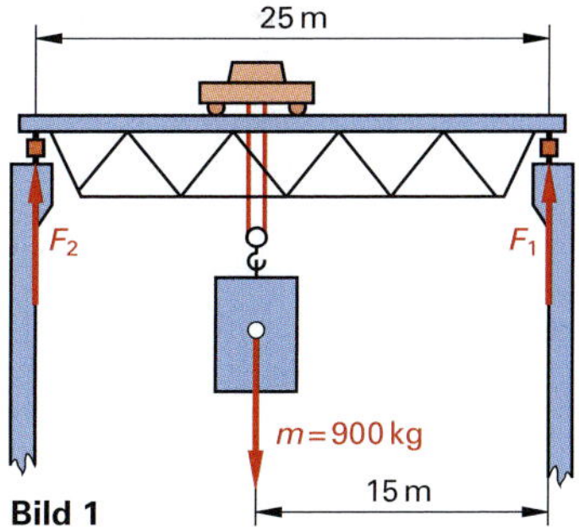

Bild 1

2 Eine Brücke überspannt einen Fluss. Ihre Auflager haben einen Abstand von 48 m. Ein Lkw mit einem Gewicht von 16 t belastet die Brücke 8 m vom linken Auflager. Wie verteilt sich die Belastung der Brücke durch den Lkw auf die Auflager?

3 Ein Pkw hat ein zulässiges Gesamtgewicht von 1810 kg. Der Radstand beträgt 2636 mm. Sein Schwerpunktabstand zur Hinterachse ist $l_2 = 1260$ mm. Berechnen Sie für Vorder- und Hinterachse die Achskräfte.

4 Ein Pkw hat ein Gesamtgewicht von 1800 kg. Seine Vorderachskraft beträgt 7848 N, die Hinterachskraft 9810 N. Das Fahrzeug hat einen Radstand von 2260 mm. Berechnen Sie den Schwerpunktabstand von der Vorderachse und von der Hinterachse.

5 Am Ende eines Sprungbretts steht eine Wasserspringerin **(Bild 2)**. Sie wiegt 58 kg. Berechnen Sie die in den Auflagern des Sprungbretts wirkenden Kräfte.

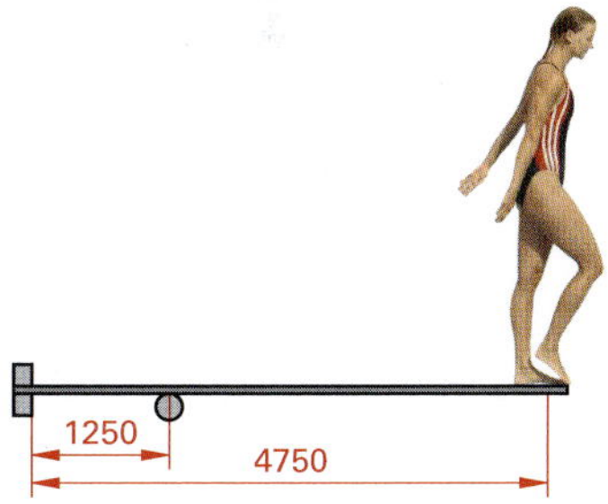

Bild 2

6 Ein Pkw hat ein Gewicht von 1500 kg. Der Schwerpunktabstand zur Vorderachse beträgt 1000 mm. Die Achslastverteilung auf Vorder- und Hinterachse ist 60 % zu 40 %. Berechnen Sie
a) die Achslasten und die Achskräfte,
b) den Radstand des Fahrzeugs.

7 Ein Einachsanhänger **(Bild 3)** wiegt mit Zuladung $F_G = 750$ kg. Sein Gesamtschwerpunkt liegt $l_2 = 450$ mm vor der Anhängerachse. Die Anhängerkupplung hat einen Abstand von $l_1 = 2{,}1$ m zur Anhängerachse.
a) Welche Stützkraft F wirkt an der Kugel der Anhängevorrichtung?
b) Welche Achslast F_1 hat der Anhänger?

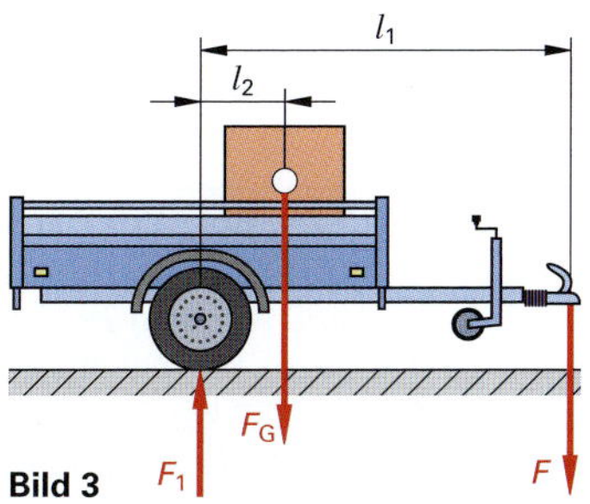

Bild 3

Lösungen

1) 2700; 1800 | **2)** 26666,7; 133333,3 | **3)** 8651,745; 9448,255 | **4)** 1004,4; 1255,6 | **5)** 2162,12; –1593,14 | **6a)** 900; 600; 8829; 5886; **6b)** 2500 | **7a)** 1676,61; **7b)** 5780,89

Aufgaben

8 Ein Lkw für den Containertransport **(Bild 1)** lädt einen Container auf. Berechnen Sie ...
a) die Vorder- und die Hinterachskraft in kN beim Anheben,
b) die Radlasten an den Vorder- und an den Hinterrädern,
c) die Last, bei der die Vorderachse abhebt.

9 Ein Lkw **(Bild 2)** hat ein Leergewicht von 6000 kg. Er hat eine Maschine von 4000 kg Gewicht geladen. Die Schwerpunktabstände zur Vorderachse betragen 1500 mm und 3000 mm. Der Radstand beträgt 4000 mm. Wie groß sind die Achskräfte?

10 Ein Traktor **(Bild 3)** hat ein Leergewicht von 1800 kg. Sein Radstand ist l = 2700 mm. Der Schwerpunktabstand l_1 des Fahrzeugs zur Vorderachse ist 1500 mm. Auf einer Hilfsladefläche befindet sich eine 75 kg schwere Zuladung. Der Abstand des Schwerpunkts der Ladung zur Hinterachse beträgt l_4 = 1 400 mm. Berechnen Sie ...
a) die Achskräfte des unbeladenen Traktors,
b) die Entlastung der Vorderachse durch die Zuladung,
c) die Achskräfte des beladenen Traktors.

11 An einem Pkw ist ein Anhänger angekuppelt **(Bild 4)**. Der Abstand l_3 zwischen Kugel der Anhängevorrichtung und der Anhängerachse beträgt 2400 mm. Der Anhänger ist mit einer Last m_1 = 400 kg im Abstand l_1 = 400 mm von der Anhängerachse und mit einer Last m_2 = 300 kg im Abstand l_2 = 300 mm von der Anhängerachse beladen. Der Pkw hat einen Radstand von l_4 = 2636 mm. Der Abstand zwischen dem Kugelkopf der Anhängevorrichtung und der Hinterachse des Pkw beträgt l_5 = 1170 mm. Berechnen Sie ...
a) die Stützlast am Kugelkopf der Anhängevorrichtung,
b) die zusätzliche Hinterachskraft, die sich aufgrund der Stützlast ergibt,
c) die Entlastung der Vorderachse aufgrund der Stützlast.

12 Ein Sattelkraftfahrzeug **(Bild 5)** besteht aus der Sattelzugmaschine und dem Sattelanhänger. Berechnen Sie ...
a) das Zuggesamtgewicht,
b) die Achskraft und die Achslast des Sattelanhängers,
c) die Aufliegekraft und die Sattellast an der Sattelkupplung,
d) die Achskräfte und die Achslasten der Zugmaschine,
e) die Radlast an der Vorderachse der Zugmaschine.

13 Ein Traktor **(Bild 6)** hat ein Leergewicht von F_G = 6350 kg. Sein Radstand ist l = 2650 mm. Der Schwerpunktabstand des Fahrzeugs zur Vorderachse ist l_1 = 1500 mm. Das Anbaugerät wiegt F_{G1} = 650 kg, der Abstand des Schwerpunkts des Anbaugerätes zur Hinterachse beträgt l_3 = 2100 mm. Berechnen Sie
a) die Achskräfte F_A und F_B des unbeladenen Fahrzeugs,
b) die Entlastung der Vorderachse durch die Zuladung,
c) die Achskräfte des beladenen Fahrzeugs.

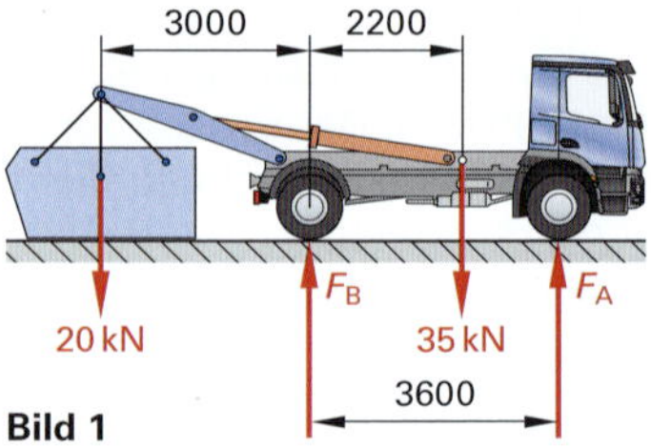

Bild 1

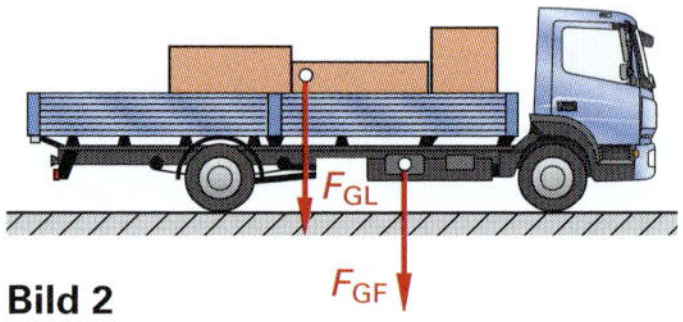

Bild 2

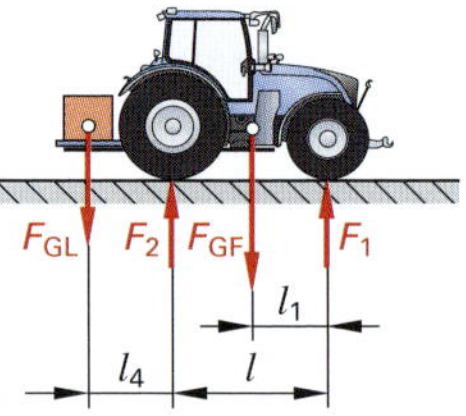

Bild 3

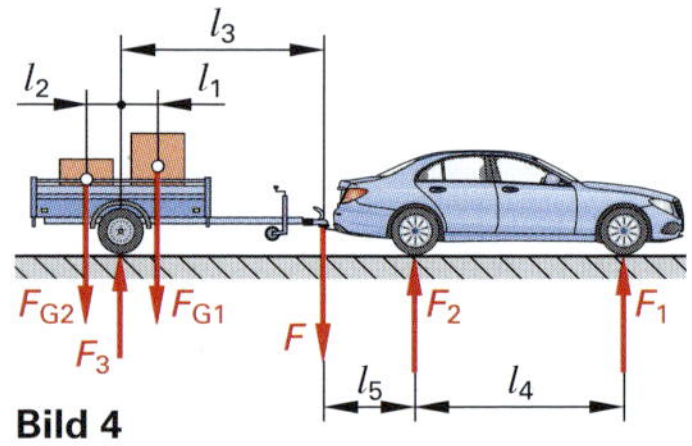

Bild 4

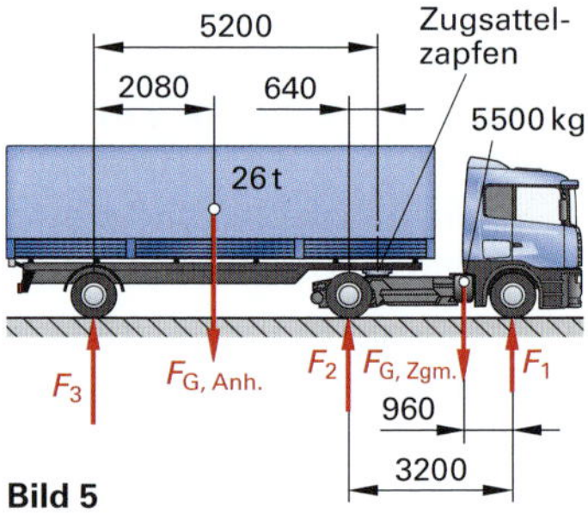

Bild 5

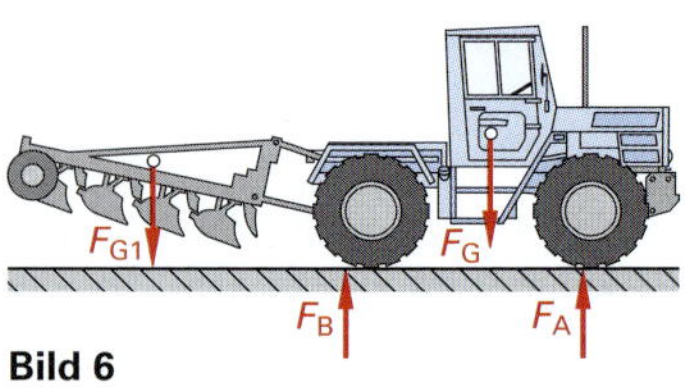

Bild 6

Lösungen

8a) 50,3 kN; 4,7 kN; **8b)** 5125,2 kg; 481,4 kg; **8c)** 25,67 kN | **9)** 52500 N; 47500 N | **10a)** 10000 N; 8000 N; **10b)** 389 N; **10c)** 7611 N; 11139 N | **11a)** 29,17 kg; **11b)** 421,2 N; **11c)** –129,5 N | **12a)** 31500 kg; **12b)** 153036 N; 15600 kg; **12c)** 102024 N; 10400 kg; **12d)** 97805,7 N; 9970 kg; 58173,3 kg; 5930 kg; **12e)** 2965 kg | **13a)** 27033 N; 35261 N; **13b)** 5053,5 N; **13c)** 21980 N; 46691 N

2.14 ROLLEN, FLASCHENZÜGE

Rollen und Flaschenzüge dienen zum Heben und Senken von Lasten.

Feste Rolle. Sie dient zur Umlenkung von Kräften. Die erforderliche Zugkraft F am Seil ist so groß wie die Gewichtskraft F_G der Last. Der Kraftweg s ist gleich dem Lastweg h.

Lose Rolle. Bei ihr verteilt sich die Last gleichmäßig auf zwei Seilstränge. Die Kraft F am Zugseil ist nur halb so groß wie die Gewichtskraft F_G der Last. Beim Heben der Last verkürzen sich die beiden tragenden Seilstränge z je um den Lastweg h. Der Kraftweg am Zugseil s ist doppelt so groß wie der Lastweg h.

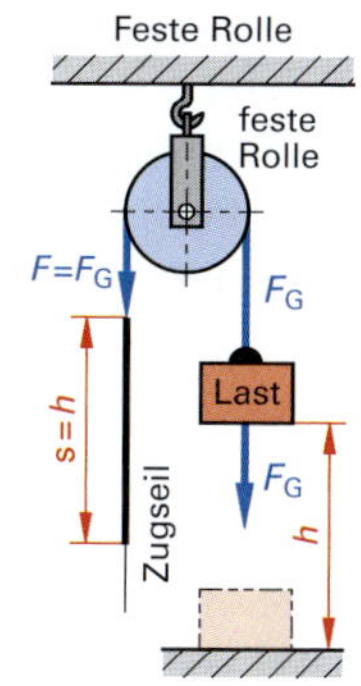

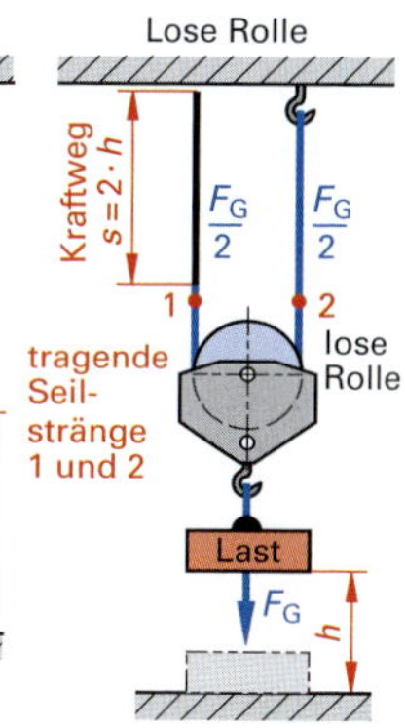

$$F = F_G \qquad F = \frac{F_G}{2}$$

$$s = h \qquad s = \frac{h}{2}$$

Beispiel

Mit einer festen und einer losen Rolle soll eine Fahrzeugachse mit einer Gewichtskraft von 400 N auf eine Höhe von 2 m hochgehoben werden. Wie groß sind

a) die Kraft am Zugseil, b) der Kraftweg?

Gegeben: $F_G = 400$ N; $h = 2$ m Gesucht: a) F in N; b) s in m

Lösung a) $F = \frac{F_G}{2} = \frac{400\text{ N}}{2} = \mathbf{200\text{ N}};$

b) $s = 2 \cdot h = 2 \cdot 2\text{ m} = \mathbf{4\text{ m}}$

G	Gewichtskraft in N	s	Kraftweg in m	h	Lastweg in m
F	Kraft in N	z	Anzahl der tragenden Seilstränge		

Flaschenzug. Er besteht aus mehreren festen und losen Rollen. Die Gewichtskraft der Last F_G verteilt sich gleichmäßig auf die tragenden Seilstränge z. Die Zahl der tragenden Seilstränge ist gleich der Summe der festen und losen Rollen des betreffenden Flaschenzuges.

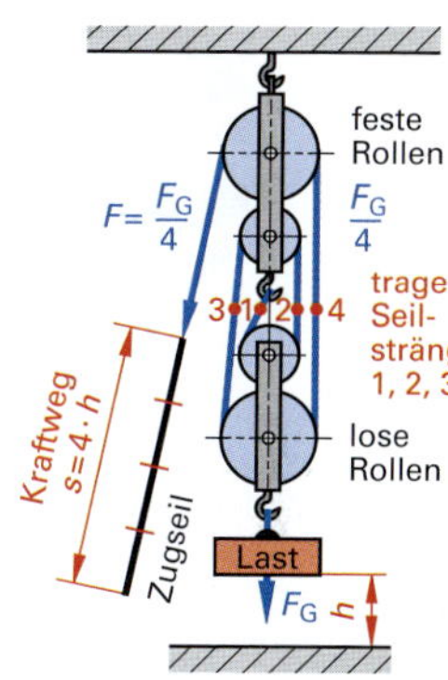

Beispiel

Ein Flaschenzug hat 6 Rollen. Eine Last mit einer Gewichtskraft F_G von 2400 N soll 3,5 m hoch gehoben werden.

a) Wie groß ist die erforderliche Zugkraft?
b) Wie lang ist der Kraftweg?

Gegeben: $z = 6$; $F_G = 2400$ N Gesucht: a) F in N; b) s in m

Lösung a) $F = \frac{F_G}{z} = \frac{2400\text{ N}}{6} = \mathbf{400\text{ N}};$

b) $s = z \cdot h = 6 \cdot 3{,}5\text{ m} = \mathbf{21\text{ m}}$

$$F = \frac{F_G}{z} \qquad s = z \cdot h$$

Aufgaben

1 Mit einer festen Rolle soll ein Kübel mit einem Gewicht (Masse) von 6,5 kg, gefüllt mit 25 l Zementmörtel, Dichte $\varrho = 1{,}4$ kg/dm^3, hochgezogen werden. Welche Zugkraft muss überschritten werden?

2 Ein Getriebe mit einer Gewichtskraft von 640 N soll mit einem einfachen Flaschenzug hoch gehoben werden. Die lose Rolle hat eine Gewichtskraft von 120 N. Die Reibungskräfte bleiben unberücksichtigt. Wie groß ist die Kraft am Zugseil?

3 An einer festen und losen Rolle wird mit 430 N gezogen und eine Last 1,4 m angehoben. Die lose Rolle hat 60 N Gewichtskraft. Wie groß sind a) die Gewichtskraft der Last, b) der Kraftweg?

4 Mit einem Rollenflaschenzug, der aus zwei festen und zwei losen Rollen besteht, soll eine Hinterachse mit einer Gewichtskraft von 1600 N auf eine Höhe von 1,5 m angehoben werden.
a) Welche Zugkraft ist am Zugseil erforderlich? b) Wie groß ist die verrichtete Arbeit?

Lösungen

1) 415 N | **2)** 380 N | **3a)** 800 N; **3b)** 2,8 m | **4a)** 400 N; **4b)** 2400 Nm

2.15 REIBUNG

Drückt ein Reifen, belastet durch das Fahrzeuggewicht und sein Eigengewicht, auf die Fahrbahn und wirkt gleichzeitig eine Verschiebekraft, z. B. die Antriebskraft, auf den Reifen ein, so entsteht zwischen Reifen und Fahrbahn Reibung.

Reibungskraft. Sie ist der Widerstand gegen das Verschieben eines Körpers auf einem anderen.

Die Reibungskraft F_R ist abhängig von

1. der Normalkraft F_N, mit der die Körper senkrecht aufeinander gedrückt werden,
2. den sich berührenden Werkstoffen,
3. der Oberflächenbeschaffenheit,
4. der Schmierung,
5. der Temperatur der Reibflächen,
6. der Reibungsart (Haft-, Gleit- oder Rollreibung).

Die Einflüsse 2 … 6 werden durch Versuche bestimmt und mit der Reibungszahl μ erfasst. Tabellen für Reibungszahlen siehe auch Tabellenbuch Kraftfahrzeugtechnik.

Reibungsart	Haftreibung	Gleitreibung	Rollreibung
	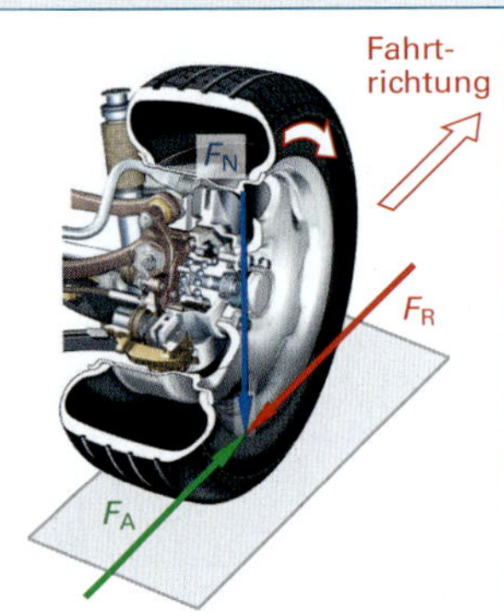	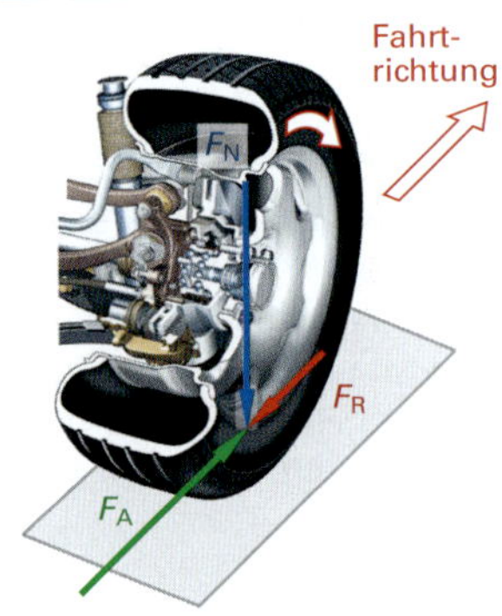	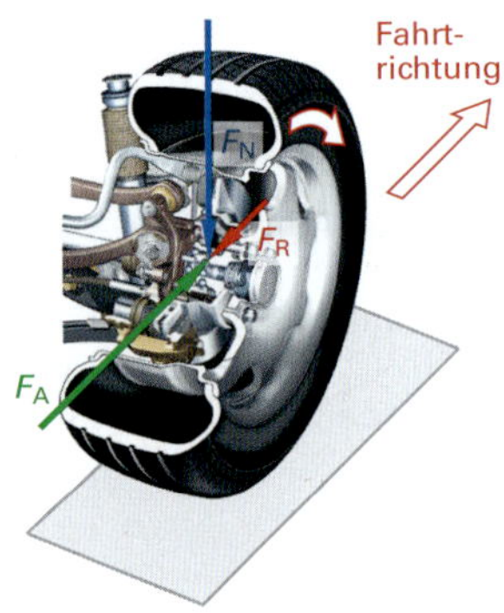
Definition	Widerstand, den ein Körper (Reifen) dem Verschieben auf seiner Unterlage (Fahrbahn) entgegensetzt.	Widerstand, den ein auf seiner Unterlage (Fahrbahn) gleitender Körper (Reifen) dem Gleiten (Bewegung) entgegensetzt.	Widerstand, den ein auf seiner Unterlage (Achszapfen) rollender Körper (Wälzkörper) seiner Bewegung entgegensetzt.
Reibungszahl μ	Haftreibungszahl $\mu_H = \frac{F_R}{F_N}$	Gleitreibungszahl $\mu_G = \frac{F_R}{F_N}$	Rollreibungszahl $\mu_R = \frac{F_R}{F_N}$
Reibungskraft F_R in N	$F_R = F_N \cdot \mu_H$	$F_R = F_N \cdot \mu_G$	$F_R = F_N \cdot \mu_R$
Normalkraft F_N in N	$F_N = \frac{F_R}{\mu_H}$	$F_N = \frac{F_R}{\mu_G}$	$F_N = \frac{F_R}{\mu_R}$
Hinweise	Die Haftreibungskraft F_R entspricht der Antriebskraft F_A, wenn der Schlupf gleich Null ist.	Die Gleitreibungskraft F_R ist immer kleiner als die Haftreibungskraft.	Die Rollreibungskraft F_R ist wesentlich kleiner als die Gleitreibungskraft.

Beispiel

Ein Fahrzeug mit einer Gewichtskraft von 16000 N soll auf einer Fahrbahn mit Betonbelag anfahren. Die Haftreibungszahl zwischen Reifen und Fahrbahn ist 0,8.

Welche Antriebskraft kann übertragen werden?

Gegeben: $F_N = 16000$ N; $\mu_H = 0{,}8$
Gesucht: F_R in N

Lösung

$F_A = F_R = 16000\ \text{N} \cdot 0{,}8 = \mathbf{12800\ N}$

Aufgaben

1 Auf das Antriebsrad eines Kfz wirkt eine Gewichtskraft von F_N = 2625 N. Die Haftreibungszahl zwischen Reifen und Fahrbahn beträgt μ_H = 0,5.

Wie groß ist die größte übertragbare Antriebskraft F_R?

2 Eine Kiste mit einer Gewichtskraft von 600 N wird mit einer Kraft von 420 N verschoben.

Wie groß ist die Haftreibungszahl?

3 In einer Werkstatt wird eine Maschine ein Stück zur Seite geschoben. Die Haftreibungszahl beträgt 0,5; die zur Überwindung der Haftreibung erforderliche Kraft beträgt 800 N.

Welche Gewichtskraft hat die Maschine?

4 Eine Drehmaschine mit einem Gewicht von 840 kg wurde verschoben. Beim Anschieben war eine Kraft von 4320 N und während des Verschiebens eine Kraft von 3600 N erforderlich. Wie groß waren ...

a) die Haftreibungszahl,

b) die Gleitreibungszahl?

5 Ein Pkw mit einem Gesamtgewicht von 1460 kg hat beim Bremsen ein Achslastverhältnis Vorder- zur Hinterachse von 60%:40%. Die Haftreibungszahl zwischen Reifen und Fahrbahn aus Asphalt beträgt in trockenem Zustand 0,6 und bei vereister Fahrbahn 0,04.

Wie groß ist beim Bremsen die größtmögliche Haftreibungskraft an der Vorder- und der Hinterachse ...

a) bei trockener Fahrbahn,

b) bei vereister Fahrbahn?

6 Ein Lagerzapfen übt auf das Gleitlager eine Normalkraft von 6400 N aus. Die Gleitreibungszahl zwischen Lagerzapfen und Gleitlager beträgt 0,06.

Wie groß ist die Gleitreibungskraft?

7 Bei einer Scheibenbremse **(Bild 1)** werden die Bremsbeläge mit einer Kraft von je 12 kN an die Bremsscheibe gepresst. Die Reibungszahl zwischen Scheibe und Bremsbelag ist 0,35.

Wie groß ist die Bremskraft an der Bremsscheibe?

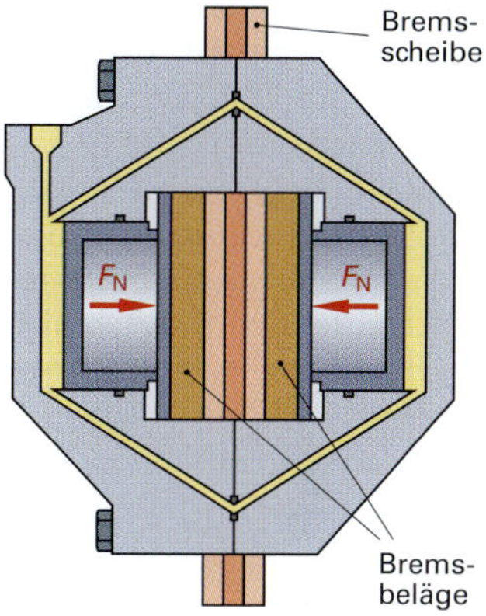

Bild 1

8 Ein Schlitten mit einem Gewicht von 9,5 kg, auf dem ein Kind mit einem Gewicht von 28 kg sitzt, wird gezogen. Die Gleitreibungszahl zwischen Schlittenkufen und Schnee beträgt 0,025.

Welche Zugkraft ist erforderlich?

9 Ein Pkw-Anhänger mit einem Gesamtgewicht von 750 kg soll auf einem Betonboden bewegt werden. Die Rollreibungszahl für Luftreifen auf Beton beträgt 0,015.

Wie groß ist die erforderliche Kraft?

10 Auf ebener Straße wird ein Pkw mit einer Kraft von 250 N geschoben. Die Rollreibungszahl für Luftreifen auf Asphalt beträgt 0,02.

Wie groß sind

a) die Gewichtskraft,

b) das Gewicht des Pkw?

Lösungen

1) 1312,5 N | **2)** 0,7 | **3)** 1600 N | **4a)** 0,52; **4b)** 0,43 | **5a)** 5156 N; 3437 kN; **5b)** 343,7 N; 229,1 N | **6)** 384 N | **7)** 8400 N | **8)** 9,2 N | **9)** 110,4 N | **10a)** 12500 N; **10b)** 1250 kg

2.16 FESTIGKEIT

2.16.1 ZUGFESTIGKEIT

Wird ein Werkstück durch eine Kraft F auf Zug beansprucht, so entsteht in seinem Inneren eine Zugspannung σ, die Formänderungen bzw. Bruch des Werkstückes zur Folge haben kann. Die Zugspannung ist der Widerstand, den jeder mm^2 vom Querschnitt S der Beanspruchung entgegensetzt.

Als Zugfestigkeit R_m bezeichnet man die Zugspannung, bei der der Bruch des Werkstückes eintritt (Bruchgrenze).

Um Schäden und Unfallgefahren vorzubeugen, müssen Bauteile von Fahrzeugen und Maschinen so bemessen sein, dass sie in Abhängigkeit vom Werkstoff nicht immer bis zur Festigkeit R_m des Werkstoffes, sondern evtl. nur bis zu seiner Streckgrenze R_e oder seiner Dehngrenze $R_{p0,2}$ beansprucht werden. Weiterhin muss stets eine entsprechende Sicherheit vorhanden sein. Die Sicherheit wird durch die Sicherheitszahl ν gekennzeichnet. Sie gibt an, mit welchem Teil der Belastungsgrenze das Werkstück beansprucht werden darf.

Abhängig vom Werkstoff gilt als Belastungsgrenze:

- Zugfestigkeit R_m für spröde Werkstoffe (GG)
- Streckgrenze R_e für zähe Werkstoffe (Stahl mit $R_m \leq 600\ N/mm^2$)
- 0,2 %-Dehngrenze $R_{p0,2}$ zähe Werkstoffe (Stahl mit $R_m > 600\ N/mm^2$)

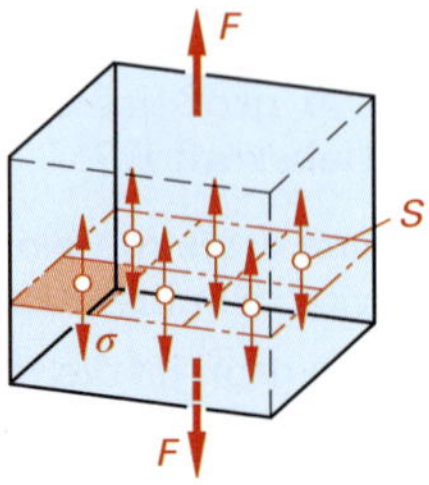

$$\sigma = \frac{F}{S}$$

$$F = \sigma \cdot S$$

$$S = \frac{F}{\sigma}$$

$$R_m = \frac{F_m}{S}$$

$$F_m = R_m \cdot S$$

$$S = \frac{F_m}{R_m}$$

$$\sigma_{zul} = \frac{R_m}{\nu}$$

$$\nu = \frac{R_m}{\sigma_{zul}}$$

$$R_m = \sigma_{zul} \cdot \nu$$

$$F_{zul} = \sigma_{zul} \cdot S$$

$$\sigma_{zul} = \frac{F_{zul}}{S}$$

$$S = \frac{F_{zul}}{\sigma_{zul}}$$

Beispiel 1

Eine Zugstange aus Stahl S235JR ($R_e = 230\ N/mm^2$) wird mit einer Kraft von 12000 N belastet. Es wird 5-fache Sicherheit vorgeschrieben. Wie groß muss der Durchmesser der Zugstange sein?

Gegeben: $R_e = 230\ N/mm^2$; $F_{zul} = 12000\ N$; $\nu = 5$
Gesucht: d in mm

Lösung

$$\sigma_{zul} = \frac{R_e}{\nu} = \frac{230\ N/mm^2}{5} = 46\ N/mm^2$$

$$S = \frac{F_{zul}}{\sigma_{zul}} = \frac{12000\ N}{46\ N/mm^2} = 260{,}87\ mm^2$$

$$d = \sqrt{\frac{4 \cdot S}{\pi}} = \sqrt{\frac{4 \cdot 260{,}87\ mm^2}{\pi}} = \mathbf{18{,}23\ mm}$$

Beispiel 2

Für eine Schraube M8x30 – 6.8 ist eine 8-fache Sicherheit gegen die Streckgrenze R_e vorgeschrieben. Wie groß ist die zulässige Spannung?

Gegeben: $R_e = 6 \cdot 80\ N/mm^2 = 480\ N/mm^2$; $\nu = 8$
Gesucht: σ_{zul} in N/mm^2

Lösung

$$\sigma_{zul} = \frac{R_e}{\nu} = \frac{480\ N/mm^2}{8} = \mathbf{60\ N/mm^2}$$

Beispiel 3

Ein Stab mit einer Querschnittsfläche $S = 285\ mm^2$ wird mit der Zugkraft $F = 42750\ N$ belastet. Wie groß ist die Zugspannung σ?

Gegeben: $S = 285\ mm^2$; $F = 42750\ N$
Gesucht: σ_{zul} in N/mm^2

Lösung

$$\sigma_{zul} = \frac{F}{S} = \frac{42750\ N}{285\ mm^2} = \mathbf{150\ N/mm^2}$$

- F Zugkraft in N
- F_m Höchstzugkraft in N
- F_{zul} Zulässige Zugkraft in N
- S Querschnitt in mm^2
- σ Zugspannung in N/mm^2
- σ_{zul} Zulässige Zugspannung in N/mm^2
- ν Sicherheitszahl (Sicherheit)
- R_m Zugfestigkeit in N/mm^2 evtl. R_e oder $R_{p0,2}$ in N/mm^2

Aufgaben

1 Ein Rundstahl mit einem Durchmesser von d = 11 mm ist unter Einwirkung einer Zugkraft von F = 50350 N gerissen. Wie groß ist die Zugfestigkeit R_m?

2 An einer Kette **(Bild 1)** aus Stahl S185 (R_e = 180 N/mm²), d = 5 mm, hängt eine Last mit einer zulässigen Gewichtskraft von 3000 N. Wie groß sind …
a) die zulässige Zugspannung,
b) die Sicherheit gegen die Streckgrenze bei Zugbeanspruchung?

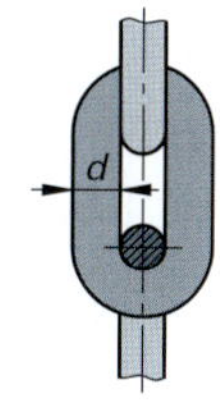

Bild 1

3 Eine rohrförmige Abschleppstange aus Stahl (R_e = 350 N/mm²) hat einen Außendurchmesser von 30 mm und einen Innendurchmesser von 24,8 mm.
Wie groß ist ihre zulässige Zugkraft bei 5-facher Sicherheit gegen die Streckgrenze?

4 Der Werkstoff für eine Zugstange darf bei 2,5-facher Sicherheit gegen die Streckgrenze eine zulässige Zugspannung von 152 N/mm² nicht überschreiten.
a) Wie groß muss die Streckgrenze des Werkstoffes sein?
b) Welchen Durchmesser muss die Zugstange für eine Zugkraft von 45000 N haben?

5 Die vier Befestigungsschrauben für den Zylinder eines Motors müssen eine Kraft von 32470 N aufnehmen. Der Schraubenwerkstoff hat eine Streckgrenze von 792 N/mm².
a) Wie groß muss bei 3-facher Sicherheit gegen die Streckgrenze der Spannungsquerschnitt sein?
b) Welche Gewindegröße wird gewählt?

6 Ein Abschleppseil besteht aus 46 einzelnen Stahldrähten ($R_{p0,2}$ = 850 N/mm²) mit je 1,3 mm Durchmesser. Wie groß ist die zulässige Zugkraft bei 2-facher Sicherheit gegen die 0,2 %-Dehngrenze?

Lösungen

1) 530 N/mm² | **2a)** 76,3; **2b)** 2,4 | **3)** 15666 N | **4a)** 380 N; 296 N/mm²; **4b)** 19,4 |
5a) 30,7; **5b)** M8 | **6)** 25967,5 N

2.16.2 DRUCKFESTIGKEIT

Wird ein Werkstück durch eine Druckkraft F beansprucht, so entsteht in seinem Querschnitt S eine Druckspannung σ_d. Als Druckfestigkeit σ_{dB} bezeichnet man die Druckspannung, bei der das Werkstück bricht.

Auch bei der Druckbeanspruchung darf zur Sicherheit nur mit einem Teil der vom Werkstoff abhängigen Belastungsgrenze gerechnet werden.

Vom Werkstoff abhängige Belastungsgrenzen sind:
- Druckfestigkeit σ_{dB} bei spröden Werkstoffen (GJL)
- Quetschgrenze σ_{dF} bei zähen Werkstoffen (St; $R_m \leq$ 600 N/mm²)
- 0,2 %-Stauchgrenze $\sigma_{d0,2}$ bei zähen Werkstoffen (St; $R_m >$ 600 N/mm²)

Die zulässige Druckspannung σ_{dzul} errechnet sich mithilfe der Sicherheitszahl ν und der vom Werkstoff abhängigen Belastungsgrenze.

Bei metallischen Werkstoffen ist die Druckfestigkeit größer als die Zugfestigkeit. Ist die zulässige Zugbeanspruchung bekannt, so kann die Berechnung der Druckbeanspruchung entfallen.

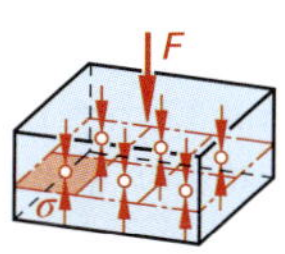

$$\sigma_d = \frac{F}{S}$$

$$\sigma_{dB} = \frac{F_B}{S}$$

$$\sigma_{dzul} = \frac{\sigma_{dB}}{\nu}$$

$$F_{zul} = \sigma_{dzul} \cdot S$$

$$\sigma_{dzul} = \frac{F_{zul}}{S}; \qquad S = \frac{F_{zul}}{\sigma_{dzul}}$$

F	Druckkraft in N
F_B	Druckkraft beim Bruch in N
F_{zul}	Zulässige Druckkraft in N
S	Querschnitt in mm²
σ_d	Druckspannung in N/mm²
σ_{dB}	Druckfestigkeit in N/mm²
σ_{dzul}	Zulässige Druckspannung
ν	Sicherheitszahl

Beispiel

Eine quadratische Platte aus Gusseisen mit einem Querschnitt von 256 cm² wird mit 5,12 MN belastet. Wie groß ist die Druckspannung?

Gegeben: S = 256 cm²; F = 5,12 MN = 5120000 N
Gesucht: σ_d in N/mm²
F in N/mm²

Lösung

$$\sigma_d = \frac{F}{S} = \frac{5120000\ \text{N}}{25600\ \text{mm}^2} = \mathbf{200\ N/mm^2}$$

Aufgaben

1 Eine kurze zylindrische Säule aus Gusseisen mit einem Querschnitt $S = 145\ cm^2$ wird mit einer Druckkraft $F = 2{,}6$ MN belastet. Wie groß ist die Druckspannung σ_d?

2 Die Druckschraube M 12 eines Abziehers ist aus Stahl mit einer 0,2 %-Stauchgrenze von 640 N/mm² hergestellt. Wie groß ist ihre zulässige Druckkraft bei 2-facher Sicherheit?

3 Eine Hohlsäule aus EN-GJL-200 mit 800 N/mm² Druckfestigkeit wird mit einer Kraft von 3200000 N belastet. Ihr Innendurchmesser ist 90 mm. Es ist 2,5-fache Sicherheit vorgegeben. Wie groß sind ...
a) die zulässige Spannung und
b) der Außendurchmesser der Säule?

Lösungen

1) 179,3 N/mm² | **2)** 26976 N | **3a)** 320N/mm²; **3b)** 144 mm

2.16.3 SCHERFESTIGKEIT

Die Kraftwirkung ist bei der Zug- und Druckbeanspruchung immer senkrecht zum Querschnitt. Im Gegensatz wirkt bei der Scherbeanspruchung die Kraft F senkrecht dazu in Richtung des Querschnittes S. Dadurch wird das Werkstück auf Abscherung beansprucht und es entsteht die Scherspannung τ_a. Wird die Scherfestigkeit τ_{aB} überschritten, erfolgt das Abscheren.

Werkstücke, die bei Scherbelastung nicht abscheren sollen, dürfen zur Sicherheit nur bis zu einem Teil der Scherfestigkeit beansprucht werden.

Die zulässige Scherspannung τ_{zul} errechnet sich mithilfe der Sicherheitszahl ν aus der Scherfestigkeit.

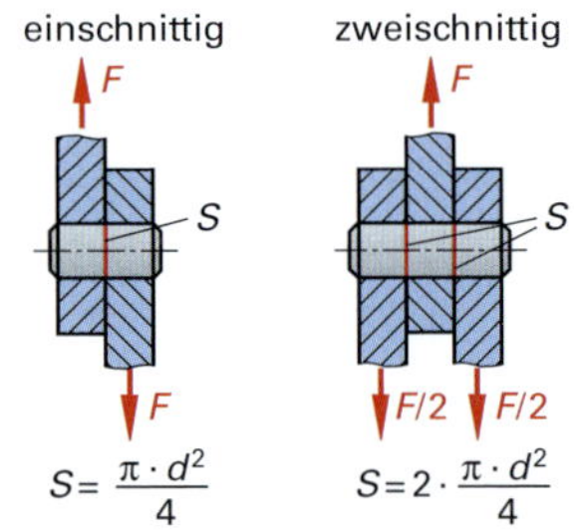

$$\tau_a = \frac{F}{S}$$

$$\tau_{aB} = \frac{F_B}{S}$$

$$F_B = \tau_{aB} \cdot S; \qquad S = \frac{F_B}{\tau_{aB}}$$

$$\tau_{azul} = \frac{\tau_{aB}}{\nu}$$

$$\tau_{aB} = \tau_{azul} \cdot \nu; \qquad \nu = \frac{\tau_{aB}}{\tau_{azul}}$$

$$F_{zul} = \tau_{azul} \cdot S$$

$$\tau_{azul} = \frac{F_{zul}}{S}; \qquad S = \frac{F_{zul}}{\tau_{azul}}$$

$$\tau_{aB} = 0{,}8 \cdot R_m$$

τ_a Scherspannung in N/mm²
τ_{aB} Scherfestigkeit in N/mm²
τ_{azul} Zulässige Scherspannung in N/mm²
F_{zul} Zulässige Scherkraft in N; Werkstoff nicht getrennt
F Scherkraft in N
F_B Abscherkraft in N; der Werkstoff wird getrennt
S Querschnitt in mm²
ν Sicherheitszahl (Sicherheit)

Beispiel 1

Bei einer Doppellaschenverbindung sind die Laschen durch einen Stahlbolzen mit 12 mm Durchmesser und 800 N/mm² Zugfestigkeit miteinander verbunden. Wie groß darf die Scherkraft bei 2-facher Sicherheit sein?

Gegeben: $d = 12$ mm; $R_m = 800$ N/mm²; $\nu = 2$
Gesucht: F_{zul} in kN

Lösung

$$S = 2 \cdot \frac{\pi \cdot d^2}{4} = 2 \cdot \frac{\pi \cdot 12^2\ mm^2}{4} = 226\ mm^2$$

$$\tau_{aB} = 0{,}8 \cdot R_m = 0{,}8 \cdot 800\ N/mm^2 = 640\ N/mm^2$$

$$\tau_{azul} = \frac{\tau_{aB}}{\nu} = \frac{640\ N/mm^2}{2} = 320\ N/mm^2$$

$$F_{zul} = \tau_{azul} \cdot S = 320\ N/mm^2 \cdot 226\ mm^2 = \mathbf{78320\ N = 78{,}32\ kN}$$

Beispiel 2

Mit einer Schlagschere wird Flachstahl 20×5 (S275JR; $R_m = 420$ N/mm²) abgetrennt. Wie groß muss die Scherkraft sein?

Gegeben: $l = 20$ mm; $b = 5$ mm; $R_m = 420$ N/mm²
Gesucht: F_B in N

Lösung

$$S = l \cdot s = 20\ mm \cdot 5\ mm = 100\ mm^2$$

$$\tau_{aB} = 0{,}8 \cdot R_m = 0{,}8 \cdot 420\ N/mm^2 = 336\ N/mm^2$$

$$F_B = \tau_{aB} \cdot S = 336\ N/mm^2 \cdot 100\ mm^2 = \mathbf{33600\ N}$$

Aufgaben

1 Bei einer Nietverbindung wird der Niet auf Abscherung beansprucht. Der Nietdurchmesser ist 5 mm, der Nietwerkstoff hat eine Zugfestigkeit von 380 N/mm². Die Scherkraft beträgt 3000 N. Eine 2-fache Sicherheit ist vorgeschrieben. Berechnen Sie …
a) die Scherfestigkeit, b) die Scherspannung,
c) die zulässige Scherspannung, d) die zulässige Scherkraft.
e) Liegt die Nietbeanspruchung noch im Sicherheitsbereich?

2 Der Gelenkbolzen **(Bild 1)** aus Stahl S275JR (R_m = 420 N/mm²) hat einen Durchmesser von 20 mm. Er soll 8-fache Sicherheit bieten. Wie groß darf die an der Zugstange auftretende Zugkraft sein?

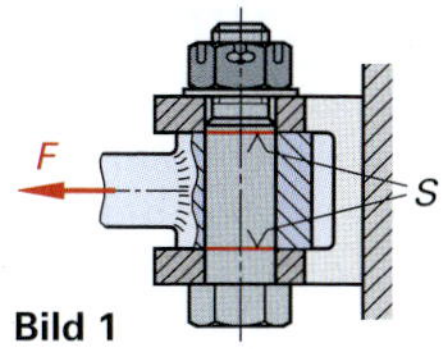

Bild 1

3 Auf einen Kolbenbolzen **(Bild 2)** wirkt eine höchste Kolbenkraft von 24000 N. Die zulässige Scherspannung des Kolbenbolzenwerkstoffes beträgt 80 N/mm².
a) Wie groß muss eine Scherfläche am Kolbenbolzen sein?
b) Wie groß ist der Innendurchmesser d des hohlen Kolbenbolzens, wenn der Außendurchmesser D = 25 mm beträgt?

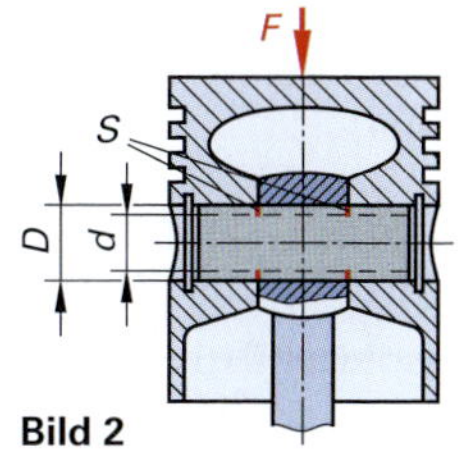

Bild 2

4 Die Rollenkette eines Motorrades **(Bild 3)** ist auf eine zulässige Zugkraft von 2500 N ausgelegt. Die Kettenbolzen haben einen Durchmesser von je 3 mm. Wie groß sind
a) die zulässige Scherfestigkeit,
b) die vorhandene Sicherheit, wenn die Streckgrenze des für die Kettenbolzen verwendeten Werkstoffes 600 N/mm² beträgt?

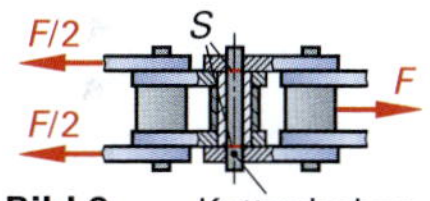

Bild 3 Kettenbolzen

Lösungen

1a) 304 N/mm²; **1b)** 153 N/mm²; **1c)** 152 N/mm²; **1d)** 2979,2 N; **1e)** liegt außerhalb des vorgeschriebenen Sicherheitsbereichs | **2)** 26388,6 N | **3a)** 150 mm²; **3b)** 20,8 mm | **4a)** 177 N/mm²; **4b)** 2,7

2.16.4 FLÄCHENPRESSUNG

Werden zwei Werkstücke mit der Kraft F gegeneinander gepresst, so tritt an der Berührungsfläche A die Flächenpressung p auf. Bei zylindrischen Werkstücken (z. B. Lagerzapfen) wirkt als gepresste Fläche die Fläche des Längsschnittes ($l \cdot d$).

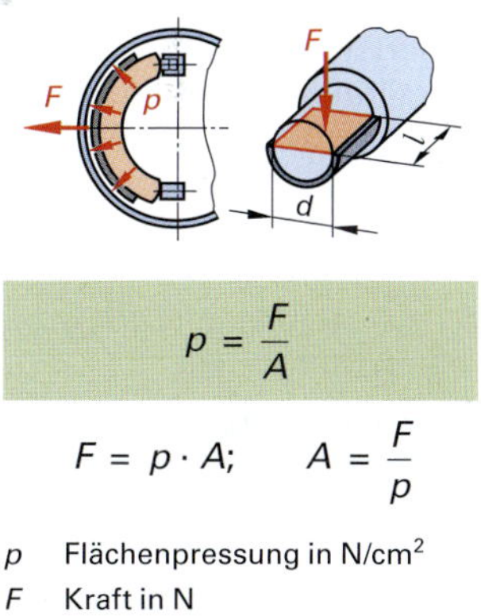

Beispiel

Ein Lagerzapfen mit 40 mm Durchmesser wird mit einer Kraft 12000N in die Lagerschale von 20 mm Länge gepresst. Wie groß ist die Flächenpressung?

Gegeben: d = 40 mm; F = 12000 N; l = 20 mm
Gesucht: p in N/cm²

Lösung $A = l \cdot d = 2\ \text{cm} \cdot 4\ \text{cm} = 8\ \text{cm}^2$

$$p = \frac{F}{A} = \frac{12000\ \text{N}}{8\ \text{cm}^2} = \mathbf{1500\ N/cm^2}$$

$$p = \frac{F}{A}$$

$$F = p \cdot A; \qquad A = \frac{F}{p}$$

p Flächenpressung in N/cm²
F Kraft in N
A Fläche in cm²

Aufgaben

1 Ein Kupplungsbelag hat die Abmessungen D = 150 mm, d = 100 mm. Die Anpresskraft der Kupplungsdruckfedern beträgt 1750 N. Wie groß ist die Flächenpressung?

2 Der Hauptlagerzapfen einer Kurbelwelle hat 60 mm Durchmesser und wird mit einer Kraft von 15000 N belastet. Für die Lagerschale ist eine Flächenpressung von 800 N/cm² zulässig. Welche Breite muss die Lagerschale haben?

Lösungen

1) 17,8 N/cm² | **2)** 31,25 mm

2.17 HYDRAULIK – PNEUMATIK

2.17.1 DRUCK

DRUCK, ALLGEMEIN

Unter dem Druck p, der auf eine Flüssigkeit oder ein Gas wirkt, versteht man die Kraft F, die senkrecht auf die Flächeneinheit A der Flüssigkeit oder des Gases wirkt **(Bild 1)**.

Die SI-Einheit des Druckes ist das Pascal (Pa) bzw.das Newton pro Quadratmeter (N/m²). Als zweckmäßige Einheit verwendet man meist Bar (bar) bzw. Millibar (mbar).

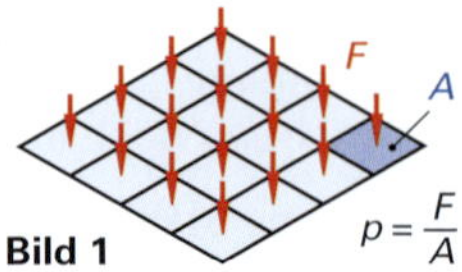

Bild 1

p Druck in N/cm²
F Kraft in N
A Fläche in cm²

$$p = \frac{F}{A}$$

$$F = p \cdot A$$

$$1\ \text{Pa} = 1\ \frac{\text{N}}{\text{m}^2}$$

$$1\ \text{bar} = 10\ \frac{\text{N}}{\text{cm}^2}$$

ABSOLUTER DRUCK, ATMOSPHÄRENDRUCK, ÜBERDRUCK (BILD 2)

Absoluter Druck ist der Druck gegenüber dem Druck 0 im Vakuum bzw. im leeren Raum.

Atmosphärendruck ist der in der Atmosphäre herrschende Luftdruck gegenüber dem Druck 0 im Vakuum.

Überdruck, atmosphärische Druckdifferenz ist der Druckunterschied zwischen dem absoluten Druck und dem Atmosphärendruck. Negative Werte des Überdruckes kennzeichnen den Unterdruckbereich.

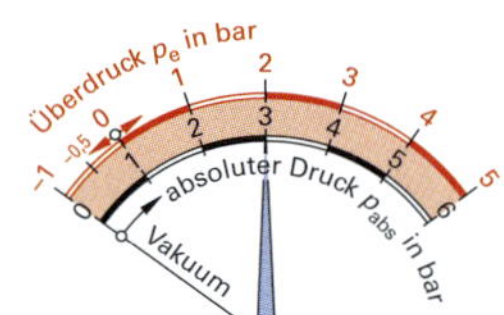

Bild 2

p_{abs} Absoluter Druck in bar, mbar, hPa
p_{amb} Atmosphärendruck in bar, mbar, hPa
p_e Überdruck in bar, mbar, hPa

$$p_{abs} = p_e + p_a$$

$$p_e = p_{abs} - p_a$$

$$1\ \text{bar} = 1000\ \text{mbar}$$

$$1\ \text{mbar} = 1\ \text{hPa}$$

Beispiel

Berechnen Sie jeweils den Überdruck und stellen Sie den absoluten Druck und den Überdruck grafisch dar, wenn

a) in einem Reifen ein Überdruck von p_{abs} = 3,4 bar herrscht.

b) im Ansaugrohr eines Ottomotors ein Druck von p_{abs} = 0,6 bar gemessen wird.

Lösung $p_e = p_{abs} - p_{amb} = 3{,}4\ \text{bar} - 1\ \text{bar} = \mathbf{2{,}4\ bar}$

$p_e = p_{abs} - p_{amb} = 0{,}6\ \text{bar} - 1\ \text{bar} = \mathbf{-0{,}4\ bar}$

Die verschiedenen Drücke sind in **Bild 3** als Balkendiagramm dargestellt.

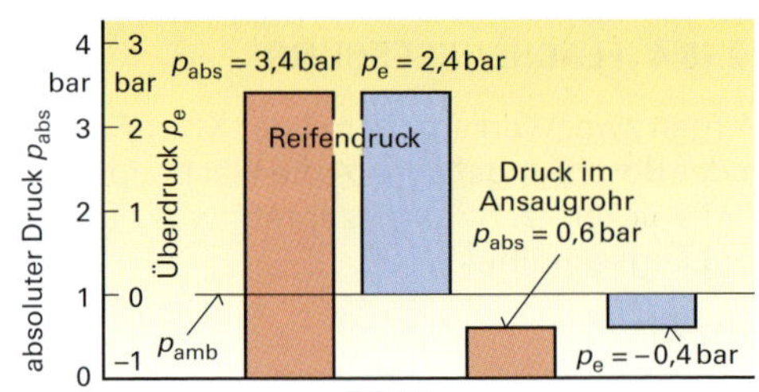

Bild 3

Aufgaben

1 Im Ansaugkrümmer herrscht ein Druck p_e = −350 mbar; der Atmosphärendruck beträgt 1020 hPa. Wie groß ist der absolute Druck in bar?

2 Der Kolben eines Hydraulikzylinders **(Bild 4)** hat 120 mm Durchmesser, der Flüssigkeitsdruck beträgt 35 bar. Wie groß ist die Kolbenstangenkraft?

3 Ein Kolben **(Bild 5)** hat einen Durchmesser von 50 mm. An der Kolbenstange wirkt eine Kraft von 660 N. Wie groß ist der Druck, der auf den Kolbenboden wirkt?

4 Die Hubkraft einer hydraulischen Hebebühne beträgt 24,88 kN, der Flüssigkeitsdruck beträgt 5,5 bar. Wie groß ist der Kolbendurchmesser in mm?

5 W ie groß ist der absolute Druck in einem Reifen, wenn der Überdruck 3,5 bar beträgt, bei einem Luftdruck von 980 hPa?

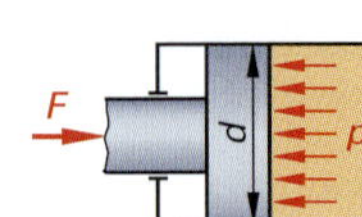

Bild 4

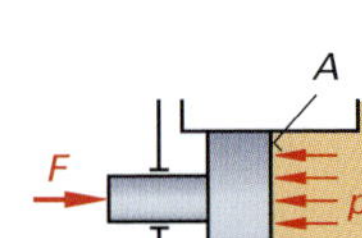

Bild 5

Lösungen

1) 0,67 bar | **2)** 39550 N | **3)** 3,4 bar | **4)** 240 mm | **5)** 4,48 bar

2.17.2 HYDROSTATISCHER DRUCK

Hydrostatischer Druck (Druck in ruhender Flüssigkeit) ist der Druck, den eine Flüssigkeit auf ihre Gefäßwand ausübt. Dabei unterscheidet man zwischen Bodendruck und Seitendruck.

Der hydrostatische Druck ist abhängig von ...
- der Flüssigkeitshöhe,
- der Dichte der Flüssigkeit,
- der Fallbeschleunigung.

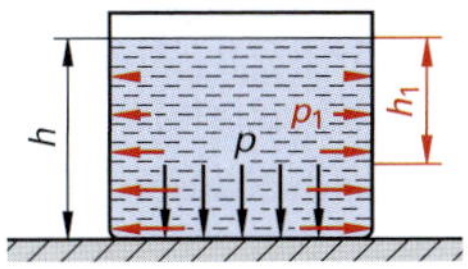

$$p = \varrho \cdot g \cdot h$$

$$h = \frac{p}{\varrho \cdot g}$$

p, p_1	Boden- bzw. Seitendruck in N/m^2	g	Fallbeschleunigung in m/s^2
h, h_1	Höhe der Flüssigkeitssäule in m	ϱ	Dichte der Flüssigkeit in kg/m^3

Beispiel

Ein Behälter ist mit Dieselkraftstoff (ϱ = 0,85 kg/dm³) 60 cm hoch gefüllt. Wie groß ist der Bodendruck?

Gegeben: h = 60 cm = 0,6 m; ϱ = 0,85 kg/dm³ = 850 kg/m³; $g \approx$ 10 m/s²
Gesucht: p in bar

Lösung $p = \varrho \cdot g \cdot h = 850\ kg/m^3 \cdot 10\ m/s^2 \cdot 0{,}6\ m = 5100\ N/m^2 \approx$ **0,05 bar**

Aufgaben

1 Ein Behälter ist mit Benzin (ϱ = 0,72 kg/dm³) bis zu einer Höhe von 80 cm gefüllt.
a) Wie groß ist der Bodendruck?
b) Wie groß ist der Seitendruck in 35 cm Tiefe?

2 Aus dem unterirdischen Vorratsbehälter saugt die Pumpe einer Zapfsäule mit einem Druck von 0,25 bar Superkraftstoff mit einer Dichte von 0,77 kg/dm³. Wie groß ist die Saughöhe?

Lösungen

1a) 0,057 bar; **1b)** 0,025 bar | **2)** –3,3 m

2.17.3 AUFTRIEB IN FLÜSSIGKEITEN

Wird ein Körper ganz oder teilweise in eine Flüssigkeit getaucht, so erfährt er eine Auftriebskraft.

Die Größe der Auftriebskraft ist abhängig von ...
- dem Volumen der verdrängten Flüssigkeit,
- der Dichte der verdrängten Flüssigkeit,
- der Fallbeschleunigung.

Beispiel

Ein Körper mit Volumen 100 cm³ wird in Wasser mit Dichte 1 kg/dm³ ganz eingetaucht. Wie groß ist die Auftriebskraft?

Gegeben: V = 0,1 dm³; ϱ = 1 kg/dm³; g = 10 m/s²
Gesucht: F_A in N

Lösung $F_A = V \cdot \varrho \cdot g = 0{,}1\ dm^3 \cdot 1\ kg/dm^3 \cdot 10\ m/s^2 =$ **1 N**

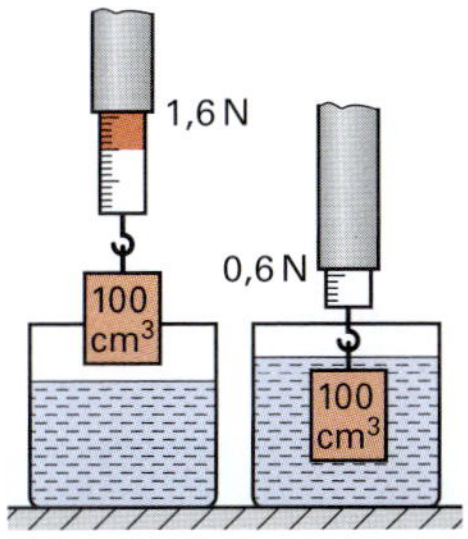

$$F_A = V \cdot \varrho \cdot g$$

$$V = \frac{F_A}{\varrho \cdot g}$$

V	Volumen der verdrängten Flüssigkeitsmenge in dm^3
F_A	Auftriebskraft in N
ϱ	Dichte der Flüssigkeit in kg/dm^3
g	Fallbeschleunigung in m/s^2

Aufgaben

1 Der Schwimmer eines Säureprüfers hat eine Gewichtskraft von 0,092 N, die Dichte der verdünnten Schwefelsäure beträgt 1,28 kg/dm³. Wie groß ist das Eintauchvolumen des Schwimmers?

2 Der Schwimmer einer Gefrierschutzspindel hat ein Gewicht von 18,2 g; er verdrängt beim Ausspindeln ein Volumen von 16,5 cm³. Wie groß ist die Dichte der Kühlflüssigkeit?

3 Der Schwimmer in einem Kraftstofftank hat ein Volumen von 120 cm³. Benzin: ϱ = 0,74 kg/dm³. Wie groß ist die Auftriebskraft des Schwimmers, wenn er mit ¾ seines Volumens eintaucht?

Lösungen

1) 7,3 cm³ | **2)** 1,1 kg/cm³ | **3)** 0,65 N

2.17.4 HYDRAULISCHE KRAFTÜBERTRAGUNG

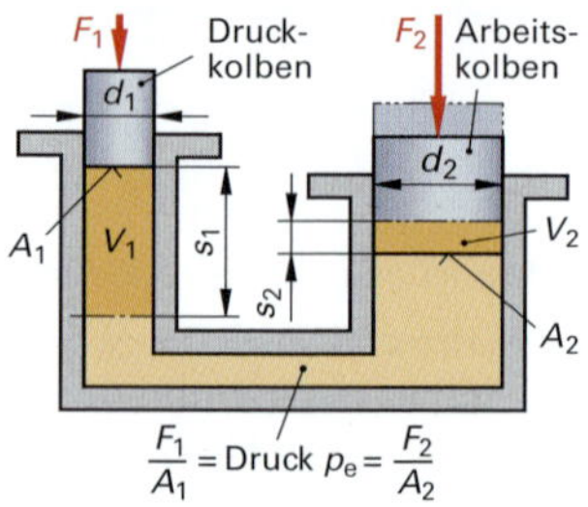

Wird in einem geschlossenen System auf eine Flüssigkeit ein Druck ausgeübt, so pflanzt sich dieser nach allen Seiten gleichmäßig fort, sodass im ganzen System überall ein gleich großer Druck wirkt.

Der Flüssigkeitsdruck bewirkt am Kolben eine Kolbenkraft, die der Kolbenfläche verhältnisgleich ist. Werden die Kolben einer Hydraulikanlage mit verschieden großen Durchmessern ausgeführt, so erreicht man eine hydraulische Kraftübersetzung.

In der hydraulischen Presse wird im Pumpenzylinder der Pumpenkolben mit der Kolbenfläche A_1 um den Kolbenweg s_1 bewegt und dabei das Flüssigkeitsvolumen V aus dem Pumpenzylinder verdrängt. Im Arbeitszylinder verschiebt dieses Volumen den Arbeitskolben mit der Kolbenfläche A_2 um den Kolbenweg s_2.

Am Pumpenkolben mit der Kolbenfläche A_1 ist zur Erzeugung des Druckes p die Kolbenkraft F_1 erforderlich.

Am Kolben des Arbeitszylinders bewirkt der Druck p die Kolbenkraft F_2. Da die Kolbenfläche A_2 im Arbeitszylinder größer ist als die Kolbenfläche A_1 im Pumpenzylinder, ist die Kolbenkraft F_2 des Arbeitskolbens größer als die Kolbenkraft F_1 des Pumpenkolbens. Das Verhältnis der Kolbenkräfte $F_1 : F_2$ bzw. der Durchmesser $d_1^2 : d_2^2$ ist gleich dem Verhältnis der Kolbenflächen $A_1 : A_2$. Diese Verhältnisse werden als hydraulisches Übersetzungsverhältnis i_{hyd} bezeichnet.

$$p = \frac{F_1}{A_1}$$

$$p = \frac{F_2}{A_2}$$

$$A_1 \cdot s_1 = A_2 \cdot s_2$$

$$F_1 = p \cdot A_1$$

$$F_2 = p \cdot A_2$$

$$i_{hyd} = \frac{F_1}{F_2}$$

$$i_{hyd} = \frac{A_1}{A_2}$$

p	Flüssigkeitsdruck in N/cm²
F_1, F_2	Kräfte an den Kolben in N
A_1, A_2	Kolbenflächen in cm²
s_1, s_2	Kolbenwege in cm
i_{hyd}	hydraulisches Übersetzungsverhältnis

Beispiel

Der Pumpenkolben einer hydraulischen Presse hat 15 mm Durchmesser und der Arbeitskolben 90 mm Durchmesser. Die Kraft am Pumpenkolben beträgt 200 N. Wie groß sind ...

a) der Flüssigkeitsdruck? b) die Kraft am Arbeitskolben?

Gegeben: $d_1 = 1{,}5$ cm; $d_2 = 9$ cm; $F_1 = 200$ N
Gesucht: a) p in bar; b) F_2 in N

Lösung

a) $A_1 = \frac{\pi \cdot d_1^2}{4} = \frac{\pi \cdot 1{,}5^2\ \text{cm}^2}{4} = 1{,}77\ \text{cm}^2$; $p = \frac{F_1}{A_1} = \frac{200\ \text{N}}{1{,}77\ \text{cm}^2} = 113\ \frac{\text{N}}{\text{cm}^2} = \mathbf{11{,}3\ bar}$

b) $A_2 = \frac{\pi \cdot d_2^2}{4} = \frac{\pi \cdot 9^2\ \text{cm}^2}{4} = 63{,}6\ \text{cm}^2$; $F_2 = p \cdot A_2 = 113\ \frac{\text{N}}{\text{cm}^2} \cdot 63{,}6\ \text{cm}^2 = \mathbf{7187\ N}$

Aufgaben

1 Der Pumpenkolben einer hydraulischen Presse hat eine Kolbenfläche von 12 cm² und der Arbeitskolben von 1600 cm². Am Arbeitskolben wird eine Kraft von 99,2 kN benötigt. Wie groß ist ...
a) der Flüssigkeitsdruck,
b) das hydraulische Übersetzungsverhältnis,
c) die erforderliche Kraft am Pumpenkolben?

2 Der Arbeitskolben einer hydraulischen Hebebühne **(Bild 1)** hat einen Durchmesser von 320 mm. Der Flüssigkeitsdruck beträgt 5,6 bar. Wie groß ist ...
a) die Hubkraft des Arbeitskolbens,
b) das hydraulische Übersetzungsverhältnis, wenn der Durchmesser des Pumpenkolbens 50 mm beträgt?

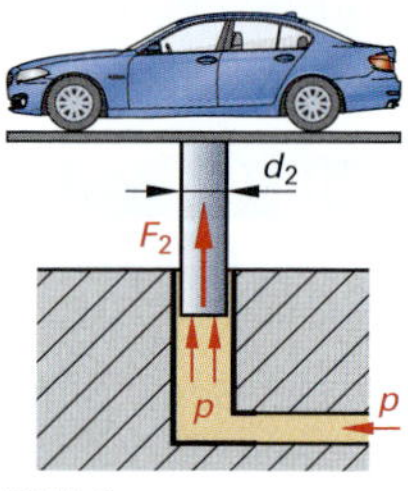

Bild 1

Lösungen

1a) 6,2 bar; **1b)** 0,0075; **1c)** 744 N | **2a)** 45038 N; **2b)** 0,024

Aufgaben

3 Von einer hydraulischen Bremsanlage **(Bild 1)** sind folgende Werte gegeben: Durchmesser des Hauptbremszylinders d_1 = 25,4 mm; Kolbenstange F_1 = 2000 N; Radzylinderdurchmesser d_2 = 36 mm. Berechnen Sie ...

a) den Druck p_e in der Leitung,

b) die Spannkraft F_2 der Radzylinderkolben.

4 Ein hydraulischer Wagenheber **(Bild 2)** erzeugt eine Hubkraft von 30,5 kN; die Pumpenkolbenkraft beträgt 400 N, der Flüssigkeitsdruck 12,7 bar. Wie groß sind ...

a) der Arbeitskolbendurchmesser,

b) der Pumpenkolbendurchmesser,

c) das hydraulische Übersetzungsverhältnis?

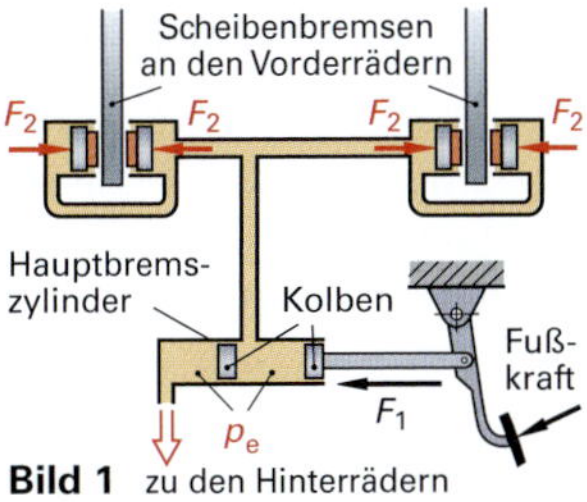

Bild 1

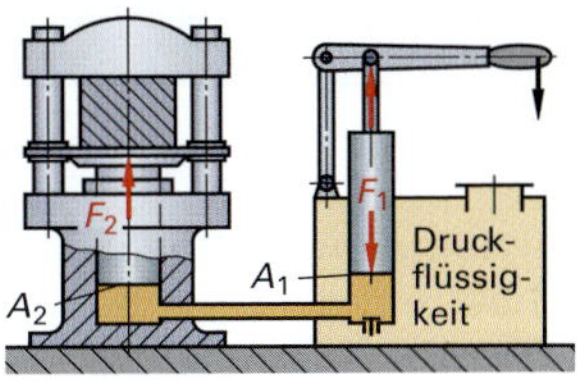

Bild 2

Lösungen

3a) 394,48 N/cm²; 39,52 bar **3b)** 4015,8 N | **4a)** 175 mm; **4b)** 20 mm; **4c)** 0,013

2.17.5 STRÖMUNG BEI QUERSCHNITTSÄNDERUNG

Strömt in einer Rohrleitung eine Flüssigkeit oder ein Gas, so sind die Durchflussmengen, die in einer Sekunde durch jeden Querschnitt der Rohrleitung strömen, gleich groß. Bei einer Verengung des Querschnitts muss die Durchflussgeschwindigkeit größer werden, damit die gleiche Menge in der Sekunde durchströmt.

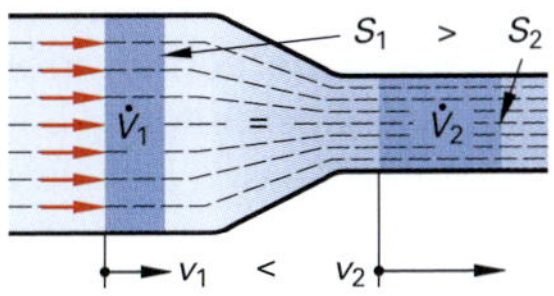

S_1, S_2 Querschnittsflächen in cm²
v_1, v_2 Durchflussgeschwindigkeiten in cm/s
$\dot{V}_1$, $\dot{V}_2$ Durchflussmengen in cm³/s

$$\dot{V}_1 = S_1 \cdot v_1 = S_2 \cdot v_2$$

$$v_1 = \frac{S_2 \cdot v_2}{S_1}$$

$$v_2 = \frac{S_1 \cdot v_1}{S_2}$$

Beispiel

Eine Wasserleitung hat eine Querschnittsfläche von 700 cm². Sie wird verjüngt auf eine Querschnittsfläche von 350 cm². Die Strömungsgeschwindigkeit im großen Querschnitt beträgt 2 m/s. Wie groß ist die Strömungsgeschwindigkeit im kleineren Querschnitt?

Gegeben: S_1 = 700 cm²; S_2 = 350 cm²; v_1 = 2 m/s
Gesucht: v_2 in m/s

Lösung $v_2 = \frac{S_1 \cdot v_1}{S_2} = \frac{700\ \text{cm}^2 \cdot 200\ \text{cm/s}}{350\ \text{cm}^2} = 400\ \text{cm/s} = \mathbf{4\ m/s}$

Aufgaben

1 Durch eine Kraftstoffleitung strömen je Sekunde 15 cm³ Dieselkraftstoff. Wie groß muss der Innendurchmesser der Kraftstoffleitung sein, wenn die Strömungsgeschwindigkeit des Dieselkraftstoffes 0,3 m/s beträgt?

2 In einer Kühlwasserleitung verengt sich der Querschnitt von 8,05 cm² auf 6,2 cm². Die Strömungsgeschwindigkeit vor der Verengung beträgt 2,0 m/s. Wie groß ist die Strömungsgeschwindigkeit im verengten Querschnitt?

Lösungen

1) 8 mm | **2)** 2,6 m/s

2.17.6 DRUCK UND VOLUMEN VON GASEN

Gase lassen sich verdichten. Das Verdichten kann erfolgen durch Raumverkleinerung bei gleichbleibender Masse oder durch Einpressen von Gas in einen gleichbleibenden Raum. In beiden Fällen steigt der Gasdruck an.

Wenn bei diesen Vorgängen die Temperatur konstant bleibt, gilt das Boyle-Mariottesche Gesetz:

Das Produkt aus Druck und Volumen ist konstant; dabei muss immer mit dem absoluten Druck gerechnet werden.

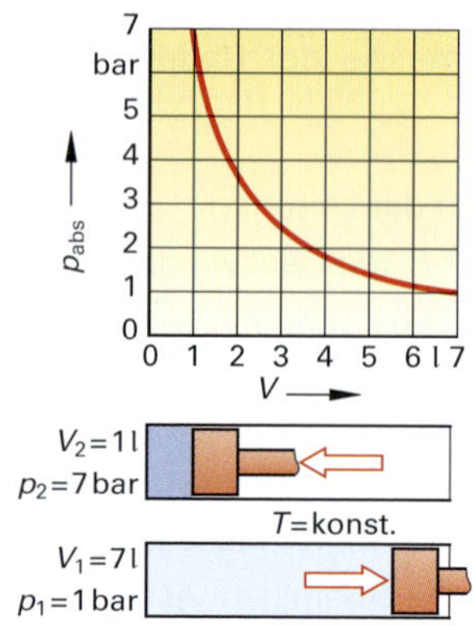

$$p_1 \cdot V_1 = p_2 \cdot V_2$$

$$p_1 = \frac{p_2 \cdot V_2}{V_1}$$

$$p_2 = \frac{p_1 \cdot V_1}{V_2}$$

$$V_1 = \frac{p_2 \cdot V_2}{p_1}$$

$$V_2 = \frac{p_1 \cdot V_1}{p_2}$$

p_1 absoluter Druck in bar vor dem Verdichten
p_2 absoluter Druck in bar nach dem Verdichten
V_1 Volumen in l vor dem Verdichten
V_2 Volumen in l nach dem Verdichten

Beispiel 1

In einem Druckluftbehälter mit dem Volumen von 50 l beträgt der Überdruck 6 bar. Wie viel Liter Luft von Atmosphärendruck (1000 hPa) sind das?

Gegeben: p_1 = 1 bar; p_2 = 7 bar; V_2 = 50 l
Gesucht: V_1 in l

Lösung $V_1 = \frac{p_2 \cdot V_2}{p_1} = \frac{7 \text{ bar} \cdot 50 \text{ l}}{1 \text{ bar}} = \mathbf{350\ l}$

Wenn während der Gasentnahme mit konstantem Atmosphärendruck von 1000 hPa und konstanter Temperatur gerechnet werden kann, gilt: die entnommene Gasmenge V ist gleich dem Produkt aus Druckabfall Δp und Behältervolumen V_{Beh}.

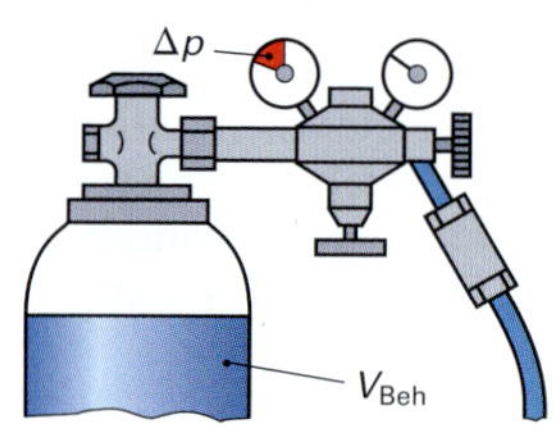

$$V = \Delta p \cdot V_{Beh}$$

$$\Delta p = \frac{V}{V_{Beh}}$$

$$V_{Beh} = \frac{V}{\Delta p}$$

V Gasentnahme bzw. Gaszunahme in l
V_{Beh} Behälterinhalt in l
Δp Druckabfall bzw. Druckanstieg in bar

Beispiel 2

In einer Sauerstoffflasche von 40 l Inhalt fällt der Druck von 15 bar auf 7 bar ab. Wie viel Liter Sauerstoff sind entnommen worden?

Gegeben: V_{Beh} = 40 l; Δp = 15 bar – 7 bar = 8 bar
Gesucht: V in l

Lösung $V = \Delta p \cdot V_{Beh} = 8 \cdot 40 = \mathbf{320\ l}$

Aufgaben

1 Der Fülldruck einer 40-Liter-Gasflasche beträgt 150 bar. Wie viel Liter Gas sind entnommen worden, wenn der Flaschendruck auf 98 bar abgesunken ist?

2 Der Druckbehälter eines Kompressors hat ein Volumen von 150 l; das Manometer zeigt einen Behälterdruck von 7,2 bar an. Wie viele Reifen können mit dem Luftvorrat gefüllt werden, wenn jeder Reifen ein Volumen von 36 l hat und der Reifendruck 2,1 bar betragen soll?

3 Ein Pkw-Reifen wird mit 61 l Luft gefüllt und erhält dabei einen Reifendruck von 1,9 bar. Welches Volumen hat der Reifen?

4 Der Gasdruck einer 50-Liter-Sauerstoffflasche beträgt 120 bar. Es werden 260 l Gas entnommen. Wie weit fällt der Flaschendruck ab?

5 In einer Druckluftbremsanlage fällt der Druck im Luftbehälter beim Bremsen von 7,1 bar auf 6,7 bar; dabei werden 24 l Luft verbraucht. Wie groß ist das Volumen des Luftbehälters?

Lösungen

1) 2080 l | **2)** 10 | **3)** 32,1 l | **4)** 114,8 bar | **5)** 60 l

2.17.7 DRUCK, VOLUMEN UND TEMPERATUR VON GASEN

Bei der Verdichtung von gasförmigen Stoffen erfolgt neben einer Drucksteigerung auch eine Temperaturerhöhung. Soll die Temperaturänderung, die auch den Druck beeinflusst, berücksichtigt werden, dann gilt das allgemeine Gasgesetz.

$V_1 > V_2$

$T_1 < T_2$

$p_1 < p_2$

Ausgangszustand		Endzustand	
p_1	absoluter Druck in bar	p_2	absoluter Druck in bar
V_1	Volumen in l	V_2	Volumen in l
T_1	Temperatur in K	T_2	Temperatur in K

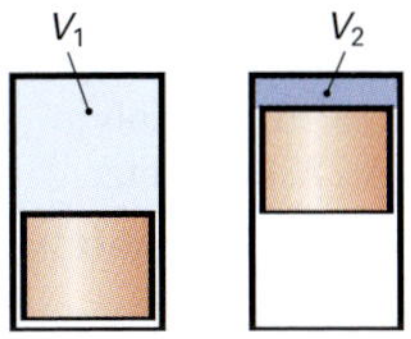

$$\frac{p_1 \cdot V_1}{T_1} = \frac{p_2 \cdot V_2}{T_2}$$

$$p_2 = \frac{p_1 \cdot V_1 \cdot T_2}{T_1 \cdot V_2}$$

$$T_2 = \frac{p_2 \cdot V_2 \cdot T_1}{p_1 \cdot V_1}$$

$$V_2 = \frac{p_1 \cdot V_1 \cdot T_2}{p_2 \cdot T_1}$$

Beispiel

Der Hubraum eines Zylinders beträgt 300 cm³, der Verdichtungsraum 43 cm³. Der Motor saugt Luft von atmosphärischem Druck an. Die Ansaugtemperatur beträgt 100 °C. Beim Verdichten steigt die Gastemperatur auf 450 °C. Wie groß ist der Verdichtungsenddruck?

Gegeben: $V_1 = V_h + V_c = 343\ \text{cm}^3$; $p_1 = 1$ bar; $V_2 = V_c = 43\ \text{cm}^3$
$T_1 = 100\ °\text{C} = 373$ K; $T_2 = 450\ °\text{C} = 723$ K

Gesucht: p_2 in bar; Verdichtungsenddruck in bar.

Lösung

$$p_2 = \frac{p_1 \cdot V_1 \cdot T_2}{T_1 \cdot V_2} = \frac{1\ \text{bar} \cdot 0{,}343\ \text{l} \cdot 723\ \text{K}}{373\ \text{K} \cdot 0{,}043\ \text{l}} = \mathbf{15{,}5\ bar}$$

Verdichtungsenddruck = 15,5 bar – 1 bar = **14,5 bar**

Aufgaben

1 Ein Ottomotor hat einen Zylinderhubraum von 0,458 l und einen Verdichtungsraum von 57 cm³. Das Kraftstoff-Luft-Gemisch wird mit Atmosphärendruck 1000 hPa angesaugt, die Ansaugtemperatur beträgt 85 °C, die Verdichtungsendtemperatur 480 °C. Wie groß ist der Verdichtungsenddruck?

2 Bei einem Dieselmotor beträgt der Zylinderhubraum 1,8 l und der Verdichtungsraum 110 cm³. Der Motor saugt Luft von Atmosphärendruck 1000 hPa an mit einer Temperatur von 95 °C; die Verdichtungsendtemperatur beträgt 700 °C. Wie groß ist der Verdichtungsenddruck?

3 Ein Pkw-Reifen wird bei einer Temperatur von 10 °C und einem Atmosphärendruck von 1000 hPa mit einem Reifendruck von 2,2 bar versehen. Das Reifenvolumen beträgt 35 l. Bei schneller Autobahnfahrt steigt die Reifentemperatur auf 70 °C an. Wie groß ist der Reifendruck am Ende der Autobahnfahrt?

4 Ein Einzylindermotor hat einen Hubraum von 300 cm³, das Verdichtungsverhältnis beträgt 8,5. Die Ansaugluft hat atmosphärischen Druck (1000 hPa) und eine Temperatur von 22 °C. Der Verdichtungsenddruck wurde mit 14,2 bar ermittelt. Wie groß ist die Verdichtungsendtemperatur?

5 Bei einer Temperatur von 15 °C erhält ein Reifen mit einem Volumen von 24 l einen Reifendruck von 1,9 bar. Wie hoch ist die Reifentemperatur, wenn während der Fahrt der Reifendruck auf 2,15 bar ansteigt?

6 Zylinderhubraum und Verdichtungsraum eines Dieselmotors haben zusammen ein Volumen von 700 cm³; der Motor saugt Luft vom atmosphärischen Druck 1000 hPa an, der Verdichtungsenddruck beträgt 18 bar, die Ansaugtemperatur beträgt 80 °C, die Verdichtungsendtemperatur 600 °C. Wie groß ist der Verdichtungsraum?

Lösungen

1) 18 bar | **2)** 44,9 bar | **3)** 2,9 bar | **4)** 255 °C | **5)** 40 °C | **6)** 91 cm³

2.18 WÄRMETECHNIK

2.18.1 TEMPERATUR UND WÄRME

Die Temperatur ist der Wärmezustand eines Körpers, einer Flüssigkeit oder eines Gases. Er wird in Kelvin (SI-Basiseinheit) oder z. B. in Grad Celsius gemessen.

Die Kelvin Temperaturskala beginnt beim absoluten Nullpunkt. (0 K = –273,15 °C). Kelvin- und Celsiusskala sind gegeneinander um 273,15 (gerundet 273) versetzt.

Werden Temperaturen in Formeln eingesetzt, ist die Einheit Kelvin zu verwenden.

t, t_1, t_2 Temperaturen in Grad Celsius °C T, T_1, T_2 Temperaturen in Kelvin K

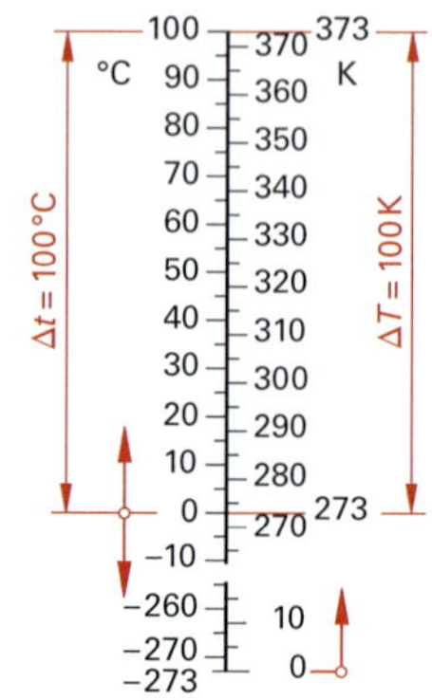

Beispiel 1

Die Temperatur im Klassenzimmer beträgt 20 °C. Wie groß ist die Kelvin-Temperatur T?

Lösung $T = t + T_0 = (20 + 273)\text{ K} = \mathbf{293\ K}$

$$T = t + T_0$$

$$\Delta t = t_2 - t_1$$

$$\Delta t = \Delta T$$

$$\Delta T = T_2 - T_1$$

Der Zahlenwert der Temperaturdifferenzen in Kelvin und °Celsius ist gleich.

ΔT Temperaturdifferenz in Kelvin K Δt Temperaturdifferenz in Grad Celsius °C

Beispiel 2

Die Kühlwassertemperatur steigt von 18 °C auf 97 °C. Wie groß ist die Temperaturdifferenz Δt in °Celsius und ΔT in Kelvin?

Lösung $\Delta t = t_1 - t_2 = 97\text{ °C} - 18\text{ °C} = \mathbf{79\ °C}$
$\Delta T = T_1 - T_2 = 370\text{ K} - 291\text{ K} = \mathbf{79\ K}$

Aufgaben

1 Rechnen Sie die gegebenen Werte in °Celsius oder in Kelvin um.
30 °C = ?; 107 °C = ?; 350 K = ?; 3 K = ?; 3 °C = ?; –196 °C = ?; 277 K = ?; 1100°C = ?; 2222 K = ?

2 Die Abgastemperaturen bei Volllast sind bei einem Ottomotor 900 °C und bei einem Dieselmotor 920 K. Wie groß ist die Temperaturdifferenz in Kelvin?

3 Bei einem Motor beträgt die Ansauglufttemperatur im Zylinder 85 °C und die Verdichtungsendtemperatur 850 °C. Wie groß sind
a) die Verdichtungsendtemperatur in Kelvin,
b) die Temperatursteigerung bei der Verdichtung in K und in °C?

Lösungen

1) 303 K; 380 K; 77 °C; –270 °C; 276 K; 77 K; 4 °C; 1373 K; 1949 °C | **2)** 253 K | **3a)** 1123 K; **3b)** 765 K

WÄRMEAUFNAHME, WÄRMEABGABE

Die **SI-Einheit** der Wärme ist das **Joule (J),** bzw. **Kilo-Joule (kJ).** Die Wärmemenge Q, die ein Stoff aufnimmt oder abgibt, ist abhängig von der Masse m des Stoffes, seiner spezifischen Wärmekapazität c und der Temperaturdifferenz ΔT.

$$Q = m \cdot c \cdot \Delta T$$

$$\Delta T = \frac{Q}{m \cdot c}$$

1 J = 1 Ws

Q Wärmemenge in kJ
m Masse in kg
ΔT Temperaturdifferenz in K
c Spezifische Wärmekapazität in kJ/(kg · K)

Beispiel

Eine Bremsscheibe aus Gusseisen mit einer spezifischen Wärmekapazität von 0,490 kJ/(kg · K) und einer Masse von 5 kg wird beim Bremsen von 20 °C auf 600 °C erhitzt. Wie groß ist die durch die Bremsarbeit aufgenommene Wärmemenge in kJ und in kWs?

Gegeben: $m = 5$ kg; $\Delta T = 580$ K; $c = 0{,}490$ kJ/(kg · K)
Gesucht: Q in kJ; W in kWs

Lösung $Q = m \cdot c \cdot \Delta T = 5\text{ kg} \cdot 0{,}490\text{ kJ/(kg} \cdot \text{K)} \cdot 580\text{ K} = 1421\text{ kJ} = \mathbf{1421\ kWs}$

VERBRENNUNG, SPEZIFISCHER HEIZWERT

Die **Wärmemenge *Q***, die bei der Verbrennung eines Brennstoffes oder eines Kraftstoffes frei wird, ist abhängig von der Masse m des Stoffes und von seinem spezifischen Heizwert H_u. Der spezifische Heizwert H_u gibt die Wärmemenge Q in kJ an, die bei der Verbrennung von 1 kg des Brennstoffes bzw. des Kraftstoffes frei wird.

$$Q = m \cdot H_u$$

$$Q = V \cdot \varrho \cdot H_u$$

Q Wärmemenge in kJ
H_u spezifischer Heizwert in kJ/kg
m Masse in kg
V Volumen in dm^3
ϱ Dichte in kg/dm^3

Beispiel

2,5 kg Superbenzin mit einem spezifischen Heizwert von 43500 kJ/kg werden verbrannt. Welche Wärmemenge wird dabei frei?

Gegeben: m = 2,5 kg; H_u = 43500 kJ/kg
Gesucht: Q in kJ

Lösung $Q = m \cdot H_u$ = 2,5 kg · 43500 kJ/kg = **108750 kJ**

Aufgaben

1 5 Liter Kühlflüssigkeit (ϱ = 1,04 kg/l) mit einer spezifischen Wärmekapazität von 3,94 kJ/(kg · K) werden von 20 °C auf 92 °C erwärmt. Welche Wärmemenge nimmt die Kühlflüssigkeit auf?

2 Ein Pkw verbraucht 9,2 l Benzin auf 100 km. Die Dichte des Kraftstoffes beträgt 0,76 kg/dm^3; der spezifische Heizwert ist 43500 kJ/kg. Welche Wärmemenge in kJ und kWh wird freigesetzt?

3 Ein Viertaktmotor mit einer Kühlflüssigkeitsmenge (ϱ = 1,04 kg/dm^3; c = 3,94 kJ/(kg · K)) von 4 l im kleinen Kreislauf nimmt eine Wärmemenge von 1024 kJ auf.
a) Auf welche Temperatur erwärmt sich die Kühlflüssigkeit, wenn der Motor bei 20 °C gestartet wurde?
b) Wie viel Liter Kraftstoff (ϱ = 0,76 kg/dm^3 ; H_u = 43500 kJ/kg) wurden dazu verbrannt, wenn ein Drittel der Verbrennungswärme an das Kühlwasser abgegeben wird?

Lösungen

1) 1475,14 kJ | **2)** 304152 kJ; 84,49 kWh | **3a)** 82,5 °C; **3b)** 0,093 l

2.18.2 ZUSTANDSÄNDERUNGEN

Die **spezifische Schmelzwärme q_s** ist die Wärmemenge in kJ, die der Stoffmenge 1 kg bei der Schmelztemperatur zugeführt werden muss, um sie vom festen in den flüssigen Zustand umzuwandeln. Beim umgekehrten Vorgang wird diese Wärmemenge wieder frei, der Stoff gibt die **Erstarrungswärme** ab.

Die **spezifische Verdampfungswärme q_v** ist die Wärmemenge in kJ, die notwendig ist, um 1 kg Flüssigkeit bei Siedetemperatur und Normalluftdruck vollkommen in den dampfförmigen Zustand umzuwandeln. Beim umgekehrten Vorgang wird diese Wärmemenge wieder frei, der Stoff gibt die **Verflüssigungswärme** (Kondensationswärme) ab.

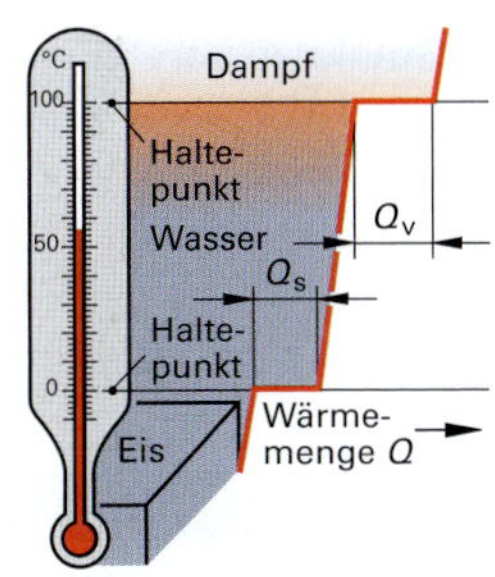

$$Q_s = m \cdot q_s$$

$$Q_v = m \cdot q_v$$

m Masse in kg
q_s spezifische Schmelzwärme in kJ/kg
q_v spezifische Verdampfungswärme in kJ/kg
Q_s Schmelzwärme in kJ
Q_v Verdampfungswärme in kJ

Beispiel

5 kg Eis von 0 °C sind in Dampf von 100 °C umzuwandeln. Wie groß ist die Gesamt-Wärmemenge?

Gegeben: m = 5 kg; q_s = 333 kJ/kg; q_v = 2258 kJ/kg; c = 4,2 kJ/(kg · K); ΔT = 100 K
Gesucht: Q_{ges} in kJ

Lösung

Umwandlung zu Wasser:	Q_s	$= m \cdot q_s$ = 5 kg · 333 kJ/kg	= 1665 kJ
Erwärmung auf Siedetemperatur:	Q	$= m \cdot c \cdot \Delta T$ = 5 kg · 4,2 kJ/(kg · K) · 100 K	= 2100 kJ
Umwandlung zu Dampf:	Q_v	$= m \cdot q_v$ = 5 kg · 2258 kJ/kg	= 11290 kJ
Gesamt-Wärmemenge:	Q_{ges}	$= Q_s + Q + Q_v$	= **15055 kJ**

Aufgaben

1 Zur Herstellung von Zylinderköpfen werden 325 kg Aluminium geschmolzen. Berechnen Sie die für das Schmelzen notwendige Wärmemenge. Die Schmelzwärme beträgt 356 kJ/kg.

2 Ein Motorblock aus Gusseisen (q_s = 125 kJ/kg) mit einer Masse von 46 kg erstarrt nach dem Gießen bei 1200 °C und kühlt auf 20 °C ab. Welche Wärmemenge wird beim Abkühlen abgegeben?

3 In einem Aktivkohlebehälter befinden sich 20 g Superkraftstoff. Welche Wärmemenge ist zur Verdampfung erforderlich? Die Verdampfungswärme von Superkraftstoff beträgt 419 kJ/kg.

4 Dem Superbenzin (ϱ = 0,76 kg/dm³, q_v = 405 kJ/kg) eines in der Sonne parkenden Autos wird eine Wärmemenge von 250 kJ zugeführt. Wie viel Kraftstoff in kg und Liter verdampft, wenn 1/10 dieser Wärmemenge zur Verdampfung führt?

5 Durch die Klimaanlage wird der Innenraum gekühlt. Dazu werden in einer Stunde 100 m³ Luft (ϱ = 1,29 kg/m³, c = 0,72 kJ/(kg · K)) von 35 °C auf 18 °C abgekühlt.
a) Wie viel Kältemittel in kg (q_v = 450 kJ/kg) muss hierzu verdampft werden?
b) Wie viel Umläufe sind hierzu bei einer Füllmenge von 500 g notwendig?

Lösungen

1) 115 700 kJ | **2)** 32 347,2 kJ | **3)** 8,38 kJ | **4)** 0,062 kg; 0,082 l | **5a)** 3,5 kg/h; **5b)** 7 1/h

2.18.3 WÄRMEAUSDEHNUNG

Bei Erwärmung dehnen sich die meisten Stoffe aus, und sie ziehen sich bei Abkühlung zusammen. Die Wärmeausdehnung erfolgt nach allen Seiten. Sie ist abhängig von der Länge bzw. vom Rauminhalt des Körpers, vom Werkstoff (Wärmeausdehnungszahl) sowie vom Temperaturunterschied.

LÄNGENAUSDEHNUNG FESTER STOFFE

l_1 Länge vor Erwärmung in m
l_2 Länge nach Erwärmung in m
Δl Längendifferenz in m
ΔT Temperaturdifferenz in K
α Längenausdehnungszahl in 1/K

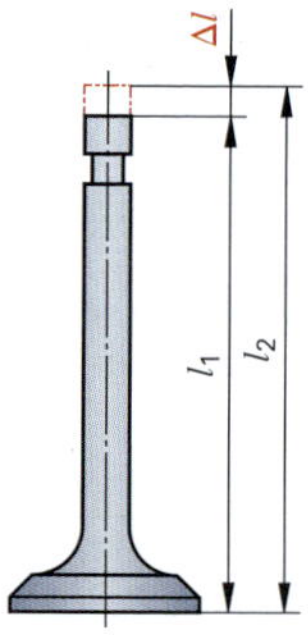

$$\Delta l = l_1 \cdot \alpha \cdot \Delta T$$

$$\Delta T = \frac{\Delta l}{l_1 \cdot \alpha}$$

$$l_2 = l_1 + \Delta l$$

$$l_2 = l_1 \cdot (1 + \alpha \cdot \Delta T)$$

$$l_1 = \frac{l_2}{1 + \alpha \cdot \Delta T}$$

Beispiel

Ein Stahlstab von 1,5 m Länge (α = 0,0000115 1/K) wird von 20 °C auf 120 °C erwärmt. Wie groß ist die Längendifferenz?

Gegeben: l_1 = 1,5 m; ΔT = 100 K; α = 0,0000115 1/K
Gesucht: Δl in mm

Lösung $\Delta l = l_1 \cdot \alpha \cdot \Delta T$ = 1,5 m · 0,0000115 1/K · 100 K
= 0,001 725 m = **1,725 mm**

Aufgaben

1 Der Kolbenboden eines Kolbens aus einer Al-Legierung (α = 0,0000175 1/K) hat bei 200 °C einen Durchmesser von 80,2 mm. Wie groß ist der Kolbenbodendurchmesser nach Abkühlung auf 20 °C?

2 Ein Auslassventil (α = 0,0000185 1/K) hat bei 20 °C eine Länge von 102 mm; nach Erwärmung beträgt die Länge 102,57 mm. Auf welche Temperatur wurde das Ventil erwärmt?

3 Ein Kolben aus Aluminium wird bei Raumtemperatur von 20 °C in einen Graugusszylinder eingebaut. Der Kolben hat ein Einbaumaß von 79,8 mm, der Graugusszylinder einen Durchmesser von 80 mm. Im Betrieb erreicht der Kolben eine Temperatur von 150 °C, der dazugehörende Zylinder 110 °C.
a) Berechnen Sie das Laufspiel des Kolbens bei betriebswarmem Motor.
b) Bei welcher Temperatur klemmt der Kolben, wenn die Zylindertemperatur bei 110 °C bleibt?

Lösungen

1) 79,95 mm | **2)** 322 °C | **3a)** 0,0287 mm; **3b)** 165 °C

RAUMAUSDEHNUNG FESTER UND FLÜSSIGER STOFFE

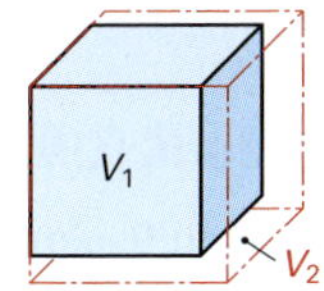

V_1 Rauminhalt vor Erwärmung in dm^3
V_2 Rauminhalt nach Erwärmung in dm^3
ΔV Raumdifferenz in dm^3
ΔT Temperaturdifferenz in K
γ Raumausdehnungszahl in 1/K (für feste Stoffe: $\gamma \approx 3 \cdot \alpha$)

$$\Delta V = V_1 \cdot \gamma \cdot \Delta T$$

$$\Delta T = \frac{\Delta V}{V_1 \cdot \gamma}$$

$$V_2 = V_1 + \Delta V$$

$$V_2 = V_1 \cdot (1 + \gamma \cdot \Delta T)$$

$$V_1 = \frac{V_2}{1 + \gamma \cdot \Delta T}$$

Beispiel

55 l Benzin ($\gamma = 0{,}001$ 1/K) erwärmen sich im Kraftstoffbehälter von 10 °C auf 30 °C. Wie groß ist die Volumendifferenz?

Gegeben: $V_1 = 55\ dm^3$; $\gamma = 0{,}001$ 1/K; $\Delta T = 20$ K
Gesucht: ΔV in dm^3

Lösung $\Delta V = V_1 \cdot \gamma \cdot \Delta T = 55\ dm^3 \cdot 0{,}001\ 1/K \cdot 20\ K = \mathbf{1{,}1\ dm^3}$

RAUMAUSDEHNUNG GASFÖRMIGER STOFFE

Die Raumausdehnungszahl γ für Gase ist $1/273$ des Volumens, das sie bei 0 °C besitzen. Wenn das Ausgangsvolumen V_1 nicht bei 0 °C liegt, muss auf das Volumen V_0 bei 0 °C umgerechnet werden.

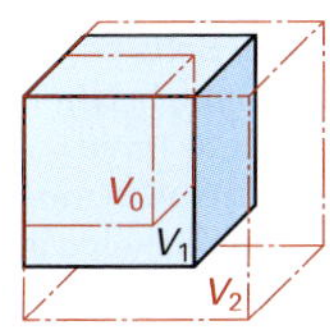

V_0 Rauminhalt bei 273 K = 0 °C in dm^3
V_1 Rauminhalt vor Erwärmung in dm^3
V_2 Rauminhalt nach Erwärmung in dm^3
T_0 Temperatur 273K = 0 °C
T_1 Temperatur vor Erwärmung in K
T_2 Temperatur nach Erwärmung in K
γ Raumausdehnungszahl $1/273$ 1/K

$$V_0 = \frac{V_1}{1 + \gamma \cdot \Delta T_1}$$

$$\Delta T_1 = T_1 - T_0$$

$$V_2 = V_0 \cdot (1 + \gamma \cdot \Delta T_2)$$

$$\Delta T_2 = T_2 - T_0$$

Beispiel

2 dm^3 Luft werden bei gleichbleibendem Druck von 20 °C auf 300 °C erwärmt. Wie groß ist das Volumen bei 0 °C und nach Erwärmung?

Gegeben: $V_1 = 2\ dm^3$; $\gamma = 1/273$ 1/K; $\Delta T_1 = 20$ K; $\Delta T_2 = 300$ K
Gesucht: V_0 in dm^3; V_2 in dm^3

Lösung Volumen bei 0 °C: $$V_0 = \frac{V_1}{1 + \gamma \cdot \Delta T_1} = \frac{2\ dm^3}{1 + \frac{1}{273}\frac{1}{K} \cdot 20\ K} = \mathbf{1{,}86\ dm^3}$$

Volumen bei 300 °C: $$V_2 = V_0 \cdot (1 + \gamma \cdot \Delta T_2) = $$
$$= 1{,}86\ dm^3 \cdot \left(1 + \frac{1}{273}\frac{1}{K} \cdot 300\ K\right) = \mathbf{3{,}9\ dm^3}$$

Aufgaben

1 Das Kühlflüssigkeitsvolumen ($\gamma = 0{,}00018$ 1/K) eines Motors steigt bei Erwärmung von 25 °C auf Betriebstemperatur von 13 l auf 13,17 l an. Wie hoch ist die Betriebstemperatur?

2 Das Kühlsystem eines Motors enthält 8 l Kühlflüssigkeit ($\gamma = 0{,}00018$ 1/K) mit einer Temperatur von 18 °C. Wie groß ist das Volumen bei einer Betriebstemperatur von 80 °C?

3 Ein Kraftstoffbehälter soll 80 l Dieselkraftstoff ($\gamma = 0{,}001$ 1/K) aufnehmen. Wie groß muss sein Volumen mindestens sein, wenn die Temperaturerhöhung 45 °C betragen kann?

4 30 l Luft werden von 15 °C auf 90 °C erwärmt.
a) Wie groß war das Volumen der Luft bei 0 °C?
b) Wie groß ist die Volumenzunahme der Luft bei Erwärmung von 15 °C auf 90 °C?

5 Bei einem Ottomotor werden 0,5 l Kraftstoffluftgemisch von 0 °C auf 2200 °C erwärmt. Auf welches Volumen würde sich das Gas ausdehnen, wenn es nicht vom Verbrennungsraum umgeben wäre?

6 Ein Sechszylindermotor erzeugt pro Kurbelwellenumdrehung bei einer Umgebungstemperatur von 0 °C eine Abgasmenge von 7,5 l mit einer Temperatur von 750 °C. Berechnen Sie das Hubvolumen.

Lösungen

1) 97,6 °C | **2)** 8,089 dm^3 | **3)** 83,6 dm^3 | **4a)** 28,438 dm^3; **4b)** 7,81 l | **5)** 4,53 l | **6)** 4 l

2.19 RIEMENTRIEB

2.19.1 EINFACHE ÜBERSETZUNG (EINFACHER RIEMENTRIEB)

Riementriebe dienen der kraftschlüssigen Übertragung von Drehbewegungen von der treibenden Welle auf die angetriebene Welle. Dabei können Drehzahlen und Drehmomente übersetzt werden.

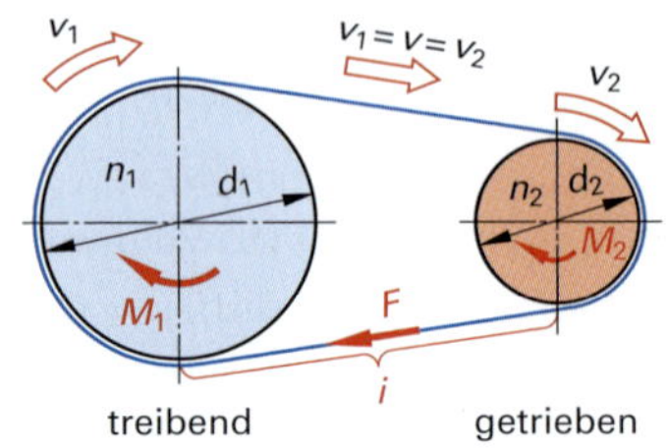

Wird der Riemenschlupf vernachlässigt, so ist die Umfangsgeschwindigkeit v_1 der treibenden Scheibe gleich der Riemengeschwindigkeit v und diese gleich der Umfangsgeschwindigkeit v_2 der getriebenen Scheibe.

Dabei gilt $n_1 \cdot d_1 = n_2 \cdot d_2$.

Durch Umformung der Gleichung erhält man eine Verhältnisgleichung $n_1/n_2 = d_2/d_1$. Diese wird als Übersetzungsverhältnis i bezeichnet. Da die Kraft im Riemen gleich ist, verhalten sich die Drehmomente M_2/M_1 wie die Riemenscheibendurchmesser d_2/d_1.

$$n_1 \cdot d_1 = n_2 \cdot d_2$$

$$i = \frac{n_1}{n_2} = \frac{d_2}{d_1} = \frac{M_2}{M_1}$$

$$M_1 = F \cdot r_1; \qquad M_2 = F \cdot r_2$$

n_1 Drehzahl der treibenden Scheibe in 1/min
d_1 Durchmesser der treibenden Scheibe in mm
r_1 Radius (Hebelarm) der treibenden Scheibe in m
M_1 Drehmoment der treibenden Scheibe in Nm
n_2 Drehzahl der getriebenen Scheibe in 1/min
d_2 Durchmesser der getriebenen Scheibe in mm
r_2 Radius (Hebelarm) der getriebenen Scheibe in m
M_2 Drehmoment der getriebenen Scheibe in Nm
F Riemenzugkraft in N
i Übersetzung

Beispiel

a) Berechnen Sie die Generatordrehzahl eines älteren Fahrzeugs bei einer Motordrehzahl von 4800 1/min. Der Scheibendurchmesser der Kurbelwelle beträgt 130 mm, der Scheibendurchmesser des Generators beträgt 100 mm.

b) Wie groß ist das Übersetzungsverhältnis?

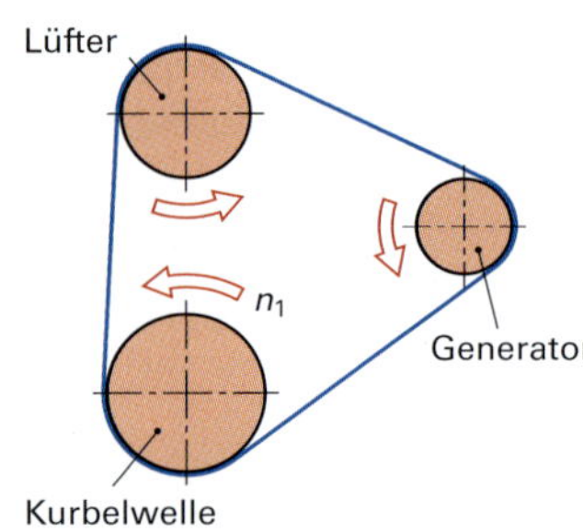

Gegeben: $n_1 = 4800$ 1/min; $d_1 = 130$ mm; $d_2 = 100$ mm
Gesucht: a) n_2 b) i

Lösung

a) $n_2 = \frac{n_1 \cdot d_1}{d_2} = \frac{4800\ 1/\text{min} \cdot 130\ \text{mm}}{100\ \text{mm}} = \mathbf{6240\ 1/min}$

b) $i = \frac{n_1}{n_2} = \frac{4800\ 1/\text{min}}{6240\ 1/\text{min}} = \mathbf{0{,}76}$

i	Übersetzung
$i > 1$	ins Langsame
$i = 1$	direkt, d. h. 1:1
$i < 1$	ins Schnelle

Aufgaben

1 Bei einem Pkw läuft ein Keilriemen nach dem Laufschema in **Bild 1** über die Bauteile:

① Kurbelwelle ($d_1 = 120$ mm),
② Kältekompressor ($d_2 = 105$ mm)
③ Lenkhilfswpumpe ($d_3 = 145$ mm)
④ Kühlmittelpumpe ($d_4 = 135$ mm)
⑤ Generator ($d_5 = 48$ mm)
⑥ Spannrolle mit Spannvorrichtung.

Die angegebenen Durchmesser sind Wirkdurchmesser.

Berechnen Sie für die Motordrehzahl $n_1 = 850$ 1/min die Drehzahlen der Aggregate ②, ③, ④ und ⑤

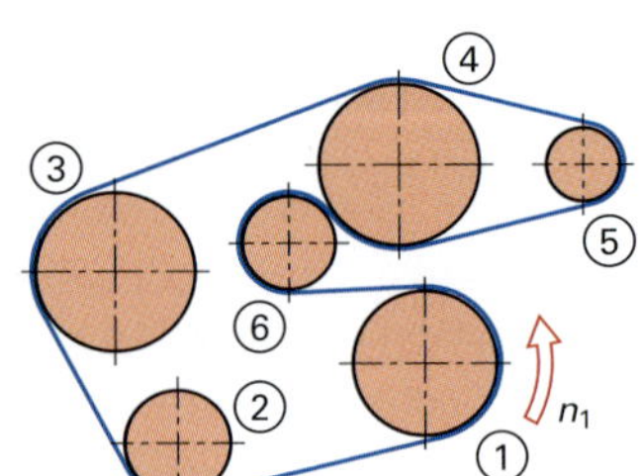

Bild 1

Aufgaben

2 a) Berechnen Sie die Raddrehzahl des Motorrades mit Riementrieb **(Bild 1)** bei einer Motordrehzahl von 5000 1/min im direkten Gang.
Antriebsriemenscheibe d_1 = 80 mm,
Abtriebsriemenrad d_2 = 450 mm

b) Welches Drehmoment wird auf das Hinterrad übertragen, wenn der Motor bei dieser Drehzahl ein Drehmoment von M = 34 Nm abgibt?

3 Die Generatordrehzahl eines Pkw **(Bild 2)** beträgt 7200 1/min bei einem Drehmoment von 1,2 Nm. Der wirksame Riemenscheibendurchmesser ist 66 mm. Die Übersetzung des Keilriemenantriebes ist 0,5. Berechnen Sie
a) die Motordrehzahl,
b) den wirksamen Durchmesser der Keilriemenscheibe auf der Kurbelwelle,
c) die Riemenzugkraft,
d) das für den Generatorantrieb erforderliche Motordrehmoment.

4 Berechnen Sie für den Keilriemenantrieb eines Kfz-Motors **(Bild 3)**
a) die Motordrehzahl,
b) die Ventilatordrehzahl,
c) die Übersetzungen,
d) die Riemengeschwindigkeit.

Bild 1

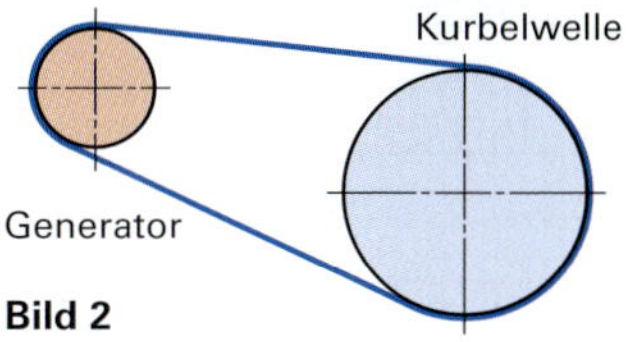

Bild 2

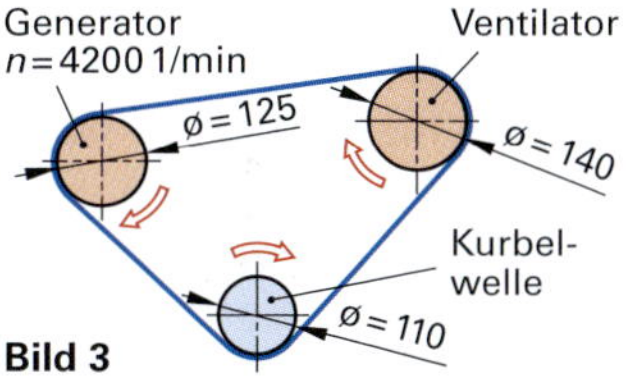

Bild 3

Lösungen

1) 971 1/min; 703 1/min; 756 1/min; 2125 1/min | **2a)** 888 1/min; **2b)** 191 Nm | **3a)** 3600 1/min; **3b)** 132 mm; **3c)** 36,36 N; **3d)** 2,4 Nm | **4a)** 4772,73 1/min; **4b)** 3750 1/min; **4c)** 1,1364; 1,2727; **4d)** 27,49 m/s

2.19.2 DOPPELTE, MEHRFACHE ÜBERSETZUNG (DOPPELTER RIEMENTRIEB)

Bei einer doppelten Übersetzung sind zwei Einzelübersetzungen hintereinander geschaltet. Die Riemenscheiben d_2 und d_3 sind dabei verblockt und haben die gleiche Drehzahl.

Bei einer doppelten Übersetzung ist die Gesamtübersetzung gleich dem Verhältnis der Drehzahl der ersten treibenden Scheibe zur Drehzahl der letzten getriebenen Scheibe. Die Gesamtübersetzung kann auch mithilfe der Einzelübersetzung errechnet werden, indem man diese multipliziert.

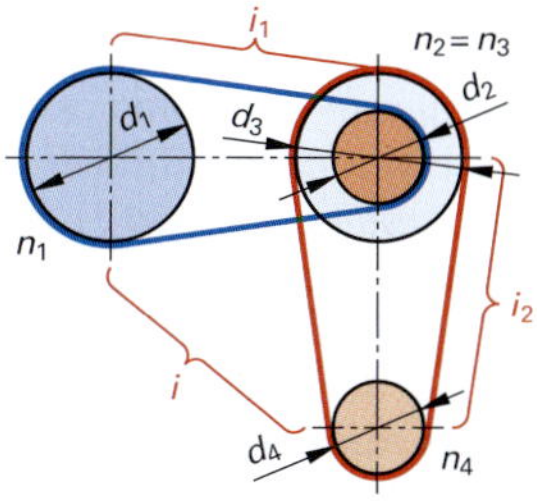

i_{ges} Gesamtübersetzung
i_1, i_2, i_3 Einzelübersetzungen
d_1, d_3 Durchmesser der treibenden Scheiben in mm
d_2, d_4 Durchmesser der getriebenen Scheiben in mm
n_1, n_3 Drehzahl der treibenden Scheiben in 1/min
n_2, n_4 Drehzahl der getriebenen Scheiben in 1/min
1, 3, 5 ... Indizes für treibend
2, 4, 6 ... Indizes für getrieben

$$i_1 = \frac{n_1}{n_2} = \frac{d_2}{d_1} \qquad i_2 = \frac{n_3}{n_4} = \frac{d_4}{d_3}$$

$$i_{ges} = i_1 \cdot i_2 \qquad i_{ges} = \frac{n_1}{n_4}$$

$$i_{ges} = \frac{M_4}{M_1}$$

$$i_{ges} = \frac{n_1 \cdot n_3}{n_2 \cdot n_4} = \frac{d_2}{d_1} \cdot \frac{d_4}{d_3}$$

$$i_{ges} = i_1 \cdot i_2 \cdot i_3 \ldots$$

Beispiel

Bei einem Riementrieb mit doppelter Übersetzung hat die erste treibende Scheibe eine Drehzahl von 200 1/min und die letzte getriebene Scheibe eine Drehzahl von 1600 1/min. Die Einzelübersetzungen der beiden Scheibenpaare sind i_1 = 0,25 und i_2 = 0,5. Berechnen Sie die Gesamtübersetzung aus den Drehzahlen.

Gegeben: n_1 = 200 1/min; n_4 = 1600 1/min; i_1 = 0,25; i_2 = 0,5
Gesucht: i_{ges} aus n_1 und n_4

Lösung $i_{ges} = \frac{n_1}{n_4} = \frac{200\ 1/\text{min}}{1600\ 1/\text{min}} = \frac{1}{8} = 1:8 = \mathbf{0{,}125}$

Aufgaben

1 Die fehlenden Größen der Riementriebe mit doppelter Übersetzung **(Bild 1)** sind zu errechnen.

Aufgabe	a	b
n_1 in 1/min	1500	1450
n_4 in 1/min	125	145
d_1 in mm	90	120
d_2 in mm	360	480
d_3 in mm	140	?
d_4 in mm	?	250
i	?	?
i_1	?	?
i_2	?	?

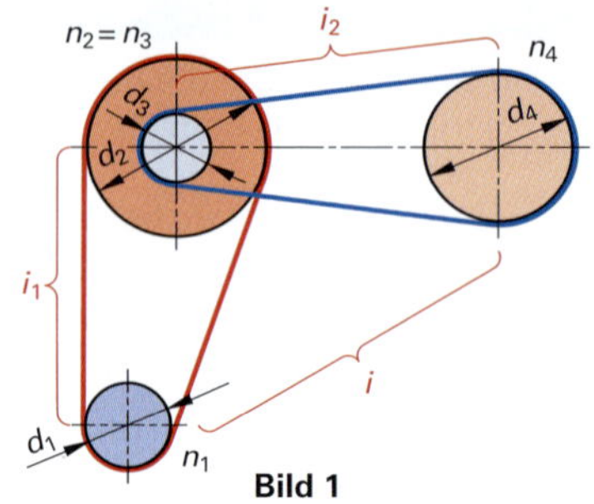

Bild 1

2 Die Nockenwelle eines Pkw-Motors **(Bild 2)** hat eine Drehzahl von 2400 1/min. Die Keilriemenscheiben auf der Welle der Kühlflüssigkeitspumpe haben die wirksamen Durchmesser 90 mm und 180 mm. Die Übersetzungen sind i_1 = 0,75 und i_2 = 0,4. Berechnen Sie ...

a) die wirksamen Durchmesser der Keilriemenscheiben auf der Nockenwelle und auf der Generatorwelle,

b) die Gesamtübersetzung,

c) die Drehzahlen des Generators und der Kühlflüssigkeitspumpe.

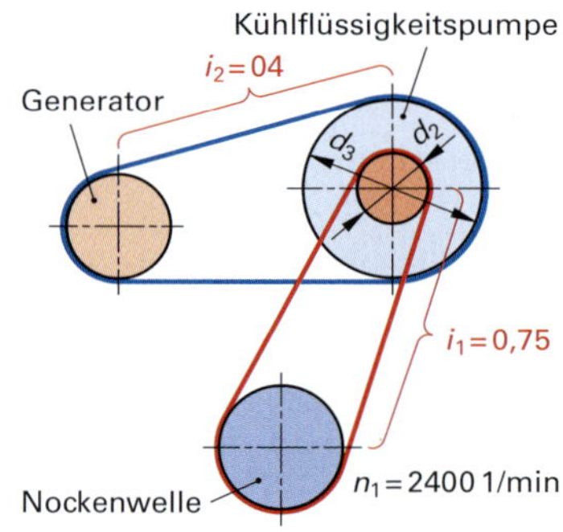

Bild 2

3 Ein Klimakompressor wird über einen doppelten Riementrieb mit einer Motordrehzahl von 5200 1/min angetrieben. Es sind d_1 = 130 mm, d_2 = 126 mm, d_3 = 138 mm und i_2 = 1,85. Berechnen Sie ...

a) die Gesamtübersetzung,

b) die Kompressordrehzahl.

4 In einem Omnibus ist für den Antrieb von Generator, Kühlmittelpumpe und Ventilator ein Riementrieb mit doppelter Übersetzung **(Bild 3)** eingebaut. Die Riemenscheiben haben den wirksamen Durchmesser d_1 = 200 mm, d_2 = 225 mm, d_4 = 90 mm, d_5 = 100 mm. Die Motordrehzahl beträgt 1800 1/min. Der Generator hat eine Drehzahl von 4800 1/min. Die Übersetzung zwischen Räderblock und Ventilator ist 1,6. Die Umfangsgeschwindigkeit der Flügelspitzen des Ventilators darf dabei höchstens 44 m/s betragen. Berechnen Sie ...

a) den wirksamen Durchmesser der Riemenscheibe des Räderblocks für den Generatorantrieb,

b) die Drehzahl des Ventilators,

c) den wirksamen Durchmesser der Riemenscheibe auf der Ventilatorwelle,

d) die Gesamtübersetzungen,

e) den Durchmesser des Ventilators.

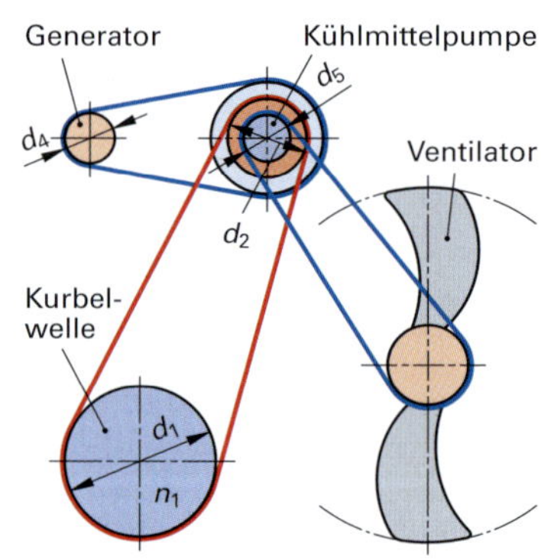

Bild 3

Lösungen

1a) 420 mm; 12; 4; 3; **1b)** 100 mm; 10; 4; 2,5 | **2a)** 120 mm; 72 mm; **2b)** 0,3; **2c)** 8000 1/min; 3200 1/min | **3a)** 1,793; **3b)** 2900,2 1/min | **4a)** 270 mm; **4b)** 1000 1/min; **4c)** 160 mm; **4d)** 0,375; 1,125; 1,8; **4e)** 840 mm

2.20 ZAHNRADTRIEB

2.20.1 EINFACHE ÜBERSETZUNG (EINFACHER ZAHNRADTRIEB)

Zahnradtriebe übertragen Drehzahlen und Drehmomente formschlüssig. Zur Berechnung der Übersetzung werden die Teilkreise herangezogen. Also gilt bei Zahnradtrieben bezüglich der Teilkreise die beim Riementrieb hergeleitete Antriebsgleichung $n_1 \cdot d_1 = n_2 \cdot d_2$. Da die Zähnezahlen der Zahnräder verhältnisgleich den Durchmessern sind, ergibt sich: $n_1 \cdot z_1 = n_2 \cdot z_2$

Beim Zahnradtrieb wirkt auf die ineinander greifenden Zahnflanken die gleiche Kraft, deshalb ergibt sich bei kleinen Durchmessern ein kleines Drehmoment und bei großen Durchmessern ein großes Drehmoment.

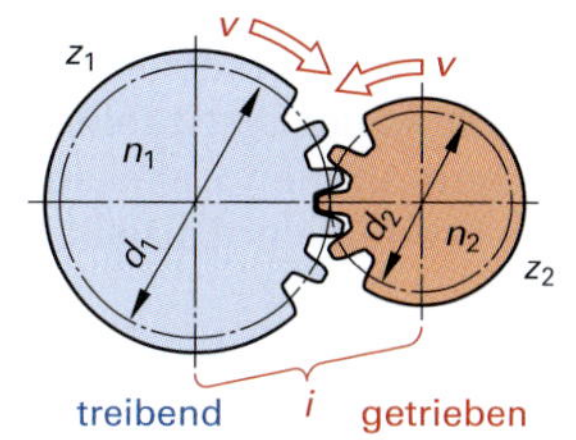

$$i = \frac{n_1}{n_2} = \frac{z_2}{z_1} = \frac{M_2}{M_1}$$

$$M_1 = F \cdot r_1$$

$$M_2 = F \cdot r_2$$

Wird bei einem Zahnradtrieb ein Zwischenrad verwendet, so hat dies auf die Übersetzung keinen Einfluss, es ändert jedoch den Drehsinn und überbrückt ggf. Achsabstände.

n_1 Drehzahl des treibenden Rades in 1/min
n_2 Drehzahl des getriebenen Rades in 1/min
z_1 Zähnezahl des treibenden Rades
z_2 Zähnezahl des getriebenen Rades
r_1, r_2 Radius (Hebelarm) in m
i Übersetzungsverhältnis
M_1 Drehmoment des treibenden Rades in Nm
M_2 Drehmoment des getriebenen Rades in Nm
F Zahnkraft in N

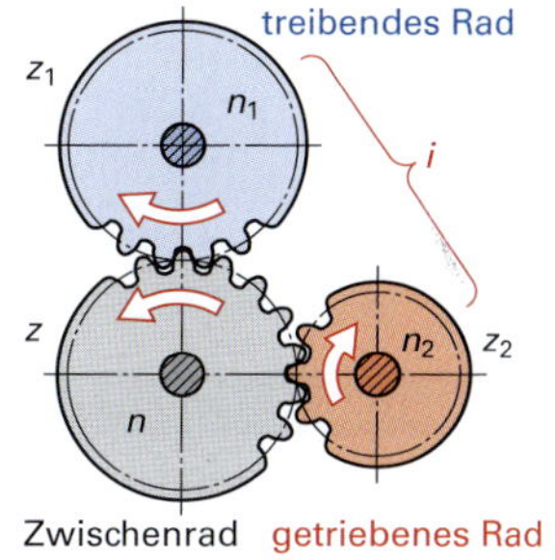

$i > 1$	ins Langsame
$i < 1$	ins Schnelle

Beispiel

Bei einem Starter hat das treibende Ritzel eine Drehzahl von 1500 1/min, der getriebene Zahnkranz von 500 1/min. Die Zähnezahl des getriebenen Rades ist 60 Zähne. Wie groß ist die Zähnezahl des treibenden Rades und welches Übersetzungsverhältnis ergibt sich?

Gegeben: $n_1 = 1500$ 1/min; $n_2 = 500$ 1/min; $z_2 = 60$
Gesucht: z_1, i

Lösung $z_1 = \frac{n_2 \cdot z_2}{n_1} = \frac{500\ \text{1/min} \cdot 60}{1500\ \text{1/min}} = \mathbf{20}$

$i = \frac{n_1}{n_2} = \frac{1500\ \text{1/min}}{500\ \text{1/min}} = \frac{3}{1} = 3:1 = \mathbf{3}$

2.20.2 SCHNECKENTRIEB

Der Schneckentrieb ist eine Sonderbauform des Zahnradtriebes mit einfacher Übersetzung. Dabei ist die Schnecke immer treibend. Bei umgekehrter Antriebsrichtung entsteht eine Selbsthemmung. Eine einzahnige (eingängige) Schnecke schiebt bei einer Umdrehung das Schneckenrad um einen Zahn weiter, eine zweigängige Schnecke um zwei Zähne. Somit werden Schneckentriebe wie Zahnradtriebe berechnet.

n_1 Drehzahl der Schnecke in 1/min
n_2 Drehzahl des Schneckenrades in 1/min
z_1 Zähnezahl der Schnecke (Gängigkeit)
z_2 Zähnezahl des Schneckenrades
i Übersetzung

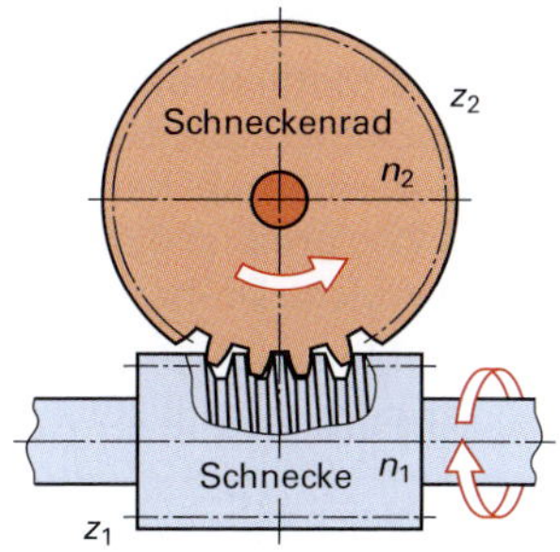

$$n_1 \cdot z_1 = n_2 \cdot z_2$$

Beispiel

Eine 3-gängige Schnecke treibt mit 1210 1/min ein Schneckenrad mit 66 Zähnen. Wie groß sind

a) die Übersetzung b) die Drehzahl des Schneckenrades?

Gegeben: $z_1 = 3$; $z_2 = 66$; $n_1 = 1210$ 1/min
Gesucht: a) i, b) n_2 in 1/min

Lösung a) $i = \frac{z_2}{z_1} = \frac{66}{3} = \mathbf{22}$

b) $n_2 = \frac{n_1 \cdot z_1}{z_2} = \frac{1210\ \text{1/min} \cdot 3}{66} = \mathbf{55\ 1/min}$

2.20.3 DOPPELTE, MEHRFACHE ÜBERSETZUNG (DOPPELTER ZAHNRADTRIEB)

Bei der doppelten Übersetzung sind zwei Einzelübersetzungen hintereinander geschaltet. Wobei die Zahnräder z_2 und z_3 miteinander verblockt sind und somit gleiche Drehzahl haben.

Die Gesamtübersetzung einer doppelten Übersetzung ist gleich dem Verhältnis der Drehzahlen des ersten treibenden Zahnrades zum letzten getriebenen Zahnrad. Die Gesamtübersetzung kann auch aus dem Produkt der Einzelübersetzungen berechnet werden.

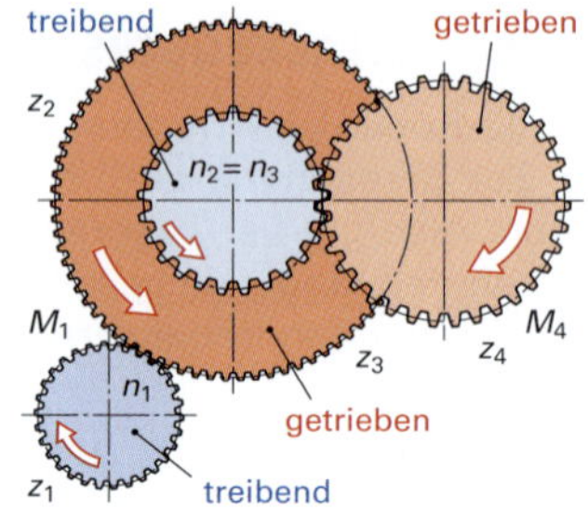

i_{ges}	Gesamtübersetzung	M_4	Drehmoment des letzten getriebenen Rades in Nm
i_1, i_2, i_3 ...	Einzelübersetzungen	z_1, z_3	Zähnezahlen der treibenden Räder
n_1	Drehzahl des ersten treibenden Rades in 1/min	z_2, z_4	Zähnezahlen der getriebenen Räder
n_4	Drehzahl des letzten getriebenen Rades in 1/min		
M_1	Drehmoment des ersten treibenden Rades in Nm		

$$i_1 = \frac{n_1}{n_2} = \frac{z_2}{z_1} \qquad i_2 = \frac{n_3}{n_4} = \frac{z_4}{z_3}$$

$$i_{ges} = i_1 \cdot i_2 \qquad i_{ges} = \frac{n_1}{n_4}$$

$$i_{ges} = \frac{M_4}{M_1}$$

$$i_{ges} = \frac{z_2}{z_1} \cdot \frac{z_4}{z_3}$$

$$i_{ges} = i_1 \cdot i_2 \cdot i_3 \ldots$$

Beispiel

Berechnen Sie für eine doppelte Zahnradübersetzung aus den nachstehenden Daten die Gesamtübersetzung und die Drehzahl des vierten Zahnrades.

Gegeben: $n_1 = 1400$ 1/min; $z_1 = 30$; $z_2 = 75$; $z_3 = 25$; $z_4 = 35$
Gesucht: i_{ges}; n_4 in 1/min

Lösung

$$i_{ges} = \frac{z_2 \cdot z_4}{z_1 \cdot z_3} = \frac{75 \cdot 35}{30 \cdot 25} = \frac{3{,}5}{1} = \mathbf{3{,}5}$$

$$n_4 = \frac{n_1}{i_{ges}} = \frac{1400 \text{ 1/min}}{3{,}5} = \mathbf{400 \text{ 1/min}}$$

Aufgaben

1 Bei einem einfachen Zahnradtrieb hat das treibende Rad 70 Zähne und eine Drehzahl von 720 1/min. Das angetriebene Zahnrad hat 35 Zähne.
a) Wie groß ist die Übersetzung?
b) Welche Drehzahl hat das getriebene Rad?

2 Das Ritzel eines Starters hat 9 Zähne, der Zahnkranz des Schwungrades 126 Zähne. Die Drehzahl des Starters beträgt 980 1/min.
a) Mit welcher Kurbelwellendrehzahl wird der Motor gestartet?
b) Wie groß ist die Übersetzung?

3 Eine Motorsteuerung mit Zahnriementrieb hat auf der Kurbelwelle eine Zahnriemenscheibe mit 28 Zähnen. Die Nockenwelle wird von einer Zahnriemenscheibe mit 56 Zähnen angetrieben. Die Motordrehzahl beträgt 4800 1/min.
a) Wie groß ist die Übersetzung?
b) Welche Drehzahl hat die Nockenwelle?

4 Ein Motorrad fährt mit einer Geschwindigkeit von 108 km/h. Der dynamische Abrollumfang des Hinterrades beträgt 2092 mm. Das Kettenritzel am Hinterrad hat 48 Zähne, das am Getriebe 16 Zähne.
a) Wie groß ist die Übersetzung des Kettenantriebes?
b) Welche Drehzahl hat die Getriebeabtriebswelle?

5 Bei einem Tachometerantrieb ist die Antriebsschnecke 3-zähnig, das Schneckenrad hat 12 Zähne. Wie groß ist die Drehzahl der Tachometerwelle, wenn die Antriebsschnecke eine Drehzahl von 1600 1/min hat?

Lösungen

1a) 0,5; **1b)** 1440 1/min | **2a)** 70 1/min; **2b)** 14 | **3a)** 2; **3b)** 2400 1/min | **4a)** 3; **4b)** 860,4 1/min | **5)** 400 1/min

Aufgaben

6 Die Motorsteuerung eines Viertakt-Otto-Motors erfolgt durch einen Zahnradtrieb mit Zwischenrad **(Bild 1)**. Das Zahnrad auf der Kurbelwelle hat 29 Zähne, das Zwischenrad hat 33 Zähne und das Nockenwellenrad hat 58 Zähne. Die Motordrehzahl beträgt 3300 1/min.

a) Wie groß ist die Übersetzung?

b) Welche Drehzahl hat das Nockenwellenrad?

c) Welche Drehzahl hat das Zwischenrad?

7 Eine Kühlmittelpumpe wird über einen Zahnradtrieb mit Zwischenrad angetrieben. Die Drehzahl der Kühlmittelpumpe beträgt 4500 1/min. Das Zahnrad auf der Pumpenwelle hat 28 Zähne. Das Zwischenrad hat 36 Zähne. Die Motordrehzahl beträgt 3000 1/min.

a) Wie viele Zähne hat das Zahnrad auf der Motorwelle?

b) Welche Drehzahl hat das Zwischenrad?

8 Bei einem doppelten Zahnradtrieb **(Bild 2)** ist die Übersetzung des ersten Radpaares 2,5. Die Übersetzung des zweiten Radpaares ist 0,8. Die Drehzahl des Antriebsrades beträgt 1200 1/min. Berechnen Sie ...

a) die Gesamtübersetzung.

b) die Drehzahl von Zahnrad z_4.

c) die Drehzahl des Zahnradblocks.

9 Ein Getriebe ist mit einem Zweiganggetriebe **(Bild 3)** ausgerüstet. Das Vorgelege für den 2. Gang hat eine Übersetzung von $i_1 = 2{,}4$. Das Gangrad auf der Vorgelegewelle hat $z_3 = 44$ Zähne. Die Motordrehzahl beträgt $n_1 = 2100$ 1/min. Die Drehzahl der Abtriebswelle soll $n_4 = 700$ 1/min betragen. Berechnen Sie ...

a) die Gesamtübersetzung i,

b) die Übersetzung i_2 des Gangradpaares,

c) die Zähnezahl z_4 des Gangrades auf der Abtriebswelle,

d) die Drehzahl der Vorgelegewelle.

10 Eine Seilwinde **(Bild 4)** hat eine Seiltrommel mit 300 mm Durchmesser. Die Hubgeschwindigkeit soll 1,5 m/s betragen. Der Antrieb erfolgt über einen Schneckentrieb mit 3-gängiger Schnecke und einem Schneckenrad mit 36 Zähnen sowie ein vorgeschaltetes Stirnradgetriebe mit einer Übersetzung von 4,0. Welche Drehzahl hat der Antriebsmotor?

11 Berechnen Sie für den Achsantrieb eines Lkws **(Bild 5)**

a) die Gesamtübersetzung,

b) die Drehzahl des Hinterachswellenrades.

12 Für den Antriebstrang eines Fahrzeuges mit Allradantrieb sind die nachstehenden Daten bekannt: Übersetzung des 2. Ganges im Wechselgetriebe ist 3,86, Räder im Verteilergetriebe $z_1 = 33$ und $z_2 = 49$, Übersetzung im Achsantrieb $i_A = 7{,}72$. Berechnen Sie ...

a) die Gesamtübersetzung,

b) die Drehzahl des Motors, wenn die Raddrehzahl 100 1/min beträgt.

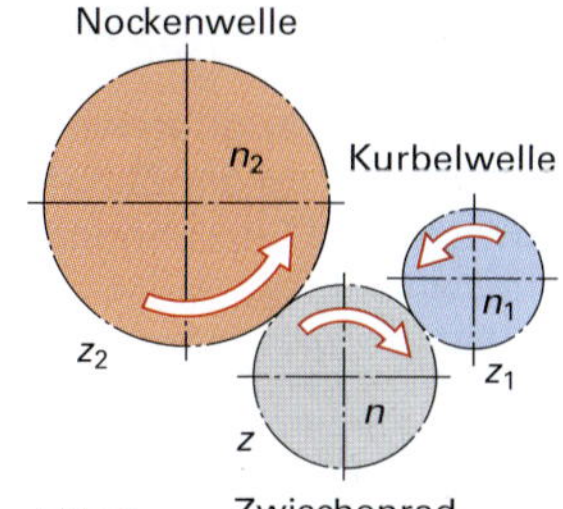

Bild 1

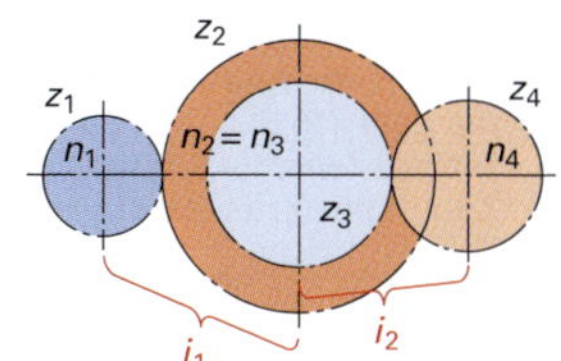

Bild 2

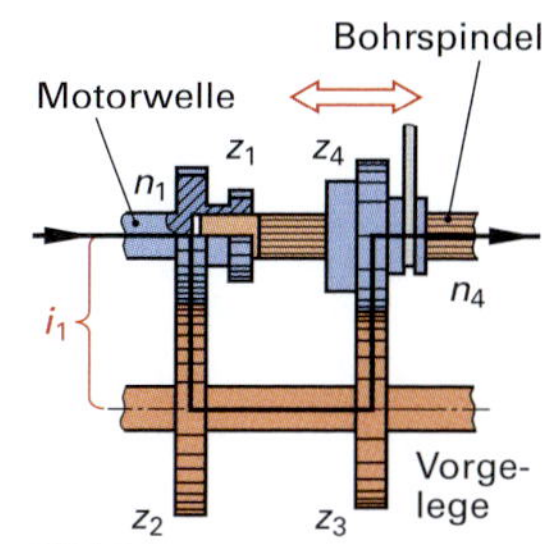

Bild 3

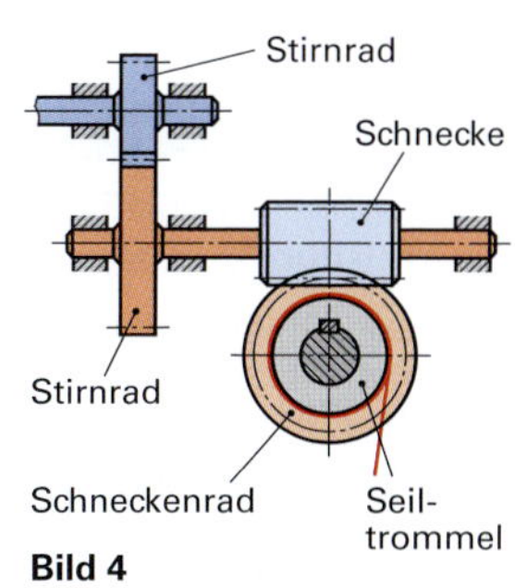

Bild 4

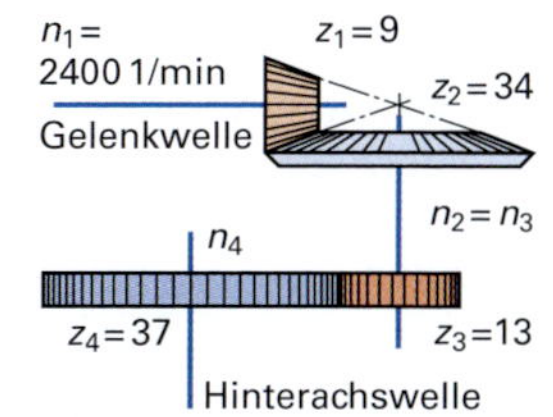

Bild 5

Lösungen

6a) 2,0; **6b)** 1650 1/min; **6c)** 2900 1/min | **7a)** 42; **7b)** 3500 1/min | **8a)** 2,0; **8b)** 600 1/min; **8c)** 480 1/min | **9a)** 3,0; **9b)** 1,25; **9c)** 55; **9d)** 875 1/min | **10)** 4584,5 1/min | **11a)** 10,75; **11b)** 223 1/min | **12a)** 44,25; **12b)** 4425 1/min

2.20.4 ZAHNRADABMESSUNGEN, ACHSABSTAND

Im Kraftfahrzeugbau werden Zahnräder mit Evolventenverzahnung verwendet. Die Krümmung der Zahnflanke hat die Form einer Evolvente. Die nachfolgenden Formeln und Berechnungen gelten nur für diese Verzahnung.

d Teilkreisdurchmesser in mm. Auf den Teilkreis bezieht sich die Teilung p.
d_a Kopfkreisdurchmesser in mm
d_f Fußkreisdurchmesser in mm
p Teilung in mm. Teilung. Sie ist im Teilkreisumfang so oft enthalten, wie das Rad Zähne hat. Sie wird auf dem Teilkreis als Bogenlänge von Zahnmitte zu Zahnmitte angegeben und von Zahnflanke zu Zahnflanke gemessen.
m Modul in mm. Modul (lat. modulus = Maß). Er gibt an, wie oft die Zahl π in der Teilung, oder wie oft die Zähnezahl im Teilkreisdurchmesser enthalten ist.
h Zahnhöhe (Frästiefe) in mm
h_a Zahnkopfhöhe in mm
h_f Zahnfußhöhe in mm
z Zähnezahl
i Übersetzung des Radpaares

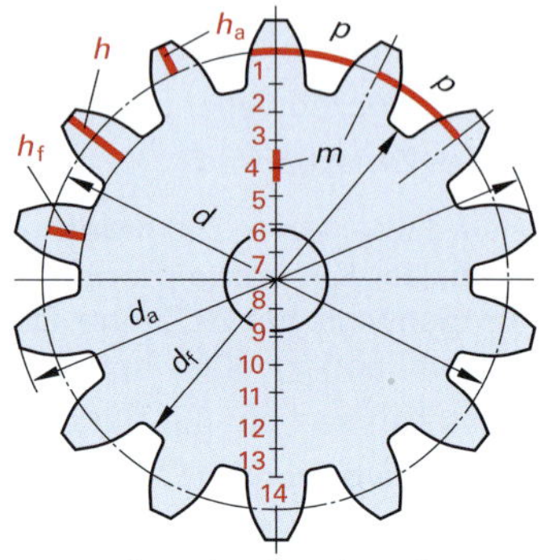

Geradezahnstirnrad

$$p = \pi \cdot m$$

$$d = z \cdot m$$

$$h_a = m$$

$$h_f = \frac{7}{6} \cdot m$$

$$h = \frac{13}{6} \cdot m$$

$$d_a = d + 2 \cdot m$$

$$d_a = (z + 2) \cdot m$$

$$d_f = d - \frac{14}{6} \cdot m$$

$$a = \frac{d_1 + d_2}{2}$$

$$a = \frac{z_1 + z_2}{2} \cdot m$$

$$a = \frac{(1 + i)}{2} \cdot z_1 \cdot m$$

$$a = \frac{(1 + i)}{2 \cdot i} \cdot z_2 \cdot m$$

Beispiel

Bei einem Rädertrieb hat das treibende Rad 40 Zähne und das getriebene Rad 30 Zähne. Der Modul ist 4 mm.

a) Welche Teilung hat das treibende Rad?
b) Wie groß ist der Teilkreisdurchmesser des getriebenen Rades?
c) Wie groß ist der Achsabstand?

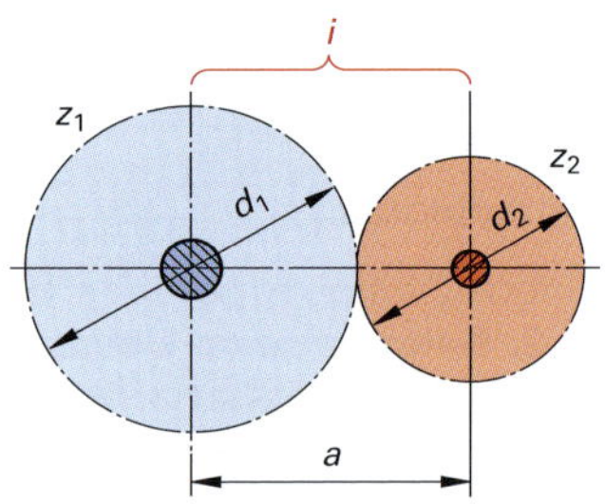

Achsabstand

Gegeben: $m = 4$ mm; $z_1 = 40$; $z_2 = 30$
Gesucht: a) p in mm; b) d_2 in mm; c) a in mm

Lösung
a) $p = \pi \cdot m = \pi \cdot 4\ \text{mm} = \mathbf{12{,}56\ mm}$
b) $d_2 = z_2 \cdot m = 30 \cdot 4\ \text{mm} = \mathbf{120\ mm}$
c) $a = \frac{z_1 + z_2}{2} \cdot m = \frac{40 + 30}{2} \cdot 4\ \text{mm} = \frac{70}{2} \cdot 4\ \text{mm} = \mathbf{140\ mm}$

Aufgaben

1 Ein Zahnrad mit 30 Zähnen hat einen Modul von 3,5 mm. Wie groß sind Teilkreisdurchmesser, Kopfkreisdurchmesser und Zahnhöhe (Frästiefe)?

2 Das treibende Rad hat 70 Zähne, das getriebene Rad 35 Zähne. Der Modul der Räder ist 4,5 mm. Wie groß ist der Achsabstand?

3 Ein Zahnrad (40 Zähne) hat einen Kopfkreisdurchmesser von 147 mm. Wie groß sind Modul, Teilkreis- und Fußkreisdurchmesser?

4 Bei einem Zahnradtrieb wurde ein Achsabstand von 210 mm gemessen; ein Rad hat 60 Zähne, das andere 80 Zähne.
a) Wie groß ist der Modul?
b) Wie groß sind die Teilkreisdurchmesser?
c) Welche Zahnhöhe haben die Räder?

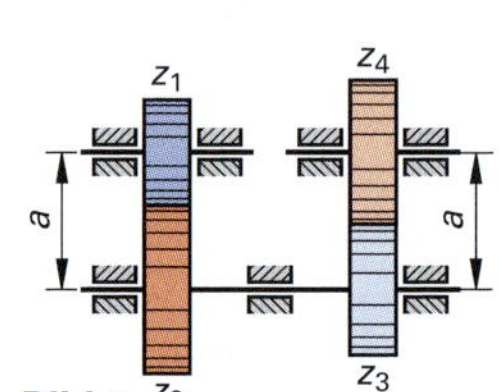

Bild 1

5 Das Zahnradgetriebe **(Bild 1)** hat $z_1 = 20$ Zähne, $i_1 = 2$, $z_3 = 30$ Zähne, $m = 3$ mm für beide Räderpaare. Berechnen Sie den Achsabstand und die Zähnezahl z_4.

Lösungen

1) 105 mm; 112 mm; 7,58 mm | **2)** 236,25 mm | **3)** 3,5 mm; 140 mm; 131,83 mm | **4a)** 3 mm; **4b)** 180 mm; **4c)** 240 mm; 6,5 mm | **5)** 90 mm; 30

2.21 GRENZMASSE UND PASSUNGEN

Nennmaß *N*.** Es ist das in der Konstruktionszeichnung angegebene Maß, auf das die Grenzabmaße bezogen werden.

Istmaß *I*.** Es ist das durch Messung am Werkstück festgestellte Maß.

Grenzmaße. Das Höchstmaß H* und das Mindestmaß M* sind die noch zugelassenen Maße, zwischen denen das Istmaß liegen muss.

H_B Höchstmaß Bohrung $\quad$ M_B Mindestmaß Bohrung
H_W Höchstmaß Welle $\quad$ M_W Mindestmaß Welle

Bei der Ermittlung des Höchstmaßes H und des Mindestmaßes M sind die Abmaße mit ihren jeweiligen Vorzeichen einzusetzen.

Grenzabmaße. Man versteht darunter die Differenz zwischen den jeweiligen Grenzmaßen und dem Nennmaß.

Oberes Abmaß (Bohrung **ES,** Welle **es**). Es ist die jeweilige Differenz zwischen dem Höchstmaß H und dem Nennmaß N.

Unteres Abmaß (Bohrung ***EI***, Welle ***ei***). Es ist die jeweilige Differenz zwischen dem Mindestmaß M und dem Nennmaß N.

Maßtoleranz *T*.** Sie ist die zulässige Abweichung vom Nennmaß N. Sie kann ermittelt werden als Differenz von

- Höchstmaß H und Mindestmaß M
- Oberem Abmaß ES bzw. es und unterem Abmaß EI bzw. ei.

T_B* Toleranz Bohrung $\quad$ T_W* Toleranz Welle

Spiel *S*.** Es ist die positive Differenz zwischen dem Bohrungsdurchmesser und dem Wellendurchmesser, wenn der Durchmesser der Bohrung größer ist als der der Welle.

Mindestspiel S_M*. Es ist die Differenz zwischen dem Mindestmaß der Bohrung M_B und dem Höchstmaß der Welle H_W.

Höchstspiel S_H*. Es ist die Differenz zwischen dem Höchstmaß der Bohrung H_B und dem Mindestmaß der Welle M_W.

Übermaß *U*.** Es ist der vor dem Fügen bestehende Maßunterschied zwischen Bohrung und Welle, wenn das Istmaß der Welle größer ist als das der Bohrung.

Mindestübermaß U_M*. Es ist die Differenz zwischen dem Höchstmaß der Bohrung H_B und dem Mindestmaß der Welle M_B vor dem Fügen.

Höchstübermaß U_H*. Es ist die Differenz zwischen dem Mindestmaß der Bohrung M_B und dem Höchstmaß der Welle H_W vor dem Fügen.

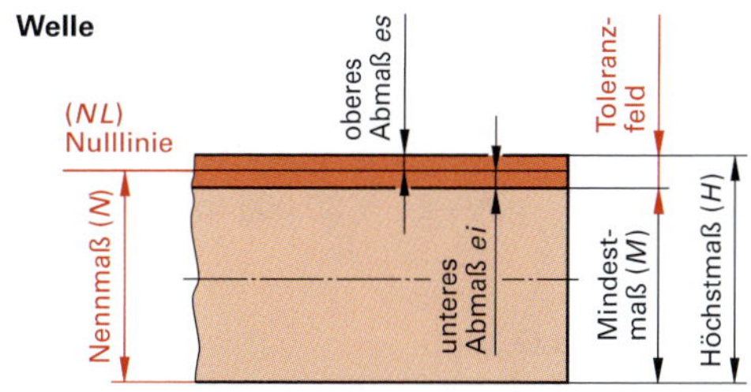

$$H_W = N + es \qquad M_W = N + ei$$
$$es = H_W - N \qquad ei = M_W - N$$
$$T_W = H_W - M_W \qquad T_W = es - ei$$

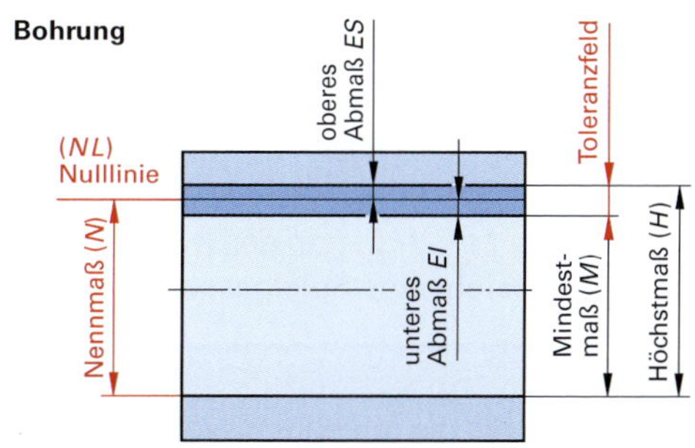

$$H_B = N + ES \qquad M_B = N + EI$$
$$ES = H_B - N \qquad EI = M_B - N$$
$$T_B = H_B - M_B \qquad T_B = ES - EI$$

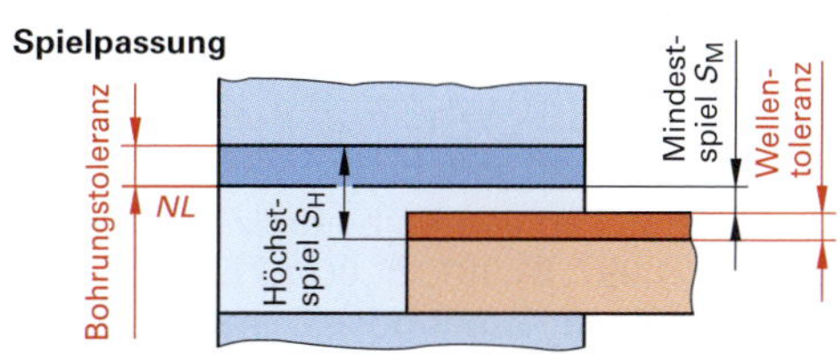

$$S_M = M_B - H_W \qquad S_H = H_B - M_W$$

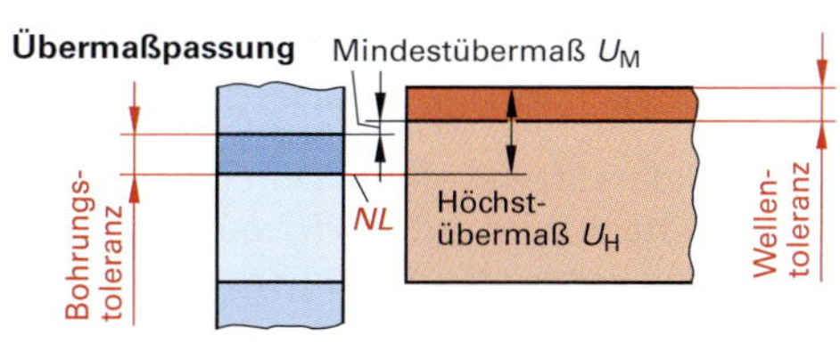

$$U_M = H_B - M_W \qquad U_H = M_B - H_W$$

* Formelzeichen nicht genormt

Beispiel 1

Gegeben: Bohrung Ø 30H7
Gesucht: ES; EI; H_B; M_B; zeichnerische Darstellung

Lösung

$30\text{ H7} = 30^{+0{,}021}_{0{,}000}$ (lt. Tabelle)
$ES = \mathbf{+0{,}021\ mm}$ $\qquad EI = 0{,}000\text{ mm}$
$H_B = N + ES = 30{,}000\text{ mm} + 0{,}021\text{ mm} = \mathbf{30{,}021\ mm}$
$M_B = N + EI = 30{,}000\text{ mm} + 0{,}000\text{ mm} = \mathbf{30{,}000\ mm}$

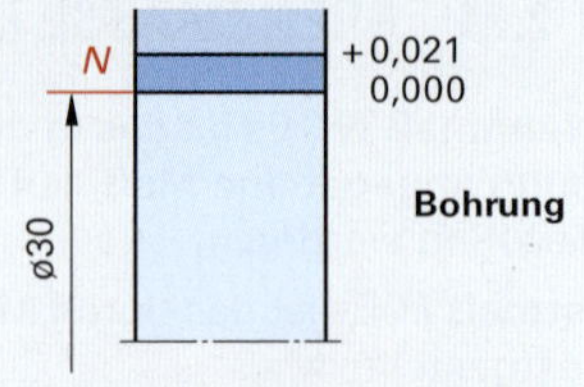

Beispiel 2

Gegeben: Welle Ø 30g6
Gesucht: es; ei; H_W; M_W; zeichnerische Darstellung

Lösung

$30\text{ g6} = 30^{-0{,}007}_{-0{,}020}$ (lt. Tabelle)
$es = \mathbf{-0{,}007\ mm}$ $\qquad ei = -0{,}020\text{ mm}$
$H_W = N + es = 30{,}000\text{ mm} + (-0{,}007)\text{ mm} = \mathbf{29{,}993\ mm}$
$M_W = N + ei = 30{,}000\text{ mm} + (-0{,}020)\text{ mm} = \mathbf{29{,}980\ mm}$

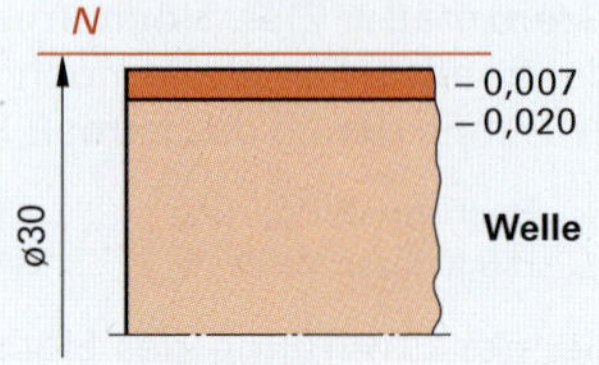

Beispiel 3

Gegeben: Die Bohrung nach Beispiel 1 und die Welle nach Beispiel 2 werden miteinander gefügt.
Gesucht: S_H; S_M; Passungsart; zeichnerische Darstellung

Lösung

$S_H = H_B - M_W = 30{,}021\text{ mm} - 29{,}980\text{ mm} = \mathbf{0{,}041\ mm}$
$S_M = M_B - H_W = 30{,}000\text{ mm} - 29{,}993\text{ mm} = \mathbf{0{,}007\ mm}$
Es besteht eine Spielpassung.

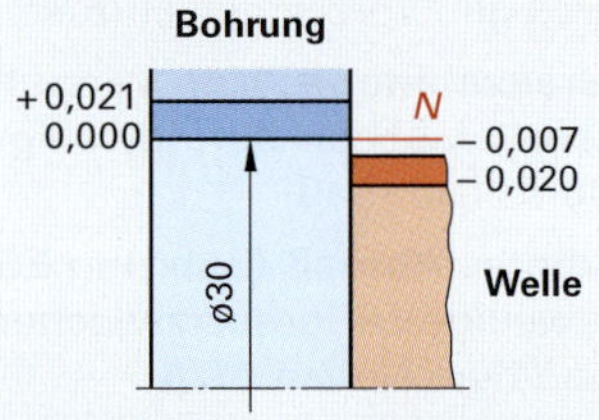

Aufgaben

1 Berechnen Sie die fehlenden Werte.

Aufgabe	a	b	c	d	e	f	g
Nennmaß in mm	50	30	140	?	?	?	?
Oberes Abmaß in mm	+0,086	+0,035	?	?	?	?	?
Unteres Abmaß in mm	+0,070	?	−0,039	?	?	?	−0,020
Höchstmaß in mm	?	?	?	80,051	?	350,425	400,200
Mindestmaß in mm	?	?	?	?	200,004	350,390	?
Toleranz in mm	?	0,013	0,025	0,019	0,029	?	?

2 Beim Herstellen von Kolbenbolzen mit einem Ø $22^{-0{,}000}_{-0{,}004}$ wurden folgende Istmaße festgestellt: 22,001; 21,997; 21,981; 22,002; 21,993.
a) Bei welchen Kolbenbolzen wurde die Toleranz eingehalten?
b) Welche Kolbenbolzen können nachgearbeitet werden?

3 Die Bohrung eines Zylinders hat einen Durchmesser von 80 H6. Bestimmen Sie Höchstmaß, Mindestmaß und die Toleranz.

4 Die Lagerzapfen der Kurbelwelle eines Motors haben das Maß Ø 40 h6. Bei der Generalüberholung des Motors werden die Kurbelwellenzapfen geschliffen. Das erste Untermaß beträgt Ø 39^{+750}_{+734}. Bestimmen Sie für beide Fälle H_W und M_W.

5 Ein Zylinderstift mit einem Durchmesser von 8 mm ist in der Toleranz m6 ausgeführt. Die Bohrung im Werkstück wird auf Ø 8 H7 aufgerieben. Bestimmen Sie Höchstspiel und Höchstübermaß. Stellen Sie die Bohrung und den Stift mit den Toleranzen zeichnerisch dar.

Lösungen

2a) bei 21,997 mm; **2b)** 22,001 mm; 22,002 mm | **3)** 80,019 mm; 80,000 mm; 0,019 mm | **4)** 40,000 mm; 39,084 mm; 39,750 mm; 39,734 mm | **5)** 8,015 mm; 8,006 mm

3 KRAFTFAHRZEUGTECHNISCHES RECHNEN

3.1 BERECHNUNGEN AM MOTOR

3.1.1 HUBRAUM

Der Hubraum eines Zylinders ist der Raum zwischen OT und UT des Kolbens.

Der Gesamthubraum eines Motors ergibt sich aus der Summe der Hubräume der einzelnen Zylinder eines Motors.

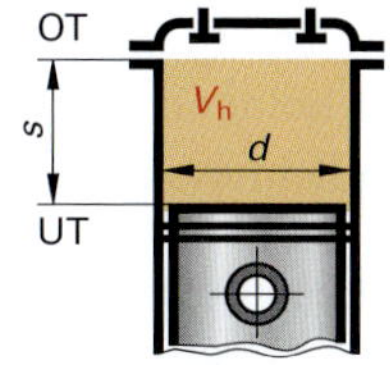

d	Zylinderdurchmesser in cm	V_h	Hubraum eines Zylinders in cm³
A	Zylinderquerschnitt in cm²	V_H	Gesamthubraum in cm³
s	Hub in cm	z	Zylinderzahl

$$V_h = \frac{\pi \cdot d^2}{4} \cdot s$$

$$d = \sqrt{\frac{4 \cdot V_h}{\pi \cdot s}}$$

$$s = \frac{4 \cdot V_h}{\pi \cdot d^2}$$

$$V_H = V_h \cdot z$$

$$V_h = \frac{V_H}{z} \qquad z = \frac{V_H}{V_h}$$

Beispiel

Ein Vierzylinder-Pkw-Motor hat einen Zylinderdurchmesser von 84 mm und einen Hub von 80 mm. Wie groß ist der Hubraum eines Zylinders in cm³ und der Gesamthubraum in cm³?

Gegeben: d = 84 mm = 8,4 cm; s = 80 mm = 8 cm; z = 4
Gesucht: V_h in cm³; V_H in cm³

Lösung

$$V_h = \frac{\pi \cdot d^2}{4} \cdot s = \frac{\pi \cdot (8,4\ \text{cm})^2}{4} \cdot 8\ \text{cm} = \mathbf{443{,}34\ cm^3}$$

$$V_H = V_h \cdot z = 443{,}34\ \text{cm}^3 \cdot 4 = \mathbf{1773{,}36\ cm^3}$$

Aufgaben

1 Der Einzylindermotor eines Mopeds hat einen Zylinderdurchmesser von 40 mm und einen Hub von 39,7 mm. Wie groß ist der Hubraum?

2 Bei einem Vierzylindermotor beträgt der Zylinderdurchmesser 75 mm und der Hub 73,4 mm. Berechnen Sie
a) den Zylinderquerschnitt,
b) den Hubraum eines Zylinders,
c) den Gesamthubraum.

3 Wie groß ist der Gesamthubraum in Litern **(Bild 1)?**

4 Ein Sechszylindermotor hat einen Gesamthubraum von 2495 cm³ und einen Hub von 71,6 mm. Wie groß ist der Zylinderdurchmesser?

5 Bei einem Vierzylindermotor beträgt der Gesamthubraum 1585 cm³, der Zylinderdurchmesser 84 mm. Wie groß ist der Hub?

6 Ein Ottomotor hat einen Gesamthubraum von 594 cm³, einen Zylinderhubraum von 297 cm³ und einen Zylinderdurchmesser von 73,5 mm. Wie groß sind Zylinderquerschnitt und Hub?

7 Wie groß ist der Zylinderdurchmesser **(Bild 2)?**

8 Ein Achtzylindermotor hat einen Zylinderdurchmesser von 128 mm und einen Hub von 142 mm. Durch Ausschleifen wird der Zylinderdurchmesser um 0,8 mm größer. Wie groß ist die Zunahme des Gesamthubraumes in cm³ und in %?

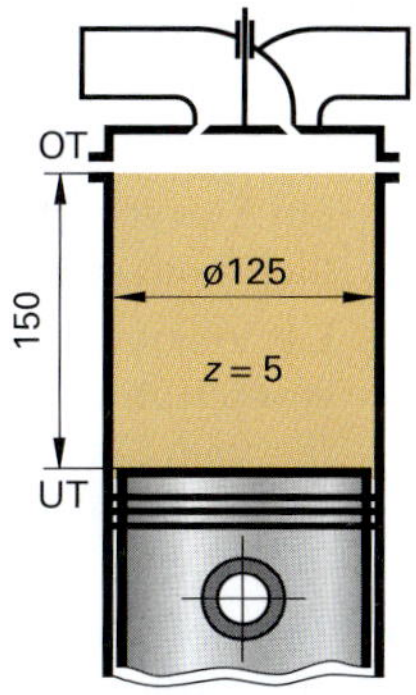

Bild 1

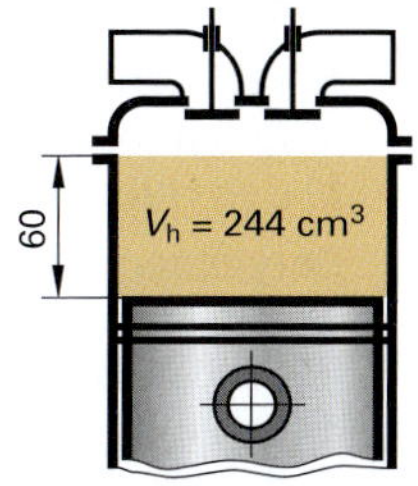

Bild 2

Lösungen

1) 49,9 cm³ | **2a)** 44,18 cm²; **2b)** 324,28 cm³; **2c)** 1297,12 cm³ | **3)** 9,2 l | **4)** 86 mm | **5)** 71,5 mm | **6)** 42,43 cm²; 69,9 mm | **7)** 72 mm | **8)** 183,2 cm³; 1,25 %

3.1.2 VERBRENNUNGSRAUM, VERDICHTUNGSVERHÄLTNIS, VERDICHTUNGSRAUM

Verbrennungsraum:

Es ist der Raum, der vom Zylinder, Zylinderkopf und Kolbenboden umschlossen wird. Seine Größe ändert sich während eines Hubes fortlaufend. Der Verbrennungsraum ist am größten, wenn sich der Kolben in UT, am kleinsten, wenn sich der Kolben in OT befindet.

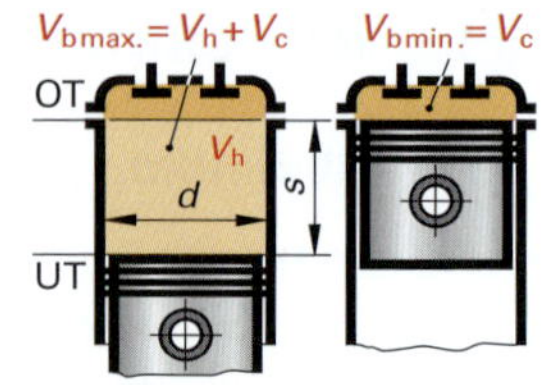

Verdichtungsraum:

Es ist der kleinste Verbrennungsraum. Er wird durch Zylinderkopf, Zylinder und Kolbenboden gebildet, wenn sich der Kolben in OT befindet.

Verdichtungsverhältnis:

Es ist das Verhältnis vom größten Verbrennungsraum (Kolben in UT) zum kleinsten Verbrennungsraum (Kolben in OT).

V_{bmax}	Größtwert des Verbrennungsraumes in cm³ (Kolben in UT)	ε	Verdichtungsverhältnis
		V_h	Hubraum eines Zylinders in cm³
V_{bmin}	Kleinstwert des Verbrennungsraumes in cm³ (Kolben in OT)	V_c	Verdichtungsraum in cm³
		V_b	Verbrennungsraum in cm³

$$V_{bmax} = V_h + V_c$$

$$V_{bmin} = V_c$$

$$\varepsilon = \frac{V_{bmax}}{V_{bmin}}$$

$$\varepsilon = \frac{V_h + V_c}{V_c}$$

$$V_c = \frac{V_h}{\varepsilon - 1}$$

$$V_h = V_c \cdot (\varepsilon - 1)$$

$$\varepsilon = \frac{V_h}{V_c} + 1$$

Beispiel

Der Hubraum eines Einzylindermotors beträgt 416 cm³, der Verdichtungsraum 52 cm³. Wie groß ist das Verdichtungsverhältnis?

Gegeben: $V_h = 416\ \text{cm}^3$; $V_c = 52\ \text{cm}^3$
Gesucht: $\varepsilon = ?$

Lösung

$$\varepsilon = \frac{V_h + V_c}{V_c} = \frac{416\ \text{cm}^3 + 52\ \text{cm}^3}{52\ \text{cm}^3} = \frac{468\ \text{cm}^3}{52\ \text{cm}^3} = \frac{9}{1} = \mathbf{9}$$

Aufgaben

1 Der Hubraum eines Einzylindermotors beträgt 299 cm³, der Verdichtungsraum 40 cm³. Wie groß ist das Verdichtungsverhältnis?

2 Ein Einzylindermotor hat einen Hubraum von 49,3 cm³ und ein Verdichtungsverhältnis von 8,6. Wie groß ist der Verdichtungsraum?

3 Ein Vierzylindermotor hat einen Zylinderdurchmesser von 91,7 mm, einen Hub von 75 mm und einen Verdichtungsraum von 58,6 cm³. Berechnen Sie ...
a) den Zylinderhubraum,
b) das Verdichtungsverhältnis.

4 Ein Vierzylindermotor hat einen Verdichtungsraum von 36 cm³ und ein Verdichtungsverhältnis von 7,9. Berechnen Sie ...
a) den Hubraum eines Zylinders,
b) den Gesamthubraum.

5 Berechnen Sie **(Bild 1)** ...
a) den maximalen Verbrennungsraum,
b) den Hub.

6 Berechnen Sie für den Achtzylindermotor **(Bild 2)** ...
a) den Hubraum eines Zylinders,
b) den Gesamthubraum,
c) den maximalen Verbrennungsraum,
d) das Verdichtungsverhältnis.

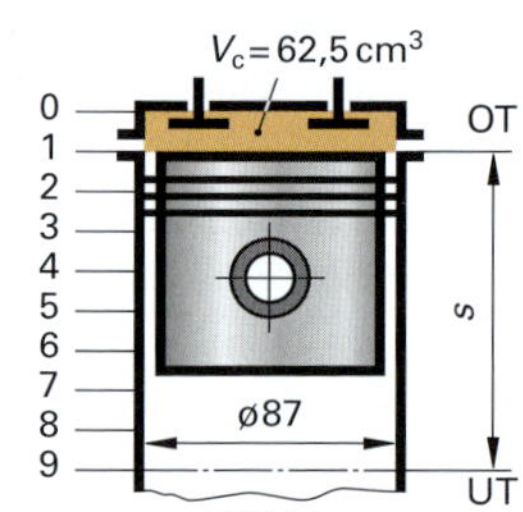

Bild 1

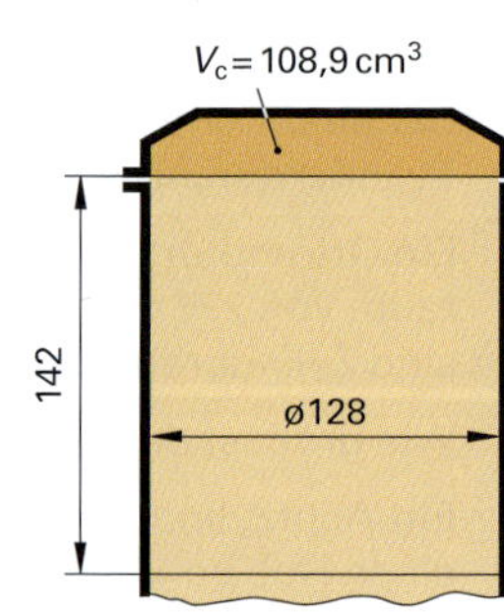

Bild 2

Lösungen

1) 8,475 | **2)** 6,49 cm³ | **3a)** 495,3 cm³; **3b)** 9,45 | **4a)** 248,4 cm³; **4b)** 993,6 cm³ | **5a)** 562,5 cm³; **5b)** 84,1 mm | **6a)** 1827,3 cm³; **6b)** 14618,4 cm³; **6c)** 1936,2 cm³; **6d)** 17,8

3.1.3 VERDICHTUNGSÄNDERUNG

Durch die Erhöhung der Verdichtung wird der mittlere Arbeitsdruck und damit die Motorleistung vergrößert.

Die **Höherverdichtung** wird begrenzt durch Kraftstoffeigenschaften und Konstruktion des Motors. Das Verdichtungsverhältnis kann erhöht werden durch den Einbau höherer Kolben (größere Kompressionshöhe), Einbau einer dünneren Zylinderkopfdichtung, Abschleifen von Zylinder oder Zylinderkopf, Aufbohren des Zylinders oder Vergrößerung des Hubes (Hubraumvergrößerung).

Eine **Verringerung des Verdichtungsverhältnisses** wird am einfachsten erreicht durch den Einbau einer entsprechend dickeren Zylinderkopfdichtung.

Bei Berechnungen zur Verdichtungsänderung muss grundsätzlich zuerst geklärt werden, ob die Maßnahme am Motor zu einer Erhöhung oder zu einer Erniedrigung des Verdichtungsverhältnisses führt.

Erst dann sind die entsprechenden Formeln auszuwählen.

$$s' = h_1 - h_2$$

$$\varepsilon_1 = \frac{V_h + V_{c1}}{V_{c1}}$$

$$\varepsilon_2 = \frac{V_h + V_{c2}}{V_{c2}}$$

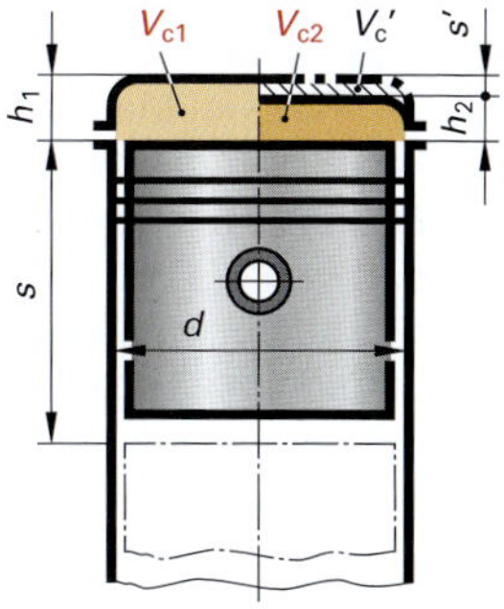

V_{c1} Verdichtungsraum in cm³ vor der Verdichtungsänderung
V_{c2} Verdichtungsraum in cm³ nach der Verdichtungsänderung
ε_1 Verdichtungsverhältnis vor der Verdichtungsänderung
ε_2 Verdichtungsverhältnis nach der Verdichtungsänderung
V_c' Veränderung des Verdichtungsraumes in cm³ (Zu- oder Abnahme)
s' Änderung der Höhe des Verdichtungsraumes in cm (Verdichtungsraum als Kreiszylinder angenommen)
s Hub in cm
d Zylinderdurchmesser in cm
A Zylinderquerschnitt in cm²
V_h Hubraum eines Zylinders in cm³

Verdichtungserhöhung

$$V_{c2} = V_{c1} - V_c'$$

$$s' = \frac{V_{c1} - V_{c2}}{A}$$

$$s' = \frac{s}{\varepsilon_1 - 1} - \frac{s}{\varepsilon_2 - 1}$$

$$\varepsilon_2 = \frac{s \cdot (\varepsilon_1 - 1)}{s - s' \cdot (\varepsilon_1 - 1)} + 1$$

Verdichtungsveringerung

$$V_{c2} = V_{c1} + V_c'$$

$$s' = \frac{V_{c2} - V_{c1}}{A}$$

$$s' = \frac{s}{\varepsilon_2 - 1} - \frac{s}{\varepsilon_1 - 1}$$

$$\varepsilon_2 = \frac{s \cdot (\varepsilon_1 - 1)}{s + s' \cdot (\varepsilon_1 - 1)} + 1$$

Beispiel

Ein Motor hat einen zylindrischen Verdichtungsraum von 42 cm³, der durch Abfräsen des Zylinderkopfes um 3 cm³ verkleinert werden soll. Der Zylinderdurchmesser beträgt 80 mm. Wie viel Millimeter müssen vom Zylinderkopf abgefräst werden?

Gegeben: $V_{c1} = 42\ \text{cm}^3$; $V_{c2} = 39\ \text{cm}^3$; $d = 8$ cm; $A = 50{,}27\ \text{cm}^2$

Gesucht: $s' = ?$ mm

Lösung

$$s' = \frac{V_{c1} - V_{c2}}{A} = \frac{42\ \text{cm}^3 - 39\ \text{cm}^3}{50{,}27\ \text{cm}^2}$$

$$= \frac{3\ \text{cm}^3}{50{,}27\ \text{cm}^2} = 0{,}059\ \text{cm} \approx \mathbf{0{,}6\ mm}$$

Aufgaben

1 Ein Motor mit 62 mm Zylinderdurchmesser und 58 mm Hub wird von 7,8 auf 8,4 verdichtet. Wie viel Millimeter müssen vom Zylinderkopf abgefräst werden?

2 Das Verdichtungsverhältnis eines Ottomotors soll von 8,9 auf 9,6 erhöht werden. Der Hub beträgt 65 mm. Wie viel mm müssen vom Zylinderkopf abgeschliffen werden?

3 Bei der Leistungssteigerung eines Motors soll der Verdichtungsraum von 30 cm³ auf 25 cm³ verkleinert werden. Der Zylinderdurchmesser beträgt 63,5 mm. Wie viel mm müssen vom Zylinderkopf abgenommen werden?

4 Bei einem Motor soll das Verdichtungsverhältnis von 9,2 auf 8,5 erniedrigt werden. Zylinderdurchmesser 79 mm; Hub 61 mm; Hubraum 299 cm³. Wie viel mm muss die einzubauende Zylinderkopfdichtung dicker sein?

5 Ein Sechszylinder-Ottomotor mit einem Verdichtungsverhältnis von 9,5 und einem Hub von 80 mm hat nach dem Ausschleifen um 1 mm einen Zylinderdurchmesser von 90 mm.
a) Wie groß war der Hubraum eines Zylinders vor dem Ausschleifen?
b) Wie groß war der Verdichtungsraum vor dem Ausschleifen?
c) Wie groß ist der Hubraum eines Zylinders nach dem Ausschleifen?
d) Wie ändert sich das Verdichtungsverhältnis?

6 Ein Einzylindermotor hat einen Hub von 74 mm und ein Verdichtungsverhältnis von 9,8. Durch den Einbau einer dickeren Zylinderkopfdichtung soll das Verdichtungsverhältnis um 0,5 verringert werden. Wie viel mm muss die einzubauende Zylinderkopfdichtung dicker sein?

7 Ein Vierzylinder-Motor hat ein Verdichtungsverhältnis von 9,3. Der Zylinderdurchmesser beträgt 77 mm, der Hub 69 mm. Durch Ablagerungen im Zylinderkopf wird der Verdichtungsraum um 3 % verkleinert. Wie groß ist dadurch das Verdichtungsverhältnis?

8 Bei einem Zweizylindermotor mit einem Zylinderdurchmesser von 78 mm, einem Hub von 73 mm und einem Verdichtungsverhältnis von 7,5 wird eine Zylinderkopfdichtung eingebaut, die 1 mm dünner ist. Wie ändert sich das Verdichtungsverhältnis?

9 Ein Sechszylinder-Ottomotor hat einen Gesamthubraum von 2495 cm³, einen Hub von 71,6 mm und einen Verdichtungsraum von 52 cm³. Das Verdichtungsverhältnis soll um 0,6 erhöht werden.
a) Wie groß ist der Zylinderdurchmesser?
b) Wie groß ist das Verdichtungsverhältnis?
c) Wie viel mm muss die einzubauende Zylinderkopfdichtung dünner sein?

10 Ein Vierzylindermotor hat einen Zylinderdurchmesser von 69,5 mm, einen Hub von 59 mm und ein Verdichtungsverhältnis von 8,2. Das Verdichtungsverhältnis soll durch Ausschleifen der Zylinder um 0,8 erhöht werden. Berechnen Sie
a) den Gesamthubraum,
b) den Verdichtungsraum,
c) den Hubraum eines Zylinders nach der Verdichtungserhöhung,
d) den Zylinderdurchmesser für das Ausschleifen,
e) den maximalen Verbrennungsraum nach dem Ausschleifen.

11 Ein Sechszylindermotor hat einen Gesamthubraum von 2748 cm³, einen Zylinderdurchmesser von 86 mm und ein Verdichtungsverhältnis von 9. Durch Verschleiß vergrößert sich der Zylinderdurchmesser im Mittel auf 87 mm. Durch Ablagerungen im Zylinderkopf wird der Verdichtungsraum um 2,5 % verkleinert.
a) Wie groß ist der Hub?
b) Wie groß ist der ursprüngliche Verdichtungsraum?
c) Wie groß wird der Zylinderhubraum durch Vergrößerung des Zylinderdurchmessers?
d) Wie groß wird der Verdichtungsraum durch Ablagerungen im Zylinderkopf?
e) Wie groß wird das Verdichtungsverhältnis?

Lösungen

1) 0,69 mm | **2)** 0,67 mm | **3)** 1,6 mm | **4)** 0,69 mm | **5a)** 497,7 cm³; **5b)** 58,6 cm³; **5c)** 508,9 cm³; **5d)** 9,68; 0,18 | **6)** 0,51 mm | **7)** 9,6 | **8)** 8,1 | **9a)** 86 mm; **9b)** 9; **9c)** 0,62 mm | **10a)** 895,2 cm³; **10b)** 31,1 cm³; **10c)** 248,8 cm³; **10d)** 73,3 mm; **10e)** 279,9 cm³ | **11a)** 78,8 mm; **11b)** 57,25 cm³; **11c)** 468,44 cm³; **11d)** 55,82 cm³; **11e)** 9,4

3.1.4 HUBVERHÄLTNIS (HUB-BOHRUNGS-VERHÄLTNIS)

Motoren werden als Lang-, Quadrat- und Kurzhuber beschrieben. Für diese Einteilung wird das Hubverhältnis gebildet, indem man Hub und Zylinderdurchmesser miteinander vergleicht.

k Hubverhältnis (Hub-Bohrungs-Verhältnis)
s Hub in mm
d Zylinderdurchmesser in mm

Motorart	Hubverhältnis
Otto	0,7 ... 1,2
Diesel	0,8 ... 1,3

$$k = \frac{s}{d}$$

$$s = d \cdot k \qquad d = \frac{s}{k}$$

Langhuber *s* größer *d*	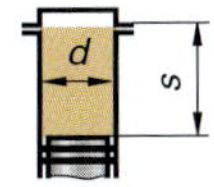	$k > 1$
Quadrathuber *s* gleich *d*	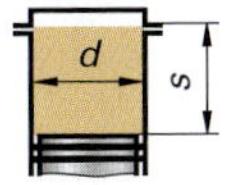	$k = 1$
Kurzhuber *s* kleiner *d*	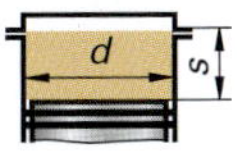	$k < 1$

Beispiel

Ein Pkw-Motor hat einen Zylinderdurchmesser von 78 mm und einen Hub von 79,5 mm. Wie groß ist das Hubverhältnis?

Gegeben: $d = 78$ mm; $s = 79{,}5$ mm
Gesucht: $k = ?$

Lösung

$$k = \frac{s}{d} = \frac{79{,}5\text{ mm}}{78\text{ mm}} = \mathbf{1{,}02} > 1 \text{ (Langhuber)}$$

Aufgaben

1 Ein Pkw-Motor hat einen Zylinderdurchmesser von 90 mm und einen Hub von 70,4 mm. Wie groß ist das Hubverhältnis?

2 Ein Einzylinder-Motorradmotor hat einen Zylinderdurchmesser von 38 mm und einen Hub von 44 mm. Wie groß ist das Hubverhältnis?

3 Ein Motor mit einem Zylinderdurchmesser von 64 mm hat ein Hubverhältnis von 0,9. Wie groß ist der Hub?

4 Ein Lkw-Motor hat ein Hubverhältnis von 1,24 und einen Hub von 155 mm. Wie groß ist der Zylinderdurchmesser?

5 Ein Motor mit einem Zylinderdurchmesser von 89 mm und einem Hub von 80 mm wird ausgeschliffen.
a) Wie groß ist der Hubraum nach dem Ausschleifen auf 90 mm Zylinderdurchmesser?
b) Berechnen Sie das Hubverhältnis vor und nach dem Ausschleifen.

6 Ein Sechszylinder-Ottomotor hat einen Hub von 66 mm, ein Hubverhältnis von 0,825 und ein Verdichtungsverhältnis von 9. Berechnen Sie ...
a) den Zylinderdurchmesser,
b) den Hubraum eines Zylinders,
c) den Gesamthubraum,
d) den Verdichtungsraum,
e) den maximalen Verbrennungsraum.

7 Ein Sechszylinder-Dieselmotor hat einen Gesamthubraum von 5890 cm^3 und einen Verdichtungsraum von 57,75 cm^3. Der Zylinderdurchmesser beträgt 100 mm, das Hubverhältnis beträgt 1,25. Berechnen Sie ...
a) den Hubraum eines Zylinders,
b) das Verdichtungsverhältnis,
c) den Hub,
d) den minimalen Verbrennungsraum.

8 Bei einem Vierzylindermotor beträgt der Hubraum eines Zylinders 393,5 cm^3, der Zylinderdurchmesser 84 mm und der Verdichtungsraum 51,8 cm^3. Wie groß sind ...
a) der Gesamthubraum,
b) das Verdichtungsverhältnis,
c) der Hub,
d) Hubverhältnis?

9 Ein Sechszylinder-Ottomotor hat einen Gesamthubraum von 3,0 l und ein Hubverhältnis von 1,0. Die Motordrehzahl beträgt 5000 1/min, das Verdichtungsverhältnis 9,5. Berechnen Sie ...
a) den Zylinderdurchmesser,
b) den Verdichtungsraum.

Lösungen

1) 0,78 | **2)** 1,16 | **3)** 57,6 mm | **4)** 125 mm | **5a)** 508,94 cm^3; **5b)** 0,90; 0,89 | **6a)** 80 mm; **6b)** 331,75 cm^3; **6c)** 1990,5 cm^3; **6d)** 41,47 cm^3; **6e)** 373,2 cm^3 | **7a)** 981,67 cm^3; **7b)** 18; **7c)** 125 mm; **7d)** 57,75 cm^3 | **8a)** 1574 cm^3; **8b)** 8,6; **8c)** 71 mm; **8d)** 0,85 | **9a)** 86 mm; **9b)** 58,8 cm^3

3.1.5 MOTORSTEUERUNG

STEUERWINKEL, STEUERZEITEN

Die Öffnungs- und Schließpunkte der Ventile, der Kanäle und Schlitze bei Zweitaktmotoren sowie der Zündzeitpunkt, bzw. der Förderbeginn werden in Grad Kurbelwinkel angegeben, bezogen auf die Totpunkte.

Die Motorsteuerdiagramme in Form von Kreisen oder Spiralen geben Aufschluss über die Öffnungs- und Schließpunkte, die Ventilüberschneidung, sowie Zündzeitpunkt und Förderbeginn.

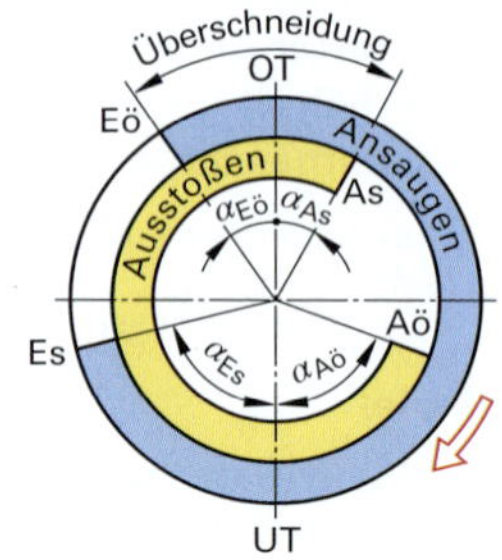

Eö Einlassventil öffnet
Es Einlassventil schließt
Aö Auslassventil öffnet
As Auslassventil schließt
Zz Zündzeitpunkt

- α Winkel in °, z. B. Öffnungswinkel
- α_E Öffnungswinkel des Einlassventils in °
- α_A Öffnungswinkel des Auslassventils in °
- $\alpha_Ü$ Ventilüberschneidung in °
- α_Z Zündwinkel in °
- l_B Bogenlänge in mm, gemessen auf dem Einstellkreis, z. B. Schwungrad
- d Durchmesser des Kreises in mm, auf dem sich die Einstellmarkierung befindet
- t Zeit in s, z. B. Ventilöffnungszeit je Arbeitsspiel
- t_1 Ventilöffnungszeit je Minute Motorlaufzeit in s/min
- n Motordrehzahl in 1/min

$$\alpha_E = \alpha_{Eö} + 180° + \alpha_{Es}$$

$$\alpha_A = \alpha_{Aö} + 180° + \alpha_{As}$$

$$\alpha_ü = \alpha_{Eö} + \alpha_{As}$$

$$l_B = \frac{\pi \cdot d \cdot \alpha}{360°}$$

Beispiel

Von einem Viertaktmotor sind bekannt: Einlassventil öffnet 34° vor OT und schließt 76° nach UT. Der Schwungraddurchmesser beträgt 300 mm. Berechnen Sie ...
a) den Öffnungswinkel des Einlassventils,
b) die Bogenlänge auf dem Schwungradumfang, gemessen von Eö bis Es.

Gegeben: $\alpha_{Eö}$ = 34° vor OT, α_{Es} = 76° nach UT, d = 300 mm
Gesucht: a) α_E in °, b) l_B in mm

Lösung a) $\alpha_E = \alpha_{Eö} + 180° + \alpha_{Es} = 34° + 180° + 76° = \mathbf{290°}$

b) $l_B = \frac{\pi \cdot d \cdot \alpha_E}{360°} = \frac{\pi \cdot 300\ \text{mm} \cdot 290°}{360°} = \mathbf{759\ mm}$

VENTILÖFFNUNGSZEIT

Unter der Ventilöffnungszeit versteht man die Zeit, in der ein Ventil während eines Arbeitsspieles offensteht.

Zeit für 1 Umdrehung der Kurbelwelle $\frac{60\ \text{s/min}}{n\ 1/\text{min}}$

Zeit für 1° Kurbelwellenumdrehung $\frac{60\ \text{s/min}}{360° \cdot n\ 1/\text{min}}$

Zeit für α° Kurbelwellenumdrehung $t = \frac{60\ \text{s/min} \cdot \alpha}{360° \cdot n\ 1/\text{min}} = \frac{\alpha}{6 \cdot n}\ \text{s}$

Bei 2 Kurbelwellenumdrehungen eines Viertaktmotors öffnen die Ventile 1 mal. Bei n Kurbelwellenumdrehungen in 1 min öffnen die Ventile n/2 mal.

Ventilöffnungszeit in 1 min $t_1 = t \cdot \frac{n}{2} \frac{\text{s}}{\text{min}} = \frac{\alpha}{6 \cdot n} \cdot \frac{n}{2} \frac{\text{s}}{\text{min}} = \frac{\alpha}{12} \frac{\text{s}}{\text{min}}$

$$t = \frac{\alpha}{6 \cdot n}$$

$$n = \frac{\alpha}{6 \cdot t}$$

$$\alpha = 6 \cdot n \cdot t$$

$$t_1 = t \cdot \frac{n}{2}$$

$$t_1 = \frac{\alpha}{12}$$

Beispiel

Das Einlassventil eines Viertaktmotors öffnet 24° vor OT und schließt 66° nach UT. Der Schwungraddurchmesser beträgt 300 mm, die Motordrehzahl 5100 1/min. Wie lange ist das Einlassventil geöffnet?

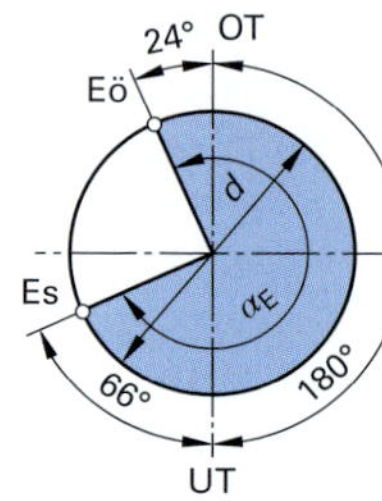

Gegeben: $\alpha_{Eö}$ = 24° vor OT, α_{Es} = 66° nach UT, d = 300 mm, n = 5100 1/min
Gesucht: t_E in s

Lösung $\alpha_E = \alpha_{Eö} + 180° + \alpha_{Es} = 24° + 180° + 66° = 270°$

$t_E = \frac{60 \cdot \alpha_E}{360° \cdot n} = \frac{60\ \text{s/min} \cdot 270°}{360° \cdot 5100\ 1/\text{min}} \approx \mathbf{0{,}0088\ s}$

Aufgaben

1 Das Einlassventil eines Ottomotors öffnet 29° vor OT und schließt 67° nach UT. Der Schwungraddurchmesser beträgt 280 mm. Berechnen Sie ...

a) den Öffnungswinkel des Einlassventils,

b) die Bogenlänge von Eö bis Es.

2 Auf dem Umfang eines Schwungrades wird zwischen den Markierungen Eö und Es eine Bogenlänge von 746 mm gemessen. Schwungraddurchmesser 300 mm. Wie groß ist der Öffnungswinkel des Einlassventils?

3 Von einem Motor sind folgende Daten bekannt:

Eö 25° vor OT, Aö 65° vor UT,
Es 59° nach UT, As 19° nach OT,
Zündzeitpunkt 10° vor OT

Der Schwungraddurchmesser beträgt 265 mm, die Motordrehzahl 5000 1/min.

Berechnen Sie

a) den Öffnungswinkel des Einlassventils,

b) die Bogenlänge von den Markierungen Eö bis Es,

c) die Bogenlänge vom Zündzeitpunkt bis OT,

d) die Ventilüberschneidung in Grad,

e) die Ventilüberschneidung in mm,

f) die Öffnungszeit des Einlassventils während eines Arbeitsspiels,

g) die Öffnungszeit des Einlassventils bei 1 Minute Motorlaufzeit.

4 Aus dem Steuerdiagramm eines Zweitaktmotors **(Bild 1)** sind die Öffnungszeiten für Einlass-, Auslass- und Überströmkanal zu berechnen. Die Motordrehzahl beträgt 5200 1/min.

5 Der Förderbeginn eines Dieselmotors liegt bei 27° vor OT. Wie viel Millimeter vor OT muss die Markierung bei einem Schwungraddurchmesser von 420 mm liegen?

6 Berechnen Sie die Öffnungszeiten des Ein- und Auslassventils **(Bild 2)**. Die Motordrehzahl beträgt 5000 1/min.

7 Berechnen Sie die Bogenlänge für Ein- und Auslassventil **(Bild 3)**. Der Schwungraddurchmesser beträgt 230 mm.

8 Wie groß ist die Öffnungszeit des Einlassventils während eines Arbeitsspieles? Motordrehzahl 5500 1/min **(Bild 4)**.

9 Berechnen Sie die Bogenlänge am Schwungradumfang für einen Zündverzug von 0,001 s bei einer Motordrehzahl von 4200 1/min. Der Schwungraddurchmesser beträgt 300 mm.

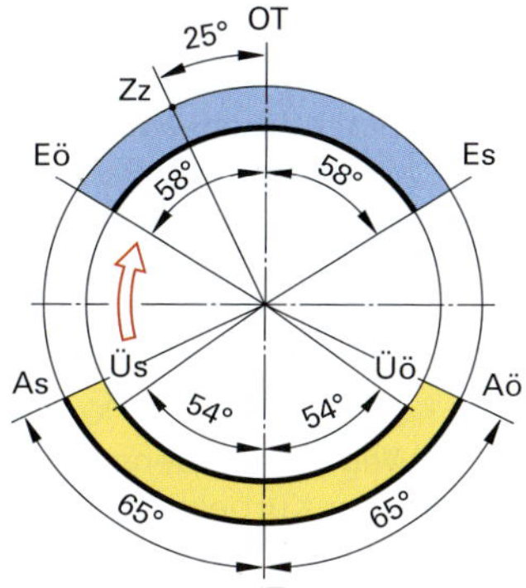

Bild 1

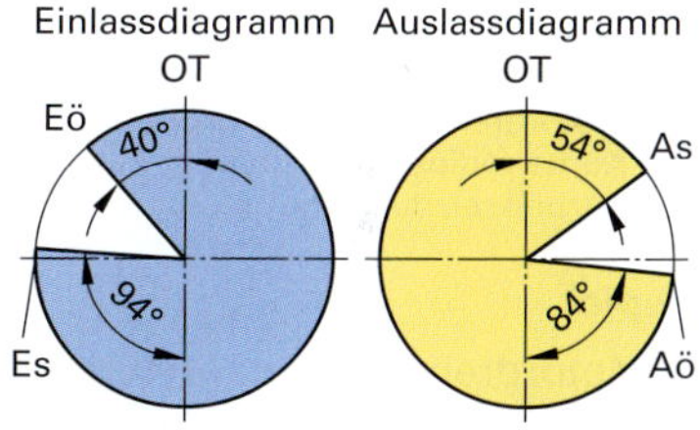

Bild 2

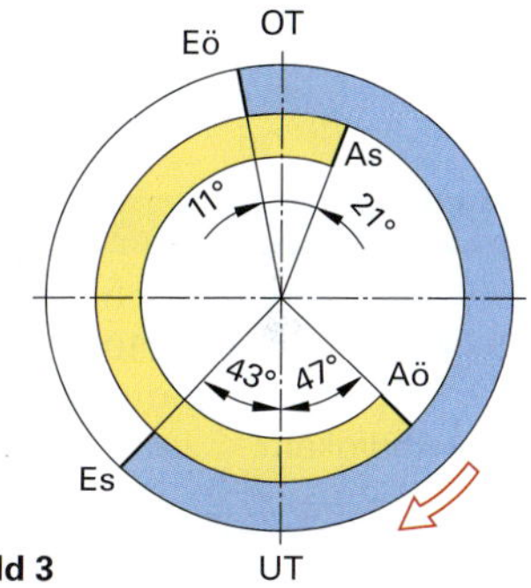

Bild 3

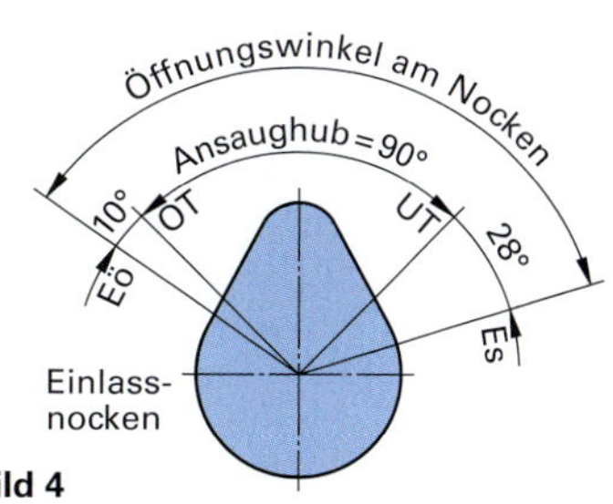

Bild 4

Lösungen

1a) 276°; **1b)** 674,4 mm | **2)** 285° | **3a)** 264°; **3b)** 610,5 mm; **3c)** 23 mm; **3d)** 44°; **3e)** 102 mm; **3f)** 0,0088 s; **3g)** 22 s/min | **4)** 0,00372 s; 0,00417 s; 0,00346 s | **5)** 99 mm | **6)** 0,0104 s; 0,0106 s | **7)** 469,7 mm; 497,8 mm | **8)** 0,0078 s | **9)** 66 mm

3.1.6 KOLBENGESCHWINDIGKEIT

Beim Hubkolbenmotor legt der Kolben während einer Kurbelwellenumdrehung zweimal den Hub zurück. Dabei erreicht der Kolben zwischen den Totpunkten (Umkehrpunkte) seine größte Geschwindigkeit, und zwar dann, wenn Pleuelstange und Kurbelwange etwa einen rechten Winkel bilden.

Bei einer Umdrehung der Kurbelwelle beträgt der Weg des Kolbens $2 \cdot s$, bei n Umdrehungen der Kurbelwelle in einer Minute $2 \cdot s \cdot n$, in einer Sekunde $2 \cdot s \cdot n/60$. Dies ist die mittlere Kolbengeschwindigkeit v_m.

Durch Kürzen ergibt sich $v_m = s \cdot n/30$.

v_m mittlere Kolbengeschwindigkeit in m/s
v_{max} maximale Kolbengeschwindigkeit in m/s
s Hub in m
n Motordrehzahl in 1/min (Kurbelwellendrehzahl)
r Kurbelradius in m
d Kurbelkreisdurchmesser in m

$$v_m = \frac{s \cdot n}{30}$$

$$s = \frac{30 \cdot v_m}{n}$$

$$n = \frac{30 \cdot v_m}{s}$$

$$s = 2 \cdot r = d$$

$$r = \frac{s}{2}$$

$$v_{max} \approx 1{,}6 \cdot v_m$$

$$v_m = \frac{v_{max}}{1{,}6}$$

Motorart	v_m in m/s
Otto	8 … 16
Diesel	9 … 14

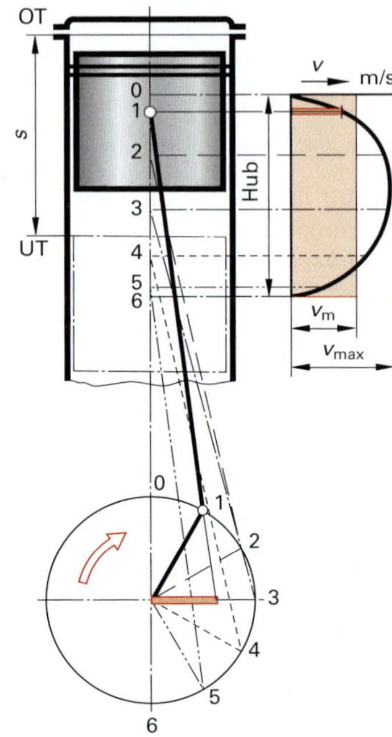

Beispiel

Die Motordrehzahl beträgt 4000 1/min, der Hub 69 mm. Wie groß ist die mittlere Kolbengeschwindigkeit?

Gegeben: n = 4000 1/min; s = 69 mm
Gesucht: v_m in m/s

Lösung $v_m = \frac{s \cdot n}{30} = \frac{0{,}069 \cdot 4000}{30} \frac{\text{m}}{\text{s}} = \mathbf{9{,}2 \frac{m}{s}}$

Aufgaben

1 Bei einem Lkw-Motor beträgt der Hub 155 mm, die Motordrehzahl 2100 1/min. Wie groß sind die mittlere und die maximale Kolbengeschwindigkeit?

2 Ein Mopedmotor hat bei einer Motordrehzahl von 9500 1/min eine mittlere Kolbengeschwindigkeit von 14,25 m/s. Wie groß ist der Hub?

3 Bei einem Pkw-Motor mit einem Hub von 69,8 mm beträgt die Motordrehzahl bei Nutzleistung 4800 1/min, beim größten Drehmoment 3200 1/min. Wie groß sind bei diesen Motordrehzahlen die mittleren und die maximalen Kolbengeschwindigkeiten?

4 Ein Vierzylinder-Ottomotor hat eine mittlere Kolbengeschwindigkeit von 12 m/s, eine Motordrehzahl von 5000 1/min. Berechnen Sie …
a) den Hub,
b) den Weg des Kolbens in 1 Stunde.

5 Von einem Vierzylindermotor sind folgende Angaben bekannt: Zylinderdurchmesser 97,54 mm; mittlere Kolbengeschwindigkeit 11,684 m/s; Motordrehzahl 4600 1/min; Verdichtungsverhältnis 8,0. Berechnen Sie …
a) den Hub,
b) den Gesamthubraum,
c) den Verdichtungsraum.

6 Der Gesamthubraum eines Ottomotors beträgt 2784 cm^3, der Zylinderdurchmesser 92 mm, der Hub 69,8 mm, die Motordrehzahl 5600 1/min, das Verdichtungsverhältnis 9. Berechnen Sie …
a) die mittlere Kolbengeschwindigkeit,
b) die Zylinderzahl,
c) den Verdichtungsraum.

Lösungen

1 10,85 m/s; 17,36 m/s | **2)** 45 mm | **3)** 11,2 m/s; 17,9 m/s; 7,5 m/s; 12 m/s | **4a)** 72 mm; **4b)** 43,2 km | **5a)** 76,2 mm; **5b)** 2277,6 cm^3; **5c)** 81,3 cm^3 | **6a)** 13,03 m/s; **6b)** 6; **6c)** 58 cm^3

3.1.7 GASGESCHWINDIGKEIT

Für das Verhalten von Flüssigkeiten und Gasen, die durch eine Rohrleitung mit verschiedenen Querschnitten strömen, gilt: Die Durchflussmenge ist an allen Stellen gleich groß.

Dies bedeutet z. B. bei einer Verengung des Querschnittes eine Erhöhung der Strömungsgeschwindigkeit bzw. bei einer Querschnittserweiterung eine Verringerung derselben.

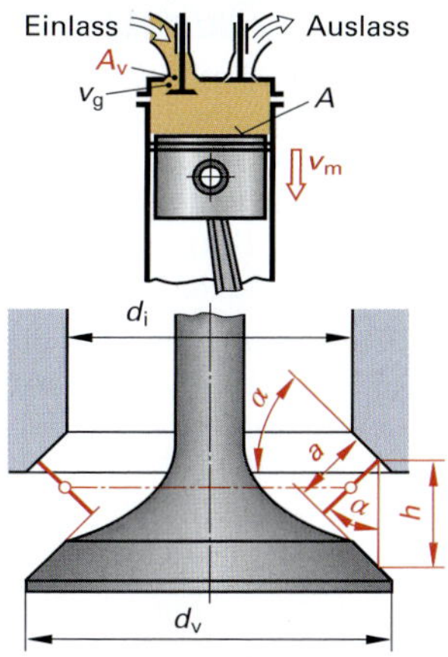

VENTILÖFFNUNGSFLÄCHE

Bei geöffnetem Ventil wird ein Ringspalt frei, der vom Ventilhub und vom Durchmesser des Gaskanals abhängig ist. Für eine Näherungslösung kann anstelle des Gaskanaldurchmessers mit dem Durchmesser des Ventiltellers gerechnet werden.

Nach Bild ist $\cos\alpha = a/h$; daraus ergibt sich $a = h \cdot \cos\alpha$

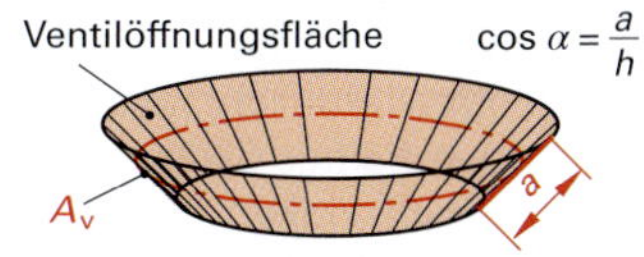

v_g Gasgeschwindigkeit in m/s (Mittelwert)
v_m mittl. Kolbengeschwindigkeit in m/s
A_v Öffnungsfläche des Ventils in cm^2
d_i Kanaldurchmesser in cm
d_v Ventiltellerdurchmesser in cm
d Kolbendurchmesser in cm
A Kolbenfläche in cm^2
α Ventilsitzwinkel in °
h Ventilhub in cm
($h = 0{,}1 \cdot d_v \ldots 0{,}35 \cdot d_v$)

$$A = \pi \cdot d_v \cdot a$$

$$a = h \cdot \cos\alpha$$

$$A_v = \pi \cdot d_v \cdot h \cdot \cos\alpha$$

$$h = \frac{A_v}{\pi \cdot d_v \cdot \cos\alpha}$$

$$d_v = \frac{A_v}{\pi \cdot h \cdot \cos\alpha}$$

$$v_g = \frac{A \cdot v_m}{A_v}$$

$$A_v = \frac{A \cdot v_m}{v_g} \qquad v_m = \frac{A_v \cdot v_g}{A}$$

Ventil	v_g in m/s
Einlass	50 … 110
Auslass	70 … 120

Beispiel 1

Ventiltellerdurchmesser 32 mm; Ventilhub 8 mm; Ventilsitzwinkel 45°. Wie groß ist die Öffnungsfläche des Ventils in cm^2?

Gegeben: $d_v = 3{,}2$ cm; $h = 0{,}8$ cm; $\alpha = 45°$
Gesucht: A_v in cm^2

Lösung

$A_v = \pi \cdot d_v \cdot h \cdot \cos\alpha = \pi \cdot 3{,}2\text{ cm} \cdot 0{,}8\text{ cm} \cdot \cos 45° = \mathbf{5{,}7\text{ cm}^2}$

Beispiel 2

Ein Motor hat einen Kolbendurchmesser von 80 mm und eine mittlere Kolbengeschwindigkeit von 10,4 m/s. Die Öffnungsfläche des Ventils beträgt 7,4 cm^2. Wie groß ist die Gasgeschwindigkeit?

Gegeben: $d = 8$ cm; $v_m = 10{,}4$ m/s; $A_v = 7{,}4\text{ cm}^2$
Gesucht: v_g in m/s (Mittelwert)

Lösung

$$A = \frac{\pi \cdot d^2}{4} = \frac{\pi \cdot 8^2\text{ cm}^2}{4} = 50{,}27\text{ cm}^2$$

$$v_g = \frac{A \cdot v_m}{A_v} = \frac{50{,}27\text{ cm}^2 \cdot 10{,}4\text{ m/s}}{7{,}4\text{ cm}^2} = \mathbf{70{,}6\text{ m/s}}$$

Aufgaben

1 Ein Motor hat einen Kolbendurchmesser von 128 mm und eine mittlere Kolbengeschwindigkeit von 8,8 m/s. Die Gasgeschwindigkeit soll 55 m/s betragen. Wie groß müsste die Ventilöffnungsfläche sein?

2 Die Öffnungsfläche eines Ventils beträgt 6,2 cm^2, die Kolbenfläche 38,5 cm^2. Wie groß ist die Gasgeschwindigkeit bei einer mittleren Kolbengeschwindigkeit von 9 m/s?

3 Bei einem Motor beträgt die Kolbenfläche 62,2 cm^2, die Öffnungsfläche des Ventils 10,8 cm^2 und die mittlere Kolbengeschwindigkeit 13,6 m/s. Wie groß ist die Gasgeschwindigkeit?

4 Ein Ventil mit 28 mm Ventiltellerdurchmesser hat einen Ventilhub von 6 mm. Der Ventilsitzwinkel beträgt 45°. Wie groß ist die Öffnungsfläche des Ventils?

Lösungen

1 20,6 cm^2 | **2)** 56 m/s | **3)** 78,3 m/s | **4)** 3,73 cm^2

Aufgaben

5 Ein Ventil mit 35 mm Ventiltellerdurchmesser hat einen Ventilhub von 8 mm und einen Ventilsitzwinkel von 45°. Der Kolbendurchmesser beträgt 78 mm, die Motordrehzahl 4200 1/min und der Hub 65 mm. Wie groß ist die Gasgeschwindigkeit?

6 Ein Motorkolben hat einen Durchmesser von 62 mm. Der Kolbenhub beträgt 63,5 mm, der Ventilhub 7,5 mm, der Ventilsitzwinkel 45°. Wie groß ist die Gasgeschwindigkeit in einem Saugkanal mit 30 mm Durchmesser bei einer Motordrehzahl von 4000 1/min?

7 Berechnen Sie aus den Motordaten die Gasgeschwindigkeit.
Kolbendurchmesser 80 mm;
Ventiltellerdurchmesser 39 mm;
Hubverhältnis 0,825; Ventilhub 11 mm;
Ventilsitzwinkel 30°;
Motordrehzahl 6000 1/min.

8 Ein Ventil mit 50 mm Ventiltellerdurchmesser, Ventilsitzwinkel 45°, hat eine Öffnungsfläche von 13,38 cm^2. Wie groß ist der Ventilhub?

9 Von einem Vierzylindermotor sind folgende Daten bekannt:
Gesamthubraum 1289 cm^3; Hub 77 mm;
Motordrehzahl 5000 1/min;
Ventiltellerdurchmesser 36 mm;
Ventilsitzwinkel 30°; Ventilhub 8 mm.
Wie groß ist die Gasgeschwindigkeit?

10 Ein Motor hat einen Zylinderdurchmesser von 80 mm, einen Hub von 78 mm und eine Motordrehzahl von 5400 1/min. Der Lufttrichter im Vergaser hat an der engsten Stelle einen Durchmesser von 30 mm. Wie groß ist die Strömungsgeschwindigkeit im Lufttrichter bei einer Zylinderfüllung von:
a) 100 % und
b) 80 %?

Lösungen

5) 69,9 m/s | **6)** 51,3 m/s | **7)** 56,9 m/s | **8)** 12 mm | **9)** 68,5 m/s | **10a)** 99,8 m/s; **10b)** 79,8 m/s

3.1.8 PLEUELSTANGENVERHÄLTNIS

Das Pleuelstangenverhältnis ist das Verhältnis von Kurbelradius zur Pleuelstangenlänge (Abstand der Pleuelaugenmitten).

λ_{Pl} Pleuelstangenverhältnis
l Pleuelstangenlänge in mm
r Kurbelradius in mm
s Hub in mm

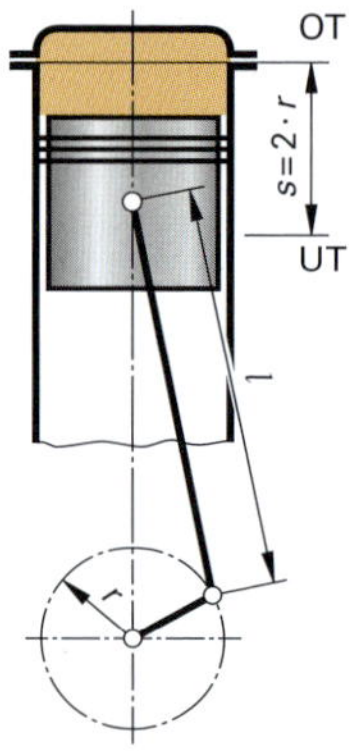

$$\lambda_{Pl} = \frac{r}{l}$$

$$r = \lambda_{Pl} \cdot l \qquad l = \frac{r}{\lambda_{Pl}}$$

$$r = \frac{s}{2}$$

Motorart	λ_{Pl}
Motorrad Pkw	≈ 0,21 ... 0,31
Nkw	≈ 0,22 ... 0,33

Beispiel

Ein Motor mit einem Hub von 71 mm hat eine Pleuelstangenlänge von 135 mm. Wie groß ist das Pleuelstangenverhältnis?

Gegeben: s = 71 mm; l = 135 mm
Gesucht: λ_{Pl}

Lösung

$$r = \frac{s}{2} = \frac{71\ \text{mm}}{2} = 35{,}5\ \text{mm}$$

$$\lambda_{Pl} = \frac{r}{l} = \frac{35{,}5\ \text{mm}}{135\ \text{mm}} = \frac{1}{3{,}8} = \mathbf{0{,}26}$$

Aufgaben

1 Ein Motor hat einen Hub von 84 mm und eine Pleuelstangenlänge von 140 mm. Wie groß ist das Pleuelstangenverhältnis?

2 Ein Motor hat einen Zylinderdurchmesser von 80 mm, ein Hubverhältnis von 0,825 und eine Pleuelstangenlänge von 130 mm. Wie groß ist das Pleuelstangenverhältnis?

3 Das Pleuelstangenverhältnis eines Lkw-Motors beträgt 0,25, die Pleuelstangenlänge 270 mm. Wie groß ist der Hub?

4 Ein Motor hat einen Zylinderdurchmesser von 128 mm und ein Hubverhältnis von 1,09. Das Pleuelstangenverhältnis beträgt 0,244. Wie lang ist die Pleuelstange?

Lösungen

1) 0,3 | **2)** 0,254 | **3)** 135 mm | **4)** 285,9 mm

3.1.9 GASDRUCK UND KOLBENKRAFT

Der Gasdruck im Zylinder eines Motors hängt u. a. vom Lastzustand des Motors, der Motordrehzahl und der jeweiligen Kurbelwellenstellung ab.

Bei Versuchsmotoren kann durch einen Drucksensor im Zylinderkopf der momentan herrschende Druck in Abhängigkeit von der Kolbenstellung ermittelt und aufgezeichnet werden, wobei auf der waagrechten Achse der Hubraum und auf der senkrechten Achse der Druck angetragen werden. Das so erstellte Diagramm wird als **Arbeitsdiagramm** bezeichnet **(Bild)**.

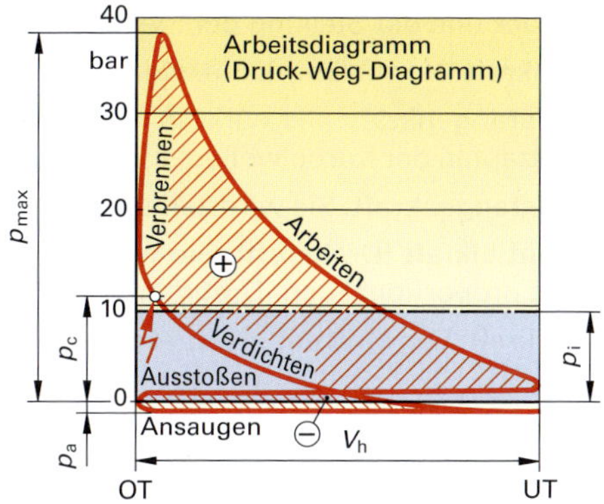

Aus dem Arbeitsdiagramm kann die **innere Arbeit W_i** bestimmt werden. Die Fläche zwischen Verdichtungslinie und Arbeitslinie entspricht der gewonnenen Arbeit, die Fläche zwischen Ansaug- und Ausstoßlinie der verbrauchten Arbeit. Die innere Arbeit ergibt sich somit aus

innere Arbeit W_i = Fläche ⊕ – Fläche ⊖

Wird die Diagrammfläche in ein Rechteck umgewandelt, dessen eine Seite der Länge des Hubes entspricht, so stellt die andere Seite ein Maß für den **mittleren inneren Kolbendruck p_i** dar.

Der **mittlere effektive Kolbendruck p_{eff}** kann aus der am Prüfstand ermittelten Motorleistung berechnet werden.

Aus mittlerem inneren Kolbendruck p_i und mittlerem effektivem Kolbendruck p_{eff} kann der **mechanische Wirkungsgrad η_m** des Motors berechnet werden.

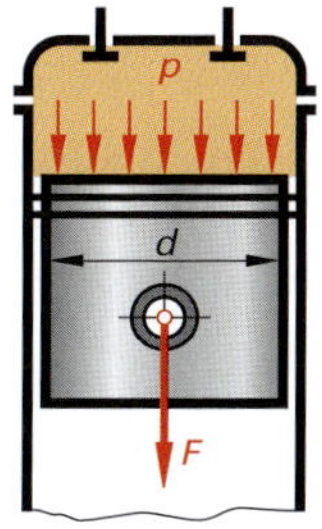

$$F = A \cdot p$$

$$A = \frac{F}{p}$$

$$p = \frac{F}{A}$$

$$p_{eff} = \eta_m \cdot p_i$$

$$1\ \text{bar} = 10\ \frac{\text{N}}{\text{cm}^2}$$

p	Druck in N/cm²
p_{max}	Verbrennungshöchstdruck in N/cm²
p_i	mittl. innerer Kolbendruck in N/cm² (mittl. indizierter Kolbendruck)
p_{eff}	mittl. nutzbarer Kolbendruck in N/cm² (mittl. effektiver Kolbendruck)
p_c	Verdichtungsenddruck in N/cm²
p_a	Ansaugdruck in N/cm²
A	Kolbenfläche in cm²
d	Kolbendurchmesser in cm
F	Kolbenkraft in N
η_m	mechanischer Wirkungsgrad

Aufgaben

1 Bei einem Motor beträgt der Kolbendurchmesser 75 mm, der Verbrennungshöchstdruck 44 bar. Wie groß ist die größte Kolbenkraft?

2 Auf einen Kolben mit 78 mm Durchmesser wirkt eine Kolbenkraft von 3920 N. Wie groß ist der Druck?

3 Bei einer Kolbenkraft von 4500 N soll ein Druck von 9 bar auf den Kolbenboden nicht überschritten werden. Wie groß muss der Kolbendurchmesser sein?

4 Wie groß ist die mittlere Kolbenkraft bei einem mittleren inneren Kolbendruck von 13 bar und einem Kolbendurchmesser von 80 mm?

5 Bei einem Dieselmotor mit Abgasturbolader beträgt der Verbrennungshöchstdruck 96 bar. Um wie viel Prozent nimmt die Kolbenkraft zu, wenn der Zylinder von 130 mm auf 131 mm aufgebohrt wird?

Lösungen

1) 19439,2 N | **2)** 8,204 bar | **3)** 79,8 mm | **4)** 6535 N | **5)** 1,5 %

3.1.10 KRÄFTE AM KURBELTRIEB

Kolbenkraft: Sie wird in zwei Teilkräfte zerlegt, deren Größen vom Gasdruck und der Stellung der Pleuelstange abhängen:

Seitenkraft (Normalkraft): Sie wirkt senkrecht auf die Zylinderwand.

Pleuelstangenkraft: Sie wirkt in Richtung der Pleuelstange auf den Kurbelzapfen der Kurbelwelle.

Pleuelstangenkraft: Sie wird zerlegt in:

Tangentialkraft (Drehkraft): Sie wirkt am Umfang des Kurbelkreises und ist proportional dem Drehmoment *M*.

Radialkraft: Sie wirkt auf die Kurbelwellenlager.

$$F = A \cdot p$$

$$F_N = F \cdot \tan \beta$$

$$F_{Pl} = \frac{F}{\cos \beta}$$

$$F_T = \frac{F \cdot \sin(\alpha + \beta)}{\cos \beta}$$

$$F_{rad} = \frac{F \cdot \cos(\alpha + \beta)}{\cos \beta}$$

$$M = F_T \cdot r$$

F	Kolbenkraft in N	α	Kurbelwinkel in °
F_N	Seitenkraft in N	β	Pleuelstangenwinkel in °
F_{Pl}	Pleuelstangenkraft in N	r	Kurbelradius in m
F_T	Tangentialkraft in N	l	Pleuelstangenlänge in mm
F_{rad}	Radialkraft in N	λ_{Pl}	Pleuelstangenverhältnis
M	Drehmoment in Nm	p	Gasdruck in N/cm²
		A	Kolbenfläche in cm²

$$\sin \beta = \frac{r \cdot \sin \alpha}{l}$$

$$\sin \beta = \lambda_{Pl} \cdot \sin \alpha; \qquad \lambda_{Pl} = \frac{r}{l}$$

Beispiel

An einem Kurbeltrieb wirkt bei einem Kurbelwinkel von 45° eine Kolbenkraft von 5000 N; Pleuelstangenlänge 80 mm; Kurbelradius 20 mm.

Gegeben: $F = 5000$ N; $l = 80$ mm; $r = 20$ mm; $\alpha = 45°$

Gesucht:

a) β in °, b) F_N, c) F_{Pl},

d) F_T, e) M in Nm,

f) Zeichnerische Kräftezerlegung zur Nachprüfung der Ergebnisse.

Lösung

a) $\sin \beta = \frac{r \cdot \sin \alpha}{l} = \frac{20 \text{ mm} \cdot \sin 45°}{80 \text{ mm}} = 0{,}177$ $\qquad \beta \approx$ **10°**

b) $F_N = F \cdot \tan \beta = 5000 \text{ N} \cdot \tan 10° = 5000 \text{ N} \cdot 0{,}1763 =$ **882 N**

c) $F_{Pl} = \frac{F}{\cos \beta} = \frac{5000 \text{ N}}{\cos 10°} = \frac{5000 \text{ N}}{0{,}9848} =$ **5077 N**

d) $F_T = \frac{F \cdot \sin(\alpha + \beta)}{\cos \beta} = \frac{5000 \text{ N} \cdot \sin(45° + 10°)}{\cos 10°}$

$= \frac{5000 \text{ N} \cdot \sin 55°}{\cos 10°} = \frac{5000 \text{ N} \cdot 0{,}8192}{0{,}9848} =$ **4159 N**

e) $M = F_T \cdot r = 4159 \text{ N} \cdot 0{,}02 \text{ m} =$ **83,2 Nm**

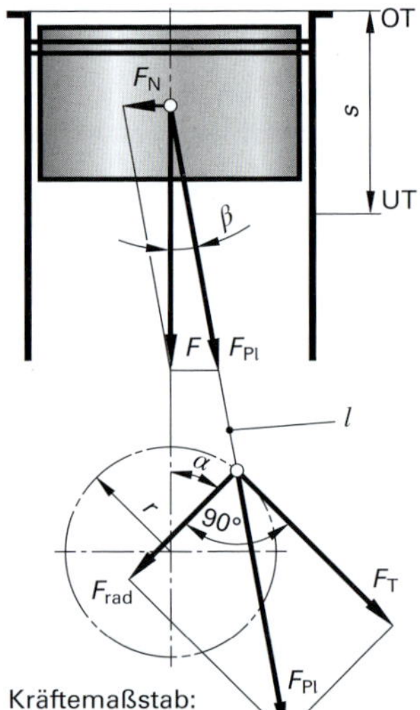

Kräftemaßstab:
1 mm ≙ 200 N

Aufgaben

1 Von einem Motor sind folgende Angaben bekannt: Kolbendurchmesser 87 mm, Hub 88 mm, Pleuelstangenlänge 176 mm, Kurbelwinkel 30°, Kolbendruck 35 bar. Berechnen Sie

a) den Kurbelradius,
b) den Pleuelstangenwinkel,
c) die Kolbenkraft,
d) die Seitenkraft,
e) Pleuelstangenkraft,
f) die Tangentialkraft,
g) die Radialkraft,
h) das Drehmoment.

Überprüfen Sie die Ergebnisse durch eine grafische Lösung.

Lösungen

1a) 44 mm; **1b)** 7,2°; **1c)** 20 807,5 N; **1d)** 2628 N; **1e)** 20 973,2 N; **1f)** 12 680,4 N; **1g)** 16 705,1 N; **1h)** 557,9 Nm

3.1.11 MOTORARBEIT

Die vom Kolben an die Kurbelwelle abgegebene Arbeit wird aus der Kolbenkraft und dem Kolbenweg ermittelt.

Da sich der Verbrennungsdruck während des Kolbenhubes ändert, ändert sich auch die Kolbenkraft. Man errechnet daher die innere Arbeit des Kolbens W_i aus dem mittleren inneren Kolbendruck p_i, dem Kolbenhub s und der Kolbenfläche A. Wegen der auftretenden Verluste ist die an die Kurbelwelle abgegebene Nutzarbeit des Kolbens W_{eff} kleiner als die theoretische innere Arbeit des Kolbens W_i.

W_i innere Arbeit in Nm
W_{eff} Nutzarbeit in Nm (Kupplungsarbeit)
F_i innere Kolbenkraft in N
F_{eff} nutzbare Kolbenkraft in N
s Hub in m
p_i mittl. innerer Kolbendruck in N/cm²
p_{eff} mittl. nutzbarer Kolbendruck in N/cm²
A Kolbenfläche in cm²
V_h Hubraum eines Zylinders in cm³

$$W_i = F_i \cdot s$$

$$F_i = A \cdot p_i$$

$$W_i = A \cdot p_i \cdot s$$

$$W_i = \frac{V_h \cdot p_i}{100}$$

$$W_{eff} = F_{eff} \cdot s$$

$$F_{eff} = A \cdot p_{eff}$$

$$W_{eff} = A \cdot p_{eff} \cdot s$$

$$W_{eff} = \frac{V_h \cdot p_{eff}}{100}$$

$$1 \text{ bar} = 10 \frac{\text{N}}{\text{cm}^2}$$

Beispiel

Kolbendurchmesser 62 mm; Hub 62 mm; mittl. innerer Kolbendruck 9 bar; mittl. nutzbarer Kolbendruck 8,1 bar.

Wie groß sind die innere Arbeit und die Nutzarbeit bei einem Arbeitshub?

Gegeben: d = 6,2 cm; s = 0,062 m; p_i = 9 bar; p_{eff} = 8,1 bar
Gesucht: W_i in Nm; W_{eff} in Nm

Lösung

$$W_i = p_i \cdot A \cdot s = 90 \frac{\text{N}}{\text{cm}^2} \cdot 30{,}2 \text{ cm}^2 \cdot 0{,}062 \text{ m} = \mathbf{168{,}5 \text{ Nm}}$$

$$W_{eff} = p_{eff} \cdot A \cdot s = 81 \frac{\text{N}}{\text{cm}^2} \cdot 30{,}2 \text{ cm}^2 \cdot 0{,}062 \text{ m} = \mathbf{151{,}7 \text{ Nm}}$$

Aufgaben

1 Auf einen Kolben wirkt eine innere Kolbenkraft von 7180 N, der Hub beträgt 82 mm. Wie groß ist die innere Arbeit bei einem Arbeitshub?

2 Ein Motor hat einen Kolbendurchmesser von 89 mm und einen Hub von 80 mm. Der mittlere nutzbare Kolbendruck beträgt 9,2 bar. Wie groß ist die Nutzarbeit?

3 Motordaten: Kolbendurchmesser 83 mm; Hub 69 mm; mittlerer effektiver Kolbendruck 7,2 bar. Wie groß ist die Nutzarbeit je Zylinder bei einem Arbeitshub?

4 Ein Nkw-Motor hat einen Zylinderdurchmesser von 125 mm und einen Hub von 155 mm. Die Nutzarbeit beträgt 2473 Nm bei einem Arbeitshub. Wie groß ist die nutzbare Kolbenkraft?

5 Von einem Achtzylinder-Viertaktmotor sind folgende Daten bekannt: Nutzarbeit je Zylinder bei einem Arbeitshub 1040 Nm, Hub 140 mm. Wie groß ist die nutzbare Kolbenkraft?

6 Ein Vierzylinder-Ottomotor hat einen Hub von 74 mm und einen mittleren inneren Kolbendruck von 8,9 bar. Bei einem Arbeitsspiel ergibt sich im Motor eine innere Arbeit von 1068 Nm. Wie groß sind …
a) der Zylinderhubraum,
b) die innere Kolbenkraft bei einem Arbeitshub?

7 Von einem Sechszylinder-Viertaktmotor sind bekannt: Hub 79,2 mm, Zylinderdurchmesser 86 mm; mittlerer innerer Kolbendruck 12,35 bar. Berechnen Sie …
a) die innere Kolbenkraft,
b) die innere Arbeit bei einem Arbeitshub.

8 Ein Vierzylindermotor hat einen Gesamthubraum von 2,0 l und einen Kolbendurchmesser von 82 mm. Während eines Arbeitsspieles wird im Motor eine innere Arbeit von 2300 Nm erbracht. Berechnen Sie …
a) den Hub,
b) den mittleren inneren Kolbendruck,
c) die innere Kolbenkraft.

Lösungen

1) 588,76 Nm | **2)** 457,87 Nm | **3)** 268,8 Nm | **4)** 15954,8 N | **5)** 7428,6 N | **6a)** 300 cm³; **6b)** 3608 N | **7a)** 7173,9 N; **7b)** 568,2 Nm | **8a)** 94,7 mm; **8b)** 11,5 bar; **8c)** 6073,2 N

3.1.12 MOTORLEISTUNG

NUTZLEISTUNG (EFFEKTIVLEISTUNG) AUS DREHMOMENT UND MOTORDREHZAHL

Die Leistung eines Motors ist abhängig von Drehmoment und Drehzahl. Aus dem am Motorprüfstand ermittelten Drehmoment und der zugehörenden Motordrehzahl lässt sich die Nutzleistung (Effektivleistung) des Motors berechnen.

Das Betriebsverhalten eines Motors kann aus einem Diagramm ersehen werden, in dem Nutzleistung und Drehmoment über der zugehörenden Motordrehzahl aufgetragen sind.

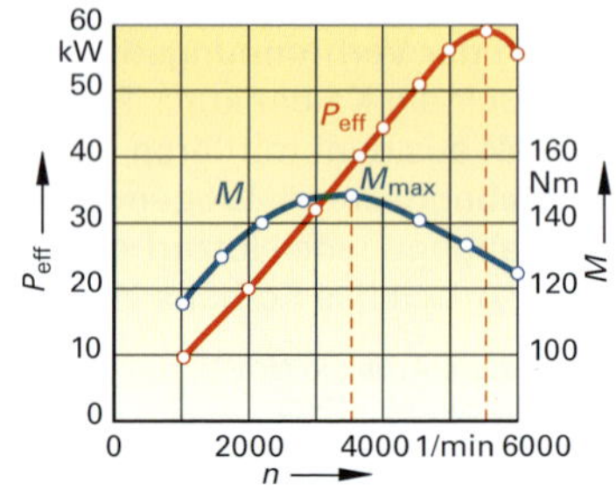

P_{eff} Nutzleistung in kW
n Motordrehzahl in 1/min
M Drehmoment in Nm

$$P_{eff} = \frac{M \cdot n}{9550}$$

$$M = \frac{9550 \cdot P_{eff}}{n} \qquad n = \frac{9550 \cdot P_{eff}}{M}$$

Beispiel

Ein Motor erreicht bei einer Motordrehzahl von 2200 1/min sein größtes Drehmoment von 90 Nm. Wie groß ist die Nutzleistung?

Gegeben: M = 90 Nm; n = 2200 1/min
Gesucht: P_{eff} in kW

Lösung $P_{eff} = \frac{M \cdot n}{9550} = \frac{90 \cdot 220}{9550}$ kW = **20,7 kW**

Aufgaben

1 Ein Motor hat ein Drehmoment von 182 Nm bei einer Drehzahl von 3600 1/min. Wie groß ist die Nutzleistung?

2 Bei einer Motordrehzahl von 4800 1/min gibt ein Motor eine Nutzleistung von 66 kW ab. Wie groß ist das Drehmoment?

3 Bei einer Nutzleistung von 19,8 kW hat ein Motor ein Drehmoment von 24,2 Nm. Wie groß ist die Motordrehzahl?

4 Ein Motor hat bei einer Motordrehzahl von 5800 1/min seine größte Leistung von 121,5 kW, bei einer Motordrehzahl von 4000 1/min sein größtes Drehmoment von 235,4 Nm. Berechnen Sie …
a) das Drehmoment bei größter Leistung,
b) die Leistung bei größtem Drehmoment.

5 Die fehlenden Werte sind zu berechnen und die Kennlinien zu zeichnen.

Aufgabe	a	b	c	d	e	f	g
n 1/min	1000	2000	3000	4000	5000	5500	6000
M Nm	107	140,3	155	156	150	139,3	126,5
P_{eff} kW	?	?	?	?	?	?	?

Maßstäbe: 1000 1/min = 10 mm; 10 Nm = 5 mm;
10 kW = 10 mm.

6 Nach einem Prüfstandsversuch wurde die Kennlinie für das Drehmoment gezeichnet **(Bild 1)**. Berechnen Sie die Nutzleistungen und zeichnen Sie die Kennlinien (Maßstäbe wie in Aufgabe 5).

7 Im Schaubild **(Bild 2)** ist die Leistungskennlinie eingezeichnet. Berechnen Sie die Drehmomente und zeichnen Sie die Kennlinien (Maßstäbe wie in Aufgabe 5).

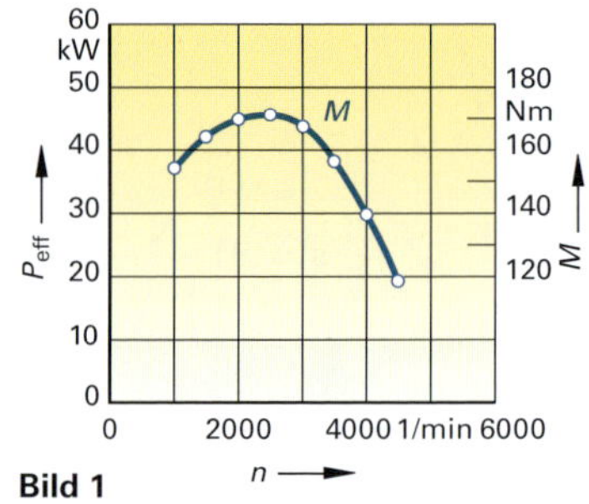

Bild 1

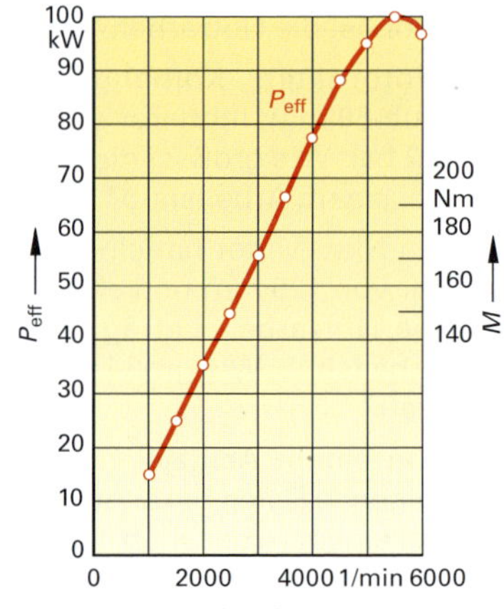

Bild 2

Lösungen

1) 68,6 kW | **2)** 131,3 Nm | **3)** 7814 1/min | **4a)** 200 Nm; **4b)** 98,6 kW

INNENLEISTUNG AUS KOLBENKRAFT UND KOLBENGESCHWINDIGKEIT

Die **Innenleistung** eines Motors kann mit der allgemein gültigen Formel $P = F \cdot v$ berechnet werden. Für F ist die innere Kolbenkraft F_i und für v die mittlere Kolbengeschwindigkeit v_m einzusetzen.

Bei Mehrzylindermotoren vervielfacht sich dabei die Leistung entsprehend der Zylinderzahl z.

Weil bei Viertaktmotoren nur jeder vierte Takt, bei Zweitaktmotoren nur jeder zweite Takt ein Arbeitstakt ist, muss die Leistungsformel durch die Kennzahl x für das Arbeitsverfahren ($x = 2$ für Zweitaktmotoren oder $x = 4$ für Viertaktmotoren) geteilt werden.

Da die Innenleistung P_i in kW angegeben wird, ist die Gleichung durch 1000 zu teilen, um das Ergebnis in der gewünschten Einheit zu erhalten.

$$P_i = \frac{F_i \cdot v_m \cdot z}{x \cdot 1000}$$

$$F_i = \frac{x \cdot 1000\ P_i}{v_m \cdot z}$$

P_i Innenleistung in kW (indizierte Leistung)
v_m mittlere Kolbengeschwindigkeit in m/s
x Kennzahl für Arbeitsverfahren
$x = 4$ für Viertaktverfahren
$x = 2$ für Zweitaktverfahren
F_i innere Kolbenkraft in N
z Zylinderzahl

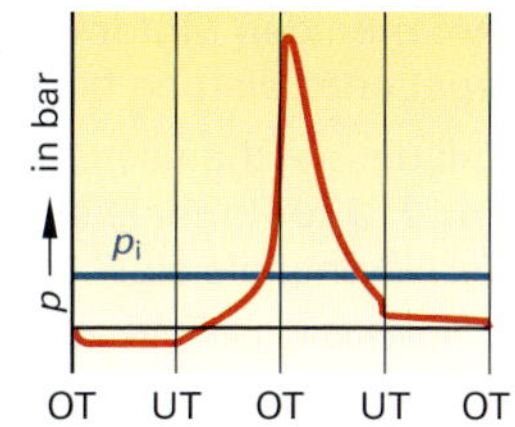

Druck-Weg-Diagramm

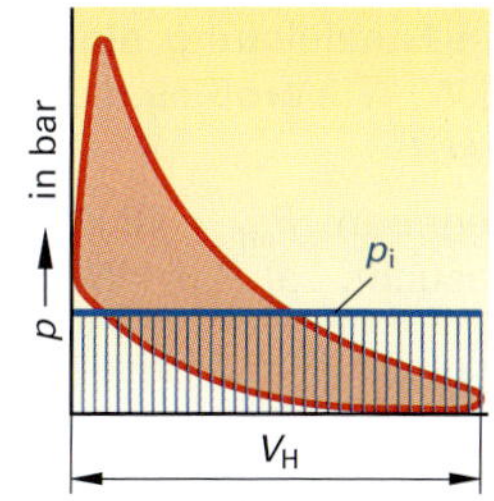

p-*V*-Diagramm

Beispiel

Bei einem Sechszylinder-Viertaktmotor beträgt die mittlere innere Kolbenkraft 5810 N, die mittlere Kolbengeschwindigkeit 14,32 m/s. Wie groß ist die Innenleistung?

Gegeben: $F_i = 5810$ N; $v_m = 14{,}32$ m/s; $z = 6$; $x = 4$
Gesucht: P_i in kW

Lösung

$$P_i = \frac{F_i \cdot v_m \cdot z}{x \cdot 1000} = \frac{5810 \cdot 14{,}32 \cdot 6}{4000}\ \text{kW} = \mathbf{124{,}8\ kW}$$

INNENLEISTUNG AUS KOLBENDRUCK, MOTORDREHZAHL UND GESAMTHUBRAUM

Werden in der oben abgeleiteten Formel F_i durch $A \cdot p_i$ und v_m durch $2 \cdot s \cdot n/60$ ersetzt, erhält man nach Angleichung der Einheiten die rechts dargestellten Formeln, wobei gilt: $A \cdot s \cdot z = V_H$

$$P_i = \frac{A \cdot s \cdot z \cdot p_i \cdot n}{x \cdot 3000}$$

$$A = \frac{x \cdot 3000 \cdot P_i}{s \cdot z \cdot p_i \cdot n} \qquad s = \frac{x \cdot 3000 \cdot P_i}{A \cdot z \cdot p_i \cdot n}$$

$$p_i = \frac{x \cdot 3000 \cdot P_i}{A \cdot s \cdot z \cdot n} \qquad n = \frac{x \cdot 3000 \cdot P_i}{A \cdot s \cdot z \cdot p_i}$$

A Kolbenfläche in cm^2
n Motordrehzahl in 1/min
P_i Innenleistung in kW (indizierte Leistung)
p_i mittlerer innerer Kolbendruck in bar
s Hub in m
V_H Gesamthubraum in l (dm^3)
z Zylinderzahl
x Kennzahl für Arbeitsverfahren
$x = 4$ für Viertaktverfahren
$x = 2$ für Zweitaktverfahren

$$P_i = \frac{V_H \cdot p_i \cdot n}{x \cdot 300}$$

$$V_H = \frac{x \cdot 300 \cdot P_i}{p_i \cdot n}$$

$$p_i = \frac{x \cdot 300 \cdot P_i}{V_H \cdot n}$$

$$n = \frac{x \cdot 300 \cdot P_i}{V_H \cdot p_i}$$

Beispiel

Ein Vierzylinder-Viertaktmotor hat einen Gesamthubraum von 1,99 l. Der mittlere innere Kolbendruck beträgt 9,5 bar, die Motordrehzahl 5400 1/min. Wie groß ist die Innenleistung?

Gegeben: $V_H = 1{,}99$ l; $p_i = 9{,}5$ bar; $n = 5400$ 1/min; $x = 4$
Gesucht: P_i in kW

Lösung

$$P_i = \frac{V_H \cdot p_i \cdot n}{x \cdot 300} = \frac{1{,}99 \cdot 9{,}5 \cdot 5400}{1200}\ \text{kW} = \mathbf{85{,}1\ kW}$$

MECHANISCHER WIRKUNGSGRAD

Am Schwungrad kann als Nutzleistung P_{eff} nur ein Teil der im Motor erzeugten Innenleistung P_i abgenommen werden. Zur Überwindung von Reibungskräften (z. B. Kolben, Lager) oder für Nebenantriebe (z. B. Motorsteuerung, Ölpumpe, Ausgleichswellen) wird Leistung benötigt, die am Schwungrad dann nicht mehr zur Verfügung steht. Sie wird zusammenfassend als Reibleistung P_r bezeichnet.

Diese Reibleistung kann annähernd durch Versuch ermittelt werden, indem man den Motor durch einen Elektromotor antreibt und dessen abgegebene Leistung bestimmt.

Weil der mechanische Wirkungsgrad η_m als das Verhältnis von Nutzleistung P_{eff} zur Innenleistung P_i definiert ist, ergibt sich für ihn immer ein Wert kleiner als eins.

η_m mechanischer Wirkungsgrad
P_{eff} Nutzleistung in kW
P_r Reibleistung in kW
P_i Innenleistung in kW

$$\eta_m = \frac{P_{eff}}{P_i}$$

$$P_{eff} = \eta_m \cdot P_i$$

$$P_i = \frac{P_{eff}}{\eta_m}$$

$$P_{eff} = P_i - P_r$$

$$P_i = P_{eff} + P_r$$

$$P_r = P_i - P_{eff}$$

$$\eta_m = \frac{P_{eff}}{P_{eff} + P_r}$$

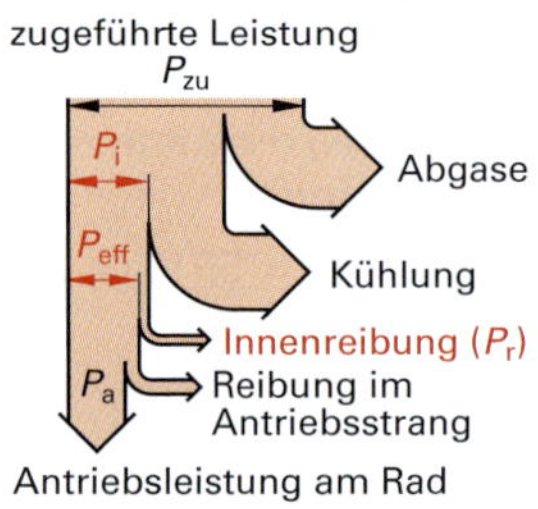

Beispiel

Die Nutzleistung eines Saugmotors beträgt 48 kW, die Reibleistung 7 kW. Wie groß sind die Innenleistung und der mechanische Wirkungsgrad?

Gegeben: P_{eff} = 48 kW; P_r = 7 kW
Gesucht: a) P_i in kW b) η_m

Lösung

a) $P_i = P_{eff} + P_r = 48\text{ kW} + 7\text{ kW} = \mathbf{55\ kW}$

b) $\eta = \dfrac{P_{eff}}{P_{eff} + P_r} = \dfrac{P_{eff}}{P_i} = \dfrac{48\text{ kW}}{55\text{ kW}} = \mathbf{0{,}87}$

Aufgaben

1 Ein Vierzylinder-Viertaktmotor hat einen Gesamthubraum von 1593 cm^3 eine Motordrehzahl von 5200 1/min und einen mittleren inneren Kolbendruck von 8,1 bar. Wie groß ist die Innenleistung?

2 Ein Einzylinder-Zweitaktmotor hat eine Zylinderquerschnittfläche von 24,63 cm^2 und einen Hub von 50 mm. Der mittlere innere Kolbendruck beträgt 9,83 bar, die Motordrehzahl 10750 1/min. Wie groß ist die Innenleistung?

3 Ein Vierzylinder-Viertaktmotor hat einen Zylinderdurchmesser von 84 mm und einen Hub von 79,2 mm. Der mittlere innere Kolbendruck beträgt 10,36 bar, die Motordrehzahl 6000 1/min. Wie groß ist die Innenleistung?

4 Von einem Sechszylinder-Viertaktmotor sind bekannt:
Innenleistung 94,64 kW;
Motordrehzahl 5000 1/min;
Zylinderdurchmesser 90 mm; Hub 60 mm.
Wie groß ist der mittlere innere Kolbendruck?

5 Ein Zweizylinder-Viertaktmotor hat eine Innenleistung von 19,77 kW bei einer Motordrehzahl von 4800 1/min.
Der Zylinderdurchmesser beträgt 73,5 mm, der mittlere innere Kolbendruck 8,32 bar. Wie groß ist der Hub?

6 Von einem Sechszylinder-Viertakt-Dieselmotor sind folgende Daten bekannt:
Innenleistung 169,3 kW;
Motordrehzahl 2200 1/min; Hub 140 mm;
mittlerer innerer Kolbendruck 9,56 bar.
Wie groß sind
a) der Zylinderquerschnitt,
b) der Zylinderdurchmesser?

Lösungen

1) 55,9 kW | **2)** 21,69 kW | **3)** 90,95 kW | **4)** 9,92 bar | **5)** 70 mm | **6a)** 114,995 cm^2; **6b)** 121 mm

Aufgaben

7 Von einem Sechszylinder-Viertaktmotor sind bekannt: innere Kolbenkraft 5930 N; mittlere Kolbengeschwindigkeit 15,2 m/s. Wie groß ist die Innenleistung?

8 Die Innenleistung eines Motors beträgt 101,6 kW, die Nutzleistung 90 kW. Wie groß ist der mechanische Wirkungsgrad?

9 Die Innenleistung eines Motors beträgt 79,7 kW, der mechanische Wirkungsgrad 0,86. Wie groß ist die Nutzleistung?

10 Ein Motor hat einen mechanischen Wirkungsgrad von 0,8 und eine Nutzleistung von 29,4 kW. Wie groß ist die Innenleistung?

11 Die Innenleistung eines Motors beträgt 55 kW, die Reibleistung 8 % der Innenleistung. Wie groß sind die Nutzleistung und der mechanische Wirkungsgrad?

12 Ein Sechszylinder-Viertakt-Dieselmotor hat einen Zylinderdurchmesser von 128 mm und einen Hub von 140 mm. Der mittlere innere Kolbendruck beträgt 9,3 bar, die Motordrehzahl 2200 1/min, der mechanische Wirkungsgrad 0,83. Berechnen Sie ...

a) die Innenleistung,
b) die Nutzleistung,
c) die Reibleistung,
d) das Drehmoment,
e) die innere Kolbenkraft,
f) die nutzbare Kolbenkraft.

13 Ein Dreizylinder-Zweitaktmotor hat einen Zylinderdurchmesser von 81 mm und einen Hub von 76 mm. Der mittlere innere Kolbendruck beträgt 7,74 bar, der mechanische Wirkungsgrad 88 %, die Motordrehzahl 4500 1/min. Wie groß ist die Nutzleistung?

14 Von einem Achtzylinder-Viertakt-Dieselmotor sind folgende Daten bekannt: Zylinderdurchmesser 115 mm; Hub 140 mm; Motordrehzahl 2300 1/min; mechanischer Wirkungsgrad 0,8; Verdichtungsverhältnis 18,5; mittlerer innerer Kolbendruck 8,8 bar. Berechnen Sie ...

a) den Hubraum eines Zylinders,
b) den Gesamthubraum in l,
c) die Innenleistung,
d) die Nutzleistung,
e) die Reibleistung,
f) das Drehmoment,
g) den Verdichtungsraum,
h) die innere Kolbenkraft,
i) die mittlere Kolbengeschwindigkeit,
j) das Hubverhältnis.

15 Von einem Zwölfzylinder-Viertaktmotor sind folgende Angaben bekannt: Zylinderdurchmesser 85 mm; Hub 66 mm; Motordrehzahl 8000 1/min; mechanischer Wirkungsgrad 0,86; Motordrehmoment 456,1 Nm. Berechnen Sie ...

a) die Nutzleistung,
b) die Innenleistung,
c) den Gesamthubraum in l,
d) den mittleren inneren Kolbendruck.

16 Die fehlenden Werte sind zu berechnen.

Aufgabe	a	b	c	d	e	f
Arbeitsverfahren (Takt)	4	2	4	4	4	4
Zylinderdurchmesser d, mm	73,5	80	?	125	90	101,6
Hub s, mm	70	75	79,2	?	60,1	82,6
Zylinderzahl z	2	3	4	5	6	?
Gesamthubraum V_H, cm^3	?	?	?	?	?	5357
mittlerer innerer Kolbendruck p_i, bar	8,13	6,0	9,95	8,47	9,5	9,26
Motordrehzahl n, 1/min	4800	?	6000	2300	5000	4700
Innenleistung P_i, kW	?	56,55	?	?	?	?
mechanischer Wirkungsgrad η	0,88	0,91	0,9	0,83	?	0,87
Nutzleistung P_{eff}, kW	?	?	78,62	124	?	?
Drehmoment M, Nm	?	?	?	?	150,9	

Lösungen

7) 135,2 kW | **8)** 0,89 | **9)** 68,54 kW | **10)** 36,75 kW | **11)** 50,6 kW; 0,92 | **12a)** 184,3 kW; **12b)** 153 kW; **12c)** 31,3 kW; **12d)** 664,2 Nm; **12e)** 11 967,2 N; **12f)** 9932,8 N | **13)** 60,02 kW | **14a)** 1454,2 cm^3; **14b)** 11,634 l; **14c)** 196,2 kW; **14d)** 157 kW; **14e)** 39,2 kW; **14f)** 651,9 Nm; **14g)** 83,1 cm^3; **14h)** 9140,6 N; **14i)** 10,7 m/s; **14j)** 1,22 | **15a)** 382,1 kW; **15b)** 444,3 kW; **15c)** 4,4942 l; **15d)** 14,83 bar

3.1.13 MOTORPRÜFSTAND

DREHMOMENT UND NUTZLEISTUNG (PRÜFSTANDSFORMEL)

Das Drehmoment kann durch Abbremsen des Motors auf einem Motorprüfstand bestimmt werden. Den Aufbau zur Bestimmung des Motordrehmomentes zeigt die dargestellte Abbildung.

Aus der an der Bremse gemessenen Kraft F und der dabei wirksamen Hebelarmlänge l ergibt sich das Motordrehmoment

$$M = F \cdot l$$

M Drehmoment in Nm
F Kraft in N (Belastung)
l Hebelarm in m
n Motordrehzahl in 1/min
P_{eff} Nutzleistung in kW
F_M Motorzugkraft an Bremstrommel in N (Umfangskraft)
r Halbmesser der Bremstrommel in m

$$P_{eff} = \frac{M \cdot n}{9550}$$

$$M = \frac{9550 \cdot P_{eff}}{n}$$

$$n = \frac{9550 \cdot P_{eff}}{M}$$

$$P_{eff} = \frac{F \cdot l \cdot n}{9550}$$

Beispiel

Beim Abbremsen eines Motors auf einem Prüfstand werden folgende Werte ermittelt: Länge des Hebelarms 716 mm; Belastung 124 N; Motordrehzahl 2000 1/min.

Berechnen Sie a) Drehmoment, b) Nutzleistung.

Gegeben: l = 0,716 m; n = 2000 1/min; F = 124 N
Gesucht: a) M in Nm; b) P_{eff} in kW

Lösung a) $M = F \cdot l = 124\ \text{N} \cdot 0{,}716\ \text{m} = \mathbf{88{,}8\ Nm}$

b) $P_{eff} = \frac{F \cdot l \cdot n}{9550} = \frac{124 \cdot 0{,}716 \cdot 2000}{9550}\ \text{kW} = \mathbf{18{,}6\ kW}$

Aufgaben

1 Ein Ottomotor hat eine Nutzleistung von 40 kW bei einer Motordrehzahl von 5800 1/min. Welche Belastung muss am Prüfstand (Hebelarmlänge 955 mm) angezeigt werden?

2 Beim Abbremsen eines Motors auf einem Prüfstand (Hebelarmlänge 955 mm) werden folgende Werte ermittelt: Motordrehzahl 5510 1/min; Belastung 215 N. Wie groß sind
a) das Drehmoment,
b) die Nutzleistung?

3 Auf einem Motorprüfstand (Hebelarmlänge 716 mm) werden beim Prüfen eines Motors folgende Werte ermittelt: Motordrehzahl 2556 1/min; Belastung 236,6 N. Berechnen Sie
a) das Drehmoment,
b) die Nutzleistung.

4 Bei der Prüfung eines Sechszylinder-Viertakt-Motors mit 2,664 l Gesamthubraum auf einem Motorprüfstand wurden folgende Werte ermittelt:

Aufgabe	a	b	c	d	e	f	g	h	i	j	k
Motordrehzahl 1/min	1000	1500	2000	2500	3000	3500	4000	4500	5000	5500	6000
Drehmoment Nm	143,3	178,2	196,7	201,7	206,0	206,9	205,3	196,5	188,2	172,2	155,2
Nutzleistung kW	?	?	?	?	?	?	?	?	?	?	?

a) Berechnen Sie die fehlenden Werte.
b) Zeichnen Sie die Motorkennlinien.
Maßstäbe: 1000 1/min ≙ 10 mm; 10 Nm ≙ 5 mm; 10 kW ≙ 10 mm.

Lösungen

1) 69 N | **2a)** 205,33 Nm; **2b)** 118,5 kW | **3a)** 169,4 Nm; **3b)** 45,3 kW

3.1.14 VERGLEICHSLEISTUNG (REDUZIERTE LEISTUNG)

Weil Luftdruck und Temperatur nicht bei jeder Leistungsprüfung gleich sind, ergeben sich unterschiedliche Füllungsgrade im Motor, wodurch sich Drehmomente und Motorleistungen verändern.

Deshalb wird bei der Leistungsprüfung von Verbrennungsmotoren von einem Normzustand (EN 80/1269) ausgegangen.

Ansauglufttemperatur = +25 °C
Luftdruck = 990 mbar (hPa).

Werden obige Umgebungsbedingungen nicht erfüllt, ist eine rechnerische Korrektur notwendig.

P_{red} Vergleichsleistung in kW bei Bezugszustand
P_{eff} Nutzleistung in kW bei Umgebungsbedingung
p Luftdruck in mbar (hPa)
t Temperatur der Ansaugluft in °C
K Korrekturfaktor aus Nomogramm (Näherung)
K_{OM} Korrekturfaktor für Ottomotoren
K_{DM} Korrekturfaktor für Dieselmotoren

$$P_{red} = P_{eff} \cdot K$$

$$K_{OM} = \frac{990}{p} \cdot \sqrt{\frac{273 + t}{298}} \qquad K_{DM} = \frac{990}{p} \cdot \left(\frac{273 + t}{298}\right)^{0,7}$$

Leistungskorrektur-Nomogramm

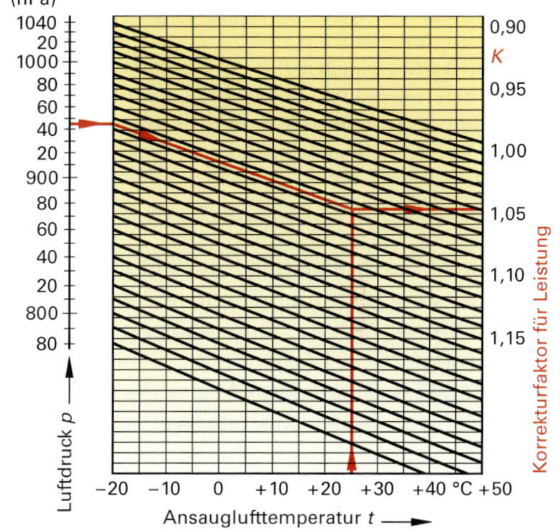

Beispiel

Bei der Leistungsprüfung eines Motors auf einem Prüfstand werden ermittelt: Nutzleistung 74 kW; Ansauglufttemperatur 25 °C; Luftdruck 945 mbar (hPa). Wie groß ist die Vergleichsleistung?

Gegeben: P_{eff} = 74 kW; t = 25 °C; p = 945 mbar
Gesucht: P_{red} in kW

Lösung

K = 1,045 (aus Nomogramm)
$P_{red} = P_{eff} \cdot K$ = 74 kW · 1,045 = **77,33 kW**

Bei Dieselmotoren, die durch Abgas-Turbolader aufgeladen werden, wird keine Korrektur vorgenommen.

Aufgaben

1 Bei der Motorprüfung werden ermittelt: Nutzleistung 58,2 kW, Luftdruck 960 mbar (hPa), Ansauglufttemperatur 30 °C.

a) Welcher Korrekturfaktor ergibt sich aus dem Nomogramm?

b) Wie groß ist die Vergleichsleistung?

2 Von einer Motorleistungsprüfung sind bekannt: Nutzleistung 144,6 kW, Ansauglufttemperatur 20 °C, Luftdruck 1010 mbar (hPa). Berechnen Sie die Vergleichsleistung.

3 Berechnen Sie die fehlenden Werte.

Aufgabe	a	b	c	d
Nutzleistung in kW (gemessen)	72,4	82,7	82,4	?
Luftdruck in mbar (hPa)	945	970	1000	990
Motorart	Otto-M.	Otto-M.	Diesel-M.	Otto-M.
Ansauglufttemperatur in °C	20	25	20	30
Korrekturfaktor	?	?	?	1,028
Vergleichsleistung in kW	?	?	?	120,4

Lösungen

1a) 1,04; **1b)** 60,53 kW | **2)** 141,27 kW

3.1.15 SPEZIFISCHER KRAFTSTOFFVERBRAUCH, KRAFTSTOFFVERBRAUCH

Der **spezifische Kraftstoffverbrauch b_{eff}** gibt an, welche Kraftstoffmenge in Gramm ein Verbrennungsmotor in einer Stunde je Kilowatt Nutzleistung verbraucht.

Der **Kraftstoffverbrauch $\dot{m}_K$** gibt an, welche Kraftstoffmasse in Kilogramm ein Verbrennungsmotor bei gleichbleibender Nutzleistung in einer Stunde verbraucht.

Der **Kraftstoffverbrauch $\dot{V}_K$** gibt an, welche Kraftstoffmenge in Litern ein Motor bei gleich bleibender Nutzleistung in einer Stunde verbraucht.

b_{eff} spezifischer Kraftstoffverbrauch in g/kWh
$\dot{m}_K$ Kraftstoffverbrauch in kg/h
$\dot{V}_K$ Kraftstoffverbrauch in l/h
V_K Kraftstoffverbrauch in l (Messvolumen)
ϱ Dichte des Kraftstoffs in g/cm³ bzw. kg/dm³ bzw. kg/l
t gemessene Zeit für Kraftstoffverbrauch in s
P_{eff} Nutzleistung in kW

$$b_{eff} = \frac{3600 \cdot V_K \cdot \varrho}{t \cdot P_{eff}}$$

$$b_{eff} = \frac{1000 \cdot \dot{m}_K}{P_{eff}}$$

$$\dot{m}_K = \frac{3{,}6 \cdot \dot{V}_K \cdot \varrho}{t}$$

$$\dot{m}_K = \frac{b_{eff} \cdot P_{eff}}{1000}$$

$$\dot{V}_K = \frac{\dot{m}_K}{\varrho}$$

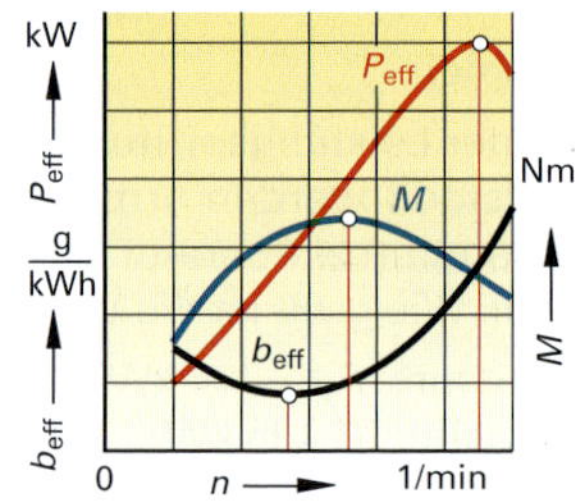

Beispiel

Bei der Kraftstoffverbrauchsmessung eines Pkw-Motors auf dem Prüfstand wurden folgende Werte ermittelt: Kraftstoffdurchlaufmenge (Messvolumen) 100 cm³; Durchlaufzeit 19,4 s; Nutzleistung 44 kW; Dichte des Kraftstoffes 0,74 g/cm³.
Berechnen Sie a) den spezifischen Kraftstoffverbrauch,
b) den Kraftstoffverbrauch in kg/h und l/h.

Gegeben: $V = 100\ cm^3$; $t = 19{,}4\ s$; $P_{eff} = 44\ kW$; $\varrho = 0{,}74\ g/cm^3$
Gesucht: a) b_{eff} in g/kWh; b) $\dot{m}_k$ in kg/h; $\dot{V}$ in l/h

Lösung a) $b_{eff} = \frac{3600 \cdot V \cdot \varrho}{t \cdot P_{eff}} = \frac{3600 \cdot 100 \cdot 0{,}74}{19{,}4 \cdot 44} \frac{g}{kWh} = \mathbf{312\ g/kWh}$

b) $\dot{m}_K = \frac{b_{eff} \cdot P_{eff}}{1000} = \frac{312 \cdot 44}{1000} \frac{kg}{h} = \mathbf{13{,}7\ kg/h}$ $\dot{V}_K = \frac{\dot{m}_K}{\varrho} = \frac{13{,}7\ kg/h}{0{,}74\ kg/l} = \mathbf{18{,}5\ l/h}$

Aufgaben

1 Ein Dieselmotor verbraucht in einer Stunde 28,5 l Kraftstoff mit einer Dichte von 0,84 kg/dm³ und gibt dabei eine Nutzleistung von 98 kW ab.
Wie groß ist der spezifische Kraftstoffverbrauch?

2 Bei der Kraftstoffverbrauchsmessung eines Motors auf einem Motorprüfstand wurden folgende Werte ermittelt:
Motordrehzahl 4000 1/min;
Nutzleistung 30,1 kW;
Messvolumen des Kraftstoffes 100 cm³;
Messzeit für Kraftstoffdurchfluss 32,4 s;
Dichte des Kraftstoffes 0,72 g/cm³.
Berechnen Sie
a) den spezifischen Kraftstoffverbrauch,
b) den Kraftstoffverbrauch in kg/h,
c) Kraftstoffverbrauch in l/h.

3 Von der Prüfstandsmessung eines Viertakt-Ottomotors sind bekannt:
Nutzleistung 32,2 kW;
Messvolumen des Kraftstoffes 100 cm³;
Messzeit für Kraftstoff-Durchfluss 28,7 s;
Kraftstoffdichte 0,74 g/cm³.
Wie groß ist der spezifische Kraftstoffverbrauch?

4 Ein Traktormotor hat bei einer Nutzleistung (Nennleistung) von 84 kW einen spezifischen Kraftstoffverbrauch von 238 g/kWh. Die Kraftstoffdichte beträgt 0,86 kg/dm³. Der Kraftstoffbehälter hat ein Volumen von 160 l.
a) Wie groß ist der Kraftstoffverbrauch in kg/h und in l/h?
b) Wie lange könnte der Traktor bei 3/4 gefülltem Kraftstoffbehälter mit Nennleistung betrieben werden?

Lösungen

1) 244,3 g/kWh | **2a)** 265,8 g/kWh; **2b)** 8,00 kg/h; **2c)** 11,11 l/h | **3)** 288,3 g/kWh |
4a) 19,99 kg/h; 23,24 l/h; **4b)** 5,17 h

3.1.16 EFFEKTIVER WIRKUNGSGRAD (NUTZWIRKUNGSGRAD)

Der **effektive Wirkungsgrad η_{eff}** (Nutzwirkungsgrad) eines Verbrennungsmotors gibt an, wie viel Nutzleistung im Verhältnis zur zugeführten Verbrennungsenergie der Motor abgibt.

$$\eta_{eff} = \frac{3600 \cdot P_{eff}}{\dot{m}_K \cdot H_u}$$

$$\eta_{eff} = \frac{3600000}{b_{eff} \cdot H_u}$$

η_{eff} Nutzwirkungsgrad
P_{eff} Nutzleistung
$\dot{m}_K$ Kraftstoffverbrauch in kg/h
H_u spezifischer Heizwert
b_{eff} spez. Kraftstoffverbrauch in g/kWh

3600 kJ = 1 kWh

Motorart	η_{eff}
Otto	0,28 ... 0,33
Diesel	0,32 ... 0,46

Beispiel

Ein Pkw-Motor hat eine Nutzleistung von 45 kW und einen Kraftstoffverbrauch von 13,7 kg/h. Der spezifische Heizwert des Kraftstoffes beträgt 43000 kJ/kg. Wie groß ist der effektive Wirkungsgrad in Prozent?

Gegeben: P_{eff} = 45 kW; $\dot{m}_K$ = 13,7 kg/h; H_u = 43000 kJ/kg
Gesucht: η_{eff} in %

Lösung

$$\eta_{eff} = \frac{3600 \cdot P_{eff}}{\dot{m}_K \cdot H_u} = \frac{3600 \cdot 45}{13{,}7 \cdot 43000} = \mathbf{0{,}27 = 27\ \%}$$

Aufgaben

1 Ein Motor verbraucht in einer Stunde 9,2 kg Kraftstoff mit einem spezifischen Heizwert von 43200 kJ/kg. Der Nutzwirkungsgrad beträgt 0,25. Wie groß ist die Nutzleistung?

2 Ein Ottomotor hat einen Nutzwirkungsgrad von 24 %. Der spezifische Heizwert des Kraftstoffes beträgt 43500 kJ/kg. Wie groß ist der spezifische Kraftstoffverbrauch?

3 Ein Dieselmotor gibt eine Nutzleistung von 44 kW ab. Der spezifische Heizwert des Kraftstoffes beträgt 42500 kJ/kg, die Kraftstoffdichte 0,83 g/cm^3. Der Dieselmotor hat einen Nutzwirkungsgrad von 38 %. Wie groß ist der Kraftstoffverbrauch in kg/h und in l/h?

4 Der spezifische Kraftstoffverbrauch eines Viertaktmotors beträgt 244,7 g/kWh, der spezifische Heizwert des Kraftstoffes 43500 kJ/kg. Wie groß ist der Nutzwirkungsgrad?

5 Ein Motor hat einen Nutzwirkungsgrad von 0,246, einen Kraftstoffverbrauch von 40,2 kg/h und eine Nutzleistung von 117,6 kW. Wie groß ist der spezifische Heizwert des verwendeten Kraftstoffes?

6 Ein Viertaktmotor hat eine Nutzleistung von 21,3 kW bei einem Kraftstoffverbrauch von 6,45 kg/h. Der spezifische Heizwert des Kraftstoffes beträgt 42700 kJ/kg. Berechnen Sie ...
a) den spezifischen Kraftstoffverbrauch,
b) den Nutzwirkungsgrad.

7 Ein Motor mit einer Nutzleistung von 80 kW und einem Nutzwirkungsgrad von 0,28 verbraucht in einer Stunde 32,4 l Kraftstoff mit einer Dichte von 0,75 g/cm^3.
a) Wie groß ist der Kraftstoffverbrauch in kg/h?
b) Wie groß ist der spezifische Heizwert des Kraftstoffes?

8 Bei der Messung des Kraftstoffverbrauches von einem Pkw-Motor wurden am Prüfstand folgende Werte ermittelt:
Kraftstoffvolumen (Messvolumen) 100 cm^3;
Messzeit für Kraftstoff-Durchfluss 19,8 s;
Kraftstoffdichte 0,74 g/cm^3;
spezif. Heizwert des Kraftstoffes 43000 kJ/kg;
Nutzleistung 45,2 kW.
Berechnen Sie ...
a) den spezifischen Kraftstoffverbrauch,
b) den Kraftstoffverbrauch in kg/h,
c) den Kraftstoffverbrauch in l/h,
d) den Nutzwirkungsgrad.

Lösungen

1) 27,6 kW | **2)** 344,8 g/kWh | **3)** 9,8 kg/h; 11,8 l/h | **4)** 0,34 | **5)** 42810,3 kJ/kg | **6a)** 302,8 g/kWh; **6b)** 0,28 | **7a)** 24,3 kg/h; **7b)** 42328 kJ/kg | **8a)** 297,7 g/kWh; **8b)** 13,46 kg/h; **8c)** 18,19 l/h; **8d)** 0,28

3.1.17 ROLLENLEISTUNGSPRÜFSTAND

Auf einem Rollenleistungsprüfstand kann die Nutzleistung des im Kraftfahrzeug eingebauten Motors bestimmt werden.

Bei der Messung laufen die Antriebsräder des Fahrzeugs in den Laufrollen des Prüfstandes und beschleunigen diese. Aus der Motordrehzahl, aus der auf die Laufrollen wirkenden Kraft und der Drehzahl der Laufrollen, kann die Motorleistung berechnet werden.

Ein Prüfstandsversuch läuft folgendermaßen ab: Der Fahrer steigert die Motordrehzahl aus dem Leerlauf und schaltet die Gänge durch, bis er den direkten Gang oder einen Gang mit einem Übersetzungsverhältnis nahe $i = 1$ erreicht. Dann beschleunigt er das Fahrzeug in den Laufrollen. Wird eine bestimmte einzuprogrammierende Minimaldrehzahl überschritten, erkennt der im Prüfstand integrierte Computer den Versuchsbeginn. Die Messung beginnt.

Der Fahrer erhöht die Motordrehzahl, bis die Höchstdrehzahl erreicht ist. Dann kuppelt er aus und lässt den Motor auf Leerlaufdrehzahl absinken. Während dieser Phase treiben die Laufrollen den Antriebsstrang des Fahrzeugs an. Der Messcomputer ermittelt jetzt die Schleppleistung des Antriebsstranges.

Aus dem Drehzahlverhältnis, der an der Laufrolle ermittelten Radleistung und der Schleppleistung des Antriebsstranges wird die Motorleistung ermittelt. Es gilt:

$$P_{Mot} = P_{Rad} + P_{Schlepp}$$

Die Motorleistung P_{Mot} muss auf die unter Normbedingungen zu erbringende Normleistung P_{Norm} (auch Reduzierte Leistung P_{red}, siehe Motorprüfstand Seiten 140, 141) umgerechnet werden.

$$P_{Norm} = P_{Mot} \cdot K$$

Aufgaben

1 Berechnen Sie $P_{Schlepp}$ für 3000 1/min, 4000 1/min, 5000 1/min und 6000 1/min. **(Tab. 1).**

2 Berechnen Sie den Wirkungsgrad der Kraftübertragung im Antriebsstrang bei 3000 1/min, 4000 1/min, 5000 1/min und 6000 1/min **(Tab 1).**

3 Stellen Sie $P_{Schlepp}$, P_{Rad}, P_{Mot} und P_{Norm} über der Drehzahl grafisch dar **(Tab. 1).**

Messdaten-Tabelle

n [U/min]	v [km/h]	P_{Rad} [kW]	P_{Mot} [kW]	P_{Norm} [kW]	M_{Norm} [Nm]	CO [%Vol]	CO_2 [%Vol]	HC [ppm vol]	O_2 [%Vol]	Lambda	p_{Saug} [bar]	T_{Ansa} [°C]
2750	51,1	18,5	24,3	25,8	91,5	0,020	14,85	7,0	0,07	1,002	1,78	40
3000	55,8	27,1	33,5	35,6	113,2	0,020	14,80	7,0	0,07	1,002	1,69	41
3250	60,4	30,0	37,0	39,3	115,5	0,020	14,80	7,0	0,06	1,002	1,75	44
3500	65,1	31,6	39,3	41,7	113,8	0,020	14,90	6,0	0,05	1,001	1,78	46
3750	69,7	33,0	41,3	43,9	111,7	0,010	14,90	6,0	0,05	1,001	1,84	48
4000	74,4	34,8	43,7	46,5	111,0	0,010	14,90	6,0	0,04	1,001	1,90	50
4250	79,0	36,2	45,8	48,7	109,5	0,010	14,90	6,0	0,04	1,001	1,91	53
4500	83,7	37,7	48,1	51,1	108,5	0,010	14,90	6,0	0,04	1,001	1,93	55
4750	88,3	40,7	51,8	55,1	110,7	0,020	14,90	6,0	0,04	1,001	1,98	56
5000	93,0	43,0	55,0	58,4	111,5	0,020	14,90	6,0	0,04	1,001	2,02	57
5250	97,6	44,3	57,2	60,8	110,5	0,030	14,90	6,0	0,04	1,000	2,07	57
5500	102,3	43,7	57,5	61,1	106,1	1,540	14,60	5,0	0,04	0,959	1,99	58
5750	106,9	42,8	57,5	61,1	101,5	2,757	13,20	18,0	0,04	0,923	1,93	59
6000	111,6	41,8	57,5	61,1	97,2	4,610	12,00	21,0	0,04	0,873	1,91	61

Minimalwert Maximalwert

Lösungen

1) 6,4 kW; 8,9 kW; 12 kW; 15,7 kW | **2)** 0,809; 0,796; 0,782; 0,727

3.1.18 KRAFTSTOFF-EINSPRITZMENGE PRO ARBEITSTAKT

V_E Einspritzmenge in mm³
b_{eff} spez. Kraftstoffverbrauch in g/kWh
ϱ Dichte des Kraftstoffes in g/cm³ (kg/l)
n Motordrehzahl in 1/min
P_{eff} Nutzleistung in kW
z Zylinderzahl
$\dot{m}_K$ Kraftstoffverbrauch in kg/h
V_K Kraftstoffverbrauch in l/h
x = 1 Zweitaktmotor
x = 2 Viertaktmotor

$$V_E = \frac{1000 \cdot P_{eff} \cdot b_{eff} \cdot x}{60 \cdot n \cdot \varrho \cdot z}$$

$$V_E = \frac{1\,000\,000 \cdot \dot{m}_K \cdot x}{60 \cdot n \cdot \varrho \cdot z}$$

$$V_E = \frac{1\,000\,000 \cdot \dot{V}_K \cdot x}{60 \cdot n \cdot z}$$

Beispiel

Vierzylinder-Viertakt-Dieselmotor: Nutzleistung 37 kW bei einer Motordrehzahl von 4000 1/min. Spezifischer Kraftstoffverbrauch 306 g/kWh, Kraftstoffdichte 0,85 g/cm³. Wie groß ist die Fördermenge bei einem Einspritzhub?

Gegeben: P_{eff} = 37 kW; n = 4000 1/min; b_{eff} = 306 g/kWh; ϱ = 0,85 g/cm³
Gesucht: V_E in mm³ je Pumpenhub

Lösung $$V_E = \frac{1000 \cdot P_{eff} \cdot b_{eff} \cdot x}{60 \cdot n \cdot \varrho \cdot z} = \frac{1000 \cdot 37 \cdot 306 \cdot 2}{60 \cdot 2000 \cdot 0{,}85 \cdot 4}\ \text{mm}^3 = \mathbf{55{,}5\ mm^3}$$

3.1.19 SPEZIFISCHER SCHMIERÖLVERBRAUCH, SCHMIERÖLVERBRAUCH

Der spezifische Schmierölverbrauch b_S gibt an, welche Schmierölmenge in Gramm ein Verbrennungsmotor je Kilowatt Nutzleistung in einer Stunde verbraucht.

Er gilt, wenn nichts anderes angegeben, für die Dauerleistung des Motors. Der Schmierölverbrauch $\dot{m}_S$ gibt an, welche Schmierölmenge in Kilogramm ein Verbrennungsmotor bei gleichbleibender Nutzleistung in einer Stunde verbraucht.

Die beim Ölwechsel abgelassene Ölmenge wird nicht berücksichtigt.

b_S spezifischer Schmierölverbrauch in g/kWh
ϱ Dichte des Schmieröls in kg/l (g/cm³)
t Messzeit (Fahrzeit, Prüfzeit) in s
$\dot{m}_S$ Schmierölverbrauch in kg/h
V_S Schmierölverbrauch in l/h
V Schmierölmenge in cm³
P_{eff} Nutzleistung in kW

$$b_S = \frac{1000 \cdot \dot{m}_S}{P_{eff}}$$

$$\dot{m}_S = \frac{b_S \cdot P_{eff}}{1000}$$

$$V_S = \frac{\dot{m}_S}{\varrho}$$

$$b_S = \frac{3600 \cdot V \cdot \varrho}{P_{eff} \cdot t}$$

Motorart	Takt	b_S g/kWh
Otto	2	bis 5
	4	bis 1,5
Diesel	4	bis 2,0

Beispiel

Ein 38-kW-Motor hat einen spezifischen Schmierölverbrauch von 3,0 g/kWh. Wie groß ist der Schmierölverbrauch in einer Stunde, wenn der Motor seine Nutzleistung abgibt?

Gegeben: b_S = 3,0 g/kWh; P_{eff} = 38 kW
Gesucht: $\dot{m}_S$ in kg/h

Lösung $$\dot{m}_S = \frac{b_S \cdot P_{eff}}{1000} = \frac{3{,}0 \cdot 38\ \text{kg}}{1000}\,\frac{\text{kg}}{\text{h}} = \mathbf{0{,}114\ kg/h}$$

3.1.20 SCHMIERÖLDURCHSATZ (FÖRDERMENGE DER ÖLPUMPE)

Der Schmieröldurchsatz $\dot{m}$ gibt die Schmierölmenge in Kilogramm an, die in einer Minute im Verbrennungsmotor umgewälzt wird.

$\dot{m}$ Fördermenge in kg/min (Schmieröldurchsatz)
V Schmierölfüllung des Motors in l
t Zeit für 1 Ölumlauf in s
ϱ Dichte des Schmieröls in kg/l
z Umlaufzahl des Schmieröls in 1/min

$$\dot{m} = \frac{60 \cdot \varrho \cdot V}{t}$$

$$t = \frac{60 \cdot \varrho \cdot V}{\dot{m}}$$

$$\dot{z} = \frac{60}{t} \qquad \dot{z} = \frac{\dot{m}}{V \cdot \varrho}$$

Motorart	$\dot{m}$ kg/min	$\dot{z}$ 1/min
Pkw	10 ... 20	3 ... 4
Nkw	30 ... 60	3 ... 4

Beispiel

Ein Motor hat eine Schmierölfüllung von 5 l. Dichte des Öls 0,9 kg/l. Die Pumpe wälzt die Ölmenge in 18,4 s um. Welche Fördermenge wird in 1 min umgewälzt?

Gegeben: V = 5 l; ϱ = 0,9 kg/l; t = 18,4 s
Gesucht: $\dot{m}$ in kg/min

Lösung $$\dot{m} = \frac{60 \cdot \varrho \cdot V}{t} = \frac{60\ \text{s/min} \cdot 0{,}9\ \text{kg/l} \cdot 5\ \text{l}}{18{,}4\ \text{s}} = \mathbf{14{,}7\ kg/min}$$

Aufgaben

1 Von einem Sechszylinder-Viertakt-Dieselmotor sind folgende Werte bekannt:
Nutzleistung 88 kW bei einer Motordrehzahl von 2000 1/min;
spezifischer Kraftstoffverbrauch 245 g/kWh, Kraftstoffdichte 0,85 g/cm^3.
Wie groß ist die Kraftstoff-Einspritzmenge pro Zylinder bei einem Arbeitsspiel?

2 Von einem Vierzylinder-Zweitakt-Dieselmotor sind folgende Werte bekannt:
Nutzleistung 80 kW bei einer Motordrehzahl von 1500 1/min;
spezifischer Kraftstoffverbrauch 242 g/kWh, Kraftstoffdichte 0,83 g/cm^3.
Wie groß ist die Kraftstoff-Einspritzmenge pro Zylinder bei einem Arbeitsspiel?

3 Ein Sechszylinder-Viertakt-Dieselmotor mit Turbolader verbraucht 25,4 l Kraftstoff in einer Stunde bei einer Motordrehzahl von 4600 1/min. Wie groß ist die Kraftstoff-Einspritzmenge pro Zylinder bei einem Arbeitsspiel?

4 Ein Motor hat einen Schmierölverbrauch von 0,0122 kg/h bei einer Nutzleistung von 42,4 kW. Wie groß ist der spezifische Schmierölverbrauch?

5 Ein Viertakt-Ottomotor hat eine Nutzleistung von 85 kW und einen spezifischen Schmierölverbrauch von 0,14 g/kWh. Wie groß ist der Schmierölverbrauch in kg/h?

6 Ein Zweitakt-Ottomotor hat eine Nutzleistung von 12 kW und einen spezifischen Schmierölverbrauch von 0,45 g/kWh. Die Dichte des Schmieröls beträgt 0,9 g/cm^3. Berechnen Sie ...
a) den Schmierölverbrauch in kg/h,
b) den Schmierölverbrauch in l/h und in cm^3/h.

7 Bei der Prüfung eines Viertakt-Ottomotors auf einem Motorprüfstand wurden ermittelt:
Nutzleistung 44 kW;
Schmierölmenge (Verbrauch) 17,6 cm^3;
Messzeit 2 h;
Schmieröldichte 0,9 kg/dm^3.
Wie groß ist der spezifische Schmierölverbrauch?

8 Von einem Pkw-Motor sind bekannt: Ölfüllmenge 3,5 l. Fördermenge der Pumpe 16,3 kg/min; Dichte des Öls 0,91 kg/l. Wie lange dauert ein Ölumlauf?

9 Durch die Ölpumpe mit einer Fördermenge von 30,2 kg/min soll die Ölfüllung in 22 s einmal umgewälzt werden. Dichte des Öls 0,9 kg/l. Wie groß muss die Ölfüllmenge mindestens sein?

10 Die Schmierölfüllung eines Motors beträgt 5 l, die Schmieröldichte 0,9 kg/l. Die Ölpumpe hat eine Fördermenge von 13,5 kg/min.
a) Wie oft wird das Schmieröl in 1 min umgewälzt?
b) Wie lange dauert ein Schmierölumlauf in s?

11 Die Schmierölfüllung eines Motors wird in einer Minute 3,2mal umgewälzt. Die Schmierölfüllung beträgt 3,5 l, die Schmieröldichte 0,9 kg/l. Wie groß ist der Schmieröldurchsatz?

12 Vom Prüfstandsversuch eines Vierzylinder-Viertakt-Dieselmotors sind bekannt: Gesamthubraum 1,8 l, Nutzleistung 55 kW, Motordrehzahl 4200 1/min, Schmierölverbrauch 0,61 cm^3 in 30 min, Schmieröldichte 0,9 kg/dm^3. Schmieröldurchsatz (Fördermenge der Ölpumpe) 15 kg/min, Schmierölfüllung 4,5 l. Berechnen Sie
a) den spezifischen Schmierölverbrauch,
b) den Schmierölverbrauch in kg/h und in l/h,
c) die Schmierölumläufe in 1/min und in 1/h,
d) die Zeit für einen Schmierölumlauf,
e) das Motordrehmoment.

13 Vom Prüfstandsversuch eines Einzylinder-Zweitakt-Motorrollermotors mit Getrenntschmierung (Frischölschmierung) sind bekannt: Nutzleistung 9,2 kW, Motordrehzahl 5800 1/min, Inhalt des Schmierölbehälters (Schmierölvorrat) 1,1 l, Schmieröldichte 0,9 kg/l. Prüfzeit 30 min. Die Getrenntschmierung pumpt zur Kurbelwelle 62 cm^3/h und zum Zylinder 12,5 cm^3/h. Berechnen Sie ...
a) den spezifischen Schmierölverbrauch,
b) den Schmierölverbrauch in kg/h und in l/h,
c) Zeit für den Verbrauch des Schmierölvorrates?

Lösungen

1) 70,5 mm^3 | **2)** 64,8 mm^3 | **3)** 30,7 mm^3 | **4)** 0,288 g/kWh | **5)** 0,0119 kg/h | **6a)** 0,054 kg/h; **6b)** 0,06 l/h; 60 cm^3/h | **7)** 0,18 g/kWh | **8)** 11,72 s | **9)** 12,3 l | **10a)** 3 1/min; **10b)** 20 s | **11)** 10,08 kg/min | **12a)** 0,2 g/kWh; **12b)** 0,110 kg/h; 0,122 l/h; **12c)** 3,7 1/min; 222 1/h; **12d)** 16,2 s; **12e)** 125,1 Nm | **13a)** 7,29 g/kWh; **13b)** 0,067 kg/h; 0,074 l/h; **13c)** 14,9 h

3.1.21 KENNGRÖSSEN VON VERBRENNUNGSMOTOREN HUBRAUMLEISTUNG

HUBRAUMLEISTUNG

Die Hubraumleistung gibt an, welche größte Nutzleistung ein Motor je Liter Hubraum hat.

P_H Hubraumleistung in kW/l
P_{eff} Größte Nutzleistung in kW
V_H Gesamthubraum in l

Hubraumleistung		
Motorart	Fahrzeug	kW/l
Otto	Pkw	bis 130
Otto	Kraftrad	bis 100
Diesel	Pkw	bis 80
Diesel	Lkw	bis 90

$$P_H = \frac{P_{eff}}{V_H}$$

$$P_{eff} = V_H \cdot P_H$$

$$V_H = \frac{P_{eff}}{P_H}$$

Beispiel

Ein Motor mit einem Gesamthubraum von 2 l hat eine größte Nutzleistung von 80 kW. Wie groß ist die Hubraumleistung?

Gegeben: $V_H = 2\,l$; $P_{eff} = 80\,kW$
Gesucht: P_H in kW/l

Lösung

$$P_H = \frac{P_{eff}}{V_H} = \frac{80\,kW}{2\,l} = \mathbf{40\,kW/l}$$

LEISTUNGSGEWICHT DES MOTORS

Das Leistungsgewicht des Motors gibt an, welches Gewicht der trockene, betriebsfertige Motor je kW hat, bezogen auf die größte Nutzleistung.

m_{PM} Leistungsgewicht des Motors in kg/kW
P_{eff} Größte Nutzleistung des Motors in kW
m_M Gewicht des betriebsfertigen, trockenen Motors in kg (ohne Schmierölfüllung)

Leistungsgewicht des Motors		
Motorart	Fahrzeug	kg/kW
Otto	Kraftrad	0,5 ... 3
Otto	Pkw	1,3 ... 5
Diesel	Pkw	1,8 ... 5
Diesel	Lkw	2,5 ... 8

$$m_{PM} = \frac{m_M}{P_{eff}}$$

$$P_{eff} = \frac{m_M}{m_{PM}}$$

$$m_M = m_{PM} \cdot P_{eff}$$

Beispiel

Die größte Nutzleistung eines Pkw-Ottomotors beträgt 66 kW, das Gewicht des betriebsfertigen, trockenen Motors 130 kg. Wie groß ist das Leistungsgewicht des Motors?

Gegeben: $P_{eff} = 66\,kW$; $m_M = 130\,kg$
Gesucht: m_{PM} in kg/kW

Lösung

$$m_{PM} = \frac{m_M}{P_{eff}} = \frac{130\,kg}{66\,kW} = \mathbf{1{,}97\,\frac{kg}{kW}}$$

LEISTUNGSGEWICHT DES FAHRZEUGES

Das Leistungsgewicht des Fahrzeuges gibt an, welches Gewicht das Fahrzeug je kW hat, bezogen auf die größte Nutzleistung. Als Fahrzeuggewicht nimmt man bei Pkw das Leergewicht an, bei Lkw und Anhängern das zulässige Gesamtgewicht.

m_{PF} Leistungsgewicht des Fahrzeugs in kg/kW
P_{eff} Größte Nutzleistung in kW
m_F Gewicht des Fahrzeuges in kg
Leergewicht bei Pkw, zul. Gesamtgewicht bei Lkw und Anhänger bzw. Sattelzug

Leistungsgewicht des Fahrzeuges		
Motorart	Fahrzeug	kg/kW
Otto	Kraftrad	2 ... 9
Otto	Pkw	4 ... 22
Diesel	Pkw	12 ... 25
Diesel	Lkw, beladen	60 ... 230

$$m_{PF} = \frac{m_F}{P_{eff}}$$

$$P_{eff} = \frac{m_F}{m_{PF}}$$

$$m_F = P_{eff} \cdot m_{PF}$$

Beispiel

Ein 38-t-Sattelzug hat eine Motorleistung von 230 kW. Wie groß ist das Leistungsgewicht?

Gegeben: $P_{eff} = 230\,kW$; $m_F = 38\,t = 38000\,kg$
Gesucht: m_{PF} in kg/kW

Lösung

$$m_{PF} = \frac{m_F}{P_{eff}} = \frac{38000\,kg}{230\,kW} = \mathbf{165{,}2\,\frac{kg}{kW}}$$

GEWICHTSLEISTUNG

Nach § 35 StVZO müssen Lkw, Sattelkraftfahrzeuge, Omnibusse und deren Züge eine Gewichtsleistung von mindestens 5,0 kW/t zul. Gesamtgewicht haben, Zugmaschinen und Zugmaschinenzüge von 2,2 kW/t zul. Gesamtgewicht. Ausnahmen gelten für land- und forstwirtschaftliche Fahrzeuge mit einer Höchstgeschwindigkeit von nicht mehr als 25 km/h sowie für elektrisch angetriebene Fahrzeuge.

$$P_m = \frac{P_{eff}}{m_G}$$

$$P_{eff} = m_G \cdot P_m$$

$$m_G = \frac{P_{eff}}{P_m}$$

P_m Gewichtsleistung in kW/t
P_{eff} Nutzleistung in kW
m_G Zul. Gesamtgewicht in t

Beispiel

Nutzleistung 235 kW, Motorwagen 22 t, Anhänger 16 t.
Wie groß ist die Gewichtsleistung?

Gegeben: P_{eff} = 235 kW; m_G = 38 t
Gesucht: P_m in kW/t

Lösung $P_m = \frac{P_{eff}}{m_G} = \frac{235\text{ kW}}{38\text{ t}} = \mathbf{6{,}18\ kW/t}$

Aufgaben

1 Die fehlenden Werte sind zu berechnen.

Aufgabe			a	b	c	d	e	f	g
Gesamthubraum	V_H	l	1,584	1,58	3,0	1,5	14,55	15,8	11,413
Nutzleistung	P_{eff}	kW	40	?	125	?	240	?	?
Motorgewicht	m_M	kg	128	130	?	121	1050	1363	916
Leergewicht (Pkw)	m_F	kg	920	925	1560	885	–	–	–
Zul. Gesamtgewicht Lkw und Anhänger bzw. Sattelzug	m_G	kg	–	–	–	–	?	38000	32000
Hubraumleistung	P_H	kW/l	?	?	?	27	?	?	17,3
Leistungsgewicht (Motor)	m_{PM}	kg/kW	?	2,1	?	?	?	5,8	?
Leistungsgewicht (Fahrzeug)	m_{PF}	kg/kW	?	?	?	?	158,33	?	?

2 Ein Formel-1-Fahrzeug hat eine maximale Nutzleistung von 550 kW. Sein Hubraum beträgt 2,4 l. Berechnen Sie die Hubraumleistung.

3 Ein Motorrad mit 0,5 l Hubraum hat eine Hubraumleistung von 85 kW/l. Wie groß ist die maximale Nutzleistung?

4 Das Trockengewicht eines Motors beträgt 250 kg, seine maximale Nutzleistung ist 206 kW. Wie groß ist das Leistungsgewicht des Motors?

5 Das Leistungsgewicht eines Motor beträgt 2,3 kg/kW, seine maximale Nutzleistung ist 96 kW. Wie groß ist das Trockengewicht des Motors?

6 Das Leergewicht eines Sportwagens beträgt 1350 kg und seine größte Nutzleistung ist 256 kW. Wie groß ist das Leistungsgewicht?

7 Das Leistungsgewicht eines Pkw ist 12 kg/kW. Das Leergewicht beträgt 1250 kg. Wie groß ist seine maximale Nutzleistung?

8 Ein DTM-Auto wiegt 1080 kg (inkl. Fahrer). Welche maximale Leistung muss der Motor mindestens haben, wenn ein Leistungsgewicht von weniger als 3 kg/kW für das Fahrzeug erreicht werden soll?

9 Ein 44-t-Sattelzug hat eine Motorleistung von 236 kW. Wie groß ist die Gewichtsleistung?

10 Eine Zugmaschine mit 36 t hat eine Gewichtsleistung von 3 kW/t. Wie groß ist die Motorleistung?

11 Ein Sattelzug hat eine Nutzleistung von 242 kW. Wie groß darf sein zulässiges Gesamtgewicht sein, wenn die Gewichtsleistung 20 % über der gesetzlichen Mindestanforderung liegen soll?

Lösungen

2) 229,17 kW/l | **3)** 42,5 kW | **4)** 1,21 kg/kW | **5)** 220,8 kg | **6)** 5,27 kg/kW | **7)** 104 kW | **8)** 360 kW | **9)** 5,3 kW/t | **10)** 108 kW | **11)** 40,33 t

3.1.22 KRAFTSTOFFVERBRAUCH

KRAFTSTOFF-STRECKENVERBRAUCH (DURCHSCHNITTSVERBRAUCH)

Es ist der Kraftstoffverbrauch bezogen auf 100 km Fahrstrecke. Er wird im normalen Straßenverkehr mit halber zulässiger Zuladung des Kfz ermittelt.

$$k_s = \frac{100 \cdot V_k}{s}$$

k_s Kraftstoff-Streckenverbrauch in l/100 km
V_k Kraftstoffverbrauch in l
s Strecke in km

Beispiel

Ein Pkw verbraucht 21,5 l Kraftstoff auf 320 km. Wie groß ist der Kraftstoff-Streckenverbrauch?

Gegeben: V_k = 21,5 l; s = 320 km
Gesucht: k_s in l/100 km

Lösung $k_s = \frac{100 \cdot V_k}{s} = \frac{100 \cdot 21{,}5\ \text{l}}{320\ \text{km}} = \mathbf{6{,}72\ l/100\ km}$

KRAFTSTOFFVERBRAUCH VON PKW GEMÄSS WLTP

Bei der Verbrauchs- und Emissionsmessung gemäß **WLTP** (**W**orldwide Harmonized **L**ight Duty Vehicles **T**est **P**rocedure) wird auf dem Rollenprüfstand der im nebenstehenden Bild dargestellte Fahrzyklus durchlaufen. Der Test dauert 30 Minuten und entspricht einer Streckenlänge von 23,25 km. Dabei werden vier verschiedene Geschwindigkeitsprofile gefahren: Langsam/mittel/schnell/sehr schnell

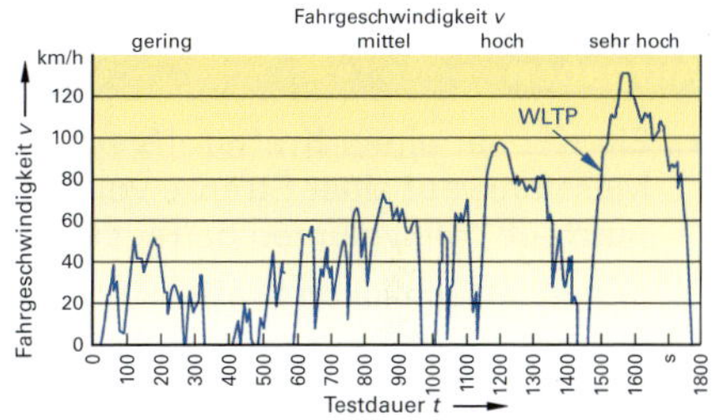

Die mittlere Geschwindigkeit beträgt dabei 46,6 km/h, die Maximalgeschwindigkeit beträgt 131 km/h.

Aus dem Verbrauch werden die CO_2-Emissionen berechnet. Diese dürfen seit 2021 für Pkw EU-weit 95 g/km betragen. Dies entspricht einem Verbrauch von 3,6 l/100 km Diesel bzw. 4,1 l/100 km Benzin.

Aufgaben

1 Ein Pkw verbraucht 10,5 l Kraftstoff auf einer Strecke von 125 km. Wie groß ist der Streckenverbrauch?

2 Bei einer Weltumrundung mit einem Pkw wurden 5345 l Kraftstoff verbraucht. Als Durchschnittsverbrauch wurden 9 l auf 100 km errechnet. Welche Fahrstrecke wurde bei dieser Weltumrundung zurückgelegt?

3 Durch die Umrüstung eines 3er BMW auf Breitreifen steigt der Kraftstoffverbrauch um 3 %. Er verbraucht auf einer Strecke von 280 km 35 l Kraftstoff. Berechnen Sie den Streckenverbrauch vor und nach dem Umbau!

4 Ein Pkw hat einen Durchschnittsverbrauch von 8,5 l/100 km. Der Fahrzeughalter befüllt die Reifen seines Fahrzeuges mit dem vorgeschriebenen Reifeninnendruck. Er stellt anschließend fest, dass er mit einer Tankfüllung (55 l Kraftstoff) etwa 60 km mehr zurücklegen kann als vorher. Ermitteln Sie ...
a) den neuen Durchschnittsverbrauch,
b) die Ersparnis für 1000 km bei einem Preis von 2,10 Euro pro Liter.

5 Der Hersteller eines SUV gibt den Verbrauch seines Fahrzeugs nach WLTP mit 6,8 l/100 km an. Bei einer Testfahrt, die von einer Automobilzeitschrift durchgeführt wurde, legte der Wagen eine Strecke von 2648 km zurück. Dabei verbrauchte er insgesamt 193 Liter Kraftstoff. Ermitteln Sie
a) den Durchschnittsverbrauch während der Testfahrt,
b) den Mehrverbrauch im Vergleich zur Herstellerangabe in l/100 km und Prozent.

6 Im Dauertest über 12000 km verbraucht ein Pkw insgesamt 728,4 l Superkraftstoff. Der WLTP-Verbrauch wird mit 5,8 l/100 km angegeben.
a) Wie hoch ist der Durchschnittsverbrauch im Dauertest?
b) Berechnen Sie den Unterschied zwischen Testverbrauch und WLTP-Angabe in l/100 km und Prozent.

Lösungen

1) 8,4 l/100 km | **2)** 59 388,9 km | **3)** 12,5 l/100 km ; 12,125 l/100 km | **4a)** 7,78 l/100 km; **4b)** 15,12 € | **5a)** 7,29 l/100 km; **5b)** 0,49 l; 7,2 % | **6a)** 6,07 l/100 km; **6b)** 0,27 l; 4,66 %

FAHRBEREICH

Der Fahrbereich gibt die Strecke an, die ein Kfz mit einer Füllung der fest eingebauten Kraftstoffbehälter zurücklegen kann.

$$s_F = \frac{100 \cdot V}{s}$$

s_F Fahrbereich in km
V Inhalt der fest eingebauten Kraftstoffbehälter in l
k Kraftstoffverbrauch in l/100 km

Beispiel

Ein Lkw hat einen Kraftstoffverbrauch von 18,9 l/100 km. Der Inhalt des Kraftstoffbehälters beträgt 180 l. Wie groß ist der Fahrbereich?

Gegeben: k = 18,9 l/100 km; V = 180 l
Gesucht: s_F in km

Lösung

$$s_F = \frac{100 \cdot V}{k} = \frac{100 \cdot 180\ \text{l}}{18{,}9\ \text{l/100 km}} \approx \textbf{952 km}$$

Aufgaben

1 Ein Kfz hat einen Kraftstoffverbrauch nach WLTP von 7,5 l/100 km. Zur Nachprüfung wird eine Messfahrt auf einer Strecke von 20 km durchgeführt. Der Messverbrauch beträgt dabei 1,61 l. Das nutzbare Tankvolumen beträgt 62 l. Berechnen Sie

a) den tatsächlichen Kraftstoff-Streckenverbrauch bei der Messung,

b) den eventuellen Mehrverbrauch im Vergleich zur WLTP-Angabe in %,

c) den Fahrbereich des Fahrzeugs, wenn man den Testverbrauch zugrunde legt.

2 Der Kraftstoffbehälter eines Mopeds hat ein Fassungsvermögen von 6,7 l, der Kraftstoffverbrauch beträgt 2,3 l/100 km. Wie groß ist der Fahrbereich bei vollständig gefülltem Kraftstoffbehälter?

3 Die zwei zylindrischen Kraftstoffbehälter eines Lkw haben einen Innendurchmesser von 542 mm und eine Innenlänge von 800 mm. Der Kraftstoffverbrauch beträgt 48 l/100 km. Wie groß ist der Fahrbereich bei vollständig gefüllten Kraftstoffbehältern?

4 Ein For mel-1-Rennwagen hat ein Tankvolumen von 130 l. Der Durchschnittsverbrauch liegt bei 74 l/100 km.

a) Wie groß ist der Fahrbereich des Rennwagens mit einer Tankfüllung?

b) Wie viele Runden (4,23 km/Runde) können damit in Monza gefahren werden?

5 Bei dem 24 Stunden Rennen von Le Mans hatte der Audi R10 TDI einen Durchschnittsverbrauch von 48 l Kraftstoff auf 100 km. Auf die gesamte Renndistanz von 5702 km wurde der Audi 34mal vollgetankt.

a) Wie groß ist der Fahrbereich des Rennwagens mit einer Tankfüllung?

b) Welchen Tankinhalt hat der Kraftstoffbehälter?

c) Wie viele Runden (13,8 km/Runde) können damit gefahren werden?

6 Ein Geländewagen verbraucht nach WLTP auf 100 km 9,3 l Diesel-Kraftstoff. Das Tankvolumen beträgt 55 l. Ermitteln Sie

a) den Fahrbereich des Fahrzeugs unter WLTP-Bedingungen,

b) den Fahrbereich des Fahrzeugs, wenn der tatsächliche Streckenverbrauch bei 9,8 l/100 km beträgt und der Tank nur zu 93 % befüllt wird.

c) Um auch längere Wüstenabschnitte sicher durchqueren zu können, wird zusätzlich Kraftstoff in Kanistern mitgeführt. Wie viele 20 l-Kanister werden benötigt, um unter den in b) gemachten Annahmen mindestens 1000 km zurücklegen zu können?

Lösungen

1a) 8 l/100 km; **1b)** 6,66 %; **1c)** 775 km | **2)** 291 km | **3)** 770 km | **4a)** 175,87 km; **4b)** 41 | **5a)** 167,7 km; **5b)** 81 l; **5c)** 12 | **6a)** 591,4 km; **6b)** 522 km; **6c)** 4 Kanister

3.1.23 LUFTVERHÄLTNIS, LUFTVERBRAUCH

LUFTVERHÄLTNIS (LUFTZAHL)

Das Luftverhältnis λ ist das Verhältnis der tatsächlich zugeführten Luftmasse zur theoretisch erforderlichen Luftmasse (Luftbedarf).

Der theoretische Luftbedarf L_{th} ist die zu einer vollkommenen Verbrennung notwendige Luftmasse in Kilogramm je Kilogramm verbranntem Kraftstoff.

Der Luftbedarf ist abhängig von der Kraftstoffart.

Die zugeführte Luftmasse L_{zu} ist die vom Motor tatsächlich angesaugte Luftmasse in Kilogramm je Kilogramm verbranntem Kraftstoff.

$$\lambda = \frac{L_{zu}}{L_{th}}$$

λ Luftverhältnis
L_{zu} zugeführte Luftmenge in kg/kg
L_{th} theoretischer Luftbedarf in m³/kg

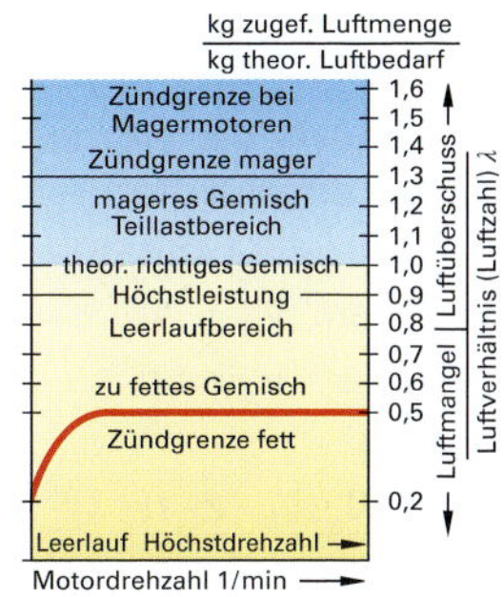

Beispiel

Ein Pkw mit Ottomotor wird mit Höchstleistung betrieben. Ermitteln Sie
a) das Luftverhältnis,
b) den theoretischen Luftbedarf bei einem Kilogramm Kraftstoff,
c) die zugeführte Luftmasse bei einem Kilogramm Kraftstoff.

Gegeben: $m_K = 1$ kg Gesucht: λ; L_{th} in kg/kg; L_{zu} in kg/kg

Lösung a) $\lambda =$ **0,9**; (aus **Bild 1**) b) $L_{th} =$ **14,8 kg/kg** (aus **Tabelle 1**)
c) $L_{zu} = \lambda \cdot L_{th} = 0{,}9 \cdot 14{,}8$ kg/kg $=$ **13,3 kg/kg**

Theoretischer Luftbedarf		
Kraftstoff	ϱ kg/l	L_{th} kg Luft/kg Kr.
Super	0,765	≈ 14,7
Diesel	0,830	≈ 14,5

LUFTBEDARF, LUFTVERBRAUCH

Der Luftverbrauch $\dot{m}_L$ gibt an, welche Luftmasse in Kilogramm einem Verbrennungsmotor in einer Stunde zugeführt wird. Er ist abhängig vom Kraftstoffverbrauch pro Stunde und der dabei zugeführten Luftmasse in kg Luft/kg Kraftstoff.

$$\dot{m}_L = \lambda \cdot L_{th} \cdot \dot{m}_K$$

$$\dot{m}_L = L_{zu} \cdot \dot{m}_K$$

$$L_{zu} = \frac{\dot{m}_L}{\dot{m}_K}$$

$$L_{zu\,v} = \frac{\lambda \cdot L_{th}}{\varrho_L}$$

$$V_L = \frac{\dot{m}_L}{\varrho_L}$$

$\dot{m}_L$ Luftverbrauch in kg/h
$\dot{m}_K$ Kraftstoffverbrauch in kg/h
$L_{zu\,v}$ zugeführte Luftmenge in m³/kg
V_L zugeführte Luftmenge in m³/h

Beispiel

Ein Dieselmotor verbraucht in einer Stunde 4 kg Kraftstoff.
a) Wie groß ist der Luftverbrauch in einer Stunde, wenn das Luftverhältnis $\lambda = 3$ beträgt?
b) Wie groß ist die zugeführte Luftmenge in m³/h?

Gegeben: $\dot{m}_K = 4$ kg/h; $\lambda = 3$; $L_{th} = 14{,}5$ kg/kg; $\varrho_L = 1{,}29$ kg/m³
Gesucht: $\dot{m}_L$ in kg/h; V_L in m³/kg

Lösung a) $\dot{m}_L = \lambda \cdot L_{th} \cdot \dot{m}_K = 3 \cdot 14{,}5\ \text{kg/kg} \cdot 4\ \text{kg/h} =$ **174 kg/h**

b) $V_L = \frac{\dot{m}_L}{\varrho_L} = \frac{174\ \text{kg/h}}{1{,}29\ \text{kg/m}^3} =$ **134,9 m³/h**

Aufgaben

1 Bei der Verbrennung von 5 l Superkraftstoff beträgt der theoretische Luftbedarf 14,7 kg Luft/kg Kraftstoff. Das Luftverhältnis ist 0,9. Berechnen Sie die angesaugte Luftmasse.

2 Ein Motor, der mit Superbenzin betrieben wird, saugt 138 m³ Luft mit einer Dichte von 1,29 kg/m³ an. Berechnen Sie die eingespritzte Masse des Kraftstoffes, die zur vollständigen Verbrennung benötigt wird.

3 Ein Pkw mit Ottomotor verbraucht in einer Stunde 7 kg Superbenzin. Berechnen Sie
a) den Luftverbrauch in einer Stunde, wenn das Luftverhältnis 1,0 beträgt,
b) die zugeführte Luftmenge V_L in m³/h bei einer Luftdichte von 1,29 kg/m³.

Lösungen

1) 50,6 kg | **2)** 12,03 kg | **3a)** 102,9 kg/h; **3b)** 80,31 m³/h

3.1.24 ANGESAUGTE LUFTMENGE, LIEFERGRAD (FÜLLUNGSGRAD)

Die angesaugte Luftmenge V_a ist die tatsächlich in die Zylinder gelangte Luftmenge. Sie ist abhängig vom Hubraum des Motors, der Drehzahl und dem Liefergrad.

Der Liefergrad λ_L gibt das Verhältnis zwischen der vorhandenen und der theoretisch möglichen Frischgasfüllung je Arbeitsspiel an.

$$\dot{V}_a = \frac{60 \cdot V_h \cdot z \cdot n \cdot \lambda_L}{x}$$

$$\lambda_L = \frac{V_a}{V_h}$$

$\dot{V}_a$ angesaugte Luftmenge in l/h
V_a Frischladung des Zylinders in cm^3
V_h Hubvolumen eines Zylinders in cm^3
z Anzahl der Zylinder
n Drehzahl
λ_L Liefergrad
x = 2 Viertakt-Motor
x = 1 Zweitakt-Motor

Beispiel

Ein Vierzylinder-Viertakt-Motor mit einem Gesamthubraum von 1,8 l hat bei einer Motordrehzahl von 6000 1/min eine Füllung von 65 %. Wie viel Liter Kraftstoff-Luft-Gemisch werden in 60 min angesaugt?

Gegeben: $V_H = V_h \cdot z = 1{,}8$ l; $n = 6000$ 1/min; $\lambda_L = 0{,}65$; $z = 4$

Gesucht: $\dot{V}_a$ in l/h

Lösung

$$\dot{V}_a = \frac{60 \cdot V_h \cdot z \cdot n \cdot \lambda}{2} = \frac{60 \cdot 1{,}8 \cdot 6000 \cdot 0{,}65}{2} \frac{\text{l}}{\text{h}} = \mathbf{210\,600\ l/h}$$

ERZEUGTE CO_2-EMISSION, SPEZIFISCHE CO_2-EMISSION

Die erzeugte CO_2-Emission ist die bei der Verbrennung entstandene Masse an CO_2. Sie ist abhängig von der Masse des verbrannten Kohlenstoffes im Kraftstoff (G_C) und dem dazu benötigten Sauerstoff.

Aus der Verbrennungsformel $C + O_2 \rightarrow CO_2$ und den relativen Atommassen des Kohlenstoffes (12) und des Sauerstoffes (16) ergibt sich: 12 g C + 2 · 16 g O_2 = 44 g CO_2.

6 **C** Kohlenstoff 12	7 **N** Stickstoff 14	8 **O** Sauerstoff 16
14 **Si** Silicium 28	15 **P** Phosphor 31	16 **S** Schwefel 32

12 g Kohlenstoff benötigen zur vollständigen Verbrennung 32 g Sauerstoff und es entstehen 44 g Kohlendioxid.
Aus einem g Kohlenstoff entstehen 3,667 (44/12) g CO_2.

Die spezifische CO_2-Emission ist durchschnittlich erzeugte CO_2-Emission in Gramm bei einem Kilometer Fahrstrecke.

$$m_{CO_2} = 3{,}667 \cdot G_C \cdot m_K$$

Flüssige Kraftstoffe	Dichte kg/l	Gewichtsanteile %	
		C	H
Benzin	0,73...0,77	86	14
Superbenzin	0,73...0,78	86	14
Diesel	0,82...0,86	87	13
Kerosin	0,77...0,83	87	13

m_{CO_2} erzeugte CO_2-Emission in kg
$m_{CO_2/km}$ spezifische CO_2-Emission in g/km
G_C Gewichtanteil des Kohlenstoffs im Kraftstoff in %

Beispiel

Ein Pkw mit Dieselmotor benötigt 5,5 l Diesel mit einer Dichte von 0,84 kg/l für 100 km.
a) Berechnen Sie die Kraftstoffmasse.
b) Wie viel CO_2 entsteht bei der vollständigen Verbrennung dieser Kraftstoffmasse?
c) Berechnen Sie die spezifische CO_2-Emission in g/km.

Gegeben: $k_S = 5{,}5$ l/100 km; $G_C = 0{,}86$; $\varrho = 0{,}84$ kg/l   Gesucht: m_{CO_2} in kg; $m_{CO_2/km}$ in g/km

Lösung a) $m_K = k_S \cdot \varrho = 5{,}5\ \text{l} \cdot 0{,}84\ \text{kg/l} = \mathbf{4{,}62\ kg}$
b) $m_{CO_2} = 3{,}667 \cdot G_C \cdot m_K = 3{,}667 \cdot 0{,}86 \cdot 4{,}62\ \text{kg} = \mathbf{14{,}57\ kg}$
c) $m_{CO_2/km} = m_{CO_2}/100\ \text{km} = 14{,}57\ \text{kg}/100\ \text{km} = 0{,}1457\ \text{kg/km} = \mathbf{145{,}7\ g/km}$

Aufgaben

1 Wie viel CO_2-Emission in kg erzeugt ein Dieselmotor bei einem durchschnittlichen Verbrauch von 5,3 l/100 km und einer jährlichen Fahrstrecke von 15 000 km?

2 Ein Pkw mit geregeltem Katalysator hat einen Durchschnittsverbrauch von 8,5 l Super plus Kraftstoff auf 100 km. Berechnen Sie die spezifische CO_2-Emission.

3 Die Pkw-Hersteller möchten die durchschnittlich erzeugten spezifischen CO_2-Emissionen ihrer Diesel-Fahrzeuge auf 90 g/km senken. Berechnen Sie den Durchschnittsverbrauch auf 100 km.

Lösungen

1) 2130,5 kg | **2)** 201 g/km | **3)** 3,3 l/100 km

3.1.25 SCHMIERÖLVERBRAUCH (STRECKENVERBRAUCH)

Der Schmierölverbrauch (Streckenverbrauch) $\dot{V}_s$ gibt an, welche Ölmenge in Liter ein Motor auf einer Strecke von 100 km verbraucht. Seine Ermittlung erfolgt durch Fahrversuche über längere Messstrecken oder über einen längeren Zeitraum auf dem Motorprüfstand. Der Verbrauch kann durch die nachzufüllende Menge oder durch Messen der eingefüllten und abgelassenen Menge bestimmt werden.

$\dot{V}_s$ Schmierölverbrauch in l/100 km
m Schmierölmenge in kg
ϱ Dichte des Schmieröls in kg/l
V_M Zweitaktmischung in l (l/100 km)
V_s Schmierölmenge in l
K Kraftstoffmenge in l
s Messstrecke in km
z Mischungsverhältnis (Schmieröl : Kraftstoff)
x Kraftstoffanteil in der Zweitaktmischung

$$\dot{V}_s = \frac{100 \cdot m}{\varrho \cdot s}$$

$$V = \frac{m}{\varrho}$$

$$\dot{V}_s = \frac{100 \cdot V}{s}$$

für Zweitaktmotoren

$$V_M = V_s + K$$

$$V_s = \frac{V_M}{1 + x}$$

$$z = \frac{V_s}{K} \qquad z = \frac{1}{x}$$

Beispiel

Ein Motor verbraucht 0,18 kg Schmieröl während einer Messfahrt von 242 km. Die Dichte des Schmieröls beträgt 0,9 kg/l. Wie groß ist der Schmierölverbrauch in l/100 km?

Gegeben: m = 0,18 kg; s = 242 km; ϱ = 0,9 kg/l
Gesucht: V_s in l/100 km

Lösung $V_s = \frac{100 \cdot m}{\varrho \cdot s} = \frac{100 \cdot 0{,}18\ \text{l}}{0{,}9 \cdot 242} \frac{1}{100\ \text{km}} =$ **0,083 l/100 km**

Aufgaben

1 Ein Kfz verbraucht auf einer Strecke von 485 km eine Ölmenge von 0,4 l. Wie groß ist der Ölverbrauch auf 100 km?

2 Ein Viertakt-Motor hat auf einer Strecke von 340 km eine Ölmenge von 0,268 kg verbraucht. Dichte des Öls 0,91 kg/dm^3. Welche Ölmenge verbraucht der Motor auf 100 km?

3 Eine Zweitaktmischung wird aus 1,25 l Öl und 31,25 l Benzin hergestellt. Wie groß ist das Mischungsverhältnis?

4 30,75 l Zweitaktmischung sind herzustellen im Mischungsverhältnis 1:50. Wie viel Liter Öl und wie viel Liter Benzin sind zu mischen?

5 Ein Zweitakt-Motor verbraucht auf einer Strecke von 320 km eine Kraftstoffmenge von 14,72 l, das Mischungsverhältnis beträgt 1:50. Wie groß ist die auf 100 km verbrauchte Ölmenge?

6 Ein Motor hat eine Ölfüllmenge von maximal 4,5 l und minimal 3,75 l. Der Schmierölverbrauch (Streckenverbrauch) beträgt 0,05 l/100 km. Wie weit kann das Kraftfahrzeug fahren, bis der Ölstand an der Minimalmarkierung angelangt ist?

7 Auf einem Motorprüfstand wird im Rahmen eines Dauerlaufes eine Ölverbrauchsmessung durchgeführt. Zu Beginn wurde mit 5,1 l Öl auf Maximum eingefüllt. Bis zum nächsten Wechselintervall von 15000 km werden 3 l Öl nachgefüllt. Beim Ölwechsel werden 4,1 l abgelassen. Die Gewichtsdifferenz zwischen altem und neuem Ölfilter beträgt 230 g. Das Öl hat eine Dichte von 0,91 kg/l. Berechnen Sie den Ölverbrauch in l/1000 km.

8 Sie beraten einen Kunden bezüglich eines bevorstehenden Ölwechsels. Dem Kunden war der durch Verdunstung verursachte Ölverbrauch des Longlife-Öls von ca. 0,4 l/1000 km zu hoch. Alternativ steht ein Synthetik Öl A3 mit einem Ölverbrauch von ca. 0,1 l/1000 km zur Auswahl. Das Wechselintervall verkürzt sich allerdings von 30000 km auf 15000 km. Öl A3 kostet 18 €/l, das Longlife-Öl 26 €/l. Der Ölwechsel ohne Öl kostet 20 €. Die Ölwechselmenge ist 6 l. Vor den Ölwechseln befindet sich der Ölstand auf dem Minimum (1 l unter Maximum).
a) Berechnen Sie für die beiden Ölsorten die jeweils erforderliche Ölfüllmenge für 30000 km.
b) Berechnen Sie für beide Ölsorten die Gesamtkosten für die 30000 km.

Lösungen

1) 0,0824 l/100 km | **2)** 0,0867 l/100 km | **3)** 1:25 | **4)** 0,60 l; 30,15 l | **5)** 0,092 l/100 km | **6)** 1500 km | **7)** 0,25 l/1000 km | **8a)** 17 l; 13 l; **8b)** 462 €; 256 €

3.1.26 WÄRMEVERBRAUCH UND KÜHLUNG DES MOTORS

ENERGIEBILANZ DES MOTORS

Dem Motor zugeführte Wärmemenge je Stunde (Wärmeverbrauch).
Im Kraftstoffbehälter ist die Energie chemisch gespeichert. Sie wird dem Motor in Form von Kraftstoff zugeführt. Diese Energie wird bei der Verbrennung in Wärme umgewandelt. $\dot{Q}_{zu\ Motor}$ ist die dabei in einer Stunde zugeführte Wärmemenge in kJ/h. Sie errechnet sich aus dem Heizwert des Kraftstoffes H_U in kJ/kg und dem Kraftstoffverbrauch pro Stunde $\dot{m}_k$ in kg/h, oder aus dem spezifischen Kraftstoffverbrauch b_{eff} und der Nutzleistung P_{eff}.

$\dot{Q}_{zu\ Motor}$ zugeführte Wärme in kJ/h
P_{eff} Nutzleistung in kW
m_k Kraftstoffverbrauch in kg/h
b_{eff} spez. Kraftstoffverbrauch in g/kWh
H_U spez. Heizwert des Kraftstoffes in kJ/kg

$$\dot{Q}_{zu\ Motor} = m_k \cdot H_U$$

$$\dot{Q}_{zu\ Motor} = \frac{b_{eff} \cdot H_U \cdot P_{eff}}{1000}$$

Die vom Motor an das Kühlmittel abgeführte Wärmemenge je Stunde
Beim Verbrennungsmotor muss ein Teil der zugeführten Energie $\dot{Q}_{ab\ Motor}$ vom Kühlmittel abgeführt werden, um eine Überhitzung der Bauteile zu vermeiden. Diese wird durch das Verhältnis f von abzuführender zu gesamt anfallender Wärmemenge bestimmt.

$\dot{Q}_{ab\ Motor}$ abzuführende Wärmemenge
f Verhältnis der abzuführenden zur gesamt anfallenden Wärmemenge

$$\dot{Q}_{ab\ Motor} = f \cdot \dot{Q}_{zu\ Motor}$$

Der Kühlflüssigkeit zugeführte Wärmemenge je Stunde
Die vom Motor abgegebene Wärmemenge $\dot{Q}_{ab\ Motor}$ entspricht der vom Kühlmittel aufgenommenen Wärmemenge $\dot{Q}_{zu\ Kühlung}$. Sie ist festgelgt vom benötigten Kühlmitteldurchsatz $\dot{m}_{KF}$ in kg/h, von der Wärmekapazität der Kühlflüssigkeit c_{KF} in kJ/kg · K und von der Temperaturdifferenz ΔT_{KF} in K zwischen Kühlereingang und -ausgang.

$\dot{Q}_{zu\ Kühlung}$ aufzunehmende Wärmemenge des Kühlmittels in kJ/h
$\dot{m}_{KF}$ benötigter Kühlmitteldurchsatz in kg/h
c_{KF} spez. Wärmekapazität der Kühlflüssigkeit in kJ/kg · K
ΔT_{KF} Temperaturdifferenz Kühlereingang und -ausgang in K

$$\dot{Q}_{zu\ Kühlung} = \dot{Q}_{ab\ Motor}$$

$$\dot{Q}_{zu\ Kühlung} = \dot{m}_{KF} \cdot c_{KF} \cdot \Delta T_{KF}$$

Wärmemenge des Kühlmittelinhaltes und Anzahl der Umläufe
Da nur eine bestimmte Kühlmittelmenge im Kühlsystem zur Verfügung steht, muss diese zur Abführung der Wärmemenge mehrmals je Zeiteinheit umgepumpt werden. Die Anzahl z der Umläufe ergibt sich aus der insgesamt aufzunehmenden Wärmemenge durch die aufgenommene Wärmemenge pro Kühlmittelumlauf Q_{Umlauf}.

Q_{Umlauf} Wärmeabgabe der Kühlflüssigkeit je Umlauf in kJ
m_{Kl} Kühlmittelinhalt in 1/kg
z Anzahl der Umläufe in 1/h
$\dot{m}_{KF}$ benötigter Kühlmitteldurchsatz in kg/h

$$Q_{Umlauf} = m_{KF} \cdot c_{KF} \cdot \Delta T_{KF}$$

$$z = \frac{\dot{Q}_{zu\ Kühlung}}{Q_{Umlauf}} = \frac{\dot{m}_{KF}}{m_{Kl}}$$

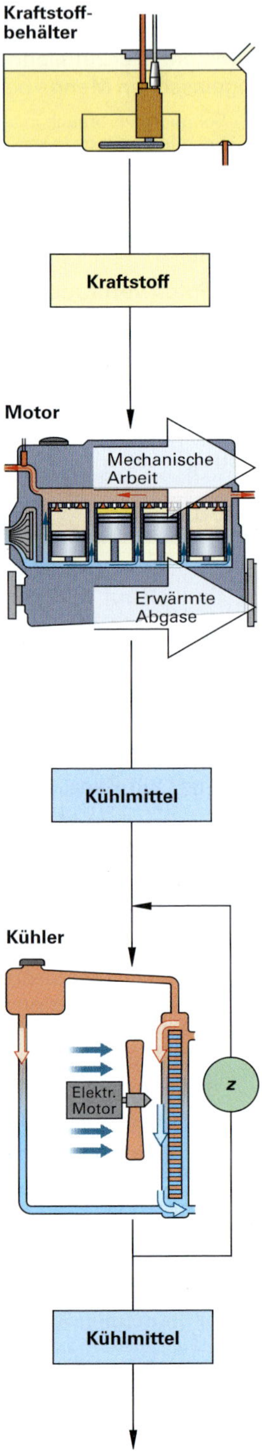

ENERGIEBILANZ DES MOTORS

Dem Motor zugeführte Wärmemenge je Stunde (Wärmeverbrauch).

Beispiel 1

Ein Pkw mit Dieselmotor hat einen durchschnittlichen Kraftstoffverbrauch von 6 l/h. Der Kraftstoff hat einen Heizwert von 42700 kJ/kg und eine Dichte von 0,84 kg/l.

Berechnen Sie a) den durchschnittlichen Kraftstoffverbrauch in kg/h;
b) die zugeführte Wärme in kJ/h.

Gegeben: $\dot{V}_K$ = 6 l/h, ϱ = 0,84 kg/l; H_U = 42700 kJ/kg

Gesucht: a) $\dot{m}_K$ in kg/h; b) $\dot{Q}_{zu\ Motor}$ in kJ/h

Lösung a) $\dot{m}_K = V_K \cdot \varrho = 6\ \text{l/h} \cdot 0{,}84\ \text{kg/l} = \mathbf{5{,}04\ kg/h}$

b) $\dot{Q}_{zu\ Motor} = \dot{m}_K \cdot H_U = 8\ \text{kg/h} \cdot 42700\ \text{kJ/kg} = \mathbf{341200\ kJ/h}$

Die vom Motor an das Kühlmittel abgeführte Wärmemenge je Stunde

Beispiel 2

Ein Pkw-Motor hat bei seiner Nutzleistung von 90 kW einen spezifischen Kraftstoffverbrauch von 250 g/kWh. Der Kraftstoff hat einen spezifischen Heizwert von 42700 kJ/kg. 34 % der zugeführten Wärmemenge muss an das Kühlmittel abgeführt werden.

Berechnen Sie a) die zugeführte Wärme in kJ/h;
b) die abgeführte Wärme in kJ/h.

Gegeben: b_{eff} = 250 g/kWh; H_U = 42700 kJ/kg; P_{eff} = 90 kW; f = 0,34

Gesucht: a) $\dot{Q}_{zu\ Motor}$ in kJ/h; b) $\dot{Q}_{ab\ Motor}$ in kJ/h

Lösung a) $\dot{Q}_{zu\ Motor} = \frac{b_{eff} \cdot H_U \cdot P_{eff}}{1000} = \frac{250\ \text{g/kWh} \cdot 42700\ \text{kJ/kg} \cdot 90\ \text{kW}}{1000} = \mathbf{960750\ kJ/h}$

b) $\dot{Q}_{ab\ Motor} = \dot{Q}_{zu\ Motor} \cdot f = 960750\ \text{kJ/h} \cdot 0{,}34 = \mathbf{326655\ kJ/h}$

Der Kühlflüssigkeit zugeführte Wärmemenge je Stunde

Beispiel 3

Bei der Pumpenumlaufkühlung soll eine Wärmemenge von 326655 kJ/h abgeführt werden. Die spezifische Wärmekapazität der Kühlflüssigkeit beträgt 3,68 kJ/kg · K, die Temperaturdifferenz zwischen Kühlereingang und -ausgang 8 K, die Dichte 1,04 kg/l.

Berechnen Sie a) den benötigten Kühlmitteldurchsatz in kg/h;
b) den benötigten Kühlmitteldurchsatz in l/h.

Gegeben: $\dot{Q}_{zu\ Kühlung}$ = 326655 kJ/h; c_{KF} = 3,68 kJ/kg · K; ΔT_{KF} = 8 K

Gesucht: a) $\dot{m}_{KF}$ in kg/h; b) V_{KF} in l/h

Lösung a) $\dot{m}_{KF} = \frac{\dot{Q}_{zu\ Kühlung}}{c_{KF} \cdot \Delta T_{KF}} = \frac{326655\ \text{kJ/h}}{3{,}94\ \text{kJ/kg} \cdot \text{K} \cdot 8\ \text{K}} = \mathbf{10363{,}42\ kg/h}$

b) $V_{KF} = \frac{\dot{m}_{KF}}{\varrho} = \frac{10363{,}42\ \text{kg/h}}{1{,}04\ \text{kg/l}} = \mathbf{9964{,}82\ l/h}$

Wärmemenge des Kühlmittelinhaltes und Anzahl der Umläufe

Beispiel 4

Die abzuführende Wärmemenge eines Motors beträgt 326655 kJ/h. Das Kühlsystem hat einen Kühlmittelinhalt von 7 kg (c_{KF} = 3,68 kJ/kg · K, ΔT_{KF} = 8 K).

Berechnen Sie a) Wärmeabgabe der Kühlflüssigkeit je Umlauf in kJ,
b) die Anzahl der erforderlichen Kühlmittelumläufe.

Gegeben: $\dot{Q}_{zu\ Kühlung}$ = 326655 kJ/h; m_{Kl} = 7 kg; c_{KF} = 3,68 kJ/kg · K; ΔT_{KF} = 8 K

Gesucht: a) Q_{Umlauf}; b) z

Lösung a) $Q_{Umlauf} = m_{Kl} \cdot c_{KF} \cdot \Delta T_{KF} = 7\ \text{kg} \cdot 3{,}68\ \text{kJ/kg} \cdot \text{K} \cdot 8\ \text{K} = \mathbf{206{,}08\ kJ}$

b) $z = \frac{\dot{Q}_{zu\ Kühlung}}{Q_{Umlauf}} = \frac{326655\ \text{kJ/h}}{206{,}08\ \text{kJ}} = \mathbf{1585{,}09\ 1/h}$

Aufgaben

1 Ein Motor hat einen Kraftstoffverbrauch von 6,8 kg/h. Der spezifische Heizwert des Kraftstoffes beträgt 43000 kJ/kg. Berechnen Sie den Wärmeverbrauch.

2 Bei der Verbrennung einer Kraftstoffmenge von 0,2 kg/h wird eine Wärmemenge von 8400 kJ/h frei. Wie groß ist der spezifische Heizwert des verwendeten Kraftstoffes?

3 Ein Pkw-Motor verbraucht 11,6 l Kraftstoff (Dichte 0,84 g/cm³, spezifischer Heizwert 42000 kJ/kg) auf 100 km.
a) Welche Wärmemenge wird dabei frei?
b) Wie hoch ist die abzuführende Wärmemenge, wenn 32 % der anfallenden Wärme abgeführt wird?

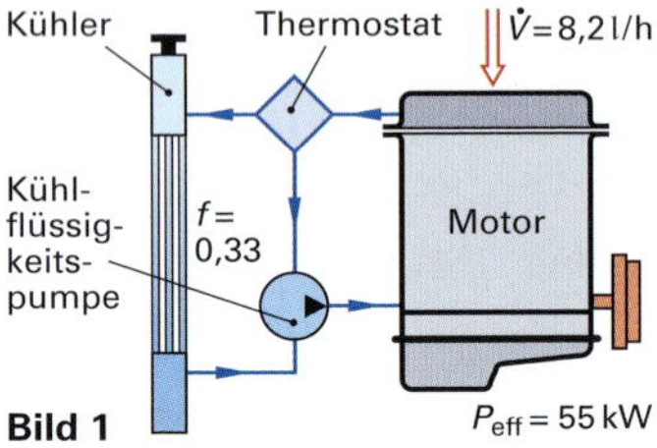

Bild 1

4 Von dem in **Bild 1** dargestellten Motor sind bekannt: Dichte des Kraftstoffes 0,84 g/cm³, spezifischer Heizwert 42600 kJ/kg $\dot{V}$ = 8,2 l/h. Berechnen Sie ...
a) den Kraftstoffverbrauch in kg/h,
b) die zugeführte Wärmemenge,
c) die abzuführende Wärmemenge.

5 In **Bild 2** ist das spezifische Kraftstoffverbrauchkennfeld eines Pkw dargestellt. Bestimmen Sie für den Nennleistungspunkt
a) den spezifischen Kraftstoffverbrauch,
b) den spezifischen Wärmeverbrauch bei einem spezifischen Kraftstoffheizwert von 42500 kJ/kg,
c) das Verhältnis der abzuführenden zur gesamt anfallenden Wärmemenge, wenn eine Wärmemenge von 700000 kJ/h bei Nennleistung an das Kühlmittel abgegeben werden muss.

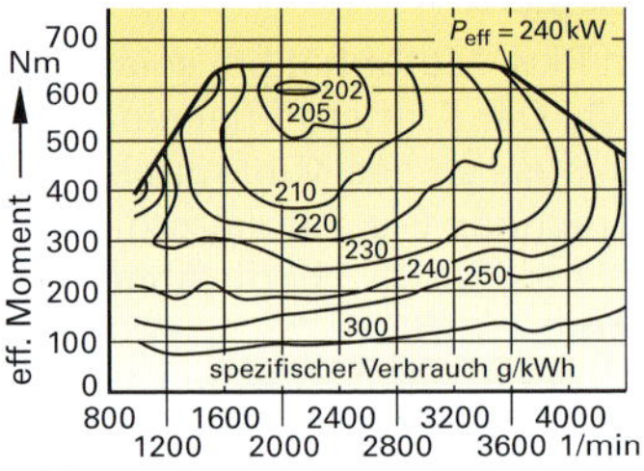

Bild 2

6 Die 7 l Kühlflüssigkeit eines Motors werden von 20 °C auf 85 °C erwärmt. Ihre Dichte beträgt 1,03 kg/l, ihre spezifische Wärmekapazität 3,94 kJ/(kg · K). Welche Wärmemenge nimmt das Kühlmittel auf?

7 8,5 kg Kühlflüssigkeit mit einer Temperatur von 25 °C werden 2220 kJ zugeführt. Die Wärmekapazität der Kühlflüssigkeit beträgt 3,68 kJ/(kg · K). Wie hoch steigt die Temperatur an?

8 Eine Wärmemenge von 545 kJ soll bei einem Umlauf abgeführt werden. Die Temperaturdifferenz ist 12 K. Spezifische Wärmekapazität der Kühlflüssigkeit 3,94 kJ/(kg · K). Dichte der Kühlflüssigkeit 1,04 kg/l. Welche Kühlflüssigkeitsmenge in Litern wird dazu benötigt?

9 Ein Motor muss eine Wärmemenge von 62550 kJ/h abführen. Die spezifische Wärmekapazität der Kühlflüssigkeit beträgt 3,8 kJ/(kg · K); die Dichte 1,04 kg/l; der Kühlsysteminhalt 7 Liter. Die Kühlflüssigkeitspumpe fördert 1790 l/h. Berechnen Sie die
a) Temperaturdifferenz der Kühlflüssigkeit,
b) Kühlflüssigkeitsumläufe pro Stunde und Minute.

10 Von einem Pkw-Motor **(Bild 3)** sind bekannt: Nutzleistung 180 kW bei einer Motordrehzahl von 5200 1/min. Spezifischer Heizwert des Kraftstoffes 43000 kJ/kg. Dichte des Kraftstoffes 0,765 kg/dm³. Spezifische Wärmekapazität der Kühlflüssigkeit 3,9 kJ/(kg · K).
Berechnen Sie
a) den Kraftstoffverbrauch in kg/h,
b) die abzuführende Wärmemenge,
c) die Wärmeaufnahme der Kühlflüssigkeit je Umlauf,
d) die Kühlflüssigkeitsumläufe je Stunde.

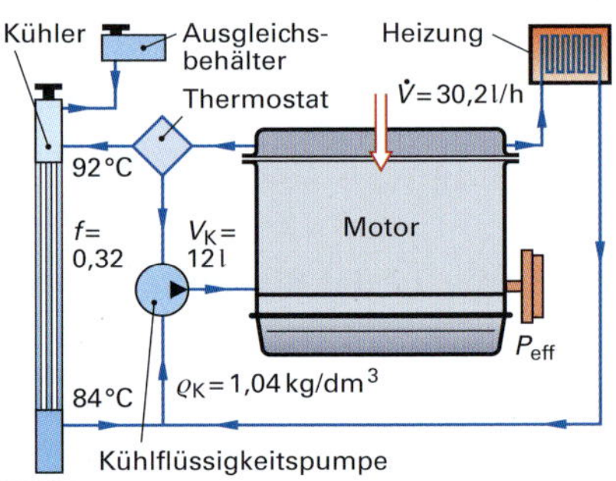

Bild 3

Lösungen

1) 292400 kJ/h | **2)** 42000 kJ/kg | **3a)** 409248 kJ/100 km; **3b)** 130959 kJ/100 km | **4a)** 6,888 kg/h; **4b)** 293428,8 kJ/h; **4c)** 96831,5 kJ/h | **5a)** 230 g/kWh; **5b)** 2346000 kJ/h; **5c)** 0,35 | **6)** 1846,48 kJ | **7)** 96 °C | **8)** 11,08 l | **9a)** 8,84 K; **9b)** 255,71 1/h; 4,26 1/min | **10a)** 23,1 kg/h; **10b)** 317897,3 kJ/h; **10c)** 389,38 kJ; **10d)** 816,42 1/h

3.2 BERECHNUNGEN AM TRIEBWERK

3.2.1 KUPPLUNG (REIBUNGSKUPPLUNG)

GESAMTANPRESSKRAFT

Die Gesamtanpresskraft bzw. Normalkraft F_N wird durch eine Membranfeder, mehrere zylindrische Schraubenfedern (6, 9, 12), oder durch Druckzylinder erzeugt.

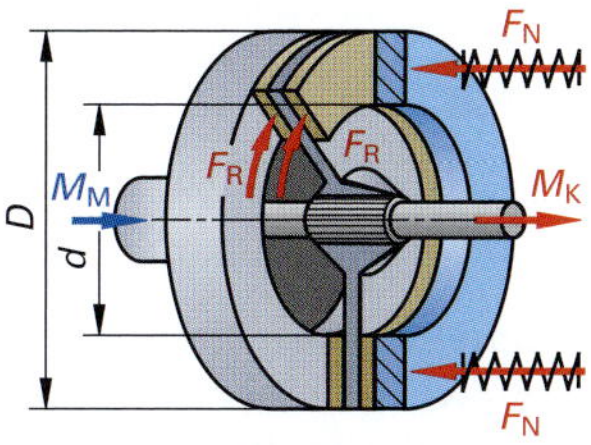

REIBUNGSKRAFT

Die Reibungskraft F_R einer Belagseite der Kupplungsscheibe ist von der Gesamtanpresskraft F_N und von der Haftreibungszahl μ_H abhängig.

Die Haftreibungszahl μ_H wird beeinflusst von den Reibpaarungen (Auflageflächen/Kupplungsbeläge) und der Reibungsart. Die Reibungszahl liegt zwischen $\mu_H = 0{,}08$ (Nasskupplung) und $\mu_H = 0{,}6$ (Trockenkupplung).

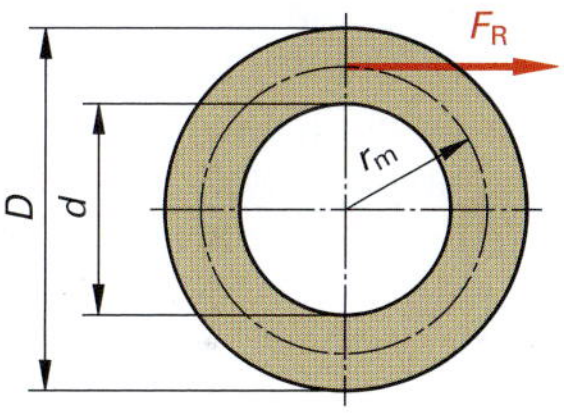

$$F_R = F_N \cdot \mu_H$$

ÜBERTRAGBARES DREHMOMENT

Bei einer Einscheibenkupplung wird das Drehmoment über die 2 Reibflächen der Kupplungsscheibe übertragen.

Die Drehkraft F_K, die eine Einscheibenkupplung überträgt, ist $F_K = 2 \cdot F_R$. Bei Mehrscheibenkupplungen wird sie mit der Anzahl z der Kupplungsscheiben multipliziert, da jede einzelne Kupplungsscheibe 2 Belagseiten hat.

$$F_K = 2 \cdot F_R \cdot z$$

Die Drehkraft greift am wirksamen Drehkrafthalbmesser r_m an.

Das übertragbare Drehmoment M_K wird aus der Drehkraft F_K und dem Drehkrafthalbmesser r_m errechnet. Der mittlere Drehkrafthalbmesser wird als Mittelwert aus den beiden Durchmessern D und d eines Belagringes berechnet.

$$M_K = F_K \cdot r_m$$

$$M_K = 2 \cdot F_R \cdot r_m \cdot z$$

$$r_m = \frac{D + d}{4}$$

SICHERHEIT DER ÜBERTRAGUNGSFÄHIGKEIT

Reibungskupplungen werden so ausgelegt, dass das maximale Motordrehmoment M_{max} mit einer bestimmten Sicherheit S übertragen werden kann. Die Sicherheitszahl S ist das Verhältnis des übertragbaren Kupplungsdrehmoments M_K zum maximalen Motordrehmoment M_{max}.

$$S = \frac{M_K}{M_{max}}$$

FLÄCHENPRESSUNG

Die Flächenpressung p wird berechnet aus der Gesamtanpresskraft geteilt durch die Belagfläche A. Sie darf, je nach Belagmaterial, einen bestimmten Wert nicht übersteigen.

$$p = \frac{F_N}{A}$$

$$A = \frac{\pi}{4} \cdot (D^2 - d^2)$$

F_N	Gesamtanpresskraft der Kupplung in N
F_R	Reibungskraft einer Belagseite in N
μ_H	Haftreibungszahl
F_K	Drehkraft in N
z	Anzahl der Kupplungsscheiben
M_K	übertragbares Drehmoment in Ncm, Nm
r_m	wirksamer Drehkrafthalbmesser in cm, m
D	Außendurchmesser in cm
d	Innendurchmesser in cm
S	Sicherheitszahl der Übertragungsfähigkeit ≈ 1,2
M_{max}	maximales Motordrehmoment in Ncm, Nm
p	Flächenpressung
A	Belagfläche einer Kupplungsseite in cm^2

Belag	organisch	Sintermetall
Flächenpressung	bis 50 N/cm^2	bis 200 N/cm^2

Beispiel 1

Die Beläge einer Kupplungsscheibe haben einen äußeren Durchmesser von 225 mm und einen inneren Durchmesser von 150 mm. Die zulässige Flächenpressung für den Kupplungsbelag beträgt 20 N/cm², die Haftreibungszahl 0,34. Berechnen Sie a) die zulässige Gesamtanpresskraft,
b) das übertragbare Kupplungsdrehmoment.

Gegeben: $D = 225$ mm; $d = 150$ mm; $p = 20\ \text{N/cm}^2$; $\mu_H = 0{,}34$

Gesucht: a) F_N in N; b) M_K in Nm

Lösung a) $A = \frac{\pi}{4} \cdot (D^2 - d^2) = \frac{\pi}{4} \cdot (22{,}5^2\ \text{cm}^2 - 15^2\ \text{cm}^2) = 220{,}9\ \text{cm}^2$

$F_N = A \cdot p = 220{,}9\ \text{cm}^2 \cdot 20\ \text{N/cm}^2 = \mathbf{4418\ N}$

b) $M_K = 2 \cdot F_N \cdot \mu_H \cdot r_m \cdot z = 4418\ \text{N} \cdot 0{,}34 \cdot 9{,}375\ \text{cm} \cdot 1 = 28165\ \text{Ncm} = \mathbf{281{,}65\ Nm}$

Beispiel 2

Eine Zweischeibenkupplung hat Beläge mit einer Fläche von 302,18 cm². Die 6 Druckfedern besitzen je 800 N Federkraft, der mittlere Drehkrafthalbmesser beträgt 101 mm, die Haftreibungszahl 0,3. Berechnen Sie a) die vorhandene Flächenpressung,
b) das übertragbare Kupplungsdrehmoment,
c) die Sicherheit gegen Durchrutschen bei einem max. Motordrehmoment von 480 Nm.

Gegeben: $A = 302{,}2\ \text{cm}^2$; 6 Federn; $F_N = 6 \cdot 800$ N; $\mu_H = 0{,}3$; $r_m = 10{,}1$ cm

Gesucht: a) p in N/cm²; b) M_K in Nm; c) S

Lösung a) $p = \frac{F_N}{A} = \frac{6 \cdot 800\ \text{N}}{302{,}2\ \text{cm}^2} = \mathbf{15{,}9\ N/cm^2}$

b) $M_K = 2 \cdot F_N \cdot \mu_H \cdot r_m \cdot z = 2 \cdot 6 \cdot 800\ \text{N} \cdot 0{,}3 \cdot 10{,}1\ \text{cm} \cdot 2 = 58176\ \text{Ncm} = \mathbf{581{,}76\ Nm}$

c) $S = \frac{M_K}{M_{max}} = \frac{581{,}76\ \text{Nm}}{480\ \text{Nm}} = \mathbf{1{,}21}$

Aufgaben

1 Die Kupplungsscheibe einer Einscheiben-Trockenkupplung wird durch eine Membranfeder mit 3800 N angepresst. Die Haftreibungszahl ist 0,36. Wie groß ist die Reibungskraft einer Belagseite?

2 Die Beläge einer Einscheibenkupplung haben die Abmessungen $D = 205$ mm und $d = 128$ mm. Die übertragbare Drehkraft beträgt 1100 N. Wie groß sind
a) der mittlere Drehkrafthalbmesser,
b) das übertragbare Kupplungsdrehmoment in Nm?

3 Eine Einscheiben-Trockenkupplung kann ein Kupplungsdrehmoment von 200 Nm übertragen. Die serienmäßige Kupplungsscheibe (organischer Belag) wird gegen eine gesinterte Kupplungsscheibe getauscht. Haftreibungszahlen siehe Tabelle rechts.
Berechnen Sie das übertragbare Kupplungsmoment der Kupplung nach dem Umbau.

Reibbelag	organisch	gesintert
Reibwert	0,3	0,38

4 Die Lamellen-Nasskupplung eines Motorrades (Motordrehmoment 50 Nm) hat 7 außenverzahnte Reiblamellen, 6 Druckfedern mit je 70 N Druckkraft, eine Haftreibungszahl von 0,15 und einen wirksamen Drehkrafthalbmesser von 80 mm. Berechnen Sie
a) die Drehkraft (Umfangskraft),
b) das übertragbare Kupplungsdrehmoment in Nm.
c) Kann die Kupplung das Motordrehmoment noch übertragen, wenn statt des Haftreibungsöles die Kupplung mit Motoröl 10W-40 ($\mu_H = 0{,}1$) befüllt wird?

5 Die Beläge einer Einscheiben-Reibungskupplung **(Bild 1)** werden durch eine Membranfeder mit 4000 N angepresst. Die Haftreibungszahl beträgt 0,32. Wie hoch sind
a) das übertragbare Kupplungsdrehmoment in Nm,
b) die Flächenpressung der Kupplungsbeläge in N/cm²?

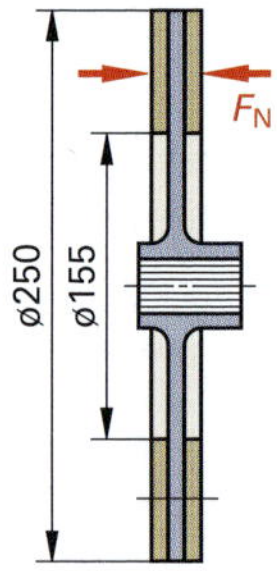

Bild 1

Lösungen

1) 1368 N | **2a)** 8,325 cm; **2b)** 91,575 Nm | **3)** 253,3 Nm | **4a)** 882 N; **4b)** 70,56 Nm; **4c)** 47,04 Nm | **5a)** 259,2 Nm; **5b)** 13,24 N/cm²

Aufgaben

6 Die Hydraulikeinheit eines Direktschaltgetriebes **(Bild 1)** erzeugt zur Kraftübertragung einen Druck von 10 bar auf eine Fläche von 56 cm^2. Die Reiblamellenpaarungen haben einen Haftreibungswert von 0,15. Der mittlere Drehkrafthalbmesser beträgt 75 mm. Ermitteln Sie
a) aus dem **Bild 1** die Anzahl der Reiblamellen,
b) die Drehkraft in N,
c) das übertragbare Kupplungsdrehmoment in Nm.

7 Ein Ottomotor erreicht bei der Drehzahl von 3800 1/min sein maximales Drehmoment und eine Leistung von 63 kW. Die Kupplung hat folgende Daten: mittlerer Drehkrafthalbmesser 125 mm, Haftreibungszahl 0,32, Sicherheitszahl 1,2. Wie groß sind
a) das maximale Motordrehmoment in Nm,
b) das übertragbare Kupplungsdrehmoment in Nm,
c) die erforderliche Gesamtanpresskraft der Membranfeder?

8 Die Einscheibenkupplung eines PkW hat Kupplungsbeläge mit dem Außendurchmesser 200 mm und Innendurchmesser 128 mm. Die zulässige Flächenpressung beträgt 25 N/cm^2, die Haftreibungszahl 0,3. Wie groß sind
a) die zulässige Gesamtanpresskraft in N,
b) das übertragbare Kupplungsdrehmoment in Nm?

9 Ein Motorrad hat eine in Öl laufende Lamellenkupplung **(Bild 2)**. Der Außendurchmesser beträgt 100 mm, der Innendurchmesser 80 mm. Die Gesamtanpresskraft wird durch 6 Federn mit je 140 N Anpresskraft bewirkt; die Haftreibungszahl beträgt 0,16. Berechnen Sie
a) die Gesamtdrehkraft,
b) das übertragbare Drehmoment in Nm.

10 Eine Zweischeiben-Trockenkupplung **(Bild 3)** soll Drehmomente bis 700 Nm übertragen können. Die Haftreibungszahl beträgt 0,34. Berechnen Sie
a) den mittleren Drehkrafthalbmesser,
b) die erforderliche Reibungskraft einer Belagseite,
c) die auftretende Flächenpressung in N/cm^2.

11 Ein Pkw-Motor hat bei einer Drehzahl von 2400 1/min eine Leistung von 83 kW. Die Membranfeder der Kupplung bewirkt eine Gesamtanpresskraft von 6000 N, die Reibbeläge der Kupplungsscheibe haben einen Außendurchmesser von 250 mm und einen Innendurchmesser von 155 mm. Die Haftreibungszahl beträgt 0,32. Berechnen Sie
a) das Motordrehmoment,
b) das übertragbare Kupplungsdrehmoment in Nm,
c) die Sicherheitszahl.

12 Ein Motor hat die in **Bild 4** dargestellten Motorkennlinien. Die dazugehörende Einscheibenkupplung ist so ausgelegt, dass sie 340 Nm überträgt. Sie hat folgende technische Daten: Außendurchmesser des Kupplungsbelages 280 mm, Innendurchmesser 165 mm, Haftreibungszahl 0,3. Gesucht
a) Sicherheitszahl,
b) übertragbare Umfangskraft in N,
c) Gesamtanpresskraft in N.

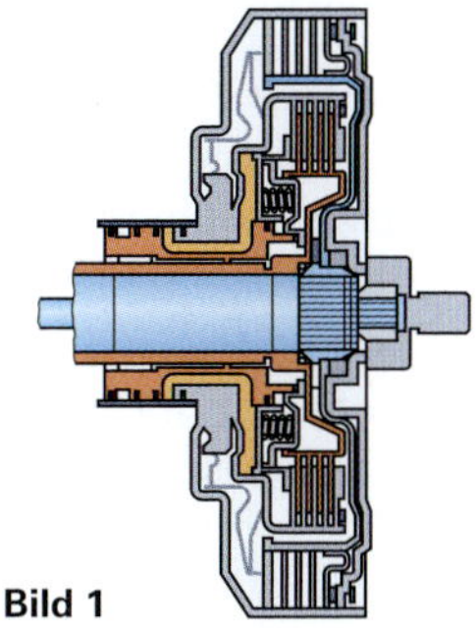
Bild 1

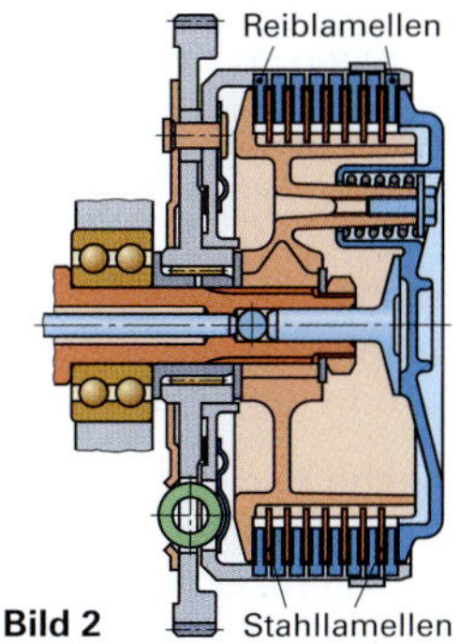

Bild 2

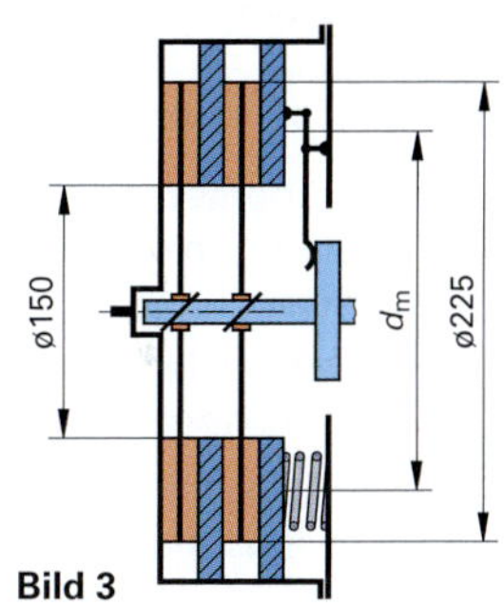

Bild 3

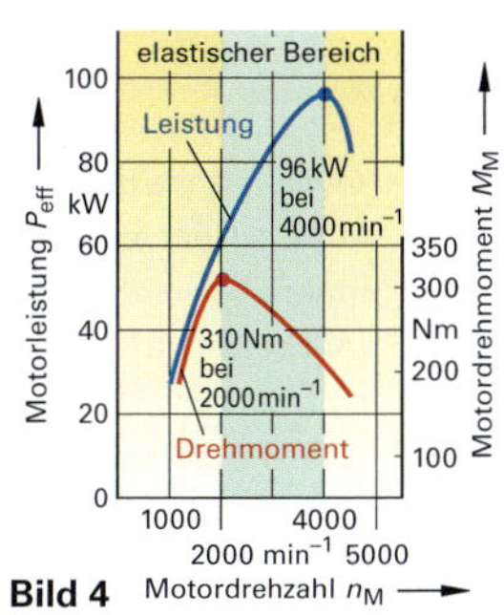

Bild 4

Lösungen

6a) 4; **6b)** 6720 N; **6c)** 504 Nm | **7a)** 158,3 Nm; **7b)** 190 Nm; **7c)** 2375 N | **8a)** 4637 N; **8b)** 235,75 Nm | **9a)** 1881,6 N; **9b)** 84,7 Nm | **10a)** 9,375 cm; **10b)** 1866,7 N; **10c)** 24,9 N/cm^2 | **11a)** 330,3 Nm; **11b)** 388,8 Nm; **11c)** 1,18 | **12a)** 1,1; **12b)** 3056,2 N; **12c)** 5093,6 N

KUPPLUNGSBETÄTIGUNG

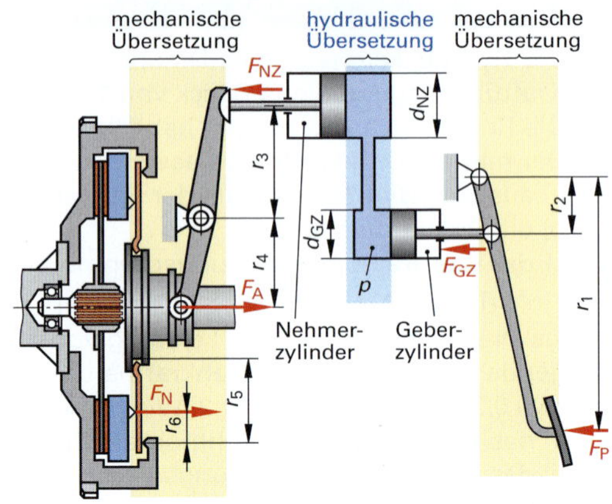

Hydraulische Kupplungsbetätigung

Zur Unterbrechung des Kraftflusses muss die kraftschlüssige Verbindung zwischen Druckplatte, Kupplungsbelägen und Schwungrad aufgehoben werden.

Die erforderliche hohe Kraft am Ausrücker entsteht durch die hydraulischen und mechanischen Übersetzungen zwischen Kupplungspedal und Membranfeder.

- **Mechanische Übersetzung i_1.** Sie verstärkt die Fußkraft F_p und bewirkt die Kraft F_{GZ} am Geberzylinderkolben durch das mechanische Hebelverhältnis r_2 zu r_1 am Pedal.
- **Hydraulische Übersetzung i_{hyd}.** Die in den Geberzylinder eingeleitete Kraft F_{GZ} wirkt auf die Kolbenfläche A_{GZ}. Dadurch wird der Druck p erzeugt. Dieser Druck wirkt auf die Fläche A_{NZ} am Nehmerzylinderkolben und erzeugt im Nehmerzylinder die Kraft F_{NZ}. Die hydraulische Übersetzung i_{hyd} ist bestimmt durch das Flächenverhältnis A_{GZ} und A_{NZ}.
- **Mechanische Übersetzung i_2.** Sie verstärkt im äußeren Ausrückhebel die Kraft F_{NZ} des Nehmerzylinderkolbens und bewirkt die Ausrückkraft F_A. Der Verstärkungsfaktor wird gebildet vom Hebelverhältnis r_4 zu r_3.
- **Mechanische Übersetzung i_i.** Sie übersetzt im inneren Ausrückhebel (r_6 zu r_5) die Ausrückkraft F_A und bewirkt eine Gegenkraft, die größer ist als die Gesamtanpresskraft F_N.
- **Gesamtübersetzung i.** Sie kann durch Multiplikation der Einzelübersetzungen oder durch das Kräfteverhältnis F_P zu F_N berechnet werden.

  Generell kann jede Einzelübersetzung durch das dazugehörende Kräfteverhältnis ermittelt werden und umgekehrt.

  Bei der Berechnung von rein mechanischen Kupplungsbetätigungen setzt man $i_{hyd} = 1$ und $F_{GZ} = F_{NZ}$.

Mechanische Übersetzung

$$i_{mec} = i_a \cdot i_i$$

$$i_a = i_1 \cdot i_2 \qquad i_i = \frac{r_6}{r_5}$$

$$i_1 = \frac{r_2}{r_1} \qquad i_2 = \frac{r_4}{r_3}$$

$$i_{mec} = \frac{r_2 \cdot r_4 \cdot r_6}{r_5 \cdot r_3 \cdot r_5}$$

$$F_P = F_N \cdot i_{mec} \qquad F_A = F_N \cdot i_i$$

Hydraulische Übersetzung

$$i_{hyd} = \frac{d_{GZ}^2}{d_{NZ}^2} \qquad i_{hyd} = \frac{F_{GZ}}{F_{NZ}}$$

$$p = \frac{F_{GZ}}{A_{GZ}} \qquad p = \frac{F_{NZ}}{A_{NZ}}$$

Gesamtübersetzung

$$i = i_1 \cdot i_{hyd} \cdot i_2 \cdot i_i$$

$$i_1 = \frac{F_P}{F_{GZ}} \qquad i_{hyd} = \frac{F_{GZ}}{F_{NZ}}$$

$$i_2 = \frac{F_{NZ}}{F_A} \qquad i_i = \frac{F_A}{F_N}$$

i_1, i_2	mechanische Einzelübersetzungen
i_a	äußere Übersetzung
i_i	innere Übersetzung
i_{mec}	mechanische Übersetzung
i_{hyd}	hydraulische Übersetzung
i	Gesamtübersetzung
r_1, r_2, ...	wirksame Hebellängen
F_P	Fußkraft am Pedal in N
F_A	Ausrückkraft in N
F_N	Gesamtanpresskraft in N
F_{GZ}, F_{NZ}	Kraft am Geber-, Nehmerzylinder in N
A_{GZ}, A_{NZ}	Querschnittsfläche des Geber-, Nehmerzylinders in cm^2
d_{GZ}, d_{NZ}	Durchmesser des Geber-, Nehmerzylinders in cm
p	Leitungsdruck in N/cm^2

Beispiel 1

Eine Kupplung mit hydraulischer Betätigung hat eine Gesamtanpresskraft von 5000 N. Die mechanische Gesamtübersetzung ist 0,06. Der Geberzylinder hat einen Durchmesser von 22 mm. Der Durchmesser des Nehmerzylinders beträgt 26 mm.

Berechnen Sie a) das hydraulische Übersetzungsverhältnis, b) die Gesamtübersetzung, c) die erforderliche Fußkraft.

Gegeben: $F_N = 5000$ N; $i_{mec} = 0{,}06$; $d_{GZ} = 22$ mm; $d_{NZ} = 26$ mm   Gesucht: a) i_{hyd}; b) i; c) F_P in N

Lösung a) $i_{hyd} = \frac{d_{GZ}^2}{d_{NZ}^2} = \frac{22^2\ \text{mm}^2}{26^2\ \text{mm}^2} = \mathbf{0{,}72}$

b) $i = i_{mec} \cdot i_{hyd} = 0{,}06 \cdot 0{,}72 = \mathbf{0{,}043}$

c) $F_P = F_N \cdot i = 5000\ \text{N} \cdot 0{,}043 = \mathbf{215\ N}$

AUSRÜCKWEG UND PEDALWEG

Das erforderliche Lüftspiel der Kupplungsscheibe l ergibt sich aus dem Weg der Druckplatte s_D minus dem Belagfederweg s_B. Der Weg der Druckplatte ist bestimmt durch den Ausrückweg s_A mal dem Hebelverhältnis i_i.

$$l = s_A \cdot i_i - s_B$$

Der Ausrückweg s_A errechnet sich aus dem Pedalweg s_P und den Übersetzungen i_1, i_2 und i_{hyd} minus Kupplungsspiel s.

$$s_A = s_P \cdot i_1 \cdot i_2 \cdot i_{hyd} - s$$

l Lüftspiel in mm
s_P Pedalweg in mm
s_D Druckplattenweg in mm
s_A Ausrückweg in mm
s_B Belagfederweg in mm
s Kupplungsspiel in mm

Beispiel

Eine spielfreie Kupplung mit hydraulischer Verstärkung hat eine innere Übersetzung von 0,18, eine Übersetzung von 0,5 an der Ausrückgabel, eine Übersetzung von 0,2 am Pedal und eine hydraulische Übersetzung von 0,7. Der Belagfederweg beträgt 1,5 mm. Der Pedalweg ist 140 mm. Berechnen Sie
a) den notwendigen Ausrückweg, b) das Lüftspiel der Kupplungsscheibe.

Gegeben: $i_1 = 0{,}2$; $i_2 = 0{,}5$; $i_i = 0{,}18$; $i_{hyd} = 0{,}6$; $s_P = 140$ mm; $s_B = 1{,}5$ mm
Gesucht: s_A in mm, l in mm

Lösung a) $s_A = s_P \cdot i_1 \cdot i_{hyd} - s = 140\ \text{mm} \cdot 0{,}2 \cdot 0{,}5 \cdot 0{,}7 = \mathbf{9{,}8\ mm}$
b) $l = s_A \cdot i_i - s_B = 9{,}8\ \text{mm} \cdot 0{,}18 - 1{,}5\ \text{mm} = \mathbf{0{,}26\ mm}$

Aufgaben

1 Die Ausrückkraft einer Kupplung beträgt 1150 N, die innere Übersetzung 0,25, die äußere Übersetzung 0,1 und die hydraulische Übersetzung 0,75. Gesucht sind
a) die Anpresskraft der Federn,
b) die notwendige Fußkraft.

2 Eine Kupplung hat eine Pedalkraft von 150 N. Die Kupplungsbetätigung hat folgende Daten: Wirksame Hebellänge der Pedalkraft 180 mm, der Kolbenstangenkraft am Geberzylinder 34 mm; Durchmesser des Geberzylinders 20 mm, des Nehmerzylinders 22 mm; Übersetzung im äußeren Ausrückhebel 0,7, im inneren 0,29. Berechnen Sie
a) hydraulische Übersetzung,
b) Gesamtübersetzung,
c) Druck im Leitungssystem in bar,
d) Gesamtfederkraft.

3 Bei einer Kupplung erzeugt die Membranfeder eine Kraft von 6000 N. Die mechanischen Übersetzungen betragen im Pedal 0,16, im äußeren Ausrückhebel 0,8, im inneren Ausrückhebel 0,31. Der Geberzylinder hat einen Durchmesser von 17 mm, der Nehmerzylinder 21 mm. Gesucht sind
a) die hydraulische Übersetzung,
b) die Pedalkraft,
c) den Leitungsdruck in bar.

4 Eine spielfreie Kupplung hat eine innere Übersetzung von 0,2, eine Übersetzung von 0,6 an der Ausrückgabel, eine Übersetzung von 0,2 am Pedal und eine hydraulische Übersetzung von 0,8. Der Ausrückweg beträgt 8 mm, der Belagfederweg 1,4 mm. Berechnen Sie
a) das Lüftspiel,
b) den Pedalweg.

5 Eine spielfreie Kupplung hat eine innere Übersetzung von 0,4. Der Verschleiß des Kupplungsbelages beträgt 2 mm. Berechnen Sie den notwendigen Nachstellweg des Ausrückers.

Lösungen

1a) 4600 N; **1b)** 115 N | **2a)** 0,83; **2b)** 0,0032; **2c)** 25,1 bar; **2d)** 4687,5 N | **3a)** 0,66; **3b)** 156 N; **3c)** 43 bar | **4a)** 0,2 mm; **4b)** 83,3 mm | **5)** 5 mm

3.2.2 WECHSELGETRIEBE

UNGLEICHACHSIGES WECHSELGETRIEBE

Übersetzungen der Gänge

Bei ungleichachsigen Getrieben werden die Übersetzungen i_G sämtlicher Gänge durch jeweils eine Zahnradpaarung bewirkt.

Die Übersetzung i_G wird bestimmt durch das Verhältnis der Zähnezahl des treibenden Rades z_{tr} auf der Antriebswelle zur Zähnezahl des getriebenen Rades z_{getr} auf der Abtriebswelle.

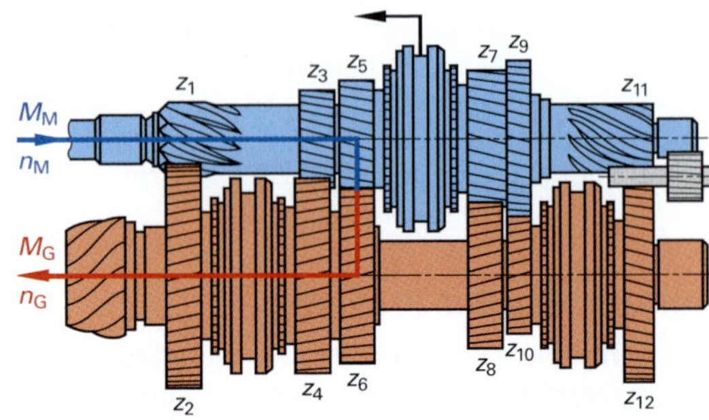

Drehzahlübersetzung

Die Übersetzung i_G ist das Verhältnis der Getriebeeingangs- (Motordrehzahl) zur Getriebeausgangsdrehzahl n_M/n_G.

Beim Rückwärtsgang bewirkt das Zwischenrad eine Drehrichtungsumkehr. Es hat keinen Einfluss auf das Übersetzungsverhältnis.

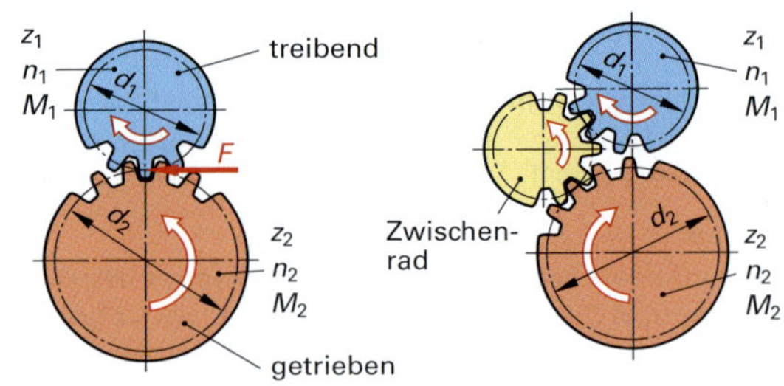

Drehmomentübersetzung

Bei einer Zahnradpaarung wirkt an jedem Zahnrad die Zahnflankenkraft F.

Da sie gleich groß ist, wirkt am Zahnrad mit dem größeren Durchmesser ein größeres Drehmoment, am Zahnrad mit dem kleineren Durchmesser ein kleineres Drehmoment.

Am treibenden Zahnrad liegt das Eingangsdrehmoment M_M an, am getriebenen Zahnrad das Ausgangsdrehmoment M_G.

Das Drehmomentverhältnis M_G/M_M entspricht dem Übersetzungsverhältnis i_G.

Das Getriebeausgangsdrehmoment M_G ist das Motordrehmoment M_M mal dem Übersetzungsverhältnis i_G.

Verluste durch Reibung in Kupplung und Getriebe werden durch den Kupplungswirkungsgrad η_K und den Getriebewirkungsgrad η_G berücksichtigt.

Werden keine Verluste berücksichtigt, ist $\eta = 1$ zu setzen.

$i_G > 1$	$M_G > M_M$ $n_G < n_M$	Drehmomentverstärkung Drehzahlübersetzung ins Langsame
$i_G = 1$	$M_G = M_M$ $n_G = n_M$	keine Drehmomentänderung keine Drehzahländerung
$i_G < 1$	$M_G < M_M$ $n_G > n_M$	Drehmomentabsenkung Drehzahlübersetzung ins Schnelle

$z_1, z_3, z_5, \dots$	Zähnezahlen, treibende Räder
$z_2, z_4, z_6, \dots$	Zähnezahlen, getriebene Räder
$i_{G1}, i_{G2}, i_{G3}, \dots$	Getriebeübersetzungen in den einzelnen Gängen
i_G	Getriebeübersetzung
n_M	Motordrehzahl in 1/min
n_G	Getriebeausgangsdrehzahl in 1/min
r_1, r_2	Teilkreishalbmesser
F	Zahnflankenkraft
M_M	Motordrehmoment in Nm
M_G	Getriebeausgangsdrehmoment in Nm
η_K	Kupplungswirkungsgrad
η_G	Getriebewirkungsgrad

Übersetzung der Gänge

1. Gang

$$i_{G1} = \frac{z_2}{z_1}$$

2. Gang

$$i_{G2} = \frac{z_4}{z_3}$$

3. Gang

$$i_{G3} = \frac{z_6}{z_5}$$

4. Gang

$$i_{G4} = \frac{z_8}{z_7}$$

5. Gang

$$i_{G5} = \frac{z_{10}}{z_9}$$

Rückwärtsgang

$$i_{GR} = \frac{z_{12}}{z_{11}}$$

Drehzahlübersetzung

$$i_G = \frac{n_M}{n_G}$$

$$n_G = \frac{n_M}{i_G}$$

Drehmomentübersetzung

Verluste berücksichtigt

$$i_G = \frac{M_G}{M_M \cdot \eta_K \cdot \eta_G}$$

$$M_G = M_M \cdot \eta_K \cdot i_G \cdot \eta_G$$

Bei 6-Gang-Wechselgetrieben und auch Direktschaltgetrieben kommt durch ein zusätzliches Zahnradpaar z_{11}/z_{12} ein sechster Gang hinzu. Die Getriebe werden mit zwei Abtriebswellen ausgeführt. Dabei kann ein Zahnrad (z. B. $z_7 = z_{11}$) für zwei Gänge (z. B. 4. und 6. Gang) benutzt werden.

6-Gang Wechselgetriebe

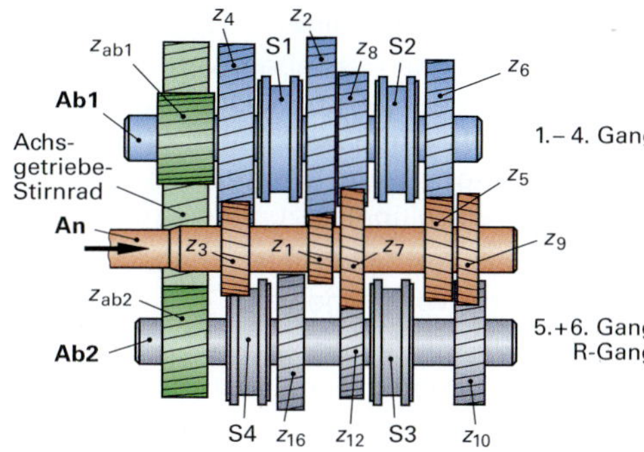

1. Gang

$$i_{G1} = \frac{z_2}{z_1}$$

2. Gang

$$i_{G2} = \frac{z_4}{z_3}$$

3. Gang

$$i_{G3} = \frac{z_6}{z_5}$$

4. Gang

$$i_{G4} = \frac{z_8}{z_7}$$

5. Gang

$$i_{G5} = \frac{z_{10}}{z_9}$$

6. Gang

$$i_{G6} = \frac{z_{12}}{z_{11}}$$

Die Drehzahl- und Drehmomentübersetzungen verhalten sich wie beim 5-Ganggetriebe.

Beispiel

Ein ungleichachsiges Wechselgetriebe hat für den ersten Gang Zahnräder mit $z_1 = 11$ und $z_2 = 42$ Zähnen.

a) Wie groß ist das Übersetzungsverhältnis im ersten Gang?
b) Wie groß ist die Getriebeausgangsdrehzahl im ersten Gang bei einer Motordrehzahl von 3000 1/min?
c) Wie groß ist das Getriebeausgangsdrehmoment im ersten Gang bei einem Motordrehmoment von 120 Nm und einem Kupplungswirkungsgrad von 99 % und einem Getriebewirkungsgrad von 95 %?

Gegeben: $z_1 = 11$; $z_2 = 42$; $n_M = 3000$ 1/min; $M_M = 120$ Nm; $\eta_K = 0{,}99$; $\eta_G = 0{,}95$
Gesucht: i_{G1}; n_{G1} in 1/min; M_{G1} in Nm

Lösung a) $i_{G1} = \frac{z_2}{z_1} = \frac{42}{11} = \mathbf{3{,}81}$ b) $n_{G1} = \frac{n_M}{i_{G1}} = \frac{3000\ 1/\text{min}}{3{,}81} = \mathbf{787{,}4\ 1/min}$

c) $M_{G1} = M_{M1} \cdot i_{G1} \cdot \eta_K \cdot \eta_G = 120\ \text{Nm} \cdot 3{,}81 \cdot 0{,}95 \cdot 0{,}99 = \mathbf{430{,}0\ Nm}$

Aufgaben

1 Ein Wechselgetriebe **(Bild 1)** hat eine Eingangsdrehzahl von 3600 1/min. Berechnen Sie
a) die Übersetzung im 1. und im 3. Gang,
b) die Getriebeausgangsdrehzahl im 1. und im 3. Gang.

2 Das im **Bild 1** dargestellte Fünfgang-Wechselgetriebe hat ein Getriebeeingangsdrehmoment von 150 Nm. Sein Wirkungsgrad beträgt 96 %, die Motordrehzahl 2900 1/min. Berechnen Sie für den 2. Gang
a) die Getriebeübersetzung,
b) das Getriebeausgangsdrehmoment,
c) die Getriebeausgangsdrehzahl.

3 Das in **Bild 2** dargestellte 6-Gang-Getriebe hat ein Eingangsdrehmoment von 183 Nm. Der Getriebewirkungsgrad ist 96 %. Berechnen Sie
a) die Übersetzung im 6. und im 4. Gang,
b) das Getriebeausgangsdrehmoment im 6. und im 4. Gang.

4 Berechnen Sie für das 6-Gang-Getriebe **(Bild 2)** die Drehzahländerung des Motors beim Schalten vom 3. in den 2. Gang bei einer ursprünglichen Motordrehzahl von 2200 1/min im 3. Gang.

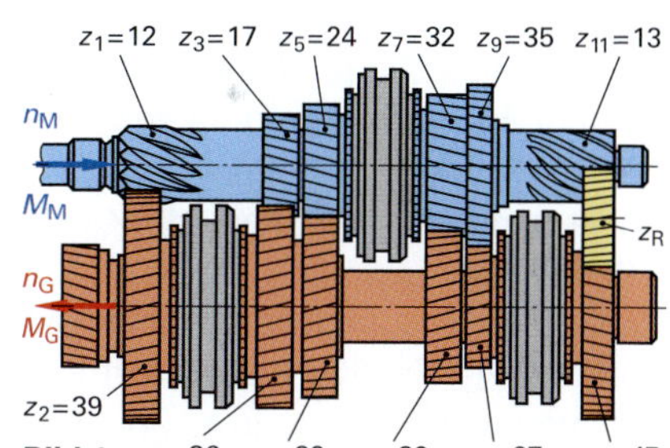

Bild 1

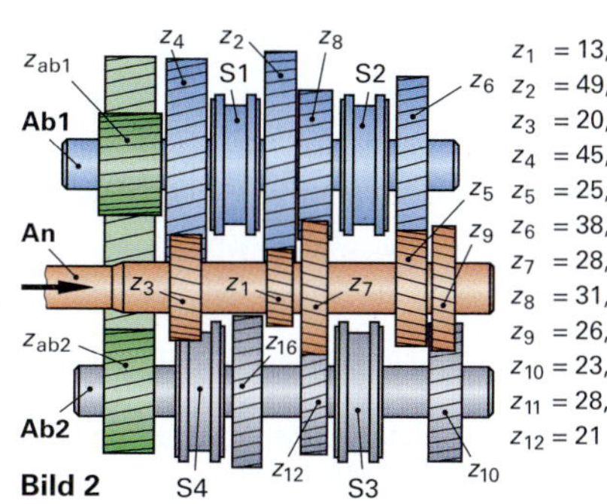

Bild 2

Lösungen

1a) 3,25; 1,33; **1b)** 1108 1/min; 2707 1/min | **2a)** 2,12; **2b)** 305,3 Nm; **2c)** 1368 1/min | **3a)** 0,75; 1,1; **3b)** 131,76 Nm; 193,25 Nm | **4)** 1056 1/min

GLEICHACHSIGE WECHSELGETRIEBE

Übersetzungen der Gänge

Bei gleichachsigen Getrieben werden die Übersetzungen i_G der Gänge mit Ausnahme des direkten Ganges jeweils durch zwei Zahnradpaarungen bewirkt. Die Übersetzung i_G errechnet man aus dem Produkt der Einzelübersetzungen i_1 mal i_2.

i_1 ist die konstante Teilübersetzung z_2/z_1 von der Antriebswelle zur Vorgelegewelle.

i_2 ist die jeweilige Teilübersetzung der Gangradpaare, z. B. z_4/z_3 für den 1. Gang, von der Vorgelegewelle zur Abtriebswelle.

Die jeweilige Teilübersetzung wird bestimmt durch das Verhältnis der Zähnezahl des treibenden Rades z_{tr} zur Zähnezahl des getriebenen z_{getr}.

Beim direkten Gang werden An- und Abtriebswelle miteinander verbunden.

5-Gang Wechselgetriebe (1.Gang)

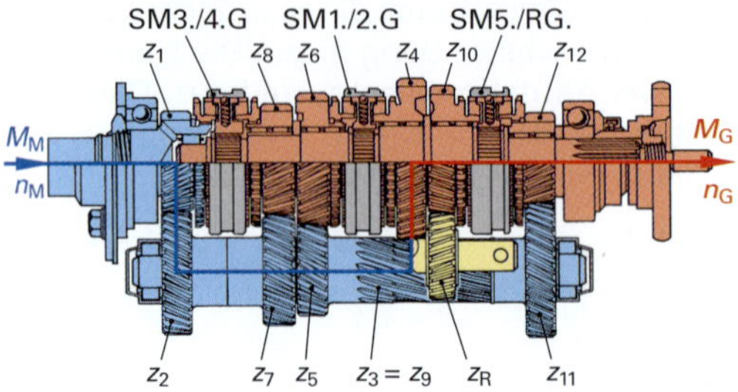

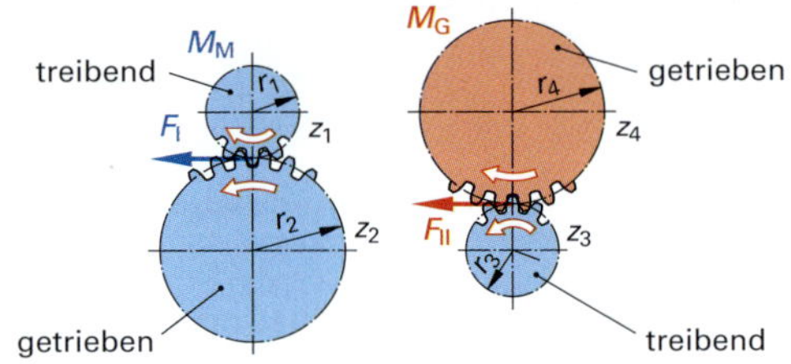

Drehzahlübersetzung

Die Übersetzung i_G ist das Verhältnis der Getriebeeingangs- (Motordrehzahl) zur Getriebeausgangsdrehzahl n_M/n_G. Beim Rückwärtsgang bewirkt ein Zwischenrad eine Drehrichtungsumkehr. Es hat keinen Einfluss auf das Übersetzungsverhältnis.

Drehmomentübersetzung

Bei den Zahnradpaarungen wirkt an den Zahnrädern mit dem größeren Durchmesser das größere Drehmoment. Das Gesamtverhältnis errechnet man aus den Einzelübersetzungen i_1 mal i_2.

Am treibenden Zahnrad der Antriebswelle liegt das Eingangsdrehmoment M_M an, am getriebenen Zahnrad der Abtriebswelle das Ausgangsdrehmoment M_G.

Das Drehmomentverhältnis M_G/M_M entspricht dem Übersetzungsverhältnis i_G.

Das Getriebeausgangsdrehmoment M_G ist das Motordrehmoment M_M mal dem Übersetzungsverhältnis i_G.

Verluste durch Reibung in Kupplung und Getriebe werden durch den Kupplungswirkungsgrad η_K und den Getriebewirkungsgrad η_G berücksichtigt. Werden keine Verluste berücksichtigt, ist $\eta = 1$.

$i_G > 1$	$M_G > M_M$ $n_G < n_M$	Drehmomentverstärkung Drehzahlübersetzung ins Langsame
$i_G = 1$	$M_G = M_M$ $n_G = n_M$	keine Drehmomentänderung keine Drehzahländerung
$i_G < 1$	$M_G < M_M$ $n_G > n_M$	Drehmomentabsenkung Drehzahlübersetzung ins Schnelle

$z_1, z_3, z_5, \ldots$ Zähnezahlen, treibende Räder
$z_2, z_4, z_6, \ldots$ Zähnezahlen, getriebene Räder
$i_{G1}, i_{G2}, i_{G3}, \ldots$ Getriebeübersetzungen in den einzelnen Gängen
i_G Getriebeübersetzung
i_1 Konstante Teilübersetzung
i_2 Teilübersetzung in den einzelnen Gängen
n_M Motordrehzahl in 1/min
n_G Getriebeausgangsdrehzahl in 1/min
$r_1, r_2, \ldots$ Teilkreishalbmesser

Übersetzung der Gänge

1. Gang

$$i_{G1} = \frac{z_2 \cdot z_4}{z_1 \cdot z_3}$$

2. Gang

$$i_{G2} = \frac{z_2 \cdot z_6}{z_1 \cdot z_5}$$

3. Gang

$$i_{G3} = \frac{z_2 \cdot z_8}{z_1 \cdot z_7}$$

4. Gang

$$i_{G4} = 1$$

5. Gang

$$i_{G5} = \frac{z_2 \cdot z_{12}}{z_1 \cdot z_{11}}$$

Rückwärtsgang

$$i_{GR} = \frac{z_2 \cdot z_{10}}{z_1 \cdot z_9}$$

Drehzahlübersetzung

$$i_G = \frac{n_M}{n_G} \qquad n_G = \frac{n_M}{i_G}$$

Drehmomentübersetzung

Verluste berücksichtigt

$$i_G = \frac{M_G}{M_M \cdot \eta_K \cdot \eta_G}$$

$$M_G = M_M \cdot \eta_K \cdot i_G \cdot \eta_G$$

F_I, F_{II} Zahnflankenkräfte in N
M_G Getriebeausgangsdrehmoment in Nm
M_M Motordrehmoment in Nm
η_K Kupplungswirkungsgrad
η_G Getriebewirkungsgrad

Beispiel

Ein gleichachsiges 5-Gang-Wechselgetriebe hat für den ersten Gang die konstante Teilübersetzung mit z_1 = 19 Zähnen und z_2 = 33 Zähnen sowie die Teilübersetzung mit z_3 = 15 Zähnen und z_4 = 31 Zähnen.

a) Wie groß ist das Übersetzungsverhältnis im ersten Gang?

b) Wie groß ist die Getriebeausgangsdrehzahl im ersten Gang bei einer Motordrehzahl von 3400 1/min?

c) Wie groß ist das Getriebeausgangsdrehmoment im ersten Gang bei einem Motordrehmoment von 155 Nm und einem Kupplungswirkungsgrad von 99 % und einem Getriebewirkungsgrad von 95 %?

Gegeben: $z_1 = 19$; $z_2 = 33$; $z_3 = 15$; $z_4 = 31$; $n_M = 3400$ 1/min; $M_M = 155$ Nm; $\eta_K = 0{,}99$; $\eta_G = 0{,}95$

Gesucht: i_{G1}; n_{G1} in 1/min; M_{G1} in Nm

Lösung a) $i_{G1} = \frac{z_2 \cdot z_4}{z_1 \cdot z_3} = \frac{33 \cdot 31}{19 \cdot 15} = \mathbf{3{,}59}$ b) $n_{G1} = \frac{n_M}{i_{G1}} = \frac{3400\ 1/\text{min}}{3{,}59} = \mathbf{947{,}1\ 1/min}$

c) $M_{G1} = M_{M1} \cdot i_{G1} \cdot \eta_K \cdot \eta_G = 155\ \text{Nm} \cdot 3{,}59 \cdot 0{,}95 \cdot 0{,}99 = \mathbf{523{,}3\ Nm}$

Aufgaben

1 Berechnen Sie die Übersetzungen der einzelnen Gänge für das in **Bild 1** dargestellte 5-Gang-Getriebe.

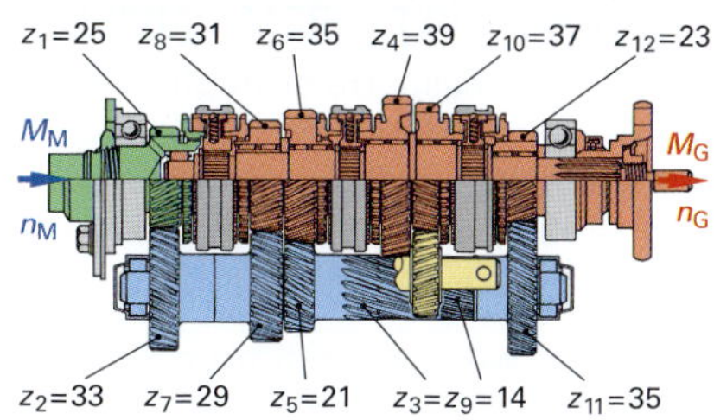

Bild 1

2 Ein Motor hat eine Drehzahl von 4200 1/min und gibt dabei ein Drehmoment von 110 Nm ab. Das im Fahrzeug eingebaute Wechselgetriebe besitzt Zahnräder mit den in **Bild 1** angegebenen Zähnezahlen. Berechnen Sie

a) das Getriebeausgangsdrehmoment im 2. Gang und 5. Gang ohne Berücksichtigung der Verluste,

b) die Getriebeausgangsdrehzahl für den 1. Gang und 4. Gang.

3 Ein Pkw-Motor hat ein maximales Drehmoment von 125 Nm. Der Kupplungswirkungsgrad ist 99 %, und der Getriebewirkungsgrad ist 96 %. Die Übersetzung im 3. Gang ist 1,48. Berechnen Sie das Getriebeeingangs- und das Getriebeausgangsdrehmoment im 3. Gang.

4 Das Eingangsdrehmoment eines Getriebes beträgt 140 Nm bei einer Drehzahl von 3335 1/min. Das Ausgangdrehmoment ist 345 Nm bei einem Getriebewirkungsgrad von 0,95.

a) Wie groß ist die Getriebeübersetzung?

b) Wie groß ist die Getriebeausgangdrehzahl?

5 Das Eingangsdrehmoment eines Getriebes mit einem Wirkungsgrad von 0,96 beträgt 120 Nm, bei einer Drehzahl von 3250 1/min. Die Ausgangsdrehzahl liegt bei 1667 1/min.

a) Wie groß ist die Getriebeübersetzung?

b) Wie groß ist das Getriebeausgangsdrehmoment?

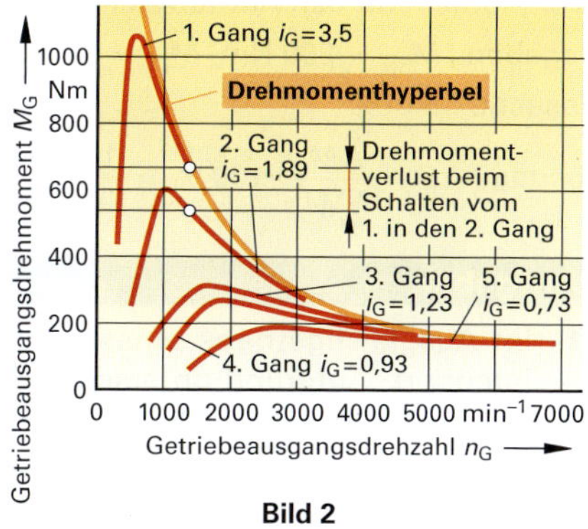

Bild 2

6 Berechnen Sie für das in **Bild 2** dargestellte Getriebe das maximale Drehmoment des Motors bei einem Getriebewirkungsgrad von 95 % mit den Daten des 1. Ganges.

7 Berechnen Sie für das in **Bild 2** dargestellte Getriebe den Drehzahlsprung des Motors beim Schalten vom 2. in den 3. Gang bei einer Motordrehzahl von 4000 1/min im 2. Gang.

8 Berechnen Sie für das in **Bild 2** dargestellte Getriebe den Drehmomentverlust am Getriebeausgang beim Schalten vom 1. in den 2. Gang, wenn dabei das Motordrehmoment von 290 Nm auf 320 Nm steigt. Der Getriebewirkungsgrad ist 95 %.

Lösungen

1) 3,68; 2,2; 1,41; 1; 0,87; 3,49 | **2a)** 242 Nm; 95,7 Nm; **2b)** 1141 1/min; 4200 1/min | **3)** 123,75 Nm; 175,8 Nm | **4a)** 2,59; **4b)** 1287,6 1/min | **5a)** 1,95; **5b)** 224,64 Nm | **6)** 333,8 Nm | **7)** 1397 1/min | **8)** 389,69 Nm

3.2.3 DREHMOMENTVERTEILUNG, AUSGLEICHSGETRIEBE, AUSGLEICHSSPERRE

AUSGLEICHSGETRIEBE

Bei nicht gesperrten Ausgleichsgetrieben erhält jedes Antriebsrad in allen Fahrzuständen die Hälfte des am Tellerrad anliegenden Drehmoments.

Das maximal übertragbare Drehmoment ergibt sich aus dem Abstützmoment des Rades mit der schlechtesten Bodenhaftung.

M_A Drehmoment an den Antriebsrädern in Nm
M_T Drehmoment am Tellerrad in Nm
$M_{Ri/RL}$ Drehmoment des kurveninneren, des langsamer drehenden Antriebsrades in Nm
$M_{Ra/RS}$ Drehmoment des kurvenäußeren, des schneller drehenden Antriebsrades in Nm
ΔM_R Drehmomentunterschied an den Antriebsrädern in Nm
$\sum M_R$ Summe der übertragbaren Antriebsmomente in Nm
S Sperrwert in %

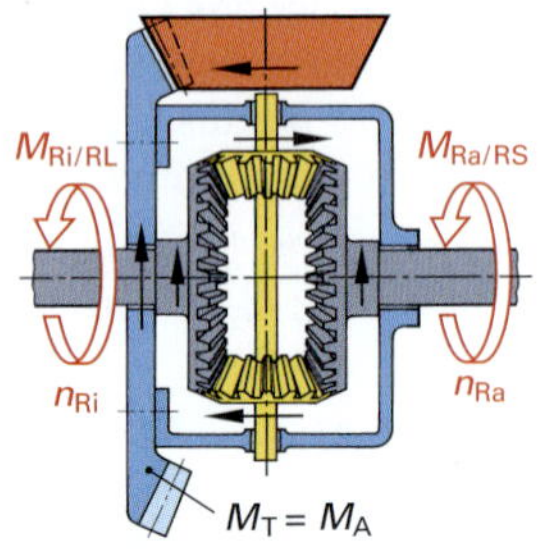

$$M_{Ri/RL} = \frac{M_T}{2} = M_{Ra/RS}$$

AUSGLEICHSGETRIEBE MIT AUSGLEICHSSPERRE

Eine Ausgleichssperre ermöglicht bei Drehzahlunterschieden zwischen den Antriebsrädern unterschiedliche Antriebsdrehmomente der Antriebsräder. Beim Befahren einer Kurve erhält das kurveninnere Rad mehr Drehmoment (M_{Ri}) als das kurvenäußere Rad (M_{Ra}).

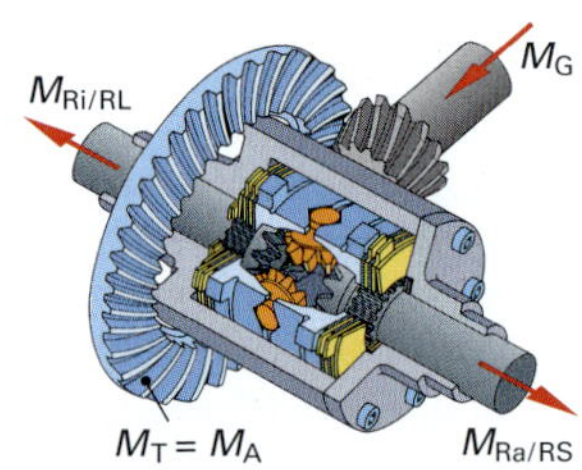

Sperrwert *S*

Er gibt an, wie viel Drehmomentunterschied in % zwischen zwei Antriebsseiten möglich ist. Er bezieht sich auf die Summe der übertragbaren Antriebsdrehmomente.

$$S = \frac{\Delta M_R}{\sum M_R} \cdot 100\ \%$$

$$M_A = M_{Ri/RL} + M_{Ra/RS} = M_T$$

$$M_{Ri/RL} = \frac{M_A}{2} + \frac{M_A}{2} \cdot \frac{S}{100\ \%}$$

$$M_{Ra/RS} = \frac{M_A}{2} - \frac{M_A}{2} \cdot \frac{S}{100\ \%}$$

Beispiel

Bei einem Fahrzeug mit Lamellensperrdifferenzial ist das rechte hintere Antriebsrad auf glattem Untergrund und kann deshalb nur 200 Nm übertragen. Das linke hintere Rad steht auf festem Untergrund und könnte maximal 1000 Nm übertragen. Welchen Sperrwert müsste das Lamellensperrdifferenzial haben, um das gesamte maximal übertragbare Drehmoment für den Antrieb zu nutzen?

Gegeben: $M_{RS} = 200$ Nm, $M_{RL} = 1000$ Nm

Gesucht: S in %

Lösung $S = \frac{\Delta M_R}{\sum M_R} \cdot 100\ \% = \frac{1000\ \text{Nm} - 200\ \text{Nm}}{1000\ \text{Nm} + 200\ \text{Nm}} \cdot 100\ \% = \mathbf{67\ \%}$

Aufgaben

1 Im Ausgleichgetriebe eines historischen Rallye-Fahrzeugs ist eine Lamellen-Ausgleichsperre integriert. Aufgrund unterschiedlicher Bodenhaftung der Antriebsräder überträgt das eine Rad 1105 Nm, das andere 195 Nm. Wie groß ist der Sperrwert des Sperrdifferenzials?

2 Bei einem Allrad-Fahrzeug, das mit einem zentralen Torsen-Differenzial ausgerüstet ist, werden 1000 Nm Drehmoment auf die Vorderräder und 550 Nm auf die Hinterräder übertragen. Berechnen Sie den Sperrwert des eingebauten Torsen-Differenzials.

3 Das Ausgleichgetriebe eines Kombi-Fahrzeugs ist mit einer Lamellen-Ausgleichssperre ausgerüstet, die einen Sperrwert von 40 % besitzt. Beide Antriebsräder können zusammen 2600 Nm Antriebsdrehmoment übertragen. Berechnen Sie die Drehmomente am linken und rechten Antriebsrad beim Befahren einer Linkskurve.

Lösungen

1) 70 % | **2)** 29 % | **3)** $M_{Ri} = 1820$ Nm; $M_{Ra} = 780$ Nm

3.2.4 GESAMTTRIEBWERK

GESAMTÜBERSETZUNG DES ANTRIEBSSTRANGS

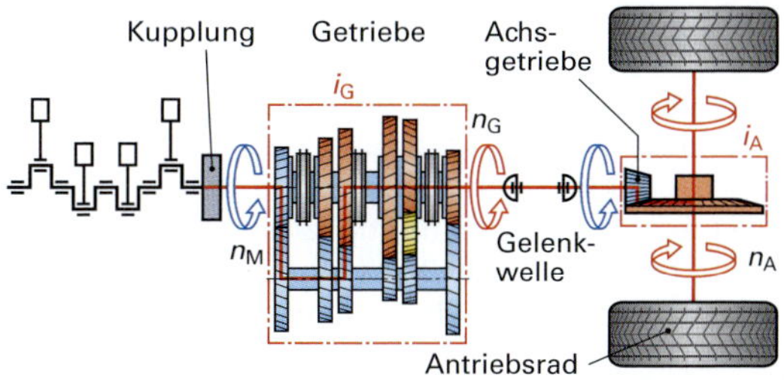

Zwischen Motor und Antriebsrädern sind im Normalfall zwei Übersetzungen wirksam, die Übersetzung i_G im Getriebe und die Übersetzung i_A im Achsgetriebe.

Die Übersetzung i_G im Getriebe wird durch das Schalten der Gänge verändert, die Übersetzung i_A im Achsgetriebe ist konstant.

Die Übersetzung des Achsgetriebes errechnet sich wie bei einfachen Übersetzungen, aus dem Verhältnis des getriebenen Zahnrades z_2 zum treibenden Zahnrad z_1. Im abgebildeten Beispiel ist das treibende Zahnrad das Kegelrad z_K und das getriebene Zahnrad das Tellerrad z_T.

i_{Tr}	Gesamtübersetzung im Triebwerk
i_G	Übersetzung im Getriebe
i_A	Übersetzung im Achsgetriebe
n_M	Motordrehzahl in 1/min
n_A	Drehzahl der Antriebsräder in 1/min
z_1, z_K	Zähnezahl des treibenden Stirnrades bzw. Kegelrades
z_2, z_T	Zähnezahl des getriebenen Stirnrades bzw. Tellerrades

$$i_{TR} = \frac{n_M}{n_A} \quad \text{bzw.} \quad i_{Tr} = i_G \cdot i_A$$

$$n_A = \frac{n_M}{i_{TR}} \quad \text{bzw.} \quad n_A = \frac{n_M}{i_G \cdot i_A}$$

$$n_M = n_A \cdot i_{Tr} \quad \text{bzw.} \quad n_M = n_A \cdot i_G \cdot i_A$$

$$i_A = \frac{z_2}{z_1} \quad \text{bzw.} \quad i_A = \frac{z_T}{z_K}$$

Beispiel

Ein Wechselgetriebe hat im zweiten Gang eine Übersetzung von 2,52. Das Kegelrad des Achsgetriebes besitzt 13 Zähne, das Tellerrad 53 Zähne. Der Motor dreht mit 3080 1/min. Berechnen Sie
a) die Gesamtübersetzung des Triebwerks; b) die Drehzahl der Antriebsräder in 1/min.

Gegeben: $i_G = 2{,}52$; $z_K = 13$; $z_T = 53$; $n_M = 3080$ 1/min
Gesucht: a) i_{Tr} b) n_A in 1/min

Lösung a) $i_A = \frac{z_T}{z_K} = \frac{53}{13} = 4{,}08$ $\quad i_{Tr} = i_G \cdot i_A = 2{,}52 \cdot 4{,}08 = \mathbf{10{,}28}$

b) $n_A = \frac{n_M}{i_{Tr}} = \frac{3080\ 1/\text{min}}{10{,}28} = \mathbf{300\ 1/min}$

Aufgaben

1 Der Motor eines Fahrzeugs hat eine Drehzahl von 3500 1/min. Im Wechselgetriebe ist der direkte Gang geschaltet. Das Kegelrad des Achsgetriebes hat 11 Zähne, das Tellerrad 45 Zähne. Berechnen Sie ...
a) die Übersetzung des Achsgetriebes,
b) die Gesamtübersetzung des Antriebsstrangs,
c) die Drehzahl der Antriebsräder.

2 Das Getriebe eines Pkw hat im 3. Gang ein Übersetzungsverhältnis von 1,26. Das Kegelrad des Achsgetriebes hat 9 Zähne, das Tellerrad 34 Zähne. Die Antriebsräder drehen mit 900 1/min. Wie groß ist
a) die Gesamtübersetzung des Antriebsstrangs,
b) die Motordrehzahl?

3 Ein Sportwagen hat ein 8-Gang-Doppelkupplungsgetriebe mit folgender Getriebestufung: I.4,89-II.3,17-III.2,15-IV.1,56-V.1,18-VI.0,94-VII.0,76-VIII.0,61-R.3,99. Die Übersetzung des Achsantriebs ist 3,12. Berechnen Sie ...
a) die Gesamtübersetzung des Antriebsstrangs in allen Vorwärtsgängen,
b) die Änderung der Motordrehzahl, wenn bei konstanter Fahrgeschwindigkeit bei einer Motordrehzahl von 4800 1/min vom 3. Gang in den 4. Gang geschaltet wird.
c) die Motordrehzahl, wenn bei 2000 1/min vom 8. Gang in den 7. Gang zurückgeschaltet wird.

Lösungen

1a) 4,09; **1b)** 4,09; **1c)** 855,7 1/min | **2a)** 4,76; **2b)** 4283 1/min |
3a) 15,26; 9,89; 6,71; 4,87; 3,63; 2,93; 2,37; 1,90; 12,45; **3b)** 1317 1/min; **3c)** 2491 1/min

FAHRGESCHWINDIGKEIT/RADDREHZAHL

Beim Abrollen eines Rades legt dieses bei einer Umdrehung die Strecke seines Abrollumfanges U_{dyn} zurück. Bei n_A Umdrehungen pro Minute beträgt die Fahrgeschwindigkeit $v = U_{dyn} \cdot n_A$ [mm/min].

Setzt man den Abrollumfang U_{dyn} in mm und die Raddrehzahl n_A in 1/min ein, so muss mit dem Umrechnungsfaktor 3,6 (1 m/s = 3,6 km/h) multipliziert und durch die Faktoren 60 (1 s = 1/60 min) und 1000 (1 mm = 1/1000 m) dividiert werden, damit man die Fahrgeschwindigkeit in km/h erhält.

v	Fahrgeschwindigkeit in km/h
U_{dyn}	Abrollumfang in mm
r_{dyn}	dynamischer Reifenhalbmesser in mm
π_{dyn}	≈ 3,05
d_a	Außendurchmesser des Rades in mm
d_i	Innendurchmesser des Reifens in Zoll
H/B	Reifenhöhe zu Reifenbreite in %
b	Reifenbreite in mm
n_A	Drehzahl der Antriebsräder in 1/min

$$v = \frac{3{,}6 \cdot U_{dyn} \cdot n_A}{60\,000}$$

$$n_A = \frac{60\,000 \cdot v}{3{,}6 \cdot U_{dyn}}$$

$$U_{dyn} = d_a \cdot \pi_{dyn}$$

$$U_{dyn} = 2 \cdot r_{dyn} \cdot \pi$$

$$d_a = d_i \cdot 25{,}4 + 2\left(\frac{H/B}{100}\right) \cdot b$$

Beispiel

Der Motor eines Personenkraftwagens dreht mit 5000 1/min. Das Fahrzeug ist mit Reifen 195/65R15 bestückt. Die Übersetzungen im Wechselgetriebe betragen 4,23 – 2,52 – 1,67 – 1,22 – 1,00, im Achsantrieb 3,45. Wie groß ist die Fahrgeschwindigkeit im 4. Gang?

Gegeben: n_M = 5000 1/min; Reifen 195/65R15; i_{G4} = 1,22; i_A = 3,45
Gesucht: v in km/h

Lösung

$$v = \frac{3{,}6 \cdot U_{dyn} \cdot n_A}{60\,000}$$

$$v = \frac{3{,}6 \cdot 1935 \cdot 1188}{60\,000}\,\frac{\text{km}}{\text{h}} = \mathbf{138\ km/h}$$

$$d_a = d_i \cdot 25{,}4\text{ mm} + 2\left(\frac{H/B}{100}\right) \cdot b = 15 \cdot 25{,}4\text{ mm} + 2 \cdot 0{,}65 \cdot 195\text{ mm} = 634{,}5\text{ mm}$$

$$U_{dyn} \approx d_a \cdot \pi_{dyn} = 634{,}5\text{ mm} \cdot 3{,}05 = 1935\text{ mm}$$

$$n_A = \frac{n_M}{i_{G4} \cdot i_A} = \frac{5000\text{ 1/min}}{1{,}22 \cdot 3{,}45} = 1188\text{ 1/min}$$

Aufgaben

1 Ein Fahrzeug ist mit Reifen der Größe 245/45 R17 88W an den Antriebsrädern bestückt. Das Fahrzeug fährt mit einer Geschwindigkeit von 190 km/h. Berechnen Sie ...
a) den Abrollumfang der Reifen in mm,
b) die Raddrehzahl bei der angegebenen Geschwindigkeit.

2 Ein Pkw mit einer Gesamtübersetzung des Antriebsstrangs von 4,23 im 4. Gang ist mit Reifen der Größe 225/50 R16 96W ausgerüstet.
a) Wie groß ist der Abrollumfang der Reifen?
b) Wie groß ist die Fahrzeuggeschwindigkeit im 4. Gang bei einer Motordrehzahl von 4200 1/min?

3 Ein Pkw hat ein 5-Gang-Wechselgetriebe mit folgender Getriebestufung: 3,45 – 2,12 – 1,44 – 1,13 – 0,89. Die Achsgetriebeübersetzung ist 3,67. Das Fahrzeug hat lt. Zulassungsbescheinigung Teil I eine zulässige Höchstgeschwindigkeit von 245 km/h. Es ist mit Reifen der Größe 225/45 R17 91Y ausgestattet. Berechnen Sie ...
a) die Raddrehzahl bei zul. Höchtsgeschwindigkeit,
b) die Motordrehzahl bei Höchstgeschwindigkeit im 5. Gang,
c) die Fahrzeuggeschwindigkeit im 3. Gang bei einer Motordrehzahl von 3750 1/min.

Lösungen

1a) 1990 mm; **1b)** 1591 1/min | **2a)** 1925 mm; **2b)** 115 km/h |
3a) 2111 1/min; **3b)** 6894 1/min; **3c)** 82 km/h

DREHMOMENTWANDLUNG IM ANTRIEBSSTRANG

$$M_A = M_M \cdot i_G \cdot i_A \cdot \eta_{Tr}$$

$$M_A = M_M \cdot i_{Tr} \cdot \eta_{Tr}$$

$$M_M = \frac{9550 \cdot P_{eff}}{n_M}$$

Das Drehmoment an den Antriebsrädern bzw. Antriebswellen M_A wird durch das Motordrehmoment M_M, die Übersetzung i_G im Getriebe und die Übersetzung im Achsgetriebe i_A bestimmt. Die Verluste werden durch den Wirkungsgrad η_{Tr} des Triebwerks (Antriebsstrangs) berücksichtigt.

Das Motordrehmoment M_M kann aus der Nutzleistung P_{eff} und der Motordrehzahl n_M berechnet werden.

M_A Drehmoment an den Antriebsrädern in Nm
M_M Motordrehmoment in Nm
i_{Tr} Gesamtübersetzung im Triebwerk/Antriebsstrang
i_G Übersetzung im Getriebe
i_A Übersetzung im Achsgetriebe
η_{Tr} Wirkungsgrad des Triebwerks/Antriebsstrangs
P_{eff} Nutzleistung des Motors in kW

WIRKUNGSGRADE η

Ist die Antriebsleistung bzw. das Antriebsdrehmoment des Fahrzeugs zu berechnen, so sind die Verluste durch das Triebwerk η_{Tr} und durch die Reifen η_R zu berücksichtigen.

$$\eta_{Tr} = \eta_K \cdot \eta_G \cdot \eta_{GW} \cdot \eta_A \cdot \eta_{LA}$$

$$\eta_R = \eta_{RW} \cdot \eta_{RS}$$

$$\eta_{TrG} = \eta_{Tr} \cdot \eta_R$$

η_{Tr} Die Verluste des Triebwerks/Antriebsstrangs werden durch Kupplung, Getriebe, Gelenkwelle, Achsgetriebe mit Ausgleichsgetriebe und Lager verursacht.
η_R Die Verluste bei den Reifen werden durch die Walk- und Rolleinflüsse und die Schlupfeinflüsse zwischen Reifen und Fahrbahn hervorgerufen.

η_{Tr} Triebwerk, η_R Reifen, η_{TrG} Gesamttriebwerk, η_K Kupplung, η_G Getriebe, η_{GW} Gelenkwelle, η_A Achsgetriebe, η_{LA} Lager, η_{RS} Radschlupf, η_{RW} Walkarbeit

Beispiel Ein Motor hat bei einer Drehzahl 5400 1/min eine Nutzleistung von 85 kW. Das Wechselgetriebe hat die Übersetzungen 3,545 – 1,857 – 1,156 – 0,838 – 0,683. Die Übersetzung im Achsantrieb beträgt 4,11, der Wirkungsgrad des Triebwerks/Antriebsstrangs ist 94 %. Berechnen Sie das Drehmoment an den Antriebsrädern in Nm im 1. Gang.
Gegeben: n_M = 5400 1/min; P_{eff} = 85 kW; i_{G1} = 3,545; i_A = 4,11; η_{Tr} = 94 %
Gesucht: a) M_M in Nm b) M_A in Nm im 1. Gang

Lösung a) $M_M = \frac{9550 \cdot P_{eff}}{n} = \frac{9550 \cdot 85}{5400}$ Nm = 150,3 Nm

b) $M_A = M_M \cdot i_G \cdot i_A \cdot \eta_{Tr}$ = 150,3 Nm · 3,545 · 4,11 · 0,94 = **2058,5 Nm**

Aufgaben

1 Das Ausgangsdrehmoment eines Wechselgetriebes beträgt im 2. Gang 480 Nm, die Getriebeausgangsdrehzahl 1900 1/min. Das Kegelrad-Achsgetriebe hat ein Kegelrad mit 11 Zähnen und ein Tellerrad mit 38 Zähnen. Der Wirkungsgrad des Achsgetriebes beträgt 96 %. Berechnen Sie ...
a) Übersetzung im Achsgetriebe,
b) Drehzahl und Drehmoment an den Antriebsrädern.

2 Das Wechselgetriebe eines Pkw hat im 3. Gang ein Übersetzungsverhältnis von 1,26 und ein Getriebeausgangsdrehmoment von 280 Nm. Das Achsgetriebe besitzt ein Kegelrad mit 11 Zähnen und ein Tellerrad mit 39 Zähnen. Die Antriebsräder drehen mit 1200 1/min. Wie groß sind
a) das Gesamtübersetzungsverhältnis des Triebwerks und die Motordrehzahl,
b) das Drehmoment an den Antriebsrädern in Nm, wenn das Achsgetriebe einen Wirkungsgrad von 97 % hat?

3 Ein Pkw besitzt ein 5-Gang-Wechselgetriebe mit den Abstufungen 3,818 – 2,235 – 1,478 – 1,036 – 0,861. Die Übersetzung im Achsgetriebe beträgt 3,778. Die Verluste im Triebwerk betragen 9 %. Der Motor gibt bei 4500 1/min ein Drehmoment von 220 Nm ab. Berechnen Sie ...
a) die Gesamtübersetzung des Triebwerks im 1. Gang,
b) die Drehzahl der Antriebsräder im 5. Gang,
c) das Drehmoment der Antriebsräder im 4. Gang.

Lösungen

1a) 3,454; **1b)** 550 1/min; 1592 Nm | **2a)** 4,47; 5360,7 1/min; **2b)** 963 Nm |
3a) 14,424; **3b)** 1383 1/min; **3c)** 783,6 Nm

ANTRIEBSKRAFT

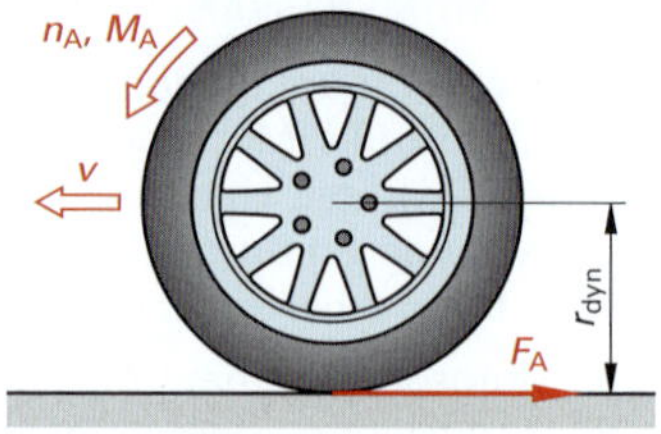

Die Antriebskraft F_A wird durch das Drehmoment M_A an den Antriebsrädern bewirkt und greift am dynamischen Halbmesser r_{dyn} an. Sie wird von den Laufflächen der Reifen durch Reibung auf die Fahrbahn übertragen.

F_A	Antriebskraft an den Antriebsrädern in N
F_{Rad}	Antriebskraft an einem Antriebsrad in N
r_{dyn}	dynamischer Reifenhalbmesser(-radius) in m
M_A	Drehmoment an den Antriebsrädern in Nm
U_{dyn}	Abrollumfang in m
$x = 2$	Antrieb einer Achse (nicht gesperrt)
$x = 4$	Antrieb zwei Achsen (Verteilung VA:HA = 50:50)

$$F_A = \frac{M_A}{r_{dyn}} \qquad F_{Rad} = \frac{F_A}{x}$$

$$F_A = \frac{2 \cdot \pi \cdot M_A}{U_{dyn}}$$

ANTRIEBSLEISTUNG

Sollen Triebwerkswirkungsgrade über die vorhandenen Leistungen berechnet werden, so setzt man die Antriebsleistung P_A zu der Nutzleistung des Motors P_{eff} ins Verhältnis.

P_{eff}	Nutzleistung des Motors in kW
P_A	Antriebsleistung in kW
η_{TR}	Wirkungsgrad des Triebwerks

$$\eta_{Tr} = \frac{P_A}{P_{eff}}$$

$$P_A = \eta_{Tr} \cdot P_{eff} \qquad P_{eff} = \frac{P_A}{\eta_{Tr}}$$

Beispiel 1

An den Antriebsrädern eines Pkw mit Frontantrieb wirkt im 1. Gang ein Drehmoment von 1300 Nm. Das Fahrzeug ist mit Reifen 185/60 R14 bestückt. Wie groß ist die Antriebskraft pro Antriebsrad in Nm?

Gegeben: M_A = 1300 Nm; Reifen 185/60 R14; U_{dyn} = 1765 mm (aus Tabellenbuch)
Gesucht: F_R in N

Lösung $F_A = \frac{2 \cdot \pi \cdot M_A}{U_{dyn}} = \frac{2 \cdot \pi \cdot 1300\ \text{Nm}}{1{,}765\ \text{m}} = 4628\ \text{N}$ $\qquad F_{Rad} = \frac{F_A}{2} = \frac{4628\ \text{N}}{2} = \mathbf{2314\ N}$

Beispiel 2

Von einem Fahrzeug sind folgende Daten bekannt: Nutzleistung des Motors 110 kW; Wirkungsgrade der Triebwerksaggregate: Kupplung 99,5 %, Wechselgetriebe 96 %, Gelenkwelle 99,4 %, Achsgetriebe mit Ausgleichgetriebe 97 %. Berechnen Sie ...

a) den Wirkungsgrad des Triebwerks,
b) die Antriebsleistung in kW.

Gegeben: P_{eff} = 110 kW; η_K = 99,5 %; η_G = 96 %; η_{GW} = 99,4 %; η_A = 97 %
Gesucht: a) η_{Tr} b) P_A in kW

Lösung a) $\eta_{Tr} = \eta_K \cdot \eta_G \cdot \eta_{GW} \cdot \eta_A = 0{,}995 \cdot 0{,}96 \cdot 0{,}994 \cdot 0{,}97 = 0{,}92$
b) $P_A = \eta_{Tr} \cdot P_{eff} = 0{,}92 \cdot 110\ \text{kW} = \mathbf{101{,}2\ kW}$

Aufgaben

1 Ein Pkw hat im 1. Gang an den Antriebsrädern der HA ein Drehmoment von 1500 Nm, im 4. Gang ein Drehmoment von 400 Nm. Der wirksame dynamische Reifenhalbmesser ist 283 mm.
Wie groß sind die Antriebskräfte an den Antriebsrädern im 1. Gang und im 4. Gang?

2 Ein Pkw erreicht im direkten Gang eine Höchstgeschwindigkeit von 160 km/h. Die Übersetzung des Achsgetriebes ist 4,375, der dynamische Abrollumfang beträgt 1790 mm.
Wie groß ist die Motordrehzahl?

3 Das Motordrehmoment beträgt 125 Nm, der Wirkungsgrad der Kupplung 99 %. Die Getriebeübersetzung im 3. Gang ist 1,48, der Wirkungsgrad des Wechselgetriebes in diesem Gang 96 %.
Wie groß sind Getriebeeingangs- und Getriebeausgangsdrehmoment?

Lösungen

1) 5300 N; 1413 N | **2)** 6519 1/min | **3)** 123,75 Nm; 175,8 Nm

Aufgaben

4 Der Motor eines Fahrzeugs gibt bei einer Drehzahl von 3500 1/min ein Drehmoment von 165 Nm ab. Im Wechselgetriebe ist der direkte Gang geschaltet. Das Achsgetriebe hat ein Kegelrad mit 11 Zähnen und ein Tellerrad mit 45 Zähnen. Der Wirkungsgrad des Triebwerks beträgt 93 %. Berechnen Sie ...

a) die Übersetzung des Achsgetriebes,
b) die Gesamtübersetzung des Triebwerks,
c) das Drehmoment an den Antriebswellen,
d) die Drehzahl der Antriebsräder.

5 Der Motor eines Pkw hat bei einer Drehzahl von 3800 1/min ein Drehmoment von 111 Nm. Die Getriebeübersetzung im 5. Gang beträgt 0,89, die Übersetzung des Achsgetriebes 4,125. Es sind Reifen der Größe 185/70 R14 montiert. Der Wirkungsgrad des Triebwerks ist 0,91. Berechnen Sie

a) Drehmoment an den Antriebsrädern in Nm,
b) Antriebskraft an den Antriebsrädern in N,
c) Fahrgeschwindigkeit des Pkw in km/h.

6 Der Hinterachsantrieb eines Nutzkraftwagens ist in **Bild 1** schematisch dargestellt. Die Zahnräder haben die dort angegebenen Zähnezahlen. Das Fahrzeug fährt im direkten Gang mit einer Geschwindigkeit von 80 km/h. Der dynamische Abrollumfang beträgt 2670 mm. Berechnen Sie ...

a) die Gesamtübersetzung im Triebwerk,
b) die Drehzahl der Gelenkwelle.

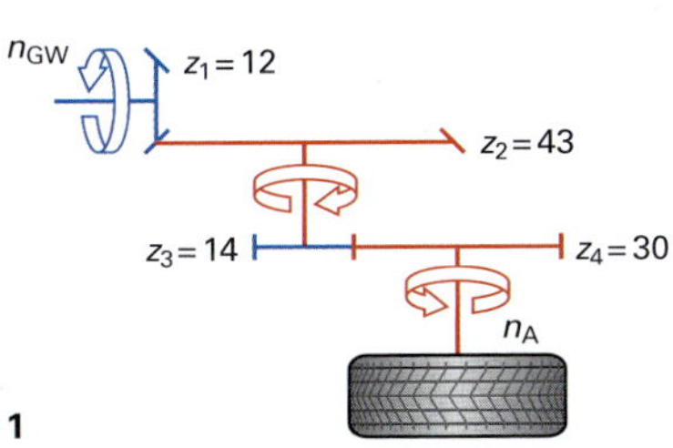

Bild 1

7 Ein Pkw benötigt an den Antriebsrädern eine Leistung von 63 kW. Welche Leistung muss der Motor abgeben, wenn der Wirkungsgrad der Kupplung 99 %, des Wechselgetriebes 94 % und des Achsgetriebes mit Ausgleichgetriebe 98 % beträgt?

8 Ein Motor gibt bei 4500 1/min ein Drehmoment von 150 Nm ab. Der Wirkungsgrad im Wechselgetriebe ist 94,5 %, im Achsgetriebe mit Ausgleichgetriebe 97,5 %. Gesucht

a) die Nutzleistung des Motors,
b) die Leistung an den Antriebswellen.

9 Der Motor eines Pkw gibt bei einer Drehzahl von 5700 1/min eine Leistung von 110 kW ab. Das Fahrzeug ist mit Reifen ausgerüstet, die einen Abrollumfang von 1765 mm haben. In dem in **Bild 2** dargestellten Gesamttriebwerk sind die Zähnezahlen der Zahnräder des Wechselgetriebes und des Achsgetriebes angegeben (Verluste werden nicht berücksichtigt). Berechnen Sie ...

a) die Fahrgeschwindigkeiten im 1. und 4. Gang,
b) das Motordrehmoment,
c) die Drehmomente an den Antriebsrädern im 2. und 3. Gang,
d) die Antriebskraft an den Antriebsrädern im 3. Gang.

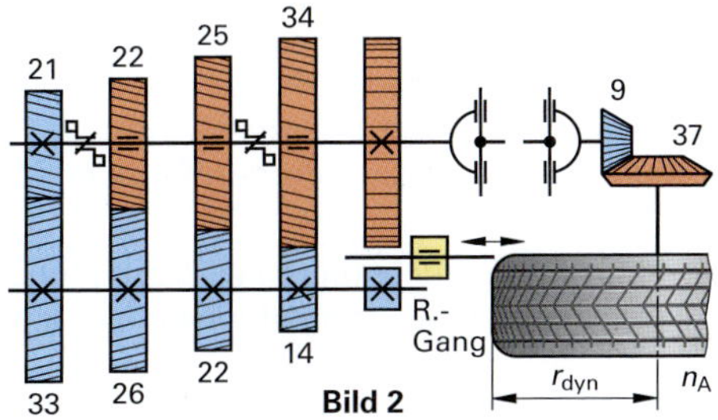

Bild 2

10 Von einem Pkw sind folgende Daten bekannt: 5-Gang-Wechselgetriebe, Übersetzungen der Vorwärtsgänge 3,45 – 2,12 – 1,44 – 1,13 – 0,89; Übersetzung im Achsgetriebe 3,67; Reifengröße 175/70 R13. Der Motor hat eine Nutzleistung von 82 kW bei 5400 1/min und ein maximales Drehmoment von 155 Nm bei 3100 1/min. Die Höchstgeschwindigkeit beträgt 191 km/h. Das Triebwerk hat einen Wirkungsgrad von 0,905. Berechnen Sie ...

a) die maximale Antriebskraft an den Antriebsrädern,
b) die Fahrgeschwindigkeit bei maximaler Antriebskraft,
c) die Motordrehzahl bei Höchstgeschwindigkeit im 5. Gang,
d) die Antriebskraft bei Nutzleistung des Motors im 4. Gang.

Lösungen

4a) 4,09; **4b)** 4,09; **4c)** 628 Nm; **4d)** 856 1/min | **5a)** 371 Nm; **5b)** 1240 N; **5c)** 116,7 km/h | **6a)** 7,68; **6b)** 3832 1/min | **7)** 69,1 kW | **8a)** 70,7 kW; **8b)** 65,1 kW | **9a)** 38,4 km/h; 147 km/h **9b)** 184,3 Nm; **9c)** 1352,8 Nm; 1007,2 Nm; **9d)** 3586 N | **10a)** 6340,4 N; **10b)** 25,8 km/h; **10c)** 5925 1/min; **10d)** 1948,3 N

3.2.5 ÄUSSERE FAHRWIDERSTÄNDE

ÄUSSERER GESAMTFAHRWIDERSTAND

Der äußere Gesamtfahrwiderstand F_W wird für konstante Fahrgeschwindigkeit (v = konst.) durch Addition von Rollwiderstand F_R, Luftwiderstand F_L und Steigungswiderstand F_S berechnet.

Dabei ist die Antriebskraft an den Antriebsrädern F_A ebenso groß wie der äußere Gesamtfahrwiderstand F_W.

F_W Gesamtfahrwiderstand in N
F_R Rollwiderstand in N
F_L Luftwiderstand in N
F_S Steigungswiderstand in N
F_A Antriebskraft in N

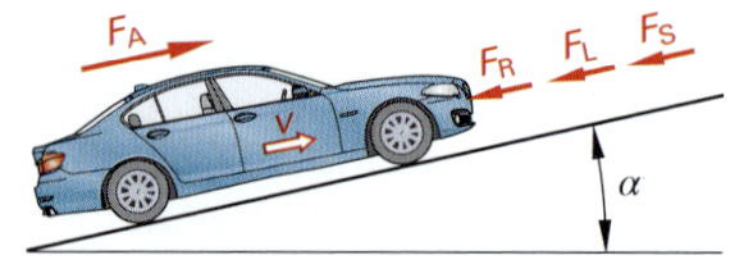

Steigung $F_W = F_R + F_L + F_S$

Gefälle $F_W = F_R + F_L - F_S$

$F_A = F_W$

ROLLWIDERSTAND

Der Rollwiderstand F_R entsteht durch Formänderungen des Reifens auf der Fahrbahn. Er tritt beim Abrollen der Reifen auf. Die Formänderungen sind abhängig von der Normalkraft F_N, mit der die Reifen gegen die Fahrbahn gedrückt werden, von der Reifenbauart, dem Reifenprofil, dem Reifendruck, der Fahrbahnbeschaffenheit und der Fahrgeschwindigkeit. Zusammengefasst werden diese Werte durch den Rollwiderstandsbeiwert μ_R gekennzeichnet.

In praktischen Berechnungen wird der Einfluss der Geschwindigkeit auf den Rollwiderstandsbeiwert i. d. R. nicht berücksichtigt.

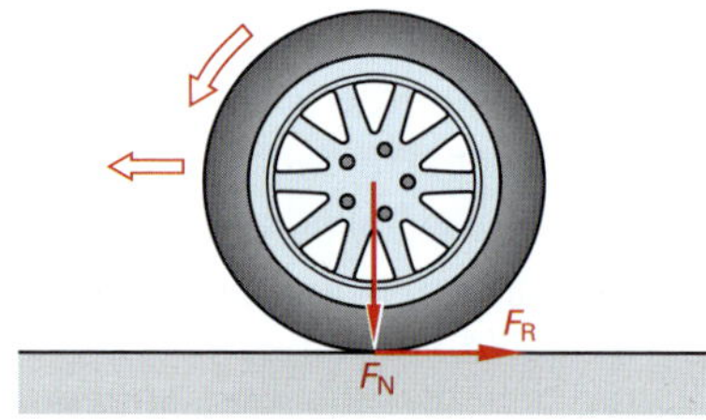

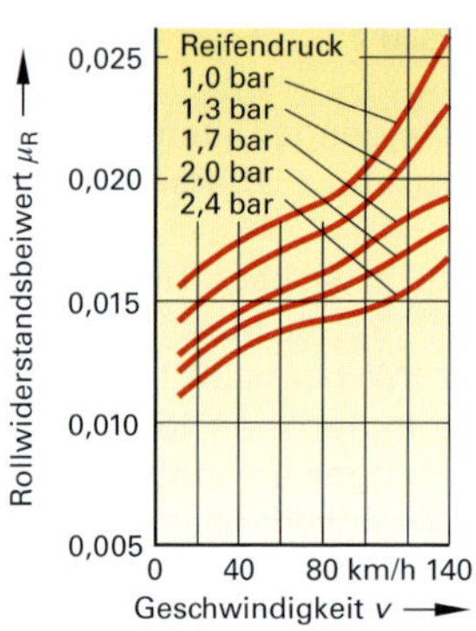

Rollwiderstandsbeiwert und Reifenbauart

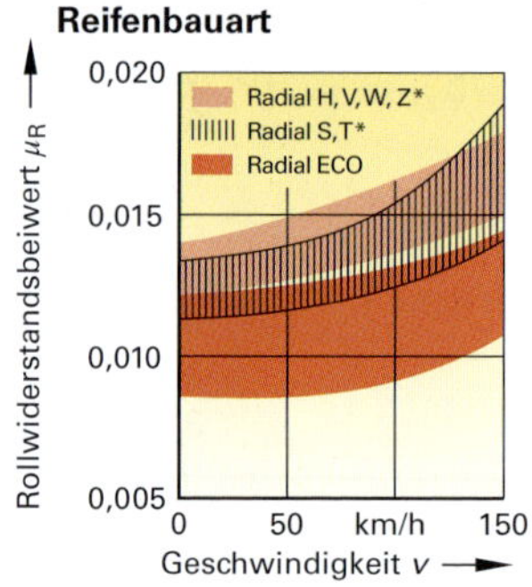

Rollwiderstandszahlen für Pkw-Reifen	
Straßenbelag	μ_R
Asphalt, Beton	0,013
Pflaster	0,015
Schotter, gewalzt	0,020
Teermakadam	0,025
Erdweg	0,050

Sowohl bei waagerechter Fahrbahn als auch bei den üblichen Steigungen kann man zur Berechnung des Rollwiderstandes F_R anstelle der Normalkraft F_N die Gewichtskraft F_G setzen.

$$F_R = F_N \cdot \mu_R$$

$$\mu_R = \frac{F_R}{F_N}$$

$$F_N = F_G = m \cdot g$$

$$F_R = m \cdot g \cdot \mu_R$$

Beispiel

Wie groß ist der Rollwiderstand eines Fahrzeugs mit der Masse 1350 kg, wenn es mit Radial-ECO-Reifen bereift ist? Der mittlere Rollwiderstandsbeiwert wird mit 0,010 angenommen.

Gegeben: m = 1350 kg; μ_R = 0,010, g = 9,81 m/s^2
Gesucht: F_R in N

Lösung

$F_R = m \cdot g \cdot \mu_R$ = 1350 kg · 9,81 m/s^2 · 0,010 = **132,44 N**

F_R Rollwiderstand aller Räder in N
F_N Normalkraft in N
F_G Gewichtskraft in N
m Fahrzeuggewicht in kg
g Fallbeschleunigung (9,81 m/s^2)
μ_R Rollwiderstandsbeiwert

* Geschwindigkeitsklassen

LUFTWIDERSTAND

Der Luftwiderstand F_L wird hervorgerufen durch den Staudruck $p = \varrho \cdot v^2/2$ der Luftströmung, der am Fahrzeug eine Widerstandskraft entgegen der Fahrtrichtung bewirkt.
Er ist abhängig von Luftdichte ϱ, Fahrzeugform, wirksamer Stirnfläche A und Fahrgeschwindigkeit v.
Die Fahrzeugform wird durch den Luftwiderstandsbeiwert c_w berücksichtigt, der durch Versuche im Windkanal ermittelt wird. Setzt man für die Luftdichte ϱ einen mittleren Wert von $\varrho = 1{,}23\ \text{kg/m}^3$, so erhält man: $F_L = 0{,}615 \cdot c_w \cdot A \cdot v^2$.
Das bedeutet z. B. bei Verdoppelung der Fahrgeschwindigkeit v steigt der Luftwiderstand F_L auf den 4-fachen Wert an.
Die wirksame Stirnfläche A wird angenähert aus der Fahrzeugbreite b und der Fahrzeughöhe h mal 0,8 berechnet.
Bei Gegenwind ist zu der Fahrgeschwindigkeit v die Windgeschwindigkeit zu addieren, bei Rückenwind ist sie zu subtrahieren.

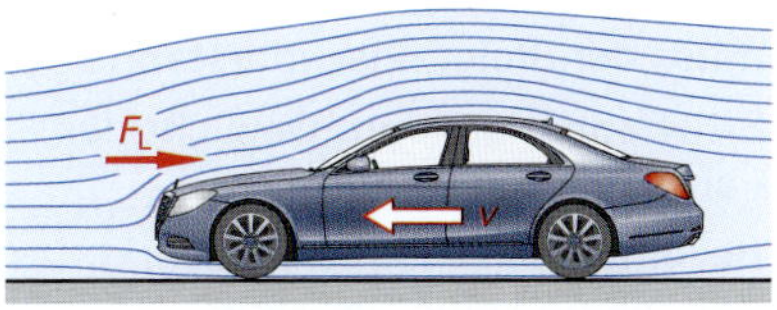

$$p = \frac{\varrho}{2} \cdot v^2$$

$$F_L = \frac{\varrho}{2} \cdot c_w \cdot A \cdot v^2$$

$$F_L = 0{,}615 \cdot c_w \cdot A \cdot v^2$$

$$v = \sqrt{\frac{F_L}{0{,}615 \cdot c_w \cdot A}}$$

$$c_w = \frac{F_L}{0{,}615 \cdot A \cdot v^2}$$

$$A = 0{,}8 \cdot b \cdot h$$

p Staudruck in N/m²
F_L Luftwiderstand in N
ϱ Luftdichte in kg/m³
c_w Luftwiderstandsbeiwert
A Stirnfläche des Fahrzeugs in m²
v Fahrgeschwindigkeit in m/s
b Fahrzeugbreite in m
h Fahrzeughöhe in m

Beispiel 1
Ein Pkw hat eine Stirnfläche von 1,8 m² und fährt mit einer Geschwindigkeit von 100 km/h. Der Luftwiderstandsbeiwert beträgt 0,3, die Luftdichte 1,29 kg/m³. Wie groß sind ...
a) Staudruck in N/m², b) Luftwiderstand in N?
Gegeben: $A = 1{,}8\ \text{m}^2$; $v = 100$ km/h; $c_w = 0{,}3$; $\varrho = 1{,}29\ \text{kg/m}^3$
Gesucht: a) p in N/m²; b) F_L in N

Lösung a) $p = \frac{\varrho}{2} \cdot v^2$ $\quad v = \frac{100}{3{,}6}\ \text{m/s} = 27{,}8\ \text{m/s}$

$$p = \frac{1{,}29\ \text{kg/m}^3}{2} \cdot (27{,}8\ \text{m/s})^2 = \mathbf{498{,}5\ N/m^2}$$

b) $F_L = \frac{\varrho}{2} \cdot c_w \cdot A \cdot v^2$

$$= \frac{1{,}29\ \text{kg/m}^3}{2} \cdot 0{,}3 \cdot 1{,}8\ \text{m}^2 \cdot 27{,}8^2\ \frac{\text{m}^2}{\text{s}^2} = \mathbf{269\ N}$$

Beispiel 2
Die Fahrgeschwindigkeit eines Pkw beträgt 150 km/h. Er hat eine Breite von 1642 mm und eine Höhe von 1400 mm. Der c_w-Wert wurde zu 0,39 ermittelt. Berechnen Sie den Luftwiderstand.
Gegeben: $v = 150$ km/h; $b = 1642$ mm; $h = 1400$ mm; $c_w = 0{,}39$
Gesucht: A in m²; v in m/s, F_L in N

Lösung $A \approx 0{,}8 \cdot b \cdot h = 0{,}8 \cdot 1{,}642\ \text{m} \cdot 1{,}4\ \text{m} = \mathbf{1{,}84\ m^2}$

$$v = \frac{150\ \text{km/h}}{3{,}6} = \mathbf{41{,}7\ m/s}$$

$$F_L = 0{,}615 \cdot c_w \cdot A \cdot v^2 = 0{,}615 \cdot 0{,}39 \cdot 1{,}84 \cdot 41{,}7^2\ \text{N} = \mathbf{767\ N}$$

Beispiel 3
Der Luftwiderstand für einen Pkw mit einer Querschnittsfläche von 2 m² und einem Luftwiderstandsbeiwert von 0,28 ist für die Geschwindigkeiten 30, 60, 90 und 120 km/h zu ermitteln.
Zeichnen Sie ein Diagramm, in dem auf der waagrechten Achse die Fahrgeschwindigkeit v in km/h und auf der senkrechten Achse der Luftwiderstand in N aufgetragen sind.
Gegeben: $A = 2\ \text{m}^2$; $c_w = 0{,}28$; $v = 30, 60, 90, 120$ km/h
Gesucht: F_L in N bei den gegebenen Geschwindigkeiten

Lösung

$$F_L = 0{,}615 \cdot c_w \cdot A \cdot v^2 = 0{,}615 \cdot 0{,}28 \cdot 2 \cdot 8{,}33^2\ \text{N} = \mathbf{24\ N}$$
$$F_L = 0{,}615 \cdot c_w \cdot A \cdot v^2 = 0{,}615 \cdot 0{,}28 \cdot 2 \cdot 16{,}67^2\ \text{N} = \mathbf{96\ N}$$
$$F_L = 0{,}615 \cdot c_w \cdot A \cdot v^2 = 0{,}615 \cdot 0{,}28 \cdot 2 \cdot 25^2\ \text{N} = \mathbf{216\ N}$$
$$F_L = 0{,}615 \cdot c_w \cdot A \cdot v^2 = 0{,}615 \cdot 0{,}28 \cdot 2 \cdot 33{,}3^2\ \text{N} = \mathbf{384\ N}$$

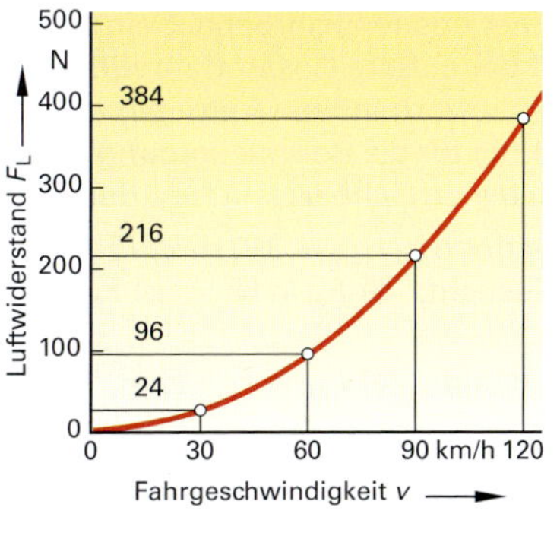

STEIGUNGSWIDERSTAND

Bewegt sich ein Fahrzeug auf einer ansteigenden Fahrbahn, so muss der Steigungswiderstand F_S überwunden werden.

Er ist abhängig vom Gewicht des Fahrzeugs und der Steigung der Fahrbahn.

Bei einer Gefällestrecke bewirkt das Fahrzeuggewicht und die Straßenneigung eine Hangabtriebskraft in Fahrtrichtung.

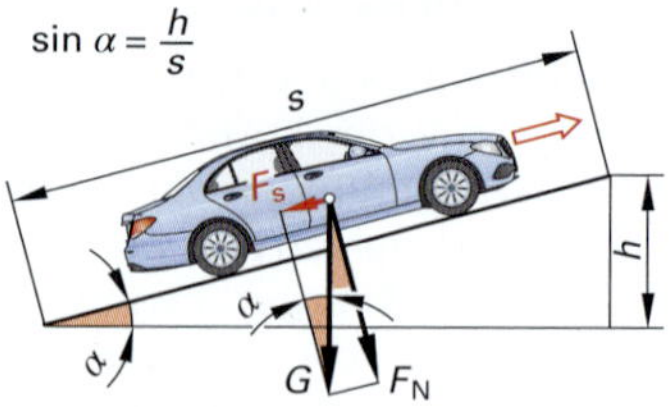

$$F_S = m \cdot g \cdot \sin \alpha$$

$$F_S = m \cdot g \cdot \frac{h}{s}$$

$$F_S = m \cdot g \cdot \frac{p}{100\ \%}$$

m	Fahrzeuggewicht in kg
g	Fallbeschleunigung (9,81 m/s²)
μ_R	Rollreibungszahl
F_S	Steigungswiderstand in N bzw. Hangabtriebskraft in N
α	Steigungswinkel in °
h	Steigungshöhe in m
s	Steigungslänge in m
p	Steigung in %

Beispiel 1

Ein Lkw mit einem Gesamtgewicht von 16 t befährt eine Straße mit einer Steigung von 4 %. Wie groß ist der Steigungswiderstand in N?

Gegeben: $m = 16$ t; $p = 4\ \%$

Gesucht: F_S in N

Lösung $$F_S = \frac{m \cdot g \cdot p}{100\ \%} = \frac{16000\ \text{kg} \cdot 9{,}81\ \frac{\text{m}}{\text{s}^2} \cdot 4\ \%}{100\ \%} = \mathbf{6278{,}4\ N}$$

Beispiel 2

Ein Pkw mit einem Gesamtgewicht von 1500 kg überwindet auf 300 m Steigungsstrecke einen Höhenunterschied von 9 m.

Wie groß sind a) der Steigungswiderstand in N,
b) der Steigungswinkel in Grad?

Gegeben: $m = 1500$ kg; $s = 300$ m; $h = 9$ m

Gesucht: a) F_S in N, b) α in °

Lösung a) $$F_S = m \cdot g \cdot \frac{h}{s} = 1500\ \text{kg} \cdot 9{,}81\ \frac{\text{m}}{\text{s}^2} \cdot \frac{9\ \text{m}}{300\ \text{m}} = \mathbf{441{,}5\ N}$$

b) $$\sin \alpha = \frac{h}{s} = \frac{9\ \text{m}}{300\ \text{m}} = 0{,}03 \qquad \alpha = \mathbf{1{,}72°}$$

ANTRIEBSKRAFT, BESCHLEUNIGUNGSKRAFT

Die Antriebskraft F_A an den Antriebsrädern soll die äußeren Fahrwiderstände überwinden.

Wird die Antriebskraft F_A größer als der äußere Gesamtfahrwiderstand F_W ($F_A > F_W$), so steht eine überschüssige Kraft, die Beschleunigungskraft F_B, zur Verfügung. Das Fahrzeug wird in diesem Fall beschleunigt.

Wenn die zur Verfügung stehende Antriebskraft F_A kleiner als F_W ist ($F_A < F_W$), wird das Fahrzeug verzögert. F_B wird in diesem Fall negativ.

$$F_A = F_W + F_B$$

$$F_B = F_A - F_W$$

$$F_B = m \cdot a$$

$$a = \frac{F_B}{m}$$

F_A	Antriebskraft in N
F_B	Beschleunigungskraft in N
a	Beschleunigung in m/s²
m	Fahrzeuggewicht in kg

Beispiel

Das Drehmoment an den Antriebsrädern (r_{dyn} = 310 mm) eines Pkw beträgt 400 Nm. Folgende äußere Fahrwiderstände treten auf: Rollwiderstand 110 N, Luftwiderstand 250 N. Das Fahrzeug fährt auf einer ebenen Fahrbahn. Sein Gesamtgewicht beträgt 1750 kg. Wie groß sind ...

a) der äußere Gesamtfahrwiderstand,
b) die vorhandene Antriebskraft,
c) die für die Beschleunigung zur Verfügung stehende Beschleunigungskraft,
d) die erreichbare mittlere Beschleunigung?

Gegeben: $r_{dyn} = 310$ mm; $F_R = 110$ N; $F_L = 250$ N; $m = 1750$ kg; $M_A = 400$ Nm

Gesucht: a) F_W in N; b) F_A in N; c) F_B in N; d) a in m/s²

Lösung a) $F_W = F_R + F_L = 110\ \text{N} + 250\ \text{N} = \mathbf{360\ N}$

b) $$F_A = \frac{M_A}{r_{dyn}} = \frac{400\ \text{Nm}}{0{,}31\ \text{m}} = \mathbf{1290\ N}$$

c) $F_B = F_A - F_W = 1290\ \text{N} - 360\ \text{N} = \mathbf{930\ N}$

d) $$a = \frac{F_B}{m} = \frac{930\ \text{N}}{1750\ \text{kg}} = \mathbf{0{,}53\ m/s^2}$$

FAHRWIDERSTANDSLEISTUNG

Die Fahrwiderstandsleistung P_W wird aus den jeweiligen Fahrwiderständen F_W und der Fahrzeuggeschwindigkeit v ermittelt.

$$P_W = \frac{F_W \cdot v}{1000}$$

$$v = \frac{1000 \cdot P_W}{F_W}$$

$$F_W = \frac{1000 \cdot P_W}{v}$$

P_W Fahrwiderstandsleistung in kW
F_W äußerer Gesamtfahrwiderstand in N
v Fahrgeschwindigkeit in m/s

Beispiel

Die folgenden Fahrwiderstände eines Pkw wurden für eine Fahrgeschwindigkeit von 80 km/h und eine Steigung von 2 % ermittelt: Rollwiderstand 150 N, Luftwiderstand 350 N, Steigungswiderstand 280 N. Wie groß ist die Fahrwiderstandsleistung in kW?

Gegeben: v = 80 km/h; p = 2 %; F_R = 150 N; F_L = 350 N; F_S = 280 N
Gesucht: P_W in kW

Lösung $F_W = F_R + F_L + F_S = 150\text{ N} + 350\text{ N} + 280\text{ N} = 780\text{ N}$

$$P_W = \frac{F_W \cdot v}{1000} = \frac{780 \cdot 22{,}2}{1000} = \mathbf{17{,}3\ kW}; \quad v = \frac{80}{3{,}6}\,\frac{\text{m}}{\text{s}} = 22{,}2\,\frac{\text{m}}{\text{s}}$$

ANTRIEBSLEISTUNG

Die Antriebsleistung P_A, auch Fahrleistung genannt, ist die an den Antriebsrädern aufzubringende Leistung.

$$P_A = P_W$$

Ist die Antriebsleistung P_A ebenso groß wie die Fahrwiderstandsleistung P_W, so ist die Beschleunigungsleistung P_B = 0. Das Fahrzeug bewegt sich mit konstanter Fahrgeschwindigkeit.

$$P_A = P_W + P_B$$

$$P_B = P_A - P_W$$

Ist die Antriebsleistung größer als die Fahrwiderstandsleistung ($P_A > P_W$), so wird das Fahrzeug mit der überschüssigen Leistung P_B beschleunigt.

$$P_A = P_{eff} \cdot \eta_{Tr}$$

Wenn die zur Verfügung stehende Antriebsleistung P_A nicht mehr ausreicht, um die auftretenden Fahrwiderstände zu überwinden ($P_A < P_W$), wird das Fahrzeug verzögert.

$$P_{eff} = \frac{P_A}{\eta_{Tr}} \qquad \eta_{Tr} = \frac{P_A}{P_{eff}}$$

P_A Antriebsleistung (Fahrleistung) in kW
P_W Fahrwiderstandsleistung in kW
P_B Beschleunigungsleistung in kW
P_{eff} Nutzleistung des Motors in kW
η_{Tr} Wirkungsgrad des Triebwerks

Aufgaben

1 Ein Pkw mit einem Gesamtgewicht von 1650 kg befährt eine Straße mit 120 km/h. Der Reifeninnendruck beträgt 2,4 bar.
a) Ermitteln Sie den Rollwiderstandsbeiwert aus dem Diagramm.
b) Wie groß ist der Rollwiderstand in N?
c) Wie groß ist die erforderliche Leistung an den Antriebsrädern, um den Rollwiderstand zu überwinden?
d) Um wie viel kW steigt die erforderliche Leistung an den Antriebsrädern, wenn statt des vorgeschriebenen Drucks von 2,4 bar die Reifen nur mit einem Druck von 1,7 bar befüllt wurden?

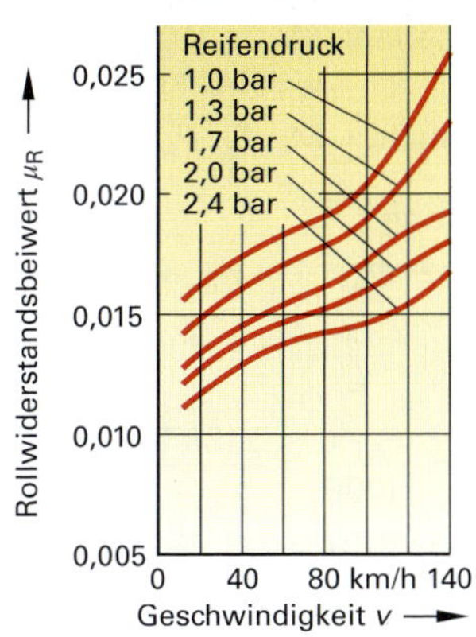

2 Der in Aufgabe 1 genannte Pkw hat einen c_w-Wert von 0,28. Die Fahrzeugbreite ist 1798 mm, die Fahrzeughöhe 1460 mm.
a) Berechnen Sie den Luftwiderstand des Fahrzeugs bei 120 km/h, wenn die Luftdichte mit 1,23 kg/m³ angenommen wird.
b) Wie groß ist die Antriebsleistung aufgrund des Luftwiderstands?
c) Wie groß ist die zur Überwindung von F_L erforderliche Motorleistung, wenn der Gesamtwirkungsgrad des Triebwerks, einschließlich Roll- und Walkverluste durch die Reifen, 0,89 beträgt?

Lösungen

1a) 0,016; **1b)** 259 N; **1c)** 8,63 kW; **1d)** 1,08 kW | **2a)** 401,8 N; **2b)** 13,4 kW; **2c)** 15,1 kW

FAHRSCHAUBILD

Das Fahrschaubild zeigt die Anpassung der Antriebsaggregate eines Fahrzeugs (Motor, Wechselgetriebe, Achsgetriebe, Räder/Reifen) an die Fahrwiderstände.

Im Fahrschaubild sind die Antriebskräfte F_A und die Fahrwiderstandskräfte F_W (Rollwiderstand F_R, Luftwiderstand F_L, Steigungswiderstand F_S) über der Fahrgeschwindigkeit aufgetragen. Die eingezeichnete Zugkrafthyperbel wird mithilfe der Gleichung für die Antriebskraft F_A berechnet.

$$F_A = \frac{P_A \cdot 1000}{v}$$

F_A Antriebskraft in N
v Geschwindigkeit in m/s
P_A Antriebsleistung in kW

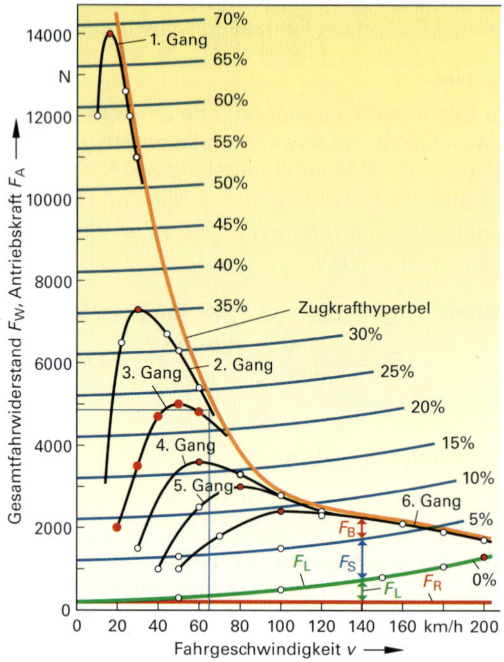

Die Zugkrafthyperbel (gelb) gibt den maximal überwindbaren Fahrwiderstand F_W bzw. die maximale Antriebskraft F_A, entsprechend der installierten Antriebsleistung P_A an.

Z. B. kann bei dem abgebildeten Fahrschaubild bei einer installierten Antriebsleistung von ~85 kW bei 140 km/h ein Fahrwiderstand von ~2185 N überwunden werden; bei 65 km/h sind es ~4700 N.

Die einzelnen Werte von Rollwiderstand F_R und Luftwiderstand F_L ergeben addiert und über die Fahrgeschwindigkeit v aufgetragen den äußeren Gesamtfahrwiderstand F_W auf ebener Fahrbahn (Steigung $p = 0\,\%$).

Die Kurven für die Steigungen (Steigungslinien), die jeweils um 5 % abgestuft sind, erhält man, indem man den Steigungswiderstand F_S zum vorherigen Wert des äußeren Gesamtfahrwiderstands F_W addiert.

Beispiel

Von einem Fahrzeug sind folgende Daten bekannt:

Gegeben: $M_M = 310$ Nm; $i_{Tr} = 2{,}33$ (6. Gang); $\eta_{Tr} = 0{,}9$; $m = 1510$ kg; $U_{dyn} = 1910$ mm; $p = 5\,\%$;
$v = 140$ km/h : 3,6 = 38,89 m/s; $\mu_R = 0{,}013$; $A = 2{,}17\ m^2$; $c_W = 0{,}27$; $\varrho = 1{,}23\ kg/m^3$

Gesucht: M_A; F_A; P_A; F_R; F_L; F_S; F_W; F_B

Lösung

$$M_A = M_M \cdot i_{TR} \cdot \eta_{Tr} = 310\ \text{Nm} \cdot 2{,}33 \cdot 0{,}9 = \mathbf{650\ Nm}$$

$$F_A = \frac{2 \cdot \pi \cdot M_A}{U_{dyn}} = \frac{2 \cdot \pi \cdot 650\ \text{Nm}}{1{,}91\ \text{m}} = \mathbf{2138\ N}$$

$$P_A = \frac{F_A \cdot v}{1000} = \frac{2138\ \text{N} \cdot 38{,}8\overline{8}\ \text{m/s}}{1000} = \mathbf{83{,}13\ kW}$$

$$F_R = m \cdot g \cdot \mu_R = 1510\ \text{kg} \cdot 9{,}81\ \text{m/s}^2 \cdot 0{,}013 = \mathbf{193\ N}$$

$$F_L = \frac{\varrho}{2} \cdot c_w \cdot A \cdot v^2$$

$$= \frac{1{,}23\ \text{kg/m}^3}{2} \cdot 0{,}27 \cdot 2{,}17\ \text{m}^2 \cdot 38{,}89^2 \frac{\text{m}^2}{\text{s}^2} = \mathbf{548\ N}$$

$$F_S = m \cdot g \cdot \frac{p}{100\,\%} = 1510\ \text{kg} \cdot 9{,}81\ \text{m/s}^2 \cdot 0{,}05 = \mathbf{741\ N}$$

$$F_W = F_R + F_L + F_S = 193\ \text{N} + 548\ \text{N} + 741\ \text{N} = \mathbf{1482\ N}$$

$$F_B = F_A - F_W = 2138\ \text{N} - 1482\ \text{N} = \mathbf{656\ N}$$

M_A Antriebsmoment an den Antriebsrädern in Nm
F_A Antriebskraft an den Antriebsrädern in N
F_W Gesamtfahrwiderstand des Fahrzeugs in N. Er setzt sich aus Rollwiderstand F_R, Luftwiderstand F_L und Steigungswiderstand F_S zusammen.
F_B Bescheunigungkraft in N
Sie ist die Differenz von Antriebskraft F_A und Gesamtwiderstand F_W.
v Geschwindigkeit in m/s
P_A Antriebsleistung in kW

Aufgaben

1 Ein Personenkraftwagen hat ein Gesamtgewicht von 1885 kg. Wie groß ist sein Rollwiderstand in N ...
a) auf einer Asphaltstraße (μ_R = 0,013),
b) auf einem Schotterweg (μ_R = 0,020)?

2 Ein Beton-Mischer-Fahrzeug mit einem Gesamtgewicht von 16000 kg fährt auf einem Sandweg (μ_R = 0,20) mit einer Geschwindigkeit von 5 km/h zu einer Baustelle. Berechnen Sie ...
a) den Rollwiderstand in N,
b) die zur Überwindung des Rollwiderstandes notwendige Leistung in kW.

3 Ein Lastkraftwagen hat eine Breite von 2500 mm und eine Höhe von 2900 mm. Wie groß ist der Luftwiderstand in N bei einer Luftdichte von 1,24 kg/m^3, einem Luftwiderstandsbeiwert von 0,85 und einer Geschwindigkeit von 80 km/h?

4 Die Querschnittsfläche eines Pkw beträgt 1,84 m^2, der c_w-Wert 0,36. Wie groß ist der Luftwiderstand in N bei 40 km/h, 80 km/h und 120 km/h?

5 Ein Pkw hat ein Gesamtgewicht von 1440 kg. Welcher Steigungswiderstand in N muss bei einer Steigung von 8 % von der Antriebskraft überwunden werden?

6 Ein Lkw hat ein Gesamtgewicht von 16 t. Er fährt auf einer Straße, die 12 % Steigung aufweist, mit einer Geschwindigkeit von 10 km/h. Berechnen Sie ...
a) den Steigungswiderstand in N,
b) die Leistung in kW, die notwendig ist, um den Steigungswiderstand zu überwinden.

7 Ein Pkw mit einem Gesamtgewicht von 980 kg überwindet auf einer geraden Straße auf 300 m Steigungslänge eine Steigungshöhe von 25 m. Wie groß sind ...
a) der Steigungswinkel in Grad,
b) der Steigungswiderstand in N,
c) die Steigung in % (näherungsweise)?

8 Ein Fahrzeug fährt mit einer Geschwindigkeit von 80 km/h. Es soll in 10 Sekunden auf 130 km/h beschleunigt werden. Das Gesamtgewicht beträgt 1680 kg. Welche Beschleunigungskraft in N ist dazu notwendig?

9 Der äußere Gesamtfahrwiderstand eines Pkw beträgt 1400 N, die Geschwindigkeit 110 km/h, der Wirkungsgrad des Triebwerks ist 91 %. Berechnen Sie ...
a) die Fahrwiderstandsleistung in kW,
b) die erforderliche Motorleistung in kW.

10 Ein Pkw fährt mit einer konstanten Geschwindigkeit von 120 km/h. Als äußere Fahrwiderstände sind zu überwinden: Rollwiderstand 250 N, Luftwiderstand 510 N, Steigungswiderstand 400 N. Die Nutzleistung des Motors beträgt 75 kW, der Wirkungsgrad des Triebwerks 89 %. Welche Leistungsreserve in kW steht zum Beschleunigen zur Verfügung?

11 Ein Pkw hat ein Leergewicht von 1230 kg. Er ist mit drei Personen besetzt (Durchschnittsgewicht 68 kg), im Kofferraum ist eine Zuladung von 100 kg untergebracht. Die wirksame Stirnfläche des Fahrzeugs beträgt 1,76 m^2, sein Luftwiderstandsbeiwert 0,39, die Fahrgeschwindigkeit 80 km/h. Befahren wird eine Asphaltstraße (μ_R = 0,016), die eine Steigung von 4 % hat. Gesucht sind ...
a) Rollwiderstand in N,
b) Luftwiderstand in N,
c) Steigungswiderstand in N,
d) äußerer Gesamtfahrwiderstand in N,
e) Fahrwiderstandsleistung in kW.

12 Von einem Pkw sind folgende Daten bekannt: Nutzleistung 95 kW bei 4000 1/min, Getriebeübersetzung im 4. Gang 1,00, Übersetzung im Achsgetriebe 3,69, Reifengröße 195/65 R15, Wirkungsgrad des Triebwerks 91 %, Gesamtgewicht 1950 kg, wirksame Stirnfläche 2,08 m^2, Luftwiderstandsbeiwert 0,34. Das Fahrzeug fährt auf einer Asphaltstraße (μ = 0,015, Steigung 3 %) mit einer konstanten Geschwindigkeit von 115 km/h. Berechnen Sie ...
a) den äußeren Gesamtfahrwiderstand in N,
b) die Antriebskraft an den Antriebsrädern,
c) die zur Verfügung stehende Beschleunigungskraft in N,
d) die Antriebsleistung in kW,
e) die Leistungsreserve zum Beschleunigen in kW.

Lösungen

1a) 240,4 N; **1b)** 369,8 N | **2a)** 31392 N; **2b)** 43,6 kW | **3)** 1509 N | **4)** 50,3 N; 201,2 N; 452,7 N | **5)** 1130 N | **6a)** 18835 N; **6b)** 52,3 kW | **7a)** 4,8°; **7b)** 801 N; **7c)** 8,3 % | **8)** 2335 N | **9a)** 42,8 kW; **9b)** 47 kW | **10)** 28 kW | **11a)** 241 N; **11b)** 208 N; **11c)** 602 N; **11d)** 1051 N; **11e)** 23,3 kW | **12a)** 1305 N; **12b)** 2473 N; **12c)** 1168 N; **12d)** 86,5 kW; **12e)** 44,8 kW

3.3 BERECHNUNGEN AM FAHRWERK

3.3.1 LENKUNG

SPUR

Die Spur c der Vorderräder (Gesamtspur) kann bei Geradeausstellung aus den am Fahrzeug ermittelten Längen l_1 und l_2 berechnet werden, indem man die Differenz $l_2 - l_1$ bildet. Die Längen l_1 und l_2 werden von Felgenhorn zu Felgenhorn gemessen.

$$c = l_2 - l_1$$

l_1, l_2 gemessene Längen in mm
c Spur (Gesamtspur) in mm

Vorspur

Die Räder stehen hinten weiter auseinander als vorn. Die Differenz $l_2 - l_1 > 0$, ist positiv.

Spur Null

Die Räder stehen vorn und hinten gleich weit auseinander. Die Differenz $l_2 - l_1 = 0$.

Nachspur

Die Räder stehen vorn weiter auseinander als hinten. Die Differenz $l_2 - l_1 < 0$, ist negativ.

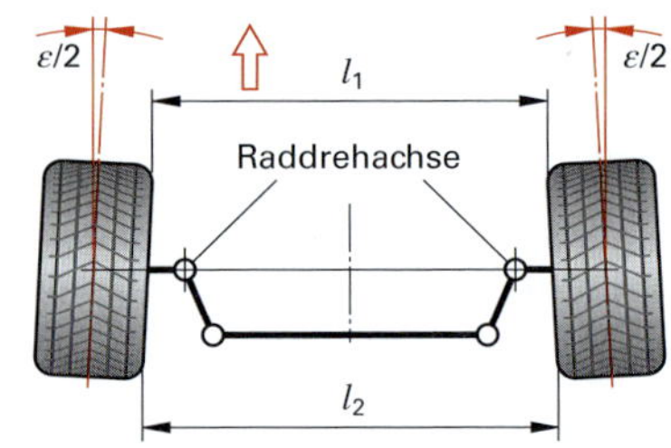

Beispiel 1

Bei einem Mercedes stehen bei Geradeausfahrt die Felgenhörner der Vorderräder vorn 1575 mm und hinten 1576 mm auseinander.
a) Wie viel mm beträgt die Gesamtspur?
b) Welche Spurart ist eingestellt?

Gegeben: $l_2 = 1575$ mm; $l_1 = 1576$ mm
Gesucht: a) c in mm, b) welche Spurart ist eingestellt?

Lösung a) $c = l_2 - l_1 = 1576\text{ mm} - 1575\text{ mm} = \mathbf{1\ mm}$
b) Hier ist **Vorspur** eingestellt.

SPUR UND SPURWINKEL

In der Praxis wird die Spur mithilfe von Achsmesscomputern in Winkelgrad angegeben. Zur Umrechnung zwischen der Spur c in mm in ε, welcher in ° (= Grad) angegeben wird, kann man folgende Formeln verwenden.

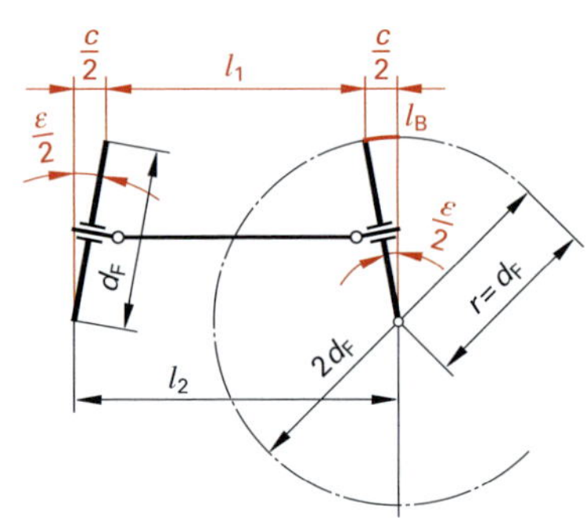

Herleitung:

Wird um einen Punkt auf dem Felgenhorn ein Kreisbogen mit dem Radius $r = d_F$ geschlagen, so erhält man einen Kreis mit dem Durchmesser $D = 2 \cdot d_F$, auf dem die Messpunkte für die Spur $\varepsilon/2$ eines Rades liegen. Wegen des kleinen Spurwinkels $\varepsilon/2$ eines Rades, erhält man die Spur $c/2$ eines Rades mit großer Genauigkeit als Kreisbogenlänge l_B, d. h. $c/2 = l_B$.

In die Gleichung für die Kreisbogenlänge $l_B = \frac{\pi \cdot d \cdot \alpha}{360°}$ werden die entsprechenden Formelzeichen für Spur und Spurwinkel eingesetzt.

$$\frac{c}{2} = \frac{\pi \cdot 2 \cdot d_F \cdot \varepsilon/2}{360°}$$

$$c = \frac{\pi \cdot d_F \cdot \varepsilon}{180°}$$

$$\varepsilon = \frac{180° \cdot c}{\pi \cdot d_F}$$

$\frac{c}{2}$ Spur eines Rades in mm
c Spur beider Räder in mm (Gesamtspur)
$\frac{\varepsilon}{2}$ Spurwinkel eines Rades in °
ε Spurwinkel beider Räder in ° (Gesamtspurwinkel)
d_F Felgenhorndurchmesser in mm

Beispiel

Ein Pkw hat Felgen der Größe 6J×15. Im Reparaturhandbuch ist der Vorspurwinkel beider Vorderräder angegeben mit 0° 15′ ± 10′. Wie viel mm darf die Vorspur mindestens und höchstens betragen?

Gegeben: Felgen 6J×15; $d_F = 417$ mm, $\varepsilon_{min} = 5$, $\varepsilon_{max} = 25$

Gesucht: c_{min} und c_{max}

Lösung $c_{min} \approx \frac{\pi \cdot d_F \cdot \varepsilon}{180°} = \frac{\pi \cdot 417\text{ mm} \cdot \frac{5°}{60}}{180°} = \mathbf{0{,}6\ mm}$

$$c_{max} \approx \frac{\pi \cdot d_F \cdot \varepsilon}{180°} = \frac{\pi \cdot 417\text{ mm} \cdot \frac{25°}{60}}{180°} = \mathbf{3\ mm}$$

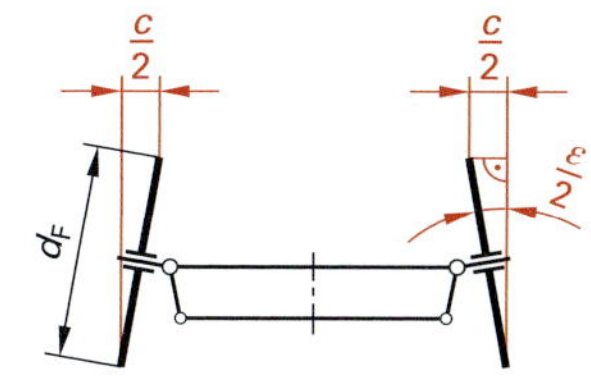

$$\frac{c}{2} = d_F \cdot \sin\frac{\varepsilon}{2}$$

$$c = d_F \cdot \sin\varepsilon$$

$$\sin\varepsilon = \frac{c}{d_F}$$

Die Beziehung zwischen der Einzelspur $\frac{c}{2}$ und dem Spurwinkel $\frac{\varepsilon}{2}$ eines Rades kann auch durch die Winkelfunktion $\sin\frac{\varepsilon}{2} = \frac{2}{d_F}$ ausgedrückt werden.

Umgeformt ergibt sich $\frac{c}{2} = d_F \cdot \sin\frac{\varepsilon}{2}$.

Setzt man anstelle der Einzelspur $\frac{c}{2}$ die Gesamtspur c und für den Spurwinkel $\frac{\varepsilon}{2}$ eines Rades den Gesamtspurwinkel ε, so erhält man $c = d_F \cdot \sin\varepsilon$.

Wird die Gleichung nach $\sin\varepsilon$ umgestellt, so kann man bei gegebener Gesamtspur c und gegebenem Felgenhorndurchmesser d_F den Spurwinkel ε ermitteln.

- $\frac{c}{2}$ Spur eines Rades in mm
- c Spur beider Räder in mm (Gesamtspur)
- $\frac{\varepsilon}{2}$ Spurwinkel eines Rades in °
- ε Spurwinkel beider Räder (Gesamtspurwinkel) in °
- d_F Felgenhorndurchmesser in mm

SPURDIFFERENZWINKEL

Beim Durchfahren einer Kurve werden, bedingt durch das Lenktrapez, das kurveninnere Vorderrad stärker eingeschlagen als das kurvenäußere Vorderrad.

Die Differenz zwischen dem Einschlagwinkel β des kurveninneren Rades und dem Einschlagwinkel α des kurvenäußeren Rades nennt man Spurdifferenzwinkel δ.

- α Einschlagwinkel des kurvenäußeren Rades in °
- β Einschlagwinkel des kurveninneren Rades in °
- δ Spurdifferenzwinkel in °

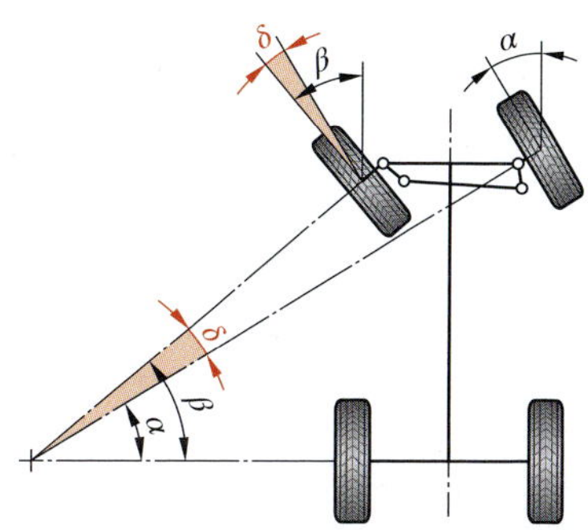

$$\delta = \beta - \alpha$$

Aufgaben

1 Der Vorspurwinkel für beide Vorderräder darf laut Herstellervorgabe 10′ ± 10′ betragen. Die Felgengröße ist 8½ J × 18. $d_F = 453$ mm. Wie viel mm darf die Vorspur maximal betragen?

2 Bei der optischen Vermessung ergibt sich für einen Pkw bei 20° Linkseinschlag ein Einschlagwinkel des rechten Vorderrades von 18° 20′. Der Soll-Spurdifferenzwinkel ist 1° 30′.

a) Wie groß ist der gemessene Spurdifferenzwinkel,

b) um wie viel % weicht er vom Sollwert ab?

3 Um welchen Winkel schlägt das kurvenäußere Rad eines Pkw maximal ein, wenn der Soll-Spurdifferenzwinkel 0° 50′ ± 40′ beträgt?

Lösungen

1) 2,6 mm | **2a)** 1° 40′; **2b)** 11,3 % | **3)** 19° 50′

ÜBERSETZUNG VON LENKGETRIEBEN

Kugelumlauflenkgetriebe

In Lenkgetrieben wird die Drehbewegung des Lenkrades ins Langsame übersetzt. Somit ist nur ein geringer Kraftaufwand zum Einschlagen der Räder notwendig.

Die Übersetzungen können aus dem Verhältnis von Winkeleinschlag α am Lenkrad zu Winkeleinschlag β am Lenkstockhebel berechnet werden.

Sind der Durchmesser d_1 des Lenkrades und die Kreisbogenlänge l_{B1} des Lenkradeinschlages bekannt, so kann der Winkeleinschlag α am Lenkrad in ° durch Umstellung der Formel

$l_{B1} = \frac{\alpha \cdot \pi \cdot d_1}{360°}$ und Einsetzen der Werte ermittelt werden.

Setzt man die Formeln für den Winkeleinschlag α am Lenkrad und für den Winkeleinschlag β am Lenkstockhebel in die Formel für die Übersetzung des Lenkgetriebes $i = \alpha/\beta$ ein, so erhält man

$$i_1 = \frac{l_{B1} \cdot 2 \cdot r_2}{l_{B2} \cdot d_1}$$

Zahnstangenlenkgetriebe

Die Übersetzung wird aus dem Verhältnis Lenkradeinschlag

$l_{B1} = \frac{\pi \cdot \alpha \cdot d_1}{360°}$ zum Weg $s = \frac{z \cdot p \cdot \alpha}{360°}$,

um den die Zahnstange verschoben wird, berechnet. Durch Einsetzen erhält man

$$i_1 = \frac{\pi \cdot \alpha \cdot d_1/360°}{z \cdot p \cdot \alpha/360°} = \frac{\pi \cdot d_1}{z \cdot p}.$$

Soll die Übersetzung i durch die Zähnezahl z des Ritzels und durch den Modul m ausgedrückt werden, so setzt man für $p = \pi \cdot m$.

Beispiel

Um welchen Weg s lenkt die Zahnstange eines Zahnstangenlenkgetriebes aus, wenn das Lenkrad um 90° gedreht wird? Das Ritzel besitzt 9 Zähne bei einer Zahnteilung von 8,9 mm.

Gegeben: d_1 = 90°; z = 9; p = 8,9 mm
Gesucht: s

Lösung

$$s = \frac{z \cdot p \cdot d}{360°} = \frac{9 \cdot 8{,}9\ \text{mm} \cdot 90°}{360°} = \mathbf{20{,}025\ mm}$$

Kugelumlauflenkgetriebe

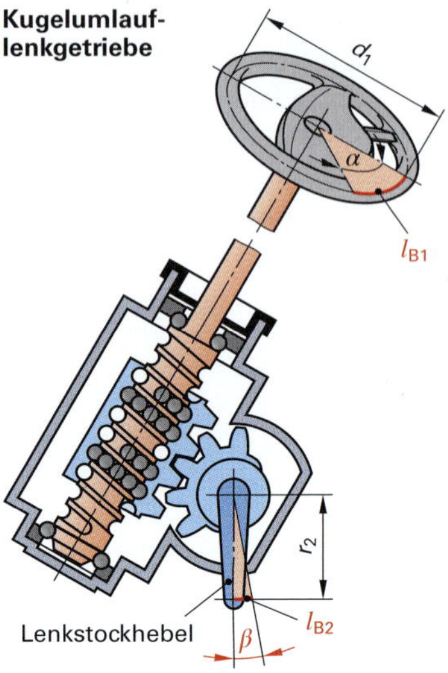

$$i_1 = \frac{\alpha}{\beta}$$

$$\alpha = i_1 \cdot \beta$$

$$\beta = \frac{\alpha}{i_1}$$

$$\alpha = \frac{360° \cdot l_{B1}}{\pi \cdot d_1}$$

- i_1 Übersetzung des Lenkgetriebes
- α Lenkrad-Winkeleinschlag in °
- β Lenkstockhebel-Winkeleinschlag in °

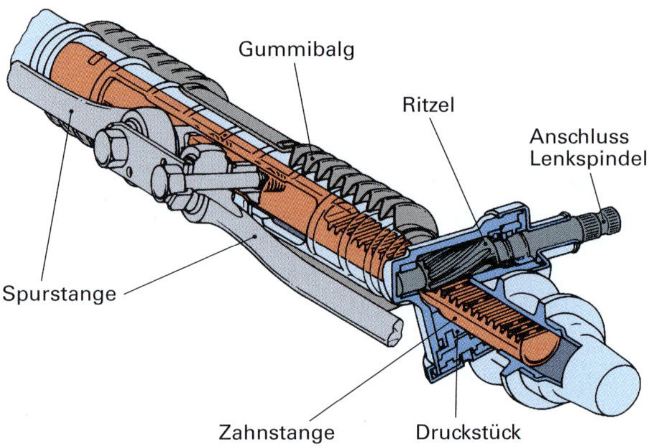

Formeln Kugelumlauflenkung	Formeln Zahnstangenlenkung
$\alpha = 360° \cdot n$	$s = \frac{z \cdot p \cdot d}{360°}$
$\beta = \frac{360° \cdot l_{B2}}{\pi \cdot 2 \cdot r_2}$	$i_1 = \frac{l_{B1}}{s}$
$l_{B1} = \frac{\pi \cdot \alpha \cdot d_1}{360°}$	$i_1 = \frac{\pi \cdot d_1}{z \cdot p}$
	$i_1 = \frac{d_1}{z \cdot m}$

- l_{B1} Lenkradeinschlag in mm
- l_{B2} Lenkstockhebeleinschlag in mm
- r_2 Lenkstockhebellänge in mm
- d_1 Durchmesser des Lenkrades in mm
- n Umdrehungen am Lenkrad
- s Weg der Zahnstange in mm
- z Zähnezahl des Ritzels
- p Zahnteilung in mm
- m Modul in mm

GESAMTÜBERSETZUNG DER LENKUNG

Unter der Gesamtübersetzung i_{ges} einer Lenkung versteht man das Verhältnis von Winkeleinschlag α am Lenkrad zum Schwenkwinkel δ eines Vorderrades.

In der Lenkung sind 2 Einzelübersetzungen wirksam, die Übersetzung i_1 des Lenkgetriebes und i_2 im Lenkgestänge. Das Lenktrapez bewirkt, dass die Schwenkwinkel des rechten und linken Vorderrades umso mehr voneinander abweichen, je stärker die Räder eingeschlagen werden.

Angenähert lässt sich die Gesamtübersetzung einer Lenkung bestimmen, indem man das Lenkrad von Anschlag zu Anschlag dreht und den gesamten Winkeleinschlag α_{ges} am Lenkrad ins Verhältnis zum gemessenen gesamten Schwenkwinkel δ_{ges} des Rades setzt.

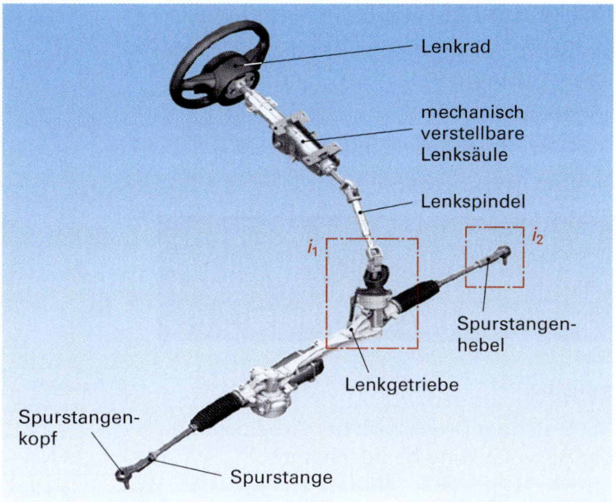

i_{ges} Gesamtübersetzung der Lenkung
α Lenkrad-Winkeleinschlag in °
i_1 Übersetzung des Lenkgetriebes
i_2 Übersetzung im Lenkgestänge
δ_{ges} Schwenkwinkel eines Rades in °
n Umdrehung am Lenkrad

$$i_{ges} = \frac{\alpha}{\delta}$$

$$i_{ges} = i_1 \cdot i_2$$

$$\alpha_{ges} = 360° \cdot n$$

$$i_{ges} = \frac{\alpha_{ges}}{\delta_{ges}}$$

$$i_{ges} = \frac{360 \cdot n}{\delta_{ges}}$$

Beispiel

a) Welche Gesamtübersetzung hat eine Zahnstangenlenkung, wenn bei 2 Lenkradumdrehungen die Räder um 25° schwenken?

b) Wie groß ist die Lenkgetriebeübersetzung, wenn die Übersetzung im Lenkgestänge 1,28 beträgt?

Gegeben: $\alpha_{ges} = 720°$; $\delta_{ges} = 25°$; $i_2 = 1{,}28$
Gesucht: a) i_{ges}; b) i_1

Lösung a) $i_{ges} = \frac{\alpha}{\delta} = \frac{720°}{25°} = \mathbf{28{,}8}$ b) $i_{ges} = i_1 \cdot i_2$ $i_1 = \frac{i_{ges}}{i_2} = \frac{28{,}2}{1{,}28} = \mathbf{22{,}5}$

Aufgaben

1 Bei einer Lenkradumdrehung ergibt sich am Lenkstockhebel eines Kugelumlauf-Lenkgetriebes ein Winkelausschlag von 20°. Wie groß ist die Übersetzung im Lenkgetriebe?

2 Von einem Pkw sind folgende Daten der Lenkung bekannt: Übersetzung des Lenkgetriebes 22,5, Übersetzung im Lenkgestänge 1,19. Berechnen Sie …
a) die Gesamtübersetzung der Lenkung,
b) den Schwenkwinkel eines Rades, wenn das Lenkrad um 90° gedreht wird.

3 Das Lenkrad eines Pkw lässt sich von Anschlag zu Anschlag 4,6mal drehen. Der Schwenkwinkel des linken Rades beträgt bei Linkseinschlag 43°, bei Rechtseinschlag 34°. Berechnen Sie die Gesamtübersetzung der Lenkung.

4 An einem ausgebauten Lenkgetriebe wurde gemessen, dass 3½ Umdrehungen an der Lenkspindel einen Lenkstockhebeleinschlag von 250 mm ergeben. Der Lenkstockhebel hat eine Länge von 175 mm. Wie groß ist die Übersetzung des Lenkgetriebes?

5 Der Lenkstockhebel einer Kugelumlauflenkung hat eine wirksame Hebellänge von 190 mm. Bei einer Viertelumdrehung des Lenkrades erfolgt ein Lenkstockhebeleinschlag von 17 mm. Die Übersetzung im Lenkgestänge beträgt 1,21. Gesucht sind …
a) die Übersetzung im Lenkgetriebe, b) die Gesamtübersetzung der Lenkung,
c) die Zahl der Umdrehungen am Lenkrad von Anschlag zu Anschlag, wenn dabei das linke Vorderrad um 33° nach links und um 31,5° nach rechts schwenkt.

Lösungen

1) 18:1 | **2a)** 26,8; **2b)** 3,36°; 3° 22′ | **3)** 21,5 | **4)** 15,4 | **5a)** 17,5; **5b)** 21,2; **5c)** 3,8

SERVOLENKGETRIEBE

Bei Servolenksystemen kann die Lenkkraftunterstützung

- hydraulisch
- elektro-hydraulisch oder
- elektrisch erfolgen.

Bei den meisten Servolenksystemen erfolgt die Lenkkraftunterstützung ab einem bestimmten Betätigungsmoment geschwindigkeitsabängig **(Bild 2).**

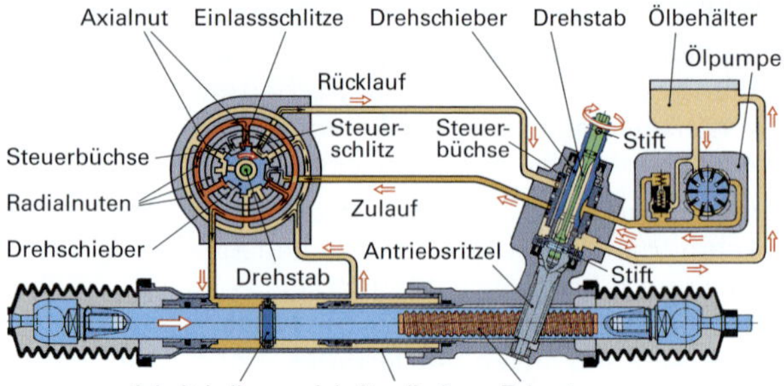

Bild 1

Betätigungsmoment	Servounterstützungsdruck in bar bei			
	0 km/h	20 km/h	80 km/h	120 km/h
1 Nm	5	3	3	3
2 Nm	20	8	6	5
4 Nm	–	50	20	13

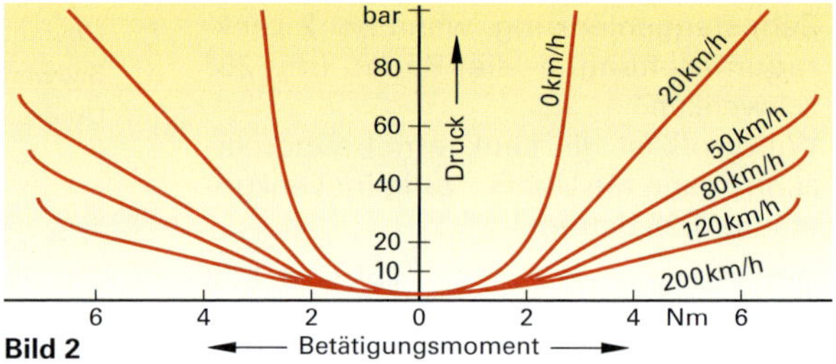

Bild 2

Beispiel

Mit welchem Druck wird der Arbeitskolben der Servolenkung beaufschlagt?

Fall A

Bei langsamer Fahrt mit v = 20 km/h, aufgebrachtes Betätigungsmoment des Fahrers 4 Nm.

Lösung in **Tabelle 1** abgelesen **50 bar**

Fall B

Bei schneller Autobahnfahrt v = 200 km/h, aufgebrachtes Betätigungsmoment des Fahrers 4 Nm.

Lösung in **Bild 2** abgelesen **10 bar**

Aufgaben

1 a) Ermitteln Sie den Servounterstützungsdruck bei einem Betätigungsmoment von 4 Nm des Fahrers und einer Geschwindigkeit von 20 km/h.

b) Mit welcher Kraft wird der Arbeitskolben d = 32 mm in dieser Fahrsituation unterstützt?

2 Ein Keilriemenriss führt bei Kurvenfahrt zum Ausfall der Lenkunterstützung. Vor dem Ausfall hat der Fahrer ein Lenkmoment von 5 Nm aufgewendet. Das Servolenksystem unterstützt die Handkraft in dieser Situation mit 65 %. Wie groß ist das Lenkmoment bei Ausfall der Servopumpe?

3 An den Vorderrädern eines Fahrzeugs wirkt beim Einparken eine Reibkraft von 2700 N. Mit welchem Druck muss der Arbeitskolben (d_1 = 35 mm) des Servolenkgetriebes beaufschlagt werden, um diese Reibkraft zu überwinden (Übersetzung Lenkgestänge i_2 = 1,7)?

4 Bei einem Golf soll ein Sportlenkrad mit 300 mm Ø nachgerüstet werden.

a) Ist die Nachrüstung zulässig, wenn an den Rädern beim Einschlagen ein max. Reibmoment von 370 Nm wirkt (i_G = 25)? Hinweis: Der Gesetzgeber schreibt eine max. Betätigungskraft von 150 N bei Ausfall des Servosystems vor.

b) Welches ist der kleinste erlaubte Durchmesser? Das Sportlenkrad wird in folgenden Größen angeboten 240/280/300/340/360 mm.

Lösungen

1a) 55 bar; **1b)** 4421 N | **2)** 14,28 Nm | **3)** 4,77 bar | **4a)** 98,66 N; **4b)** 123 N

3.3.2 BREMSEN

ERZEUGUNG DER SPANNKRAFT BEI HYDRAULISCHEN BREMSEN

Zur Erzeugung einer ausreichenden Spannkraft, die beim Bremsen auf die Bremsbeläge wirkt, muss die Fußkraft verstärkt werden.

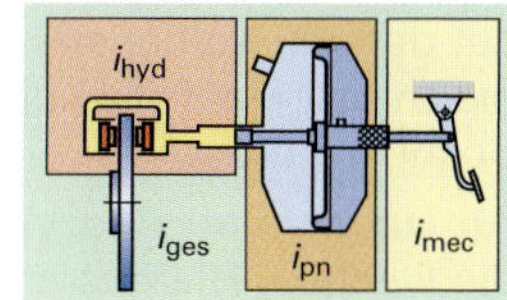

GESAMTÜBERSETZUNG BEI DER HYDRAULISCHEN BREMSE

Bei der hydraulischen Bremse wird die Fußkraft mechanisch (i_{mec}) durch das Bremspedal, pneumatisch (i_{pn}) durch den Bremskraftverstärker und hydraulisch (i_{hyd}) durch Haupt- und Radzylinder verstärkt.

$$i = i_{mec} \cdot i_{pn} \cdot i_{hyd}$$

Die Gesamtübersetzung i ist das Produkt der drei Teilübersetzungen.

$$i = \frac{F_1}{F_S} = \frac{F_1}{F_{RZ} \cdot K}$$

- i Gesamtübersetzung zur Vorderachse (i_V) bzw. Hinterachse (i_H) einer hydraulischen Bremse mit Bremskraftverstärker
- i_{mec} mechanische Übersetzung am Bremspedal
- i_{pn} pneumatische Übersetzung im Bremskraftverstärker
- i_{hyd} hydraulische Übersetzung der Bremse zur Vorderachse VA ($i_{hyd,V}$) bzw. Hinterachse HA ($i_{hyd,H}$)
- F_1 Fußkraft auf das Bremspedal in N
- F_S Summe der Spannkräfte an der VA ($F_{S,V}$) bzw. HA ($F_{S,H}$)
- F_{RZ} Spannkraft an einem Radzylinderkolben der VA ($F_{RZ,V}$) bzw. HA ($F_{RZ,H}$)
- K Anzahl der Spannkräfte an der Vorderachse (K_V) bzw. Hinterachse (K_H)

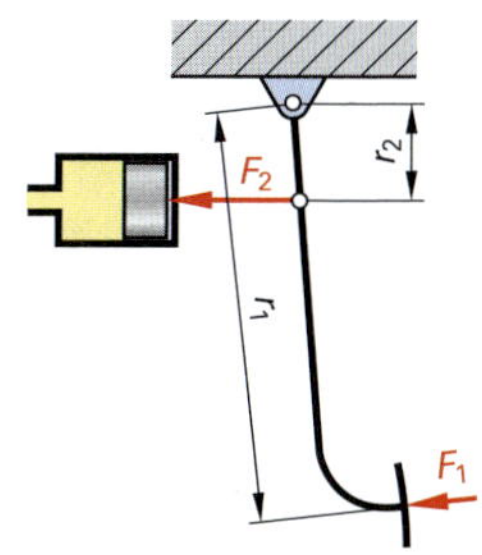

MECHANISCHE ÜBERSETZUNG

Das Bremspedal ist ein einseitiger oder seltener zweiseitiger Hebel, der die Fußkraft F mechanisch meist über den Bremskraftverstärker auf den hydraulischen Hauptzylinder überträgt.

$$F_1 \cdot r_1 = F_2 \cdot r_2$$

$$F_2 = \frac{F_1 \cdot r_1}{r_2}$$

- F_1 Fußkraft in N
- $F_2 = F_{HZ}$ Kolbenstangenkraft (Kraft auf den Kolben im Hauptzylinder) in N
- r_1, r_2 Hebelarme am Bremspedal in mm
- i_{mec} mechanische Übersetzung am Bremspedal

$$i_{mec} = \frac{F_1}{F_2} = \frac{r_2}{r_1}$$

$$F_2 = \frac{F_1}{i_{mec}}$$

$$F_1 = F_2 \cdot i_{mec}$$

Beispiel

Auf ein Bremspedal wirkt eine Fußkraft von 400 N an einem Hebelarm von 240 mm. Der Hebelarm, an dem die Kolbenstange des Hauptzylinders angreift, beträgt 60 mm. Wie groß sind a) die mechanische Übersetzung und b) die Kolbenstangenkraft?

Gegeben: F_1 = 400 N; r_1 = 240 mm; r_2 = 60 mm

Gesucht: a) i_{mec}; b) F_2 in N

Lösung a) $i_{mec} = \frac{r_2}{r_1} = \frac{60 \text{ mm}}{240 \text{ mm}} = \frac{1}{4} = \mathbf{0{,}25}$

b) $F_2 = F_{HZ} = \frac{F_1}{i_{mec}} = \frac{400 \text{ N}}{0{,}25} = \mathbf{1600\ N}$

Aufgaben

1 Die Fußkraft F_1 = 350 N greift an einem Bremspedal **(Bild 1)** am Hebelarm r_1 = 250 mm an. Die Kolbenstange, die auf den Kolben im Hauptzylinder wirkt, liegt am Hebelarm r_2 = 58 mm an. Wie groß sind die mechanische Übersetzung i_{mec} des Bremspedals und die Kolbenstangenkraft F_2 in N?

2 Ein Bremspedal **(Bild 1)** hat eine Übersetzung von 1:4,5. Es ist eine Kolbenstangenkraft von 1800 N erforderlich. Der Hebelarm, an dem die Fußkraft angreift, hat 270 mm. Wie groß sind die erforderliche Fußkraft und der Hebelarm, die auf die Kolbenstange wirken?

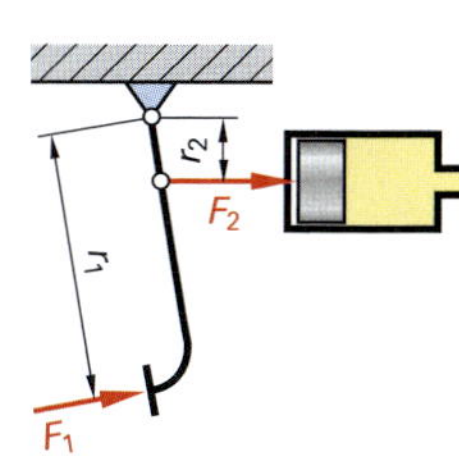

Bild 1

Lösungen

1) 0,232; 1508,6 N | **2)** 400 N; 60 mm

LEITUNGSDRUCK, SPANNKRAFT, HYDRAULISCHE ÜBERSETZUNG

Der Leitungsdruck wird durch den Kolben im Hauptzylinder erzeugt, auf den die Kolbenstangenkraft F_{HZ} wirkt. Der Leitungsdruck wirkt gleichmäßig auf alle Kolben in den Radzylindern und erzeugt dort die Spannkräfte F_{RZ}.

An Haupt- und Radzylinder verhalten sich die Kolbenkräfte wie die Flächen. Hieraus ergibt sich die hydraulische Übersetzung i_{hyd} der Bremse. Da die Kolbenflächen in Vorder- und Hinterachse verschieden sind, ist auch die hydraulische Übersetzung an den Achsen verschieden. Die hydraulischen Übersetzungen der Vorder- und Hinterachsen sind getrennt zu berechnen. Die hydraulische Einzelübersetzung $i_{hyd,E}$ wird durch Hauptzylinder und nur einen Radzylinder bestimmt.

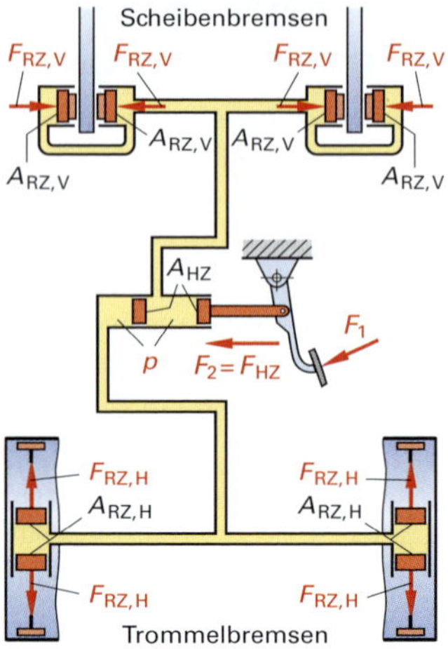

p Leitungsdruck in N/cm²
F_S Summe der Spannkräfte in N
A_{HZ} Kolbenfläche Hauptzylinder in cm²
A_{RZ} Kolbenfläche Radzylinder in cm²
d_{HZ} ⌀ Hauptzylinderkolben in cm
d_{RZ} ⌀ Radzylinderkolben in cm
F_{RZ} Spannkraft eines Radzylinders in N
K Anzahl der Spannkräfte an einer Achse. Z.B. $K = 4$ bei Faustsattelbremse, $K = 8$ bei 4 Zyl.-Festsattelbremse
A_S Summe der Kolbenflächen in cm²

$F_{HZ} = F_2$ Kolbenstangenkraft in N
F_1 Fußkraft in N
i_{hydV} Hydr. Übersetzung Vorderachse
i_{hydH} Hydr. Übersetzung Hinterachse
$i_{hyd\,E}$ Hydr. Einzelübersetzung

$$p = \frac{F_{HZ}}{A_{HZ}}$$

$$F_{RZ} = p \cdot A_{RZ}$$

$$F_S = K \cdot F_{RZ}; \quad A_S = K \cdot A_{RZ}$$

$$\frac{F_{HZ}}{F_{RZ}} = \frac{A_{HZ}}{A_{RZ}} \quad \frac{F_{HZ}}{F_S} = \frac{A_{HZ}}{A_S}$$

$$i_{hyd,E} = \frac{F_{HZ}}{F_{RZ}} \quad i_{hyd} = \frac{F_{HZ}}{F_S}$$

$$i_{hyd/VH} = \frac{A_{HZ}}{A_S} = \frac{d_{HZ}^2}{K \cdot d_{RZ}^2}$$

Beispiel

Auf einen Hauptzylinderkolben mit 25,4 mm Durchmesser wirkt eine Kraft von 1600 N. Die Durchmesser der Zweizylinder-Festsattelbremse der VA haben einen Durchmesser von 40 mm, die Radzylinderkolben der HA haben einen Durchmesser von 29 mm. Berechnen Sie ...

a) den Druck in der Bremsleitung,
b) die Spannkräfte F_{RZ} an VA und HA,
c) die hydraulische Einzelübersetzung eines RZ der VA,
d) die Übersetzung der Bremse zur VA und HA,
e) die Summe der Spannkräfte an der VA und HA.

Gegeben: $d_{HZ} = 25{,}4$ mm, $F_{HZ} = 1600$ N, $K_V = K_H = 4$,
$d_{RZ,V} = 40$ mm, $d_{RZ,H} = 29$ mm

Gesucht: a) p, b) $F_{RZ,V}$, $F_{RZ,H}$, c) $i_{hyd,E,V}$, d) $i_{hyd,V}$, $i_{hyd,H}$, e) $F_{S,V}$, $F_{S,H}$

Lösung

a) $p = \frac{F_{HZ}}{A_{HZ}} = \frac{F_{HZ}}{\frac{\pi \cdot d_{HZ}^2}{4}} = \frac{1600\text{ N}}{\frac{\pi \cdot 2{,}54^2\text{ cm}^2}{4}} = \frac{1600\text{ N}}{5{,}07\text{ cm}^2} = 315{,}6\,\frac{\text{N}}{\text{cm}^2} = \mathbf{31{,}56\ bar}$

b) $F_{RZ,V} = p \cdot A_{RZ,V} = p \cdot \frac{\pi \cdot d_{RZ,V}^2}{4} = 315{,}6\,\frac{\text{N}}{\text{cm}^2} \cdot \frac{\pi \cdot 4^2\text{ cm}^2}{4} = 315{,}6\,\frac{\text{N}}{\text{cm}^2} \cdot 12{,}56\text{ cm}^2 = \mathbf{3964\ N}$

$F_{RZ,H} = p \cdot A_{RZ,H} = p \cdot \frac{\pi \cdot d_{RZ,H}^2}{4} = 315{,}6\,\frac{\text{N}}{\text{cm}^2} \cdot \frac{\pi \cdot 2{,}9^2\text{ cm}^2}{4} = 315{,}6\,\frac{\text{N}}{\text{cm}^2} \cdot 6{,}61\text{ cm}^2 = \mathbf{2086\ N}$

c) $i_{hyd,E,V} = \frac{d_{HZ}^2}{d_{RZ,V}^2} = \frac{2{,}54^2\text{ cm}^2}{4^2\text{ cm}^2} = \frac{6{,}45\text{ cm}^2}{16\text{ cm}^2} = \mathbf{0{,}403}$

d) $i_{hyd,V} = \frac{d_{HZ}^2}{K \cdot d_{RZ,V}^2} = \frac{2{,}54^2\text{ cm}^2}{4 \cdot 4^2\text{ cm}^2} = \frac{6{,}45\text{ cm}^2}{4 \cdot 16\text{ cm}^2} = \frac{6{,}45\text{ cm}^2}{64\text{ cm}^2} \approx \mathbf{0{,}101}$

$i_{hyd,H} = \frac{d_{HZ}^2}{K \cdot d_{RZ,H}^2} = \frac{2{,}54^2\text{ cm}^2}{4 \cdot 2{,}9^2\text{ cm}^2} = \frac{6{,}45\text{ cm}^2}{4 \cdot 8{,}4\text{ cm}^2} = \frac{6{,}45\text{ cm}^2}{33{,}6\text{ cm}^2} \approx \mathbf{0{,}192}$

e) $F_{S,V} = K \cdot F_{RZ,V} = 4 \cdot 3964\text{ N} = \mathbf{15\,856\ N;}$ $\quad F_{S,H} = K \cdot F_{RZ,H} = 4 \cdot 2086\text{ N} = \mathbf{8344\ N}$

Aufgaben

1 Der Hauptzylinderkolben einer hydraulischen Bremse hat einen Durchmesser d_{HZ} = 22,2 mm. Die Kolbenstangenkraft beträgt F_{HZ} = 2400 N. Wie groß ist der Leitungsdruck p in N/cm² und bar?

2 In einer hydraulischen Bremse herrscht ein Leitungsdruck von 29 bar. Wie groß ist die Summe der Spannkräfte an einer 4-Zylinder-Festsattelscheibenbremse mit einem Bremszylinder-ø von 36 mm?

PNEUMATISCHE ÜBERSETZUNG (VERSTÄRKUNG)

Da mechanische und hydraulische Übersetzung zur Erzeugung hoher Bremskräfte nicht ausreichen, wird die Kolbenstangenkraft durch eine pneumatische Übersetzung i_{pn} verstärkt.

Der Unterdruckbremskraftverstärker erzeugt eine Verstärkerkraft F_V aus der Druckdifferenz Δp zwischen Unterdruck- und Außenluftkammer. Die auf den Hauptzylinder wirkende verstärkte Kolbenstangenkraft F_{HZV} ergibt sich aus Verstärkerkraft F_V des BKV und Kolbenstangenkraft F_{HZ} des Bremspedals.

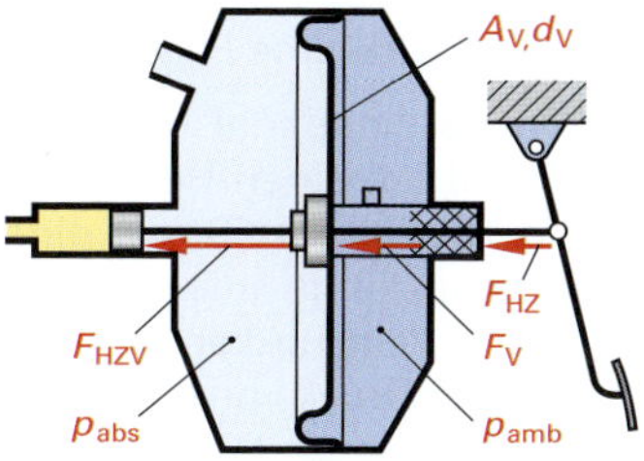

F_V Verstärkerkraft in N
A_V Verstärkerkolbenfläche in cm²
d_V Verstärkerkolbendurchmesser in cm
F_{HZ} Kolbenstangenkraft in N
F_{HZV} verstärkte Kolbenstangenkraft in N
i_{pn} Pneumatische Übersetzung
p_{abs} Absoluter Druck in N/cm²
p_{amb} atmosphärischer Druck in N/cm²
Δp Druckdifferenz in N/cm²
ν Verstärkungsfaktor

$$F_V = \Delta p \cdot A_V$$

$$F_{HZV} = F_{HZ} + F_V$$

$$F_{HZV} = F_{HZ} + \Delta p \cdot A_V$$

$$F_{HZV} = F_{HZ} + \Delta p \cdot \frac{\pi \cdot d^2}{4}$$

$$i_{pn} = \frac{F_{HZ}}{F_{HZV}}$$

$$\Delta p = p_{amb} - p_{abs}$$

$$\nu = \frac{1}{i_{pn}}$$

100 hPa = 1 N/cm²

1 bar = 10 N/cm²

Beispiel

Bei einem Bremskraftverstärker wirkt eine Kolbenstangenkraft von 1500 N. In der Außenluftkammer herrscht ein Druck von 1030 hPa, in der Unterdruckkammer ein Druck von 0,8 bar. Der Verstärkerkolben hat einen Durchmesser von 280 mm. Wie groß sind ...
a) die Druckdifferenz der beiden Kammern,
b) die verstärkte Kolbenstangenkraft und
c) die pneumatische Übersetzung des Bremskraftverstärkers?

Gegeben: F_{HZ} = 1500 N; p_{amb} = 1030 hPa = 10,3 N/cm²;
p_{abs} = 0,8 bar = 8 N/cm²; d_V = 280 mm
Gesucht: a) Δp in N/cm²; b) F_{HZ} in N; c) i_{pn}

Lösung

a) $\Delta p = p_{amb} - p_{abs} = 10{,}3\,\frac{\text{N}}{\text{cm}^2} - 8\,\frac{\text{N}}{\text{cm}^2} = \mathbf{2{,}3\,\frac{N}{cm^2}}$

b) $F_{HZV} = F_{HZ} + \Delta p \cdot \frac{\pi \cdot d_V^2}{4} = 1500\text{ N} + 2{,}3\,\frac{\text{N}}{\text{cm}^2} \cdot \frac{\pi \cdot 28^2\text{ cm}^2}{4}$
$= 1500\text{ N} + 1416{,}2\text{ N} = \mathbf{2916{,}2\ N}$

c) $i_{pn} = \frac{F_{HZ}}{F_{HZV}} = \frac{1500\text{ N}}{2916{,}2\text{ N}} = \mathbf{0{,}51}$

Aufgaben

1 In einem Unterdruckbremskraftverstärker herrscht bei p_{amb} = 1035 hPa Luftdruck in der Unterdruckkammer ein absoluter Druck von p_{abs} = 0,75 bar. Der Durchmesser des Verstärkerkolbens beträgt d_V = 285 mm; die Kolbenstangenkraft wirkt mit 827 N. Wie groß sind ...
a) die auf den Verstärkerkolben wirkende Druckdifferenz Δp in N/cm²,
b) die Verstärkerkraft F_V in N,
c) die verstärkte Kolbenstangenkraft F_{HZV} in N,
d) die pneumatische Verstärkung i_{pn},
e) der Verstärkungsfaktor ν?

2 Ein Bremskraftverstärker hat einen Verstärkerkolben mit 280 mm Durchmesser; der Luftdruck beträgt 1015 hPa. Die Kolbenstangenkraft soll um eine Kraft von 1100 N verstärkt werden. Welche wirksame Druckdifferenz ist erforderlich und welcher absolute Druck muss in der Unterdruckkammer herrschen?

Lösungen

1a) 2,85 N/cm²; **1b)** 1818 N; **1c)** 2645 N; **1d)** 0,31; **1e)** 3,23 | **2)** 1,79 N/cm²; 0,836 bar

Aufgaben

3 Die Gesamtübersetzung einer Bremse zu den Hinterrädern beträgt 0,004. Die Spannkraft an einem der vier Radzylinderkolben ist 1570 N; es herrscht ein Leitungsdruck von 80 bar. Wie groß sind

a) der Durchmesser eines Radzylinders der Hinterradbremsen,
b) die Summe der Spannkräfte an den Radzylinderkolben der Hinterradbremsen,
c) die wirksame Fußkraft am Bremspedal?

4 Das Bremspedal einer Bremsanlage **(Bild 1)** mit einarmigem Hebel hat einen Hebelarm von 350 mm, an dem eine Fußkraft von 90 N angreift und einen Hebelarm von 70 mm, an dem die Kolbenstange anliegt. Der atmosphärische Druck ist 1040 hPa; in der Unterdruckkammer des Bremskraftverstärkers wirkt ein absoluter Druck von 0,85 bar auf den Verstärkerkolben von 290 mm Durchmesser. Der Durchmesser des Hauptzylinders ist 19 mm; der Durchmesser der Radzylinder der Zweizylinder-Festsattelscheibenbremsen an der Vorderachse beträgt 40 mm; die Simplexbremsen an der Hinterachse haben Radzylinder mit 25,4 mm Durchmesser. Wie groß sind ...

a) die Übersetzung am Bremspedal,
b) die in den Bremskraftverstärker eingesteuerte Kolbenstangenkraft,
c) die verstärkte Kolbenstangenkraft, die auf den Kolben im Hauptzylinder wirkt,
d) die pneumatische Übersetzung des Bremskraftverstärkers,
e) der Leitungsdruck in der Bremsanlage,
f) die hydraulische Übersetzung zur Vorderachse und die zur Hinterachse,
g) die Gesamtübersetzung zur Vorderachse und die zur Hinterachse,
h) die Summe der Spannkräfte an der Vorderachse und die an der Hinterachse,
i) die Spannkraft an einem Radzylinder der Vorderachse bzw. Hinterachse?

5 Hydraulische Bremsanlage mit gestuftem Tandem-Hauptzylinder nach **Bild 2**. Berechnen Sie ...

a) die mechanische Übersetzung am Bremspedal,
b) die Kolbenstangenkraft am Bremskraftverstärker,
c) die verstärkte Kolbenstangenkraft am Hauptzylinder,
d) den Leitungsdruck im Kolbenstangenkreis (Bremskreis 1) und im Zwischenkolbenkreis (Bremskreis 2),
e) die Spannkraft an einem Radzylinder der Vorderachse und die an einem Radzylinder der Hinterachse,
f) die Summe der Spannkräfte an der Vorderachse und die an der Hinterachse,
g) die Gesamtübersetzung zu jeder Achse,
h) den Leitungsdruck in Bremskreis 2 bei Ausfall von Bremskreis 1.

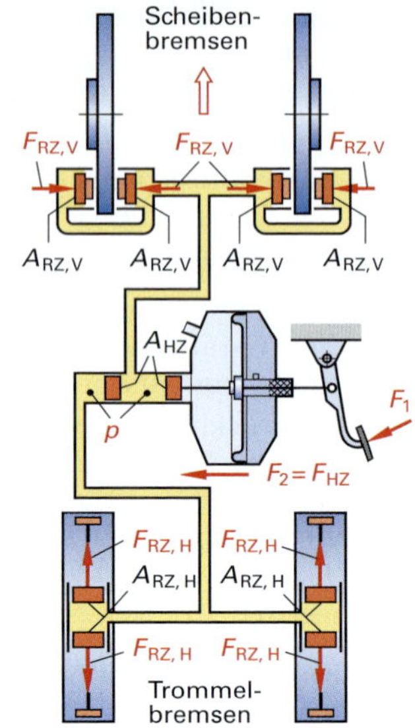

Bild 1

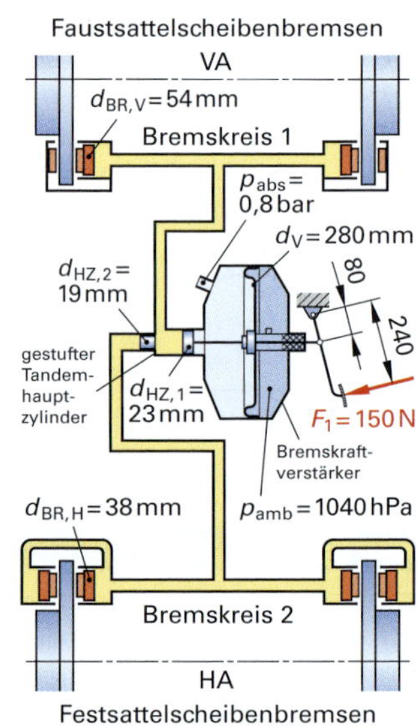

Bild 2

Lösungen

3a) 15,8 mm; **3b)** 6280 N; **3c)** 25,12 N | **4a)** 0,2; **4b)** 450 N; **4c)** 1705 N; **4d)** 0,264; **4e)** 60 bar; **4f)** 0,0565; 0,14; **4g)** 0,003; 0,0074; **4h)** 30000 N; 12162 N; **4i)** 7500 N; 3040,5 N | **5a)** 0,333; **5b)** 450 N; **5c)** 1928 N; **5d)** 46,46 bar; **5e)** 10639 N; 5269 N; **5f)** 42556 N; 21076 N; **5g)** 0,0035; 0,007; **5h)** 67,9 bar

UMFANGSKRAFT

Scheibenbremse

Bei einer Scheibenbremse drücken die Spannkräfte F_{RZ} beim Bremsen die Bremsbeläge gegen die Bremsscheibe. Die Anzahl der Spannkräfte K_R ist – je nach der Bauart der Scheibenbremse – zwei oder vier.

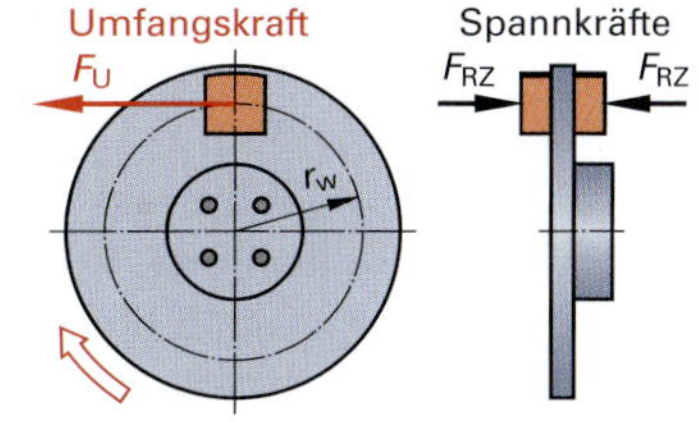

K_R	Bauart der Scheibenbremse
2	2-Zylinder Festsattel, 1-Zylinder Faustsattel
4	4-Zylinder Festsattel, 2-Zylinder Faustsattel

$$F_U = K_R \cdot \mu_G \cdot F_{RZ}$$

An der Bremsscheibe entsteht dabei durch die Gleitreibung μ_G die Umfangskraft F_U.

Beispiel

Welche Umfangskraft erzeugen die von zwei Bremszylinderkolben auf die Bremsbeläge einer Scheibenbremse wirkenden Spannkräfte von je 3500 N, bei einer Gleitreibungszahl zwischen Scheibe und Bremsbelag von 0,4?

Gegeben: $F_{RZ} = 3500$ N; $K_R = 2$; $\mu_G = 0{,}4$
Gesucht: F_U in N

Lösung $F_U = K_R \cdot \mu_G \cdot F_{RZ} = 2 \cdot 0{,}4 \cdot 3500\ \text{N} = \mathbf{2800\ N}$

TROMMELBREMSE

Bei einer Trommelbremse wird beim Andrücken der Bremsbeläge durch die Selbstverstärkung die Spannkraft F_{RZ} verstärkt. Die Selbstverstärkung, auch als innere Übersetzung bezeichnet, hängt bei Trommelbremsen von der Bremsenbauart und der Gleitreibungszahl μ_G zwischen Trommel und Belag ab. Bei der Berechnung wird die Selbstverstärkung durch den in Diagrammen vorgegebenen Bremsenkennwert C berücksichtigt.

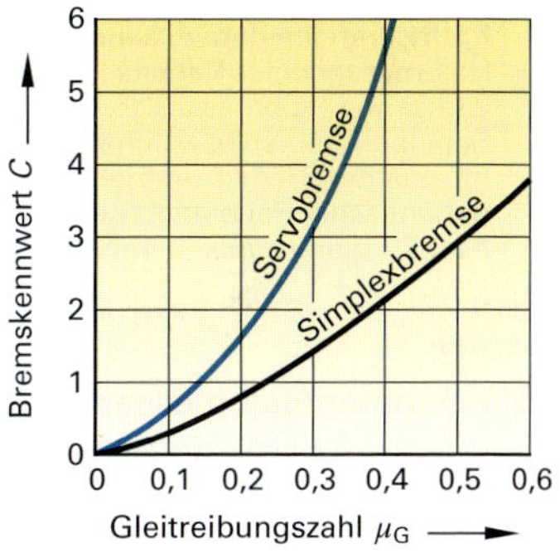

$$\text{Bremsenkennwert } C = \frac{\text{Umfangskraft an der Trommel}}{\text{Spannkraft eines Radzylinderkolbens}} = \frac{F_U}{F_{RZ}}$$

$$F_U = C \cdot F_{RZ}$$

F_U Umfangskraft am wirksamen Radius einer Bremsscheibe in N
F_{RZ} Spannkraft eines Bremszylinderkolbens in N
K_R Anzahl der Spannkräfte einer Radbremse
μ_G Gleitreibungszahl (Bremse)
C Bremsenkennwert nach Bauart der Bremse und Gleitreibungszahl aus Diagramm bestimmt

Beispiel

Welche Umfangskraft wirkt an der Bremstrommel einer Simplexbremse, deren Bremsbacken mit einer Kraft von 900 N gegen die Trommel gepresst werden? Die Gleitreibungszahl zwischen Belag und Trommel ist 0,3.

Gegeben: $F_{RZ} = 900$ N; $\mu_G = 0{,}3$; $C = 1{,}3$ (nach Diagramm)
Gesucht: F_U in N

Lösung $F_U = C \cdot F_{RZ} = 1{,}3 \cdot 900\ \text{N} = \mathbf{1170\ N}$

Aufgaben

1 Bei einer 2-Zylinder-Festsattelscheibenbremse wird jeder Bremsbelag mit einer Spannkraft $F_{RZ} = 4600$ N gegen die Bremsscheibe gedrückt. Die Gleitreibungszahl zwischen Scheibe und Bremsbelag ist $\mu_G = 0{,}4$. Wie groß ist die Umfangskraft an der Bremsscheibe?

2 Ein Kleinbus hat an seinen Vorderrädern 2-Zylinder-Faustsattelbremsen und an den Hinterrädern eine Servo-Bremse. Die Gleitreibungszahl zwischen Belag und Bremsscheibe bzw. -trommel beträgt jeweils 0,35. An den Vorderrädern wird in jedem Zylinder eine Spannkraft von 2800 N erzeugt. Die Bremsbacken der Hinterräder werden mit einer Spannkraft von 1840 N gegen die Bremstrommel gedrückt. Berechnen Sie die Umfangskraft an Vorder- und Hinterradbremse.

Lösungen

1) 3680 N | **2)** 3920 N; 7360 N

BREMSMOMENT, BREMSKRAFT

Das Bremsmoment M_{BR} wird durch den wirksamen Halbmesser r_w und die Umfangskraft F_U bestimmt.

Die am Rad wirkende Bremskraft F_{BR} wird durch das Bremsmoment M_{BR} und den dynamischen Reifenhalbmesser r_{dyn} bestimmt.

Die Bremskraft F_{BR} eines nicht blockierten Rades ist durch die Haftreibungskraft und die Radlast F_{GR} begrenzt.

$$F_{HR} = m \cdot g \cdot \mu_H$$

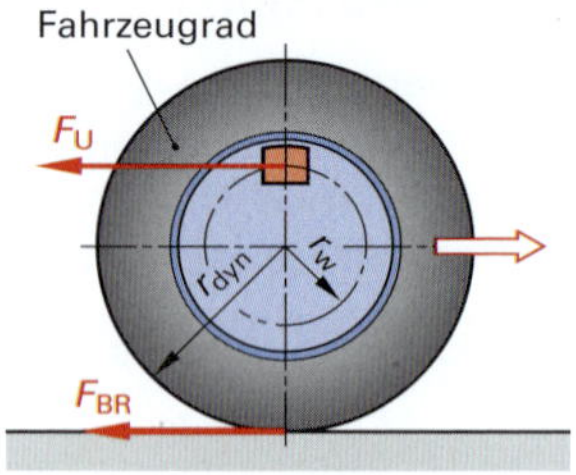

$$M_{BR} = F_U \cdot r_w = F_{BR} \cdot r_{dyn}$$

$$F_U \cdot r_w = F_{BR} \cdot r_{dyn}$$

$$F_{BR} = \frac{F_U \cdot r_w}{r_{dyn}}; \quad r_{dyn} = \frac{U_{dyn}}{2 \cdot \pi}$$

$$F_U = \frac{F_{BR} \cdot r_{dyn}}{r_w}; \quad F_U = \frac{M_{BR}}{r_w}$$

$$F_{HR} = \mu_H \cdot F_{GR} = F_{BR,max}$$

M_{BR}	Bremsmoment am Rad in Nm
F_U	Umfangskraft am wirksamen Halbmesser der Scheibenbremse bzw. Innenhalbmesser der Bremstrommel in N
F_{BR}	Bremskraft am dynamischen Halbmesser eines Reifens in N
r_w	wirksamer Halbmesser der Scheibenbremse bzw. Innenhalbmesser der Bremstrommel in m
r_{dyn}	dynamischer Reifenhalbmesser in m
U_{dyn}	Abrollumfang eines Reifens in m
μ_H	Haftreibungszahl zwischen Reifen und Fahrbahn
$F_{BR,max}$	größtmögliche Bremskraft eines Rades in N kurz vor der Blockiergrenze
F_{GR}	Gewichtskraft, Rad in N
F_{HR}	Haftreibungskraft eines Rades am dynamischen Reifenhalbmesser in N
m	Radlast in kg
g	Fallbeschleunigung in m/s²

Beispiel

Am wirksamen Halbmesser von 90 mm einer Bremsscheibe greift eine Umfangskraft von 2800 N an. Der dynamische Reifenhalbmesser ist 320 mm.

a) Welche Bremskraft wirkt am Reifenumfang?

b) Welche größtmögliche Bremskraft ist ohne Blockieren des Rades bei einer Haftreibungszahl 0,8 und einer Radlast von 612 kg erreichbar?

c) Welche Umfangskraft ist für die größtmögliche Bremskraft am Rad erforderlich?

Gegeben: r = 90 mm; F_U = 2800 N; r_{dyn} = 320 mm; μ_H = 0,8; m = 612 kg
Gesucht: a) F_{BR} in N; b) $F_{BR,max}$ in N; c) $F_{U,max}$ für $F_{BR,max}$ in N

Lösung

a) $F_{BR} = \frac{F_U \cdot r_w}{r_{dyn}} = \frac{2800\ \text{N} \cdot 0{,}09\ \text{m}}{0{,}32\ \text{m}} = \mathbf{787{,}5\ N}$

b) $F_{BR,max} = \mu_H \cdot m \cdot g = 0{,}8 \cdot 612\ \text{kg} \cdot 9{,}81\ \text{m/s}^2 = \mathbf{4800\ N}$

c) $F_{U,max} = \frac{F_{BR,max} \cdot r_{dyn}}{r_w} = \frac{4800\ \text{N} \cdot 0{,}32\ \text{m}}{0{,}09\ \text{m}} = \mathbf{17\,066{,}7\ N}$

Aufgaben

1 An einer Scheibenbremse wirkt eine Umfangskraft von 4680 N. Die Gleitreibungszahl zwischen Bremsscheibe und Belag beträgt 0,4. Die Kolben der Bremszylinder haben 36 mm Durchmesser. Der wirksame Halbmesser der Bremsscheibe ist 105 mm. Der Reifen hat einen dynamischen Reifenumfang von 1935 mm. Wie groß sind
a) die Spannkraft eines Bremszylinderkolbens,
b) die Bremskraft am Fahrzeugrad?

2 Bei einer 1-Zylinder-Faustsattelscheibenbremse wirkt auf die Bremsbeläge jeweils eine Spannkraft von 1400 N; die Gleitreibungszahl zwischen Scheibe und Bremsbelag ist 0,4; der wirksame Halbmesser an der Bremsscheibe beträgt 93 mm; der dynamische Reifenhalbmesser 304 mm. Berechnen Sie
a) die Umfangskraft an der Bremsscheibe,
b) das Bremsmoment am Fahrzeugrad,
c) die wirksame Bremskraft am Rad,
d) die größtmögliche Bremskraft am Rad, ohne dass ein Blockieren auftritt (Radlast 370 kg, Haftreibungszahl Reifen – Fahrbahn 0,8).

Lösungen

1a) 2925 N; **1b)** 1596 N | **2a)** ; 1120 N **2b)** 104,16 Nm; **2c)** 342,6 N; **2d)** 2904 N

TRÄGHEITSKRAFT, BREMSKRAFT

Zum Abbremsen eines Fahrzeugs wird die Haftreibung zwischen Reifen und Fahrbahn ausgenutzt. Die Bremskräfte an den Rädern $F_{BR,V}$ und $F_{BR,H}$ ergeben die Gesamtbremskraft F_B des Fahrzeugs, die man sich im Schwerpunkt des Fahrzeugs angreifend denkt.

Der Gesamtbremskraft des Fahrzeugs wirkt die durch die Fahrzeugmasse m beim Bremsen auftretende Trägheitskraft F entgegen. Sie ist das Produkt aus Fahrzeugmasse und Bremsverzögerung a.

Die größtmögliche Gesamtbremskraft $F_{B,max}$ wird beim Abbremsen bis kurz vor der Blockiergrenze erreicht. $F_{B,max}$ ist durch die Haftreibungszahl μ_H und die Fahrzeugmasse m bzw. Gewichtskraft des Fahrzeugs F_G begrenzt.

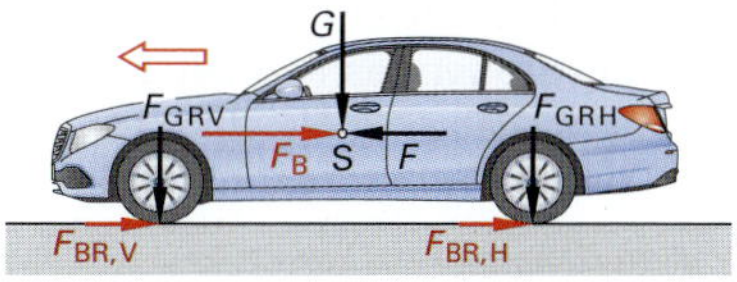

$$F_B = 2\,F_{BR,V} + 2\,F_{BR,H}$$

$$F = m \cdot a = F_B$$

$$a = \frac{F_B}{m}; \qquad a_{max} = \frac{F_{B,max}}{m}$$

$$F_{B,max} = \mu_H \cdot F_G$$

$$\mu_H = \frac{F_{B,max}}{F_G}, \qquad F_G = m \cdot g$$

$$a_{max} = \mu_H \cdot g$$

F_B	Gesamtbremskraft in N = Summe der an den Radumfängen wirkenden Bremskräfte
$F_{B,max}$	größtmögliche erreichbare Bremskraft in N (Abbremsung bis kurz vor der Blockiergrenze)
F	Trägheitskraft des Fahrzeugs in N
m	Fahrzeugmasse in kg
a	Verzögerung in m/s²
a_{max}	größtmögliche Verzögerung in m/s²
F_G	Gewichtskraft des Fahrzeugs in N
μ_H	Haftreibungszahl

Beispiel 1

Ein Kfz mit einem Gewicht (Masse) von 1500 kg wird mit 6 m/s² abgebremst. Wie groß ist die Bremskraft?

Gegeben: $m = 1500$ kg; $a = 6$ m/s²
Gesucht: F in N

Lösung $F = m \cdot a = 1500\text{ kg} \cdot 6\text{ m/s}^2 = \mathbf{9000\ N}$

Beispiel 2

Ein Kfz mit einem Gewicht (Masse) von 1200 kg wird abgebremst. An jedem Vorderrad wirkt eine Bremskraft von 2060 N und an jedem Hinterrad eine Bremskraft von 1240 N. Welche Bremsverzögerung tritt auf?

Gegeben: $m = 1200$ kg; $F_{BR,V} = 2060$ N; $F_{BR,H} = 1240$ N
Gesucht: a in m/s²

Lösung $F_B = 2 \cdot F_{BR,V} + 2 \cdot F_{BR,H} = 2 \cdot 2060\text{ N} + 2 \cdot 1240\text{ N}$
$= 4120\text{ N} + 2480\text{ N} = \mathbf{6600\ N}$

$$a = \frac{F_B}{m} = \frac{6600\text{ N}}{1200\text{ kg}} = \mathbf{5{,}5\ m/s^2}$$

Aufgaben

1 Das Gewicht (Masse) eines Pkw beträgt 1420 kg, die Verzögerung 5 m/s². Wie groß ist die Trägheitskraft?

2 Ein Pkw hat ein Gewicht von 970 kg; an jedem Vorderrad wirkt eine Bremskraft von 1020 N und an jedem Hinterrad eine Bremskraft von 680 N. Wie groß sind …
a) die Gesamtbremskraft,
b) die Bremsverzögerung,
c) die größtmögliche Gesamtbremskraft, wenn die Haftreibungszahl 0,6 beträgt?

3 Ein Kfz hat ein Gewicht von 1180 kg. Die Haftreibungszahl zwischen Reifen und Fahrbahn ist 0,4. Beim Bremsen verteilt sich das Fahrzeuggewicht auf die Vorder- und Hinterräder im Verhältnis 5:3.
Wie groß sind …
a) die größtmögliche Gesamtbremskraft,
b) die größtmögliche Radbremskraft an einem Vorderrad und die an einem Hinterrad,
c) die Bremsverzögerung?

4 Ein Lkw mit einem fahrfertigen Gewicht von 4800 kg wird mit einer Verzögerung von 5,4 m/s² auf einer trockenen Asphaltstraße ($\mu_H = 0{,}55$) abgebremst. Wie groß sind …
a) die Gesamtbremskraft,
b) die größtmögliche Bremskraft,
c) die größtmögliche Bremsverzögerung,
d) die größtmögliche Gesamtbremskraft bei nasser Asphaltstraße ($\mu_H = 0{,}4$),
e) die größtmögliche Bremsverzögerung bei nasser Asphaltstraße?

Lösungen

1) 7100 N | **2a)** 3400 N; **2b)** 3,5 m/s²; **2c)** 5709 N | **3a)** 4630 N; 368,75 kg; **3b)** 221,25 kg; 1447 N; **3c)** 868 N; 6,5 m/s² | **4a)** 25920 N; **4b)** 25898 N; **4c)** 5,4 m/s²; **4d)** 18835 N; **4e)** 3,9 m/s²

Bremsarbeit, Bremsleistung

Um ein stehendes Fahrzeug in Bewegung zu setzen, muss Arbeit aufgewendet werden. Diese Arbeit ist im rollenden Fahrzeug gespeichert (kinetische Energie) und wird beim Bremsen in Wärme umgewandelt.

$$W_B = F_B \cdot s$$

$$F_B = m \cdot a$$

$$s = \frac{v^2}{2a}$$

$$W_B = \frac{m \cdot v^2}{2}$$

$$P_B = \frac{m \cdot v^2}{2 \cdot t}$$

$$t = \frac{v}{a}$$

$$P_B = \frac{W_B}{t}$$

W_B	Bremsarbeit in J oder Nm	v	Geschwindigkeit in m/s
m	Fahrzeugmasse in kg	F_B	Gesamtbremskraft in N
a	Verzögerung in m/s²	P_B	Bremsleistung in W
s	Bremsweg in m	t	Bremszeit in s

Beispiel

Ein Pkw mit einem Gewicht von 1500 kg wird aus einer Geschwindigkeit von 80 km/h auf Stillstand abgebremst. Die Bremsverzögerung beträgt 6 m/s². Wie groß sind a) die Bremsarbeit, b) die Bremsleistung?

Gegeben: m = 1500 kg; v = 80 km/h; a = 6 m/s²
Gesucht: a) W_B in Nm; b) P_B in kW

Lösung

a) $v = 80 \text{ km/h} = \frac{80}{3{,}6} = 22{,}2 \text{ m/s}$

$$W_B = \frac{m \cdot v^2}{2} = \frac{1500 \text{ kg} \cdot (22{,}2 \text{ m/s})^2}{2} = \frac{1500 \text{ kg} \cdot 492{,}84 \text{ m}^2/\text{s}^2}{2} = \mathbf{369\,630 \text{ Nm}}$$

b) $t = \frac{v}{a} = \frac{22{,}2 \text{ m/s}}{6 \text{ m/s}^2} = 3{,}7 \text{ s}$

$$P_B = \frac{W_B}{t} = \frac{369\,630 \text{ Nm}}{3{,}7 \text{ s}} = 99\,900 \text{ Nm/s} = 99\,900 \text{ W} \approx \mathbf{100 \text{ kW}}$$

Aufgaben

1 Ein Pkw mit einem Gewicht von 1580 kg wird von 100 km/h auf 60 km/h abgebremst; die Verzögerung beträgt dabei 6,2 m/s². Wie groß sind
a) die Gesamtbremskraft,
b) die Bremszeit,
c) der Bremsweg,
d) die Bremsarbeit?

2 Die Bremskraft eines Pkw beträgt 5820 N; sein Fahrzeuggewicht ist 970 kg. Er wird aus einer Fahrgeschwindigkeit von 65 km/h bis zum Stillstand abgebremst. Wie groß sind ...
a) die Bremsverzögerung,
b) der Bremsweg,
c) die Bremszeit,
d) die Bremsarbeit,
e) die Bremsleistung?

3 Ein Pkw wird mit 7000 N abgebremst. Das Fahrzeuggewicht beträgt 1190 kg. Wie groß sind ...
a) die Verzögerung, mit der gebremst wurde,
b) die Bewegungsenergie, die umgesetzt werden muss, wenn das Fahrzeug eine Geschwindigkeit von 72 km/h hatte,
c) die Bremszeit,
d) die Bremsleistung.

4 Ein Pkw hat eine mittlere Bremsverzögerung von 6,8 m/s² bei einer Bremszeit von 3 s. Sein Fahrzeuggewicht mit Fahrer beträgt 1530 kg. Wie groß sind ...
a) die Geschwindigkeit des Fahrzeugs vor dem Bremsen,
b) die Bremsenergie, die das Fahrzeug beim Bremsen abgibt,
c) die Bremskraft?

5 Ein 38-t-Lastzug wird mit einer mittleren Verzögerung von 5 m/s² aus einer Geschwindigkeit von 80 km/h auf Stillstand abgebremst. Berechnen Sie ...
a) die Gesamtbremskraft in N,
b) die Bremsarbeit in Nm,
c) die Bremszeit in s,
d) die Bremsleistung in kW,
e) die Wassermenge in l, die von der als Wärme frei werdenden Bremsarbeit um 50 °C erwärmt werden könnte.

Lösungen

1a) 9800 N; **1b)** 1,79 s; **1c)** 39,82 m; **1d)** 390 260 J | **2a)** 6 m/s²; **2b)** 27 m; **2c)** 3 s; **2d)** 157 140 J; **2e)** 54 kW | **3a)** 5,88 m/s²; **3b)** 238 000 J; **3c)** 3,4 s; **3d)** 70 kW | **4a)** 73,44 km/h; **4b)** 318 362 J; **4c)** 10 404 N | **5a)** 190 000 N; **5b)** 9364 kJ; **5c)** 4,4 s; **5d)** 2109 kW; **5e)** 45 l

BREMSENPRÜFUNG, ABBREMSUNG

Auf dem Rollenprüfstand werden die Bremskräfte für jedes Rad einzeln gemessen. Die Gesamtbremskraft F_B ist die Summe der einzelnen Bremskräfte. Aus der Fahrzeuggewichtskraft F_G und der Gesamtbremskraft F_B wird die Abbremsung z bestimmt. Aus der Abbremsung lässt sich die Bremsverzögerung a errechnen.

$$\text{Abbremsung} = \frac{\text{Gesamtbremskraft}}{\text{Fahrzeuggewichtskraft}} \cdot 100\,\% \qquad z = \frac{F_B}{F_G} \cdot 100\,\%$$

z	Abbremsung in %	F_G	Fahrzeuggewichtskraft in N
F_B	Gesamtbremskraft in N (Summe der Radbremskräfte)	g	Fallbeschleunigung in m/s²
		a	Bremsverzögerung in m/s²
F_{BRvl}	Radbremskraft vorn links in N	p_1	Berechnungsdruck in bar
F_{BRvr}	Radbremskraft vorn rechts in N	p_2	eingesteuerter Druck in bar (Blockiergrenze)
F_{BRhl}	Radbremskraft hinten links in N		
F_{BRhr}	Radbremskraft hinten rechts in N	m	zul. Gesamtgewicht in kg

$$F_B = F_{BRvl} + F_{BRvr} + F_{BRhl} + F_{BRhr}$$

$$z = \frac{F_B}{F_G} \cdot 100\,\%$$

$$F_B = m \cdot a; \qquad F_G = m \cdot g$$

$$\frac{F_B}{F_G} \cdot 100\,\% = \frac{m \cdot a}{m \cdot g} \cdot 100\,\%$$

$$z = \frac{a}{g} \cdot 100\,\%$$

$$g \approx 9{,}81\ \text{m/s}^2$$

$$a = \frac{z \cdot g}{100\,\%}$$

Mindestabbremsungen *z* in %

Fahrzeugklassen	BBA	FBA
M 1/2/3	25	50

Zulässige Abweichung der Bremskräfte an einer Achse in %

Fahrzeugklassen	BBA	FBA
M	50	25

Beispiel

Auf dem Rollenprüfstand werden an einem Pkw folgende Bremskräfte gemessen: Rad vorn links 2100 N, Rad vorn rechts 1940 N, Rad hinten links 1700 N, Rad hinten rechts 1860 N. Das zulässige Fahrzeuggewicht beträgt 1170 kg. Wie groß sind

a) die Abbremsung in % und die ungefähre Verzögerung in m/s²,

b) der Unterschied der Bremskräfte der Vorderräder in Prozent bezogen auf das stärker bremsende Rad?

Gegeben: $F_{BRvl} = 2100$ N, $F_{BRvr} = 1940$ N, $F_{BRhl} = 1700$ N, $F_{BRhr} = 1860$ N, $F_G = 1170$ kg

Gesucht: a) z in %, a in m/s², b) Unterschied der Bremskräfte der Vorderräder in %

Lösung a) $F_B = F_{BRvl} + F_{BRvr} + F_{BRhl} + F_{BRhr} = 2100\ \text{N} + 1940\ \text{N} + 1700\ \text{N} + 1860\ \text{N} = 7600\ \text{N}$

$$F_G = m \cdot g = 1170\ \text{kg} \cdot 9{,}81\ \text{m/s}^2 = 11\,778\ \text{N}; \qquad z = \frac{F_B}{F_G} \cdot 100\,\% = \frac{7600\ \text{N}}{11\,778\ \text{N}} \cdot 100\,\% \approx \mathbf{65\,\%}$$

$$a = \frac{z \cdot g}{100\,\%} = 65\,\% \cdot \frac{9{,}81\ \text{m/s}^2}{100\,\%} = \mathbf{6{,}38\ m/s^2}$$

b) $\Delta F_{BR} = F_{BRvl} - F_{BRvr} = 2100\ \text{N} - 1940\ \text{N} = 160\ \text{N}; \qquad \Delta F_{BR\%} = \dfrac{100\,\% \cdot 160\ \text{N}}{2100\ \text{N}} = \mathbf{7{,}6\,\%}$

Aufgaben

1 An einem Pkw werden auf dem Rollenbremsenprüfstand gemessen: $F_{BRvr} = 2250$ N, $F_{BRvl} = 2480$ N, $F_{BRhr} = 2080$ N, $F_{BRhl} = 1980$ N. Die Gewichtskraft ist 14500 N. Wie groß sind

a) die Abbremsung in % und die Verzögerung in m/s²,

b) die Abweichung der Bremskräfte der Vorderräder in % des stärker bremsenden Rades?

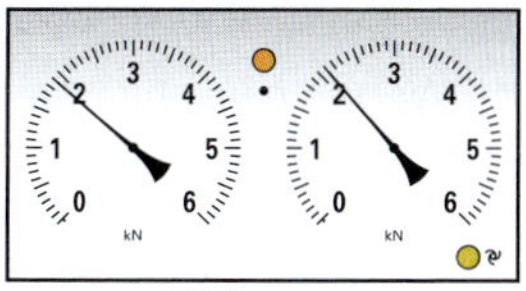

BBA vorne

2 Bei einem Pkw mit 1570 kg zulässigem Gesamtgewicht werden auf dem Rollenprüfstand die im Bild dargestellten Bremskräfte gemessen. Wie groß sind

a) die gesamte Bremskraft in N,

b) die Abbremsung in % und die Verzögerung in m/s²,

c) die Abweichung der Bremskräfte an den Rädern der Vorder- bzw. der Hinterachse in %?

d) Entspricht die Bremse den gesetzlichen Anforderungen?

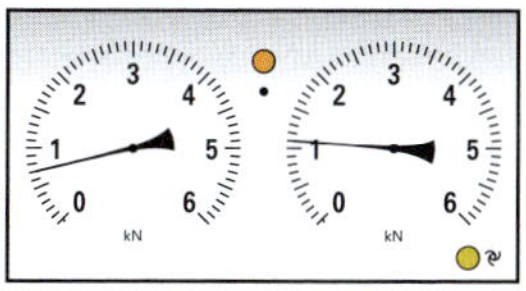

BBA hinten

Lösungen

1a) 60,6 %; 6,06 m/s²; **1b)** 9,3 % | **2a)** 5800 N; **2b)** 37,6 %; 3,69 m/s²; **2c)** 9,5 %; 36,4 %; **2d)** Bremse i.O.

3.4 ELEKTROTECHNIK – KRAFTFAHRZEUGELEKTRIK

3.4.1 OHMSCHES GESETZ

Das Ohmsche Gesetz stellt den Zusammenhang zwischen den drei Grundgrößen der Elektrotechnik, der Spannung U, der Stromstärke I und dem Widerstand R im Stromkreis dar.

Wird bei konstantem Widerstand R die Spannung U verändert, so ändert sich die Stromstärke I im gleichen Verhältnis.

Wird bei konstanter Spannung U der Widerstand R verändert, so ändert sich die Stromstärke I im umgekehrten Verhältnis.

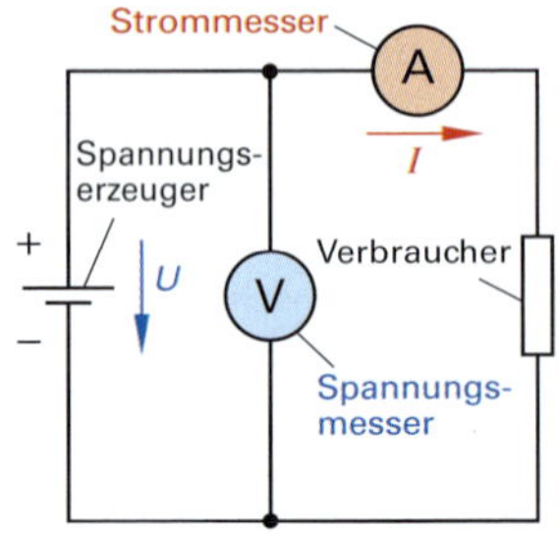

Der Widerstand R ist das Verhältnis zwischen der Spannung U und der Stromstärke I.

$$R = \frac{U}{I}$$

$$I = \frac{U}{R} \qquad U = I \cdot R$$

U Spannung in V
I Stromstärke in A
R Widerstand in Ω

Beispiel

In einer Scheibenheizung (Betriebsspannung 12 V) fließt ein Strom von 5 A. Wie groß ist der Widerstand?

Gegeben: $U = 12\ \text{V}, I = 5\ \text{A}$
Gesucht: R in Ω

Lösung $R = \frac{U}{I} = \frac{12\ \text{V}}{5\ \text{A}} = \mathbf{2{,}4\ \Omega}$

Aufgaben

1 Eine Halogen-Scheinwerferlampe hat eine Nennspannung U von 12 V. Der Widerstand R der Glühwendel beträgt 2,618 Ω. Welcher Strom I fließt durch die Glühwendel?

2 In einer Glühkerze mit einer Nennspannung U von 0,9 V fließt ein Strom I von 49 A. Wie groß ist der Widerstand R der Glühschleife?

3 In einer Glühstiftkerze mit einem Widerstand R von 4,8 Ω fließt ein Strom I von 5 A. Für welche Spannung U ist die Glühstiftkerze ausgelegt?

4 Eine Relaisspule hat einen Widerstand von 60 Ω. Es fließt ein Strom von 0,2 A in der Spule. Für welche Spannung ist die Spule ausgelegt?

5 An welcher Spannung liegt eine Parkleuchte, die bei einem Widerstand der Leuchtwendel von 24 Ω einen Strom von 0,5 A aufnimmt?

6 An eine Starterbatterie wird bei einer Klemmenspannung von 12,8 V ein Widerstand von 0,2 Ω angeschlossen. Wie groß ist der Strom im Widerstand?

7 Wegen einer nicht einwandfreien Leitungsisolation fließt bei einer Betriebsspannung von 28 V ein Fehlerstrom von 0,5 mA. Wie groß ist der Isolationswiderstand an der Fehlerstelle?

8 An einem Widerstand liegt eine Spannung von 250 mV. Im Widerstand fließt ein Strom von 500 µA. Wie groß ist der Widerstand?

9 Bei einer Heckscheibenheizung wird in kaltem Zustand ein Widerstand von 1,8 Ω gemessen. Wie groß ist die Stromstärke bei $U = 11\ \text{V}$?

10 Berechnen Sie den Strom, der bei Berührung eines 230 Volt Netzanschlusses durch den menschlichen Körper fließt. Der Übergangs- und Körperwiderstand beträgt trocken 4,5 kΩ.

Hinweis: Ab 50 mA besteht Lebensgefahr!

Lösungen

1) 4,58 A | **2)** 0,0183 Ω | **3)** 24 V | **4)** 12 V | **5)** 12 V | **6)** 64 A | **7)** 56000 Ω | **8)** 500 Ω | **9)** 6,1 A | **10)** 51 mA

3.4.2 LEITERWIDERSTAND

Der Widerstand R eines Leiters ist abhängig vom spezifischen elektrischen Widerstand ϱ des Werkstoffes, von der Leiterlänge l und der Leiterquerschnittfläche A.

Der spezifische elektrische Widerstand ϱ[1] ist vom Werkstoff abhängig. Er ist der Widerstand eines Leiters von 1 mm² Querschnitt und 1 m Länge. Der spezifische elektrische Widerstand ist temperaturabhängig und wird für eine Bezugstemperatur von 20 °C angegeben.

Die elektrische Leitfähigkeit κ[2] ist der Kehrwert des spezifischen elektrischen Widerstandes ϱ.

Die elektrische Leitfähigkeit κ sagt aus, wie viel Meter eines Leiterwerkstoffes von 1 mm² Leiterquerschnittfläche notwendig sind, um einen Widerstand von 1 Ω zu erhalten.

$$R = \frac{\varrho \cdot l}{A}$$

$$A = \frac{\varrho \cdot l}{R} \qquad l = \frac{A \cdot R}{\varrho}$$

$$\varrho = \frac{A \cdot R}{l}$$

$$\varrho = \frac{1}{\kappa} \qquad \kappa = \frac{1}{\varrho}$$

$$R = \frac{l}{\kappa \cdot A}$$

$$A = \frac{l}{R \cdot \kappa} \qquad \kappa = \frac{l}{A \cdot R}$$

$$l = R \cdot \kappa \cdot A$$

R Widerstand in Ω
l Leiterlänge in m
A Leiterquerschnittfläche in mm²
κ Elektr. Leitfähigkeit in $\frac{\text{m}}{\Omega\,\text{mm}^2}$
ϱ Spezifischer elektrischer Widerstand in $\frac{\Omega\,\text{mm}^2}{\text{m}}$

Beispiel

Berechnen Sie den Widerstand einer 1,2 m langen Starterhauptleitung aus Kupfer mit einer Leiterquerschnittfläche von 50 mm². Spezifischer elektrischer Widerstand $\varrho = 0{,}0178\ \Omega\ \text{mm}^2/\text{m}$ bzw. elektr. Leitfähigkeit $\kappa = 56\ \text{m}/\Omega\ \text{mm}^2$.

Gegeben: $l = 1{,}2$ m; $A = 50$ mm²; $\varrho = 0{,}0178\ \Omega\ \text{mm}^2/\text{m}$ bzw. $\kappa = 56\ \text{m}/\Omega\ \text{mm}^2$

Gesucht: R in Ω

1. Lösung $R = \frac{\varrho \cdot l}{A} = \frac{0{,}0178\ \Omega\ \text{mm}^2/\text{m} \cdot 1{,}2\ \text{m}}{50\ \text{mm}^2} = \mathbf{0{,}00043\ \Omega}$

2. Lösung $R = \frac{l}{\kappa \cdot A} = \frac{1{,}2\ \text{m}}{56\ \text{m}/\Omega\ \text{mm}^2 \cdot 50\ \text{mm}^2} = \mathbf{0{,}00043\ \Omega}$

Aufgaben

1 Eine Kupferleitung im Kraftfahrzeug hat eine Länge von 5 m und einen Querschnitt von 1 mm². Wie groß ist der Widerstand der Leitung?

2 In einem Fahrzeug wird eine Starterhauptleitung aus Kupfer von 2 m Länge eingebaut, deren Widerstand 0,001 Ω beträgt. Wie groß ist der Leiterquerschnitt?

3 Eine Relaisspule hat einen Widerstand von 5 Ω. Es sind 112 m Kupferdraht aufgewickelt. Wie groß ist der Leiterquerschnitt?

4 Eine Starterhauptleitung aus Aluminium soll gegen eine gleich lange Leitung aus Kupfer (ϱ bzw. κ siehe Tabellenbuch) ausgewechselt werden. Die Länge der Aluminiumleitung beträgt 0,8 m, der Leiterquerschnitt beträgt 50 mm².
a) Wie groß ist der Querschnitt der Kupferleitung, wenn der Widerstand beider Leitungen gleich groß sein soll?
b) Welcher genormte Querschnitt muss verlegt werden?
c) Welchen Widerstand hat die Leitung mit dem genormten Querschnitt?

5 In einer Baumaschine wird der Batteriekasten verlegt. Dadurch muss die Starterhauptleitung aus Kupfer mit einem Querschnitt von 35 mm² von 0,8 m auf 1,4 m verlängert werden.
a) Welcher Querschnitt müsste verlegt werden, wenn sich der Widerstand nicht vergrößern darf?
b) Welcher genormte Querschnitt wird tatsächlich verlegt?

6 Bei einem Pkw wird eine Audio-Anlage mit 2-Kanal-Verstärker eingebaut. Berechnen Sie für das 7 Meter lange Anschlusskabel aus Kupfer mit einem Querschnitt von 6 mm² den Widerstand.

Lösungen

1) 0,089 Ω | **2)** 35,71 mm² | **3)** 0,4 mm² | **4a)** 32,36 mm²; **4b)** 35 mm²; **4c)** 0,0004 Ω | **5a)** 80,1 mm²; **5b)** 95 mm² | **6)** 0,021 Ω

[1] ϱ griechischer Kleinbuchstabe rho; [2] κ griechischer Kleinbuchstabe kappa

3.4.3 STROMDICHTE

Die Stromdichte J ist der Strom I in A, der je mm² der Leiterquerschnittfläche A fließt. Um die Belastung zweier Leitungen vergleichen zu können, betrachtet man die jeweilige Stromdichte. Je nach Belastungsart und Belastungsdauer sind für isolierte Leitungen die zulässigen Stromdichten festgelegt.

Die zulässige Stromdichte ist bei kleineren Leiterquerschnitten höher als bei großen. Bei doppeltem Durchmesser und gleicher Leiterlänge ist die Leiteroberfläche doppelt so groß, das Leitervolumen beträgt jedoch das Vierfache. Aus diesem Grund können dünne Leitungen besser abkühlen als dicke. Außerdem ist zu beachten, dass freiliegende Leitungen durch die Umgebung besser abkühlen als Drähte in Wicklungen.

$$J = \frac{I}{A}$$

$$A = \frac{I}{J} \qquad I = A \cdot J$$

J Stromdichte in A/mm²
I Stromstärke in A
A Leiterquerschnittfläche in mm²

Zulässige Belastbarkeit von Kupferleitungen in Kraftfahrzeugen (einadrig) bei 30 °C

A (mm²)	0,5	0,75	1	1,5	2,5	4	6	10	16	25	35	50	70
I_{max} (A)	10	15	19	24	32	42	54	73	98	129	158	198	245
J (A/mm²)	20	20	19	16	12,8	10,5	9	7,3	6,1	5,2	4,5	4	3,5

Die zulässige Stromdichte für die Haupt- und Steuerleitung bei kurzfristiger Belastung beträgt $J < 30$ A/mm².

Beispiel

Durch eine Glühlampe, deren Wendel einen Querschnitt von 0,015 mm² hat, fließt ein Strom von 6 A. Die Zuleitung hat einen Querschnitt von 1,5 mm². Wie groß sind die Stromdichten
a) in der Wendel, b) in der Zuleitung?

Gegeben: $A_W = 0{,}015$ mm²; $A_Z = 1{,}5$ mm²; $I = 6$ A
Gesucht: a) J_W in A/mm²; b) S_Z in A/mm²

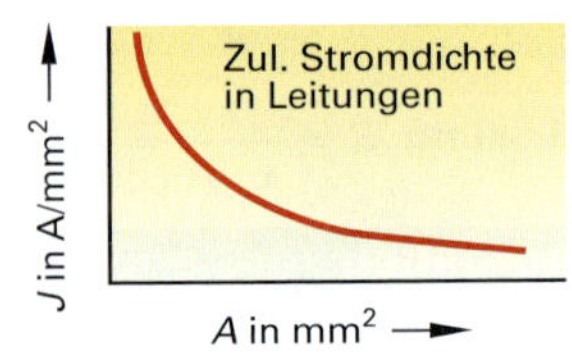

Lösung a) $J_W = \frac{I}{A} = \frac{6\text{ A}}{0{,}015\text{ mm}^2} = \mathbf{400\ \frac{A}{mm^2}}$

b) $J_Z = \frac{I}{A} = \frac{6\text{ A}}{1{,}5\text{ mm}^2} = \mathbf{4\ \frac{A}{mm^2}}$

Aufgaben

1 In einer Starterhauptleitung fließt ein Strom von 450 A. Die zulässige Stromdichte beträgt 30 A/mm².
a) Welcher Querschnitt ergibt sich durch Rechnung?
b) Welcher Normquerschnitt wird für die Leitung verwendet?

2 Durch eine Relaisspule fließt ein Strom von 1,5 A, wobei die Stromdichte 3,2 A/mm² betragen soll. Bestimmen Sie den Leiterquerschnitt und den Leiterdurchmesser.

3 Der Anschlussbolzen eines Magnetschalters hat ein Gewinde M10, dessen Kerndurchmesser 8,16 mm beträgt. Die maximal zulässige Stromdichte beträgt 30 A/mm². Der Magnetschalter liegt an einer Spannung von 12 V. Wie groß darf der Starterstrom höchstens werden?

4 In einer Leitung mit einem Durchmesser von 10 mm fließt ein Strom von 785 A. Wie groß sind
a) der Leiterquerschnitt,
b) die Stromdichte?

5 Durch eine Glühlampe fließt ein Strom von $I = 0{,}2$ A. Wie groß sind die Stromdichten J
a) in der Zuleitung mit 1,5 mm² Leiterquerschnitt und
b) im Glühdraht mit 0,03 mm Durchmesser?

6 Die Zuleitung für den Zweikanal-Verstärker einer Audio-Anlage in einem Pkw hat einen Querschnitt von 6 mm². Welche Leistung kann der Verstärker – unter Berücksichtigung der zulässigen Belastbarkeit der Kupferleitung – höchstens aufnehmen?

Lösungen

1a) 15 mm²; **1b)** 16 mm² | **2)** 0,469 mm²; 0,773 mm | **3)** 1568 A | **4a)** 78,5 mm²; **4b)** 10 A/mm² |
5a) $0{,}13\overline{3}$ A/mm²; **5b)** 283 A/mm² | **6)** 648 W

3.4.4 WIDERSTAND UND TEMPERATUR

Der elektrische Widerstand eines Leiters ist neben dem Werkstoff und den geometrischen Abmessungen auch noch von seiner Temperatur abhängig. Metallische Leiter leiten den elektrischen Strom in kaltem Zustand besser als in warmem Zustand.

Der Temperaturbeiwert α gibt an, um wie viel Ohm sich ein Widerstand von 1 Ω bei einer Temperaturänderung von 1 K ändert (siehe Tabelle).

t,*R*-Kennlinien von NTC-Widerständen

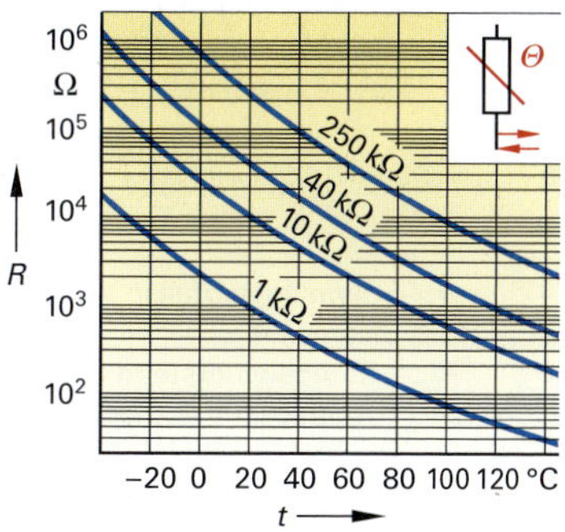

t,*R*-Kennlinien von PTC-Widerständen

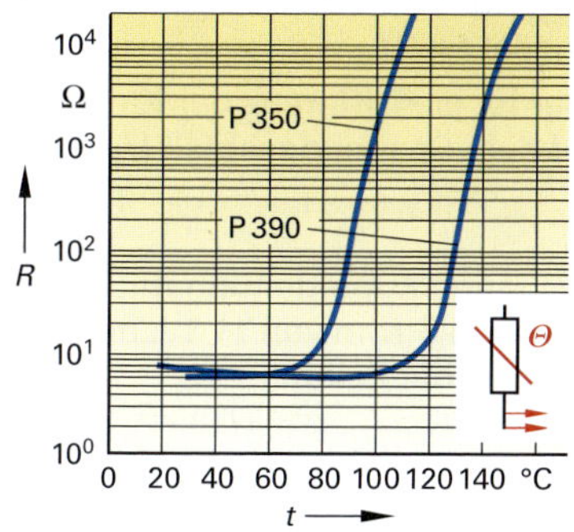

Temperaturkoeffizient α in 1/K	
Werkstoff	α in 1/K
Aluminium	0,0040
Blei	0,0039
Gold	0,0037
Kupfer	0,0039
Silber	0,0038
Wolfram	0,0044

$$\Delta R = R_w - R_k$$

$$\Delta T = t_2 - t_1$$

$$\Delta R = \alpha \cdot R_k \cdot \Delta T$$

$$R_w = R_k \cdot (1 + \alpha \cdot \Delta T)$$

$$\Delta T = \frac{R_w - R_k}{R_k \cdot \alpha}$$

ΔR Widerstandsänderung in Ω
R_w Warmwiderstand in Ω
R_k Kaltwiderstand in Ω
α Temperaturbeiwert in 1/K
ΔT Temperaturänderung in K
t_1 Anfangstemperatur in °C
t_2 Endtemperatur in °C

Beispiel

Eine Kupferleitung hat bei 20 °C einen Widerstand von 0,143 Ω. Die Leitung erwärmt sich auf 80 °C. Wie groß ist der Warmwiderstand?

Gegeben: t_1 = 20 °C; t_2 = 80 °C; R_k = 0,143 Ω; α = 0,0039 1/K (lt. Tabelle)
Gesucht: ΔT in K; R_w in Ω

Lösung

$\Delta T = t_2 - t_1$ = 80 °C – 20 °C = 60 °C = **60 K**

$R_w = R_k \cdot (1 + \alpha \cdot \Delta T) = 0{,}143\ \Omega \cdot \left(1 + 0{,}0039\ \frac{1}{\text{K}} \cdot 60\ \text{K}\right) = \mathbf{0{,}176\ \Omega}$

Aufgaben

1 Die Kupferwicklung eines Startermotors hat bei 20 °C einen Widerstand von 6,2 Ω. Sie erwärmt sich im Betrieb auf 120 °C. Wie groß ist der Widerstand der warmen Wicklung?

2 Die Kupferwicklung eines Relais hat einen Widerstand von 40 Ω bei 20 °C Umgebungstemperatur. Sie kühlt sich im Winter auf –20 °C ab und erwärmt sich im Sommer auf +80 °C. Berechnen Sie für die jeweilige Temperatur
a) die Widerstandsänderung,
b) den Widerstand der Wicklung.

3 Eine Leitung aus Aluminium hat bei 20 °C einen Widerstand von 1,45 Ω. Im Betrieb erhöht sich der Widerstand auf 1,6 Ω. Wie groß sind
a) die Temperaturzunahme,
b) die Betriebstemperatur der Wicklung?

4 In der Nebenschlusswicklung eines Gleichstrom-Nebenschlussmotors fließt bei einer Spannung von 12 V ein Strom von 0,7 A.
Auf welchen Wert sinkt der Strom ab, wenn sich die Kupferwicklung von 20 °C auf 75 °C erwärmt?

5 Der NTC-Widerstand eines Kühlmitteltemperatursensors hat bei 20 °C einen Widerstand von 1 kΩ.
Wie groß ist der Widerstand bei einer Temperatur von 80 °C?

6 In der Innenraumheizung eines Fahrzeugs ist ein PTC-Widerstand (P350) verbaut.
Welche Temperatur hat dieser Widerstand bei einem Widerstandsbeiwert von 100 Ω?

Lösungen

1) 8,618 Ω | **2a)** 6,24 Ω; 33,76 Ω; **2b)** 9,36 Ω; 49,36 Ω | **3a)** 25,9 K; **3b)** 45,9 °C | **4)** 0,576 A | **5)** 150 Ω | **6)** 90 °C

3.4.5 SPANNUNGSABFALL IN LEITUNGEN

In jedem Stromkreis sind Leitungen und Verbraucher in Reihe geschaltet. Wegen des Widerstandes der Leitungen tritt in jeder stromdurchflossenen Leitung ein Spannungsabfall U_a auf. Die Spannung U_V am Verbraucher ist gegenüber der Spannung U der Spannungsquelle um den Spannungsabfall U_a vermindert.

Die maximal zulässigen Spannungsabfälle in Leitungen im Kraftfahrzeug sind festgelegt (siehe Leitungsberechnung).

Wird in die Gleichung $U_a = I \cdot R_{Ltg}$ der Widerstand R_{Ltg} durch $\frac{\varrho \cdot l}{A}$ ersetzt, so erhält man den Spannungsabfall U_a.

Die Spannung U_V am Verbraucher ist die Differenz der Klemmenspannung U der Spannungsquelle und dem Spannungsabfall U_a.

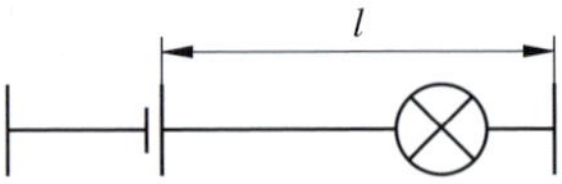

$$U_a = I \cdot R_{Ltg}$$

$$U_a = \frac{I \cdot \varrho \cdot l}{A}$$

$$U_V = U - U_a$$

U_a Spannungsabfall in V
I Strom in A
R_{Ltg} Leitungswiderstand in Ω
ϱ spezifischer elektrischer Widerstand in Ω mm²/m
l Leiterlänge in m
A Leiterquerschnittfläche in mm²
U_V Spannung am Verbraucher in V
U Klemmenspannung in V

Beispiel

In einem Fahrzeug wird eine 10 m lange Kupferleitung mit einer Leiterquerschnittfläche von 4 mm² mit einem Strom von 11,3 A belastet. Berechnen Sie den Spannungsabfall in der Leitung.

Gegeben: I = 11,3 A; l = 10 m; A = 4 mm²; ϱ = 0,0178 Ω mm²/m
Gesucht: U_a in V

Lösung

$$U_a = \frac{I \cdot \varrho \cdot l}{A} = \frac{11{,}3\ \text{A} \cdot 0{,}0178\ \frac{\Omega\ \text{mm}^2}{\text{m}} \cdot 10\ \text{m}}{4\ \text{mm}^2} = \mathbf{0{,}5\ V}$$

Aufgaben

1 In einer Starterhauptleitung entsteht bei einem Stromdurchgang I von 500 A ein Spannungsabfall U_a von 0,75 V.

Welchen Widerstand hat die Leitung?

2 Wie groß ist der Spannungsabfall in einer Starterhauptleitung aus Kupfer, deren Länge 1,2 m und deren Leiterquerschnittfläche 70 mm² beträgt? Der Kurzschlussstrom beträgt 2500 A.

3 In einer Starterhauptleitung aus Aluminium von 1,5 m Länge entsteht bei einem Stromdurchgang von 800 A ein Spannungsabfall von 0,4 V. Die Spannung am Starter beträgt 10,8 V. Wie groß sind

a) der Widerstand der Leitung,

b) der Querschnitt der Leitung,

c) die Stromdichte?

4 Eine Heckscheibenheizung nimmt einen Strom von 15 A auf. Die Zuleitung zur Heckscheibe hat eine Länge von 5,2 m und besteht aus Kupfer.

Der zulässige Spannungsabfall in der Leitung beträgt 0,8 V, die Bordspannung 13,2 V.

Berechnen Sie

a) die Leiterquerschnittfläche,

b) den verlegten Normquerschnitt,

c) den tatsächlichen Spannungsabfall,

d) den prozentualen Spannungsabfall,

e) die Spannung an der Heckscheibenheizung.

5 Für die Stromversorgung des Kühlschranks in einem Wohnanhänger wird eine zusätzliche Masseleitung (Länge 4 m) bis zur Anhängersteckdose verlegt. Die Länge der Masseleitung von der Anhängersteckdose des Zugfahrzeugs bis zum Massepunkt beträgt 0,5 Meter.

Welcher Leiterquerschnitt ist für die Masseleitung zu wählen, wenn die Stromaufnahme des Kühlschranks 10 A bei 12 V beträgt und der Spannungsabfall in der Masseleitung max. 0,5 V betragen soll?

Lösungen

1) 0,0015 Ω | **2)** 0,76 V | **3a)** 0,0005 Ω; **3b)** 83,4 mm²; **3c)** 9,6 A/mm² | **4a)** 1,74 mm²; **4b)** 2,5 mm²; **4c)** 0,56 V; **4d)** 4,2 %; **4e)** 12,64 V | **5)** 1,6 mm²

3.4.6 REIHENSCHALTUNG VON WIDERSTÄNDEN

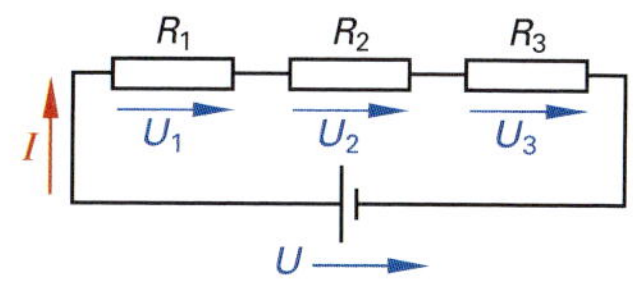

In einer Reihenschaltung werden alle Widerstände bzw. Verbraucher im Stromkreis in Reihe (hintereinander) geschaltet; sie bilden einen Stromkreis.

Die Gesamtspannung wird in Teilspannungen aufgeteilt (Spannungsteilung).

In einer Reihenschaltung (Hintereinanderschaltung) werden alle Widerstände vom gleichen Strom durchflossen.

$$I = I_1 = I_2 = I_3 = \ldots$$

In einer Reihenschaltung ist die Gesamtspannung gleich der Summe der Teilspannungen (2. Kirchhoffsche Regel).

$$U = U_1 + U_2 + U_3 + \ldots$$

In einer Reihenschaltung ist der Gesamtwiderstand gleich der Summe der Teilwiderstände.

$$R = R_1 + R_2 + R_3 + \ldots$$

Nach dem Ohmschen Gesetz ist die Spannung an einem Teilwiderstand gleich dem Produkt aus Teilwiderstand und Stromstärke.

$$U_1 = I \cdot R_1; \qquad U_2 = I \cdot R_2$$

In einer Reihenschaltung verhalten sich die Teilspannungen wie die Teilwiderstände.

$$U_1 : U_2 : U_3 = R_1 : R_2 : R_3$$

I	Gesamtstrom in A
I_1, I_2, I_3	Teilströme in A
R	Gesamtwiderstand in Ω
R_1, R_2, R_3	Teilwiderstände in Ω
U	Gesamtspannung in V
U_1, U_2, U_3	Teilspannungen in V

Beispiel

Die Widerstände $R_1 = 2\,\Omega$, $R_2 = 4\,\Omega$, $R_3 = 6\,\Omega$ liegen in Reihenschaltung an einer Spannung von 12 V. Berechnen Sie

a) den Gesamtwiderstand,
b) den Strom,
c) den jeweiligen Spannungsabfall.
d) Zeichnen Sie den jeweiligen Spannungsabfall über den Teilwiderständen auf.

Gegeben: $R_1 = 2\,\Omega$; $R_2 = 4\,\Omega$; $R_3 = 6\,\Omega$; Reihenschaltung
Gesucht: a) R; b) I; c) U_1, U_2, U_3; d) Spannungsverlauf

Lösung

a) $R = R_1 + R_2 + R_3 = 2\,\Omega + 4\,\Omega + 6\,\Omega = \mathbf{12\,\Omega}$

b) $I = \dfrac{U}{R} = \dfrac{12\text{ V}}{12\,\Omega} = \mathbf{1\text{ A}}$

c) $U_1 = I \cdot R_1 = 1\text{ A} \cdot 2\,\Omega = \mathbf{2\text{ V}}$
$U_2 = I \cdot R_2 = 1\text{ A} \cdot 4\,\Omega = \mathbf{4\text{ V}}$
$U_3 = I \cdot R_3 = 1\text{ A} \cdot 6\,\Omega = \mathbf{6\text{ V}}$

$U = U_1 + U_2 + U_3 = 2\text{ V} + 4\text{ V} + 6\text{ V} = \mathbf{12\text{ V}}$

d)

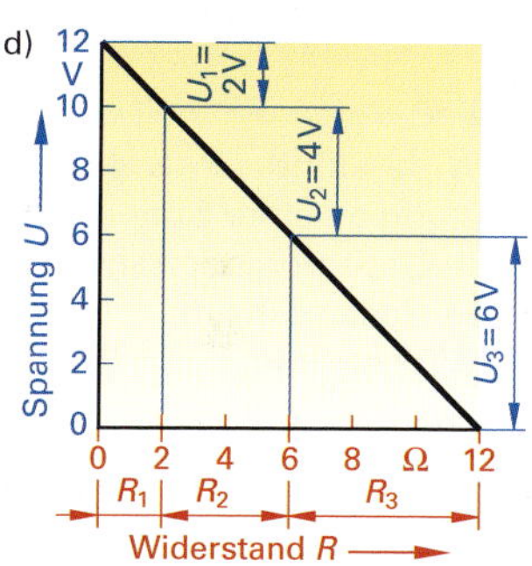

Aufgaben

1 Die Widerstände $R_1 = 3\,\Omega$, $R_2 = 5\,\Omega$, $R_3 = 2\,\Omega$ liegen in Reihe an einer Spannung von 6 V.
Berechnen Sie a) den Gesamtwiderstand,
b) den Strom,
c) die Spannungsabfälle.

2 Vier gleich große Widerstände mit einem Widerstandswert von je 3 Ω sind in Reihe geschaltet. Es fließt ein Strom von 0,5 A im 4. Widerstand. Bestimmen Sie den Strom in den übrigen Widerständen, die Spannungsabfälle an den einzelnen Widerständen sowie die Gesamtspannung.

3 Bei einem Pkw wird beim Einschalten an der Heckscheibenheizung eine Spannung von 2,7 Volt bei einer Stromaufnahme von 0,73 A gemessen. Die Batterie hat eine Spannung von 13,1 Volt. Berechnen Sie die Höhe des Spannungsabfalls und des Übergangswiderstandes am Stecker der Heckscheibenheizung.

Lösungen

1a) 10 Ω; **1b)** 0,6 A; **1c)** 1,8 V; 3 V; 1,2 V | **2)** 0,5 A; 1,5 V, 6 V | **3)** 10,4 V; 14,25 Ω

3.4.7 PARALLELSCHALTUNG VON WIDERSTÄNDEN

In einer Parallelschaltung werden alle Widerstände bzw. Verbraucher parallel (nebeneinander) geschaltet. Sie bilden dabei so viele Einzelstromkreise wie Widerstände parallel geschaltet sind. Der Gesamtstrom wird in Teilströme aufgeteilt (Stromverzweigung).

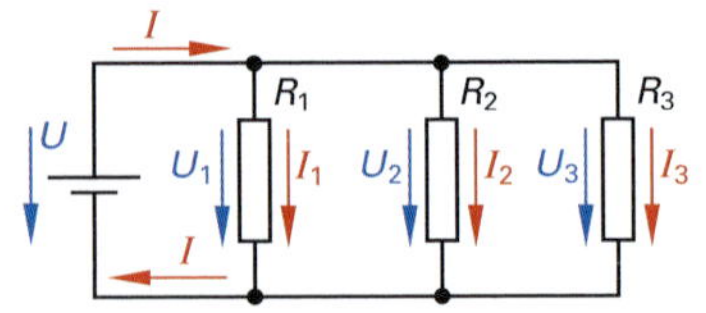

In einer Parallelschaltung liegt an allen Widerständen die gleiche Spannung.

$$U = U_1 = U_2 = U_3 = \dots$$

In einer Parallelschaltung ist der Gesamtstrom gleich der Summe der Teilströme (1. Kirchhoffsche Regel).

$$I = I_1 + I_2 + I_3 + \dots$$

In der Gleichung $I = I_1 + I_2 + I_3$ können die jeweiligen Ströme nach dem Ohmschen Gesetz ersetzt werden.

$$I = \frac{U}{R}; \qquad I_1 = \frac{U}{R_1}$$

$$I_2 = \frac{U}{R_2} \qquad I_3 = \frac{U}{R_3}$$

Setzt man diese Ergebnisse in die Gleichung $I = I_1 + I_2 + I_3 \dots$ ein, so erhält man die nebenstehende Gleichung.

$$\frac{U}{R} = \frac{U}{R_1} + \frac{U}{R_2} + \frac{U}{R_3} + \dots$$

Teilt man beide Seiten der Gleichung durch die Spannung U, so erhält man den Kehrwert des Gesamtwiderstandes. Er ist gleich der Summe der Kehrwerte der Teilwiderstände.

$$\frac{1}{R} = \frac{1}{R_1} + \frac{1}{R_2} + \frac{1}{R_3} + \dots$$

In einer Parallelschaltung ist der Gesamtwiderstand immer kleiner als der kleinste Teilwiderstand.

Für 2 parallele Widerstände gilt:

$$R = \frac{R_1 \cdot R_2}{R_1 + R_2}$$

Für *n* gleiche parallele Widerstände R_1 gilt:

$$R = \frac{R_1}{n}$$

I	Gesamtstrom in A
I_1, I_2, I_3	Teilströme in A
R	Gesamtwiderstand in Ω
R_1, R_2, R_3	Teilwiderstände in Ω
U	Gesamtspannung in V
U_1, U_2, U_3	Teilspannungen in V
n	Zahl der gleichen Widerstände

Beispiel

Die Widerstände $R_1 = 4\,\Omega$ und $R_2 = 2\,\Omega$ liegen in einer Parallelschaltung an einer Spannung von 12 V. Berechnen Sie
a) den Gesamtwiderstand,
b) den Gesamtstrom,
c) die Teilströme.

Gegeben: $R_1 = 4\,\Omega$; $R_2 = 2\,\Omega$; $U = 12\,\text{V}$
Gesucht: a) R in Ω; b) I in A; c) I_1, I_2 in A

Lösung

a) $R = \dfrac{R_1 \cdot R_2}{R_1 + R_2} = \dfrac{4\,\Omega \cdot 2\,\Omega}{4\,\Omega + 2\,\Omega} = \dfrac{8\,\Omega^2}{6\,\Omega} = \dfrac{8}{6}\,\Omega = \mathbf{\dfrac{4}{3}\,\Omega}$

b) $I = \dfrac{U}{R} = \dfrac{12\,\text{V}}{\frac{4}{3}\,\Omega} = \dfrac{12}{1} \cdot \dfrac{3}{4}\,\text{A} = \mathbf{9\,A}$

c) $I_1 = \dfrac{U}{R_1} = \dfrac{12\,\text{V}}{4\,\Omega} = \mathbf{3\,A} \qquad I_2 = \dfrac{U}{R_2} = \dfrac{12\,\text{V}}{2\,\Omega} = \mathbf{6\,A}$

Aufgaben

1 Die Widerstände $R_1 = 35\,\Omega$ und $R_2 = 56\,\Omega$ sind parallel geschaltet. Wie groß ist der Gesamtwiderstand?

2 Vier Widerstände mit den Werten $R_1 = 200\,\Omega$, $R_2 = 400\,\Omega$, $R_3 = 800\,\Omega$, $R_4 = 1{,}2\,\text{k}\Omega$ sind parallel geschaltet. Wie groß ist der Gesamtwiderstand?

3 Zehn gleich große Widerstände mit einem Teilwiderstand von 12 Ω sind parallel geschaltet. Wie groß ist der Gesamtwiderstand?

Lösungen

1) 21,54 Ω | **2)** 104,35 Ω | **3)** 1,2 Ω

3.4.8 GEMISCHTE SCHALTUNGEN VON WIDERSTÄNDEN

Gemischte Schaltungen werden auch Gruppenschaltungen genannt. Sie setzen sich jeweils aus Gruppen von Reihenschaltungen und Parallelschaltungen von Widerständen zusammen. Je nach Anordnung der Widerstände unterscheidet man grundsätzlich zwischen der erweiterten Reihenschaltung **(Bild 1)** und der erweiterten Parallelschaltung **(Bild 2)**.

Zur Berechnung des Gesamtwiderstandes (Ersatzwiderstand) der Schaltung werden schrittweise Ersatzwiderstände für die einzelnen Widerstandsgruppen gebildet; diese Widerstandsgruppen sind entweder eine Reihenschaltung oder eine Parallelschaltung von Widerständen. Dieses Verfahren wird so lange fortgesetzt, bis zuletzt nur eine einzige Widerstandsgruppe übrig bleibt. Der Ersatzwiderstand dieser letzten Gruppe ist der Gesamtwiderstand der Gruppenschaltung.

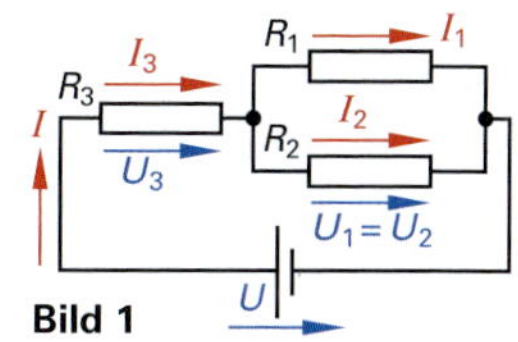

Bild 1

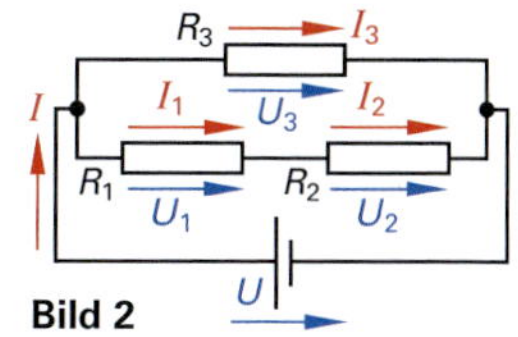

Bild 2

Beispiel

Gemischte Schaltungen nach Bild 3.1 und 3.2 (siehe Lösung)

Gegeben: $R_1 = 10\ \Omega$; $R_2 = 20\ \Omega$; $R_3 = 30\ \Omega$

Lösungsweg für die erweiterte Reihenschaltung

$$R_{\mathrm{I}} = \frac{R_2 \cdot R_3}{R_2 + R_3} = \frac{20\ \Omega \cdot 30\ \Omega}{20\ \Omega + 30\ \Omega} = 12\ \Omega$$

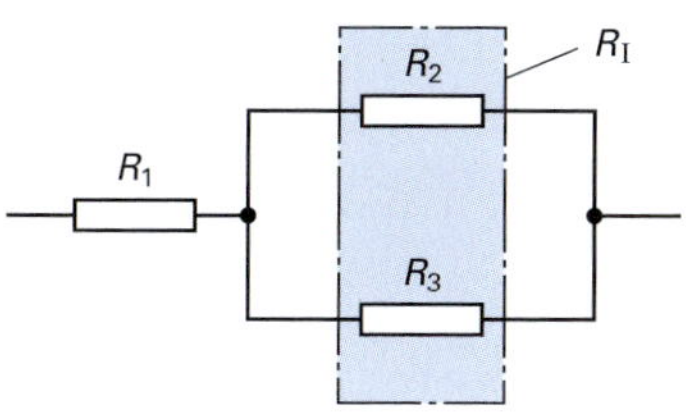

$$R = R_1 + R_{\mathrm{I}} = 10\ \Omega + 12\ \Omega = 22\ \Omega$$

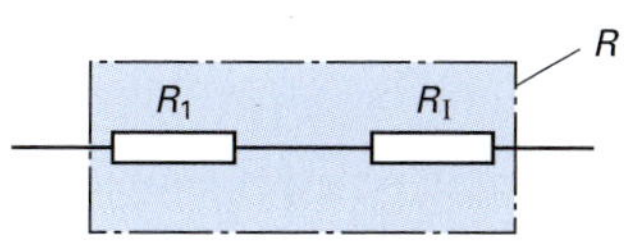

$$R = 22\ \Omega$$

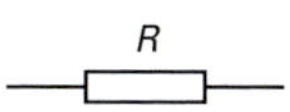

Bild 3.1

Lösungsweg für die erweiterte Parallelschaltung

$$R_{\mathrm{I}} = R_1 + R_2 = 10\ \Omega + 20\ \Omega = 30\ \Omega$$

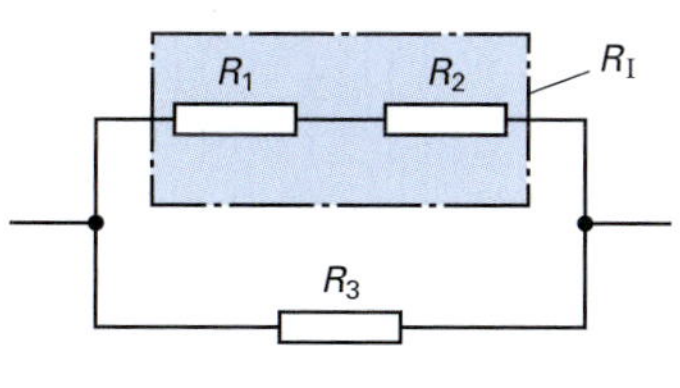

$$R = \frac{R_{\mathrm{I}} \cdot R_3}{R_{\mathrm{I}} + R_2} = \frac{30\ \Omega \cdot 30\ \Omega}{30\ \Omega + 30\ \Omega} = 15\ \Omega$$

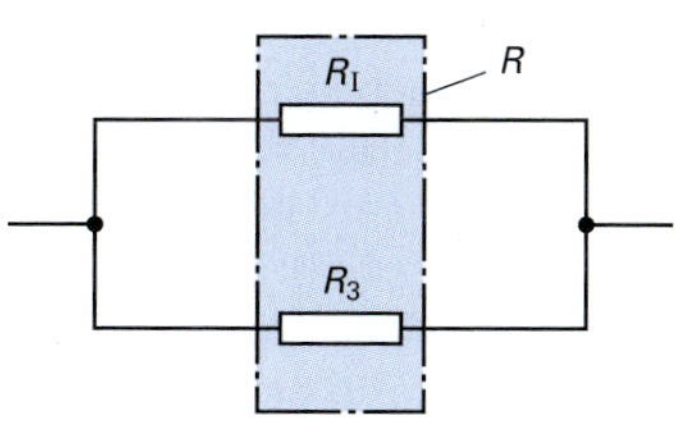

$$R = 15\ \Omega$$

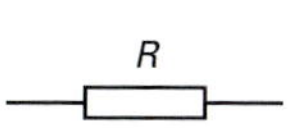

Bild 3.2

Merksätze

1. Liegen zwischen zwei Knoten in einem Leitungsstrang zwei oder mehr Widerstände in Reihe, so werden diese zu einem Widerstand zusammengefasst.
2. Liegen in einer Reihenschaltung zwischen zwei Knoten zwei oder mehr Widerstände parallel, so werden diese zu einem Widerstand zusammengefasst.

Aufgaben

1 Berechnen Sie U_1, U_2, U_3, I_2, I, R_1, R fürdieSchaltung nach **Bild 1.**

2 Berechnen Sie I_3, I, U_1, U, R_2, R für die Schaltung nach **Bild 2.**

3 Berechnen Sie I_1, R_1, U_2, U_3, R_3, R für die Schaltung nach **Bild 3.**

4 Berechnen Sie U, R_3, R, I_2, I, U_2, U_3 für die Schaltung nach **Bild 4.**
R_3: l = 2 m, A = 4 mm², κ = 2,5 m/Ω mm².

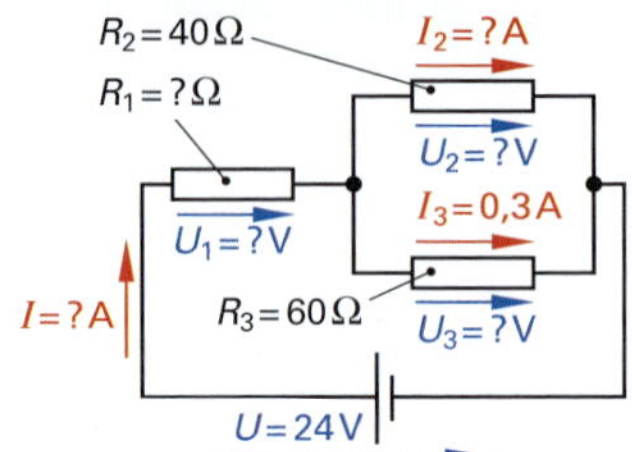

Bild 1

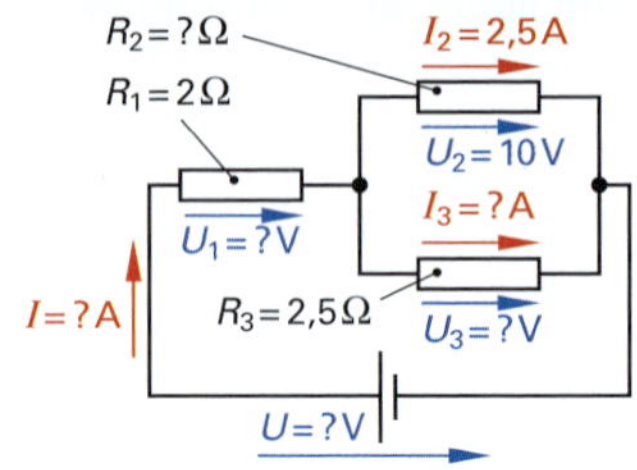

Bild 2

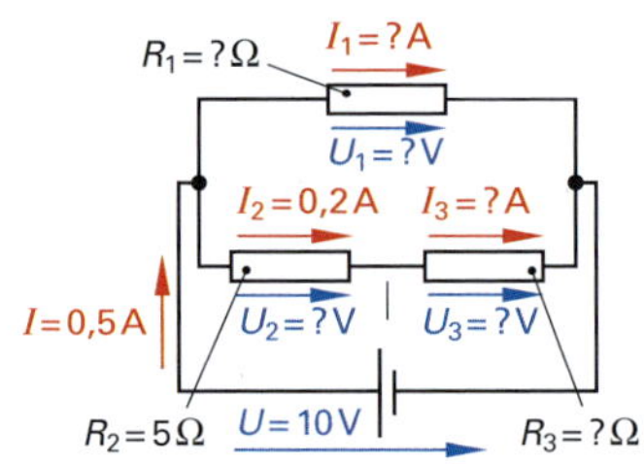

Bild 3

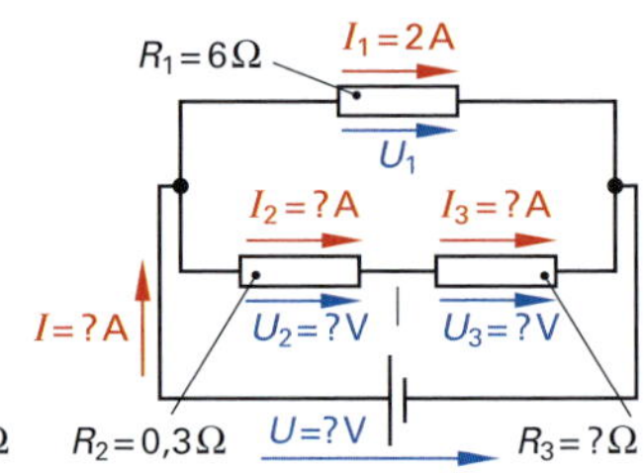

Bild 4

5 Eine Heckscheibenheizung besteht aus 10 parallel geschalteten Heizdrähten mit einem Widerstandswert von je 4 Ω.
Die Zuleitung aus Kupfer hat eine Länge von 5 m und eine Leiterquerschnittfläche von 2,5 mm².
Die Klemmenspannung der Starterbatterie beträgt 12 V.
Berechnen Sie
a) den Strom in der Zuleitung,
b) den Spannungsabfall in der Zuleitung,
c) die Heizleistung der Heizdrähte.

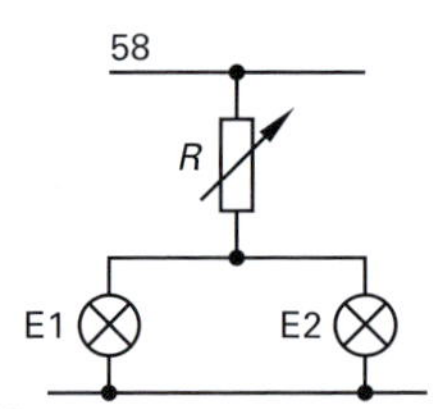

Bild 5

6 Für eine Instrumentenbeleuchtung sind zwei Glühlampen mit einer Leistung von jeweils 2 W parallel geschaltet. Zur Helligkeitsregelung ist ein Regelwiderstand eingebaut, mit dem die Spannung an den Glühlampen zwischen 5 V und 12 V verändert werden kann **(Bild 5).** Ermitteln Sie für eine Glühlampenspannung von 5 V und einem Glühlampenwiderstand von 60 Ω
a) den Spannungsabfall am Regelwiderstand,
b) den über jede Lampe fließenden Teilstrom,
c) den Gesamtstrom,
d) den notwendigen Regelwiderstandsbeiwert,
e) den Gesamtwiderstand der Schaltung.

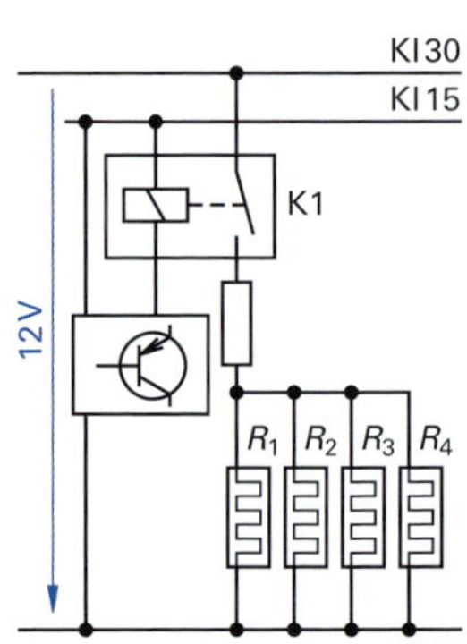

Bild 6

7 Die Glühkerzen eines Dieselmotors haben kalt einen Widerstand von 900 mΩ. Der Vorwiderstand beträgt 1 Ω **(Bild 6).**
a) Wie groß ist der Gesamtwiderstand der Glühkerzen im kalten Zustand?
b) Welchen Gesamtwiderstand hat die Schaltung?
c) Welcher Strom wird der Starterbatterie bei Beginn des Glühvorgangs entnommen?
d) Wie groß ist die Leistungsaufnahme der Glühkerzen im kalten Zustand?

Lösungen

1) 6 V; 18 V; 18 V; 0,45 A; 0,75 A; 8 Ω; 32 Ω | **2)** 4 A; 6,5 A; 13 V; 23 V; 4 Ω; 3,53 Ω |
3) 0,3 A; 33,3 Ω; 1 V; 9 V; 45 Ω; 20 Ω | **4)** 12 V; 0,2 Ω; 0,461 Ω; 24 A, 26 A, 7,2 V; 4,8 V |
5a) 27,55 A; **5b)** 0,98 V; **5c)** 303,6 W | **6a)** 7 V; **6b)** 0,083 A; **6c)** 0,167 A; **6d)** 42 Ω; **6e)** 72 Ω |
7a) 225 mΩ; **7b)** 1,225 Ω; **7c)** 9,8 A; **7d)** 117,6 W

3.4.9 SPANNUNGSTEILER

UNBELASTETER SPANNUNGSTEILER

Beim unbelasteten Spannungsteiler wird die Spannung durch zwei in Reihe geschaltete Teilwiderstände R_1 und R_2 aufgeteilt **(Bild 1)**.

Einen verstellbaren Widerstand in einer Spannungsteilerschaltung nennt man Potentiometer **(Bild 2)**. Befindet sich der Schleifkontakt M in der Stellung A, so ist $U_1 = 0$ V und $U_{20} = U$. Befindet sich der Schleifkontakt in der Stellung B, so ist $U_1 = U$ und $U_{20} = 0$ V. Die Spannung U_{20} kann somit zwischen 0 V und U stufenlos eingestellt werden.

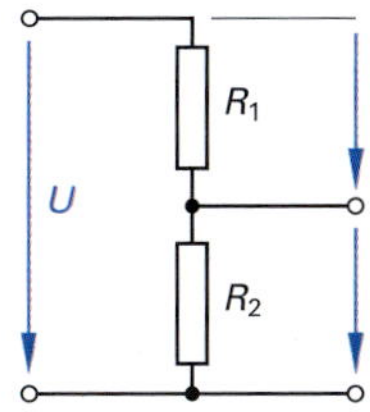

Bild 1

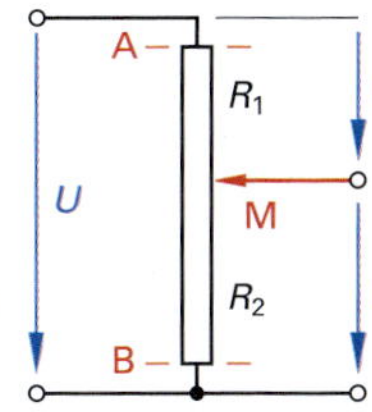

Bild 2

$$\frac{U_{20}}{U} = \frac{R_2}{R_1 + R_2} \qquad U_{20} = \frac{R_2}{R_1 + R_2} \cdot U$$

$$R_1 = R_2 \cdot \left(\frac{U}{U_{20}} - 1\right); \qquad R_2 = \frac{R_1}{\frac{U}{U_{20}} - 1}$$

R_1, R_2	Teilwiderstand in Ω
$R_1 + R_2$	Gesamtwiderstand in Ω
U	Gesamtspannung in V
U_{20}	Leerlaufspannung in V

Beispiel

Ein unbelasteter Spannungsteiler, dessen erster Widerstand 10 Ω und dessen zweiter Widerstand 30 Ω groß ist, liegt an einer Spannung von 12 V. Wie groß ist die Leerlaufspannung?

Gegeben: $R_1 = 10\ \Omega$; $R_2 = 30\ \Omega$; $U = 12$V
Gesucht: U_{20} in V

Lösung

$$U_{20} = \frac{R_2}{R_1 + R_2} \cdot U = \frac{30\ \Omega}{10\ \Omega + 30\ \Omega} \cdot 12\ \text{V} = \mathbf{9\ V}$$

BELASTETER SPANNUNGSTEILER

Durch Zuschalten des Lastwiderstandes R_L an dem unbelasteten Spannungsteiler entsteht eine gemischte Schaltung **(Bild 3)**.

Der belastete Spannungsteiler verhält sich ähnlich wie eine belastete Spannungsquelle. Je größer der Laststrom I_L ist, desto kleiner wird die Spannung U_2 am Lastwiderstand R_L.

Ein Lastverhältnis von $q > 10$ ($q = I_q : I_L = R_L : R_2$) bewirkt, dass bei einer Änderung des Lastwiderstandes R_L sich die Spannung U_2 am Lastwiderstand nur geringfügig ändert. Dabei muss jedoch $R_L > 10\,R_2$ sein. Eine solche Spannungsteilerschaltung kann zur Spannungskonstanthaltung eingesetzt werden.

Bild 3

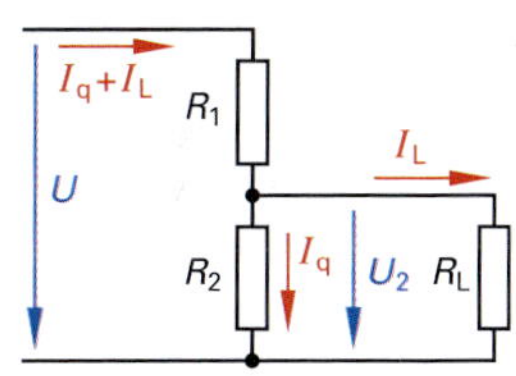

$$U_2 = \frac{U}{\frac{R_1 \cdot (R_L + R_2)}{R_L \cdot R_2} + 1}$$

$$R_2 = R_L \cdot \frac{U}{U_2} \cdot \left(\frac{U_{20} - U_2}{U - U_{20}}\right)$$

$$R_1 = R_2 \cdot \left(\frac{U}{U_{20}} - 1\right)$$

U_2	Spannung bei Belastung in V
U	Gesamtspannung in V
R_1; R_2	Teilwiderstand in Ω
R_L	Lastwiderstand in Ω
I_L	Laststrom in A
I_q	Querstrom in A
U_{20}	Leerlaufspannung in V

Beispiel

Ein Spannungsteiler, dessen erster Widerstand 10 Ω und dessen zweiter Widerstand 30 Ω groß ist, liegt an einer Spannung von 12 V. Der Lastwiderstand beträgt 600 Ω. Wie groß ist die Spannung am Lastwiderstand?

Gegeben: $R_1 = 10\ \Omega$; $R_2 = 30\ \Omega$; $R_L = 600\ \Omega$; $U = 12$ V
Gesucht: U_2

Lösung

$$U_2 = \frac{U}{\frac{R_1 \cdot (R_L + R_2)}{R_L \cdot R_2} + 1}$$

$$= \frac{12\ \text{V}}{\frac{10\ \Omega \cdot (600\ \Omega + 30\ \Omega)}{600\ \Omega \cdot 30\ \Omega} + 1} = \mathbf{8{,}88\ V}$$

Aufgaben

1 Ein unbelasteter Spannungsteiler besteht aus den Widerständen R_1 = 1,5 kΩ, R_2 = 6,0 kΩ und liegt an einer Spannung von 24 V. Berechnen Sie die Leerlaufspannung.

2 Für die Füllstandsanzeige eines Kraftstoffbehälters wird ein Potentiometer als unbelasteter Spannungsteiler verwendet. Der Gesamtwiderstand von 1200 Ω liegt an der Bordspannung von 12 V. Bei vollem Kraftstoffbehälter liegt die volle Spannung am Anzeigeinstrument an. Berechnen Sie für den halbvollen und den leeren Kraftstoffbehälter die jeweilige Spannung am Anzeigeinstrument.

3 Ein Temperaturfühler (NTC-Widerstand) bildet mit einem Messwiderstand R_1 einen unbelasteten Spannungsteiler **(Bild 1)**.

Bei +20 °C fällt an dem NTC eine Spannung U_{Aus} von 3,75 V ab. Berechnen Sie

a) den Messwiderstand R_1

b) die Spannung am NTC bei 90 °C

c) den Widerstandsbeiwert des NTC bei +100 °C

Beachten Sie das Diagramm des Widerstand-/Temperaturverhaltens des NTC **(Bild 2)**.

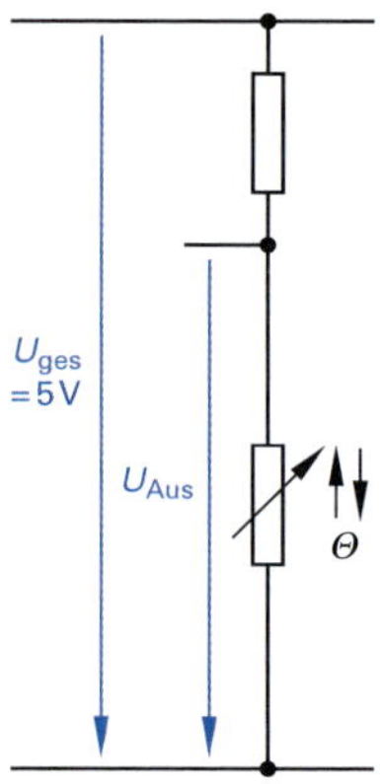

Bild 1

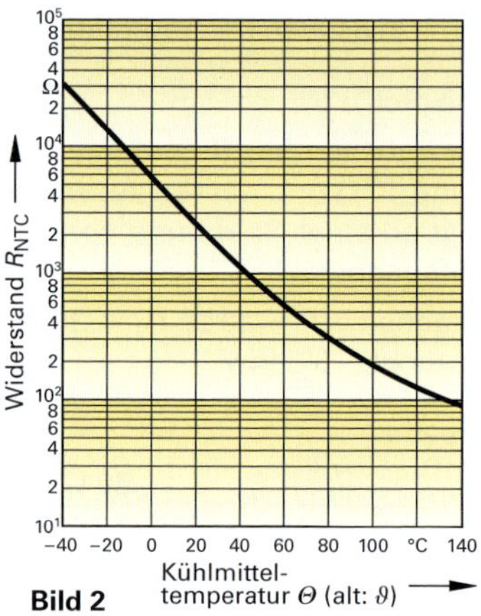

Bild 2

4 Am belasteten Spannungsteiler mit den Widerständen R_1 = 100 Ω, R_2 = 50 Ω und dem Lastwiderstand R_L = 80 Ω beträgt die Gesamtspannung 24 V. Berechnen Sie die Spannung am Lastwiderstand.

5 Ein Spannungsteiler mit den Widerständen R_1 = 10 Ω und R_2 = 40 Ω liegt an einer Spannung von 10 V. Die Lastwiderstände haben folgende Werte: R_{L1} = 10 Ω bzw. R_{L2} = 100 Ω bzw. R_{L3} = 1000 Ω. Berechnen Sie für den

a) unbelasteten Spannungsteiler die Leerlaufspannung,

b) belasteten Spannungsteiler die jeweiligen Spannungen bei Belastung.

6 Ein Spannungsteiler, dessen Gesamtwiderstand 24 Ω beträgt, liegt an einer Spannung von 12 V. Seine Leerlaufspannung beträgt 5 V. Es wird ein Belastungswiderstand von 500 Ω zugeschaltet. Berechnen Sie

a) für den unbelasteten Spannungsteiler die Teilwiderstände und die Teilspannungen,

b) im Lastfall die Spannung am Lastwiderstand und den prozentualen Spannungsabfall gegenüber dem unbelasteten Spannungsteiler.

7 Durch den Transistor K1 **(Bild 3)** fließt ein Basisstrom von I_B = 1 mA. Berechnen Sie R_1 und R_2 für das Querstromverhältnis q = 3.

Hinweis:
Querstromverhältnis $q = I_q/I_B$

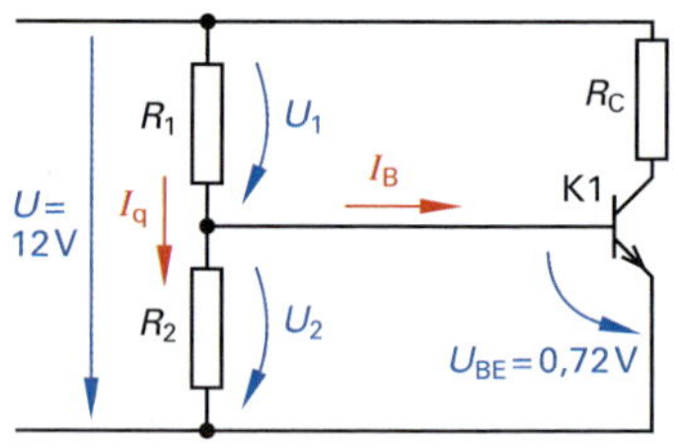

Bild 3

Lösungen

1) 19,2 V | **2)** 6 V; 0 V | **3a)** 833,3 Ω; **3b)** 1 V; **3c)** 200 Ω | **4)** 5,64 V | **5a)** 8 V; **5b)** 4,44 V; 7,94 V | **6a)** 10 Ω; 14 Ω; 7 V, 4,94 V; **6b)** 1,2 % | **7)** 240 Ω; 2820 Ω

3.4.10 LEISTUNG, ARBEIT, WIRKUNGSGRAD

ELEKTRISCHE LEISTUNG BEI GLEICHSTROM

Die von elektrischen Verbrauchern (z. B. Glühlampen, Motoren, Glühkerzen) aufgenommene elektrische Leistung P_{zu} bzw. die von elektrischen Spannungserzeugern (z. B. Batterien, Generatoren) abgegebene elektrische Leistung P_{ab} ist das Produkt aus Spannung U und Strom I.

In der Gleichung für die elektrische Leistung $P = U \cdot I$ kann U bzw. I nach dem Ohmschen Gesetz ersetzt werden.

$$P = U \cdot I$$

$$U = \frac{P}{I}; \qquad I = \frac{P}{U}$$

$$P = I^2 \cdot R$$

$$I = \sqrt{\frac{P}{R}}; \qquad R = \frac{P}{I^2}$$

$$P = \frac{U^2}{R}$$

$$U = \sqrt{P \cdot R}; \qquad R = \frac{U^2}{P}$$

P Leistung in W
U Spannung in V
I Strom in A
R Widerstand in Ω

$$1\,\text{W} = 1\,\frac{\text{Nm}}{\text{s}} = 1\,\frac{\text{J}}{\text{s}}$$

Beispiel 1

In einer Glühstiftkerze fließt bei einer Betriebsspannung von 22 V ein Strom von 5 A. Wie groß ist die von der Glühkerze aufgenommene Leistung?

Gegeben: $U = 22\,\text{V}; I = 5\,\text{A}$
Gesucht: P in W

Lösung $P = U \cdot I = 22\,\text{V} \cdot 5\,\text{A} = \mathbf{110\,W}$

Beispiel 2

Eine Glühstiftkerze hat einen Widerstand von 4,4 Ω. Im Betriebszustand fließt ein Strom von 5 A. Wie groß ist die von der Glühkerze aufgenommene Leistung?

Gegeben: $I = 5\,\text{A}; R = 4{,}4\,\Omega$
Gesucht: P in W

Lösung $P = I^2 \cdot R = 5^2\,\text{A}^2 \cdot 4{,}4\,\Omega = \mathbf{110\,W}$

Beispiel 3

Eine Glühstiftkerze hat einen Widerstand von 4,4 Ω. Im Betriebszustand liegt sie an einer Spannung von 22 V. Wie groß ist die aufgenommene Leistung?

Gegeben: $R = 4{,}4\,\Omega; U = 22\,\text{V}$
Gesucht: P in W

Lösung $P = \frac{U^2}{R} = \frac{22^2\,\text{V}^2}{4{,}4\,\Omega} = \mathbf{110\,W}$

ELEKTRISCHE ARBEIT

Wird über eine bestimmte Zeit elektrische Leistung aufgenommen oder abgegeben, so wird elektrische Arbeit verrichtet.

Die elektrische Arbeit W nimmt mit der Größe der zugeführten bzw. abgegebenen Leistung P und der Zeit t (Betriebsdauer) zu. Wird in der Gleichung $W = P \cdot t$ die Leistung P durch $U \cdot I$ ersetzt, so erhält man

$$W = P \cdot t$$

$$P = \frac{W}{t}; \qquad t = \frac{W}{P}$$

$$W = U \cdot I \cdot t$$

$$U = \frac{W}{I \cdot t}; \qquad I = \frac{W}{U \cdot t}$$

U Spannung in V
I Strom in A
W elektrische Arbeit in Ws
P elektrische Leistung in W
t Zeit in s

$$1\,\text{Ws} = 1\,\text{Nm} = 1\,\text{J}$$
$$3\,600\,000\,\text{Ws} = 1\,\text{kWh}$$

Beispiel

Ein Generator gibt bei 14,6 V einen Strom von 28 A während fünf Betriebsstunden ab. Wie groß ist die abgegebene Arbeit?

Gegeben: $U = 14{,}6\,\text{V}; I = 28\,\text{A}; t = 5\,\text{h}$
Gesucht: W in kWh

Lösung

$W = U \cdot I \cdot t = 14{,}6\,\text{V} \cdot 28\,\text{A} \cdot 5\,\text{h} = 2044\,\text{Wh} = \mathbf{2{,}044\,kWh}$

WIRKUNGSGRAD

In jeder Maschine treten Verluste auf, die bewirken, dass die abgegebene Energie bzw. Leistung stets kleiner ist als die zugeführte.

Der Wirkungsgrad ist das Verhältnis von abgegebener Energie bzw. Leistung zur zugeführten Energie bzw. Leistung.

Finden in einer Anlage mehrere Energieumformungen statt, so ist der Gesamtwirkungsgrad gleich dem Produkt aus den Einzelwirkungsgraden.

$$W_V = W - W_{ab}$$

$$\eta = \frac{W_{ab}}{W_{zu}}$$

$$P_V = P_{zu} - P_{ab}$$

$$\eta = \frac{P_{ab}}{P_{zu}}$$

$$P_{zu} = \frac{P_{ab}}{\eta}; \qquad P_{ab} = \eta \cdot P_{zu}$$

$$\eta = \eta_1 \cdot \eta_2 \cdot \ldots$$

P_V	Verlustleistung in W
P_{ab}	abgegebene Leistung in W
P_{zu}	zugeführte Leistung in W
η_1, η_2	Einzelwirkungsgrade
W_V	Energieverlust in Ws
W_{ab}	abgegebene Arbeit in Ws
W_{zu}	zugeführte Arbeit in Ws
η	Wirkungsgrad

Beispiel 1

Ein Generator, der im Betrieb eine Leistung von 250 W abgibt, benötigt eine Antriebsleistung von 330 W. Wie groß ist der Wirkungsgrad?

Gegeben: $P_{ab} = 250$ W; $P_{zu} = 330$ W
Gesucht: η; η in Prozent

Lösung $\eta = \frac{P_{ab}}{P_{zu}} = \frac{250\,\text{W}}{330\,\text{W}} = \mathbf{0{,}76}$ bzw. **76 %**

Beispiel 2

Der Generator eines Stromaggregates wird von einem Dieselmotor angetrieben. Der Wirkungsgrad des Dieselmotors beträgt 40 %, der des Generators 90 %. Wie groß ist der Gesamtwirkungsgrad der Anlage?

Gegeben: $\eta_1 = 0{,}4$; $\eta_2 = 0{,}9$
Gesucht: η; η in Prozent

Lösung $\eta = \eta_1 \cdot \eta_2 = 0{,}4 \cdot 0{,}9 = 0{,}36 = \mathbf{36\,\%}$

Aufgaben

1 In einer Halogen-Scheinwerferlampe fließt bei einer Spannung von 12 V ein Strom von 4,58 A.
Wie groß ist die aufgenommene Leistung der Lampe?

2 Berechnen Sie zu den Glühlampen 15 W/12 V; 18 W/24 V; 21 W/12 V; 5 W/24 V; 70 W/24 V
a) den Strom;
b) den Widerstand des Glühfadens.

3 Ein Generator gibt bei einer Spannung von 13,8 V einen Strom von 30 A ab.
Wie groß ist die abgegebene Leistung?

4 In einer Glühkerze mit einem Glühschleifenwiderstand von 0,0183 Ω fließt ein Strom von 49 A.
a) Wie groß ist die aufgenommene Leistung?
b) Welche Spannung liegt an der Glühkerze?

5 Eine Relaisspule für 12 V hat einen Widerstand von 100 Ω.
a) Wie groß ist die aufgenommene Leistung der Spule?
b) Wie groß ist der Strom?

6 Ein Heizflansch mit einem Widerstand von 0,24 Ω gibt im Betriebszustand eine Leistung von 720 W ab.
a) Wie groß ist der aufgenommene Strom?
b) An welcher Spannung liegt der Heizflansch?

7 In einem Pkw ist versehentlich eine Glühlampe 24 V/70 W eingebaut worden.
Ermitteln Sie die tatsächliche elektrische Leistung der Glühlampe bei einer gemessenen Stomaufnahme von 1,8 A.

8 Das PTC-Heizelement der Klimaanlage eines Pkw nimmt im kalten Zustand eine Leistung von 200 W auf.
Wie groß ist der Strom?

9 An einem Pkw sollen die nachträglich eingebauten Nebelscheinwerfer abgesichert werden. Für die Nebelscheinwerfer werden zwei H3-Lampen 15 V/55 W verwendet.
Welche Sicherung ist bei Berücksichtigung einer 1,5-fachen Sicherheit zu verwenden (Auswahl: 5 A; 10 A; 15 A; 20 A)?

Lösungen

1) 54,96 W | **2a)** 1,25 A; 0,75 A; 1,75 A; 0,208 A; 2,92 A; **2b)** 9,6 Ω; 32 Ω; 6,86 Ω; 115,4 Ω; 8,22 Ω | **3)** 414 W | **4a)** 43,94 W; **4b)** 0,896 V | **5a)** 1,44 W; **5b)** 0,12 A | **6a)** 54,8 A; **6b)** 13,1 V | **7)** 21,6 W | **8)** 16,67 A | **9)** 15 A

Aufgaben

10 Ein Starter nimmt bei einer Batteriespannung von 10,8 V einen Strom von 350 A auf. Er ist 3 Minuten in Betrieb.

Wie groß ist die elektrische Arbeit, die ihm dabei zugeführt wird?

11 Eine Starterbatterie wird 5 Stunden lang mit einem Strom von 9 A belastet; die Batteriespannung beträgt dabei 12 V.

Berechnen Sie die von der Starterbatterie abgegebene Arbeit.

12 In einer Ladeleitung mit einem Widerstand von 0,006 Ω fließt 4 Stunden lang ein Strom von 25 A.

Wie groß ist der Energieverlust (Verlustarbeit) in der Ladeleitung?

13 Der Elektromotor der Seilwinde eines Geländewagens hat eine Leistung von 2500 W.

Ermitteln Sie die von der Seilwinde abgegebene Arbeit bei einer Einsatzzeit von 5 Minuten.

14 Der Gebläsemotor einer Absauganlage in einer Kfz-Werkstatt nimmt bei 220 V einen Strom von 24 A auf.

a) Berechnen Sie die elektrische Arbeit für eine Laufzeit von 9 Stunden.

b) Berechnen Sie die Energiekosten bei einem Preis von 0,30 €/kWh.

15 Zwei 12-V-Nebelschlussleuchten verbrauchen während einer dreieinhalbstündigen Fahrt 245 Wh. Dabei fließen in der gemeinsamen Zuleitung 5,83 A.

Wie groß ist die Leistung einer Nebelschlussleuchte?

16 Welche Energie wird der Fahrzeugbatterie entnommen, wenn das Kühlgebläse von 80 W nach dem Abstellen des Motors noch 2,5 Minuten weiterläuft?

17 Ein Elektromotor nimmt eine Leistung P_{zu} von 350 W auf und gibt 250 W ab.

Berechnen Sie den Wirkungsgrad η und die Verluste P_V.

18 Ein Starter nimmt eine Leistung von 7000 W auf und gibt 5050 Nm/s ab.

Berechnen Sie den Wirkungsgrad und die Verluste in W.

19 Ein Starter mit einem Wirkungsgrad von 50 % nimmt eine Leistung von 5880 W auf.

Wie groß ist die abgegebene Leistung in Nm/s?

20 Ein Starter mit einer Nennleistung von 1400 Nm/s hat einen Wirkungsgrad von 55 %.

Berechnen Sie die aufgenommene Leistung in W.

21 Ein Starter nimmt eine Leistung von 4800 W auf; die Verluste betragen 1,9 kW.

Wie groß ist der Wirkungsgrad?

22 Die Pumpe einer Scheibenwaschanlage hat einen Wirkungsgrad von 0,2; der Elektromotor, der sie antreibt, hat einen Wirkungsgrad von 0,41.

Berechnen Sie den Gesamtwirkungsgrad.

23 In einer Zuleitung mit einem Widerstand von 20 Ω fließt 10 Stunden lang ein Strom von 30 A. Berechnen Sie

a) die Verlustleistung,

b) die Verlustarbeit in kWh und J,

c) den Spannungsabfall.

24 Die Widerstände R_1 = 10 Ω, R_2 = 5 Ω, R_3 = 30 Ω liegen in Reihenschaltung während 5 Betriebsstunden an einer Spannung von 9 V. Berechnen Sie

a) den Gesamtwiderstand,

b) den Strom,

c) die aufgenommene Leistung,

d) die aufgenommene Arbeit,

e) die erzeugte Wärmemenge.

25 Eine Xenon-Scheinwerfer-Lampe hat eine Leistung von 35 W. Von der Gesamtleistung werden 9,8 W in die Lichtleistung umgesetzt.

a) Berechnen Sie den Wirkungsgrad.

b) Ermitteln Sie im Vergleich dazu den Wirkungsgrad einer 55-W-Halogen-Scheinwerfer-Lampe bei einer Lichtleistung von 4,4 W.

Lösungen

10) 189 Wh | **11)** 0,54 kWh | **12)** 15 Wh | **13)** 0,208 kWh | **14a)** 47,52 kWh; **14b)** 14,26 € | **15)** 35 W | **16)** 3,33 Wh | **17)** 0,714; 100 W | **18)** 0,72; 1950 W | **19)** 2940 Nm/s | **20)** 2545 W | **21)** 0,6 | **22)** 0,082 | **23a)** 18000 W; **23b)** 180 kWh; $6{,}48 \cdot 10^8$ J; **23c)** 600 V | **24a)** 45 Ω; **24b)** 0,2 A; **24c)** 1,8 W; **24d)** 32400 Ws; **24e)** 32400 J | **25a)** 0,28; **25b)** 0,08

3.4.11 UMWANDLUNG VON ELEKTRISCHER ENERGIE IN WÄRMEENERGIE

Fließt durch einen Widerstand ein elektrischer Strom, so entsteht Wärme, d. h. die elektrische Arbeit $W = P \cdot t = I^2 \cdot R \cdot t$ wird in die Wärmeenergie Q umgewandelt.

Die durch den elektrischen Strom erzeugte Stromwärme Q_S kann nicht verlustfrei übertragen werden. Genutzt werden kann nur die Nutzwärme Q_N.

$$Q = W$$

$$\Delta T = t_2 - t_1$$

$$Q = m \cdot c \cdot \Delta T$$

$$\eta_W = \frac{Q_N}{Q_S}$$

W Arbeit in Ws
Q Wärmemenge in kJ
m Masse in kg
c spezifische Wärmekapazität in $\frac{\text{kJ}}{\text{kg K}}$
ΔT Temperaturdifferenz in K
t_1 Anfangstemperatur
t_2 Endtemperatur
η_W Wärmewirkungsgrad
Q_S Stromwärme in kJ
Q_N Nutzwärme in kJ

1 J = 1 Ws = 1 Nm

Beispiel

Gegeben: Ein PTC-Zuheizer, der eine Leistung von 750 W aufnimmt, erwärmt 1,5 l Wasser in 9 Minuten von 18 °C auf 78 °C; $c = 4{,}2$ kJ/kgK.

Gesucht: a) T in K; b) Q_N in kJ; c) W in Ws; d) Q_S in kJ; e) η_W

Lösung

a) $\Delta T = t_2 - t_1 = 78\,°\text{C} - 18\,°\text{C} = 60\,°\text{C} = \mathbf{60\ K}$

b) $Q_N = m \cdot c \cdot \Delta T = 1{,}5\ \text{kg} \cdot 4{,}2\ \frac{\text{kJ}}{\text{kgK}} \cdot 60\ \text{K} = \mathbf{378\ kJ}$

c) $W = P \cdot t = 750\ \text{W} \cdot 9\ \text{min} \cdot 60\ \frac{\text{s}}{\text{min}} = \mathbf{405\,000\ Ws}$

d) $Q_S = 405\,000\ \text{Ws} = 405\,000\ \text{J} = \mathbf{405\ kJ}$

e) $\eta_W = \frac{Q_N}{Q_S} = \frac{378\ \text{kJ}}{405\ \text{kJ}} = \mathbf{0{,}93}$

Aufgaben

1 Welche Wärmemenge wird in einer Glühkerze erzeugt, die bei einer Spannung von 24 V einen Strom von 5 A aufnimmt? Die Glühkerze ist 30 s in Betrieb.

2 Eine Glühlampe nimmt an einer Spannung von 12 V einen Strom von 4,5 A auf. Die Lichtausbeute beträgt 5 %.
Welche Wärmemenge erzeugt die Glühlampe während einer achtstündigen Betriebsdauer?

3 Eine beheizte Heckscheibe eines Pkw nimmt einen Strom von 5 A auf. Der Heizdraht hat einen Widerstand von 2,4 Ω. Die Heckscheibe ist täglich 5 Stunden eingeschaltet. Wie groß sind
a) die Betriebsspannung,
b) die aufgenommene elektrische Arbeit,
c) die erzeugte Wärmemenge?

4 Eine Scheibenheizung nimmt bei einer Betriebsspannung von 24 V einen Strom von 10 A auf.
Sie besteht aus 10 gleichgroßen, parallelgeschalteten Heizdrähten. Die Anlage ist drei Stunden in Betrieb. Berechnen Sie
a) die aufgenommene Leistung,
b) die erzeugte Wärmemenge,
c) den Gesamtwiderstand der Heckscheibenheizung,
d) den Widerstand eines Drahtes.

5 Die Standheizung eines Pkw erwärmt 13 Liter Kühlflüssigkeit von 8 °C auf 80 °C.
Welche Wärmemenge muss zugeführt werden, wenn der Wärmewirkungsgrad 95 % beträgt?

6 Die vier elektrischen Heizgebläse einer Werkstatt besitzen jeweils zwei in Reihe geschaltete Heizwiderstände mit einem Widerstand von jeweils 8,8 Ω.
a) Berechnen Sie die Nennspannung bei einer Stromaufnahme von 13 A je Heizgebläse.
b) Berechnen Sie die elektrische Leistung aller Heizgebläse in der Werkstatt.
c) Ermitteln Sie die erzeugte Stromwärme bei zweistündigem Betrieb.
d) Welcher Rauminhalt kann beheizt werden, wenn je m^3 Raum 36 W Heizleistung benötigt werden?

Lösungen

1) 3600 J | **2)** 1477,4 kJ | **3a)** 12 V; **3b)** 0,3 kWh; **3c)** 1080 kJ | **4a)** 240 W; **4b)** 2592 kJ; **4c)** 2,4 Ω; **4d)** 24 Ω | **5)** 4138 kJ | **6a)** 228,8 V; **6b)** 12 kW; **6c)** 42831,36 kJ; **6d)** 330,5 m^3

3.4.12 WECHSELSPANNUNG UND WECHSELSTROM

Generatoren erzeugen Wechselspannungen und Wechselströme, die einen sinusförmigen Verlauf haben. Weil sich ständig die Größe von Spannung und Strom ändern, werden zur Berechnung der Leistung Effektivwerte verwendet.

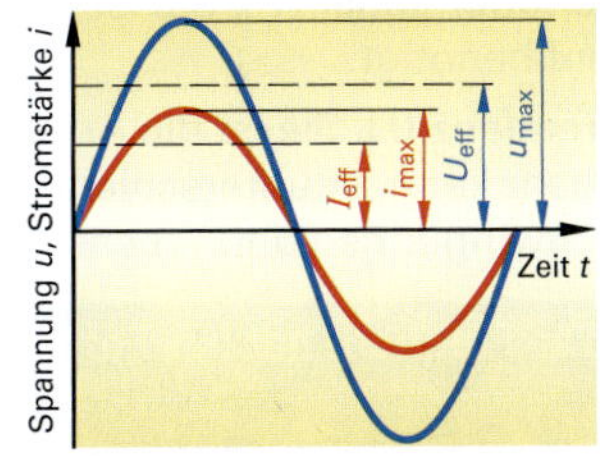

Effektivwerte. Sie ergeben sich aus den Maximalwerten von Spannung (u_{max}) oder Strom (i_{max}) geteilt durch die Wurzel aus der Zahl 2.

Bei der Verwendung von Multimetern werden die Effektivwerte angezeigt.

U_{eff} Effektivwert der Spannung in V
I_{eff} Effektivwert der Stromstärke in A
P Leistung in W
u_{max} Maximalwert der Spannung in V
i_{max} Maximalwert der Stromstärke in A

$$U_{eff} = \frac{u_{max}}{\sqrt{2}}$$

$$I_{eff} = \frac{i_{max}}{\sqrt{2}}$$

$$P = \frac{u_{max} \cdot i_{max}}{2}$$

$$P = U_{eff} \cdot I_{eff}$$

Beispiel

Die Netzspannung für eine Handbohrmaschine beträgt u_{max} = 325,27 V. Beim Bohren mit voller Leistung wird ein Strom von i_{max} = 2,46 A gemessen. Wie groß sind die Effektivwerte der Spannung und des Stromes und die aufgenommene Leistung?

Gegeben: u_{max} = 325,27 V; i_{max} = 1,74 A
Gesucht: U_{eff} in V; I_{eff} in A; P in W

Lösung $U_{eff} = \frac{u_{max}}{\sqrt{2}} = \frac{325{,}27\ \text{V}}{\sqrt{2}} = \mathbf{230\ V}$

$I_{eff} = \frac{i_{max}}{\sqrt{2}} = \frac{2{,}46\ \text{A}}{\sqrt{2}} = \mathbf{1{,}74\ A}$ $P = U_{eff} \cdot I_{eff} = 230\ \text{V} \cdot 1{,}74\ \text{A} = \mathbf{400\ W}$

Aufgaben

1 Eine Diode wird mit einer Effektivspannung von 6,36 V belastet.
Berechnen Sie die maximale Spannung.

2 Mit welcher Wechselspannung darf ein mit 50 V geprüfter Kondensator beaufschlagt werden?

3 Wie groß sind die maximale Spannung und der maximale Strom bei einer Effektivspannung von 110 V und der Leistung des angeschlossenen Verbrauchers von 1200 W?

4 Ein Wechselstromgenerator wird mit einer Leistung von 750 W angetrieben. Der Wirkungsgrad des Generators ist 0,8.
Wie groß sind die abgegebene Leistung, der maximale Strom, die Effektivspannung und der Effektivstrom, wenn die maximale Spannung 19,5 V beträgt?

5 Berechnen Sie die Antriebsleistung eines Wechselstromgenerators mit einem Wirkungsgrad von 0,75 wenn der Maximalstrom 36 A und die Effektivspannung 28,8 V sind.

6 Der Widerstand R = 50 Ω ist an eine maximale Wechselspannung von 80 V angeschlossen. Welcher Strom wird vom Strommessgerät angezeigt?

7 Die Lichtspule in einem Magnetgenerator eines Leichtkraftrads erzeugt eine maximale Spannung von 8,49 V und einen maximalen Strom von 8,25 A.
a) Wie groß sind Effektivspannung und Effektivstromwert?
b) Welche Leistung hat die an der Lichtspule angeschlossene Scheinwerferlampe?

8 Ein Wechselstromgenerator erzeugt eine Maximalspannung von 40 V. Dabei fließt ein Maximalstrom von 25,5 A.
Wie groß sind die Effektivspannung, der Effektivstrom und die Leistung?

9 Ein Wechselstromgenerator wird mit einer Leistung von 2500 W angetrieben, die Maximalspannung beträgt 33,94 V, das Multimeter zeigt einen Strom von 83,33 A an.
Berechnen Sie den Wirkungsgrad.

Lösungen

1) ≈ 9 V | **2)** 35,36 V | **3)** 155,56 V; 15,43 A | **4)** 600 W; 61,53 A; 13,79 V; 43,51 A | **5)** 977,67 W | **6)** 1,13 A | **7a)** 6 V; 5,83 A; **7b)** 34,98 W | **8)** 28,28 V; 18,03 A; 509,89 W | **9)** 0,8

3.4.13 PERIODENDAUER, FREQUENZ, WELLENLÄNGE

Periodendauer (*T*). Sie ist die Zeit, die eine Sinuswelle für einen Durchlauf benötigt.

Frequenz (*f*). Sie ist die Anzahl der Schwingungen je Sekunde. Die Frequenz kann für unterschiedliche physikalische Vorgänge wie z. B. Schall, Schwingungen und Wechselspannung angegeben werden.

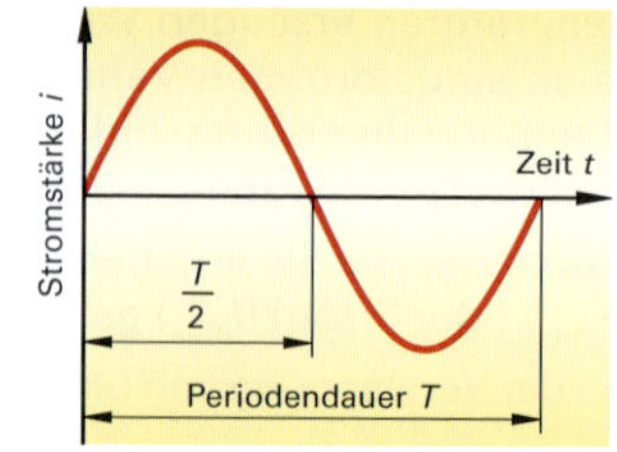

Die Frequenz hat das Formelzeichen *f* und die Einheit Hertz (Hz).

$$1\ \text{Hz} = \frac{1}{\text{s}}$$

Wellenlänge (*λ*). Sie ist der Weg, den eine Welle in einer Periode zurücklegt. Sie errechnet sich aus dem Quotient der Ausbreitungsgeschwindigkeit (*c*) und der Frequenz (*f*). Die Ausbreitungsgeschwindigkeit ist vom Übertragungsmaterial abhängig.

Die Ausbreitungsgeschwindigkeit elektromagnetischer Wellen im Vakuum oder in Luft ist etwa 300000 km/s. In einer Leitung etwa 240000 km/s.

$$f = \frac{1}{T}$$

$$\lambda = \frac{c}{f}$$

T	Periodendauer in s
f	Frequenz in Hz
λ	Wellenlänge in m
c	Ausbreitungsgeschwindigkeit in km/s
c_{Luft}	= 300000 km/s
c_{Leitung}	= 240000 km/s

Beispiel

Eine Funkfernbedienung verwendet eine Frequenz von 868 MHz.
a) Berechnen Sie die Periodendauer in ns.
b) Wie groß ist die Wellenlänge des Signals in m?

Gegeben: f = 868 MHz; c_{Luft} = 300000 km/s
Gesucht: a) T in ns b) λ in m

Lösung a) $f = \frac{1}{T} \Rightarrow T = \frac{1}{f} = \frac{1}{868\ \text{MHz}} = 1{,}15^{-9}\ \text{s} = \mathbf{1{,}15\ ns}$

b) $\lambda = \frac{c}{f} = \frac{300000\ \text{km/s}}{868\ \text{MHz}} = \mathbf{0{,}346\ m}$

Aufgaben

1 Welche Periodendauer in µs hat eine Tonfrequenz von 3600 Hz?

2 Die Zeitablenkung eines Oszilloskops ist auf 50 µs/div eingestellt.
Welche Frequenz in kHz hat eine Wechselspannung mit einer Schwingung je Division?

3 Die Ansteuerung eines Bildpunktes in einem TFT-Farbdisplay bleibt, bis ein neues Bild aufgebaut wird, für 12 ms erhalten.
Wie groß ist die Bildwiederholfrequenz?

4 Im MOST-Datenbus werden die Informationen mithilfe roten Lichtes mit einer Wellenlänge von 710 nm übertragen.
Welche Frequenz in GHz haben die Lichtwellen?

5 Die optimale Länge einer Empfangsantenne für Funksignale beträgt ein Viertel der Wellenlänge.
a) Berechnen Sie die Länge einer optimalen Empfangsantenne in m für ein UKW-Signal mit der Frequenz 100 MHz.
b) Welche Wellenlänge hat das UKW-Signal in der Antennenleitung?

6 Die Fahrtrichtungsanzeige eines Kraftfahrzeugs blinkt mit einer Frequenz von 1,5 ± 0,5 Hz.
Wie lange werden die Blinkleuchten in einer Periode eingeschaltet, wenn das Tastverhältnis 30 % beträgt?

7 Die Telefonantenne eines Fahrzeugs ist 8,3 cm lang. Berechnen Sie, für welches der beiden Mobilfunknetze D-Netz (900 MHz), E-Netz (1800 MHz) diese Antenne geeignet ist?

Lösungen

1) 277,78 µs | **2)** 20 kHz | **3)** 83,33 Hz | **4)** 422,54 GHz | **5a)** 0,75 m; **5b)** 2,4 m | **6)** 0,15 – 0,3 s | **7)** 903,61 MHz

3.4.14 KONDENSATOR

LADUNG UND KAPAZITÄT

Ladung. Im Kondensator können elektrische Ladungen Q gespeichert werden. Die Ladung errechnet sich aus dem aufgenommenen Strom in einer bestimmten Zeit. Die Einheit der Ladung Q ist die Amperesekunde.

1 As = 1 C (Coulomb)

$$Q = I \cdot t$$

$$C = \frac{Q}{U} = \frac{I \cdot \Delta t}{U}$$

Kapazität. Sie ist die Fähigkeit des Kondensators, Ladungen zu speichern. Die Kapazität errechnet sich aus der Ladung, geteilt durch die Spannungsdifferenz an den Kondensatorplatten. Die Einheit der Kapazität C ist das Farad (Amperesekunde je Volt).

1 As/V = 1 F (Farad)

Q elektrische Ladung in C
C Kapazität in F
I Stromstärke in A
U Spannung in V
t Zeit in s
ΔU Spannungsänderung in V
Δt Zeit, in der die Spannungsänderung erfolgt, in s

Beispiel 1

Ein Kondensator wird mit einem Ladestrom von 88,78 A geladen. Dabei steigt die Spannung innerhalb von 18 μs um 34 V. Wie groß ist die Kapazität in μF?

Gegeben: I = 88,78 A; ΔU = 34 V; Δt = 18 μs
Gesucht: C in μF

Lösung

$$C = \frac{I \cdot \Delta t}{\Delta U} = \frac{88{,}78\ \text{A} \cdot 18\ \mu\text{s}}{34\ \text{V}} = 47\ \mu\text{F}$$

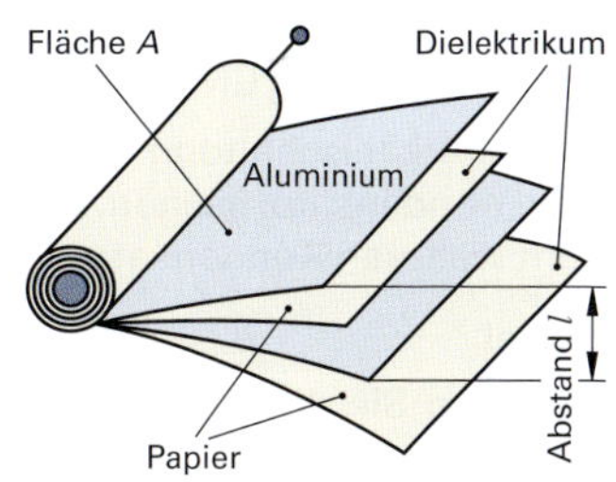

Die Kapazität eines Kondensators ist von seinem Aufbau abhängig. Sie ist umso größer

- je größer die wirksame Fläche A der Kondensatorplatten,
- je größer die Permittivitätszahl ε_r des Dielektrikums,
- je kleiner der Abstand l der wirksamen Flächen sind.

$$C = \frac{\varepsilon_0 \cdot \varepsilon_r \cdot A}{l}$$

ε_0 elektrische Feldkonstante $= 8{,}85 \cdot 10^{-12}$ As/V
l Abstand der Leiterflächen in m
A wirksame Plattenoberfläche in m^2
ε_r Permittivitätszahl

Dielektrikum	ε_r
Luft	1
Hartpapier	4
Glimmer	8
Tantalpentoxid	26

Beispiel 2

Ein Plattenkondensator besteht aus zwei Platten mit je 80 cm^2 Fläche. Der Plattenabstand beträgt 0,5 mm. Wie groß ist die Kapazität, wenn das Dielektrikum aus Glimmer (ε_r = 8) besteht?

Gegeben: A = 80 cm^2; l = 0,5 mm; ε_r = 8
Gesucht: C in nF

Lösung

$$C = \frac{\varepsilon_0 \cdot \varepsilon_r \cdot A}{l} = \frac{8{,}85 \cdot 10^{-12}\ \text{As/Vm} \cdot 8 \cdot 80\ \text{cm}^2}{0{,}5\ \text{mm}}$$

$$= \frac{8{,}85 \cdot 10^{-12}\ \text{As} \cdot 8 \cdot 80 \cdot 10^{-2}\ \text{m}^2}{\text{V} \cdot 0{,}5 \cdot 10^{-3}\ \text{m}} = 1{,}13 \cdot 10^{-9}\ \text{F} = \mathbf{1{,}13\ nF}$$

Aufgaben

1 An einem Kondensator steigt die Spannung innerhalb von 25 ms um 24 V. Die Ladestromstärke beträgt 75 μA. Wie groß ist seine Kapazität?

2 Ein Kondensator nimmt an 13,5 V Gleichspannung eine Ladung von 60 As auf. Wie groß ist seine Kapazität?

Aufgaben

3 Eine 3-V-Schlüsselbatterie hat eine Kapazität von 40 mAh.
a) Welche Kapazität müsste ein Wickelkondensator haben, um bei gleicher Spannung dieselbe Ladungsmenge aufnehmen zu können?
b) Wie groß müsste seine wirksame Oberfläche sein, wenn als Dielektrikum Papier mit einer Dicke von 0,2 mm verwendet wird?

4 Ein Tantalkondensator mit 6,8 µF hat eine wirksame Oberfläche von 800 mm × 25 mm. Wie dick ist die Tantalpentoxidschicht, die als Dielektrikum wirkt?

5 Ein Keramikkondensator hat eine wirksame Oberfläche von 2,21 cm². Die Keramikschicht ($\varepsilon_r = 80$) ist 0,4 mm dick. Wie groß ist die Kapazität?

6 Ein scheibenförmiger Kondensator mit 47 pF hat als Dielektrikum Keramik. Das Keramikscheibchen ist 2 mm dick. Wie groß ist der Durchmesser der kreisförmigen Metallbeläge?

Lösungen

1) 78,125 nF | **2)** 4,44 F | **3a)** 48 F; **3b)** 271 186440,68 m² | **4)** 676,76 nm | **5)** 391,17 pF | **6)** 1,3 cm

3.4.15 SCHALTUNGEN VON KONDENSATOREN

PARALLELSCHALTUNG

Bei der Parallelschaltung von Kondensatoren addieren sich die einzelnen Kondensatorflächen. Die Gesamtkapazität vergrößert sich mit jedem weiteren Kondensator.

$$C_{ges} = C_1 + C_2 + C_3 + \dots$$

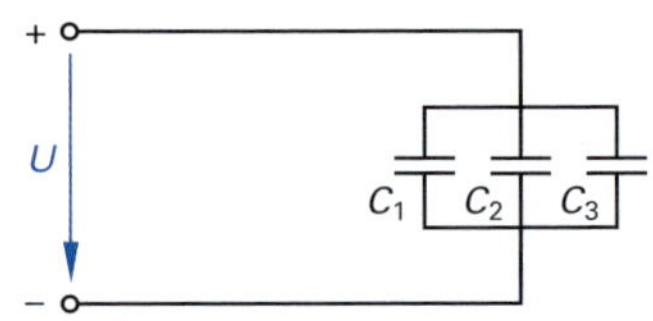

Beispiel

Berechnen Sie die Gesamtkapazität von drei parallel geschalteten Kondensatoren mit $C_1 = 10\ \mu F$; $C_2 = 42\ \mu F$; $C_3 = 30\ \mu F$.

Gegeben: $C_1 = 10\ \mu F$; $C_2 = 42\ \mu F$; $C_3 = 30\ \mu F$ Gesucht: C_{ges}

Lösung $C_{ges} = C_1 + C_2 + C_3 = 10\ \mu F + 42\ \mu F + 30\ \mu F = \mathbf{82\ \mu F}$

REIHENSCHALTUNG

Bei der Reihenschaltung von Kondensatoren addieren sich die einzelnen Plattenabstände. Das bedeutet, dass sich die Gesamtkapazität mit jedem weiteren Kondensator verringert. Die Gesamtkapazität ist immer kleiner als die kleinste Kapazität eines Einzelkondensators.

$$\frac{1}{C} = \frac{1}{C_1} + \frac{1}{C_2} + \frac{1}{C_3} + \dots$$

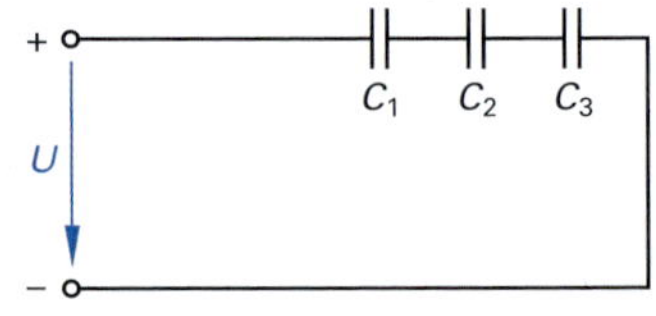

Beispiel

Ermitteln Sie die Gesamtkapazität von drei in Reihe geschalteten Kondensatoren mit $C_1 = 10\ \mu F$; $C_2 = 42\ \mu F$; $C_3 = 30\ \mu F$.

Gegeben: $C_1 = 10\ \mu F$; $C_2 = 42\ \mu F$; $C_3 = 30\ \mu F$ Gesucht: C_{ges} in µF

Lösung $\frac{1}{C_{ges}} = \frac{1}{C_1} + \frac{1}{C_2} + \frac{1}{C_3} = \frac{1}{10\ \mu F} + \frac{1}{42\ \mu F} + \frac{1}{30\ \mu F} = \mathbf{6{,}4\ \mu F}$

Vorsatzzeichen		
Zeichen	Vorsatz	Bedeutung
m	Milli	10^{-3}
µ	Mikro	10^{-6}
n	Nano	10^{-9}
p	Piko	10^{-12}
f	Femto	10^{-15}

Aufgaben

1 Zwei Kondensatoren haben eine Kapazität von jeweils 150 µF. Berechnen Sie die Gesamtkapazität bei Parallelschaltung und Reihenschaltung.

2 Drei gleich große Kondensatoren sind in Reihe geschaltet. Die Gesamtkapazität beträgt 20 µF. Wie groß sind die Kapazitäten der einzelnen Kondensatoren?

3 Eine Reihenschaltung von drei Kondensatoren soll eine Gesamtkapazität von 1 µF haben. C_1 beträgt 5 µF, C_2 beträgt 4 µF. Wie groß muss die Kapazität von C_3 sein?

Lösungen

1) 300 µF; 75 µF | **2)** 60 µF | **3)** 1,82 µF

3.4.16 KAPAZITIVER BLINDWIDERSTAND

$$X_C = \frac{1}{2\pi \cdot f \cdot C}$$

In einem Wechselstromkreis wirkt der Kondensator als Widerstand, bei dem keine Wärme erzeugt wird (kein Energieverlust). Deshalb bezeichnet man den kapazitiven Widerstand als Blindwiderstand X_C. Er ist umgekehrt proportional zur Frequenz und Kapazität und errechnet sich aus der Frequenz und Kapazität ($\omega = 2\pi f$ wird als Kreisfrequenz bezeichnet).

Das heißt, je höher die Frequenz und die Kapazität, umso geringer ist der Blindwiderstand.

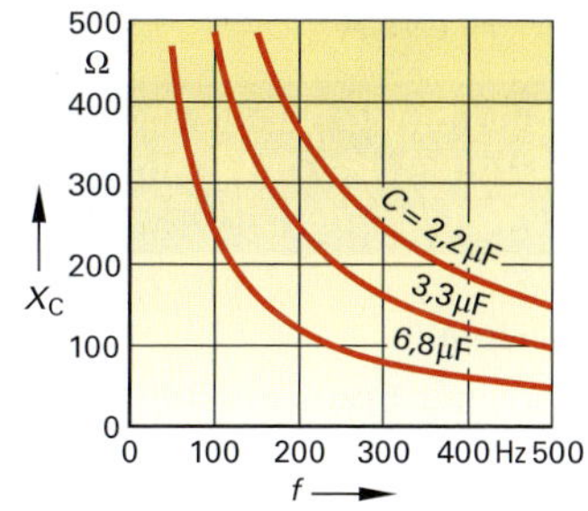

X_C kapazitiver Blindwiderstand in Ω
f Frequenz in 1/s
C Kapazität in F
ω Kreisfrequenz in 1/s

Beispiel

Wie groß ist der Blindwiderstand eines Kondensators mit einer Kapazität von 2,2 nF bei einer Frequenz von 20 kHz?

Gegeben: C = 2,2 nF; f = 20 kHz
Gesucht: X_C in Ω

Lösung $$X_C = \frac{1}{\omega \cdot C} = \frac{1}{2\pi \cdot f \cdot C} = \frac{1}{2\pi \cdot 20 \cdot 10^3\ \text{Hz} \cdot 2{,}2 \cdot 10^{-6}\ \text{F}} = \mathbf{3{,}62\ \Omega}$$

Aufgaben

1 Wie groß ist bei 50 Hz der kapazitive Blindwiderstand eines Kondensators mit 1 µF?

2 Berechnen Sie für einen Kondensator mit einer Kapazität von 18 nF den Blindwiderstand, wenn eine Wechselspannung mit einer Frequenz von 800 kHz angelegt wird.

3 Wie groß ist der Spannungsabfall an einem Kondensator mit einer Kapazität von 47 nF, wenn ein Strom mit einer Frequenz von 460 kHz und einer Stromstärke von 5 mA fließt?

4 Berechnen Sie aus der Schaltung in **Bild 1** mit I = 20 mA, U_1 = 5 V, C_1 = 15 nF und C_2 = 33 nF

a) den Blindwiderstand von C_1 und von C_2
b) die Frequenz der angelegten Spannung
c) die Spannung an C_2
d) die Gesamtspannung

5 Berechnen Sie aus der Schaltung in **Bild 2** mit U = 3 V, f = 1 kHz, C_1 = 120 nF und C_2 = 470 nF

a) den Blindwiderstand von C_1 und von C_2
b) die Ströme I_1 und I_2.

6 Berechnen Sie aus der Schaltung in **Bild 2** mit C_1 = 220 pF, I = 10 mA, I_2 = 4 mA und f = 470 kHz

a) den Blindwiderstand von C_1
b) den Strom I_1
c) die Spannung U
d) die Kapazität von C_2.

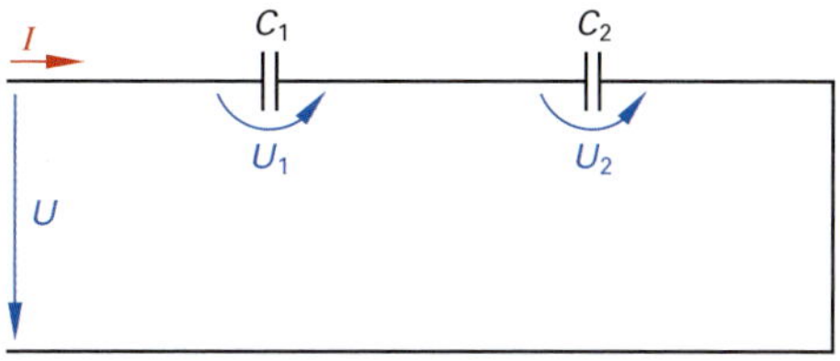

Bild 1: Reihenschaltung

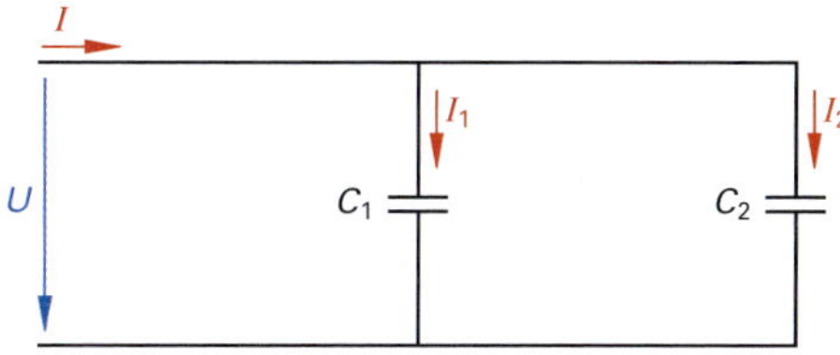

Bild 2: Parallelschaltung

Lösungen

1) 3,183 kΩ | **2)** 11,05 Ω | **3)** 36,85 mV | **4a)** 250 Ω; 113,64 Ω; **4b)** 42,46 kHz; **4c)** 2,27 V; **4d)** 7,27 V | **5a)** 1326,29 Ω; 338,63 Ω; **5b)** 2,26 mA; 8,86 mA | **6a)** 1539,22 Ω; **6b)** 6 mA; **6c)** 9,24 V; **6d)** 146,6 pF

3.4.17 INDUKTIVITÄT

Induktivität (*L*). Sie ist die Fähigkeit einer Spule durch eine Magnetfeldänderung eine Spannung zu erzeugen. Die Induktivität gibt das Verhältnis zwischen dem magnetischen Fluss und dem durch den Leiter fließenden Strom an. Die Induktivität hat die Einheit H (Henry).

1 H = 1 Vs/A

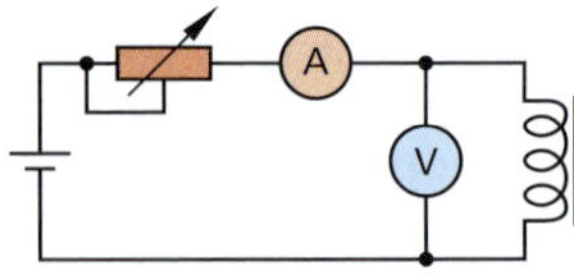

Messschaltung

> Eine Spule hat die Induktivität 1 Henry, wenn eine Änderung der Stromstärke um 1 Ampere in 1 Sekunde in ihr eine Spannung von 1 Volt induziert.

$$u_i = L_i \cdot \frac{-\Delta i}{\Delta t}$$

L Induktivität in H
Δt Zeit der Stromänderung in s
Δi Stromänderung in A
u_i induzierte Spannung in V
N Windungszahl
A_L Spulenkonstante in Vs/A

Beispiel

An einer Spule entsteht eine Spannung von 15 V, wenn während der Zeitdauer von 1 ms der Strom gleichmäßig um 0,15 A abnimmt. Berechnen Sie die Induktivität.

Gegeben: u_i = 15 V; Δt = 1 ms; Δi = 0,15 A
Gesucht: L in H

Lösung

$$L = -u_i \cdot \frac{\Delta t}{-\Delta i} = -15\,\text{V} \cdot \frac{1\,\text{ms}}{-0{,}15\,\text{A}} = \mathbf{0{,}1\,H}$$

Die Induktivität von Spulen ist von deren Aufbau abhängig.

Die Induktivität einer Spule errechnet sich aus dem Quadrat der Windungszahl N multipliziert mit der Spulenkonstante A_L.

Spulenkonstante (A_L). Sie gibt den magnetischen Leitwert des Spulenkerns an. Die Spulenkonstante ist die Induktivität, wenn die Spule aus nur einer Windung besteht. Die Spulenkonstante eines Spulenkörpers wird meist durch Versuchsreihen ermittelt und vom Hersteller des Spulenkerns angegeben.

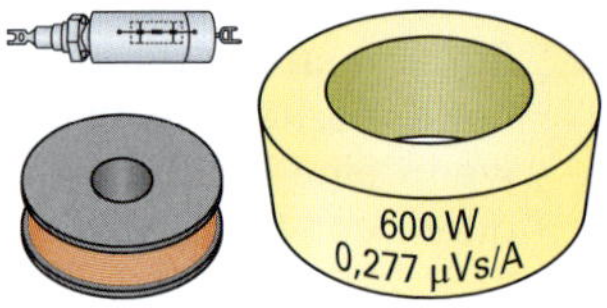

$$L = N^2 \cdot A_L$$

Beispiel

Eine Spule hat 600 Windungen und eine Spulenkonstante von 0,277 μVs/A. Berechnen Sie die Induktivität

Gegeben: N = 600; A_L = 0,277 μVs/A
Gesucht: L in H

Lösung

$$L = N^2 \cdot A_L = 600^2 \cdot 0{,}277\,\mu\text{VsS/A} = \mathbf{0{,}1\,H}$$

Aufgaben

1 Welche Spannung wird in einer Spule mit einer Induktivität von 5 mH induziert, wenn der Spulenstrom während 0,2 ms von 10 mA auf 2 mA gleichmäßig abnimmt?

2 Durch eine Spule mit einer Induktivität von 1,5 H fließt der Gleichstrom 0,2 A.
Welche Zeitdauer zum Abschalten des Stromes ist erforderlich, damit die induzierte Spannung die Grenze von 600 V nicht übersteigt?

3 Eine Spule mit 1500 Windungen besitzt die Induktivität 0,225 H. Berechnen Sie die Spulenkonstante.

4 Ein Ferrit-Schalenkern mit Luftspalt hat die Spulenkonstante von 0,25 μVs/A.
Wie viele Windungen werden für die Induktivität von 15 mH beötigt?

Lösungen

1) 0,2 V | **2)** 0,5 ms | **3)** 0,1 μVs/A | **4)** 245

3.4.18 INDUKTIVER SCHEINWIDERSTAND

Wird eine Spule von einem Wechselstrom durchflossen wirkt sie als induktiver Scheinwiderstand (Impedanz, Z_L). Er errechnet sich aus dem Wirkwiderstand der Spule (R_L) und dem induktiven Blindwiderstand (X_L).

$$Z_L = \sqrt{R_L^2 + X_L^2}$$

$$Z_L = \sqrt{R_L^2 + (2 \cdot \pi \cdot f \cdot L)^2}$$

Wirkwiderstand (R_L). Er ist der Verlustwiderstand der Spule, in dem elektrische Energie in Wärme umgewandelt wird. Aufgrund der Wärmewirkung wird er als Wirkwiderstand bezeichnet.

Induktiver Blindwiderstand (X_L). Er ist der Widerstand einer Spule ohne Verlustleistung. Der Blindwiderstand ist von der Induktivität (L) und der Frequenz (f) abhängig.

Der induktive Blindwiderstand ist umso größer, je größer die Frequenz und die Induktivität der Spule sind.

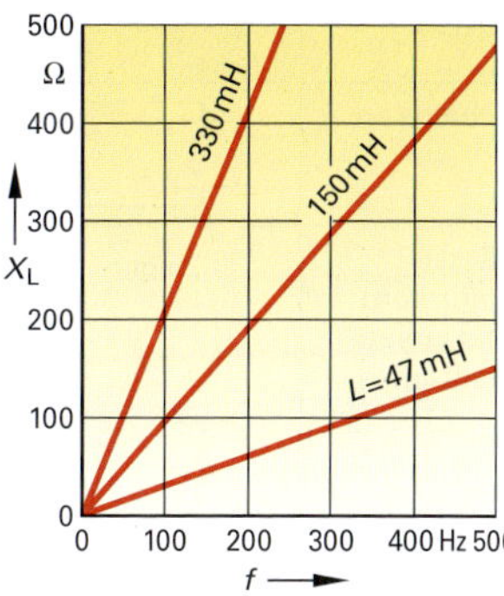

$$X_L = 2 \cdot \pi \cdot f \cdot L$$

Z_L Scheinwiderstand in Ω
R_L Wirkwiderstand in Ω
X_L Induktiver Blindwiderstand in Ω
L Induktivität in H
f Frequenz in Hz

Beispiel

An einer Spule mit einer Induktivität von 60 µH wird eine Wechselspannung mit einer Frequenz von 13,26 MHz angelegt. Ihr Wirkwiderstand beträgt 50 mΩ.

a) Wie groß ist der induktive Scheinwiderstand der Spule?
b) Erklären Sie, ob der Wirkwiderstand berücksichtigt werden muss.

Gegeben: $L = 60$ µH; $f = 13{,}26$ MHz; $R_L = 50$ mΩ
Gesucht: Z_L in Ω

Lösung

$$Z_L = \sqrt{R_L^2 + (2 \cdot \pi \cdot f \cdot L)^2}$$

$$Z_L = \sqrt{(50 \cdot 10^{-3}\,\text{V/A})^2 + (2 \cdot \pi \cdot 13{,}26 \cdot 10^6\text{/s} \cdot 60 \cdot 10^{-6}\,\text{Vs/A})^2}$$

$$Z_L = \sqrt{0{,}0025\,\Omega^2 + 24\,989\,023{,}1\,\Omega^2} = 4998{,}90\,\Omega \approx \mathbf{5\,k\Omega}$$

Der induktive Scheinwiderstand kann mithilfe der Effektivwerte der angelegten Wechselspannung U_{eff} und des von der Spule aufgenommenen Wechselstroms I_{eff} errechnet werden.

$$Z_L = \frac{U_{eff}}{I_{eff}}$$

U_{eff} Effektivwert der Wechselspannung in V
I_{eff} Effektivwert des Wechselstroms in A

Beispiel

An einer Lautsprecherspule werden eine Wechselspannung von 2 V und ein Wechselstrom von 0,5 A gemessen. Wie groß ist die Impedanz (Scheinwiderstand) des Lautsprechers?

Gegeben: $U_{eff} = 2$ V; $I_{eff} = 0{,}5$ A
Gesucht: Z_L in Ω

Lösung $Z_L = \frac{U_{eff}}{I_{eff}} = \frac{2\,\text{V}}{0{,}5\,\text{A}} = \mathbf{4\,\Omega}$

Aufgaben

1 Bei 10,7 MHz hat eine Spule den Blindwiderstand 0,7 Ω. Berechnen Sie die Induktivität.

2 Eine Spule ist an eine Wechselspannung mit einer Frequenz von 260 Hz angeschlossen. Die Induktivität der Spule beträgt 0,15 mH, der Wirkwiderstand 50 mΩ. Berechnen Sie den induktiven Scheinwiderstand der Spule.

3 Eine Spule mit einer Induktivität von 0,338 mH wirkt in einem Wechselstromkreis als ein Blindwiderstand von 1 kΩ. Errechnen Sie die Frequenz der Wechselspannung.

4 Eine Spule mit $R_L = 0$ nimmt an einer Wechselspannung von 15 V einen Wechselstrom von 1,5 mA auf. Die Induktivität der Spule beträgt 5,3 mH. Berechnen Sie die Frequenz der Wechselspannung.

Lösungen

1) 10,4 nH | **2)** 0,25 Ω | **3)** 470 872,61 Hz ≈ 470 kHz | **4)** 300 292,35 Hz ≈ 300 kHz

3.4.19 ZEIGERDIAGRAMME, WIRKLEISTUNG, SCHEINLEISTUNG, SCHEINWIDERSTAND

Im Wechselstromkreis hängt der zeitliche Verlauf von Strom und Spannung von den im Stromkreis verbauten elektrischen Bauteilen ab. Man unterscheidet nach:

Ohmschem Wirkwiderstand R, induktivem Blindwiderstand X_L, kapazitivem Blindwiderstand X_C

Zeigerdiagramm. Die Darstellung der zeitlichen Verläufe von Strom und Spannung erfolgt im Zeigerdiagramm. Hierbei wird die Phasenverschiebung zwischen U und I als Winkel φ angegeben.

Wirkleistung. Am Wirkwiderstand R ergibt sich eine Wirkleistung P (Watt) in Form von Wärme.

Scheinleistung. Am Scheinwiderstand X ergibt sich eine Scheinleistung Q (1 var) ohne Wärmeabgabe.

Widerstand	Ohmscher Wirkwiderstand R $R = U/I$	Induktiver Blindwiderstand X_L $X_L = \omega \cdot L$	Kapazitiver Blindwiderstand X_C $X_C = 1/\omega \cdot C$
Schaltplan	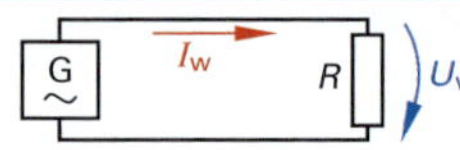	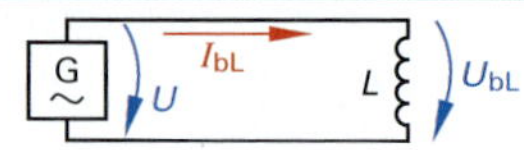	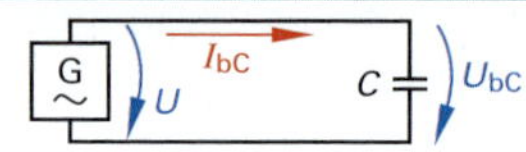
Zeigerdiagramm und Liniendiagramm	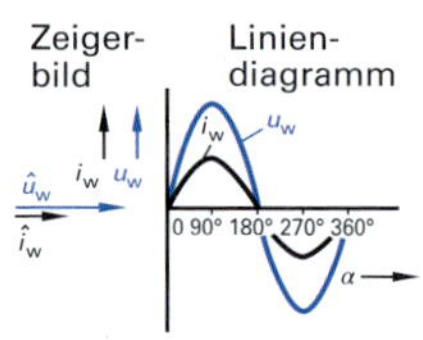	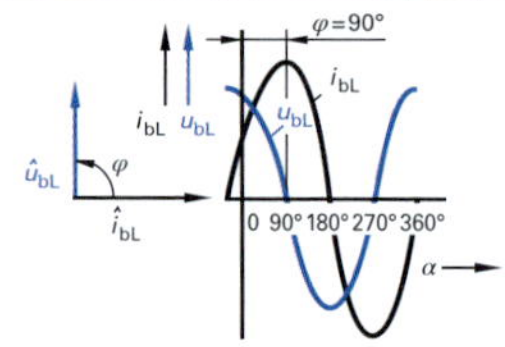	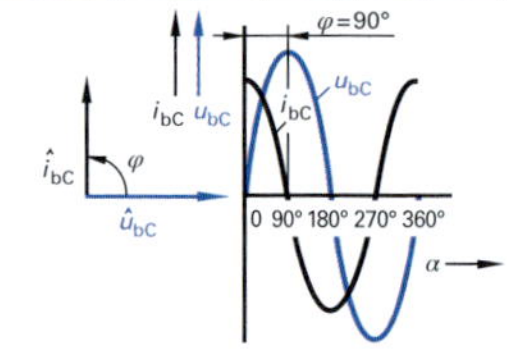
Phasenverschiebung	Strom und Spannung sind phasengleich.	Der Strom I_{bL} eilt der Spannung U_{bL} um $\varphi = 90°$ nach.	Der Strom I_{bC} eilt der Spannung U_{bC} um $\varphi = 90°$ voraus.
Leistung	Wirkleistung P_{eff} $P_{eff} = U_{eff} \cdot I_{eff} = U^2/R$	Induktive Blindleistung Q_L $Q_L = I_L \cdot U_L = I_{bL}^2 \cdot X_L = U_{bL}^2/X_L$	Kapazitive Blindleistung Q_C $Q_C = I_C \cdot U_C = I_{bC}^2 \cdot X_C = U_{bC}^2/X_C$
Beispiel	Ein Heizlüfter 230 V, 50 Hz hat einen Widerstand von 52,8 Ω. Berechnen Sie die Wirkleistung P.	Eine Spule nimmt bei 230 V 50 Hz eine Blindleistung von 95 var auf. Berechnen Sie den induktiven Blindwiderstand X_L.	Ein Kondensator von 24 µF ist an 230 V/50 Hz angeschlossen. Wie groß ist die Blindleistung?
Lösung	$P = \frac{U^2}{R} = \frac{(230\ \text{V})^2}{52{,}8\ \Omega} = 1\ \text{kW}$	$X_L = \frac{U_{bL}^2}{Q_L} = \frac{(230\ \text{V})^2}{95\ \text{var}} = 556{,}8\ \Omega$	$Q_C = \frac{U_{bC}^2}{X_C} = U_{bC}^2 \cdot \omega \cdot C = 398{,}8\ \text{var}$

Scheinwiderstand Z. Er entsteht durch die Reihenschaltung von Wirkwiderstand R und Blindwiderstand X. Man unterscheidet RC- und RL-Schaltung. Z ist die geometrische Addition von R (waagrecht) und X_L (senkrecht nach oben) bzw X_C (senkrecht nach unten). Der Winkel φ gibt die Phasenverschiebung an.

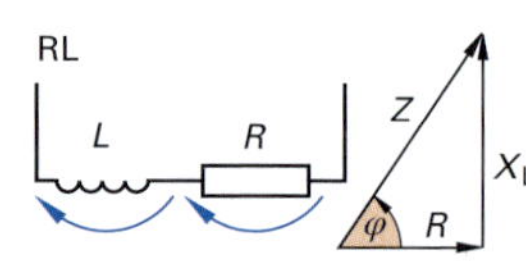

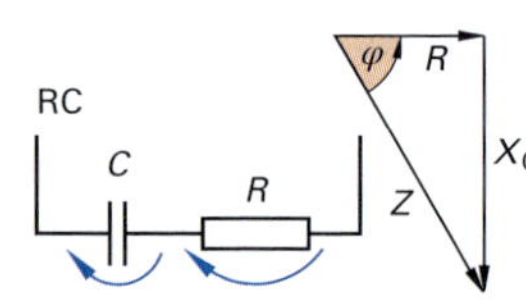

$$Z = \sqrt{R^2 + X^2} \qquad X = Z \cdot \sin\varphi \qquad R = Z \cdot \cos\varphi \qquad \tan\varphi = \frac{X}{R}$$

Z	Scheinwiderstand in Ω	X	Blindwiderstand X_L bzw. X_C in Ω
R	Wirkwiderstand in Ω	φ	Phasenverschiebung in Grad
$\cos\varphi$	Wirkleistungsfaktor		

Aufgaben

1 Wie groß ist die Spuleninduktivität, die an 230 V/50 Hz eine Blindleistung von 600 var aufnimmt?

2 An einem Kondensator 230 V/50 Hz wird eine Blindleistung Q_C von 1400 var gemessen. Wie groß sind der kapazitive Blindwiderstand X_C und die Kapazität des Kondensators?

3 Berechnen Sie den Wirkleistungsfaktor einer Spule (L = 30 mH), die an einer Wechselspannung von 10 V bei einer Frequenz von 500 Hz einen Wirkwiderstand von 35 Ω besitzt.

4 In einem Wechselstromkreis (50 Hz) werden ein Kondensator von 75 µF und ein ohmscher Widerstand von 75 Ω in Reihe geschaltet. Berechnen Sie Blindwiderstand, Scheinwiderstand und Phasenverschiebung.

Lösungen

1) 280 mH | **2)** 37,8 Ω ; 84,2 µF | **3)** 0,85 | **4)** 42,46 Ω ; 86,2 Ω ; 29,5°

3.4.20 RC- UND RL-SIEBSCHALTUNGEN

Siebschaltungen filtern unerwünschte Frequenzen aus Spannungen. Sie können z. B. Oberwellen des Generators aus den Signalspannungen der Lautsprecher herausfiltern und z. B. als Frequenzweichen in Audioanlagen eingesetzt werden.

Der Schaltungsaufbau entspricht einem unbelasteten Spannungsteiler. Wird anstelle eines ohmschen Widerstandes eine Spule mit induktivem Blindwiderstand X_L oder ein Kondensator mit kapazitivem Blindwiderstand X_C verbaut, verhalten sich die Spannungen U_1 zu U_2 wie die entsprechenden Impedanzen (Scheinwiderstände) Z_1 zu Z_2.

Es entsteht eine frequenzabhängige Ausgangsspannung U_2.

$$\frac{U_2}{U_1} = \frac{Z_2}{Z_1}$$

$$U_2 = U_1 \cdot \frac{Z_2}{Z_1}$$

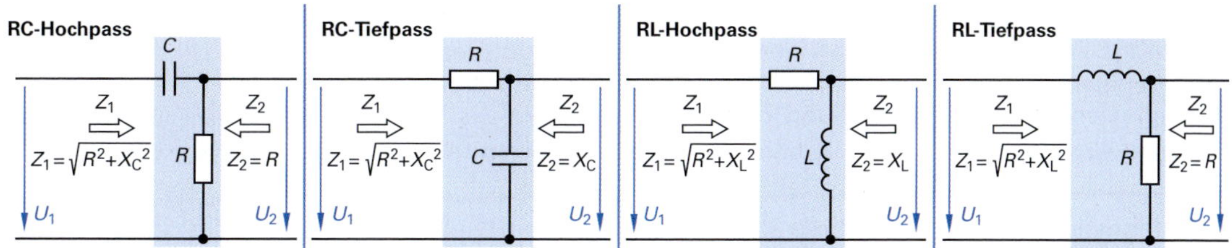

RC-Hochpass: $\frac{U_2}{U_1} = \frac{Z_2}{Z_1} \Rightarrow \frac{U_2}{U_1} = \frac{R}{\sqrt{R^2+X_C^2}}$

RC-Tiefpass: $\frac{U_2}{U_1} = \frac{Z_2}{Z_1} \Rightarrow \frac{U_2}{U_1} = \frac{X_C}{\sqrt{R^2+X_C^2}}$

RL-Hochpass: $\frac{U_2}{U_1} = \frac{Z_2}{Z_1} \Rightarrow \frac{U_2}{U_1} = \frac{X_L}{\sqrt{R^2+X_L^2}}$

RL-Tiefpass: $\frac{U_2}{U_1} = \frac{Z_2}{Z_1} \Rightarrow \frac{U_2}{U_1} = \frac{R}{\sqrt{R^2+X_L^2}}$

$$X_C = \frac{1}{2 \cdot \pi \cdot f \cdot C}$$

$$f_g = \frac{1}{2 \cdot \pi \cdot R \cdot C}$$

$$X_L = 2 \cdot \pi \cdot f \cdot L$$

$$f_g = \frac{R}{2 \cdot \pi \cdot L}$$

U_1/U_2 Ein-/Ausgangsspannung in V
R ohm. Widerstand in Ω
Z_1/Z_2 Ein-/Ausgangsimpedanz in Ω
f_g Grenzfrequenz
X_L induktiver Blindwiderstand in Ω
X_C kapazitiver Blindwiderstand in Ω

Tiefpass. Es können tiefe Frequenzen passieren. Das Verhältnis Z_2 zu Z_1 nimmt mit steigender Frequenz ab. Die hochfrequenten Wechselspannungen werden herausgefiltert (gesiebt).

Hochpass. Es können hohe Frequenzen passieren. Das Verhältnis Z_2 zu Z_1 nimmt mit steigender Frequenz zu. Die niederfrequenten Wechselspannungen werden herausgefiltert (gesiebt).

Grenzfrequenz f_g für die Filterung. Es ist die Frequenz, bei der Blindwiderstand und Wirkwiderstand gleich groß sind. Die Ausgangsspannung beträgt dann 70,7 % ($1/\sqrt{2}$) der Eingangsspannung.

Beispiel

Bei einer Audio-Anlage soll ein Hochtöner durch einen RC-Hochpass vom Basslautsprecher getrennt werden. Der Kondensator im Hochpass hat eine Kapazität von 3 μF. Der ohmsche Widerstand beträgt 50 Ω. Berechnen Sie die Grenzfrequenz und die Ausgangsspannung bei 10000 Hz und 14 V.

Gegeben: R = 50 Ω; C = 3 μF; U_1 = 14 V; f = 10000 Hz Gesucht: f_g in Hz; U_2 in V

Lösung

$$f_g = \frac{1}{2 \cdot \pi \cdot R \cdot C} = \frac{1}{2 \cdot \pi \cdot 50\ \Omega \cdot 3\ \mu F} = \mathbf{1061\ Hz} \qquad X_C = \frac{1}{2 \cdot \pi \cdot f \cdot C} = \frac{1}{2 \cdot \pi \cdot 10000\ Hz \cdot 3\ \mu F} = \mathbf{5{,}3\ \Omega}$$

$$U_2 = U_1 \cdot \frac{Z_2}{Z_1} = \frac{U_1 \cdot R}{\sqrt{R^2 + X_C^2}} = \frac{14\ V \cdot 50\ \Omega}{\sqrt{(50\ \Omega)^2 + (5{,}3\ \Omega)^2}} = \mathbf{13{,}90\ V}$$

Aufgaben

1 Ein Subwoofer soll nur Frequenzen unterhalb von f_g = 500 Hz wiedergeben. Berechnen Sie die Kapazität des einzubauenden Kondensators bei einem ohmschen Widerstand der Leitung von 0,5 Ω.

2 Ein Generator (14 V) verursacht im Lautsprecher eines Pkw einen Pfeifton von 16 kHz.
a) Berechnen Sie die Induktivität des RL-Tiefpasses, der auf eine Grenzfrequenz von 2 kHz ausgelegt ist und einen ohmschen Widerstand von 500 Ω hat.
b) Wie hoch ist die Ausgangsspannung des Störsignals nach der Filterung?

Lösungen

1) 637 μF | **2a)** 0,0398 H; **2b)** 1,74 V

3.4.21 DÄMPFUNG UND VERSTÄRKUNG

Werden Signale durch Leitungen übertragen oder in Geräten verändert, so sind Eingangs- (z. B. U_1) und Ausgangssignal (U_2) verschieden.

Dämpfung. Das Eingangssignal U_1 ist größer als das Ausgangssignal U_2. Die Dämpfung des Signals ist z. B. vom Scheinwiderstand Z der Leitung abhängig.

Verstärkung. Das Eingangssignal U_1 ist kleiner als das Ausgangssignal U_2. Sehr schwache Signale müssen von Verstärkern, z. B. bei Antennenanlagen, verstärkt werden.

Dämpfungsmaß *A*, Verstärkungsmaß *G*. Sie ergeben sich aus dem Vergleich des Eingangs- und Ausgangssignals.

Dämpfungs- und Verstärkungsmaß werden in der Einheit dB (Dezibel) angegeben. Da sich diese Werte häufig in ihrer Größe sehr stark unterscheiden, erfolgt die Darstellung logarithmisch.

Leistungsvergleich. Hier wird der Zehnerlogarithmus angewendet.

$$A_u = 20 \cdot \lg \frac{U_1}{U_2}; \quad A_p = 10 \cdot \lg \frac{P_1}{P_2}$$

$$G_u = 20 \cdot \lg \frac{U_2}{U_1}; \quad G_p = 10 \cdot \lg \frac{P_2}{P_1}$$

A_u Spannungsdämpfungsmaß in dB
U_1 Eingangsspannung in V
U_2 Ausgangsspannung in V
A_p Leistungsdämpfungsmaß in dB
P_1 aufgenommene Leistung in W
P_2 abgegebene Leistung in W
G_u Spannungsverstärkungsmaß in dB
G_p Leistungsverstärkungsmaß in dB

Beispiel

Ein Antennenverstärker verstärkt die Antennenleistung von 15 µW auf 6 mW. Berechnen Sie das Verstärkungsmaß in dB.

Gegeben: $P_1 = 15\ \mu W$; $P_2 = 6\ mW = 6000\ \mu W$ Gesucht: G_p in dB

Lösung $G_p = 10 \lg \frac{6000\ \mu W}{15\ \mu W} = \mathbf{26\ dB}$

Spannungsvergleich. Es wird der Zwanzigerlogarithmus angewendet.

Beispiel

Es werden als Eingangsspannung 1,2 mV und als Ausgangsspannung 475 µV gemessen. Berechnen Sie das Dämpfungsmaß in dB.

Gegeben: $U_1 = 1{,}2\ mV = 1200\ \mu V$; $U_2 = 475\ \mu V$ Gesucht: A_u in dB

Lösung $A_u = 20 \lg \frac{1200\ \mu V}{475\ \mu V} = \mathbf{8\ dB}$

$$U_1 = U_2 \cdot 10^{\frac{A_u}{20\ dB}}$$

$$U_2 = \frac{U_1}{10^{\frac{A_u}{20\ dB}}}$$

$$A_{Ges} = A_1 + A_2 + A_3 + \ldots$$
$$G_{Ges} = G_1 + G_2 + G_3 + \ldots$$

Gesamtdämpfungsmaß A_{Ges}, Verstärkungsmaß G_{Ges}. Es ist die Summe der einzelnen Dämpfungs- und Verstärkungsmaße. Werden eine Leitungsdämpfung (z. B. 8 dB) und ein Verstärker (z. B. 26 dB) kombiniert, so werden die Dämpfungs- und Verstärkungsmaße voneinander abgezogen. Das Verstärkungsmaß des Systems ist somit 18 dB.

Pegel *L*. Bei Antennenanlagen wird mit Pegeln gerechnet. Der Spannungspegel L_u ist das logarithmische Verhältnis einer Spannung U bezogen auf die Bezugsspannung $U_0 = 1\ \mu V$ (bei 75 Ω). Einheit dB.

$$L_u = 20 \cdot \lg \frac{U}{U_0}$$

L_u Spannungspegel in dB
U Spannung in µV
U_0 Bezugsspannung 1 µV an 75 Ω

Dämpfungsmaße *A* in dB	0	1	2	3	6	10	20	30	40
U_1/U_2	1	1,12	1,26	1,41	2	3,16	10	31,6	100
P_1/P_2	1	1,26	1,58	2	3,98	10	100	1000	10000

Aufgaben

1 Die Eingangsspannung einer Datenleitung beträgt 35 mV, am Ausgang wird eine Spannung von 17,5 mV gemessen. Berechnen Sie die Dämpfung in dB.

2 Berechnen Sie die Dämpfung einer Leitung, wenn sich die Eingangsleistung von 245 mW auf eine Ausgangsleistung von 1200 µW reduziert hat.

3 Ein Antennenverstärker mit $G_u = 38$ dB wird von einer Eingangsspannung von 2,1 mV gespeist. Berechnen Sie die Eingangsspannung am Radio, wenn die Leitungsdämpfung 23 dB beträgt.

Lösungen

1) 6 dB | **2)** 23 dB | **3)** 11,8 mV

3.4.22 DIODE

Dioden werden in Gleichrichterschaltungen, z. B. bei Drehstromgeneratoren, verwendet. Leuchtdioden werden im Kraftfahrzeug als Leuchtmittel und optische Anzeigen eingesetzt.

Um eine Diode bzw. Leuchtdiode vor Überlastung zu schützen ist darauf zu achten, dass die vom Hersteller angegebenen Grenzwerte für Sperrspannungen und Durchlassstrom nicht überschritten werden. Ein zur Diode in Reihe geschalteter Vorwiderstand R_V begrenzt den Strom **(Bild 1).**

Zur Bestimmung des Arbeitspunktes der Diode verwendet man die vom Hersteller vorgegebene Widerstandskennlinie der Diode im Durchlassbereich und die Kennlinie der Spannungsquelle U_1 mit Innenwiderstand R_V **(Bild 2).** Die Kennlinie von R_V ist eine Gerade mit den Punkten P_1 (Anschlussspannung U_1) und P_2 (Strom $I_0 = U_1/R_V$).

Der Arbeitspunkt der Diode ist der Schnittpunkt zwischen der Dioden- und der Widerstandskennlinie.

Die Widerstandskennlinie der Diode kann auch logarithmisch dargestellt sein **(Bild 3).**

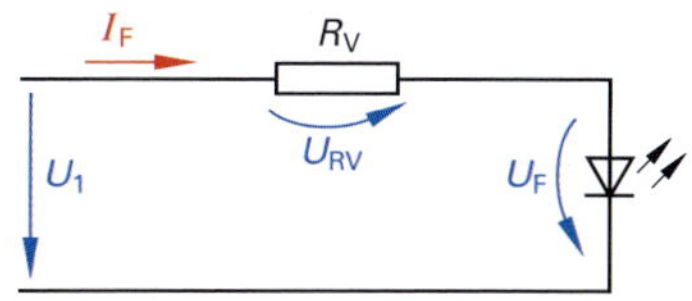

Bild 1

$$R_V = \frac{U_1 - U_F}{I_F}$$

$$P_F = U_F \cdot I_F$$

U_1 Anschlussspannung
U_F Durchlassspannung
I_F Durchlassstrom
R_V Vorwiderstand
P_F Verlustleistung

Beispiel

Die Leuchtdiode CQY 40 mit der Kennlinie nach **Bild 2** wird mit $R_V = 270\ \Omega$ an eine Anschlussspannung $U_1 = 5$ V betrieben.
a) Ermitteln Sie mithilfe der Arbeitsgeraden den Arbeitspunkt.
Geben Sie b) die Durchlassspannung U_F,
c) den Durchlassstrom I_F und
d) die Spannung U_{RV} am Vorwiderstand R_V an.

Lösung a) $I_0 = \frac{U_1}{R_V} = \frac{5\ \text{V}}{270\ \Omega} = \mathbf{18{,}5\ mA}$

b) Aus Bild 2: $U_F = \mathbf{1{,}7\ V}$

c) Aus Bild 2: $I_F = \mathbf{12\ mA}$

d) $U_{RV} = U_1 - U_F = 5\ \text{V} - 1{,}7\ \text{V} = \mathbf{3{,}3\ V}$

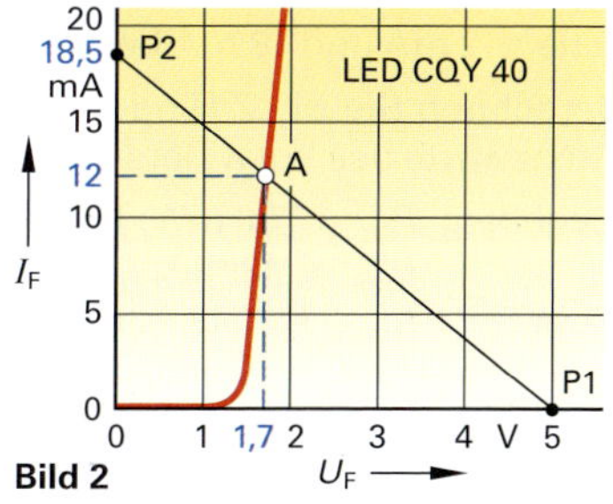

Bild 2

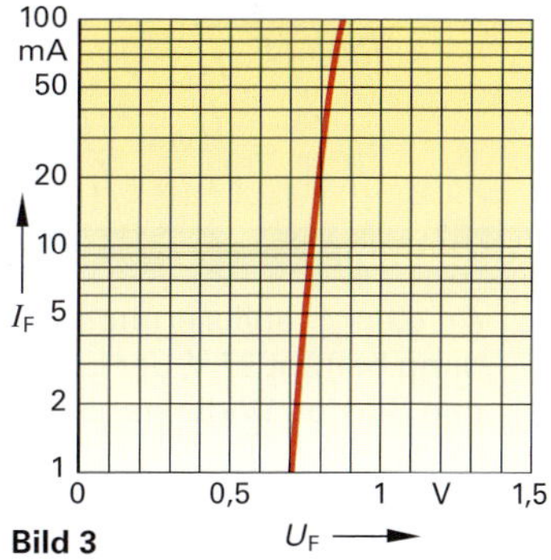

Bild 3

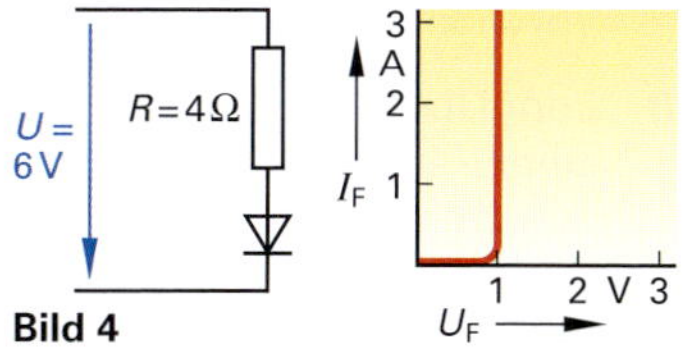

Bild 4

Aufgaben

1 Eine Leuchtdiode liegt mit einem Vorwiderstand R_V in Reihe an $U_1 = 6$ V **(Bild 1).** Die Spannung an der Diode beträgt $U_F = 1{,}6$ V und der Strom $I_F = 10$ mA. Berechnen Sie R_V.

2 Eine Leuchtdiode hat eine Durchlassspannung von $U_F = 1{,}8$ V und liegt in Reihe mit einem Vorwiderstand $R_V = 560\ \Omega$ an $U_1 = 12$ V. Berechnen Sie
a) den Strom durch den Vorwiderstand
b) die Verlustleistung am Vorwiderstand und an der LED.

3 Die Schaltung **(Bild 1)** mit der Leuchtdiode CQY 40 liegt an $U_1 = 5$ V. Der Strom I_F soll höchstens 10 mA betragen.
a) Ermitteln Sie mithilfe der Kennlinie **(Bild 2)** den Wert des Vorwiderstandes.
b) Geben Sie die Stromstärke I_F an, die sich bei einem gewählten Widerstand von 500 Ω einstellt.

4 Ermitteln Sie für die Schaltung **(Bild 4)**
a) die Arbeitsgerade und den Arbeitspunkt der Diode.
b) die Leistung des Widerstandes.

Lösungen

1) 440 Ω | **2a)** 18,2 mA; **2b)** 185 mW; 33 mW | **3a)** 340 Ω; **3b)** 7 mA | **4a)** 1,2 A; 1 V; **4b)** 5,76 W

3.4.23 SPANNUNGSSTABILISIERUNG MIT ZENERDIODEN (Z-DIODEN)

Die wichtigsten Kenngrößen einer Z-Diode sind die höchstzulässige Verlustleistung P_{tot} und der höchstzulässige Zener-Strom I_{Zmax}. Beide Werte werden im Datenblatt als Zahlenwert oder Kennlinie angegeben.

Der Strom I_Z wird durch den Vorwiderstand R_V begrenzt. Er errechnet sich aus der Zener-Spannung U_Z, den Eingangsspannungen U_{1min}, U_{1max}, den Strömen durch die Z-Diode I_{Zmin}, I_{Zmax} und den Lastströmen I_{Lmin}, I_{Lmax}.

Um den Knickbereich, **Bild 1,** der Kennlinie zu vermeiden, wird meist der minimale Strom I_{Zmin} mit dem Wert $I_{Zmax}/10$ eingesetzt.

Vorwiderstandsfestlegung. Es werden die beiden Grenzwerte des Vorwiderstands R_{Vmin} und R_{Vmax} berechnet. Zum Einbau wird ein Widerstand aus der Normreihe verwendet, dessen Widerstand dem Wert R_{Vmax} am nächsten ist.

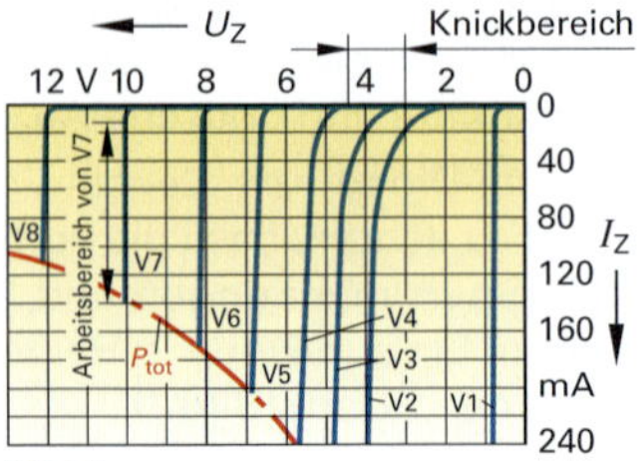

Bild 1

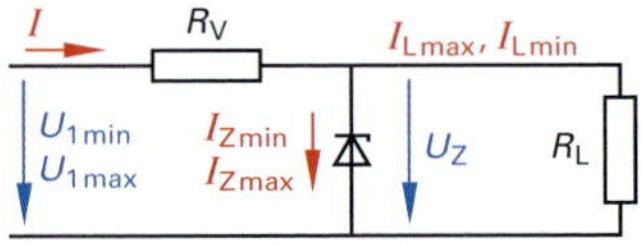

$$R_{Vmax} = \frac{U_{1min} - U_Z}{I_{Zmin} + I_{Lmax}}$$

$$R_{Vmin} = \frac{U_{1max} - U_Z}{I_{Zmax} + I_{Lmin}}$$

U_{1min}	Niedrigste Eingangsspannung in V
U_{1max}	Höchste Eingangsspannung in V
I_{Zmin}	Minimaler Z-Diodenstrom in A
I_{Zmax}	Höchstzulässiger Z-Diodenstrom in A
U_Z	Z-Spannung in V
I_{Lmin}	Niedrigster Laststrom in A
I_{Lmax}	Höchster Laststrom in A
R_{Vmin}	Mindestwert Vorwiderstand in Ω
R_{Vmax}	Maximalwert Vorwiderstand in Ω
P_{tot}	Maximal zulässige Verlustleistung

Beispiel

Die Eingangsspannung einer Stabilisierungschaltung durch eine Z-Diode mit einer höchstzulässigen Verlustleistung von 750 mW schwankt zwischen 37,8 V und 46,2 V. Der Laststrom ändert sich zwischen 12 mA und 18 mA bei einer Z-Spannung von 15 V.

Berechnen Sie die Z-Diodenströme I_{Zmin} und I_{Zmax} und die beiden Grenzwerte des Vorwiderstands R_{Vmin} und R_{Vmax}.

Gegeben: $P_{tot} = 750$ mW; $U_{1min} = 37{,}8$ V; $U_{1max} = 46{,}2$ V; $I_{Lmin} = 12$ mA; $I_{Lmax} = 18$ mA; $U_Z = 15$ V

Gesucht: I_{Zmax}, I_{Zmin} in A; R_{Vmin}, R_{Vmax} in Ω

Lösung

$$I_{Zmax} = \frac{P_{tot}}{U_Z} = \frac{750 \cdot 10^{-3}\,\text{VA}}{15\,\text{V}} = 50 \cdot 10^{-3}\,\text{A} = \mathbf{50\,mA}$$

$$I_{Zmin} = \frac{I_{Zmax}}{10} = \frac{50\,\text{mA}}{10} = \mathbf{5\,mA}$$

$$R_{Vmax} = \frac{U_{1min} - U_Z}{I_{Zmin} + I_{Lmax}} = \frac{37{,}8\,\text{V} - 15\,\text{V}}{0{,}005\,\text{A} + 0{,}018\,\text{A}} = \mathbf{991\,\Omega}$$

$$R_{Vmin} = \frac{U_{1max} - U_Z}{I_{Zmax} + I_{Lmin}} = \frac{42{,}6\,\text{V} - 15\,\text{V}}{0{,}05\,\text{A} + 0{,}012\,\text{A}} = \mathbf{503\,\Omega}$$

Aufgaben

1 An einer Stabilisierungsschaltung wird eine Eingangsspannung von 60 V angelegt. Die Zenerspannung beträgt 27 V, der Laststrom 180 mA. Durch die Zenerdiode fließt ein Strom von 70 mA. Berechnen Sie den Widerstandswert und die Leistungsaufnahme des Vorwiderstandes.

2 Zur Stabilisierung einer Steuerschaltung für eine Innenlichtverzögerung soll eine Z-Diode mit einer Zenerspannung von 10 V verwendet werden. Der Maximalstrom der Diode beträgt 85 mA, der Minimalstrom beträgt 20 mA. Die Eingangsspannung schwankt von 11,5 V bis 14 V. Der Laststrom beträgt 15 mA. Berechnen Sie die Widerstandsgrenzwerte und die maximale Leistungsaufnahme des Vorwiderstands.

3 Zum Überspannungsschutz eines Rechnerbausteins in einem Steuergerät ist eine Zenerdiode mit einer Zenerspannung von 15 V eingebaut. Der höchstzulässige Diodenstrom beträgt 100 mA. Die Schaltung soll bis zu einer Eingangsspannung von 35 V geschützt sein. Der Vorwiderstand hat einen Widerstandswert von 160 Ω. Berechnen Sie den maximalen Laststrom des Rechnerbausteins.

Lösungen

1) 132 Ω ; 8,25 W | **2)** 42,86 Ω; 40 Ω; 0,4 W | **3)** 25 mA

3.4.24 TRANSISTOR ALS VERSTÄRKER

Um die Eigenschaften eines Transistors als Verstärker nutzen zu können, muss sein Arbeitspunkt festgelegt und stabilisiert werden. Er wird anhand der Zusammenhänge zwischen den Spannungen und Strömen am Transistor be stimmt.

Transistorschaltungen (Bild 1). Um Schaltungen verschiedener Transistorbauarten einheitlich berechnen zu können, sind für die Spannungen und Ströme Bezugspfeile in einheitliche Richtungen festgelegt. Sie entsprechen nicht den tatsächlichen Stromflussrichtungen.

Die Strompfeile zeigen alle zum Transistor hin **(Bild 1).** Dies bedeutet z. B., dass die Kennwerte des maximalen Emitterstroms eines NPN-Transistors negative Vorzeichen, die eines PNP-Transistors positive Vorzeichen haben.

Transistorkennlinien (Bild 2, 3, 4). Sie werden vom Hersteller vorgegeben und stellen die Zusammenhänge zwischen den Spannungen und Strömen grafisch dar. Die Transistorkennlinien sind zur Festlegung des Arbeitspunktes notwendig.

Ausgangskennlinie. Sie zeigt die Abhängigkeit der Ausgangsgrößen I_C und U_{CE} von den Basisströmen I_B. Der Arbeitsbereich des Transistors liegt im flachen Teil der Ausgangskennlinie, damit die Ausgangsstromschwankungen reduziert werden. Der Arbeitspunkt sollte deshalb in diesem Bereich liegen **(Bild 2).**

Eingangskennlinie (Bild 3). Sie zeigt die Abhängigkeit des Eingangsstroms I_B von der Eingangsspannung U_{BE} **(Bild 3).**

Stromsteuerkennlinie. Sie zeigt die Abhängigkeit des Kollektorstroms I_C vom Basisstrom I_B, auch I_C, I_B-Kennlinie genannt **(Bild 3).**

Gleichstromverhältnis (*B*, Gleichstromverstärkungsfaktor). Es gibt das Verhältnis des Kollektorstroms I_C zum Basisstrom I_B am Arbeitspunkt an. Das Gleichstromverhältnis wird zur Berechnung der Bauteile einer Transistorschaltung verwendet.

Beispiel

Eine Treiberstufe mit einem Transistor soll auf einen Laststrom von 70 mA am Kollektor eingestellt werden. Ermitteln Sie mithilfe der Stromsteuerkennlinie **(Bild 4)**

a) den Basisstrom und

b) das Gleichstromverhältnis.

Gegeben: I_C = 70 mA; Stromsteuerkennlinie
Gesucht: a) I_B in mA,
b) B

Lösung

a) I_C = **0,2 mA,** ermittelt aus Stromsteuerkennlinie

b) $B = \frac{I_C}{I_B} = \frac{70\text{ mA}}{0{,}2\text{ mA}} = \mathbf{350}$

Bild 1

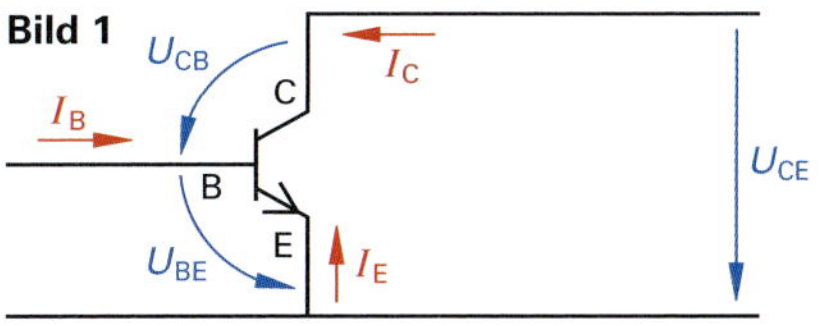

I_B	Basisstrom
I_C	Kollektorstrom
I_E	Emitterstrom
U_{CB}	Kollektor-Basisspannung
U_{BE}	Basis-Emitterspannung
U_{CE}	Kollektor-Emitterspannung
P_{tot}	Höchstzulässige Verlustleistung

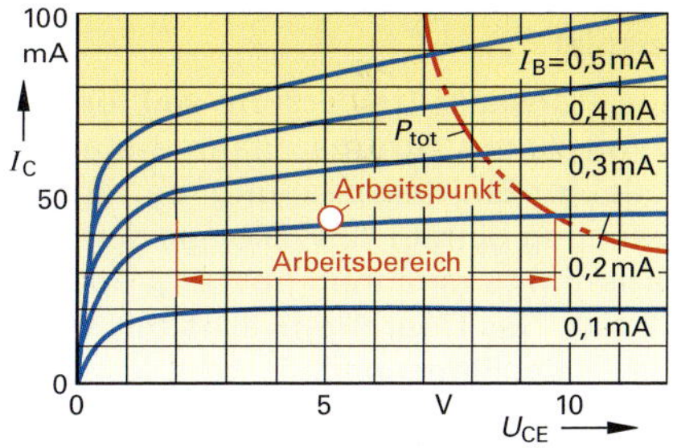

Bild 2: Transistor-Ausgangskennlinie

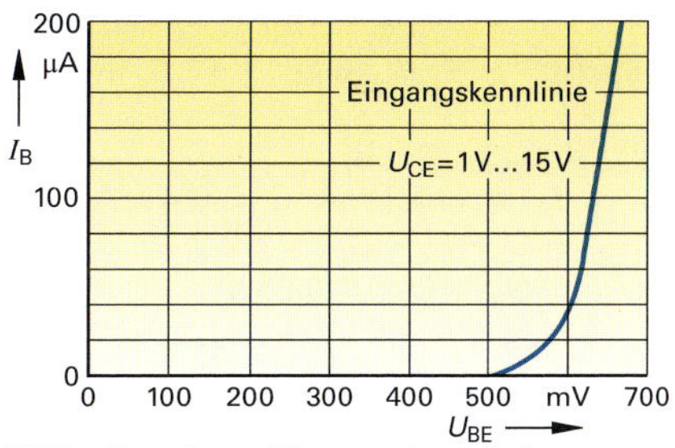

Bild 3: Transistor-Eingangskennlinie

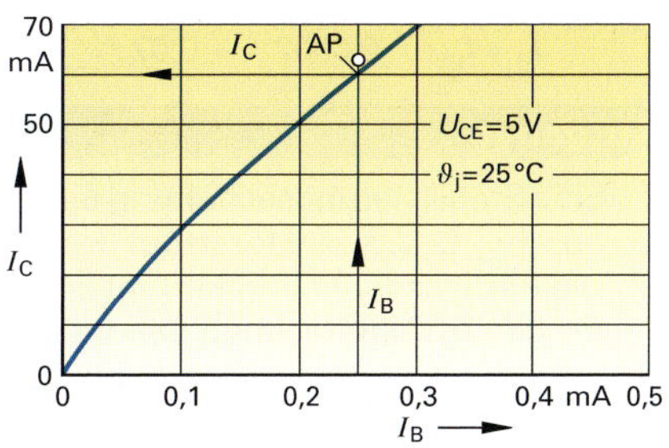

Bild 4: Transistor-Stromsteuerkennlinie

$$B = \frac{I_C}{I_B}$$

Transistorgrenzwerte. Es sind vom Hersteller angegebene Höchstwerte, die nicht überschritten werden dürfen. So wird zum Beispiel die maximale Verlustleistung als Verlustleistungshyperbel in das Ausgangskennlinienfeld eingetragen (Seite 219, **Bild 2**).

Arbeitspunktstabilisierung bei Emitterschaltung (Bild 1). Sie wird meist mithilfe einer Spannungsteilerschaltung (R_1, R_2) erreicht. Zusätzlich wird die Stabilisierungsschaltung durch einen Emitterwiderstand R_E erweitert.

Der Lastwiderstand am Kollektor wird als Widerstand R_C bezeichnet.

Querstromverhältnis. Es ist das Verhältnis vom Strom I_q, der durch R_2 fließt, zum Basisstrom I_B.

Widerstandsverhältnis. Es ist das Verhältnis von Lastwiderstand R_C zu Emitterwiderstand R_E. Die Widerstände errechnen sich aus der Vorgabe des Arbeitspunktes aus den Kennlinien.

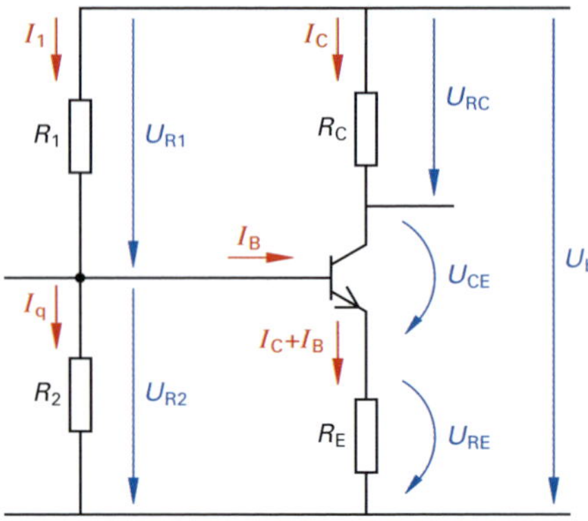

Bild 1

$$q = \frac{I_q}{I_B}$$

$$m = \frac{R_C}{R_E}$$

$$R_2 = \frac{U_{R2}}{I_q}$$

$$R_1 = \frac{U_b - U_{R2}}{I_B + I_q}$$

$$R_E = \frac{U_{RE}}{I_B + I_C}$$

$$U_{R2} = U_{BE} + U_{RE}$$

Für $I_B \ll I_C$:

$$R_E = \frac{U_{RE}}{I_C}$$

$$U_{RE} \approx \frac{U_{RC}}{m}$$

q	Querstromverhältnis
I_q	Querstrom ($I_Q = q \cdot I_B$)
I_B	Basisstrom
R_1, R_2	Widerstände des Basisspannungsteilers
U_{R2}	Spannungsabfall an R_2
U_b	Betriebsspannung
R_E	Emitterwiderstand
R_C	Kollektorwiderstand
m	Widerstandsverhältnis ($m \approx 5 \ldots 10$)
U_{BE}	Basis-Emitter-Spannung
U_{RE}	Spannungsabfall an R_E
I_C	Kollektorstrom
U_{RC}	Spannungsabfall an R_C

Beispiel

Eine Transistor-Treiberstufe soll für eine 6-V-Warnleuchte mit 70 mA Stromaufnahme stabilisiert werden. Die Kollektor-Emitterspannung beträgt 5 V. Die Betriebsspannung beträgt 12 V. Die aus den Kennlinien ermittelte Basis-Emitterspannung beträgt 660 mV, der Basisstrom 0,2 mA. Das Querstromverhältnis des Spannungsteilers soll 2 sein. Berechnen Sie

a) die Widerstände des Spannungsteilers R_1 und R_2,

b) den Emitterwiderstand.

Gegeben: I_C = 70 mA; U_{RC} = 6 V; U_{CE} = 5 V; q = 2; U_b = 12 V; U_{BE} = 660 mV; I_B = 0,2 mA

Gesucht: a) R_1, R_2 in Ω; b) R_E in Ω

Lösung

a) $I_q = I_B \cdot q = 0{,}2\ \text{mA} \cdot 2 = 0{,}4\ \text{mA}$

$U_{RE} = U_b - U_C - U_{CE} = 12\ \text{V} - 6\ \text{V} - 5\ \text{V} = 1\ \text{V}$

$U_{R2} = U_{BE} + U_{RE} = 0{,}66\ \text{V} + 1\ \text{V} = 1{,}66\ \text{V}$

$$R_2 = \frac{U_{RE}}{I_q} = \frac{1{,}66\ \text{V}}{0{,}0004\ \text{A}} = \mathbf{4150\ \Omega}$$

$$R_1 = \frac{U_b - U_{R2}}{I_B + I_q} = \frac{12\ \text{V} - 1{,}66\ \text{V}}{0{,}0002\ \text{A} + 0{,}0004\ \text{A}} = \mathbf{17233{,}33\ \Omega}$$

b) $$R_E = \frac{U_{RE}}{I_B + I_C} = \frac{1\ \text{V}}{0{,}0002\ \text{A} + 0{,}07\ \text{A}} = \mathbf{14{,}25\ \Omega}$$

Aufgaben

1 Eine Stabilisierungsschaltung eines Transistors **(Bild 1)** hat den Arbeitspunkt Kollektor-Emitterspannung = 12 V, Kollektorstrom = 58 mA, Basisstrom = 0,3 mA und Basis-Emitterspannung = 0,75 V. Die Betriebsspannung beträgt 24 V, das Querstromverhältnis beträgt 2 und das Widerstandsverhältnis beträgt 7. Berechnen Sie die Widerstände a) R_C b) R_E c) R_2 d) R_1

2 In der im Beispiel beschriebenen Schaltung wird die Lampe durch eine Leuchteinheit mit den Werten 4 V/20 mA ersetzt. Die Spannung am Emitterwiderstand soll gleich bleiben. Ermitteln Sie mithilfe der Kennlinen, Seite 219, die Werte der Widerstände. Berechnen Sie R_E, R_2 und R_1.

Lösungen

1a) 181,03 Ω; **1b)** 25,86 Ω; **1c)** 3,75 kΩ; **1d)** 24,17 kΩ | **2)** 49,75 Ω; 8150 Ω; ≈ 35 kΩ

3.4.25 DREHSTROM

Sind drei Wechselströme um je 120° phasenverschoben und durch die innere Schaltung der Spulen (Stern- oder Dreieckschaltung) des Generators oder Transformators miteinander verkettet, so nennt man dieses System von Wechselströmen Dreiphasenwechselstrom oder Drehstrom.

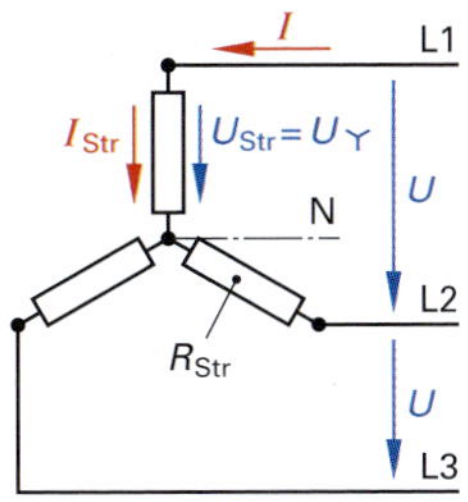

Verkettung von Spannung und Strom

- I Leiterstrom (Strom in jedem Außenleiter) in A
- U Leiterspannung (Spannung zwischen den Außenleitern) in V
- I_{Str} Strangstrom in A
- U_{Str} Strangspannung in V
- P_{Str} Strangleistung in W
- P Gesamtleistung in W (Drehstromleistung)

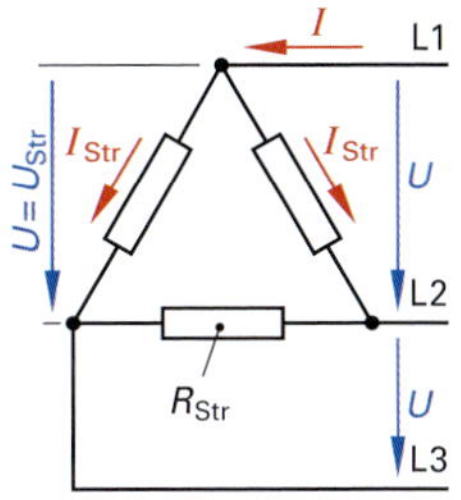

Der Verkettungsfaktor für die Strangspannung und die Leiterspannung bei Sternschaltung (Y-Schaltung) bzw. für den Strangstrom und den Leiterstrom bei Dreieckschaltung (△-Schaltung) ist $\sqrt{3}$ = 1,73.

$$U_{Str} = \frac{U}{\sqrt{3}}$$

$$I_{Str} = I$$

$$P_{Str} = U_{Str} \cdot I_{Str}$$

$$U_{Str} = U$$

$$I_{Str} = \frac{I}{\sqrt{3}}$$

$$P_{Str} = U_{Str} \cdot I_{Str}$$

Die Gesamtleistung P ist gleich der Summe der Leistungen P_{Str} der drei Stränge.

$$P = 3 \cdot P_{Str}$$

$$P = 3 \cdot P_{Str} = 3 \cdot U_{Str} \cdot I_{Str} = 3 \cdot \frac{U}{\sqrt{3}} \cdot I$$
$$= 3\,\frac{U \cdot I}{\sqrt{3}} \cdot \frac{\sqrt{3}}{\sqrt{3}} = \frac{3 \cdot U \cdot I \cdot \sqrt{3}}{3} = U \cdot I \cdot \sqrt{3}$$

$$P = 3 \cdot P_{Str} = 3 \cdot U_{Str} \cdot I_{Str} = 3 \cdot U \cdot \frac{I}{\sqrt{3}}$$
$$= 3\,\frac{U \cdot I}{\sqrt{3}} \cdot \frac{\sqrt{3}}{\sqrt{3}} = \frac{3 \cdot U \cdot I \cdot \sqrt{3}}{3} = U \cdot I \cdot \sqrt{3}$$

$$P = \sqrt{3} \cdot U \cdot I$$

Beispiel

Drei Widerstände von je 380 Ω liegen in Sternschaltung an einem Drehstromnetz von 380 V. Wie groß sind a) Strangspannung, b) Strangstrom, c) Leiterstrom, d) Leistung?

Gegeben: Y-Schaltung; U = 380 V; R_{Str} = 380 Ω
Gesucht: a) U_{Str}; b) I_{Str}; c) I; d) P

Lösung

a) $U_{Str} = \frac{U}{\sqrt{3}} = \frac{380\ \text{V}}{1{,}73} = \mathbf{220\ V}$

b) $I_{Str} = \frac{U_{Str}}{R_{Str}} = \frac{220\ \text{V}}{380\ \Omega} = \mathbf{0{,}579\ A}$

c) $I = I_{Str} = \mathbf{0{,}579\ A}$

d) $P = \sqrt{3} \cdot U \cdot I = 1{,}73 \cdot 380\ \text{V} \cdot 0{,}579\ \text{A} = \mathbf{380\ W}$

Beispiel

Drei Widerstände von je 380 Ω liegen in Dreieckschaltung an einem Drehstromnetz von 380 V. Wie groß sind a) Strangspannung, b) Strangstrom, c) Leiterstrom, d) Leistung?

Gegeben: △-Schaltung; U = 380 V; R_{Str} = 380 Ω
Gesucht: a) U_{Str}; b) I_{Str}; c) I; d) P

Lösung

a) $U_{Str} = U = \mathbf{380\ V}$

b) $I_{Str} = \frac{U_{Str}}{R_{Str}} = \frac{380\ \text{V}}{380\ \Omega} = \mathbf{1\ A}$

c) $I = \sqrt{3} \cdot I_{Str} = 1{,}73 \cdot 1\ \text{A} = \mathbf{1{,}73\ A}$

d) $P = \sqrt{3} \cdot U \cdot I = 1{,}73 \cdot 380\ \text{V} \cdot 1{,}73\ \text{A} = \mathbf{1140\ W}$

Aufgaben

1 Ein Drehstromgenerator in Y-Schaltung gibt im Betrieb bei einer Leiterspannung von 15,6 V einen Strom von 25 A ab. Wie groß sind a) Strangspannung, b) Strangleistung, c) Gesamtleistung?

2 Ein Drehstromgenerator ist in Y-Schaltung geschaltet. Bei einem Leiterstrom von 9,37 A beträgt die Strangleistung 150 W.
Wie groß sind a) Gesamtleistung, b) Strangspannung, c) Leiterspannung?

3 Bei einem Drehstromgenerator in △-Schaltung fließt in jedem Strang ein Strom von 20,2 A. Welche Stromstärke kann dem Generator entnommen werden?

Lösungen

1a) 9,0 V; **1b)** 225 W; **1c)** 675 W | **2a)** 450 W; **2b)** 16,0 V; **2c)** 27,7 V | **3)** 35 A

3.4.26 TRANSFORMATOREN

Transformatoren ändern Spannungen und Stromstärken. Beim idealen Transformator (verlustfreie Übertragung der Leistung von der Primärseite auf die Sekundärseite, d. h. $P_{zu} = P_{ab}$) verhält sich die Primärspannung U_1 zur Sekundärspannung U_2 wie die Primärwindungszahl N_1 zur Sekundärwindungszahl N_2.

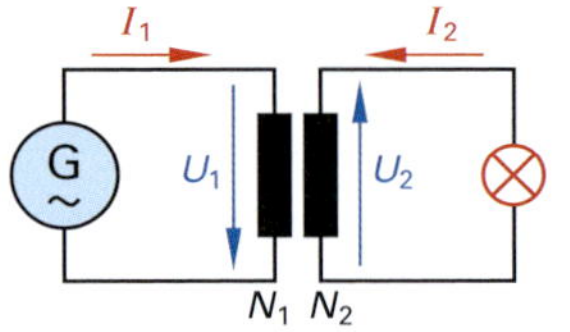

$$\frac{U_1}{U_2} = \frac{N_1}{N_2}$$

$$U_1 = U_2 \cdot \frac{N_1}{N_2};\quad U_2 = U_1 \cdot \frac{N_2}{N_1}$$

$$N_1 = N_2 \cdot \frac{U_1}{U_2};\quad N_2 = N_1 \cdot \frac{U_2}{U_1}$$

Die Transformatorengesetze sind nur für sinusförmige Wechselspannungen gültig.

$$\frac{I_1}{I_2} = \frac{N_2}{N_1}$$

$$n = \frac{U_1}{U_2} = \frac{I_2}{I_1} = \frac{N_1}{N_2}$$

U_1 Primärspannung in V
I_1 Primärstrom in A
N_1 Primärwindungszahl
U_2 Sekundärspannung in V
I_2 Sekundärstrom in A
N_2 Sekundärwindungszahl
n Übersetzungsverhältnis

Beispiel

Von einem Transformator sind folgende Werte bekannt: Primärspannung 220 V, Sekundärspannung 24 V, Primärwindungszahl 440 Windungen, Sekundärstrom 2 A. Es sind zu berechnen
a) die Sekundärwindungszahl und
b) der Primärstrom.

Gegeben: $U_1 = 220$ V; $U_2 = 24$ V; $N_1 = 440$; $I_2 = 2$ A
Gesucht: a) N_2; b) I_1 in A

Lösung a) $N_2 = N_1 \cdot \frac{U_2}{U_1} = 440 \cdot \frac{24\text{ V}}{220\text{ V}} = \mathbf{48}$

b) $I_1 = I_2 \cdot \frac{U_2}{U_1} = 2\text{ A} \cdot \frac{24\text{ V}}{220\text{ V}} = \mathbf{0{,}218\ A}$

Aufgaben

1 Die Windungszahlen eines Transformators betragen: $N_1 = 540$, $N_2 = 60$. Auf der Sekundärseite wird ein Strom von 6 A entnommen. Wie groß ist der Primärstrom?

2 Ein Schweißtransformator liegt an der Primärseite an einer Spannung von 220 V. Die Windungszahl auf der Primärseite beträgt 176 Windungen, auf der Sekundärseite 50 Windungen. Wie groß ist die Sekundärspannung?

3 Die Primärwindungszahl eines Transformators beträgt 733 Windungen, die Sekundärwindungszahl 80 Windungen. An der Sekundärseite wird eine Spannung von 24 V abgegeben. Für welche Primärspannung ist der Transformator ausgelegt?

4 Bei einem Punktschweißgerät besteht die Ausgangswicklung aus einer Windung. Der Schweißstrom beträgt 300 A, die Primärstromstärke beträgt 5 A. Berechnen Sie die Primärwindungszahl.

Lösungen

1) 0,66 A | **2)** 62,5 V | **3)** 220 V | **4)** 60

3.4.27 STARTERBATTERIEN

KAPAZITÄT, WIRKUNGSGRADE

Kapazität. Man versteht darunter diejenige Strommenge in Ah (Amperestunden), die dem vollgeladenen Akkumulator entnommen werden kann. Da die Entladevorgänge von der Höhe des entnommenen Stromes und von der Temperatur des Elektrolyten (Schwefelsäure) abhängig sind, hat man für Akkumulatoren in Kraftfahrzeugen die Nennkapazität K_{20} auf eine 20-stündige Entladedauer bei 25 °C bezogen. Dabei darf die Zellenspannung bis auf 1,75 V absinken.

Die Entladekapazität (abgegebene Strommenge) K_2 in Ah ist das Produkt aus dem Entladestrom I_2 in A und der Entladezeit t_2 in h.

Die Ladekapazität (zugeführte Strommenge) K_1 in Ah ist das Produkt aus dem Ladestrom I_1 in A und der Ladezeit t_1 in h.

Amperestunden-Wirkungsgrad η_{Ah}. Er ist das Verhältnis der abgegebenen Strommenge K_2 zur zugeführten Strommenge K_1.

Wattstunden-Wirkungsgrad η_{Wh}. Er ist das Verhältnis der abgegebenen elektrischen Arbeit W_2 zur zugeführten elektrischen Arbeit W_1.

$$K_2 = I_2 \cdot t_2$$

$$K_1 = I_1 \cdot t_1$$

$$\eta_{Ah} = \frac{K_2}{K_1}$$

$$\eta_{Ah} = \frac{I_2 \cdot t_2}{I_1 \cdot t_1}$$

$$\eta_{Wh} = \frac{W_2}{W_1}$$

$$\eta_{Wh} = \frac{U_2 \cdot I_2 \cdot t_2}{U_1 \cdot I_1 \cdot t_1}$$

K_1	Ladekapazität in Ah
K_2	Entladekapazität in Ah
I_1	Ladestrom in A
I_2	Entladestrom in A
t_1	Ladezeit in h
t_2	Entladezeit in h
W_1	zugeführte elektrische Arbeit in Wh
W_2	abgegebene elektrische Arbeit in Wh
η_{Ah}	Amperestunden-Wirkungsgrad
η_{Wh}	Wattstunden-Wirkungsgrad

Beispiel

Eine 12-V-Starterbatterie wird 10 h lang ein Strom von 7,5 A entnommen. Sie wird in 11 h mit einem Ladestrom von 7,5 A wieder aufgeladen. Wie groß sind

a) Entladekapazität,

b) Ladekapazität,

c) Amperestunden-Wirkungsgrad?

Gegeben: $I_1 = 7{,}5$ A; $I_2 = 7{,}5$ A; $t_1 = 11$ h; $t_2 = 10$ h
Gesucht: a) K_2 in Ah; b) K_1 in Ah; c) η_{Ah}

Lösung

a) $K_2 = I_2 \cdot t_2 = 7{,}5\ \text{A} \cdot 10\ \text{h} = \mathbf{75\ Ah}$

b) $K_1 = I_1 \cdot t_1 = 7{,}5\ \text{A} \cdot 11\ \text{h} = \mathbf{82{,}5\ Ah}$

c) $\eta_{Ah} = \frac{K_2}{K_1} = \frac{75\ \text{Ah}}{82{,}5\ \text{Ah}} = \mathbf{0{,}909}$

Aufgaben

1 Welche Kapazität muss eine Batterie haben, wenn sie 20 Stunden lang einen Strom von 2,8 A abgeben soll?

2 Eine 12-V/84-Ah-Starterbatterie kann bei +25 °C 20 h lang einen Strom von 4,2 A, bei −10 °C 20 h lang einen Strom von 2,4 A abgeben. Wie groß ist der Kapazitätsverlust?

3 Eine 12-V-Starterbatterie hat eine Kapazität von 84 Ah. Sie wird durch einen CD-Player mit 30 W belastet. Wie lange kann der CD-Player ohne Aufladen der Batterie betrieben werden?

4 Eine 12-V-Starterbatterie wird 6 h lang mit 12,5 A entladen. Um die Stromentnahme wieder auszugleichen, muss die Batterie 8,5 h lang mit einem gleich großen Strom geladen werden. Berechnen Sie
a) die Entladekapazität b) die Ladekapazität, c) den Amperestunden-Wirkungsgrad.

5 Eine voll geladene 12-V/84-Ah-Starterbatterie wird 5 h lang mit einem Strom von 13,5 A belastet, bis sie entladen ist. Sie wird in 13,5 h mit einem Strom von 8 A wieder voll aufgeladen. Wie groß ist der Amperestunden-Wirkungsgrad?

Lösungen

1) 56 Ah | **2)** 36 Ah | **3)** 33,6 h | **4a)** 75 Ah; **4b)** 106,25 Ah; **4c)** 0,7 | **5)** 0,625

KLEMMENSPANNUNG UND INNENWIDERSTAND

Wird einer Batterie ein Strom I entnommen, so tritt wegen des Innenwiderstandes R_i der Batterie am Innenwiderstand ein Spannungsabfall U_a auf.

Der Innenwiderstand R_i ändert seinen Wert. Er ist z. B. abhängig von der Kapazität, dem Alter und Ladezustand der Batterie, von der Temperatur und Dichte der Säure.

Die Klemmenspannung U ist bei Belastung gegenüber der Leerlaufspannung U_0 um den Spannungsabfall $I \cdot R_i$ kleiner. Die Leerlaufspannung U_0 ist die Spannung der unbelasteten Batterie.

Die Klemmenspannung U lässt sich nach dem Ohmschen Gesetz aus dem Außenwiderstand R_a (Widerstand des Verbrauchers) und dem Strom I im Verbraucher berechnen.

Nach Einsetzen von $I \cdot R_a$ für U in die Gleichung $U_0 = U + I \cdot R_i$ und anschließender Umformung erhält man den Belastungsstrom I. Bei der Berechnung des Kurzschlussstromes I_K ist $R_a = 0\,\Omega$.

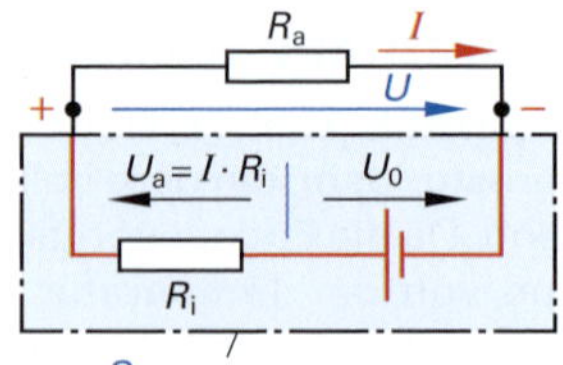

$$U = U_0 - I \cdot R_i$$

$$U_0 = U + I \cdot R_i$$

$$R_i = \frac{U_0 - U}{I}$$

$$U = I \cdot R_a$$

$$I = \frac{U_0}{R_a + R_i}$$

$$I_K = \frac{U_0}{R_i}$$

$$R_i = \frac{U_0}{I_K}$$

U Klemmenspannung in V
U_0 Leerlaufspannung in V
I Strom in A
R_i Innenwiderstand in Ω
R_a Außenwiderstand in Ω
I_K Kurzschlussstrom in A

Beispiel

Eine 88-Ah-Starterbatterie hat eine Leerlaufspannung von 13,2 V. Bei der Kurzschlussprüfung der Starterbatterie wird ein Kurzschlussstrom von 1860 A gemessen. Die Belastungsversuche werden bei 10 A bzw. 100 A durchgeführt. Berechnen Sie

a) den Innenwiderstand,

b) die Klemmenspannung für beide Belastungsfälle.

Gegeben: $U_0 = 13{,}2\text{ V}$; $I_K = 1860\text{ A}$; $I_{10} = 10\text{ A}$; $I_{100} = 100\text{ A}$
Gesucht: a) R_i in Ω; b) U_{10} bzw. U_{100} in V

Lösung a) $R_i = \frac{U_0}{I_K} = \frac{13{,}2\text{ V}}{1860\text{ A}} = \mathbf{0{,}0071\,\Omega}$

b) $U_{10} = U_0 - I \cdot R_i = 13{,}2\text{ V} - 10\text{ A} \cdot 0{,}0071\,\Omega = \mathbf{13{,}13\text{ V}}$

$U_{100} = U_0 - I \cdot R_i = 13{,}2\text{ V} - 100\text{ A} \cdot 0{,}0071\,\Omega = \mathbf{12{,}49\text{ V}}$

Aufgaben

1 Eine 12-V/180-Ah-Starterbatterie wird mit einem Strom von 100 A bzw. 700 A belastet. Sie hat einen Innenwiderstand von 0,0033 Ω. Berechnen Sie die jeweilige Klemmenspannung.

2 Eine 12-V/56-Ah-Starterbatterie hat eine Leerlaufspannung von 14,1 V. Der Belastungsstrom beträgt 270 A. Sie hat einen Innenwiderstand von 0,0107 Ω. Berechnen Sie die Klemmenspannung und den Kurzschlussstrom.

3 Ein Akkumulator hat eine Leerlaufspannung von 12,2 V. Bei einer Belastung von 8 A sinkt die Klemmenspannung auf 11,7 V ab. Berechnen Sie
a) den inneren Widerstand,
b) die Klemmenspannung bei 12A Belastung,
c) den Kurzschlussstrom.

4 Einer 12-V/56-Ah-Starterbatterie wird bei blockiertem Starter ein Strom von 560 A entnommen. Bei dieser Belastung tritt an ihrem Innenwiderstand ein Spannungsabfall von 4,75 V auf. Ihre Leerlaufspannung beträgt 13,2 V. Berechnen Sie
a) den Innenwiderstand,
b) den Belastungswiderstand (Widerstand von Anker- und Feldwicklung),
c) den Kurzschlussstrom.

Lösungen

1) 11,67 V; 9,69 V | **2)** 11,21 V; 1318 A | **3a)** 0,0625 Ω; **3b)** 11,45 V; **3c)** 195,2 A | **4a)** 0,00848 Ω; **4b)** 0,01508 Ω; **4c)** 1556 A

3.4.28 LEITUNGSBERECHNUNG

Bei der Berechnung des Mindestquerschnittes einer elektrischen Leitung müssen sowohl der Spannungsabfall U_a als auch die Stromdichte J (wg. Erwärmung) berücksichtigt werden. Es wird berechnet

1. der Leitungsquerschnitt bei zulässigem Spannungsabfall,
2. der Leitungsquerschnitt bei zulässiger Stromdichte.

Von den unter 1. und 2. ermittelten Querschnitten ist der größere der erforderliche Mindestquerschnitt A_{min}. Verlegt wird der nächstgrößere Normquerschnitt A_{Norm}.

$$U_a = I \cdot R_{Ltg}$$

$$U_a = \frac{I \cdot \varrho \cdot l}{A}$$

$$A = \frac{I \cdot \varrho \cdot l}{U_a}$$

$$l = \frac{A \cdot U_a}{I \cdot \varrho}$$

$$A = \frac{I}{J}$$

U_a Spannungsabfall in V
I Strom in A
ϱ spezifischer elektrischer Widerstand in Ω mm²/m
l Leiterlänge in m
A Leiterquerschnittfläche in mm²
J Stromdichte in A/mm²

1. LEITUNGSQUERSCHNITT BEI ZULÄSSIGEM SPANNUNGSABFALL

Der Spannungsabfall in einer Leitung wird nach dem Ohmschen Gesetz aus dem Strom in der Leitung und dem Leitungswiderstand berechnet. Durch Einsetzen der Gleichung für den Widerstand $R = \varrho \cdot l/A$ in die Gleichung für den Spannungsabfall und anschließendes Umformen kann die Leiterquerschnittfläche A berechnet werden.

Die in Tabellen angegebenen Werte für den maximal zulässigen Spannungsabfall U_a werden für die Berechnung der Plusleitung verwendet. Spannungsabfälle in der Masseleitung bleiben unberücksichtigt.

Bei Fahrzeugen mit Kunststoffkarosserie muss eine gesonderte Masserückleitung vom Verbraucher zur Spannungsquelle verlegt werden. Dabei darf der Spannungsabfall für Plus- und die Masserückleitung nicht größer sein als der Tabellenwert für die Plusleitung.

Art der Leitung (isolierte Plusleitung)	Zul. Spannungabfall U_a
Lichtleitungen	
Lichtschalter Kl. 30 bis	
Leuchten < 15 W	0,1 V
Leuchten > 15 W	0,5 V
Scheinwerfer	0,3 V
Ladeleitung	
Drehstromgenerator Kl. B+ bis Batterie	0,4 V bei 12 V 0,8 V bei 24 V

Art der Leitung (isolierte Plusleitung)	Zul. Spannungabfall U_a
Steuerleitungen	
Drehstromgenerator Kl. D +, D-, DF bis Regler	0,1 V bei 12 V 0,2 V bei 24 V
Starterschaltung bis Starterklemme 50	1,4 V bei 12 V 2,8 V bei 24 V
Vom Schalter bis Relais Horn, Wischer u.a. Geräte	0,5 V bei 12 V 1,0 V bei 24 V
Starterhauptleitungen	0,5 V bei 12 V 1,0 V bei 24 V

2. LEITUNGSQUERSCHNITT BEI ZULÄSSIGER STROMDICHTE

Die Stromdichte $J = I/A$ ist der Strom in A, der je mm² Leiterquerschnittfläche A fließt. Nach Umformung der Gleichung erhält man den für den fließenden Strom erforderlichen Mindestquerschnitt A_{min}. Angaben über die zulässige Belastbarkeit von Kupferleitungen finden sich in der Tabelle auf S. 194.

Die zulässige Stromdichte für die Haupt- und Steuerleitungen, bei kurzfristiger Belastung, beträgt $J < 30$ A/mm².

Beispiel

In einer 12-V-Anlage fließt in der Starterhauptleitung aus Kupfer ein Kurzschlussstrom von 900 A. Die Leitungslänge beträgt 1 m. Berechnen Sie den Mindestquerschnitt der Leitung. Welcher genormte Querschnitt wird verlegt?

Gegeben: 12-V-Anlage; $I_K = 900$ A; $l = 1$ m; $\varrho = 0{,}0178\ \Omega\ \text{mm}^2/\text{m}$; $U_a = 0{,}5$ V; $J = 30$ A/mm²
Gesucht: a) A_{min} in mm²; b) A_{Norm} in mm²

Lösung a) $A_{min} = \frac{I_K \cdot \varrho \cdot l}{U_a} = \frac{900\ \text{A} \cdot 0{,}0178\ \frac{\Omega\ \text{mm}^2}{\text{m}} \cdot 1\ \text{m}}{0{,}5\ \text{V}} = \mathbf{32{,}1\ mm^2}$

b) $A_{min} = \frac{I_K}{J} = \frac{900\ \text{A}}{30\ \frac{\text{A}}{\text{mm}^2}} = \mathbf{30\ mm^2}$ Verlegter Normquerschnitt: $A_{Norm} = \mathbf{35\ mm^2}$

Aufgaben

1 In einer 12-V-Anlage fließt in der 2 m langen Leitung für die Scheinwerfer aus Kupfer ein Strom von 15 A. Berechnen Sie den Mindestquerschnitt und bestimmen Sie den zu verlegenden Normquerschnitt.

2 Ein 12-V-Generator gibt einen Maximalstrom von 50 A ab. Die Ladeleitung aus Kupfer hat eine Länge von 1,5 m. Welcher Normquerschnitt muss verlegt werden?

3 Ein 12-V-Generator gibt einen Maximalstrom von 42 A ab. Die 0,9 m lange Ladeleitung aus Kupfer hat einen Querschnitt von 4 mm^2. Berechnen Sie den notwendigen Leiterquerschnitt in mm^2.

4 Ein 12-V-Starter mit einem Kurzschlussstrom von 1080 A benötigt eine 1,3 m lange Starterhauptleitung. Bestimmen Sie jeweils den zu verlegenden Leitungsquerschnitt, wenn die Leitung aus Kupfer bzw. Aluminium besteht.

5 Ein 24-V-Starter nimmt einen Kurzschlussstrom von 1730 A auf. Die Starterhauptleitung aus Kupfer muss von 0,8 m auf 1,7 m verlängert werden. Bestimmen Sie den zu verlegenden Leitungsquerschnitt.

6 Ein 12-V-Starter nimmt bei Abgabe der Nennleistung von 3,3 kW einen Strom von 500 A auf. Der Kurzschlussstrom beträgt das 2,5fache der Nennstromstärke. Bestimmen Sie den Querschnitt der 1,4 m langen Starterhauptleitung aus Kupfer.

7 Ein 24-V-Starter mit einer Nennleistung von 4 kW hat einen Wirkungsgrad von 57 %. Bei einer Klemmenspannung von 21,5 V am Starter beträgt der Kurzschlussstrom das vierfache der Nennstromstärke. Die Starterhauptleitung aus Kupfer hat eine Länge von 1,2 m. Bestimmen Sie den Querschnitt der Starterhauptleitung. Wie groß ist die Verlustleistung in der Leitung?

8 Bei einem Pkw fließt in der Starterhauptleitung ein Kurzschlussstrom I von 900 A **(Bild 1)**. Die Leitungslänge der Kupferleitung beträgt 1 m. Nach einem Fahrzeugumbau muss die Leitung durch eine Aluminiumleitung von 2,3 m Länge ersetzt werden.

Berechnen Sie für beide Fälle:

a) den erforderlichen Leitungsquerschnitt

b) den gewählten genormten Querschnitt,

c) den Spanungsabfall bei genormtem Querschnitt,

d) die Verlustleistung in der Leitung bei genormtem Querschnitt.

9 An einem Geländewagen sollen zwei Zusatzscheinwerfer (E 22 und 23) 12 V/60 W nachgerüstet werden **(Bild 2).** Die Leitungslänge vom Pluspol der Starterbatterie über die Sicherung F8 zum Relais K1 beträgt 90 cm. Die Leitungslänge vom Relais K1 zu den Scheinwerfern beträgt jeweils 1,6 m. Der Spannungsabfall pro Leitung soll max. 0,1 V betragen. Welcher genormte Leitungsquerschnitt ist für die Leitungen zu wählen?

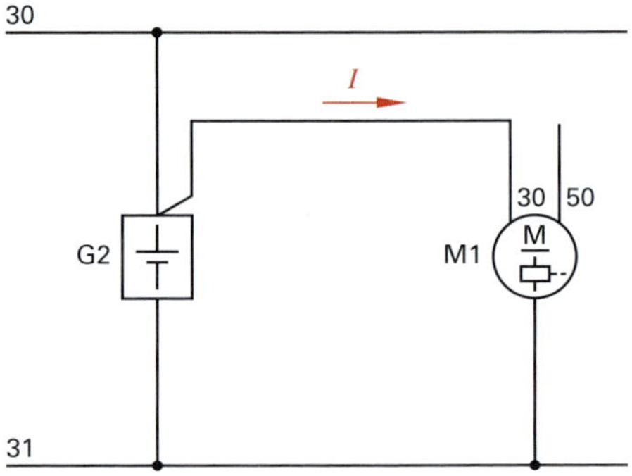

Bild 1

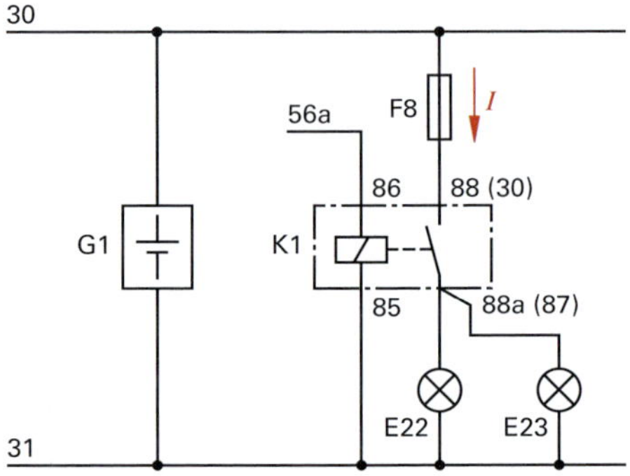

Bild 2

Lösungen

1) 1,78 mm^2; 2,5 mm^2 | **2)** 6 mm^2 | **3)** 1,68 mm^2 | **4)** 50 mm^2; 95 mm^2 | **5)** 70 mm^2 | **6)** 70 mm^2 | **7)** 50 mm^2; 726 W | **8a)** 32 mm^2; 115 mm^2; **8b)** 35 mm^2; 120 mm^2; **8c)** 0,46 V; 0,48 V; **8d)** 414 W; 432 W | **9)** 2,5 mm^2; 1,5 mm^2

3.4.29 ZÜNDANLAGE

Zündabstand γ. Er ist der Drehwinkel der Kurbelwelle, der zwischen zwei Zündfünken zurückgelegt wird. Der Zündabstand setzt sich zusammen aus dem Schließwinkel α und dem Öffnungswinkel β.

Schließwinkel α (Schließabschnitt). Er ist der Drehwinkel der Kurbelwelle, in der der Primärstromkreis geschlossen ist und das Magnetfeld aufgebaut wird. Er wird angegeben in °KW des Zündabstandes γ. α_P gibt den Schließwinkel in % an, wobei der Zündabstand γ 100 % entspricht.

Schließzeit t_S. Sie ist die Zeit, in der der Primärstrom eingeschaltet ist und das Magnetfeld aufgebaut wird.

Öffnungswinkel β (Öffnungsabschnitt). Er ist der Drehwinkel der Kurbelwelle, in der der Primärstromkreis unterbrochen ist. Er setzt sich zusammen aus der Brenndauer und dem Ausschwingvorgang.

Öffnungszeit $t_Ö$. Sie ist die Zeit, in der der Primärstromkreis unterbrochen ist.

Zeit zwischen zwei Zündfunken t_D. Sie ergibt sich aus der Summe der Schließzeit und der Öffnungszeit.

Anzahl der Zündfunken z_F. Sie gibt die Summe der Zündfunken aller Zylinder pro Minute in 1/min an.

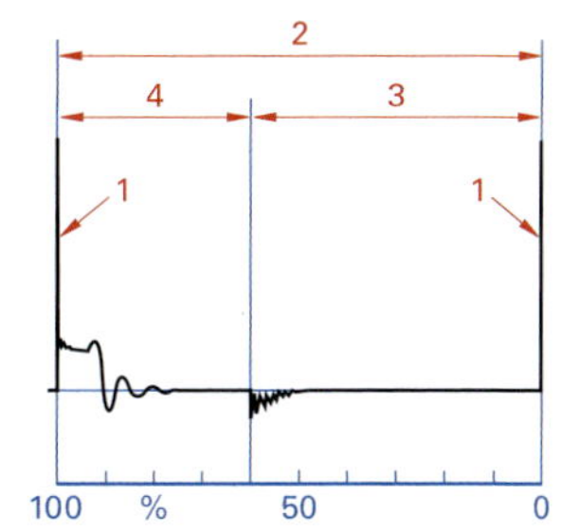

1 Zündspannungsnadel
2 Zündabstand ($\gamma \mathrel{\hat=}$ 100 %), Zeit zwischen zwei Zündfunken
3 Schließwinkel α_P in % bzw. Schießzeit t_S
4 Öffnungswinkel β in % bzw. Öffnungszeit $t_Ö$

$$\gamma = \alpha + \beta$$

$$\gamma = \frac{720°}{z}$$

$$z_F = \frac{n \cdot z}{2}$$

$$t_D = \frac{\gamma}{6 \cdot n}$$

$$t_S = \frac{\alpha}{6 \cdot n}$$

$$t_Ö = \frac{\beta}{6 \cdot n}$$

$$t_D = t_S + t_Ö$$

$$\alpha_p = \frac{\alpha \cdot z}{7{,}2}$$

- γ Zündabstand in °
- α Schließwinkel in °
- β Öffnungswinkel in °
- α_P Schließwinkel in %
- n Motordrehzahl in 1/min
- t_D Zeit zwischen zwei Zündfunken in s
- t_S Schließzeit in s
- $t_Ö$ Öffnungszeit in s
- z Zylinderzahl
- z_F Summe der Zündfunken pro Minute in 1/min

Beispiel

Ein Viertaktmotor mit 6 Zylindern läuft mit einer Drehzahl von 6000 1/min. Der Schließwinkel beträgt 72°.

Berechnen Sie

a) den Zündabstand,

b) den Öffnungswinkel,

c) die Funkenzahl,

d) die Schließzeit.

Gegeben: z = 6, n = 6000 1/min, α = 72°
Gesucht: a) γ in °; b) β in °; c) z_F in 1/min; d) t_S in s

Lösung

a) $\gamma = \frac{720°}{z} = \frac{720°}{6} = \mathbf{120°}$

b) $\beta = \gamma - \alpha = 120° - 72° = \mathbf{48°}$

c) $z_F = \frac{6000\ 1/\text{min}}{2 \cdot 6} = \mathbf{18000\ 1/min}$

d) $t_S = \frac{\alpha}{x \cdot n} = \frac{72°}{3 \cdot 6000} = \mathbf{0{,}004\ s}$

Aufgaben

1 Bestimmen Sie anhand des Diagramms **(Bild 1)** den Schließwinkel in % des 4-Zylinder-Viertakt-Motors mit Verteilerzündanlage. Berechnen Sie
a) den Schließwinkel in °KW,
b) die Schließzeit in ms bei einer Motordrehzahl von 5500 1/min.

2 Bei einem Viertakt-Motor mit 4 Zylindern beträgt bei einer Drehzahl von 6000 1/min die Schließzeit 0,003 s. Der Motor verfügt über eine Einzelfunkenspulenzündanlage. Wie groß sind
a) der Schließwinkel,
b) die Zeit zwischen 2 Zündfunken,
c) die Öffnungszeit?

3 Bei der Überprüfung der Zündanlage mit Verteiler eines Vierzylinder-Motors wird das abgebildete Primäroszillogramm **(Bild 2)** ermittelt.
a) Bestimmen Sie den Schließwinkel in %.
b) Berechnen Sie den Schließwinkel in °KW.
c) Ermitteln Sie die Funkenfrequenz bei einer Drehzahl von 3800 1/min.

4 Ein Fahrzeug mit der abgebildeten Zündanlage **(Bild 3)** hat bei einer Motordrehzahl von 2800 1/min einen Schließwinkel von 19,8 %. Berechnen Sie
a) den Zündabstand des Motors in °KW,
b) den Schließwinkel in °KW,
c) die Zeit zwischen zwei Zündfunken in s,
d) die Schließzeit des Primärstromkreises in s und ms.

5 Ermitteln Sie anhand der Darstellung **(Bild 4)**
a) die Anzahl der Zylinder
b) die Zeit zwischen den Zündfunken des Motors.
Berechnen Sie für den Motor und die Einzelfunkenzündspule mit einem Schließwinkel von 44°
c) die Drehzahl des Motors,
d) die Schließzeit.

6 Bei einem Viertaktmotor mit 8 Zylindern wurde die Zeit zwischen 2 Zündfunken mit 0,005 s ermittelt. Die Öffnungszeit betrug dabei 0,002 s. Berechnen Sie
a) die Motordrehzahl,
b) den Schließwinkel in °,
c) die Zündfunken pro Minute.

7 Ein Ottomotor **(Bild 5)** läuft mit einer Motordrehzahl von 4500 1/min. Der Schließwinkel beträgt 21 %. Berechnen Sie die Anzahl der Zündfunken, die jede Zündspule der Anlage pro Minute jeweils erzeugt.

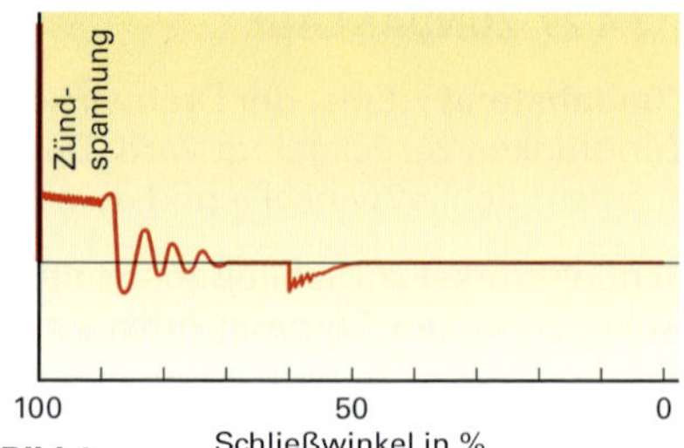

Bild 1

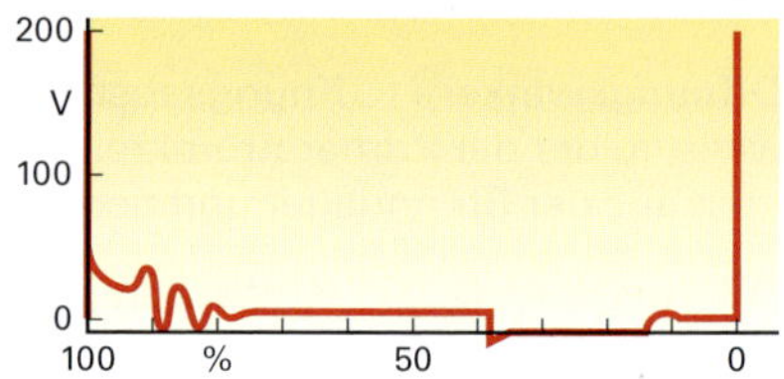

Bild 2

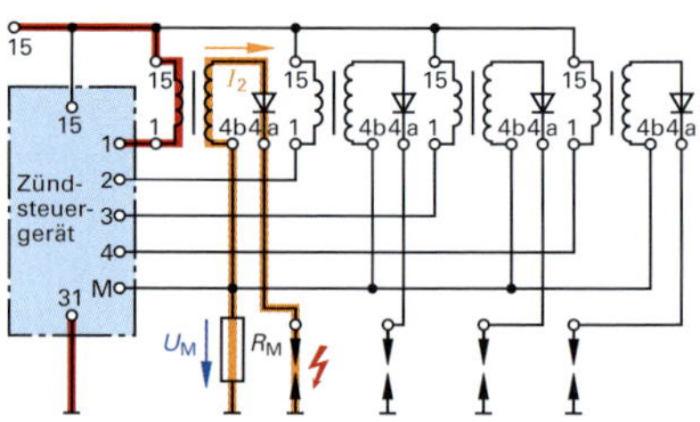

Bild 3

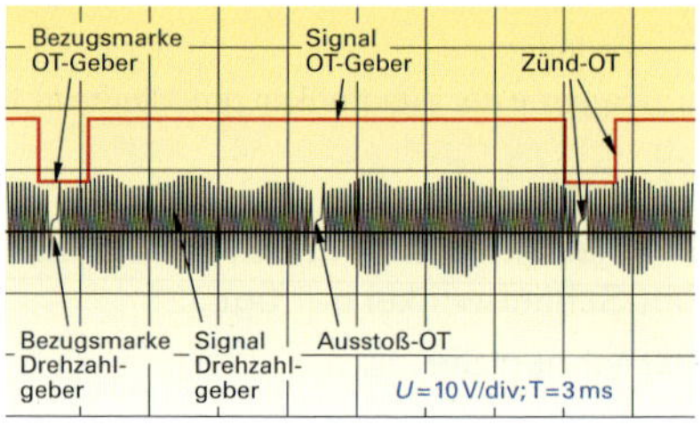

Bild 4

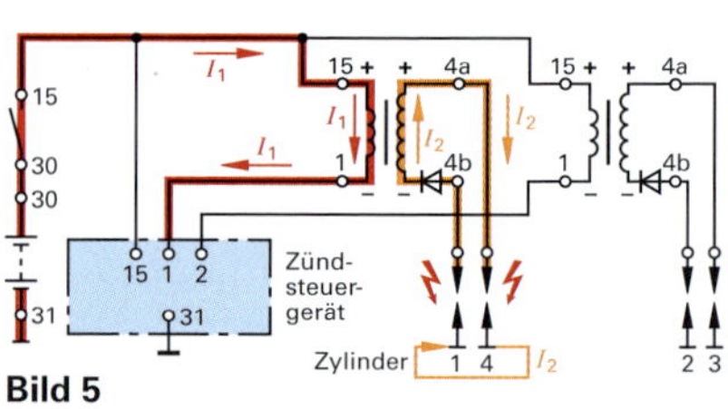

Bild 5

Lösungen

1a) 108 °KW; **1b)** 0,0033 s | **2a)** 108°; **2b)** 0,005 s; **2c)** 0,002 s | **3a)** 38 %; **3b)** 68,4°; **3c)** 7600 1/min | **4a)** 180°; **4b)** 35,64°; **4c)** 0,01 s; **4d)** 1,98 ms | **5a)** 6; **5b)** 7,5 ms; **5c)** 2667 1/min; **5d)** 0,0027 s | **6a)** 3000 1/min; **6b)** 54°; **6c)** 12000 1/min | **7)** 4500 1/min

4 KOSTENRECHNEN

4.1 LOHN- UND GEHALTSABRECHNUNG

Die Lohn- und Gehaltsabrechnung, **siehe Abrechnungsschema,** hat die Aufgabe, das Arbeitsentgelt sowie die gesetzlichen, tariflichen und freiwilligen Abzüge für jeden Mitarbeiter zu erfassen, zu berechnen und abzurechnen.

Monatliches Entgelt. Es ist der/das Lohn/Gehalt, den/das der Arbeitnehmer für seine Anwesenheit während der regelmäßigen Arbeitszeit erhält.

Beispiel

Stundenlohnsatz des Arbeitnehmers 20,50 €/h, monatliche Arbeitszeit 144 h. Wie hoch ist sein monatliches Arbeitsentgelt?

Lösung

Monatliches Entgelt = 144 h · 20,50 €/h = 2952,00 €

Zuschlag für Mehrarbeit. Er berechnet sich aus dem Prozentsatz, der auf den Stundenlohnsatz für die außerhalb der üblichen Arbeitszeit gearbeiteten Stunden zugeschlagen wird. Der Zuschlagssatz für Überstunden beträgt 25 %.

Zulagen. Sie sind Leistungen, die der Arbeitgeber für erschwerte Arbeitsbedingungen erhält, wie Gefahrenzulage, Schmutzzulagen, Essenszulage.

Sonstige steuer- und sozialversicherungspflichtige Bezüge. Sie sind Zahlungen des Arbeitgebers an den Arbeitnehmer, die vertraglich oder gesetzlich vorgeschrieben sind wie Lohnfortzahlung bei Krankheit, Schulung, gesetzliche Feiertage, Prämien für Mehrleistung.

Zuwendungen. Sie sind Leistungen, die der Arbeitgeber freiwillig erbringt, wie Weihnachtsgeld, Urlaubsgeld, Arbeitgeberanteil für vermögenswirksame Leistungen (VL), Provisionen, 13. Monatsgehalt.

Bruttolohn. Er ist die Summe der steuer- und sozialversicherungspflichtigen Bezüge.

Lohnsteuer (LSt). Sie berechnet sich aus der Höhe des Bruttolohnes, der Steuerklasse, dem Familienstand, den Kinderfreibeträgen, der Konfession. Außerdem kann ein Steuerfreibetrag in die Lohnsteuerkarte eingetragen werden, der das zu versteuernde Einkommen verringert. Die Lohnsteuer wird vom Arbeitgeber einbehalten und an das Finanzamt abgeführt.

Kirchenlohnsteuer. Sie wird für alle Arbeitnehmer erhoben, die einer als Körperschaft des öffentlichen Rechts anerkannten Religionsgemeinschaft angehören. Die Kirchenlohnsteuer berechnet sich aus dem Lohnsteuerbetrag und dem Kirchensteuerhebesatz 8 % in Bayern und BW, 9 % in allen anderen Bundesländern.

Abrechnungsschema

Zeitraum (z. B. Monat)
Monatliches Entgelt (Gehalt/Lohn)
+ Zuschlag für Mehrarbeit
+ Zulagen
+ sonst. steuer- u. sozialversicherungspfl. Bezüge
+ Zuwendungen
= Bruttolohn
− Lohnsteuer
− Kirchenlohnsteuer
− Solidaritätszuschlag
− AN-Anteil zur Rentenversicherung
− AN-Anteil zur Krankenversicherung
− AN-Anteil zur Arbeitslosenversicherung
− AN-Anteil zur Pflegeversicherung
= Nettolohn
+ steuer- und sozialversicherungsfreie Bezüge
− Persönliche Abzüge
− Vermögenswirksame Leistungen (AG + AN-Ant.)
= Auszuzahlender Betrag

Steuerklasse	Gilt für Arbeitnehmer, die
I	ledig, geschieden (ohne Kinderfreibeträge) oder verwitwet sind.
II	wie StKl I mit Kinderfreibetrag.
III	verheiratet sind, und ein Ehegatte Arbeitslohn bezieht oder ein Ehegatte in StKl V eingestuft ist.
IV	verheiratet sind und beide Arbeitslohn beziehen.
V	verheiratet sind und ein Ehegatte in StKl. III eingestuft ist.
VI	Arbeitslohn von mehreren Arbeitgebern beziehen.

Solidaritätszuschlag (SolZ). Er entfällt seit dem 01.01.2021 für rund 90 % der Steuerpflichtigen.

Beiträge zur Sozialversicherung. Sie werden zu je 50 % vom Arbeitnehmer und vom Arbeitgeber bezahlt.

Beitragssätze (Stand 01.01.2022)

Rentenversicherung 18,6 %;
Krankenversicherung z. B. 14,6 %
Pflegeversicherung 3,05 %
Arbeitslosenversicherung 2,4 %

Steuer- und sozialversicherungsfreie Bezüge. Sie sind Zuschläge auf den Stundenlohnsatz für Sonntagsarbeit (50 %), Feiertagsarbeit (150 %), Nachtarbeit 50 % (von 20 Uhr bis 6 Uhr).

			Ohne Kinderfreibeträge			Mit 1,0 Kinderfreibeträgen			Mit 2,0 Kinderfreibeträgen		
				Kirchensteuer			Kirchensteuer			Kirchensteuer	
Lohn/Gehalt €	Steuerklasse	LSt	SolZ	8%	9%	SolZ	8%	9%	SolZ	8%	9%
2.085,00 € bis 2.087,99 €	1	183,00 €	–	14,64 €	16,47 €	–	1,49 €	1,68 €	–	–	–
	2	142,25 €	–	–	–	–	–	–	–	–	–
	3	–	–	–	–	–	–	–	–	–	–
	4	183,00 €	–	14,64 €	16,47 €	–	7,60 €	8,55 €	–	1,49 €	1,68 €
	5	428,33 €	–	34,27 €	38,55 €	–	–	–	–	–	–
	6	458,33 €	–	36,67 €	41,25 €	–	–	–	–	–	–
2.268,00 € bis 2.270,99 €	1	223,16 €	–	17,85 €	20,08 €	–	3,19 €	3,59 €	–	–	–
	2	181,16 €	–	–	–	–	1,41 €	1,59 €	–	–	–
	3	18,16 €	–	1,45 €	1,63 €	–	–	–	–	–	–
	4	223,16 €	–	17,85 €	20,08 €	–	10,60 €	11,92 €	–	3,19 €	3,59 €
	5	481,50 €	–	38,52 €	43,34 €	–	–	–	–	–	–
	6	512,83 €	–	41,03 €	46,15 €	–	–	–	–	–	–
2.598,00 € bis 2.600,99 €	1	298,50 €	–	23,88 €	26,87 €	–	9,09 €	10,23 €	–	–	–
	2	254,33 €	–	–	–	–	4,48 €	5,04 €	–	–	–
	3	60,83 €	–	4,87 €	5,47 €	–	–	–	–	–	–
	4	298,50 €	–	23,88 €	26,87 €	–	16,24 €	18,27 €	–	9,09 €	10,23 €
	5	583,50 €	–	46,68 €	52,52 €	–	–	–	–	–	–
	6	617,16 €	–	49,37 €	55,54 €	–	–	–	–	–	–
3.225,00 € bis 3.227,99 €	1	452,00 €	–	36,16 €	40,68 €	–	19,92 €	22,41 €	–	4,26 €	4,79 €
	2	403,66 €	–	–	–	–	16,50 €	18,56 €	–	2,48 €	2,79 €
	3	190,33 €	–	15,23 €	17,13 €	–	2,99 €	3,36 €	–	–	–
	4	452,00 €	–	36,16 €	40,68 €	–	27,79 €	31,26 €	–	19,92 €	22,41 €
	5	796,25 €	–	63,70 €	71,66 €	–	–	–	–	–	–
	6	832,50 €	–	66,60 €	74,93 €	–	–	–	–	–	–

Beispiel

Ein Kfz-Mechatroniker arbeitet 144 Stunden. Sein Stundenlohn beträgt 18,00 €. Er erhält eine Gefahrenzulage von 198 €. Weitere Angaben: Steuerklasse 1, keine Kinderfreibeträge, Konfession: „ev“. Der AG-Anteil für Vermögensbildung beträgt 26,60 €, der AN-Anteil 13,60 €. Berechnen Sie

a) den Bruttolohn, b) den Nettolohn und c) den Auszahlungsbetrag.

Lohn- und Gehaltsabrechnung			Erklärungen
Stundenlohn		18,00 €	
Stundenanzahl		144	
Monatliches Entgelt		2.592,00 €	= 18,00 € / h * 144 h
Zuschlag für Mehrarbeit		0,00 €	
Zul. für erschwerte Arbeitsbed.		198,00 €	Gefahrenzulage
Sonst. steuer- u. Sozialvers.pfl. Bezüge		0,00 €	
Zuwendungen		26,60 €	AG-Anteil zur Vermögensbildung
Bruttolohn		**2.816,60 €**	= 2.592,00 € + 198,00 € + 26,60 €
Steuerklasse		1	
Kinderfreibeträge		0	
Lohnsteuer		298,50 €	Aus der Tabelle
Kirchenlohnsteuer	8,00%	23,88 €	Aus der Tabelle
Solidaritätszuschlag		0,00 €	
AN-Anteil zur Rentenversicherung	18,60%	261,94 €	= 1/2 * 18,60% / 100* 2.816,60 €
AN-Anteil zur Krankenversicherung	14,60%	205,61 €	= 1/2 * 14,60% / 100* 2.816,60 €
AN-Ant. zur Arbeitslosenversicherung	2,40%	33,80 €	= 1/2 * 2,40% / 100* 2.816,60 €
AN-Anteil zur Pflegeversicherung	3,05%	42,95 €	= 1/2 * 3,05% / 100* 2.816,60 €
Nettolohn		**1.949,91 €**	
steuer- und sozialvers.freie Bezüge		0,00 €	
Persönliche Abzüge		0,00 €	
Vermögenswirksame Leistungen		40,20 €	AG und AN-Ant. zur Vermögensbild.
Auszuzahlender Betrag		**1.909,71 €**	
Summe der Abzüge		906,89 €	

Lösungen

1) 810,04 €; 1789,96 € | **2)** 626,84 € | **3)** 3626,60 €; 2695,53 € | **4)** 2067,59 €

Aufgaben

1 Eine Bürokauffrau, Steuerklasse IV, 2 Kinderfreibeträge, Konfession „rk“, erhält ein monatliches Gehalt von 2300 € und eine Prämie von 300 €. Berechnen Sie die Summe aller Abzüge und den Auszahlungsbetrag.

2 Eine Auszubildende, Steuerklasse 1, keine Kinderfreibeträge, Konfession „ev“, erhält eine monatliche Ausbildungsvergütung von 790 €. Für Vermögensbildung beträgt der AG-Anteil 19,90 €, der AN-Anteil 6,65 €. Berechnen Sie den Auszahlungsbetrag.

3 Ein Kfz-Meister, Steuerklasse 3, 1 Kinderfreibetrag, Konfession: „–“ erhält ein monatliches Gehalt von 3600 €. Für Vermögensbildung wird ein AG-Anteil von 26,60 € und ein AN-Anteil von 13,30 € abgerechnet. Außerdem wurde ein Steuerfreibetrag von 400 € auf der elektronischen Lohnsteuerkarte eingetragen. Berechnen Sie den Bruttolohn und den Auszahlungsbetrag.

4 Ein Kfz-Mechatroniker, Steuerklasse 1, kein Kinderfreibetrag, Konfession „rk“, arbeitet 144 Normalstunden und 4 Überstunden bei Tag und 2 Überstunden bei Nacht. Sein Stundenlohn beträgt 18,50 €. Für Vermögensbildung wird ein AG-Anteil von 26,60 € abgerechnet. Berechnen Sie den Auszahlungsbetrag.

4.2 KOSTEN- UND LEISTUNGSRECHNUNG (KALKULATION)

Will ein Kfz-Unternehmer am Markt erfolgreich sein, muss er die Kosten für die Leistungen, die er verkaufen möchte, genau kennen. Dazu wird in den einzelnen Bereichen (Betrieben) des Unternehmens die Kosten- und Leistungsrechnung durchgeführt.

Kosten der Werkstatt bei der betrieblichen Leistungserstellung

Selbstkosten des Lohns				
Fertigungslohnkosten		Gemeinkostenzuschlag		Gewinn- und Wagniszuschlag
Der Monteur arbeitet eine Stunde am Fahrzeug des Kunden.	+	Die Werkstatt stellt die betriebliche Leistung bereit • Unproduktive Löhne (Lohn für Urlaub, Krankheit) • Gehälter (für Betriebsleiter, Sekretärin) • Steuern, Gebühren, Versicherungen • Abschreibung für Abnutzung • Zinskosten	+	Die unternehmerische Tätigkeit entlohnen und absichern.

= Verkaufspreis für eine Monteurstunde = Stundenverrechnungssatz

Kosten des Teileverkaufs bei der betrieblichen Leistungserstellung

Selbstkosten der Teile				
Anschaffungskosten		Gemeinkostenzuschlag		Gewinn- und Wagniszuschlag
Das Ersatzteil wird eingekauft und in die Werkstatt transportiert.	+	Die Teile werden im Teilelager bis zum Gebrauch eingelagert • Lagermiete • Gehälter (für Betriebsleiter, Lagerist) • Steuern, Gebühren, Versicherungen • Abschreibung für Abnutzung • Zinskosten	+	Die unternehmerische Tätigkeit entlohnen und absichern.

= Verkaufspreis der Teile (ohne Mehrwertsteuer)

Wichtige Begriffe für die Kosten- und Leistungsrechnung:

Fertigungslohnkosten. Es ist der Anteil vom Stundenverrechnungssatz, den der Unternehmer für den Monteur verrechnet, wenn dieser an einem Kundenfahrzeug arbeitet.

Anschaffungskosten. Sie sind die Kosten, die bei der Beschaffung der Ersatzteile entstehen. Dazu gehören der Einkaufspreis der Teile und die Transportkosten, wie Zölle, Porto. Sie werden direkt verrechnet.

Gemeinkostenzuschlag. Er ist der Teil der Kosten, der auf die Fertigungslohnkosten oder Anschaffungskosten zugeschlagen wird. Mit dem Gemeinkostenzuschlag werden die Kosten abgedeckt, die zur Bereitstellung einer funktionierenden Werkstatt oder eines Lagers erforderlich sind.

Selbstkosten. Sie errechnen sich aus Fertigungslohnkosten bzw. Anschaffungskosten und Gemeinkostenzuschlag.

Gewinn- und Wagniszuschlag. Er ist der Verdienst des Unternehmers. Außerdem wird mit ihm das unternehmerische Wagnis abgesichert. Tritt der Wagnisfall ein, z. B. Regress, Produkthaftung, so kann dieser Betrag, der den Selbstkosten zugeschlagen wurde, dazu verwendet werden, um die entstandenen Kosten zu bezahlen.

Stundenverrechnungssatz. Er ist der Verkaufspreis für eine Monteurstunde. Der Stundenverrechnungssatz beinhaltet den Stundenlohn des Monteurs, die anteiligen Gemeinkosten und den Gewinn- und Wagniszuschlag.

Verkaufspreis der Teile. Er beinhaltet die Selbstkosten der Teile und den Gewinn- und Wagniszuschlag.

4.2.1 KOSTENARTEN

EINZELKOSTEN

Sie sind die Fertigungslöhne und die Anschaffungskosten der verkauften Ware. Einzelkosten entstehen dann, wenn betriebliche Leistungen erbracht werden. In der Handelswarenkalkulation z. B. für Ersatzteile und Zubehör können zusätzlich Verkaufssonderkosten, wie z. B. Provisionen entstehen.

Fertigungslöhne (Produktive Löhne). Sie entstehen bei Reparaturarbeiten oder Fertigungsarbeiten an einem Fahrzeug oder einem Produkt. Fertigungslöhne werden direkt erfasst bei

K-Aufträgen als Löhne für Leistungen an Kundenfahrzeugen

I-Aufträgen als Löhne für interne Leistungen z. B. Inspektion von Vorführwagen, vertraglicher Kundendienst, Ansprüche aus der Sachmängelhaftung.

Die Fertigungslöhne berechnen sich aus dem Lohn für Normalleistung, dem Lohn für die Mehrleistung, dem Lohnzuschlag für Mehrarbeit und der produktiven Azubi-Vergütung.

Lohn für Normalleistung. Er ist der Lohn, den der Monteur erhält, wenn er einen Arbeitsauftrag in der vorgegebenen Zeit erfüllt.

Lohn für Mehrleistung. Er ist die Lohnzulage, die der Monteur erhält, wenn er den Arbeitsauftrag schneller als in der vorgegebenen Zeit erfüllt.

Arbeitswert (AW). Ein Arbeitswert entspricht einer Arbeitszeit von 5 Minuten.

AW-Lohnsatz. Er berechnet sich aus dem Stundenlohnsatz und dem Werkstattfaktor.

Lohnzuschlag für Mehrarbeit. Er ist der Zuschlag auf den Leistungslohnsatz für Überstunden, Nacht-, Sonntags- und Feiertagsarbeit.

Produktive Azubi-Vergütung. Er ist der Lohn, den der Unternehmer für die produktive Azubi-Mitarbeit verrechnet. Dieser Lohn dient ausschließlich kalkulatorischen Zwecken und wird nicht an die Azubis ausbezahlt.

$$\text{Fertigungslohnstunden} = \frac{\text{Gesamtarbeitsstunden} \cdot \text{K/I-Anteil in \%}}{100\ \%}$$

Beispiel

In einer Werkstatt beträgt die Anwesenheitszeit der Mitarbeiter im Monat 720 Stunden. Davon sind 20 % unproduktiv. Wie viele Fertigungslohnstunden wurden verkauft?

Lösung

$$\text{Fertigungslohnstunden} = \frac{720\ \text{h} \cdot 80\ \%}{100\ \%} = 576\ \text{h}$$

$$\text{Fertigungslöhne} = \frac{\text{Gesamtarbeitslöhne} \cdot \text{K/I-Anteil in \%}}{100\ \%}$$

Fertigungslöhne
= Löhne für Normalleistung
+ Löhne für Mehrleistung
+ Lohnzuschläge für Mehr-, Nacht-, Feiertagsarbeit
+ produktive Azubi-Vergütung

Löhne für Normalleistung
= Fertigungslohnstunden Gesellen · Werkstattschnittlohn

$$\text{AW-Lohnsatz} = \frac{\text{Stundenlohnsatz}}{\text{Werkstattfaktor}}$$

Produktive Azubi-Vergütung
= Mitarbeitsstunden · Vergütung je Std.

Beispiel 6 Mechatroniker arbeiten monatlich im Durchschnitt je 150 h bei einer gesamten Ist-Leistung von 12300 AW. Außerdem sind 3 Auszubildende zu je 50 h eingesetzt. Wie groß sind die Fertigungslöhne, wenn der Werkstattfaktor 12 AW/h, der AW-Lohnsatz 7,00 €/AW, der Anrechnungsfaktor der Auszubildenden 3 AW/h und die Vergütung der Auszubildenden 3,70 €/h beträgt? Der Werkstattschnittlohn wurde mit 42,00 €/h ermittelt.

Lösung

Löhne für Normalleistung = Fertigungslohnstunden · Werkstattschnittlohn
= 6 · 150 h · 10,20 €/h = **37800,00 €**

Mehrleistung in AW = Ist-Leistung – Soll-Leistung – Azubi-Mitarbeit
= 12300 AW – 6 · 150 h · 12 AW/h – 3 · 50 h · 3 AW/h = **1050 AW**

Lohn für Mehrleistung = Mehrleistung in AW · AW-Lohnsatz
= 1050 AW · 7,00 €/AW = **7350,00 €**

Produktive Azubi-Vergütung = Mitarbeitsstunden · Vergütung je Std.
= 3 · 50 h · 3,70 €/h = **555,00 €**

Fertigungslöhne = Löhne für Normalleistung + Löhne für Mehrleistung + produktive Azubi-Vergütung
= 37800,00 € + 7350,00 € + 555,00 € = **45705,00 €**

GEMEINKOSTEN

Sie sind die Summe aller Kosten, die unabhängig von einem Reparatur- oder Wartungsauftrag entstehen, aber zur Aufrechterhaltung des Betriebes erforderlich sind.

Hilfslöhne (Löhne für Werkstattaufträge, W-Aufträge). Sie müssen vom Unternehmer für die Zeiten bezahlt werden, in denen der Monteur nicht produktiv arbeitet, z. B. für Leerlauf, Krankheit, Urlaub, Fortbildung. Sie werden als Gemeinkosten verrechnet.

Kalkulatorische Kosten. Sie entstehen dadurch, dass der Unternehmer Leistungen berechnet, für die unmittelbar keine Aufwendungen entstehen, z. B. Mietwert des eigenen Gebäudes.

Gemeinkostenzuschlagssatz. Für die Kostenermittlung können die Gemeinkosten in einem bestimmten Zuschlagssatz den Lohnkosten (Fertigungslöhne) oder den Materialkosten (Anschaffungskosten) oder beiden zugeschlagen werden. In der Kfz-Werkstatt werden die Gemeinkosten üblicherweise den Fertigungslöhnen zugeschlagen.

Beispiel

Während eines halben Jahres sind in einem Betrieb folgende Gemeinkosten angefallen: Hilfslöhne 26740,00 €; Gehälter 64482,00 €; soziale Aufwendungen 93633,00 €; Raumkosten 28120,00 €; Einrichtungskosten 36493,00 €; Gemeinkostenmaterial 12740,00 €; Steuern und Gebühren 5010,00 €; kalkulatorische Kosten 43197,00 €.

Berechnen Sie die Gemeinkostensumme und den Gemeinkostenzuschlagssatz der Werkstatt, wenn die Fertigungslöhne 88690,00 € betragen.

Lösung

	Gemeinkostensumme	
=	Hilfslöhne	26740,00 €
+	Gehälter	64482,00 €
+	soziale Aufwendungen	93633,00 €
+	Raumkosten	28120,00 €
+	Einrichtungskosten	36493,00 €
+	Gemeinkostenmaterial	12740,00 €
=		**310415,00 €**

Gemeinkostenzuschlagssatz Werkstatt

$$= \frac{\text{Gemeinkostensumme der Werkstatt} \cdot 100\,\%}{\text{Fertigungslöhne}}$$

$$= \frac{310415{,}00\,€ \cdot 100\,\%}{88690{,}00\,€} = \mathbf{350{,}0\,\%}$$

Gemeinkostensumme
= Hilfslöhne
+ Gehälter
+ soziale Aufwendungen
+ Raumkosten
+ Gemeinkostenmaterial
+ Steuern und Gebühren
+ Abschreibung
+ Zinskosten
+ sonstige Kosten
+ Kalkulatorische Kosten
+ ggf. Anteil Verwaltungskosten

Hilfslöhne
= Hilfslohnstunden · Werkstattschnittlohn

Hilfslohnstunden für W-Aufträge
= Zeit für allgemeine Werkstattarbeiten
+ Leerlauf- und Wartezeit
+ Zeit für Reparatur von Werkstattfahrzeugen
+ Zeit für eigene Gewährleistung
+ Zeit für Urlaub, Lohnfortzahlung, Feiertage, Schulung

Hilfslohnstunden

$$= \frac{\text{Gesamtarbeitslöhne} \cdot \text{Hilfslohn-Anteil in }\%}{100\,\%}$$

Kalkulatorische Kosten
= Mietwert des eigenen Werkstattgebäudes
+ Kalkulatorischer Unternehmerlohn
+ Kalkulatorische Abschreibung
+ Kalkulatorische Verzinsung

Kalkulatorische Verzinsung

$$= \frac{\text{betriebsnotwendiges Kapital} \cdot \text{Zinssatz in }\%}{100\,\%}$$

Kalkulatorische Abschreibung

$$= \frac{\text{Abschreibungsgrundwert}}{\text{Nutzungsdauer}}$$

Gemeinkostenzuschlagssatz Werkstatt

$$= \frac{\text{Gemeinkostensumme der Werkstatt} \cdot 100\,\%}{\text{Fertigungslöhne}}$$

Gemeinkostenzuschlagssatz Lager

$$= \frac{\text{Gemeinkostensumme Lager} \cdot 100\,\%}{\text{Anschaffungskosten der verkauften Ware}}$$

Aufgaben

1 Für K- und I-Aufträge wurden in einer Kfz-Werkstatt 75 % der Gesamtlohnkosten aufgewendet.

Berechnen Sie die Fertigungslöhne, wenn die Gesamtlohnkosten 37 240,00 € betragen.

2 Aus den Abrechnungsunterlagen eines Kfz-Betriebes wurden innerhalb von 2 Monaten folgende Löhne ermittelt: Gesamtlohnkosten 53 494,00 €; davon entfielen auf Löhne für Normalleistung 31 860,00 €, auf Mehrleistungszulagen 4572,00 €, auf Mehrarbeitszulagen 1452,00 €; die produktive Ausbildungsvergütung betrug 2038,00 €. Berechnen Sie ...

a) die Fertigungslöhne,

b) die Hilfslöhne,

c) den Prozentanteil der Hilfslöhne an den Gesamtlohnkosten.

3 In einer Kfz-Werkstatt wurden in einem Quartal 12 450 Arbeitsstunden geleistet. Die Gesamtlohnkosten der Werkstatt betrugen 305 280,00 €. Berechnen Sie ...

a) den Werkstattschnittlohn,

b) die Fertigungs- und Hilfslöhne, wenn der Anteil der Hilfslöhne 30 % betrug.

4 Berechnen Sie für einen Abrechnungszeitraum von 2 Monaten den Gesamtarbeitslohn der Werkstatt: 8 Kfz-Mechatroniker haben bei 22 Arbeitstagen je Monat eine tägliche Arbeitszeit von 7,5 h.

Der Werkstattschnittlohn beträgt 31,20 €/h, für die K- und I-Aufträge wurden 85 % der Gesamtlohnkosten aufgewendet, der Mehrleistungssatz beträgt 24 %.

5 In einer Kfz-Werkstatt entstanden bei 42 166,00 € Gesamtlohnkosten Gemeinkosten ohne Hilfslöhne in Höhe von 138 093,65 €.

Der Anteil der Hilfslöhne an den Gesamtlohnkosten beträgt 25 %. Berechnen Sie ...

a) die Fertigungslöhne,

b) die Hilfslöhne,

c) die Gemeinkostensumme,

d) den Gemeinkostenzuschlag in Prozent der Fertigungslöhne.

6 Bei 26 193,00 € Fertigungslöhnen entstanden einer Kfz-Werkstatt Gemeinkosten in Höhe von 104 772,00 €.
Berechnen Sie den Gemeinkostenzuschlag in Prozent der Fertigungslöhne.

7 Aus der Buchhaltung eines Kfz-Betriebes wurden für das abgelaufene Jahr folgende Kosten ersichtlich:

Gesamtlohnkosten	202 487,00 €,
Hilfslöhne	37 902,00 €,
Gehälter	150 780,00 €,
Sozialkosten	101 610,00 €,
Raumkosten	54 140,00 €,
kalkulatorische Abschreibung	57 980,00 €,
kalkulatorischer Unternehmerlohn	75 135,00 €,
Gemeinkosten Material	20 905,00 €,
Betriebssteuern, Beiträge	22 418,00 €,
sonstige Gemeinkosten	170 387,00 €.

Berechnen Sie ...

a) die Fertigungslöhne,

b) den Prozentanteil der Hilfslöhne an den Gesamtlohnkosten,

c) die Gemeinkostensumme,

d) den Gemeinkostenzuschlag in Prozent der Fertigungslöhne.

8 Aus der Buchhaltung sind folgende Angaben zu entnehmen:
Gesamtlohnkosten 95 320,00 €, Anteil der Hilfslöhne an den Gesamtlohnkosten 18 % und die Summe der Gemeinkosten ohne die Hilfslöhne 279 859,60 €. Berechnen Sie

a) die Fertigungslöhne,

b) die Hilfslöhne,

c) die Gemeinkostensumme,

d) den Gemeinkostenzuschlag in Prozent der Fertigungslöhne.

9 Während eines Jahres entstanden in einem Kfz-Betrieb folgende Kosten: Gesamtlohnkosten 88 200,00 €, davon betrugen die Hilfslöhne 16 %. Die Gemeinkosten betrugen, ohne die Hilfslöhne und ohne Gehälter, 224 880,00 €. An Gehältern wurden 94 404,00 € ausbezahlt. Berechnen Sie ...

a) die Hilfslöhne,

b) die Fertigungslöhne,

c) die Gemeinkostensumme,

d) den Gemeinkostenzuschlag in %.

Lösungen

1) 27 930 € | **2a)** 39 922 €; **2b)** 13 572 €; **2c)** 25,4 % | **3a)** 24,52 €; **3b)** 213 696 €; 91 584 € | **4)** 102 136,32 € | **5a)** 31 624,50 €; **5b)** 10 541,50 €; **5c)** 148 635,15 €; **5d)** 470 % | **6)** 400 % | **7a)** 164 585 €; **7b)** 18,7 %; **7c)** 691 257 €; **7d)** 420 % | **8a)** 78 162,40 €; **8b)** 17 157,60 €; **8c)** 297 017,20 €; **8d)** 380 % | **9a)** 14 112 €; **9b)** 74 088 €; **9c)** 333 396 €; **9d)** 450 %

4.2.2 LOHNBERECHNUNGEN

ZEITLOHN

Er berechnet sich aus der Arbeitszeit und dem Stundenlohnsatz. Die Menge und die Qualität der Arbeit werden nicht berücksichtigt.

Arbeitszeit. Sie ist die Zeit, die der Arbeitnehmer am Arbeitsplatz anwesend ist. Die Arbeitszeit ist vertraglich festgelegt.

Stundenlohnsatz (Werkstattschnittlohn). Er ist der durchschnittliche Lohn je Stunde, der in einer Kfz-Werkstatt bezahlt wird.

Werkstattfaktor. Er gibt die Anzahl der AWs oder Zeiteinheiten an, die der Arbeitnehmer je Stunde erbringen soll (Sollleistung je h), z. B. 12 AW/h.

Mehrarbeitszuschlag. Er ist der Zuschlag in % des Stundenlohnsatzes, z. B. für Überstunden (25 %), Sonntagsarbeitsstunden (50 %) und Feiertagsarbeitsstunden (125 %).

LEISTUNGSLOHN

Er berechnet sich aus den Leistungslohnstunden und dem Leistungslohnsatz.

Leistungslohnstunden. Sie ist die Arbeitszeit, die der Monteur im Leistungslohn arbeitet.

Leistungslohnsatz. Er ist der durchschnittliche Lohn je Stunde, der in einer Kfz-Werkstatt bezahlt wird, wenn im Leistungslohn gearbeitet wird.

Vorgabezeit. Sie wird in Arbeitswerten (AW) oder Zeiteinheiten (ZE) angegeben. Die Vorgabezeit ist die Summe der Arbeitswerte für die einzelnen Arbeitspositionen des Arbeitsauftrages.

Soll-Leistung. Sie ist die vorgegebene Arbeitsleistung in AW oder ZE für einen Arbeitsauftrag oder einen bestimmten Zeitraum.

Ist-Leistung. Sie ist die tatsächlich erzielte Arbeitsleistung in AW oder ZE für einen Arbeitsauftrag oder einen bestimmten Zeitraum.

Leistungsfaktor. Er ist die Ist-Leistung eines Monteurs in einer Stunde, z. B. 15 AW/h.

Leistungsgrad. Er gibt das Verhältnis von Ist-Leistung zur Soll-Leistung an und lässt bedingt Vergleiche zwischen einzelnen Mechatronikern zu.

$$\text{Zeitlohn} = \text{Arbeitszeit} \cdot \text{Stundenlohnsatz}$$

$$\text{Arbeitszeit} = \text{AW} \cdot \text{Werkstattfaktor}$$

$$\text{Vorgabezeit für 1 AW} = \frac{\text{60 Minuten}}{\text{Werkstattfaktor}}$$

$$\text{Mehrarbeitszuschlag} = \frac{\text{Stundenlohnsatz} \cdot \text{Zuschlagssatz in \%}}{100\ \%}$$

$$\text{Leistungslohn} = \text{Leistungslohnstunden} \cdot \text{Leistungslohnsatz}$$

$$\text{Leistungslohnsatz} = \text{Stundenlohnsatz} \cdot \text{Leistungsgrad}$$

$$\text{Lohn für Normalleistungen} = \text{Leistungslohnstunden} \cdot \text{Stundenlohnsatz}$$

$$\text{Vorgabezeit in Minuten für 1 Arbeitsposition} = \frac{\text{60 AW-Vorgabe}}{\text{Werkstattfaktor}}$$

$$\text{Soll-Leistung} = \text{Leistungslohnstunden} \cdot \text{Werkstattfaktor}$$

$$\text{Leistungsfaktor} = \frac{\text{Ist-Leistung in AW}}{\text{Aufgewendete Arbeitszeit in h}} = \frac{\text{Arbeitszeit}}{\text{Leistungslohnstunden}}$$

$$\text{Leistungsgrad} = \frac{\text{Ist-Leistung in AW}}{\text{Soll-Leistung in AW}}$$

Beispiel

Der Stundenlohnsatz einer Kfz-Werkstatt beträgt 20,50 €/h. Werkstattfaktor 12 AW/h. Bei einer wöchentlichen Arbeitszeit im Leistungslohn von 37,5 h erreicht ein Monteur 540 AW. Wie groß sind

a) Soll-Leistung in AW, b) Leistungsgrad, c) Leistungslohnsatz, d) Leistungslohn?

Lösung

a) Soll-Leistung = Leistungslohnstunden · Werkstattfaktor = 37,5 h · 12 AW/h = **450 AW**

b) Leistungsgrad = Ist-Leistung in AW/Soll-Leistung in AW = 540 AW/450 AW = **1,2**

c) Leistungslohnsatz = Stundenlohnsatz · Leistungsgrad = 20,50 €/h · 1,2 = **24,60 €/h**

d) Leistungslohn = Leistungslohnstunden · Leistungslohnsatz = 37,5 h · 24,60 €/h = **922,50 €**

Aufgaben

1 Ein Kfz-Mechatroniker verdient im Zeitlohn einen Stundensatz von 18,00 € bei einer wöchentlichen Arbeitszeit von 37,5 Stunden. Er arbeitet 48 Stunden in der Woche. Für die Überstunden erhält er einen Zuschlag von 25 %. Wie groß ist sein Verdienst in der Woche?

2 Ein Kfz-Mechatroniker verdient 787,50 € bei einer wöchentlichen Arbeitszeit von 37,5 Stunden.
Welchen Stundenlohnsatz erhält er?

3 Monatliche Arbeitsstunden im Zeitlohn 178 h; davon 6 h Mehrarbeit, Mehrarbeitszuschlag 25 %; Stundenlohnsatz 17,70 €/h.
Berechnen Sie den Zeitlohn.

4 Monatliche Arbeitsstunden im Leistungslohn 162 h; davon Mehrarbeit 18 Stunden. Leistungsfaktor 120 %; Stundenlohnsatz 17,20 €/h; Mehrarbeitszuschlag 25 %.
Berechnen Sie den Zeitlohn.

5 Bei einem Werkstattfaktor von 12 AW/h sollen für folgende Arbeitspositionen die Vorgabezeiten in Minuten und in Stunden ermittelt werden:

Auspuffanlage ersetzen 15 AW; Motor aus- und einbauen 54 AW; Radialwellendichtring ersetzen 4 AW; Stoßdämpfer ersetzen 8 AW; Radhaus vorn links ersetzen 34 AW; einen Ventilkegel nacharbeiten 1 AW; Kühler ersetzen 10 AW.

6 Ein Kfz-Mechatroniker führt während seiner achtstündigen Arbeitszeit folgende Arbeiten mit den entsprechenden Richtzeiten aus: Frontscheibe aus- und einbauen (1,2 h), Dachverkleidung aus- und einbauen (3,15 h), Stoßstange vorn ersetzen (0,9 h), Scheibenwischermotor aus- und einbauen (0,55 h), Kupplungsgeberzylinder ausbauen, zerlegen, zusammenbauen und wieder einbauen (1,15 h), Zylinderkopf aus- und einbauen, Zylinderkopfdichtung ersetzen (3,40 h). Sein Stundenlohnsatz beträgt 18,80 €/h. Wie groß sind

a) sein Leistungslohn,
b) sein tatsächlicher Stundenlohn,
c) sein Verdienst, wenn im Zeitlohn abgerechnet wird?

7 Ein Kfz-Mechatroniker, der auf einem Arbeitsplatz mit einer Soll-Leistung von 12 AW/h einen Stundenlohnsatz von 19,10 €/h hat, verrichtet während seines achtstündigen Ar beitstages folgende Arbeiten:

Bremsschlauch auswechseln (6 AW), Bremsleitungen erneuern (38 AW), Scheibenbremsbeläge vorne und hinten wechseln (je 6 AW), Tagfahrlicht einbauen und anschließen (34 AW). Kupplung aus- und einbauen (30 AW). Berechnen Sie ...

a) die Gesamtanzahl der Arbeitswerte,
b) die Soll-Leistung und die Mehrleistung in AW,
c) den Leistungsfaktor und den Leistungsgrad,
d) den Leistungslohnsatz.

8 Bei einem Werkstattfaktor von 12 AW/h sind bei folgenden Mitarbeitern, die in einem bestimmten Zeitraum arbeiteten, Arbeitswerte ermittelt worden:

Mitarbeiter 1: 164 Stunden – 2365 AW;

Mitarbeiter 2: 178 Stunden – 2686 AW;

Mitarbeiter 3: 145 Stunden – 2184 AW;

Mitarbeiter 4: 154 Stunden – 2290 AW.

Berechnen Sie für die einzelnen Mitarbeiter

a) den Leistungsfaktor,
b) die Soll-Leistung,
c) den Leistungsgrad,
d) den Leistungslohnsatz, wenn der Stundenlohnsatz bei allen Mechanikern 18,50 €/h beträgt,
e) den Leistungslohn je Mitarbeiter.

9 Welchen Leistungslohn erhält ein Kfz-Mechatroniker, der bei 170 Stunden Arbeitszeit 2652 Arbeitswerte schafft?

Der Werkstattfaktor ist 12 AW/h, der Stundenlohnsatz beträgt 19,20 €/h.

10 Bei einem Leistungsgrad von 1,2 und einem Stundenlohnsatz von 18,00 €/h werden 183 Stunden gearbeitet, davon 16 Stunden Mehrarbeit.

Berechnen Sie den Leistungslohn.

Lösungen

1) 911,25 € | **2)** 21,00 €/h | **3)** 3177,15 € | **4)** 3436,56 € | **5)** 75 min; 1,25 h; 270 min; 4,5 h; 20 min; 0,33 h; 40 min; 0,67 h; 170 min; 2,38 h; 5 min; 0,08 h; 50 min; 0,83 h | **6a)** 194,58 €; **6b)** 24,32 €; **6c)** 150,40 € | **7a)** 120; **7b)** 96; 24; **7c)** 15; 1,25; **7d)** 23,88 €/h | **8a)** 14,42; 15,09; 15,06; 14,87; **8b)** 1968; 2136; 1740; 1848; **8c)** 1,202; 1,257; 1,255; 1,239; **8d)** 22,23 €/h; 23,26 €/h; 23,22 €/h; 22,92 €/h; **8e)** 3645,72 €; 4140,28 €; 3366,90 €; 2529,68 € | **9)** 4243,20 € | **10)** 4039,20 €

4.3 KOSTENRECHNUNG IN DER KFZ-WERKSTATT

4.3.1 ZUSCHLAGKALKULATION

Um die Reparaturkosten eines Kraftfahrzeuges zu ermitteln, werden den Materialeinzelkosten (Anschaffungskosten) und den Lohneinzelkosten (Fertigungslohnkosten) die Gemeinkosten in Form von Prozentsätzen zugeschlagen. Zu den so errechneten Selbstkosten kommt noch der Gewinn- und Wagniszuschlag.

Beispiel

Bei einem Auftrag entstanden Materialkosten in Höhe von 49,60 € und Fertigungslohnkosten in Höhe von 38,86 €. Der Gemeinkostenzuschlag des Lagers beträgt 28 %, der der Werkstatt 260 %. Berechnen Sie die Reparaturkosten, wenn der Gewinnzuschlag 12 % beträgt.

Lösung

Bezugspreis der Teile	= 49,60 €
+ Gemeinkostenzuschlag Lager $= \frac{49{,}60\,€ \cdot 28\,\%}{100\,\%}$	= 13,89 €
+ Fertigungslohnkosten	= 38,86 €
+ Gemeinkostenzuschlag Werkstatt $= \frac{38{,}86\,€ \cdot 260\,\%}{100\,\%}$	= 101,04 €
= Selbstkosten	= 203,39 €
+ Gewinnzuschlag $= \frac{203{,}39\,€ \cdot 12\,\%}{100\,\%}$	= 24,41 €
= Reparaturkosten	= 227,80 €

Gemeinkosten Lager

$$= \frac{\text{Materialkosten} \cdot \text{GKSZ in \%}}{100\,\%}$$

Fertigungslohnkosten
= Fertigungslohnstunden · Werkstattschnittlohn

Gemeinkosten der Werkstatt

$$= \frac{\text{Fertigungslohnkosten} \cdot \text{GKSZ in \%}}{100\,\%}$$

Gewinn- und Wagniszuschlag

$$= \frac{\text{Selbstkosten} \cdot \text{Gewinnzuschlagssatz in \%}}{100\,\%}$$

GKZS = Gemeinkostenzuschlagssatz

Bezugspreis der Teile (Materialkosten)
+ Gemeinkostenzuschlag des Lagers
+ Fertigungslohnkosten
+ Gemeinkostenzuschlag der Werkstatt

= Selbstkosten

Selbstkosten
+ Gewinn- und Wagniszuschlag
+ ggf. Fremdleistungen
+ ggf. Sonderleistungen

= Reparaturkosten

4.3.2 VEREINFACHTE KALKULATION

Stundenverrechnungssatz und Kostenindex ermöglichen eine schnelle und hinreichend genaue Kostenrechnung.

Kostenindex. Er gibt an, wie viel mal mehr der Kunde für eine Arbeitsstunde bezahlen muss, als der Mechatroniker in dieser Stunde verdient. Der Kostenindex berücksichtigt die Fertigungslohnkosten, die Gemeinkosten und den Gewinnzuschlag.

Stundenverrechnungssatz. Er ist der Verkaufspreis für eine Arbeitsstunde. Der Stundenverrechnungssatz kann aus dem Kostenindex und dem Werkstattschnittlohn berechnet werden.

Werkstattschnittlohn. Er ist der Stundenlohn, den die Mechatroniker durchschnittlich in der Werkstatt verdienen.

Arbeitspreis. Er berechnet sich aus den für die Reparatur benötigten Fertigungslohnstunden und dem Stundenverrechnungssatz.

Reparaturkosten. Sie errechnen sich aus den Ersatzteilkosten, dem Arbeitspreis, evtl. Fremdleistungen, z. B. Lackierarbeiten, und evtl. Sonderleistungen, z. B. Überführen oder Abschleppen von Fahrzeugen.

$$\text{Kostenindex} = \frac{FL + GK + GWZ}{FL}$$

FL Fertigungslöhne
GK Gemeinkosten
GWZ Gewinnzuschlag

Stundenverrechnungssatz

$$= \frac{FL + GK + GWZ}{\text{Fertigungslohnstunden}}$$

Stundenverrechnungssatz
= Werkstattschnittlohn · Kostenindex

Arbeitspreis = Fertigungslohnstunden · Stundenverrechnungssatz

Arbeitspreis
= verrechenbare AW · AW-Verrechnungssatz

Reparaturkosten = Listenpreis der Teile
+ Arbeitspreis
+ Fremdleistungen
+ Sonderleistungen

AW-Verrechnungssatz. Er ist der Verrechnungssatz für einen Arbeitswert (AW).

Der AW-Verrechnungssatz dient zur Ermittlung des Arbeitspreises für eine bestimmte Arbeitsposition. Er errechnet sich aus dem Werkstattschnittlohn und dem Kostenindex. Er ersetzt den Stundenverrechnungssatz bei der Ermittlung des Arbeitspreises einer Arbeitsposition.

ZE-Verrechnungssatz. Er errechnet sich wie der AW-Verrechnungssatz, wenn der Werkstattfaktor in Zeiteinheiten (ZE) je Stunde angegeben wird.

Lohnerlöse. Sie sind Erlöse aus Leistungen für K-Aufträge + I-Aufträge.

K-Aufträge Löhne für Leistungen an Kundenfahrzeugen

I-Aufträge Löhne für interne Leistungen z. B. Inspektion von Vorführwagen, vertraglicher Kundendienst, Gewährleistungsansprüche (G-Aufträge).

Bruttogewinn. Zieht man von den Lohnerlösen einer Werkstatt die Fertigungslöhne ab, so erhält man den Bruttogewinn (Bruttoertrag, Rohgewinn).

Nettogewinn (Gewinn, Betriebsgewinn). Ihn erhält man, wenn man vom Bruttogewinn die Gemeinkosten abzieht.

Umsatzrendite der Werkstatt (Nettogewinn in %). Sie gibt an, wie viel Prozent Nettogewinn aus dem Umsatz erwirtschaftet wurde. Man errechnet sie aus Nettogewinn und Lohnerlösen.

Fremdleistungen, Sonderleistungen

Fremdleistungen werden von anderen Betrieben erbracht, z. B. Elektriker-, Lackierer-, Sattler-, Karosseriearbeiten. Sie können mit einem Gewinnzuschlag von 10 % ... 20 % auf den Nettopreis (ohne Umsatzsteuer) der Fremdwerkstatt in die Rechnung übernommen werden.

Sonderleistungen sind Probefahrten, Überführungen, Bergen und Abschleppen von Fahrzeugen.

$$\text{AW-Verrechnungssatz} = \frac{\text{Werkstattschnittlohn} \cdot \text{Kostenindex}}{\text{Werkstattfaktor in AW}}$$

$$\text{AW-Verrechnungssatz} = \frac{\text{Stundenverrechnungssatz}}{\text{Werkstattfaktor in AW}}$$

$$\text{ZE-Verrechnungssatz} = \frac{\text{Stundenverrechnungssatz}}{\text{Werkstattfaktor in ZE}}$$

Hinweis:

Im Allgemeinen wird mit einem Werkstattfaktor von 12 AW/Stunde bzw. 10 AW/Stunde gerechnet. Bei der Verwendung von ZE, ist die Zeitvorgabe genauer, da der Werkstattfaktor 100 ZE/Stunde beträgt.

$$\text{Bruttogewinn} = \text{Lohnerlöse} - \text{Fertigungslöhne}$$

$$\text{Bruttogewinn in \%} = \frac{\text{Bruttogewinn} \cdot 100\,\%}{\text{Lohnerlöse}}$$

$$\text{Nettogewinn} = \text{Bruttogewinn} - \text{Gemeinkosten}$$

$$\text{Umsatzrendite} = \frac{\text{Nettogewinn} \cdot 100\,\%}{\text{Lohnerlöse}}$$

$$\text{Aufschlag für Fremdleistung} = \frac{\text{Nettopreis} \cdot \text{Gewinnzuschlag in \%}}{100\,\%}$$

Beispiel

Aus den Unterlagen der Buchhaltung werden für einen bestimmten Zeitraum folgende Werte entnommen: 8820 Fertigungslohnstunden; 50,75 €/h Werkstattschnittlohn; 254000,00 € Gemeinkosten; 36900,00 € Gewinn.
Wie groß sind Stundenverrechnungssatz und Kostenindex?

Lösung

$$\text{Fertigungslöhne} = \text{Fertigungslohnstunden} \cdot \text{Werkstattschnittlohn} = 8820\ \text{h} \cdot 50{,}75\ \text{€/h} = \mathbf{447\,615{,}00\ €}$$

Stundenverrechnungssatz

$$= \frac{FL + GK + GWZ}{\text{Fertigungslohnstunden}} = \frac{(447\,615{,}00\ € + 254\,000{,}00\ € + 36\,900{,}00\ €)}{8820\ \text{h}} = \mathbf{83{,}73\ €/h}$$

$$\text{Kostenindex} = \frac{FL + GK + GWZ}{FL} = \frac{(447\,615{,}00\ € + 254\,000{,}00\ € + 36\,900{,}00\ €)}{447\,615{,}00\ €} = \mathbf{1{,}650}$$

4.3.3 RECHNUNGSERSTELLUNG

Nachfolgende Angaben sind in einer Kundenrechnung wichtig.

1. **Firmenstammdaten.** Name und Anschrift der Firma, Steuernummer, Umsatzsteuernummer, Bankverbindung.
2. **Kundenstammdaten.** Name und Anschrift des Kunden.
3. **Fahrzeugstammdaten.** Modell-Bezeichnung, Zulassungsdatum, Fahrgestellnummer.
4. **Bezeichnung.** Rechnung
5. **Rechnungsdatum**
6. **Arbeitspreis.** Die Arbeitspreise werden entsprechend der jeweiligen AW-Vorgabe und des AW-Verrechnungssatzes bzw. der Arbeitszeit und dem Stundenverrechnungssatz ermittelt.
7. **Preis für Ersatzteile.** Die Ersatzteile werden aufgelistet. Sie werden im Allgemeinen zu Listenpreisen verkauft.
8. **Fremdleistungen,** z. B. Karosserie- und Lackierarbeiten. Die Fremdleistungen werden aufgelistet. Für Fremdleistungen wird der jeweilige Betrag der Fremdrechnung ohne Mehrwertsteuer und ohne Rabatt in die Reparaturrechnung eingesetzt. Sollte jedoch von der Auftrag gebenden Firma kein Rabatt eingeräumt worden sein, so kann zur Abdeckung des eigenen Aufwandes ein Zuschlag von 10 % bis 20 % auf den Nettobetrag der Fremdleistungsrechnung aufgeschlagen werden.
9. **Reparaturkosten.** Sie ergeben sich aus den Summen der Positionen 6 bis 8 und werden als Nettobetrag der Reparaturkosten bezeichnet.
10. **Mehrwertsteuer (MwSt.).** Zu den Reparaturkosten (Pos. 9) wird der Mehrwertsteuerbetrag addiert. Er ergibt sich aus den Reparaturkosten und dem jeweils gültigen Mehrwertsteuersatz.
11. **Preis der Reparatur.** Er ergibt sich aus der Summe der Reparaturkosten und dem Mehrwertsteuerbetrag. Er wird auch als Bruttopreis der Reparatur bezeichnet.
12. **Altteilesteuer.** Wird beim Verkauf eines Ersatzteils ein wiederaufbereitbares Altteil zurückgenommen, d. h. in Zahlung genommen, so ist der Wert des Altteils fiskalisch mit 10 % des Listenpreises des Neuteils festgesetzt.

    Auf diesen errechneten Betrag wird die MwSt. erhoben, die in der Rechnung als Altteilesteuer ausgewiesen wird.
13. **Agenturwaren.** Es sind Waren, die im Auftrag und auf Rechnung einer Fremdfirma (Agenturfirma, z. B. Mineralölgesellschaft) verkauft werden. Bei Agenturwaren wird der Preis – einschließlich Mehrwertsteuer – auf der Rechnung ausgewiesen. Deshalb steht diese Position nach der Bruttopreisermittlung der Reparatur.
14. **Rechnungsbetrag.** Er ergibt sich aus der Summe der Absätze 9, 10, 12 und 13.
15. **Allgemeine Geschäftsbedingungen.** Es können noch Anmerkungen – z. B. Rabatt für Ersatzteile und Zahlungsbedingungen – genannt werden.

Beispiel

An einem Kundenfahrzeug sind folgende Arbeiten durchzuführen: Schmierdienst 3 AW, Starter erneuern 8 AW, vorderer linker Kotflügel erneuern 30 AW.

Der AW-Verrechnungssatz beträgt 8,00 €/AW. Folgende Teile werden benötigt: 1 Austauschstarter 370,00 €, 1 Kotflügel 560,00 €, Kleinteile 8,50 €, 4 Liter Motoröl zu 19,00 €/l (Agenturpreis).

Für die Lackierung des Kotflügels sind 420,00 € an Fremdleistung zu berechnen. Erstellen Sie eine Kundenrechnung.

Lösung

Schmierdienst	3 AW · 8,00 €	=	24,00 €
Starter erneuern	8 AW · 8,00 €	=	64,00 €
Kotflügel erneuern	30 AW · 8,00 €	=	240,00 €
Arbeitspreis		=	**328,00 €**
1 AT-Starter		=	370,00 €
1 Kotflügel		=	560,00 €
Kleinteile		=	8,50 €
Ersatzteile		=	938,50 €
Kotflügel lackieren		=	420,00 €
Reparaturkosten		=	**1686,50 €**
MwSt. 19 %		=	320,44 €
AT-St. 19 % aus 37,00 €		=	7,03 €
Motoröl 4 l zu 19,00 €		=	76,00 €
Rechnungsbetrag		=	**2089,97 €**

BEISPIELRECHNUNG

Autohaus Schulmann
(1) VGA Vertragshändler
Tieftalweg 52
70374 Stuttgart

Telefon: (0711) 42157
(1) Telefax: (0711) 42160
Steuer-Nr.: 88000/12003
Umsatz-ID-Nr. DE10000
Rechn.-Nr. 000158
(5) Rechn.-Datum 29.06.2022

An Herrn
(2) Tobias Merkle
Buschhalde 15
70374 Stuttgart

(4) **Rechnung** **Blatt-Nr. 1**

Amtl. Kennz.	Modell/Typ	Fahrgestell-Nr.	Zulassung	HU/AU	km-Stand
(3) S - LA 1013	Golf VII	WVW3554B560196	12.04.2019	15.04/20.04	78450

Pos.	Arbeits.Nr.	Bezeichnung	Anzahl	Preis/Einh.	Betrag
1	13066A	Schmierdienst	3 AW	8,00 €/AW	24,00 €
2	80001A	Starter erneuern	8 AW	8,00 €/AW	64,00 €
3	75600A	Kotflügel erneuern	30 AW	8,00 €/AW	240,00 €
		(6) **Arbeitspreis**			**328,00 €**
1	11098	AT-Starter	1	370,00 €	370,00 €
2	251FS	Kotflügel	1	560,00 €	560,00 €
3	K5000	Kleinteile	1	8,50 €	8,50 €
		(7) **Ersatzteile**			**938,50 €**
1	LF	(8) **Fremdleistung** (Kotflügel lackieren)			**420,00 €**
		(9) **Reparaturkosten**			**1686,50 €**
		(10) **Mehrwertsteuer 19 %**			**320,44 €**
		(12) **Altteilesteuer** (19 % aus 37,00 €)			**7,03 €**
		(13) **Agenturware** (4 L Öl à 19,00 €)			**76,00 €**
		(14) **Rechnungsbetrag**			**2089,97 €**

Reparaturkosten	MwSt.	Altteilesteuer	Agenturware
1686,50 € (9)	320,44 € (10)	7,03 € (12)	76,00 € (13)

Zahlungsbedingungen: Rechnungsbetrag zahlbar sofort und ohne Abzug.

Es bediente Sie Herr Fritz Kräuter. Wir danken für Ihren Auftrag und wünschen eine Gute Fahrt.
Ihr Autohaus Schulmann

Der Auftrag wurde unter Anerkennung der Bedingungen für die Ausführung von Arbeiten an Kraftfahrzeugen erteilt.
Die Lieferung von Agenturware erfolgt im Namen und für Rechnung der Mineralölgesellschaft. (15)
Achtung: Ausgebaute Schadensteile werden nach der Wagenablieferung sofort verschrottet.

Aufgaben

Zuschlagkalkulation und Rechnungserstellung

1 An der Zündanlage eines Kraftfahrzeuges wurden alle Zündkerzen und eine Zündspule ersetzt. Die Anschaffungskosten des Materials betrugen 220,50 €, an Fertigungslohnkosten fielen 34,25 € an. Berechnen Sie die Reparaturkosten, wenn der Gemeinkostenzuschlag des Lagers 46 %, der Werkstatt 448 % beträgt und ein Gewinnzuschlag von 10 % für Lohn und Teile einkalkuliert wird.

2 An einem Fahrzeug muss der Mittelschalldämpfer ersetzt werden. An Materialkosten entstehen 143,60 € bei einer Arbeitszeit von 85 Minuten. Der Werkstattschnittlohn beträgt 37,00 €/h. Berechnen Sie die Reparaturkosten bei 11 % Gewinnzuschlag, 42 % Gemeinkostenzuschlag des Lagers und 518 % Gemeinkostenzuschlag der Werkstatt.

3 Bei der Reparatur einer Kupplung fielen folgende Kosten an:
Anschaffungskosten der Teile:
Kupplungsscheibe 49,35 €; Kupplungsdruckplatte 101,20 €; Ausrücklager 24,60 €;
Fertigungslohnkosten:
Kupplungsscheibe und Kupplungsdruckplatte aus- und einbauen 140 Minuten; Ausrücklager ersetzen 8 Minuten.
Der Werkstattschnittlohn beträgt 25,10 €/h, der Gemeinkostenzuschlag des Lagers 45 %, der Werkstatt 452 % und der Gewinn- und Wagniszuschlag 9 % für Lohn und Teile.
Berechnen Sie ...
a) die Reparaturkosten,
b) den Rechnungsbetrag.

4 An einem Vorderrad sollen alle Lager und Dichtringe ersetzt werden. Anschaffungskosten der Ersatzteile 53,85 €, Arbeitszeit 50 Minuten. Der Werkstattschnittlohn beträgt 34,85 €/h. Wie hoch sind die Reparaturkosten, wenn der Gemeinkostenzuschlag des Lagers 56 %, der der Werkstatt 490 % und der Gewinn- und Wagniszuschlag 11 % beträgt?

5 Welchen Arbeitspreis müsste eine Werkstatt dem Kunden für eine Fehlersuche verrechnen, wenn 3 Stunden und 40 Minuten dafür gearbeitet wurden und ein Stundenverrechnungssatz von 95,20 €/h inkl. Mehrwertsteuer zugrunde gelegt wird?

6 Aus den Unterlagen der Buchhaltung eines Kfz-Betriebes werden folgende Angaben entnommen:
Fertigungslöhne 80 170,00 €; Gemeinkosten 247 720,00 €; Gewinnzuschlagssatz 8,5 %.
Berechnen Sie ...
a) den Gewinnzuschlag in €,
b) den Kostenindex.

7 Eine Kfz-Werkstatt hat folgende Aufwendungen: 102 696,50 € Fertigungslöhne bei 7010 Fertigungslohnstunden, 472 403,90 € Gemeinkosten. Der Gewinn beträgt 24 300,00 €.
Wie groß sind
a) der Werkstattschnittlohn,
b) der Kostenindex,
c) der Stundenverrechnungssatz,
d) der Gewinnzuschlagssatz in %?

8 An einem Pkw werden folgende Arbeiten ausgeführt: Ersetzen der Federbeinstoßdämpfer 31 AW, Aus- und Einbau des Stabilisators 8 AW; Vorderachse optisch vermessen und einstellen 15 AW.
Welcher AW-Verrechnungssatz und welcher Arbeitspreis ergeben sich, wenn der Kostenindex 5,100, der Werkstattschnittlohn 25,70 € und der Werkstattfaktor 12 AW/h betragen?

9 In einem Kfz-Betrieb wird mit einem Kostenindex von 3,125 kalkuliert. Dem Kunden werden für die Arbeitsstunde 84,05 € berechnet. Wie groß ist der Werkstattschnittlohn?

10 Für 3,5 Stunden Arbeitszeit werden 261,45 € Lohnkosten inkl. MwSt. in Rechnung gestellt. Der Durchschnittslohn der Kfz-Mechatroniker beträgt 25,00 €/h.
Wie hoch ist der Kostenindex?

11 In einer Kfz-Werkstatt wurden aus der Buchhaltung folgende Angaben entnommen: Gemeinkosten 255 910,00 €; Fertigungslöhne 70 560,00 €; Gewinn- und Wagniszuschlag 26 330,00 €. Der Werkstattschnittlohn beträgt 25,20 €/h. Für die Behebung eines Unfallschadens wurden 14,5 Stunden aufgewendet, die Materialkosten betrugen 971,50 € (Listenverkaufspreis). Berechnen Sie ...
a) den Kostenindex,
b) den Stundenverrechnungssatz,
c) den Arbeitspreis,
d) den Rechnungsbetrag.

Lösungen

1) 560,58 € | **2)** 585,91 € | **3a)** 649,34 €; **3b)** 772,72 € | **4)** 283,44 € | **5)** 293,33 € | **6a)** 27 870,65 €; **6b)** 4,437 | **7a)** 14,65 €/h; **7b)** 5,837; **7c)** 85,51 €/h; **7d)** 4,2 % | **8)** 10,92 €/AW ; 589,68 € | **9)** 26,90 €/h | **10)** 2,99 | **11a)** 5,000; **11b)** 126,00 €/h; **11c)** 1827,00 €; **11d)** 3330,22 €

4.4 ABSCHREIBUNG

Anlagegüter verlieren nach ihrer Anschaffung bzw. Nutzung – z. B. Computer, Hebebühnen – an Wert. Nach dem Einkommensteuergesetz darf diese Wertminderung als Aufwand in der Gewinn- und Verlustrechnung berücksichtigt werden. Dies wird als **A**bsetzungen **f**ür **A**bnutzung **(AfA)** bezeichnet.

Geringwertige Wirtschaftsgüter. Betragen die Anschaffungskosten eines Anlagegutes zwischen 60,01 € und 150,00 € (ohne MwSt.), kann es im Jahr der Anschaffung vollständig abgeschrieben werden. Anschaffungswerte zwischen 150,00 € und 1000,00 € müssen jährlich zusammengefasst werden und über 5 Jahre abgeschrieben werden, auch wenn sie nicht mehr im Anlagevermögen enthalten sind.

4.4.1 LINEARE ABSCHREIBUNG (BILD 1)

Den jährlichen Abschreibungsbetrag erhält man, wenn der Anschaffungswert durch die Nutzungsdauer dividiert wird. Der Abschreibungssatz ist der Prozentsatz, bezogen auf den Anschaffungswert, der jährlich abgeschrieben wird.

Beispiel

Ein Pkw kostet 30000,00 €. Die Nutzungsdauer beträgt 6 Jahre. Wie groß ist der jährliche Abschreibungsbetrag und der Buchwert nach einem Jahr?

Lösung

$$\text{Jährlicher Afa-Betrag} = \frac{\text{Anschaffungswert}}{\text{Nutzungsdauer}}$$

$$= \frac{30000{,}00\ €}{6\ \text{Jahre}} = \mathbf{5000{,}00\ €}$$

Buchwert nach dem 1. Jahr
= Buchwert – Abschreibungsbetrag im 1. Jahr
= 30000,00 € – 5000,00 € = 25000,00 €

> Anschaffungswert = Bareinkaufspreis + Bezugskosten + Aufstellkosten + Anschlusskosten

Beispiele für die Nutzungsdauer von Anlagegütern:

Hebebühnen, stationär	15 Jahre
Pkw und Kleinlieferwagen	6 Jahre
Computer	3 Jahre

> Jährlicher Abschreibungsbetrag
> $$= \frac{\text{Anschaffungswert}}{\text{Nutzungsdauer}}$$

> Jährlicher Abschreibungsbetrag
> $$= \frac{\text{Anschaffungswert} \cdot \text{Abschreibungssatz in \%}}{100\ \%}$$

> Jährlicher Abschreibungssatz in %
> $$= \frac{100\ \%}{\text{Nutzungsdauer}}$$

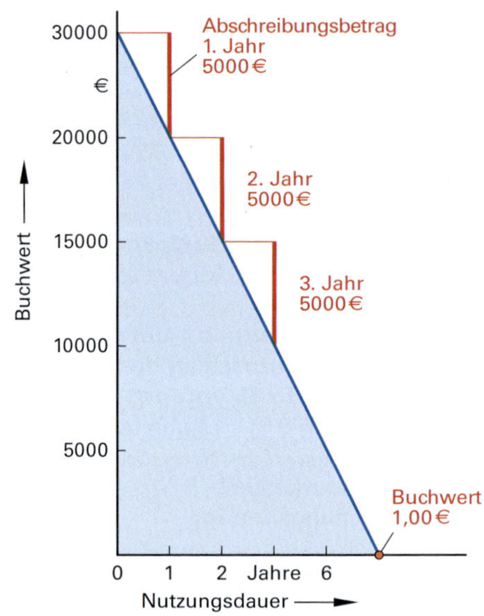

Lineare Abschreibung

> Buchwert nach einem Jahr
> = Anschaffungswert
> – Abschreibungsbetrag im 1. Jahr

> Buchwert nach zwei Jahren
> = Buchwert nach einem Jahr
> – Abschreibungsbetrag im 2. Jahr

> Buchwert nach *n* Jahren
> = Anschaffungswert
> – *n* · jährlicher Abschreibungsbetrag

4.4.2 LEISTUNGSBEZOGENE ABSCHREIBUNG

Der Anschaffungswert wird durch die maximal erzielbaren Leistungseinheiten dividiert. Den jähr lichen Abschreibungsbetrag erhält man aus dem Abschreibungsbetrag je Leistungseinheit und den jährlich angefallenen Leistungseinheiten.

Beispiel

Ein Lieferwagen kostet 29800,00 €. Seine maximale Fahrleistung beträgt 175000 km, in einem Jahr werden 40000 km zurückgelegt. Wie groß sind
a) der Abschreibungsbetrag je Kilometer,
b) der Abschreibungsbetrag in einem Jahr?

Lösung

a) Abschreibung je Kilometer

$$= \frac{\text{Anschaffungswert}}{\text{maximale Fahrleistung}} = \frac{29800{,}00\ €}{175000\ \text{km}}$$

$$= \mathbf{0{,}17\ €/km}$$

b) Jährlicher Abschreibungsbetrag

$$= \frac{\text{Anschaffungswert} \cdot \text{Jahresleistung}}{\text{Gesamtleistung}}$$

$$= \frac{29800{,}00\ € \cdot 40000\ \text{km}}{175000\ \text{km}} = \mathbf{6811{,}43\ €}$$

Angabe der Leistungseinheiten z. B. in Kilometer (km), Stück (Stck), Betriebsstunden (h)

Jährlicher Abschreibungsbetrag

$$= \frac{\text{Anschaffungswert} \cdot \text{Jahresleistung}}{\text{Gesamtleistung}}$$

Abschreibung je km

$$= \frac{\text{Anschaffungswert}}{\text{maximale Fahrleistung}}$$

Anschaffungswert = Kaufpreis der Maschine
+ Bezugskosten
+ Aufstellkosten
+ Anschlusskosten

Abschreibung I in €/Jahr

$$= \frac{\text{Anschaffungswert}}{2 \cdot \text{Nutzungsdauer}}$$

Abschreibung II in €/Jahr

$$= \frac{\text{Anschaffungswert} \cdot \text{Leistungseinheiten}}{2 \cdot \text{Gesamtleistungseinheiten}}$$

Gesamt-Abschreibung = Abschreibung I + Abschreibung II

Aufgaben

1 Eine Bohrmaschine hat einen Anschaffungswert von 860,00 €. Die Nutzungsdauer beträgt 10 Jahre. Wie groß sind der jährliche Abschreibungssatz in % und der jährliche Abschreibungsbetrag bei linearer Abschreibung?

2 Ein Bremsenprüfstand kostet 14700,00 €, seine Nutzungsdauer beträgt 6 Jahre. Wie groß sind der jährliche Abschreibungsbetrag und der Buchwert nach 3 Jahren bei linearer Abschreibung?

3 Ein Stoßdämpferprüfgerät kostet 6190,00 € und soll linear über 8 Jahre abgeschrieben werden. Wie groß ist der Buchwert nach dem 4. Jahr und der jährliche Abschreibungsbetrag im 5. Jahr?

4 Eine Hebebühne kostete 13504,00 € und soll bei einer Nutzungsdauer von 9 Jahren linear abgeschrieben werden. Wie groß sind ...
a) der jährliche Abschreibungsbetrag,
b) der Buchwert nach 4 Jahren,
c) der Buchwert nach 6 Jahren?

5 Ein Sattelkraftfahrzeug mit einem Anschaffungspreis von 85900,00 € soll nach Leistungseinheiten abgeschrieben werden. Die maximale Fahrleistung beträgt 510000 km. Wie groß sind der Abschreibungsbetrag je Kilometer und der Buchwert nach 250000 km Fahrstrecke?

6 Ein Reiseomnibus kostet 455000,00 €. Es wird ein Rabatt von 5200 € gewährt. Seine Nutzungsdauer beträgt 7 Jahre, seine Höchstfahrleistung 390000 km. Für kalkulatorische Zwecke soll er jeweils zu 50 % linear und nach Leistungseinheiten abgeschrieben werden. In einem Jahr legt er 58000 km zurück. Wie groß ist der Gesamtabschreibungsbetrag für dieses Jahr, und mit welchem AfA-Betrag wird der Kilometer Fahrstrecke belastet?

7 Für einen Motorprüfstand müssen 41000,00 € zuzüglich 2,3 % Montage- und Anschlusskosten aufgebracht werden. Nutzungsdauer 10 Jahre, Abschreibung linear. Berechnen Sie
a) den jährlichen Abschreibungsbetrag,
b) den Buchwert nach 4 Jahren,
c) den Buchwert nach 8 Jahren.

Lösungen

1) 10 %; 86 € | **2)** 2450 €; 7350 € | **3)** 3095 €; 773,75 €| **4a)** 1500,44 €; **4b)** 7502,24 €; **4c)** 4501,36 € | **5)** 0,168 €; 43900 € | **6)** 65575,24 €; 1,13 €/km | **7a)** 4194,30 €; **7b)** 25165,80 €; **7c)** 8388,60 €

4.5 FAHRZEUGKOSTEN, KILOMETERKOSTEN (km-KOSTEN)

KOMBINIERTE ABSCHREIBUNG

Sie dient zur kalkulatorischen Ermittlung der Unterhaltskosten von Fahrzeugen und Maschinen und setzt sich aus Abschreibung I und Abschreibung II zusammen. Dabei werden die Anschaffungskosten, vermindert um die Kosten der Bereifung, je zur Hälfte nach Abschreibung I bzw. nach Abschreibung II abgeschrieben.

Abschreibung I. Sie berücksichtigt die Wertminderung durch Veralten, ein Teil der Anschaffungskosten wird linear abgeschrieben.

Abschreibung II. Sie berücksichtigt die Wertminderung durch Abnutzung. Der Rest der Anschaffungskosten wird nach Leistungseinheiten abgeschrieben. Die Unterhaltskosten, die für ein Kraftfahrzeug innerhalb eines Jahres entstehen, setzen sich aus den festen Kosten und den für die Gesamtfahrstrecke entstandenen Betriebskosten zusammen, den beweglichen Kosten.

Feste Kosten im Jahr

= Abschreibung I
(zeitliche Wertminderung durch Veralten)
+ Kapitalverzinsung
+ Kraftfahrzeugsteuer
+ Versicherungen
(z. B. Kfz-Haftpflichtversicherung, Fahrzeugversicherung, Insassen-Unfallversicherung einschließlich Versicherungssteuer)
+ Miete für Garage

Kapitalverzinsung

Bei ihr wird das aufgewendete Kapital mit einem marktüblichen Zinssatz bei den Kosten berücksichtigt.

Bewegliche Kosten für 100 km

= Abschreibung II
+ Kraftstoffkosten
+ Schmierstoffkosten
+ Reifenkosten
+ Wartungskosten
+ Reparaturrücklage

Reifenkosten

Sie werden ausschließlich leistungsabhängig berücksichtigt.

Gesamtkosten des Kraftfahrzeugs

Unterhaltskosten im Jahr
= feste Kosten in €/Jahr
+ bewegliche Kosten in €/Jahr

Anschaffungskosten
= Kaufpreis
+ Überführungskosten
+ Zulassungskosten
+ Kennzeichenkosten

Wiederbeschaffungskosten
= Anschaffungskosten
+ Teuerung
+ Entsorgung
– Restwert (Erlös des Gebrauchtwagens)

Abschreibungsgrundwert
= Wiederbeschaffungskosten – Reifenkosten

Abschreibung I

$$= \frac{\text{Abschreibungsgrundwert}}{2 \cdot \text{Nutzungsdauer in Jahren}}$$

Kapitalverzinsung

$$= \frac{\text{Anschaffungskosten} \cdot \text{Zinssatz in \%}}{2 \cdot 100\ \%}$$

Abschreibung II

$$= \frac{\text{Abschreibungsgrundwert} \cdot 100}{2 \cdot \text{Gesamtfahrleistung in km}}$$

Reifenkosten je 100 km

$$= \frac{\text{Bereifungskosten} \cdot 100}{\text{Reifenleistung in km}}$$

Kraft- bzw. Schmierstoffkosten
= Verbrauch je 100 km · Literpreis

Bewegliche Kosten in €/Jahr

$$= \frac{\text{bewegliche Kosten} \cdot \text{Jahresfahrstrecke}}{100\ \text{km}}$$

Kfz-Kilometerkosten

$$= \frac{\text{Unterhaltskosten im Jahr}}{\text{Jahresfahrstrecke in km}}$$

Gesamtkosten des Arbeitsplatzes im Jahr
= feste Kosten in €/Jahr
+ bewegliche Kosten in €/Jahr
+ Fahrerlohnkosten in €/Jahr
+ Restgemeinkosten in €/Jahr

Beispiel

Kaufpreis Pkw 33670,00 €, Kraftfahrzeugsteuer 249,00 €/Jahr; Haftpflichtversicherung 499,00 €/Jahr; Vollkaskoversicherung 585,40 €/Jahr; Zinssatz 2 %; Garage 490,80 €/Jahr; Kraftstoffverbrauch 8,5 l/100 km; Superbenzin 2,00 €/l; Ölverbrauch 0,1 l/100 km; Ölpreis 20,00 €/l; Wartungskosten 8,50 €/100km; Kosten für Bereifung ohne Ersatzrad 490,00 €; Reifenlebensdauer 40000 km; Kfz-Lebensdauer 6 Jahre; Jahresfahrleistung 20000 km; maximale Fahrleistung 175000 km. Berechnen Sie
a) die festen Kosten, b) die beweglichen Kosten für 100 km Fahrstrecke, c) die Kfz-Kilometerkosten.

Lösung

a) **Feste Kosten** während eines Jahres

Abschreibung I

$$= \frac{\text{Abschreibungsgrundwert}}{2 \cdot \text{Nutzungsdauer}}$$

$$= \frac{33670{,}00\ € - 490{,}00\ €}{2 \cdot 6\ \text{Jahre}} = 2765{,}00\ €$$

Kapitalverzinsung

$$= \frac{\text{Anschaffungskosten} \cdot \text{Zinssatz in \%}}{2 \cdot 100\ \%}$$

$$= \frac{33670{,}00\ € \cdot 2\ \%}{2 \cdot 100\ \%} = 336{,}70\ €$$

Kapitalverzinsung	336,70 €
Abschreibung I	2765,00 €
Kraftfahrzeugsteuer	249,00 €
Versicherungen	1084,40 €
Garage	490,80 €
Feste Kosten im Jahr	**4925,90 €**

b) **Bewegliche Kosten** je 100 km Fahrstrecke

Abschreibung II

$$= \frac{\text{Anschaffungsgrundwert} \cdot 100}{2 \cdot \text{Gesamtfahrleistung in km}}$$

$$= \frac{(33670{,}00\ € - 490{,}00\ €) \cdot 100}{2 \cdot 175000\ \text{km}} = 9{,}48\ €/100\ \text{km}$$

Reifenkosten

$$= \frac{\text{Bereifungskosten} \cdot 100}{\text{Reifenleistung in km}}$$

$$= \frac{490{,}00\ € \cdot 100}{40000\ \text{km}} = 1{,}23\ €/100\ \text{km}$$

Abschreibung II	9,48 €/100 km
Reifenkosten	1,23 €/100 km
Kraftstoffkosten = 8,5 l · 2,00 €/l	17,00 €/100 km
Schmierstoffkosten = 0,1 l · 20,00 €/l	2,00 €/100 km
Instandsetzung und Wartung	8,50 €/100 km
Bewegliche Kosten	**38,21 €/100 km**

c) Kfz-Kilometerkosten
= Feste Kosten pro km + Bewegliche Kosten pro km = 0,246 €/km + 0,382 €/km = **0,628 €/km**

Aufgaben

1 Ein Pkw kostet 25430,00 €. Weitere Kosten: Kfz-Steuer 311,00 €/Jahr, Haftpflichtversicherung 264,00 €/Jahr, Teilkaskoversicherung 102,25 €/Jahr, Kraftstoffverbrauch 6,2 l/100 km, Dieselkraftstoff zu 2,20 €/l; Motorölverbrauch 0,05 l/100 km, Motorölpreis 20,00 €/l, Reifenkosten 428,00 €, Reifenleistung (Lebensdauer) 50000 km, Instandsetzungs- und Wartungskosten 15,10 €/100 km, Zulassungskosten 35,80 €, Kennzeichenkosten 17,90 €, Überführungskosten des Pkw 92,30 €, Zinssatz 2 %, Nutzungsdauer 6 Jahre, Fahrstrecke im Jahr 25000 km, Gesamtfahrleistung 150000 km, Garage 50 €/ Monat. Berechnen Sie ...

a) die festen Kosten im Jahr,

b) die beweglichen Kosten für 100 km,

c) die Unterhaltskosten im Jahr,

d) die Kfz-Kilometerkosten.

2 Für einen Omnibus sind bekannt: Kaufpreis 420000,00 €, Reifenkosten 4908,00 €, Zinssatz im Jahr 1,9 %, Nutzungsdauer 9 Jahre, Kfz-Steuer 2700,00 €, Haftpflichtversicherung 2960,00 €, Vollkasko 3690,00 €, Garage je Monat 120,00 €, Fahrerlohn im Jahr 38654,00 €, Kraftstoffverbrauch 30 l/100 km, Preis für Dieselkraftstoff 2,20 €/l, Schmierölverbrauch 0,06 l/100 km, Schmierölpreis 20,90 €/l, Reparatur-und Wartungskosten 13,60 €/100 km, Gesamtfahrleistung 800000 km, Reifenlaufleistung 125000 km. Berechnen Sie ...

a) die Kfz-Kilometerkosten für eine jährliche Fahrleistung von 50000 km, 80000 km und 100000 km,

b) die Gesamtkosten im Jahr und die Kfz-Kilometerkosten für eine jährliche Fahrleistung von 50000 km, 80000 km und 100000 km.

Lösungen

1a) 3628,68 €; **1b)** 38,98 €/100 km; **1c)** 13373,68 €; **1d)** 0,53 €/km | **2a)** 1,86 €/km; 1,58 €/km; 1,49 €/km; **2b)** 131854,67 €; 165070,67 €; 187214,67 €

4.6 MASCHINENKOSTEN

Wie bei den Unterhaltskosten von Kraftfahrzeugen, entstehen auch beim Betrieb von Maschinen feste Kosten und bewegliche Kosten.

Anschaffungskosten

Sie sind alle Kosten, die entstehen, bis die Maschine für die betriebliche Nutzung bereitsteht.

Wiederbeschaffungskosten

Sie sind die Kosten, die für die Beschaffung und Installation einer neuen, gleichwertigen Maschine entstehen.

Feste Kosten im Jahr

Sie sind unabhängig vom Einsatz der Maschine, d. h., sie entstehen durch die Investition und den Aufwand für die Aufrechterhaltung der dauernden Betriebsbereitschaft.

Bewegliche Maschinenkosten

Sie sind abhängig vom Einsatz der Maschine, d. h., sie nehmen mit steigender Produktionsmenge zu. Man kann sie für eine bestimmte Maschinenlaufzeit z. B. eine Stunde oder für eine Leistungseinheit z. B. eine Bremsenprüfung angeben.

Instandhaltungskosten

Sie werden für Wartung und Reparaturen an Maschinen und Anlagen zur Erhaltung ihrer Betriebsbereitschaft einkalkuliert. Instandhaltungskosten werden – je nach Maschinenart – in Form eines Prozentsatzes von 3 % ... 9 % vom Anschaffungswert festgelegt. Man unterscheidet

Instandhaltung I

Sie wird mit 1/3 der Instandhaltungskosten den festen Kosten zugerechnet.

Instandhaltung II

Sie wird mit 2/3 der Instandhaltungskosten den beweglichen Kosten zugerechnet.

Maschinenstundensatz. Er berechnet sich aus den gesamten jährlichen Maschinenkosten und der jährlichen Laufzeit der Maschine.

Arbeitsplatzkosten. Sie berechnen sich aus den gesamten jährlichen Maschinenkosten, dem jährlichen Fertigungslohn für den Mitarbeiter und den anteiligen Gemeinkosten (Restgemeinkosten).

Gesamtkosten

Feste Kosten im Jahr und bewegliche Kosten im Jahr ergeben die Maschinenkosten im Jahr. Die Kosten, die eine Maschine oder ein Arbeitsplatz in einer Stunde verursacht, erhält man, wenn die Gesamtkosten durch die Laufzeit der Maschine dividiert werden.

Anschaffungskosten
= Listenpreis – Rabatt
+ Sonderzubehörkosten + Transportkosten
+ Aufstellkosten + Anschlusskosten

Wiederbeschaffungskosten
= Anschaffungskosten + Teuerung
+ Entsorgungskosten + Umbaukosten
– Restwert bzw. Schrottwert

Feste Kosten im Jahr
= Abschreibungsbetrag + Kapitalverzinsung
+ Mietwert der Fläche + Instandhaltung I

Abschreibungsbetrag

$$= \frac{\text{Anschaffungskosten (bzw. Wiederbeschaffungskosten)}}{\text{Nutzungsdauer in Jahren}}$$

Kapitalverzinsung

$$= \frac{\text{Anschaffungskosten} \cdot \text{Zinsfuß}}{2 \cdot 100\,\%}$$

Kapitalverzinsung bei Restwertberücksichtigung

$$= \frac{(\text{Anschaffungswert} + \text{Restwert}) \cdot \text{Zinsfuß}}{2 \cdot 100\,\%}$$

Bewegliche Kosten im Jahr
= Instandhaltung II + Energiekosten
+ Werkzeugkosten + Betriebsmittelkosten

Restgemeinkosten

$$= \frac{\text{Fertigungslöhne} \cdot \text{Zuschlagssatz in \%}}{100\,\%}$$

Maschinenkosten im Jahr
= feste Maschinenkosten
+ bewegliche Maschinenkosten

Maschinenstundensatz

$$= \frac{\text{Maschinenkosten im Jahr}}{\text{Laufzeit der Maschine in Stunden im Jahr}}$$

Arbeitsplatzkosten im Jahr
= Maschinenkosten im Jahr
+ Fertigungslöhne im Jahr
+ Restgemeinkosten

Arbeitsplatzkosten je Stunde

$$= \frac{\text{Arbeitsplatzkosten im Jahr}}{\text{Laufzeit der Maschine in Stunden im Jahr}}$$

Aufgaben

1 Die jährlichen festen Kosten einer Radauswuchtmaschine betragen 3264,00 €, die beweglichen Kosten 12,50 €/h. Sie ist 160 h im Jahr im Einsatz. Für das Auswuchten eines Rades benötigt man 4 Minuten. Der Stundenlohnsatz des Monteurs beträgt 70,00 €/h und der Gemeinkostenzuschlagssatz 290 %. Berechnen Sie ...
a) die gesamten Maschinenkosten im Jahr,
b) den Maschinenstundensatz,
c) den Arbeitsplatzstundensatz,
d) die Arbeitsplatzkosten je Auswuchtung.

2 Eine Kfz-Werkstatt kauft einen Bremsenprüfstand zu einem Preis von 19450,00 €. Für den Transport berechnet die Lieferfirma 307,00 €, für das Aufstellen und Anschließen des Prüfstandes 588,00 €. Die Nutzungsdauer wird mit 10 Jahren angesetzt, danach soll der Prüfstand durch einen neuen ersetzt werden. Über die 10 Jahre hinweg wird mit einer Preissteigerungsrate von 48 % gerechnet. Für den alten Prüfstand wird ein Erlös von 920,00 € angenommen. Zinssatz 2 % im Jahr, Instandhaltungskosten 3 % vom Anschaffungswert, davon 1/3 fest, Flächenbedarf 30 m^2, monatliche Miete 6,20 €/m^2, elektrische Anschlussleistung 4 kW, Arbeitspreis 0,30 €/kWh, Betriebszeit ca. 400 h/Jahr, Stundenlohnsatz 75,00 €/h, Restgemeinkosten 190 % vom Lohn. Berechnen Sie ...
a) die Wiederbeschaffungskosten,
b) die festen und beweglichen Maschinenkosten im Jahr,
c) die Arbeitsplatzkosten im Jahr,
d) den Maschinenstundensatz und die Arbeitsplatzkosten je Stunde.

3 Für die Anschaffung eines Testers muss eine Werkstatt 33715,00 € aufbringen. Die voraussichtliche Nutzungsdauer wird auf 6 Jahre geschätzt. Um danach ein gleichwertiges Gerät wiederzubeschaffen, muss mit einer Preissteigerung von 27 % gerechnet werden. Beim Kauf des neuen Testers wird für das alte Gerät voraussichtlich ein Betrag von 8180,00 € vom Händler gutgeschrieben. Zinssatz 1,7 % im Jahr, elektrische Anschlussleistung 1,2 kW, Arbeitspreis 0,30 €/kWh, Betriebszeit voraussichtlich 1300 h/Jahr, Instandhaltung 4 % vom Anschaffungswert, davon 1/3 fest, Stundenlohnsatz 70,00 €/h, Restgemeinkosten 180 % der Lohnkosten. Berechnen Sie ...
a) die jährliche Abschreibung des Testers auf Grundlage der Wiederbeschaffungskosten,
b) die Arbeitsplatzkosten je Stunde,
c) den Maschinenstundensatz.

4 Ein Kfz-Betrieb kauft ein Schutzgasschweißgerät zum Preis von 6200,00 €. Der Transport kostet 150,00 €; Aufstell- und Anschlusskosten 250,00 €. Die Nutzungsdauer wird mit 6 Jahren angenommen. Danach soll das Schweißgerät durch ein neues, gleichwertiges ersetzt werden, wobei mit einer jährlichen Preissteigerung von 6 % der Anschaffungskosten und einem Restwert für das alte Schweißgerät von 600,00 € kalkuliert wird. Weitere Angaben für die Kalkulation sind: Zinssatz im Jahr 2 %; Instandhaltungskosten 120,00 € im Jahr, davon 1/3 fest, Flächenbedarf 5 m^2; kalkulatorische Miete 9,50 €/m^2 je Monat; elektrische Anschlussleistung 10 kW, Preis je kWh 0,32 €; voraussichtliche Nutzung im Jahr 600 Stunden. Berechnen Sie ...
a) die Wiederbeschaffungskosten,
b) die festen Maschinenkosten im Jahr,
c) die bewegl. Maschinenkosten je Stunde,
d) die gesamten Maschinenkosten im Jahr,
e) den Maschinenstundensatz.

5 Eine Hebebühne wird zum Preis von 10200,00 € eingekauft. Die Anschlusskosten betragen 350,00 €, die Aufstellkosten 440,00 €. Weitere Angaben sind: Nutzungsdauer 10 Jahre; Verzinsung 2,5 % im Jahr; Flächenbedarf 8 m^2; Mietpreis 8,50 €/m^2 im Monat; Instandhaltung 260,00 €/Jahr, davon 1/3 feste Kosten; Motorleistung 5 kW, Auslastungsgrad der installierten Leistung 0,6; Arbeitspreis für 1 kWh 0,25 €; Stundenlohn 80,00 €/h; Gemeinkostenzuschlagssatz 250 %; Einsatzzeit der Hebebühne im Jahr 1000 h. Berechnen Sie ...
a) die festen Maschinenkosten im Jahr,
b) die beweglichen Maschinenkosten in einer Stunde,
c) die gesamten Maschinenkosten im Jahr,
d) die Maschinenkosten je Stunde (Maschinenstundensatz),
e) die Arbeitsplatzkosten je Stunde.

Lösungen

1a) 5264 €; **1b)** 32,90 €; **1c)** 305,90 €; **1d)** 20,39 € | **2a)** 29190,60 €; **2b)** 5567,16 €; 886,90 €; **2c)** 93454,06 €; **2d)** 16,14 €/h; 233,64 €/h | **3a)** 5773,01 €; **3b)** 202,11 €/h; **3c)** 6,11 €/h | **4a)** 8376 €; **4b)** 2078 €; **4c)** 3,33 €/h; **4d)** 4076,00 €; **4e)** 6,80 €/h | **5a)** 2139,05 €; **5b)** 0,92 €/h; **5c)** 3059,05 €; **5d)** 3,06 €/h; **5e)** 283,06 €/h

5 PRÜFUNGSAUFGABEN – PROJEKTORIENTIERT

5.1 GEMISCHTE AUFGABEN

5.1.1 PROZENTRECHNEN, DREISATZRECHNEN, MISCHUNGSRECHNEN

Aufgaben

1 Ein gebrauchtes Kraftfahrzeug wird für 11 800,00 € verkauft. Der Neupreis betrug 17 280,00 €. Wie groß ist der Wertverlust in Euro und in Prozent?

2 Ein Pkw-Motor mit einem Grauguss-Zylinderblock hat eine Masse von 80 kg. Durch Verwendung einer Al-Legierung werden 16 kg an Gewicht eingespart. Wie viel Prozent beträgt die Gewichtsersparnis?

3 Ein Fahrzeug hat ein Leergewicht von 1130 kg und eine maximale Zuladung von 510 kg. Mit wie viel kg werden Vorder- und Hinterachse bei 2/3 Zuladung belastet, wenn die Gewichtsverteilung VA : HA 60 % : 40 % beträgt?

4 Ein Kraftfahrzeug verbraucht 42 Liter Kraftstoff für eine Fahrstrecke von 634 km. Um wie viel % weicht der Kraftstoffverbrauch von dem vom Hersteller mit 6,3 l/100 km angegebenen Durchschnittsverbrauch ab?

5 Bei einem Motor wird die im Serienmodell eingebaute Nockenwelle durch eine Sportnockenwelle ersetzt. Die Höchstleistung erhöht sich dadurch um 14 kW. Dies entspricht einer Leistungssteigerung von 8,75 %. Welche Leistung hat der getunte Motor?

6 Ein Facharbeiter erhält einen Stundenlohn von 19,20 €. Die Lohnerhöhung beträgt 2,6 %. Nach allen Abzügen erhält er 1995,00 €, bei einer monatlichen Arbeitszeit von 152 Stunden ausbezahlt. Wie viel Prozent betragen die Abzüge?

7 Der Listenpreis eines Keilriemens beträgt 12,40 €. Beim Verkauf von mindestens 12 Keilriemen werden 20 % Rabatt abgezogen und 19 % Mehrwertsteuer aufgeschlagen. Wie hoch ist der Rechnungspreis beim Verkauf von 18 Keilriemen?

8 Ein Pkw hat eine Motorölfüllung von 4,5 Liter. Bei einer Motordrehzahl von 4000 1/min wird das Öl in 27 Sekunden einmal umgewälzt. Wie viel Liter Öl werden bei einer durchschnittlichen Drehzahl von 3600 1/min in 1,42 Stunden umgewälzt?

9 In einer Werkstatt sind 6 Kfz-Mechaniker je 38,5 h pro Woche (5 Tage) beschäftigt. Die reinen Bruttolohnkosten je Woche betragen 6652,80 €. Aufgrund vermehrter Arbeit werden zwei Mechaniker mehr eingestellt. Wie hoch sind die durchschnittlichen Bruttolohnkosten in einem Monat mit 21 Arbeitstagen?

10 Für die Frostsicherheit bis –30 °C sind für eine Kühlsystemfüllung von 8 Liter 3,2 Liter Gefrierschutzmittel erforderlich.
Wie viel Liter Gefrierschutzmittel sind notwendig, wenn 120 Liter Kühlflüssigkeit vorbereitet werden sollen?

11 Bei einem Kühlerinhalt von 9,2 Liter ist bei –10 °C Gefriersicherheit das Mischungsverhältnis 80 zu 20 von Wasser zu Kühlerfrostschutzmittel.
a) Wie viel Frostschutzmittel enthält die Kühlflüssigkeit?
b) Um eine Frostticherheit von –35 °C zu erreichen, ist ein Mischungsverhältnis von 55 zu 45 erforderlich. Wie viel Liter Kühlflüssigkeit sind abzulassen und durch Kühlerfrostschutzmittel zu ergänzen?

12 Das Kühlsystem eines Fahrzeugs hat ein Fassungsvermögen von 8,1 Liter. Wie viel Liter Wasser und viel Liter Gefrierschutzmittel müssen eingefüllt werden, wenn ein Mischungsverhältnis von Gefrierschutzmittel : Wasser = 4 : 5 verlangt wird?

13 Der Kraftstoffbehälterinhalt eines Fahrzeugs beträgt 48 Liter. Er ist zu 4/5 gefüllt. Wie groß ist die Reichweite des Fahrzeugs, wenn der Streckenverbrauch 5,7 l/100 km ist?

14 Der Kraftstoffverbrauch eines Pkw erhöht sich durch die Montage eines Dach-Fahrradträgers von 7,8 l/100 km auf 8,3 l/100 km. Welche Strecke kann das Fahrzeug ohne Dachträger fahren, wenn mit Dachträger mit einer Tankfüllung 520 km zurückgelegt wurden?

Lösungen

1) 5480,00 €; 31,71 % | **2)** 20 % | **3)** VA: 882 kg; HA: 558 kg | **4)** 5,15 % | **5)** 160 kW | **6)** 33,4 % | **7)** 212,49 € | **8)** 766,8 l | **9)** 37 255,68 € | **10)** 48 l | **11a)** 1,84 l; **11b)** 2,3 l | **12)** 4,5 l; 3,6 l | **13)** 673,7 km | **14)** 553,3 km

5.1.2 VOLUMEN, DICHTE, MASSE

Aufgaben

1 Ein Reservekanister wiegt leer 2,5 kg. Wenn er vollständig mit Benzin gefüllt ist, hat er ein Gewicht von 10,0 kg. Wie viel Liter Benzin mit der Dichte 0,74 kg/dm³ enthält der Kanister?

2 Ein rechteckiger Kraftstoffbehälter für Dieselkraftstoff (ϱ = 0,83 kg/dm³) hat folgende Innenmaße: l = 690 mm; b = 360 mm; h = 215 mm. Für Ecken- und Kantenabrundungen sind 3,5 % des Fassungsvermögens abzuziehen. Berechnen Sie das Gewicht der Füllung.

3 Ein zu 75 % gefüllter rechteckiger Kraftstoffbehälter wiegt 18 kg. Der Kraftstoffbehälter hat folgende Innenabmessungen: Länge 315 mm, Breite 160 mm. Wie hoch ist der Kraftstoffbehälter innen, wenn er leer 4,2 kg wiegt und die Dichte des Kraftstoffes 0,73 kg/dm³ ist?

Lösungen

1) 10,14 dm³ | **2)** 42,78 kg | **3)** 500 mm

5.1.3 WÄRMETECHNIK, ENERGIEVERBRAUCH

Aufgaben

1 Ein mit Wolfram legiertes Auslassventil mit einer Länge von 130 mm erwärmt sich im Betrieb im Mittel von 20 °C auf 550 °C.
a) Ermitteln Sie mithilfe eines Tabellenbuches die Längenausdehnungszahl.
b) Um wie viel mm hat sich das Ventil ausgedehnt?

2 Ein Pkw mit 1230 kg Gesamtgewicht hat Reifen mit einer Rollwiderstandszahl von 0,015.
a) Wie groß ist bei 15000 km Jahresfahrleistung der Energieverbrauch in kJ und kWh?
b) Wie viel Liter Kraftstoff werden dafür verbraucht, wenn der spezifische Heizwert des Kraftstoffes 43500kJ/kg und seine Dichte 0,73 kg/dm³ sind?

3 Ein Reifen hat vor Fahrtantritt bei 20 °C einen Reifenfülldruck von 2,2 bar. Der Luftdruck beträgt 980 hPa. Nach Fahrtende wird ein Reifenfülldruck von 2,5 bar bei einem Luftdruck von 1020 hPa gemessen. Auf welche Temperatur in °C hat sich der Reifen erwärmt? (Das Reifenvolumen wird konstant mit 38 Liter angenommen.)

4 Ein Ottomotor hat bei einer Drehzahl von 4000 1/min einen spezifischen Kraftstoffverbrauch von 320 g/kWh. Das Motordrehmoment beträgt 280 Nm. Der Nutzwirkungsgrad des Motors ist 32,5 %.
a) Wie groß ist die Nutzleistung des Motors?
b) Wie hoch ist der Kraftstoffverbrauch in kg/h?
c) Wie groß ist die durch den Kraftstoff in einer Stunde zugeführte Wärmeenergie, wenn der spezifische Heizwert des Kraftstoffes 42700 kJ/kg beträgt?
d) Wie groß ist die abgegebene mechanische Energie in kWh?

5 Ein Lkw mit 40 t Gesamtgewicht wird bei einer mittleren Bremsverzögerung von 5,0 m/s² in 4 s auf 0 km/h abgebremst.
a) Wie groß war die Anfangsgeschwindigkeit beim Bremsvorgang?
b) Wie viel m beträgt der Bremsweg?
c) Wie groß ist die durch den Bremsvorgang umgewandelte Bremsenergie in Wärmeenergie in kJ und kWh?
d) Um wie viel Grad erwärmt sich dabei eine Bremstrommel aus Grauguss mit 32 kg Masse und einer spezifischen Wärmekapazität von 0,50 kJ/kg · K, wenn sie 20 % der Bremsenergie aufnimmt?

6 Ein Pkw hat ein Kühlsystem mit 9 Liter Inhalt und verbraucht auf 100 km 8,9 Liter Kraftstoff mit einem spezifischen Heizwert von 43250 kJ/kg und einer Dichte von 0,74 kg/dm³. 33 % der anfallenden Wärme werden durch die Kühlflüssigkeit abgeführt, wobei sich die Kühlflüssigkeit bei einer Umwälzung von 106 °C auf 102 °C abkühlt ($c_{\text{Kühlflüssigkeit}}$ = 3,68 kJ/kg · K).
a) Wie viel Wärmeenergie führt die Kühlflüssigkeit auf 100 km Fahrtstrecke ab?
b) Welche Wärmeenergie wird von der Kühlflüssigkeit bei einer Umwälzung aufgenommen?
c) Wie oft wird die Kühlflüssigkeit auf 100 km Fahrtstrecke umgewälzt?

Lösungen

1a) 0,0000112 1/K; **1b)** 0,772 mm | **2a)** 2714917,5 kJ; 754,14 kWh; **2b)** 85,5 l | **3)** 51,3 °C | **4a)** 117,28 kW; **4b)** 37,53 kg/h; **4c)** 1602531 kJ/h; **4d)** 144,7 kWh | **5a)** 72 km/h; **5b)** 40 m; **5c)** 8000 kJ; 2,22 kWh; **5d)** 100 °C | **6a)** 94000 kJ/100 km; **6b)** 132,5 kJ; **6c)** 709,4 Umläufe/100 km

5.1.4 MOTOR

Aufgaben

1 Ein Sechszylinder-V-Motor hat folgende Kenndaten:
Arbeitsverfahren Otto-Viertakt
Bohrung 82,5 mm, Hub 86,5 mm
Verdichtung 10,0, mechanischer Wirkungsgrad 92 %

Folgende Größen sind zu berechnen (Bild 1):
a) Gesamthubraum in Liter
b) Verdichtungsraum in cm^3
c) Veränderung der Zylinderkopfdichtung in mm, um das Verdichtungsverhältnis auf 10,6 zu erhöhen
d) Hubverhältnis
e) mittlere Kolbengeschwindigkeit in m/s bei max. Leistung
f) Leistung in kW bei maximalem Drehmoment
g) Literleistung in kW/l
h) Innenleistung in kW bei maximaler Nutzleistung
i) Kolbenkraft bei einem Gasdruck von 65 bar
j) Pleuelstangenverhältnis (Pleuellänge 173 mm)
k) Motordrehmoment in Nm bei 30° Kurbelwinkel n. OT, wobei der Gasdruck noch 3/5 des maximalen Wertes von 65 bar ist.

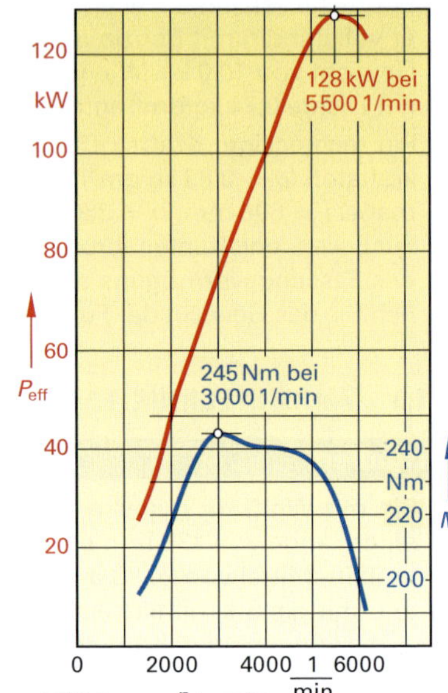

Bild 1

2 Ein wassergekühlter Fünfzylinder-Dieselmotor hat folgende Kennwerte:
Motorhubraum 2497 cm^3, Hub 84 mm
Verdichtungsraum 23,78 cm^3, Arbeitsverfahren: Viertakt
Eö 12° v. OT, Es 18° n. UT, Aö 25° v. UT, As 16° n. OT
mittl. indizierter Arbeitsdruck 8,25 bar bei 4600 1/min
spez. Kraftstoffverbrauch 248 g/kWh bei 2800 1/min
Kraftstoffkennwerte: Dichte = 0,83 kg/dm^3,
Heizwert = 42400 kJ/kg

Folgende Größen sind zu berechnen (Bild 2):
a) Zylinderdurchmesser in mm
b) Hubverhältnis
c) Verdichtungsverhältnis
d) Öffnungswinkel des Einlassventils in Grad (°)
e) Ventilüberschneidung in Grad (°)
f) Öffnungszeit des Auslassventils in s bei maximalem Drehmoment
g) maximale Kolbengeschwindigkeit in m/s bei 60 kW Leistung
h) Innenleistung in kW bei effektiver Nennleistung
i) mechanischer Wirkungsgrad in % bei Nennleistung

Bei nachfolgenden Berechnungen (j – m) wird der Punkt des maximalen Motordrehmoments zugrunde gelegt.

j) Nutzleistung des Motors in kW
k) Kraftstoffverbrauch in kg/h
l) zugeführte Kraftstoffenergie je Stunde in kJ
m) Nutzwirkungsgrad des Motors in %

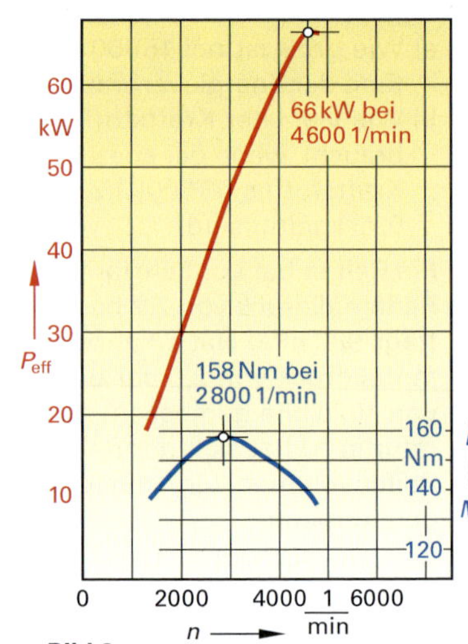

Bild 2

Lösungen

1a) 2,8 l; **1b)** 51,38 cm^3; **1c)** 0,60 mm; **1d)** 1,048; **1e)** 15,86 m/s; **1f)** 76,96 kW; **1g)** 46,14 kW/l; **1h)** 139,13 kW; **1i)** 34746,5 N; **1j)** 0,25; **1k)** 549,16 Nm | **2a)** 87 mm; **2b)** 0,97; **2c)** 22; **2d)** 210°; **2e)** 28°; **2f)** 0,013 s; **2g)** 17,92 m/s; **2h)** 78,97 kW; **2i)** 83,58 %; **2j)** 46,32 kW; **2k)** 11,49 kg/h; **2l)** 487064 kJ; **2m)** 34 %

Aufgaben

3 Datenblatt: Audi 4,2 l V8 FSI

Motorbauart	V8 Otto-Motor 90° V-Winkel
Hubraum	4163 cm
Leistung	257 kW bei 6800 1/min
Drehmoment	440 Nm bei 3500 1/min
Bohrung/Hub	84,5 mm/92,8 mm
Verdichtung	12,5:1
Gewicht	198 kg
Zündfolge	1 – 5 – 4 – 8 – 6 – 3 – 7 – 2

Berechnen Sie ...

a) die Leistung bei maximalem Drehmoment,
b) das Drehmoment in Nm bei maximaler Leistung,
c) die Größe des elastischen Bereiches,
d) das Hubverhältnis,
e) das Leistungsgewicht des Motors,
f) die Hubraumleistung,
g) die Kolbengeschwindigkeit bei maximaler Leistung,
h) die Größe des Verdichtungsraumes,
i) den Zündabstand.

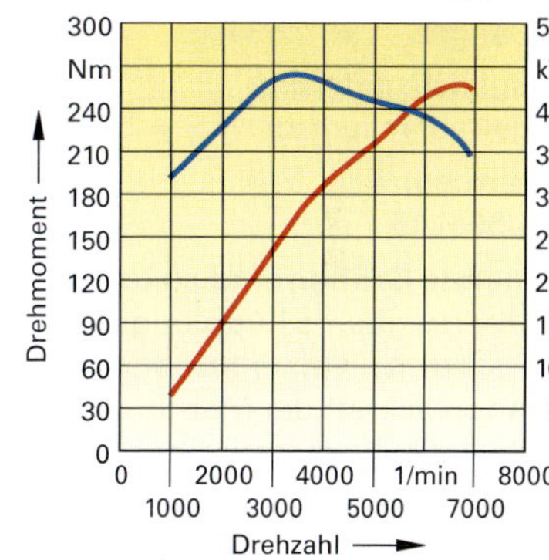

4 Datenblatt: Audi 2,0 l Turbo FSI

Hubraum	$1984\ cm^3$	
Bohrung/Hub	82,5 mm/92,8 mm	
max. Drehmoment	aus Diagramm	
Verdichtung	11,5:1	
Ventile	4 pro Zylinder	
Steuerzeiten	E. ö. 28° n. OT	E. s. 48 n. UT
	A. ö. 28° v. UT	A. s. 8° v. OT
Verstellbereich	Einlassnockenwelle 42° KW	
Verbrauch (ECE)	städtisch 9,9 l/100 km	
	außerstädtisch 5,4 l/100 km	
	durchschnittlich 7,1 l/100 km	
Kraftstoff	ROZ 98 (95)	
Emissionsklasse	EU IV	

Berechnen Sie ...

a) das Motordrehmoment in Nm bei Höchstleistung,
b) das Hubverhältnis,
c) die Öffnungsdauer des Einlassventils bei 6000 1/min,
d) die Verdichtungsänderung, wenn eine um 0,5 mm dünnere Zylinderkopfdichtung eingesetzt wird,
e) die Motorleistung bei 3500 1/min,
f) die Ventilüberschneidung bei maximaler Verstellung,
g) die Kraftstoffkosten bei einer Fahrstrecke von 720 km und einem Kraftstoffpreis von 1,38 €,
h) die Einspritzmenge pro Zylinder und Arbeitstakt in g bei außerstädtischem Betrieb, wenn die Drehzahl des Motors dabei 2200 1/min beträgt und in einer Stunde 4,3 l Kraftstoff verbraucht werden.

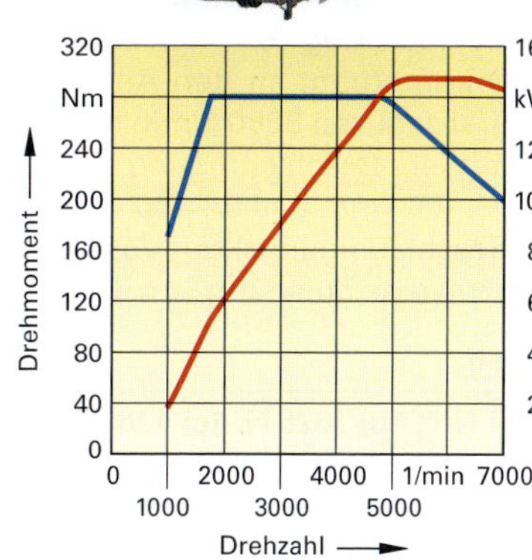

Lösungen

3a) 161,3 kW; **3b)** 360,1 Nm; **3c)** 3300 1/min; **3d)** 1,098; **3e)** 0,77 kg/kW; **3f)** 61,73 kW/l; **3g)** 21,03 m/s; **3h)** $45{,}23\ cm^3$; **3i)** 90° | **4a)** 234,4 Nm; **4b)** 1,125; **4c)** 0,0071 s; **4d)** 0,63; **4e)** 102,6 kW; **4f)** 6°; **4g)** 70,55 €; **4h)** $16{,}29\ mm^3$

5.1.5 KRAFTÜBERTRAGUNG

Aufgaben

1 Ein Antriebsstrang **(Bild 1)** soll ein maximales Motordrehmoment von 262 Nm bei 3600 1/min und eine Nennleistung von 115 kW bei 5200 1/min übertragen. Von dem Antriebsstrang sind folgende weitere Daten bekannt:

Kupplung:
Einscheiben-Kupplung, mittlerer Durchmesser 206 mm, Haftreibungszahl 0,35, max. Flächenpressung 20 N/cm^2, Sicherheitszahl 1,2, Wirkungsgrad 99 %.

Getriebe:

1. Gang: z_1/z_2 = 13/40	4. Gang: z_7/z_8 = 26/27
2. Gang: z_3/z_4 = 18/35	R. Gang: z_9/z_{12} = 9/27
3. Gang: z_5/z_6 = 22/31	Wirkungsgrad = 94 %

Ausgleichsgetriebe:
Kegelrad/Tellerrad: z_K/z_T = 12/49, Wirkungsgrad = 98 %

Bereifung:
195/50 R 15

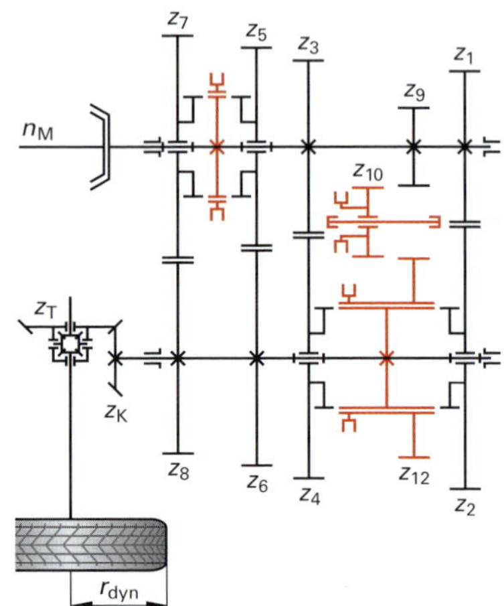

Bild 1

Folgende Größen sind zu berechnen:

a) Übertragbares Kupplungsdrehmoment
b) Reibkraft an einer Kupplungsreibfläche
c) Anpresskraft der Membranfeder
d) Belagfläche eines Reibbelages
e) Getriebeübersetzung in den einzelnen Gängen
f) Gesamtübersetzung im Triebwerk in allen Gängen
g) Gesamtwirkungsgrad des Triebwerks
h) maximales Antriebsdrehmoment an den Rädern im 3. Gang
i) Fahrgeschwindigkeit bei Nennleistung im 3. Gang
j) Antriebskraft an den Rädern in kN im 3. Gang bei Nennleistung

2 Technische Daten und Messwerte eines Fahrzeugs **(Diagramm 1 und 2):**

Achsübersetzung 4,10; Bereifung 205/60 R 15 H; Wirkungsgrad Getriebe 92 %; Wirkungsgrad Achsantrieb 97 %; Leergewicht 1145 kg; zulässiges Gesamtgewicht 1605 kg.

Fahrleistungen: 0 – 100 km/h in 11,0 Sekunden,
0 – 140 km/h in 20,6 Sekunden.

Folgende Größen sind zu berechnen bzw. aus den Diagrammen zu ermitteln:

a) Übersetzungen des Getriebes in allen Gängen
b) Fahrgeschwindigkeit bei maximaler Leistung und bei maximalem Drehmoment im 5. Gang
c) Drehzahlen von Motor und Antriebsrädern, wenn bei Nennleistung vom 4. in den 5. Gang geschaltet wird
d) Drehmoment an den Antriebsrädern bei einer Motordrehzahl von 3000 1/min im 5. Gang
e) mittlere Beschleunigung für die Fahrleistungen 0 – 100 km/h und 0 – 140 km/h
f) Beschleunigungskraft von 0 – 100 km/h, wenn das Fahrzeug eine Zuladung von 75 % zum Leergewicht hat

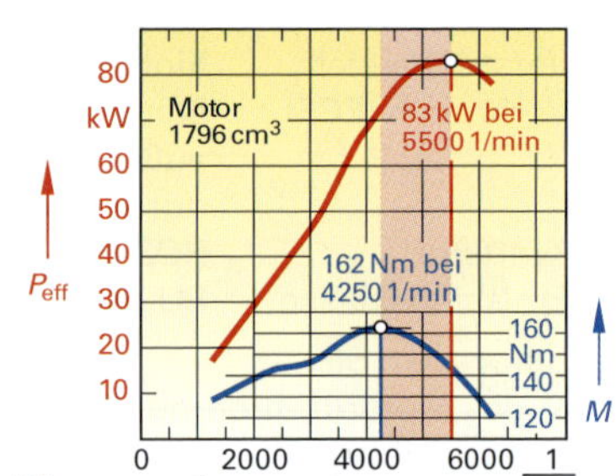

Diagramm 1

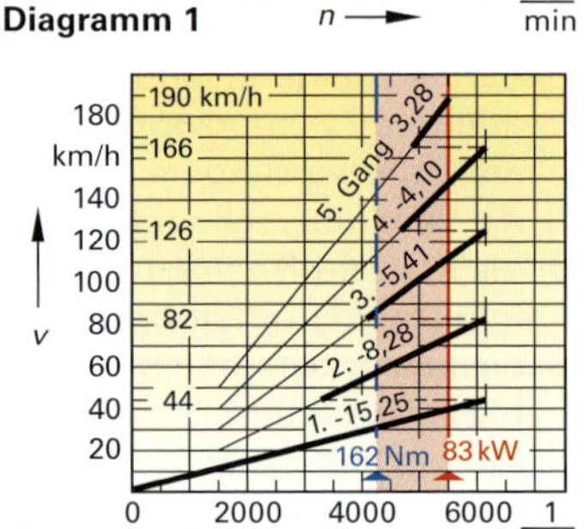

Diagramm 2

Lösungen

1a) 314,4 Nm; **1b)** 1526 N; **1c)** 4361 N; **1d)** 218 cm^2; **1e)** 3,077; 1,944; 1,409; 1,038; 3,000;
1f) 12,56; 7,938; 5,753; 4,239; 12,25; **1g)** 0,91; **1h)** 1371,63 Nm; **1i)** 95,45 km/h; **1j)** 4,9 kN |
2a) 3,72; 2,02; 1,32; 1,00; 0,80; **2b)** 148,5 km/h; 192,16 km/h; **2c)** 5500 1/min; 1341,5 1/min; 4400 1/min;
2d) 424,43 Nm; **2e)** 2,53 m/s^2; 1,89 m/s^2; **2f)** 3769,7 N

Aufgaben

Die Diagramme 1 und 2, sowie die Tabelle zeigen die technischen Daten eines BMW 325d. An dem Motor des Fahrzeuges wurde durch ein Chiptuning das Motordrehmoment auf 450 Nm und die Leistung auf 155 kW bei der neuen Nenndrehzahl von 4000 1/min erhöht.

3 Die Kupplung wurde serienmäßig so ausgelegt, dass eine Sicherheit von 30 % gegen Durchrutschen vorhanden ist. Berechnen Sie ...
a) das maximal übertragbare Kupplungsmoment,
b) die Sicherheit gegen Durchrutschen nach dem Tuning.

4 Die Beläge der Kupplung haben eine Haftreibungszahl von 0,32. Berechnen Sie ...
a) den mittleren Drehkrafthalbmesser,
b) die erforderliche Gesamtanpresskraft der Membranfeder,
c) die Fußkraft zum Betätigen der Kupplung bei einer Gesamtübersetzung von 0,017.

5 Die Kupplung hat eine innere Übersetzung von 0,2. Der Pedalweg ist 120 mm. Berechnen Sie ...
a) den Ausrückweg,
b) das Lüftspiel der Kupplungsscheibe bei einem Belagfederweg von 1,6 mm.

6 Die Kupplung überträgt ein maximales Drehmoment von 435 Nm an das Getriebe. Berechnen Sie ...
a) den Kupplungswirkungsgrad,
b) das Getriebeausgangsdrehmoment im 1. Gang bei einem Getriebewirkungsgrad von 96 %,
c) die Getriebeausgangsdrehzahl im 1. Gang bei der Motordrehzahl von 1000 1/min,
d) die Drehzahländerung des Motors beim Schalten aus einer Drehzahl von 3000 1/min vom 2. in den 3. Gang,
e) das Übersetzungsverhältnis des Achsgetriebes,
f) das maximale Ausgangsdrehmoment am Achsgetriebe im 1. Gang bei einem Wirkungsgrad des Achsgetriebes von 98 %,

7 Der Wirkungsgrad des äußeren Triebwerkes beträgt 82 %. Berechnen Sie ...
a) den Gesamtwirkungsgrad vom Motor zu den Rädern,
b) die maximale Leistung an den Rädern,
c) die Antriebskraft an den Rädern im 1. Gang,
d) die Beschleunigung im 1. Gang bei zulässigem Gesamtgewicht von 2045 kg.

8 Die Höchstgeschwindigkeit nach dem Tuning wird im 6. Gang bei Nenndrehzahl erreicht. Berechnen Sie ...
a) die Höchstgeschwindigkeit,
b) den Luftwiderstand und den Gesamtfahrwiderstand auf ebener Fahrbahn bei einem Rollwiderstandsbeiwert von 0,015.

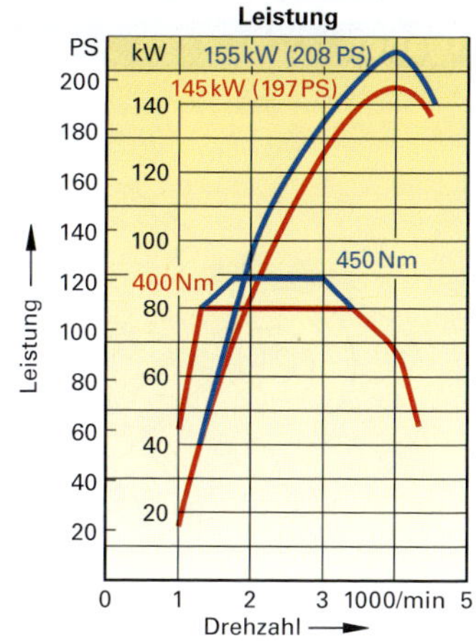

Diagramm 1: Motorkennlinien vor und nach Tuning

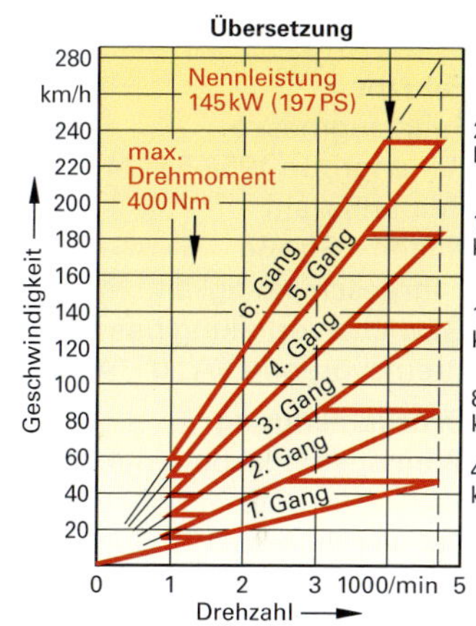

Diagramm 2: Getriebediagramm Serie

Tabelle 1: Daten und Messwerte	
Kraftübertragung	
Daten der Kupplung Einscheibenkupplung D = 240 mm und d = 160 mm	
Übersetzungen der Gänge: i_1 = 5,08, i_2 = 2,80, i_3 = 1,78, i_4 = 1,26, i_5 = 1, i_6 = 0,84, R = 4,61.	
Zähnezahl der Räder des Achsantriebes: z_K = 20, z_T = 47	
Karosserie und Fahrwerk	
Luftwiderstandsbeiwert	0,29
Stirnfläche	2,11 m²
Räder	225/45 R 17 91W

Lösungen

3a) 520 Nm; **3b)** 1,18 | **4a)** 100 mm; **4b)** 8125 N; **4c)** 138,1 N | **5a)** 10 mm; **5b)** 0,4 mm | **6a)** 99 %; **6b)** 2124 Nm; **6c)** 196,8 1/min; **6d)** 1093 1/min; **6e)** 2,35; **6f)** 4892 Nm | **7a)** 0,76; **7b)** 117,8 kW; **7c)** 13065 N; **7d)** 6,4 m/s² | **8a)** 252 km/h; **8b)** 1844 N; 2145 N

5.1.6 FAHRWERK-BREMSEN

Aufgaben

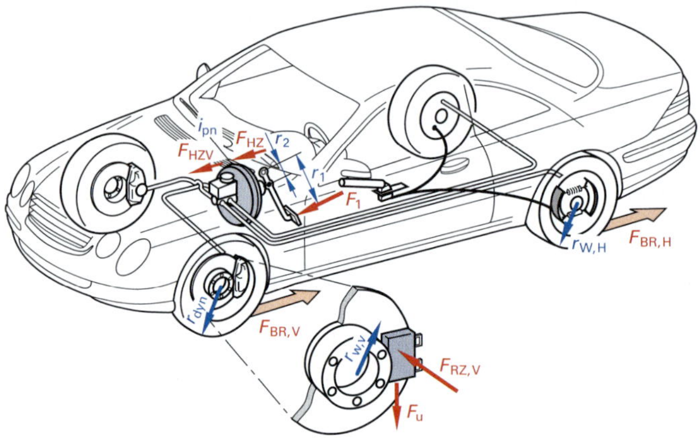

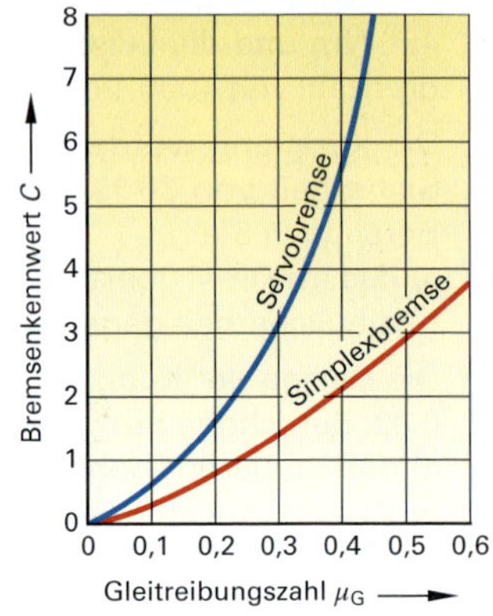

Diagramm für Bremsenkennwerte

1 Daten zur Berechnung der Bremsanlage

Fahrzeug

Fahrzeugmasse	m_F = 1350 kg
Reifengröße 195/65 R 14	U_{dyn} = 1860 mm
Reibungszahl Reifen – Straße	μ_H = 0,9
Fahrgeschwindigkeit	v = 130 km/h
Gewichtsverteilung beim Bremsvorgang VA zu HA	i_{Achs} = 70 % : 30 %

Druckerzeugung

Bremspedal-Hebelarme	r_1 = 350 mm
	r_2 = 70 mm
Pedalkraft	F_1 = 120 N
Übersetzung des Bremskraftverstärkers	i_{pn} = 0,222
Durchmesser Hauptzylinder	d_{HZ} = 20 mm

Vorderradbremsen

Faustsattelscheibenbremse

Durchmesser je Bremszylinder	$d_{RZ,V}$ = 60 mm
Wirks. Bremsscheibenradius	r_{WS} = 110 mm
Reibungszahl Scheibe – Belag	μ_G = 0,4
Bremsscheiben aus Stahlguss	m_S = 2,2 kg
Bremsscheiben-anfangstemperatur	t_1 = 20 °C

Hinterradbremsen

Simplexbremse

Durchmesser je Radzylinder	$d_{RZ,H}$ = 22 mm
Innenhalbmesser der Bremstrommel	r_{WT} = 70 mm
Reibungszahl Belag – Trommel	μ_G = 0,25

Berechnen Sie:

a) die mech. Übersetzung am Bremspedal,
b) die auf den Bremskraftverstärker wirkende Kraft F_{HZ} in N,
c) die auf den Hauptzylinder wirkende verstärkte Kraft F_{HZV} in N,
d) den Leitungsdruck in bar,
e) die hydraulische Übersetzung zu den Vorderrädern und die zu den Hinterrädern,
f) die Spannkraft in N an den Radzylinderkolben der Vorder- bzw. Hinterräder,
g) die Umfangskraft in N an einer Bremsscheibe,
h) die Umfangskraft in N an einer Bremstrommel,
i) die Bremskraft in N je Vorderrad und Hinterrad,
j) die maximal übertragbare Bremskraft (F_{Bmax}) in N je Rad der Vorder- und Hinterachse unter Beachtung der Achslastverlagerung.

Bei den Aufgaben k) bis o) ist mit F_{Bmax} zu rechnen:

k) die mittlere Bremsverzögerung in m/s²,
l) den Bremsweg in m, wenn das Fahrzeug bis zum Stillstand abgebremst wird,
m) die Bremszeit in s,
n) die Erwärmung in °C einer Bremsscheibe bei Abbremsung bis zum Stillstand,
o) die Bremsleistung in Nm/s und kW.

Lösungen

1a) 0,2; **1b)** 600 N; **1c)** 2702,7 N; **1d)** 86 bar; **1e)** 0,05$\overline{5}$; 0,207; **1f)** 48654 N; 13057 N; **1g)** 9731 N; **1h)** 6529 N; **1i)** 3616 N; 1544 N; **1j)** 4172 N; 1788 N; **1k)** 8,83 m/s²; **1l)** 73,84 m; **1m)** 4,09 s; **1n)** 286 °C; **1o)** 215201 Nm/s; 215 kW

Aufgaben

2 Bremsentest

Bei einem Bremsentest wurden mehrere Fahrzeuge bis zum Stand abgebremst. Die Messungen erfolgten in voll beladenem Zustand. In der Tabelle werden jeweils die erste (kalte Bremse) und zehnte Messung (warme Bremse) dargestellt.

Trockene Fahrbahn: In der linken Spalte werden die Messergebnisse auf trockener Fahrbahn dargestellt. Der Reibwert beträgt etwa $\mu = 1{,}1$. Die Fahrzeuge wurden aus 100 km/h und 130 km/h bis zum Stand abgebremst.

μ-Split-Messung: Die Werte der rechten Spalte ergaben sich bei einer μ-Split-Messung. Hierbei sind die Reibwerte zwischen den beiden Fahrzeugseiten unterschiedlich. Auf der einen Fahrzeugseite wird durch eine bewässerte Fahrbahn mit einer Stahloberfläche der Reibwert von einer vereisten Asphaltfahrbahn $\mu = 0{,}15$ simuliert. Die zweite Fahrbahnseite besteht aus nassem Asphalt mit einem Reibwert von $\mu = 0{,}5$. Bei einer μ-Split-Messung wird besonders die Funktion des ABS-Systems überprüft. Die Messung erfolgt aus einer Geschwindigkeit von 100 km/h.

Bremsweg in m bei		trockener Fahrbahn				μ-Split Messung	
		v = 100 km/h		v = 130 km/h		v = 100 km/h	
	Fahrzeuge	kalt	warm	kalt	warm	Bestwert	Ø-Wert
	Audi Q7	37,1	39,4	63,4	69,1	122,9	127,4
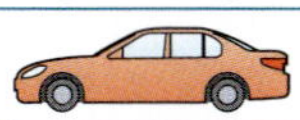	BMW 550i	36,7	37,1	62,5	63,5	99,9	103,1
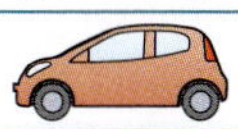	Citroën C 1	40,6	42,3	70,1	73,2	136,3	148,2
	Opel Astra	39,1	40,4	67,3	76,4	115,2	118,6
	Jeep Commander	41,4	44,7	76,7	148,8	130,0	133,4
	VW Multivan	41,4	44,5	70,6	75,9	130,7	139,2

a) Berechnen Sie die durchschnittliche Verzögerung aus 130 km/h des besten Fahrzeugs im Test, wenn die Bremsanlage kalt ist.

b) Ermitteln Sie die durchschnittliche Verzögerung bei der μ-Split-Messung des Fahrzeugs mit dem längsten durchschnittlichen Bremsweg.

c) Wie groß ist der Verzögerungsweg, den der VW Multivan beim Abbremsen von 130 km/h auf 100 km/h mit kalter Bremse zurücklegt?

d) Berechnen Sie die Verzögerung und die Bremszeit des Citroën C 1 bei einer durchschnittlichen μ-Split-Messung.

e) Berechnen Sie den Anhalteweg und Anhaltezeit aus 130 km/h für einen BMW 550i, wenn die Reaktionszeit des Fahrers 0,8 s beträgt und die Bremsanlage warm ist.

f) Welche Restgeschwindigkeit hat der Opel Astra beim Abbremsen aus 130 km/h nach einem Bremsweg von 67,3 m, wenn die Bremswirkung an der warmen Bremse durch Fading nachgelassen hat?

g) Ein Audi Q7 mit einem Leergewicht von 2250 kg ist mit 740 kg Zuladung beladen. Wie groß ist die Bremsarbeit beim Abbremsen aus 130 km/h? Berechnen Sie die erforderliche Bremsleistung bei kalter und warmer Bremse.

h) Der Jeep hält zum vorausfahrenden Opel Astra einen Sicherheitsabstand von 65 m ein. Beide Fahrzeuge fahren mit einer Geschwindigkeit von 130 km/h, die Bremsen beider Fahrzeuge sind warm. Der Opel bremst wegen eines Hindernisses bis in den Stand ab. Die Reaktionszeit des Jeep-Fahrers beträgt 0,8 s. Berechnen Sie die Aufprallgeschwindigkeit des Jeeps auf den stehenden Opel Astra.

Lösungen

2a) 10,43 m/s^2; **2b)** 2,6 m/s^2; **2c)** 28,86 m oder 29,2 m aus Tab.; **2d)** 2,6 m/s^2 ; 10,67 s; **2e)** 92,4 m ; 4,3 s; **2f)** 44,9 km/h; **2g)** 1 949 378 J; 555,4 kW; 509 kW; **2h)** 64,2 km/h

5.1.7 ELEKTROTECHNIK

In einem Reisebus bleibt die Scheibenheizung aus Versehen für 4 Stunden eingeschaltet. Während dieser Zeit wird sie von der Starterbatterie gespeist.

Die Starterbatterie wird anschließend wieder aufgeladen.

Datenblatt:

Scheibenheizung
- 20 Heizdrähte
  Widerstand je Heizdraht $R_H = 20\ \Omega$
- Zuleitung zu den Heizdrähten.
  Kupfer, Länge $l = 6$ m;
  Leiterquerschnittsfläche $A = 4\ \text{mm}^2$

Starterbatterie
- 2 Starterbatterien in Reihenschaltung,
  Nennkapazität jeweils $K_{20} = 200$ Ah;
  zu 75 % geladen
- Innenwiderstand $R_i = 0{,}005\ \Omega$ je Batterie
- Wirkungsgrad $\eta_{Ah} = 0{,}86$
- Leerlaufspannung $U_0 = 2{,}35$ V/Zelle
- mittlere Ladespannung $U_L = 28{,}4$ V

Generator
- Nennleistung $P_{GN} = 4$ kW
- Nennspannung $U_{GN} = 28$ V
- Wirkungsgrad $\eta_G = 0{,}8$
- Riemenscheibe Generator $d_G = 300$ mm
- Riemenscheibe Motor $d_M = 400$ mm

Motor (Dieselmotor)
- Nennleistung $P_{eff} = 280$ kW
  bei $n_{MN} = 1800$ 1/min
- Spez. Kraftstoffverbrauch $b_{eff} = 240$ g/kWh
- Motorwirkungsgrad bei Nennleistung $\eta_M = 0{,}38$
- Dichte Dieselkraftstoff $\varrho = 0{,}82\ \text{kg/dm}^3$
- spezifischer Heizwert Diesel $H_u = 42500$ kJ/kg
- Literpreis für Dieselkraftstoff 2,12 €/Liter

Aufgaben: Berechnen Sie ...

1 den Gesamtwiderstand R_{hges} der Scheibenheizung,

2 den Widerstand R_L der Zuleitung,

3 den Gesamtwiderstand R des Scheibenheizungssystems,

4 den gesamten Innenwiderstand R_i des Batteriesystems,

5 die Leerlaufspannung U_0 des Batteriesystems,

6 den Strom I, den die Starterbatterien abgeben,

7 den Kurzschlussstrom I_K, den die Starterbatterien abgeben können,

8 die Klemmenspannung U des Batteriesystems,

9 den Spannungsabfall U_a in der Zuleitung der Scheibenheizung,

10 die Spannung U_H an den Heizdrähten,

11 die Heizleistung P_H eines Heizdrahtes,

12 die Heizleistung P_{Hg} aller Heizdrähte,

13 die Verlustleistung P_V in der Zuleitung zur Scheibenheizung,

14 die im Batteriesystem zur Verfügung stehende Entladekapazität K_{20},

15 die von der Scheibenheizung entnommene Kapazität K_E,

16 die nach der Entladung noch vorhandene Restkapaziät K_{20a},

17 den Nennstrom I_{GN} des Generators bei Nennspannung,

18 den Batterieladestrom I_L, wenn 40 % des Nennstromes I_{GN} zur Aufladung zur Verfügung stehen,

19 die Ladekapazität K_1, wenn die Kapazitätsentnahme wieder ausgeglichen werden soll,

20 die Ladezeit t_L,

21 die dem Generator für das Wiederaufladen entnommene Arbeit W_{abG},

22 die dem Generator für das Wiederaufladen zugeführte Energie W_{zuG},

23 die während des Wiederaufladens beim Dieselmotor zugeführte Energie W_{zuM},

24 die verbrauchte Kraftstoffmenge m in kg und V in l, die zum Wiederaufladen der Starterbatterien erforderlich ist,

25 die im verbrauchten Kraftstoff enthaltene Wärmeenergie W_K,

26 die Kraftstoffkosten für die Wiederaufladung der Starterbatterien.

Aufgaben: Berechnen Sie ...

27 das Übersetzungsverhältnis i des Riementriebes,

28 die Drehzahl n_G des Generators bei n_{MN},

29 die Riemengeschwindigkeit v bei n_{MN},

30 die dem Generator bei Nennleistung zugeführte Leistung P_{Gzu},

31 die Zugkraft F_{GN} im Keilriemen bei Nennleistung P_{GN} des Generators.

Der Starter des Reisebusses liegt im Betriebszustand (Startdrehzahl) an einer Spannung von 20,0 V. Dabei hat er einen Wirkungsgrad von 62 %. Auf dem Starterritzel befinden sich 15 Zähne.

Das Übersetzungsverhältnis zwischen Ritzel und Zahnkranz beträgt 17. Der Dieselmotor benötigt bei einer Startdrehzahl von 100 1/min ein Arbeitsdrehmoment von 520 Nm.

Aufgaben: Berechnen Sie ...

32 die Zähnezahl des Zahnkranzes,

33 die Starterdrehzahl,

34 das Drehmoment bei Starterdrehzahl,

35 die abgegebene und zugeführte Leistung,

36 den Starterstrom,

37 die aufgenommene Arbeit, wenn der Starter für 15 Sekunden betätigt wird.

Aufgrund eines Defektes muss die Starterhauptleitung (l = 4,2 Meter) erneuert werden. Der zulässige Spannungsabfall beträgt 1 V.

Aufgaben: Berechnen Sie ...

38 die Leiterquerschnittsfläche,

39 den verlegten Normquerschnitt,

40 den tatsächlichen Spannungsabfall.

Für die Instrumentenbeleuchtung des Reisebusses sind zwei Glühlampen parallel geschaltet.

Aufgaben: Berechnen Sie ...

41 den über jede Glühlampe fließenden Teilstrom,

42 den Gesamtstrom,

43 den Gesamtwiderstand der Lampen E1 und E2.

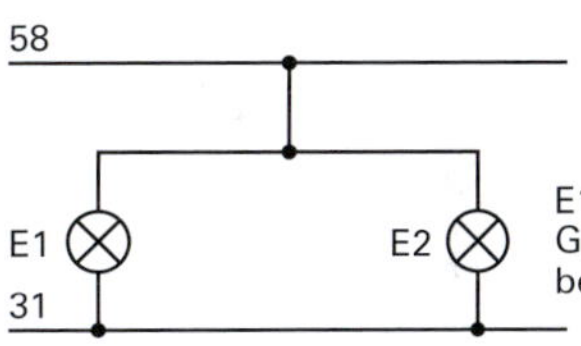

Zur Helligkeitsregelung wird der Regelwiderstand R eingebaut, mit dem die Spannung an den Glühlampen zwischen 10 V und 24 V verändert werden kann.

Aufgaben: Berechnen Sie ...

für eine Glühlampenspannung von 10 V

44 den Spannungsabfall am Regelwiderstand,

45 den über jede Lampe fließenden Teilstrom,

46 den Gesamtstrom,

47 den notwendigen Regelwiderstandsbeiwert,

48 den Gesamtwiderstand der Schaltung.

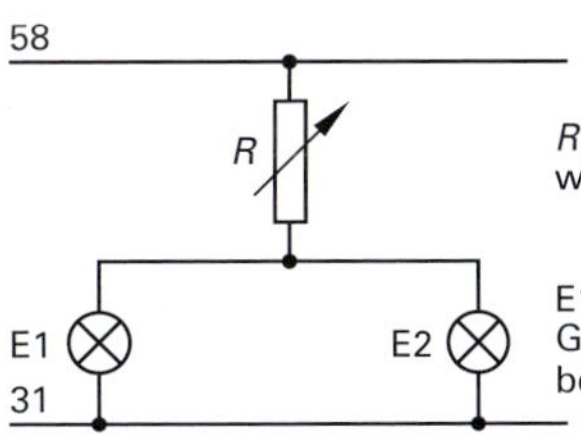

Lösungen

1) 1 Ω | **2)** 0,0267 Ω | **3)** 1,0267 Ω | **4)** 10^{-2} Ω | **5)** 28,2 V | **6)** 27,2 A | **7)** 2820 A | **8)** 27,93 V | **9)** 0,73 V | **10)** 27,2 V | **11)** 37 W | **12)** 740 W | **13)** 19,75 W | **14)** 150 Ah | **15)** 108,8 Ah | **16)** 41,2 Ah | **17)** 142,8 A | **18)** 57,1 A | **19)** 126,5 Ah | **20)** 2,21 h | **21)** 3,584 kWh | **22)** 4,48 kWh | **23)** 11,79 kWh | **24)** 2,83 kg; 3,45 l | **25)** 120275 kJ | **26)** 7,31 € | **27)** 0,75 | **28)** 2400 1/min | **29)** 37,7 m/s | **30)** 5 kW | **31)** 132,6 N | **32)** 255 | **33)** 1700 1/min | **34)** 30,59 Nm | **35)** 5,45 kW; 8,79 kW | **36)** 439,5 A | **37)** 0,037 kWh | **38)** 32,6 mm² | **39)** 35 mm² | **40)** 0,94 V | **41)** 0,166 A | **42)** 0,332 A | **43)** 72,5 Ω | **44)** 14 V | **45)** 0,1 A | **46)** 0,2 A | **47)** 70 Ω | **48)** 120 Ω

5.1.8 KOSTENRECHNEN

Aufgaben

1 Ein Werkstatttester kostet 13600,00 €. Die Bezugskosten betragen 480,00 €, die Anschlusskosten 920,00 €. Die Lebensdauer wird mit 6 Jahren angenommen, die Abschreibung soll linear vorgenommen werden.
Berechnen Sie die jährlichen Abschreibungsbeträge und Buchwerte für die ersten 3 Jahre.

2 Für ein Fahrzeug entstehen folgende Kosten: Kaufpreis 25662,00 €, Kaufpreis der Bereifung 552,00 €, Verzinsung des Anlagekapitals 1,8 %, Kraftfahrzeugsteuer 160,50 €/Jahr, Prämie für Haftpflichtversicherung 477,60 €/Jahr, Prämie für Teilkaskoversicherung 280,70 €/Jahr, Ölverbrauch 0,05 l/100 km, Motorölpreis 18,50 €/l, Instandsetzungskosten 6,65 €/100 km, Kraftstoffverbrauch 7,5 l/100 km, Preis für Dieselkraftstoff 2,20 €/l, Reifenfahrleistung 38000 km, Nutzungsdauer 6 Jahre bei 175000 km, Fahrerlohn 35085,00 €/Jahr, Restgemeinkosten vom Lohn 180 %.
Berechnen Sie für jährliche Fahrleistungen von 30 000 km, 40 000 km und 50 000 km
a) die Kfz-Unterhaltskosten pro Jahr,
b) die Kfz-Kosten je Kilometer,
c) die Arbeitsplatzkosten je Kilometer.

3 Ein Kunde bringt seinen Lkw zur Reparatur der elektrischen Anlage in die Werkstatt. Folgende Arbeiten werden ausgeführt: Starter aus- und einbauen 12 AW, Generator und Regler prüfen 3 AW, Generatorregler erneuern 3 AW, 1 Scheinwerfer erneuern und einstellen 5 AW, Kabel erneuern 2 AW. Ersatzteile: Tauschstarter 730,00 €, Reglerschalter 92,00 €, Scheinwerfer 120,00 €, Kleinteile netto 2,40 €. Der Kunde erhält auf Starter und Scheinwerfer 10 % und auf den Regler 25 % Rabatt.
Ermitteln Sie den Rechnungsbetrag auf der Basis eines Stundenverrechnungssatzes von 108,00 €/h und eines Werkstattfaktors von 12 AW/h.

4 Berechnen Sie den Bruttoarbeitslohn des Mitarbeiters aus folgenden Angaben: Regelmäßige Arbeitszeit 175 h, davon im Leistungslohn 72 %, im Zeitlohn 28 %, Ist-Leistung 1890 AW, Werkstattfaktor 12 AW/h, Stundenlohnsatz 23,00 €. Der Zeitlohnanteil wird mit dem Stundenlohnsatz vergütet.

5 Der BAB eines Betriebs liefert für die Kostenstelle Werkstatt im vergangenen Jahr folgende Zahlen: Fertigungslöhne 350000,00 €, Gemeinkosten 940000,00 €. Im kommenden Jahr wird mit einem Werkstattschnittlohn von 29,50 €/h und dem Werkstattfaktor von 12 AW/h gerechnet. Man erwartet einen Anstieg der Fertigungslohnsumme von 5 % und einen Anstieg der Gemeinkosten um 8 %. Der Gewinnzuschlag wird mit 10 % angesetzt. Berechnen Sie für das kommende Jahr ...
a) den Kostenindex,
b) den Stundenverrechnungssatz,
c) den AW-Verrechnungssatz.

6 Ein Kunde bringt sein Unfallfahrzeug in die Werkstatt und möchte einen Kostenvoranschlag. Nach gründlicher Untersuchung ergeben sich folgende auszuführende Arbeiten: Kotflügel vorne rechts erneuern und anpassen 40 AW, vordere Stoßstange erneuern 4 AW, Antenne aus- und einbauen 5 AW, Reifen montieren und auswuchten 5 AW, vorderen Radlauf ausrichten 15 AW, Türe rechts ausrichten 8 AW, Vorderachse vermessen 19 AW.
Verkaufspreise für: 1 Kotflügel 366,50 €, 1 Stoßstange 364,00 €, 1 Felge 56,00 €, 1 Reifen 105,00 €. Die Teillackierung wird in Fremdarbeit vergeben. Sie wird 800,00 € (o. MwSt.) kosten und dem Kunden ohne Fremdleistungszuschlag weiterberechnet. Die Werkstatt kalkuliert mit einem Kostenindex von 3,900. Der Werkstattfaktor beträgt 12 AW/h, der Werkstattschnittlohn 26,20 €/h. Erstellen Sie einen Kostenvoranschlag.

7 Der Listenpreis eines Achsmessgeräts beträgt bei der Neuanschaffung 12000,00 €, der Liefererrabatt 20 %. Der Einbau kostet 600,00 €. Bis zur Wiederbeschaffung wird eine durchschnittliche Preissteigerung von 4,5 % im Jahr angenommen. Für die Wiederbeschaffung wird mit folgenden Annahmen kalkuliert: Liefererrabatt 16 %, Umbaukosten 400,00 €, Restwert 650,00 €. Berechnen Sie ...
a) die Anschaffungskosten,
b) die Wiederbeschaffungskosten in 6 Jahren,
c) den kalkulatorischen Abschreibungsbetrag bei linearer Abschreibung.

Lösungen

1) 2500 €; 12500 €; 10000 €; 7500 € | **2a)** 13073,26 €; 16350,26 €; 19627,26 €;
2b) 0,44 €/km; 0,41 €/km; 0,39 €/km; **2c)** 3,71 €/km; 2,86 €/km; 2,36 €/km | **3)** 1276,94 € | **4)** 4749,50 € |
5a) 4,139; **5b)** 128,20 €/h; **5c)** 10,68 €/AW | **6)** 2986,21 € | **7a)** 10200,00 €; **7b)** 10631,36 €; **7c)** 1771,89 €

Aufgaben

8 In einer Kfz-Werkstatt wurden im 1. Jahr folgende Zahlen ermittelt: Produktive Löhne 182 200,00 €, Gemeinkosten 300 030,00 €, Gewinn 29 891,00 €. Der Werkstattschnittlohn betrug 24,20 €/h. Berechnen Sie ...
a) den Kostenindex,
b) den Stundenverrechnungssatz
c) den Gewinnzuschlagssatz.
d) Ein Kraftfahrzeug soll mit Nebelscheinwerfern ausgerüstet werden. Erstellen Sie einen Kostenvoranschlag, wobei der unter b) ermittelte Stundenverrechnungssatz und die folgenden Angaben verwendet werden sollen: Arbeitszeit 105 Minuten, Barverkaufspreise der Teile: 2 Halogenscheinwerfer je 26,50 €, 2 H3-Lampen je 10,40 €, 1 Relais 5,20 €, 6 m Kabel je 0,25 €/m, Kleinteile 1,40 €.

9 Im laufenden Jahr werden in einer Kfz-Werkstatt folgende Werte ermittelt: Produktive Löhne 189 100,00 €, Gemeinkosten 259 %, Gewinn 32 076,00 €. Der durchschnittliche Stundenlohn beträgt 25,00 €/h. Berechnen Sie ...
a) den Kostenindex,
b) den Stundenverrechnungssatz,
c) den AW-Verrechnungssatz bei einer Soll-Leistung von 12 AW/h.
d) Erstellen Sie einen Kostenvoranschlag für die Reparatur eines 600-W-Generators. Es gilt der unter b) ermittelte Stundenverrechnungssatz sowie die nachfolgenden Angaben: Arbeitszeit 195 Minuten. Barverkaufspreise der Teile: 2 Kugellager je 5,20 €, 1 Satz Kohlebürsten 9,50 €, 4 Federn je 0,57 €, 1 Verbindungsteil 1,80 €, 1 Kapsel 13,50 €, Kleinteile und Reinigungsmaterial 4,20 €.

10 Aus der Buchhaltung eines Kfz-Betriebes wurden für das abgelaufene Jahr folgende Kosten entnommen: Gesamtlohnkosten 305 258,00 €, Hilfslöhne 74 130,00 €, Gehälter 185 360,00 €, Sozialkosten 124 412,00 €, Gemeinkosten Material 35 020,00 €, Betriebssteuern, Beiträge 28 200,00 €, Raumkosten 56 680,00 €, kalkulatorische Zinsen 85 450,00 €, kalkulatorische Abschreibung 51 300,00 €, kalkulatorischer Unternehmerlohn 46 000,00 €, sonstige Gemeinkosten 237 960,00 €.
Berechnen Sie ...
a) die Fertigungslöhne;
b) den Prozentanteil der Hilfslöhne an den Gesamtlohnkosten;
c) die Gemeinkostensumme;
d) den Gemeinkostenzuschlagssatz der Werkstatt.

11 Die Jahressummen für die Werkstatt betragen: Produktive Löhne 82 800,00 €, Gemeinkosten 327 060,00 €, Gewinn 25 % der produktiven Löhne. Der Stundenverrechnungssatz beträgt 67,60 €. Berechnen Sie ...
a) den Kostenindex,
b) den Werkstattschnittlohn,
c) den AW-Verrechnungssatz bei 10 AW/h,
d) den Gewinnzuschlagssatz,
e) die Umsatzrendite.
f) Erstellen Sie einen Kostenvoranschlag für die Reparatur eines Schubankerstarters. Verwenden Sie dafür neben den Werten aus der Aufgabe die folgenden Angaben: Barverkaufspreise der Teile: 1 Lager 15,80 €, 1 Kupplung 18,20 €, 1 Ritzel 11,10 €, 1 Satz Kohlebürsten 2,20 €, 2 Verbindungsteile je 2,80 €, Kleinmaterial und Reinigungsmaterial 2,70 €. Die Arbeitszeit beträgt 3 h 30 Minuten.

12 Ein Kfz-Betrieb soll folgende Reparaturarbeiten ausführen: Vorderen Kotflügel erneuern und anpassen 40 AW; vordere Stoßstange erneuern 4 AW; Antenne aus- und einbauen 5 AW; Felge und Reifen vorne rechts ersetzen und auswuchten 3 AW; vorderen Radlauf ausrichten 15 AW; Türe ausrichten 8 AW; Vorderachse vermessen 19 AW. Grundlage der Kalkulation sind nachstehende Angaben: Fertigungslöhne 244 224,00 €; Gemeinkosten 350 %; Werkstattschnittlohn 22,80 €/h; Gewinnzuschlag 8 %; Werkstattfaktor 12 AW/h; Bezugspreis der Ersatzteile 420,60 € (ohne Mehrwertsteuer); Lagergemeinkosten 40 %; Gewinnzuschlag auf Teile 20 %; Für die Teillackierung (Fremdarbeit) sind 549,50 € zu berechnen. Berechnen Sie ...
a) den AW-Verrechnungssatz,
b) die Ersatzteilkosten,
c) die Reparaturkosten,
d) den Rechnungsbetrag.

Lösungen

8a) 2,811; **8b)** 68,03 €; **8c)** 6,20 %; **8d)** 239,13 € | **9a)** 3,76; **9b)** 93,99 €/h; **9c)** 7,83 €/AW; **9d)** 413,11 € | **10a)** 231 128 €; **10b)** 24,28 %; **10c)** 924 512 €; **10d)** 400 % | **11a)** 5,200; **11b)** 13,00 €; **11c)** 6,76 €/AW; **11d)** 5,05 %; **11e)** 4,81 %; **11f)** 347,72 € | **12a)** 9,23 €/AW; **12b)** 706,61 €; **12c)** 2123,73 €; **12d)** 2527,24 €

5.2 PROJEKTAUFGABEN

5.2.1 FAHRZEUG 1

Daten und Messwerte eines Fahrzeuges

Motor
Vierzylinder-4-Takt-Dieselmotor,
66 kW bei 4000 1/min, 182 Nm bei 2300 1/min,
Verdichtung 19,5, Bohrung 79,5 mm, Hub 95,5 mm,
Eö 12° v. OT, Es 37° n. UT, Aö 45° v. UT, As 6° n. OT,
Schwungraddurchmesser 320 mm
Kraftstoffbehälterinhalt 56 Liter Diesel
Heizwert 42500 kJ/kg, Dichte 0,84 kg/dm^3
Testverbrauch 5,9 l/100 km

Kraftübertragung/Fahrwerk
Getriebe: Übersetzungen
4,211 – 2,214 – 1,379 – 1,000 – 0,810 – R 4,211
Achsantrieb: 3,270
Einscheiben-Trockenkupplung:
Belagdurchmesser außen 320 mm, innen 195 mm,
Anpressdruck 10 N/cm^2, Haftreibungszahl 0,30
Reifen: 195/65 R15 91 T, Rollwiderstandsbeiwert 0,015
Wirkungsgrad des (inneren) Triebwerks 0,94
Luftwiderstandsbeiwert 0,32

Maße und Gewichte
Länge, Breite, Höhe: 4482 mm, 1703 mm, 1415 mm
Leergewicht, zul. Gesamtgewicht: 1392 kg, 1860 kg

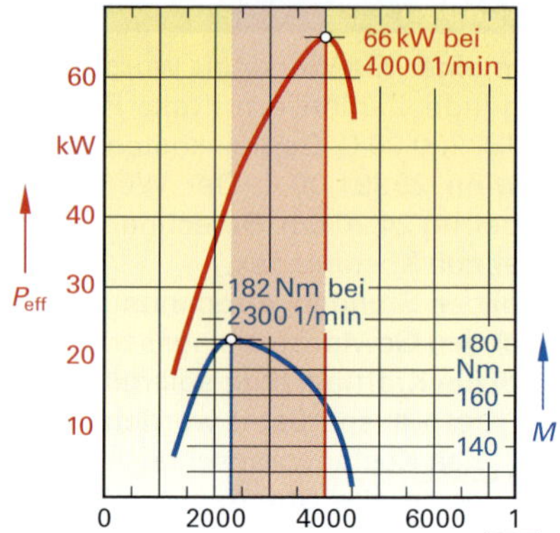

Diagramm 1 n → 1/min

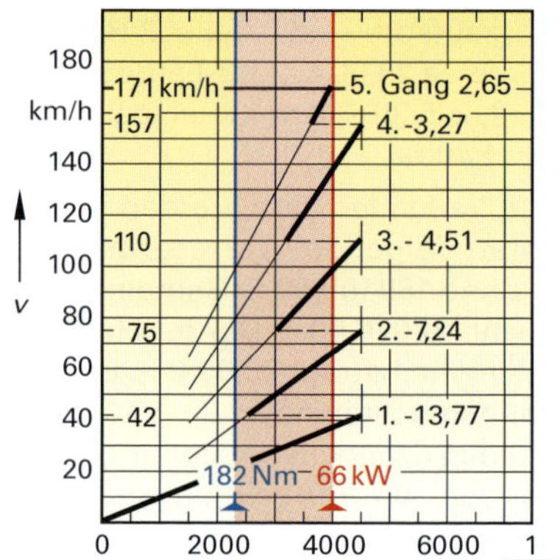

Diagramm 2 n → 1/min

Berechnen oder ermitteln Sie aus den Diagrammen:

Für den Motor

1 Motorhubraum in Liter,
2 Verdichtungsraum in cm^3,
3 Öffnungszeiten von Auslass- und Einlassventil in s bei maximalem Drehmoment,
4 Bogenlänge am Schwungrad in mm für den Ventilüberschneidungswinkel,
5 Hubraumleistung in kW/l,
6 Reichweite in km des Fahrzeugs bei Testverbrauch, wenn der Kraftstoffbehälter zu 2/3 gefüllt ist.

Für das Triebwerk

7 Fahrgeschwindigkeit in km/h im 3. Gang bei 3000 1/min,
8 Änderung der Motordrehzahl in 1/min, wenn bei 4000 1/min vom 3. Gang in den 4. Gang geschaltet wird,
9 übertragbares Kupplungsdrehmoment in Nm,
10 Drehmoment in Nm an den Antriebsrädern bei größter Nutzleistung im 5. Gang,
11 Energieverbrauch der Reifen in kWh bei einer Jahresfahrleistung von 15000 km, wenn das Fahrzeug im Durchschnitt zu 50 % beladen wird,
12 Kraftstoffverbrauch aufgrund der ermittelten Rollwiderstandsarbeit aus Aufgabe 11,
13 Luftwiderstand in N des Fahrzeugs im 5. Gang bei 3500 1/min (Luftdichte 1,29 kg/m^3).

Lösungen

1) 1,9 l | **2)** 25,62 cm^3 | **3)** 0,0167 s; 0,0166 s | **4)** 50,27 mm | **5)** 34,81 kW/l | **6)** 632,8 km | **7)** 77,24 km/h | **8)** 1000 1/min | **9)** 390,6 Nm | **10)** 392,4 Nm | **11)** ≈ 997 kWh | **12)** ≈ 100,5 l | **13)** 712,3 N

5.2.2 FAHRZEUG 2

Von einem Fahrzeug sind folgende Messwerte bzw. Daten bekannt:

Motor
Vierzylinder-Viertakt-Reihenmotor, 162 kW bei 5800 1/min, 330 Nm bei 3500 1/min, Verdichtungsverhältnis 8,0, Bohrung 100 mm, Hub 78,9 mm, Kühlflüssigkeitsmenge 8,5 Liter, Kraftstoffbehälterinhalt 80 Liter Superbenzin, Heizwert 43500 kJ/kg, Dichte 0,74 kg/l, Testverbrauch 11,5 l/100 km, Bordspannung 12 Volt, Batterie 55 Ah, Generator 1610 Watt/14 Volt.

Kraftübertragung
Übersetzungen Getriebe i_1–i_5: 3,500 – 2,056 – 1,400 – 1,031 – 0,827 – i_R 3,500, Achsantrieb: 3,375, η_{Tr} = 0,91
Reifen 225/50 ZR 16 96 W auf 8 J × 16 Felgen

Maße und Gewichte
Radstand 240,0 cm, Spurweite vorn 147,7 cm, hinten 145,2 cm,
Leergewicht 1280 kg, zul. Gesamtgewicht 1600 kg

Folgende Größen sind zu berechnen:

1 Motorhubraum in cm³ und in Liter,
2 Verdichtungsraum in cm³ eines Zylinders,
3 Hubverhältnis,
4 Hubraumleistung in kW/l,
5 Motorleistung in kW bei Abgabe des maximalen Drehmoments,
6 Drehmoment in Nm bei Abgabe der maximalen Leistung,
7 Kolbenkraft in N bei 62 bar Verbrennungshöchstdruck,
8 mittlere Kolbengeschwindigkeit in m/s bei 5200 1/min,
9 Innenleistung des Motors in kW bei max. Nutzleistung und einem mittleren indizierten Druck von 15,2 bar,
10 Gesamtübersetzungen in den einzelnen Gängen,
11 Geschwindigkeit in km/h des Fahrzeugs im 4. Gang bei 4750 1/min,
12 Drehzahl in 1/min des Motors bei 180 km/h im 5. Gang,
13 Antriebsdrehmoment in Nm im 2. Gang bei 3500 1/min,
14 Leistungsgewicht in kg/kW des Fahrzeugs,
15 Reichweite des Fahrzeugs in km bei voll gefülltem Kraftstoffbehälter bei Testverbrauch,
16 CO_2-Emission pro km in g, bei Testverbrauch
17 Energieinhalt des vollen Kraftstoffbehälters in kWh,
18 Achslasten in kg bei voll beladenem Fahrzeug, wenn die Vorderachse mit 56 % belastet ist,
19 maximale Stromabgabe des Generators in A,
20 Entladezeit der Batterie in h, min und s, wenn ihr 9,4 A entnommen werden, bei 84 % Entladekapazität,
21 Gefrierschutzanteil in % bei einem Mischungsverhältnis von Wasser zu Gefrierschutzmittel 7:3,
22 Fahrwiderstand in N bei maximaler Geschwindigkeit im 4. Gang.

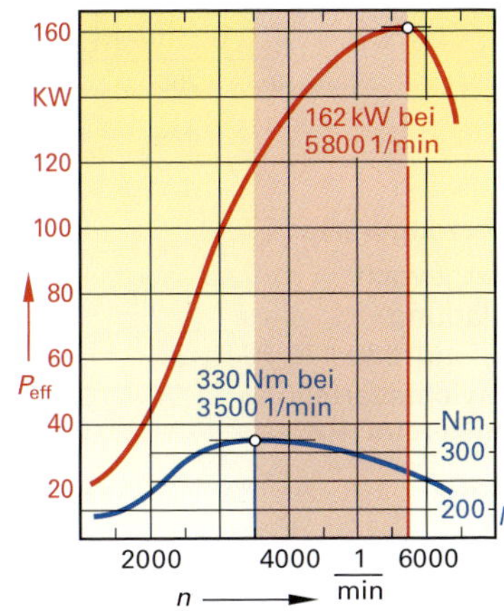

Diagramm 1

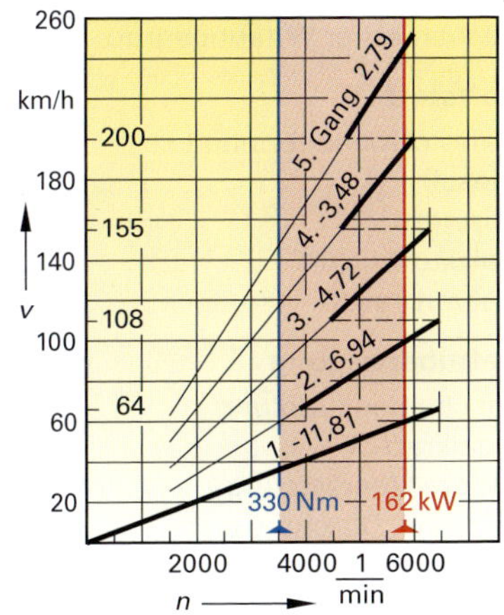

Diagramm 2

Lösungen

1) 2478,7 cm³; ≈ 2,5 l | **2)** 88,53 cm³ | **3)** 0,789 | **4)** 65,38 kW/l | **5)** 120,9 kW | **6)** 266,74 Nm | **7)** 48 694,7 N | **8)** 13,68 m/s | **9)** 182 kW | **10)** 11,81; 6,94; 4,72; 3,48; 2,79; 11,81 | **11)** 158,1 km/h | **12)** 4337 1/min | **13)** 2084,1 Nm | **14)** 7,90 kg/kW | **15)** ≈ 696 km | **16)** 268 g/km | **17)** 715,33 kWh | **18)** 896 kg; 704 kg | **19)** 115 A | **20)** 4 h 45 min 36 s | **21)** 2,55 l | **22)** ≈ 2572 N

5.2.3 FAHRZEUG 3

Technische Daten

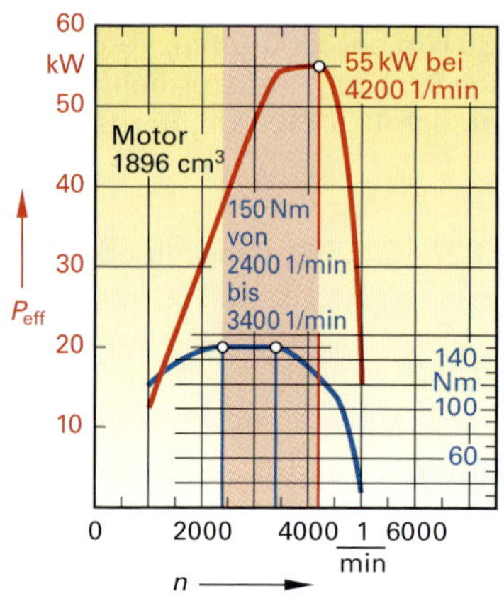

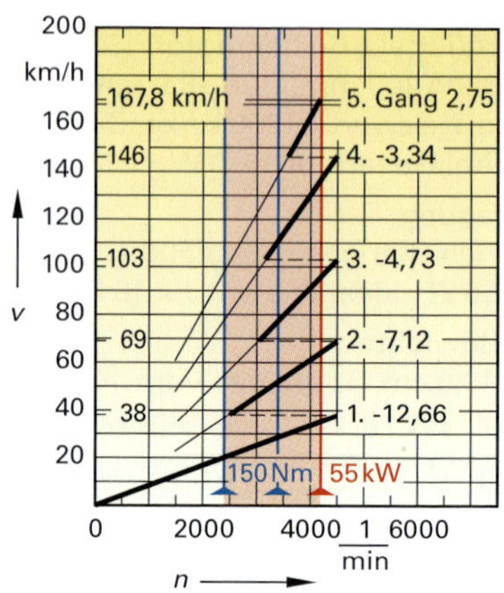

Fahrzeugwerte

Leergewicht	m_F	= 1020 kg
Zuladung	m_z	= 505 kg
Reifengröße 175/70 R 13	U_{dyn}	= 1755 mm
Gewichtsverteilung statisch VA:HA		62 %:38 %

Motor

Bohrung	d	= 79,5 mm
Hub	s	= 95,4 mm
Verdichtungsverhältnis	ε	= 22,5
Kühlsystemfüllung	V_K	= 6,5 l
Mechanischer Wirkungsgrad	η_m	= 0,92

Kraftstoff

Kraftstoffbehälterinhalt (Diesel)	V	= 55 l
Heizwert	H_u	= 42 500 kJ/kg
Kraftstoffdichte	ϱ	= 0,85 kg/dm³
Testverbrauch		= 6,3 l/100 km

Kraftübertragung

Einscheibenkupplung		
Pedalkraft	F	= 130 N
Äußere Übersetzung	i_a	= 0,08
Geberzyl. Durchmesser	d_{GZ}	= 20 mm
Nehmerzyl. Durchmesser	d_{NZ}	= 22 mm
Innere Übersetzung	i_i	= 0,4
Kupplungsdurchmesser	D	= 280 mm
	d	= 165 mm
Haftreibungszahl	μ_H	= 0,3
Wirkungsgrad Kupplung	η_K	= 0,995
Übersetzungen Getriebe		3,45 – 1,94 – 1,29 – 0,91 – 0,75, R 3,45
Wirkungsgrad Getriebe		95 %
Übersetzung Achsantrieb		3,67
Wirkungsgrad Achsantrieb		98,5 %

Bremsanlage

Hebelarme am Pedal	r_1	= 234 mm
	r_2	= 50 mm
Pedalkraft	F_1	= 195 N
Bremskraftverstärker	d_v	= 180 mm
Druckdifferenz	Δp	= 0,40 bar
Hauptzylinder	d_{HZ}	= 20 mm

Vorne: Faustsattelbremse

Bremszylinder (1 je Seite)	$d_{RZ,V}$	= 54 mm
Wirksamer Bremsscheibenradius	r_{ws}	= 110 mm
Reibungszahl Belag – Scheibe	μ_G	= 0,45

Hinten: Servobremse

Radzylinder	$d_{RZ,H}$	= 22 mm
Bremstrommelradius	r_{WT}	= 70 mm
Reibungszahl Belag – Trommel	μ_G	= 0,25
Bremsenkennwert	C	= 2

Elektrische Anlage

Bordspannung	12 V
Starterbatterie	12 V/64 Ah
Vier Glühstiftkerzen	je 10,5 V/92 W
Stromaufnahme Starter	215 A/11,6 V
Starter-Wirkungsgrad	65 %
Starterhauptleitung (Cu)	1,8 m
Querschnitt	35 mm²
Generator-Drehstrom	14 V/70 A
Wirkungsgrad-Generator	56 %

Verbraucher

Zwei H4-Lampen	je 12V/55 W
Zwei Kennzeichenleuchten	je 12V/5 W
Zwei Begrenzungsleuchten	je 12V/4 W
Autoradio	12 V/28 W

Aufgaben

Verwenden Sie zur Lösung der Aufgaben soweit erforderlich die Diagramme.
Zu berechnen sind:

Motor/Kraftstoffverbrauch

1 Zylinderzahl,
2 Verdichtungserhöhung, wenn durch Planschleifen des Zylinderkopfes 0,16 mm abgeschliffen wurden,
3 mittlere Kolbengeschwindigkeit in m/s bei 55 kW Nutzleistung,
4 Motorinnenleistung in kW bei max. Nutzleistung,
5 Leistungsgewicht des Fahrzeugs in kg/kW,
6 Gefrierschutzmittelmenge im Kühlsystem in l, wenn das Verhältnis Wasser zu Gefrierschutzmittel 3 : 2 ist,
7 Reichweite in km bei Testverbrauch und vollem Kraftstoffbehälter,
8 CO_2-Emission in g je km bei Testverbrauch,
9 genutzte Wärmemenge in kWh bei Testverbrauch; Verluste für: Abgas 29 %, Kühlung 27 %, Reibung 8 %, Triebwerk 9 %,
10 durch den Kühler abzuführende Wärmemenge bei Testverbrauch in kJ/100 km, wenn 27 % der anfallenden Wärme durch Kühlung verloren gehen,
11 Anzahl der Kühlflüssigkeitsumläufe je 100 km bei Testverbrauch, wenn die Temperaturdifferenz zwischen Kühlflüssigkeitseintritt und -austritt 6°C ist
($c_{KÜHLFL}$ = 3,68 kJ/(kg · K); $\varrho_{KÜHLF}$ = 1,04 kg/l),

Kraftübertragung

12 Fläche eines Kupplungsreibbelages in cm^2,
13 Kraft am Kupplungsausrücklager in N,
14 Anpresskraft der Kupplungsmembranfeder in N,
15 Flächenpressung des Kupplungsreibbelages in N/cm^2,
16 übertragbares maximales Kupplungsdrehmoment in Nm,
17 maximales Antriebsdrehmoment an einem Rad in Nm,
18 Fahrgeschwindigkeiten in km/h bei maximalem Antriebsdrehmoment,
19 Fahrgeschwindigkeit in km/h im 4. Gang bei maximaler Nutzleistung,
20 Steigungswiderstand in N bei 20 % Steigung und 3/4 Zuladung,

Bremsanlage

21 Kraft am Hauptzylinder in N mit und ohne Bremskraftverstärker,
22 Verstärkungsfaktor (Bremskraftverstärker),
23 Bremsleitungsdruck in bar,
24 hydraulische Übersetzungen zu den Vorder- und den Hinterrädern,
25 Umfangskraft in N an einer Bremsscheibe und einer Bremstrommel,
26 Bremskraft in N je Vorder- und Hinterrad,

Anfahr- und Bremsvorgang

27 Haftreibungsbeiwert zwischen den Reifen der Vorderachse und der Straße bei halber Zuladung, wenn die Vorderachse während des Bremsvorgangs aufgrund der dynamischen Achslastverlagerung mit 70 % belastet wird,
28 Anhalteweg in m aus 130 km/h, bei einer Reaktionszeit von 0,85 s und einer Bremsverzögerung von 5,76 m/s^2,
29 die beim Bremsvorgang umgewandelte Energie in kJ und kWh bei halber Zuladung,
30 die mittlere Beschleunigungskraft in N, wenn das zu 3/4 beladene Fahrzeug von 0 auf 100 km/h in 12,6 s beschleunigt wird,

Elektrische Anlage

31 Stromaufnahme einer Glühkerze in A,
32 Gesamtstrom beim Vorglühen in A,
33 Starter: Leistungsaufnahme und -abgabe in W,
34 Spannungsabfall in der Starterhauptleitung in V,
35 Generator: Leistungsaufnahme und -abgabe in W,
36 Gesamtverbraucherstrom in A,
37 Batterieentladedauer in h und min, wenn alle Verbraucher eingeschaltet sind und die Entladekapazität der Batterie 65 % beträgt.

Lösungen

1) 4 | **2)** 22,81 | **3)** 13,36 m/s | **4)** 59,78 kW | **5)** 18,55 kg/kW | **6)** 2,6 l | **7)** 873 km | **8)** 169 g/km | **9)** 17,07 kWh/100 km | **10)** 61449 kJ/100 km | **11)** 412 1/100 km | **12)** 401,93 cm^2 | **13)** 1966,25 N | **14)** 4918,3 N | **15)** 12,24 N/cm^2 | **16)** 328,3 Nm | **17)** 884 Nm | **18)** 20 km/h ... 29 km/h | **19)** 132 km/h | **20)** 2744 N | **21)** 912,6 N; 1930,5 N | **22)** 2,12 | **23)** 61,4 bar | **24)** 0,0686; 0,207 | **25)** 6333 N; 4672 N | **26)** 2494 N; 1171 N | **27)** 0,57 | **28)** 143,9 m | **29)** 829,7 kJ; 0,23 kWh | **30)** 3083,7 N | **31)** 8,76 A | **32)** 35,05 A | **33)** 2494 W; 1621,1 W | **34)** 0,197 V | **35)** 980 W; 548,8 W | **36)** 13 A | **37)** 3 h 12 min

5.2.4 FAHRZEUG 4 (PORSCHE 911 GT3)

Motor
- Wassergekühlter Otto 6-Zyl.-Boxermotor mit variablen Steuerzeiten
- Motorblock und Zylinderköpfe aus Aluminium
- maximale Leistung: 305 kW bei 7600 1/min
- maximales Drehmoment: 405 Nm bei 5500 1/min
- Bohrung: 100 mm, Hub: 76,4 mm, Hubraum: 3600 cm^3
- Verdichtungsverhältnis: 12:1
- Beschleunigung von 0 auf 100 km/h: 4,3 s
- Höchstgeschwindigkeit: 310 km/h

Elektrik
- Batterie: 12 V/60 Ah
- Generator: 14 V/2,1 kW

Gewichte
- Leergewicht: 1395 kg
- zul. Gesamtgewicht: 1680 kg

Füllmengen
- Kraftstoffbehälter: 90 l

Kraftstoffverbrauch
- innerorts: 19,8 l
- außerorts: 8,9 l
- kombiniert: 12,8 l
- CO_2-Emission: 307 g/km

Abmessung
- Länge: 4445 mm
- Breite: 1808 mm
- Höhe: 1280 mm
- Radstand 2355 mm
- c_W-Wert 0,29

Fahrwerk
Radgröße vorne: 8 1/2 J × 19
Bereifung vorne: 235/35 ZR 19
Radgröße hinten: 12 J × 19
Bereifung hinten: 305/30 ZR 19

Bremse
Bosch ABS 8.0
6-Kolben-Festsattelbremse vorne
Bremsscheiben-Ø vorne 350 mm
4-Kolben-Festsattelbremse hinten
Bremsscheiben-Ø hinten 350 mm

Getriebe Übersetzungsverhältnis

1. Gang 3,82	4. Gang 1,29
2. Gang 2,26	5. Gang 1,06
3. Gang 1,64	6. Gang 0,92
R. Gang 2,86	Achsantrieb 3,44

Preise
einschließlich 19 % MwSt.

Grundausstattung	175 848,00 €
LED-Licht	1 148,75 €
Keramik-Bremse	9 186,80 €

Aufgaben

1 Berechnen Sie die Größe des Verdichtungsraums V_c.

2 Wie groß sind die mittlere Kolbengeschwindigkeit und das Drehmoment bei maximaler Leistung?

3 Geben Sie die maximale Innenleistung des Motors an, wenn der mechanische Wirkungsgrad 89 % beträgt. Wie groß ist der mittlere indizierte Kolbendruck?

4 Wie groß ist das Leistungsgewicht?

5 Berechnen Sie die Motordrehzahl für die nachfolgenden Fahrsituationen. Der Abrollumfang des Hinterreifens beträgt 2034 mm.
a) Fahrgeschwindigkeit 100 km/h im 3. Gang.
b) Fahrgeschwindigkeit 180 km/h im höchsten Gang.

6 Wie hoch sind die CO_2-Emissionen, wenn der volle Tank zu 50 % durch eine kombinierte Fahrt geleert wird?

7 Berechnen Sie bei einem Abrollumfang des Reifens von 2034 mm die maximale Antriebskraft beim Anfahren. Der Wirkungsgrad des Antriebsstranges beträgt $\eta = 0{,}95$.

8 Der Porsche wird bei einer Vollbremsung aus 100 km/h nach einem Bremsweg von 36,5 m zum Stillstand gebracht. Berechnen Sie die durchschnittliche Verzögerung beim Bremsvorgang.

9 Wie groß ist der Weg, der bei der Beschleunigung von 0 auf 100 km/h zurückgelegt wurde?

10 Beim Händler erhalten Sie das Angebot einen Vorführwagen mit einem Nachlass von 12 % auf den Listenpreis zu erwerben. Wie groß ist die Einsparung, wenn außer der Grundausstattung noch Keramikbremsen und LED-Licht verbaut sind?

11 Berechnen Sie den Luftwiderstand des Porsches 911 GT3 bei Höchstgeschwindigkeit. Die Luftdichte beträgt 1,26 kg/m^3.

Lösungen

1) 54,5 cm^3 | **2)** 383 Nm ; 19,35 m/s | **3)** 342,7 kW ; 15 bar | **4)** 4,57 kg/kW | **5a)** 4623 1/min; **5b)** 4667 1/min | **6)** 107,9 kg | **7)** 15 618 N | **8)** 10,56 m/s^2 | **9)** 59,7 m | **10)** 22 342,03 € | **11)** 2507 N

5.2.5 FAHRZEUG 5 (PORSCHE 911 TURBO S)

Die Diagramme 1 und 2 sowie die Tabelle 1 zeigen die technischen Daten und Messwerte eines Pkw.

Das Fahrzeug ist mit einer Overboost-Funktion ausgestattet.

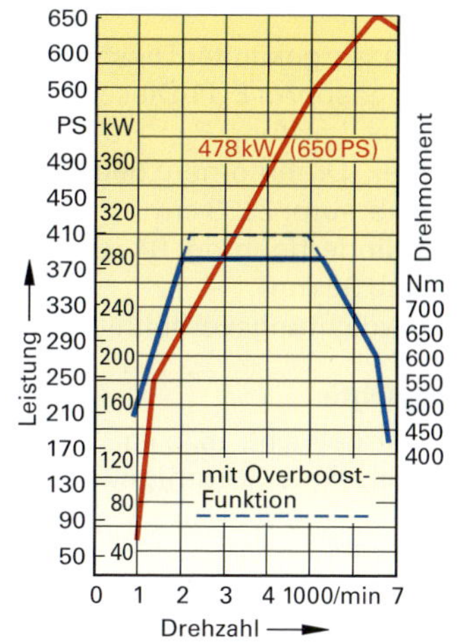

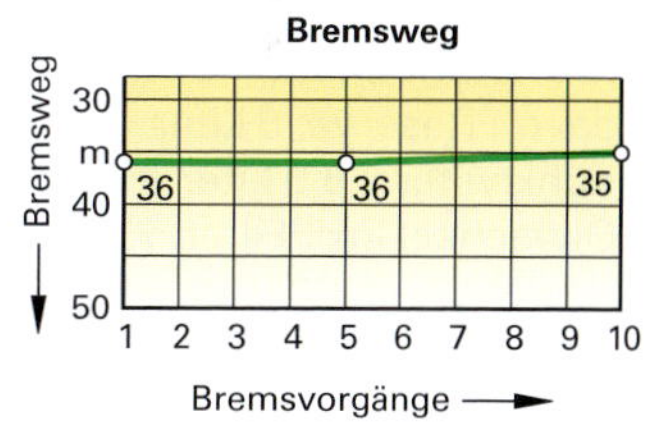

Aufgaben

1 Der Overboost wird durch eine kurzfristige Ladedruckerhöhung erreicht. Ermitteln Sie ...

a) den Ladedruck im Overboostbetrieb,

b) die Zunahme des maximalen Motordrehmomentes in Nm und Prozent durch den Overboost, gegenüber dem Normalbetrieb,

c) die angesaugte Luftmenge pro Sekunde im Overboostbetrieb bei der Drehzahl von 3000 1/min und einem Liefergrad von 2,2.

2 Das Fahrzeug wird mit Superplus mit einem spezifischen Heizwert von 43500 kJ/kg und einer Dichte von 0,75 kg/l betrieben. Berechnen Sie ...

a) die beim Durchschnittsverbrauch zugeführte Wärme in kJ/100 km,

b) die abgeführte Wärme in kJ/100 km, wenn 34 % der zugeführten Wärmemenge an das Kühlmittel abgegeben wird.

3 Die Pumpenumlaufkühlung muss eine maximale Wärmemenge von 600000 kJ/h an das Kühlmittel abführen. Die spezifische Wärmekapazität der Kühlflüssigkeit beträgt 3,68 kJ/kg · K, die Temperaturdifferenz zwischen Kühlereingang und -ausgang 11 K, die Dichte 1,04 kg/l. Berechnen Sie ...

a) den benötigten Kühlmitteldurchsatz in kg/h,

b) den benötigten Kühlmitteldurchsatz in l/h,

c) die Wärmeabgabe der Kühlflüssigkeit je Umlauf in kJ,

d) die Anzahl der erforderlichen Kühlmittelumläufe pro Minute.

4 Ermitteln Sie mithilfe der Daten folgende Kennwerte:

a) die Hubraumleistung,

b) das Leistungsgewicht des Fahrzeuges,

c) den effektiven Kolbendruck in bar bei Nennleistung.

5 Die Höchstgeschwindigkeit wird im 6. Gang bei Nenndrehzahl erreicht. Der dynamische Halbmesser des Reifens ist 342 mm. Berechnen Sie ...

a) die Höchstgeschwindigkeit,

b) den Luftwiderstand und den Gesamtfahrwiderstand auf ebener Fahrbahn bei einem Rollwiderstandsbeiwert von 0,015.

6 Diagramm 2 zeigt den Bremsweg aus 100 km/h in beladenem Zustand. Ermitteln Sie ...

a) die Bremsarbeit des Fahrzeuges,

b) die Bremsleistung des Fahrzeuges.

Motordaten	
Hubraum	3745 cm^3
Bohrung × Hub	102 × 46
Verdichtungsverhältnis	8,0 : 1
Max. Drehmoment	800 Nm bei 6750 1/min
Max. Ladedruck (mit Overboost)	1,0 (1,2) bar
Mittl. Kolbengeschw. beiNenndrehzahl	16,3 m/s
Ölinhalt Schmiersystem	11 L
Kühlflüssigkeitsmenge	25 L/1,04 kg/L
Kraftstoff: Super Plus	
Kraftübertragung	
Permanenter Allradantrieb; Sechsganggetriebe	
Übersetzungen:	I. 3,82, II. 2,14, III 1,48, IV. 1,18 V, V. 0,97, VI. 0,78, R. 2,87
Achsantrieb	3,331 : 1
Räder	255/40R19
Dynamischer Reifenhalbmesser	342 mm
Karosserie	
2 + 2 sitziges Coupé mit zwei Türen	
Luftwiderstandsbeiwert c_w	0,31
Stirnfläche	2,04 m^2
Luftwiderstandsindex $c_w \times A$	0,63
Länge / Breite / Höhe	4460 / 1852 /1300 mm
Radstand	2360 mm
Wendekreis rechts / links	11,0 / 10,8 m
Tankinhalt	67 L
Leergewicht	1583 kg
Gewichtsverteilung v/h	39,0 / 61,0 %
Zulässiges Gesamtgewich	1715 kg
Dachlastt	75 kg
Kofferraumvolumen	128 L
Zuladung	350 kg
Innenraum	
Innenbreite vorn / hinten	1350 / 1200 mm
Sitztiefe vorn / hinten	510 /430 mm
Normsitzraum	550 mm
Lenkraddurchmesser	370 mm
Wartung	nach Wartungsintervallanzeige
Verbrauch (ECE-Norm)	
Stadt 12,3 – 12 l / 100 km (WLTP)	

Lösungen

1a) 1,2 bar; **1b)** 50 Nm; **1c)** 6,25 % | **2a)** 421 950 kJ/100 km; **2b)** 143 463 kJ/100 km | **3a)** 14 822,1 kg/h; **3b)** 14 252 l/h; **3c)** 1052,5 kJ/Umlauf; **3d)** 9,5 U/min | **4a)** 129,2 kW/l; **4b)** 3,58 kg/kW; **4c)** 22,97 bar | **5a)** 330 km/h; **5b)** 2883,2 N; 3141,2 N | **6a)** 661 757,1 Nm; **6b)** 254,5 kW

5.2.6 FAHRZEUG 6 (BMW 330D TOURING)

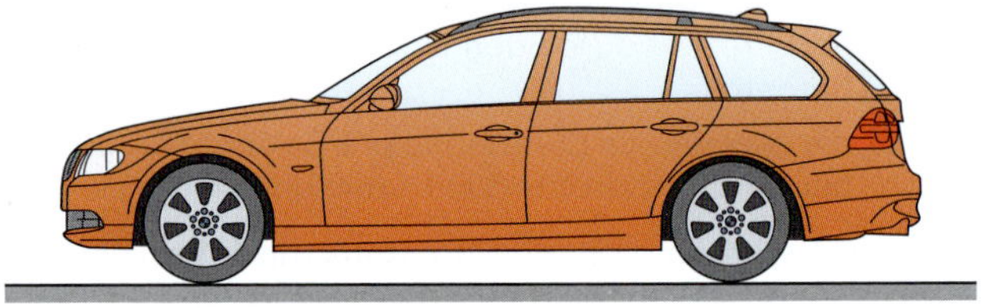

Motor

- Wassergekühlter Diesel-6-Zyl.-Reihenmotor, 4 Ventile
- Abgasnorm EU4/Dieselpartikelfilter
- max. Leistung P_{eff}: 170 kW (231 PS) bei 4000 1/min
- max. Drehmoment 500 Nm bei 1750 bis 3000 1/min
- Hubraum: 2993 cm^3
- Zylinderbohrung: 84 mm
- Hub 90 mm
- Verdichtungsverhältnis: 17 : 1

Gewichte

- Leergewicht: 1675 kg
- zulässiges Gesamtgewicht: 2140 kg

Fahrwerk

- Radgröße: 8J × 17
- Bereifung: 225/45 R17 91 Y

Füllmengen

- Kraftstoffbehälter: 61 Liter
- davon Reserve: 6 Liter
- Kühlsystem: 9,5 Liter
- Ölwechsel inkl. Filter: 7,5 Liter

Kraftstoffverbrauch

- innerorts: 9,1 Liter/100 km
- außerorts: 5,3 Liter/100 km
- kombiniert: 6,7 Liter/100 km
- CO2-Emission 179 g/km

Preise (einschl. 19 % Mehrwertsteuer):

– Grundausstattung	40 521,55 €
– Automatik-Getriebe	2 154,30 €
– Navigationssystem	3 180,17 €
– Standheizung	1333,62 €
– Adaptives Kurvenlicht	410,35 €

Aufgaben

1 Bei dem BMW betragen die Überhanglängen vorn 27 % und hinten 36 % des Radstandes. Berechnen Sie die Überhanglängen in mm.

2 Berechnen Sie das Leistungsgewicht in kg/kW.

3 Die Kühlflüssigkeit muss bei einer Wartungsarbeit ersetzt werden. Wie viel Liter Kühler-Frostschutzmittel und Wasser müssen gemischt werden, wenn das Verhältnis Wasser zu Kühler-Frostschutzmittel 2,5 : 1,5 betragen soll?

4 Welche Drehzahl hat der Motor in 1/min bei einer mittleren Kolbengeschwindigkeit von 12,53 m/s?

5 Wie viel km kann der BMW theoretisch in der Stadt fahren, bis die Reservelampe für den Kraftstoff zu leuchten beginnt?

6 An dem BMW wird von der Werkstatt ein Motorölwechsel mit Filteraustausch durchgeführt. Ein Liter Öl kostet 13,75 € ohne Mehrwertsteuer. Die Zeitvorgabe beträgt 5 AW. Der Arbeitspreis für einen AW beträgt 7,60 €, ohne Mehrwertsteuer.

Berechnen Sie den Rechnungsbetrag in € mit 19 % Mehrwertsteuer.

7 Um wie viel Prozent wird das Fahrzeug, bezogen auf den Grundpreis, teurer, wenn Automatik-Getriebe, Standheizung, Navigationssystem und Adaptives Kurvenlicht bestellt werden?

8 Das Fahrzeug hat zwei H3-Nebellampen mit je 55 W Leistung.

Wie groß ist die Stromstärke in A, die durch die Schaltung fließt?

9 Wie oft drehen sich die Räder des BMW in einer Minute bei einer Geschwindigkeit von 100 km/h?

Lösungen

1) 745,2 mm, 993,6 mm | **2)** 9,85 kg/kW | **3)** 5,94 l; 3,56 l | **4)** 4177 1/min | **5)** 604 km | **6)** 167,94 € | **7)** 17,47 % | **8)** 9,17 A | **9)** 863,63 1/min

5.2.7 FAHRZEUG 7 (MERCEDES-BENZ GL 420 CDI 4MATIC)

Motor

- Bauart: Achtzylinder-Dieselmotor, V-Anordnung 4 Ventile pro Zylinder
- Gesamthubraum: 3996 cm^3
- Bohrung/Hub: 86,0 mm/86,0 mm
- Verdichtungsverhältnis: 17 : 1
- Höchstleistung: 225 kW bei 3600 1/min
- max. Drehmoment: 700 Nm bei 2200 1/min bis 2600 1/min
- Kraftstoffart: Diesel
- Tankinhalt: 100 l (davon 13 l Reserve)

Antrieb

- permanenter Allradantrieb zweistufiges Verteilergetriebe mit Lamellendifferentialsperre (bis 100 %)
- Getriebeart: Elektronisch gesteuertes, siebenstufiges Automatikgetriebe
- Übersetzungsverhältnis:

1. Gang	4,38
2. Gang	2,86
3. Gang	1,92
4. Gang	1,37
5. Gang	1,00
6. Gang	0,82
7. Gang	0,73
R.-Gang	3,42
Achsantrieb	3,09

Fahrwerk

- Federung: Luftfederung Airmatic mit Niveauregulierung
- Reifen: 275/55 R 19
- Felgen: 8,5 J × 19
- Bremse: Hydr. Zweikreisbremsanlage mit Unterdruckverstärker Stufenhauptbremszylinder, ABS, BAS

Abmessungen

- Länge/Breite: 5088 mm/1920 mm
- Höhe: 1840 mm
- Querschnittsfläche: 2,65 m^2
- c_w-Wert: 0,38
- Radstand: 3073 mm
- Spurweite v/h: 1645 mm/1648 mm
- Bodenfreiheit unbelastet: max. 307 mm
- Kofferrauminhalt: 620 l – 2300 l
- Wendekreis: 12,1 m

Gewichte

- Leergewicht: 2475 kg
- zul. Gesamtgewicht: 3250 kg
- Zuladung: 775 kg
- Anhängelast bei 12 % Steigung: gebremst 3500 kg, ungebremst 750 kg

Elektrik

- Generator: 14 V 75/150 A
- Starter: 2500 W/570 A
- Batterie: 12 V/95 AH/850 A

Kraftstoffverbrauch nach NEFZ (alter Testzyklus)

- innerorts: 15,6 l/100 km
- außerorts: 9,2 l/100 km
- gesamt: 11,6 l/100 km
- CO_2-Emission: 307,0 g/km

Fahrleistungen

- Höchstgeschwindigkeit: 230 km/h
- Beschleunigung: 0 – 100 km/h 7,2 s

Preise

- Grundpreis: 81 515,00 €
- Metallic-Lack: 952,00 €
- Leder exclusiv: 2 475,20 €
- Command APS: 2 629,90 €
- Bi-Xenon-Scheinwerfer: 1 630,30 €
- Parktronic: 809,20 €

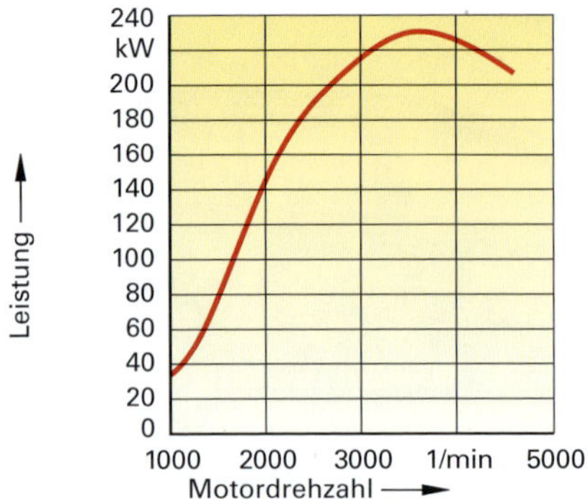

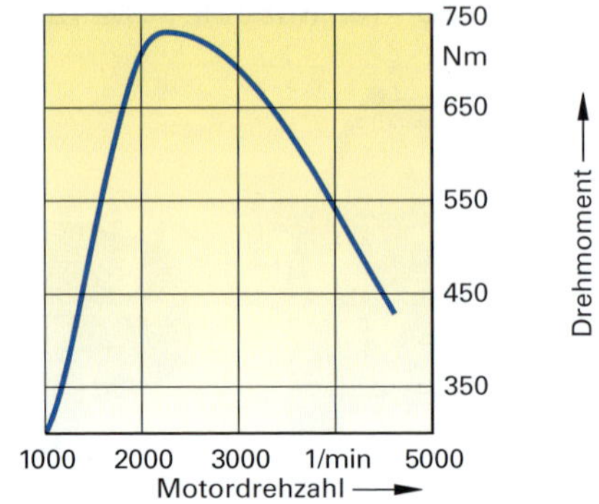

Aufgaben: Berechnen Sie ...

Motor

1 den Verdichtungsraum,

2 das Leistungsgewicht des Fahrzeugs,

3 die Kraft auf den Kolbenboden, wenn im Brennraum ein Spitzendruck von 110 bar herrscht,

4 das Verdichtungsverhältnis, wenn der Verdichtungsraumraum durch Verkokungen um 7 % kleiner wird,

5 die Kolbengeschwindigkeit bei 4300 1/min,

6 das Motordrehmoment bei maximaler Leistung,

7 die Motorleistung bei 2400 1/min,

8 die vom Motor bei Höchstleistung abgegebene Wärmeenergie in kJ, wenn in diesem Betriebszustand der Wirkungsgrad des Motors 37 % beträgt,

9 die Reichweite des Fahrzeugs bei ECE-Verbrauch,

10 die bei 2300 km ausgestoßene CO_2-Masse in kg,

Kraftübertragung

11 das maximale Drehmoment an den Antriebswellen im 2. Gang,

12 den Reifenumfang,

13 die Fahrgeschwindigkeit bei 2300 1/min im 6. Gang,

14 die Motordrehzahl, wenn das Fahrzeug im 7. Gang eine Geschwindigkeit von 130 km/h fährt,

15 den Luftwiderstand in N bei einer Fahrgeschwindigkeit von 160 km/h und Normalbedingungen,

Fahrwerk

16 die Achslastverteilung, wenn das Fahrzeug einen Anhänger mit einer Stützlast von 100 kg zieht und die Anhängerkupplung 150 mm über das Fahrzeug hinausragt,

17 den Bremsweg bei einer Geschwindigkeit von 160 km/h auf trockener Fahrbahn (μ = 0,9),

18 die Bremsarbeit, wenn das voll beladene Fahrzeug von der Höchstgeschwindigkeit zum Stand abgebremst wird,

Elektrik

19 die dem Motor entzogene Leistung, wenn der Generator mit einem Wirkungsgrad von 67 % die Batterie auflädt,

20 die Stromaufnahme des Starters, wenn er mit einem Wirkungsgrad von 57 % eine Leistung von 1,8 kW abgibt (Klemmenspannung 9,8 V),

21 die Entladezeit bei einem Ruhestrom von 450 mA und ursprünglich voll geladener Batterie, bis die Restkapazität der Batterie 15 % beträgt,

Kostenrechnung

22 die Fahrzeugkosten inkl. Sonderausstattung, wenn das Fahrzeug auf 4 Jahre mit einem Zinssatz von 6,3 % finanziert werden soll,

23 die Höhe der monatlichen Rate für das finanzierte Fahrzeug,

24 um welchen Betrag das zu versteuernde Einkommen pro Jahr bei degressiver Abschreibung vermindert wird, wenn das Fahrzeug ausschließlich gewerblich genutzt wird.

Lösungen

1) 31,2 cm^3 | **2)** 11 kg/kW | **3)** 63866 N | **4)** 18,21 | **5)** 12,32 m/s | **6)** 596,9 Nm | **7)** 175,9 kW | **8)** 1379160 kJ | **9)** 862 km | **10)** 706,1 kg | **11)** 6186,2 Nm | **12)** 2465,2 mm | **13)** 134,3 km/h | **14)** 1982 1/min | **15)** 1304,3 N | **16)** 14940 N; 10504 N | **17)** 111,8 m | **18)** 2443 kJ | **19)** 3134 W | **20)** 322 A | **21)** 7,5 Tage | **22)** 112695 € | **23)** 2347,81 €/Mon | **24)** 28173,75 €

5.2.8 FAHRZEUG 8 (HYUNDAI SANTA FE 2,7 V6 GLS)

Motor
- Wassergekühlter Otto-6-Zyl.-Reihenmotor, 4 Ventile
- 3-Wege-Katalysatoren
- max. Leistung P_{eff}: 139 kW (189 PS) bei 6000 1/min
- max. Drehmoment 248 Nm bei 4000 1/min
- Hubraum: 2656 cm³ Verdichtungsverhältnis: 10,4 : 1
- Höchstgeschwindigkeit: 176 km/h
- Beschleunigung 0 auf 100 km/h: 11,7 s

Elektrik
- Batterie 12 V/68 Ah
- Generator: 14V/120 A, Wirkungsgrad η = 0,68

Gewichte
- Leergewicht: 1950 kg
- zulässiges Gesamtgewicht: 2495 kg

Füllmengen
- Kraftstoffbehälter: 75 Liter
- davon Reserve: 8 Liter
- Kühlsystem: 10 Liter
- Ölwechsel inkl. Filter: 7 Liter

Kraftstoffverbrauch (Superbenzin)
- innerorts: 14,4 Liter/100 km
- außerorts: 8,4 Liter/100 km
- kombiniert: 10,6 Liter/100 km
- CO_2-Emission 252 g/km

Fahrwerk
- Radgröße: 7J × 17
- Bereifung: 235/65 R 17 104 H

Kraftübertragung
- Allradantrieb
- Vier-Stufen Automatic-Getriebe
- Bremsverzögerung: 7,5 m/s²

Preise

einschl. 19 % Mehrwertsteuer:
- Grundausstattung 32 480,00 €
- Elektrisches Schiebedach 800,00 €
- Metallic-Lackierung 510,00 €
- Comfort-Paket 2 590,00 €
- Anhängerkupplung 765,22 €

Aufgaben

1 Berechnen Sie die Masse des Kraftstoffs in kg bei vollständig gefülltem Kraftstoffbehälter.

2 Berechnen Sie das Leistungsgewicht des Fahrzeugs in kg/kW.

3 Wie viel Meter pro Sekunde legt das Fahrzeug bei Höchstgeschwindigkeit zurück?
Mit welcher Drehzahl pro Minute drehen sich die Räder des Fahrzeugs bei Höchstgeschwindigkeit?

4 Wie viel km kann das Fahrzeug mit vollem Tankinhalt im kombinierten Verbrauch fahren?

5 Berechnen Sie den Weg, den das Fahrzeug bei einer Beschleunigung von 0 auf 100 km/h zurücklegt.

6 Das Fahrzeug ist mit zwei Halogenlampen 12 V/55 W ausgerüstet. Berechnen Sie den Widerstand in einer Lampe in Ω.

7 Berechnen Sie die erforderliche Antriebsleistung des Generators in kW, wenn er seine volle Leistung abgibt.

8 Berechnen Sie den Bremsweg des Hyundai aus 100 km/h bis zum Stillstand.

9 Wie hoch ist der Preis des Fahrzeuges in der Grundausstattung ohne Mehrwertsteuer?

10 Der Hyundai wird nachträglich mit einer Standheizung nachgerüstet. Die Standheizung kostet 1355,33 € ohne Mehrwertsteuer. Für die Montage stehen, laut Hersteller, 49 AW zur Verfügung. Der Arbeitspreis für ein AW beträgt 7,20 €, ohne Mehrwertsteuer. Das Autohaus bietet dem Kunden einen Nachlass von 12 % auf den Nettopreis für Material und Arbeitsleistung.
Berechnen Sie den Rechnungsbetrag inkl. Mehrwertsteuer.

11 Berechnen Sie für die Höchstgeschwindigkeit des Hyundai den Luftwiderstand in N. Die Stirnfläche des Fahrzeugs beträgt 2,1 m² und der Luftwiderstandsbeiwert 0,55.

Lösungen

1) 56,25 kg | **2)** 14,03 kg/kW | **3)** 48,89 m/s; 1304 1/min | **4)** 707,55 km | **5)** 162,5 m | **6)** 2,62 Ω | **7)** 2,47 kW | **8)** 51,45 m | **9)** 27 302,52 € | **10)** 1788,75 € | **11)** 1698 N